중대재해처벌법에 따른

건축구조 안전실무

예문사

머리말

문명의 발달과 고도화로 인해 인간의 기대 수준은 나날이 높아지고 있습니다. 그러나 건설 현장에서의 안전에 대한 인식은 여전히 일정 수준에 머물러 있는 것이 현실입니다. 현재 우리나라는 구조물의 대형화와 함께 대형 공공시설에서의 안전사고가 빈번히 발생하고 있으며, 건설 현장에서는 안전에 대한 의식 수준이 낮고 수동적인 안전 문화가 만연해 있습니다. 이러한 문제를 해결하기 위해 정부는 "시설물의 안전 및 유지관리에 관한 특별법" 등을 제정하여 시설물의 안전점검과 적정한 유지관리를 통해 재해를 예방하고, 시설물의 효용성을 증진시키며, 공중의 안전을 확보하고 국민의 복리를 증진시키고자 노력하고 있습니다.

본 도서는 수십 년간의 실무 경험과 일선 현장에서 얻은 실질적인 지식과 경험을 바탕으로 최적의 내용을 구성하였습니다. 이 책을 통해 건설 현장의 안전 의식을 높이고, 보다 안전한 구조물을 설계하고 유지하는 데 기여하고자 합니다.

본 교재의 주요 특징은 다음과 같습니다.

1. 최신 규준 및 표준을 기반으로 내용을 정리하였으며, 이해도를 높이기 위해 오른쪽 가이드 부분에 충분한 해설을 추가하였습니다. 이를 통해 독자들이 최신 지식을 쉽게 이해하고 적용할 수 있도록 하였습니다.
2. 진단방법 및 보수보강방법에 대해 기초부터 실무까지 핵심적인 내용을 체계적으로 정리하였습니다. 이를 통해 초보자부터 전문가까지 모두가 필요한 정보를 얻을 수 있습니다.
3. 국토교통부의 FAQ를 참조하여 관리공단의 모범 답안을 제시하였습니다. 이는 현장에서 바로 적용할 수 있는 실질적인 지침이 될 것입니다.
4. 국내외 사진자료 및 그래픽을 활용하여 복잡한 내용도 쉽게 이해할 수 있도록 구성하였습니다. 이를 통해 독자들이 시각적으로도 내용을 쉽게 이해할 수 있도록 하였습니다.

이 책이 구조안전을 배우는 대학생과 대학원생, 초보 구조안전기술자, 대형 구조물을 관리하는 관리자에게 유용한 참고자료가 되어, 유능한 기술인으로 성장하는 데 조금이나마 도움이 되길 바랍니다. 또한, 이 책이 구조 안전 분야에서의 안전 의식 향상과 실무 역량 강화에 기여할 수 있기를 기대합니다.

이 책을 집필하는 데 도움을 주신 국내외 학자와 실무자 여러분, 출간을 위해 헌신적으로 노력해주신 구조팀, 진단팀, 선후배님들, 동료 교수님들, 그리고 출판을 위해 열심히 도와주신 예문사 임직원 여러분께 깊은 감사를 드립니다. 또한 저의 해피바이러스인 보민, 태호, 지호 그리고 아내 최운형에게 사랑한다는 말을 전하고 싶습니다. 이 책이 많은 이들에게 도움이 되기를 진심으로 바라며, 독자 여러분의 안전하고 성공적인 실무 생활을 기원합니다.

저자 송창영

차례

CHAPTER. 03 콘크리트의 압축강도조사

CHAPTER. 04 철근배근조사

CHAPTER. 05 철근부식조사

CHAPTER. 06 변위조사

CHAPTER. 07 탄산화 시험

CHAPTER. 08 지반조사

CHAPTER. 09 소음 · 진동 측정

PART 03

콘크리트 구조물의 보수 · 보강

CHAPTER. 01 개론

CHAPTER. 02 구조물의 보수 및 보강재료

CHAPTER. 03 구조물의 보수

CHAPTER. 04 구조물의 보강

PART 04. 부록

CHAPTER. 01 건설기술진흥법

CHAPTER. 02 시설물의 안전 및 유지관리에 관한 특별법

CHAPTER. 03 건축물관리법

CHAPTER. 04 건설공사 건설사업관리(감리)제도

CHAPTER. 05 철근 검측

CHAPTER. 06 해체계획서 작성

CHAPTER. 07 해체공사 감리업무

제1편
균열

CHAPTER

01

콘크리트 구조물의 균열

CHAPTER 01 콘크리트 구조물의 균열

SECTION 01 개요

최근 콘크리트재료의 연구동향

① 고강도화
② 고내구성화
③ 고유동화
④ 고강도이면서 내화콘크리트

콘크리트와 인간과의 공통점

인간의 질병의 원인을 단편적으로 정확하게 알 수 없듯이 콘크리트 구조물의 하자 역시 재료의 조건, 시공조건, 사용 · 환경조건, 구조 · 외력조건 등 여러 가지 원인이 복잡 다양하게 작용하여 그 원인 추정이 어렵다.

또한 어린아이들의 감기를 초기에 다스리지 못하면 폐렴 등 합병증에 고생하는 것처럼 콘크리트 역시 초기에 보수 · 보강하지 않으면 제2의 내하력 저하와 내구성 저하를 유발시킨다. 또한 형제 간 중 누가 어려우면 주위 가족이 도와주는 것처럼 콘크리트 구조물 역시 어느 부재가 내하력이 부족하여 변형이 발생되면 주변의 부재들이 도와주는 일종의 응력재분배가 이루어진다.

1 개요

현대사회의 모든 구조물에서 콘크리트가 쓰이지 않은 곳이 거의 없으며 또한 콘크리트가 없는 현대사회는 상상할 수 없을 정도로 콘크리트 재료는 20세기의 문명사회를 이룩하는 데 커다란 역할을 하였다. 콘크리트는 제조의 용이성, 경제성, 내구성 등 많은 장점을 가지고 있으나 한편으로 많은 단점을 지니고 있는 것도 사실이다. 그 대표적인 단점으로 모든 콘크리트 구조물은 항상 균열을 갖고 있다는 것이며, 이러한 균열을 완전히 방지한다는 것은 불가능한 일이다.

콘크리트 구조물에서 발생하는 균열은 건축물의 구조적인 안전성 또는 내구성 등의 품질에 큰 영향을 미치고 있다. 시공 중이거나 완공된 건축물에 발생되는 균열은 누수, 부식, 탈락 등과 같이 건축물의 품질을 저하시키고 있으며, 심한 경우는 구조물의 붕괴사고에까지 이를 수 있다.

이에 여기서에서는 콘크리트 구조물에서 발생하는 균열의 일반적인 원인을 조사하고, 균열의 유형, 원인, 조사방법, 방지 대책 및 보수 · 보강에 대하여 언급하고자 한다.

2 균열의 메커니즘(Mechanism)

콘크리트는 시멘트와 물의 수화작용으로 생성되는 시멘트풀(Cement Paste)로 골재를 접착 또는 결합시킨 합성재료(Composite Material)이며, 이러한 콘크리트는 시멘트 – 물의 수화작용, 블리딩(Bleeding), 수화열, 소성수축 그리고 재료들의 서로 다른 특성으로 인해 제조 단계부터 많은 공극(Pores) 또는 미세균열(Microcrack)을 갖는다. 콘크리트가 경화되면 건조수축과 열응력 및 외부하중 등의 여러 요인에 의해 제조 단계에서 발생된 미세균열은 균열(Crack)로 성장하게 된다. 콘크리트는 합성재료이며 인장강도를 무시하고 설계되기 때문에 콘크리트 구조물에서 균열의 발생은 피할 수 없다. 그러므로 콘크리트균열의 문제는 균열의 발생을 억제하기보다는 균열의 분포와 폭을 제어하는 것이다. 이를 위해 콘크리트 균열의 역학적인 특성을 이해하는 것이 필요하다.

(1) 콘크리트균열의 부착균열과 성장

일반적으로 0.1mm 이내의 균열폭으로 정의되는 미세균열은 [그림 1-1]과 같이 골재와 시멘트풀 사이의 접합면에 있는 부착균열과 모르타르 내의 미세균열로 분류될 수 있다. 특히 부착균열은 하중이 증가함에 따라 [그림 1-2]에 있는 다음과 같은 과정으로 성장한다.

① 골재의 표면에서 부착균열의 크기가 증가한다.

② 부착균열이 모르타르 내로 갈라진다.

③ 모르타르 내의 균열이 인장변형률에 수직으로 성장하여 모르타르 공극을 연결하는 균열을 형성한다.

④ 서로 독립된 부착균열과 부착균열 또는 부착균열과 모르타르균열이 연결된다.

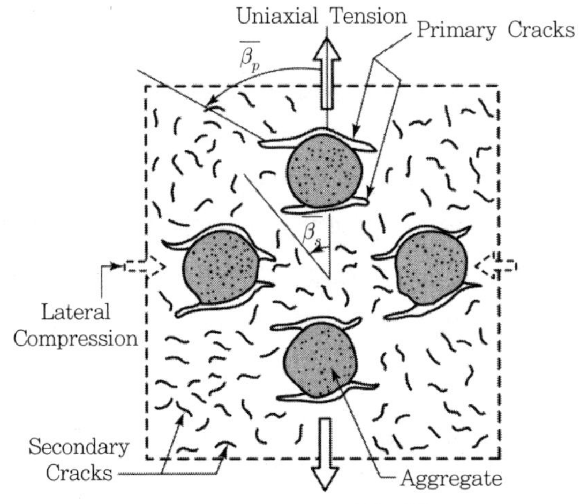

(a) Tensile Looding $\overline{\beta_p} > \overline{\beta_s}$

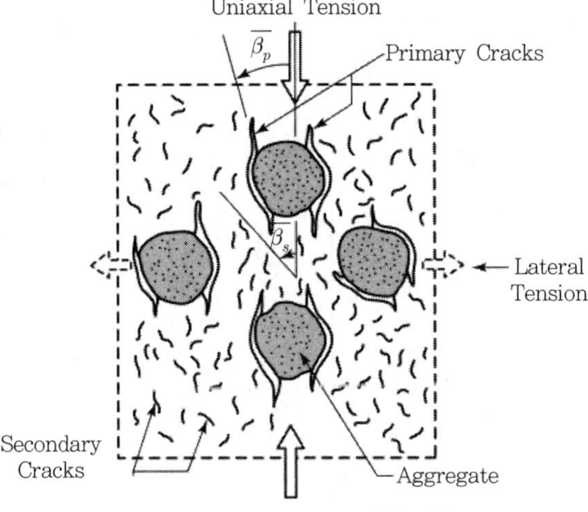

(b) Compressive Looding $\overline{\beta_p} < \overline{\beta_s}$

[그림 1-1] 모르타르균열($\overline{\beta_s}$)과 부착균열($\overline{\beta_p}$)

»» 콘크리트의 재료적 특성

물과 화학반응을 일으켜 경화하는 재료[수경성(水硬性)]로 이때 물과 화학반응을 일으키면서 발열반응을 일으키는데[수화열(水和熱)] 이 열과 콘크리트의 초기 경화과정에 기인하여 수축하게 된다[수축성(收縮性)].

»» 콘크리트의 일반적인 파괴유형

① 골재 부분이 파괴되는 유형

② 골재와 시멘트 페이스트 부분이 파괴되는 유형

③ 시멘트 페이스 부분이 파괴되는 유형

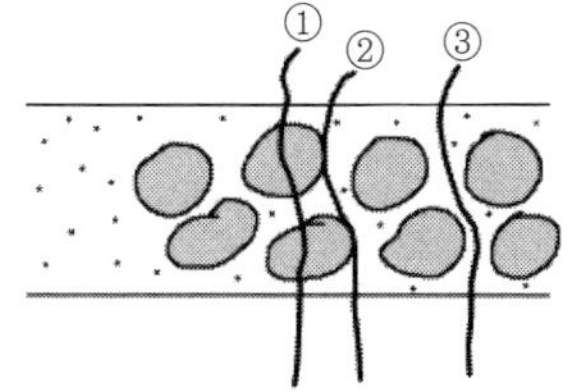

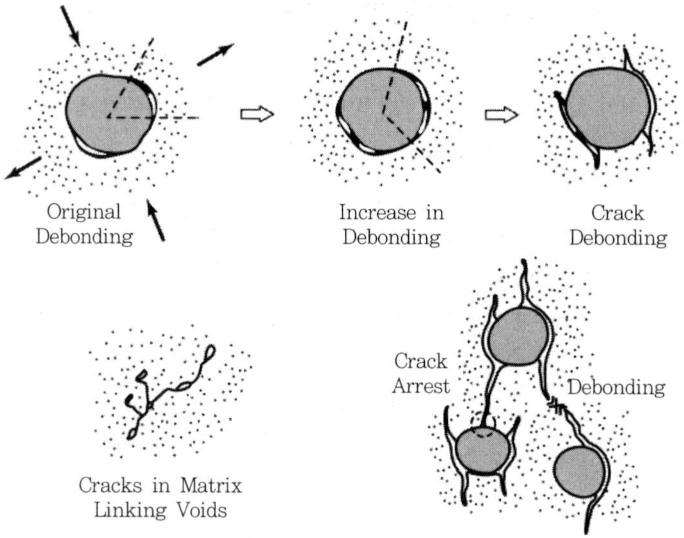

[그림 1-2] 부착균열과 모르타르균열의 성장과정

[그림 1-3]은 압축하중이 작용하는 콘크리트 시험편에서 하중의 증가에 따른 부착균열의 성장과정을 잘 나타내주고 있다. 초기에는 여러 개의 부착균열이 독립적으로 성장 및 연결되며 최종적으로는 가장 취약한 균열이 전체 시험편에 걸쳐 성장하는 콘크리트의 파손(Failure)에 이르게 된다.

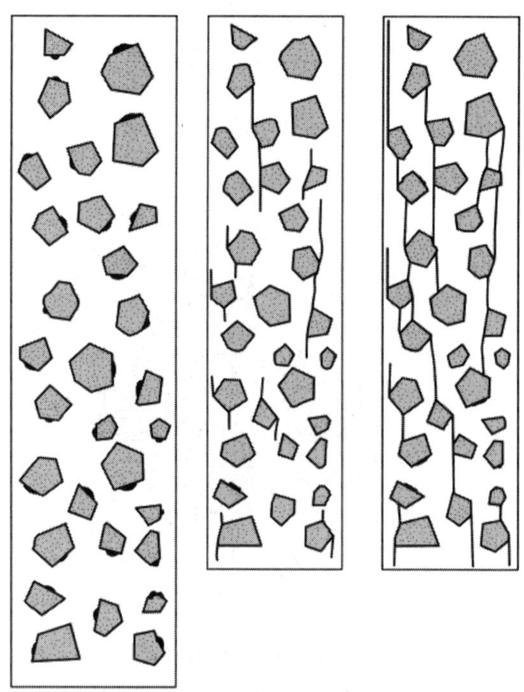

[그림 1-3] 부착균열과 하중의 증가에 따른 균열의 성장

그리고 균열이 갖는 기본적인 변형에 대해서는 [그림 1-4]에 나타난 바와 같이 기본적으로 세 가지 형태로 분류할 수 있다.

첫 번째 변형(모드 Ⅰ)은 균열면에 대하여 수직인 인장응력을 받아 생기는 개구모드(Opening Mode)변형인데, 그 변위는 균열면에 대하여 수직방향으로 일어난다.

두 번째 변형(모드 Ⅱ)은 면내 전단(In-Place Shear) 또는 활동모드(Sliding Mode)의 변형으로, 균열면의 변위는 균열면에서 일어나며, 응력이 작용하는 면에 대해서는 직각 방향이 된다.

세 번째 변형(모드 Ⅲ)은 면외 전단(Out-Of-Place Shear)에 의한 전단변형이다. 이와 같이 균열은 일반적으로 세 가지 변형이 겹쳐서 진행되지만, 세 가지 모드 중 실제적으로 가장 중요한 변형은 개구모드변형이다.

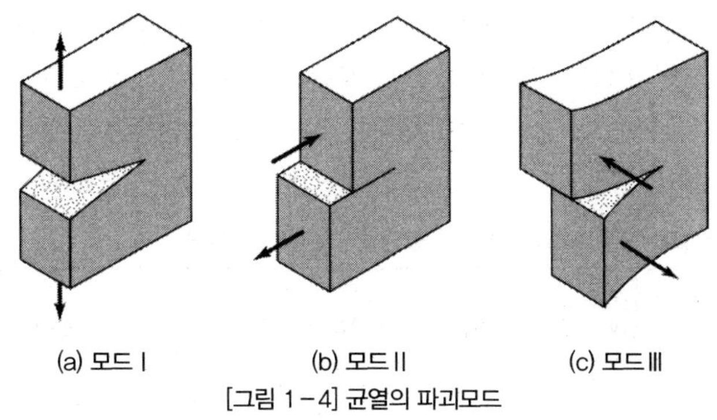

(a) 모드 I (b) 모드 II (c) 모드 III

[그림 1-4] 균열의 파괴모드

(2) 콘크리트의 파괴진행대(Fracture Process Zone : FPZ)

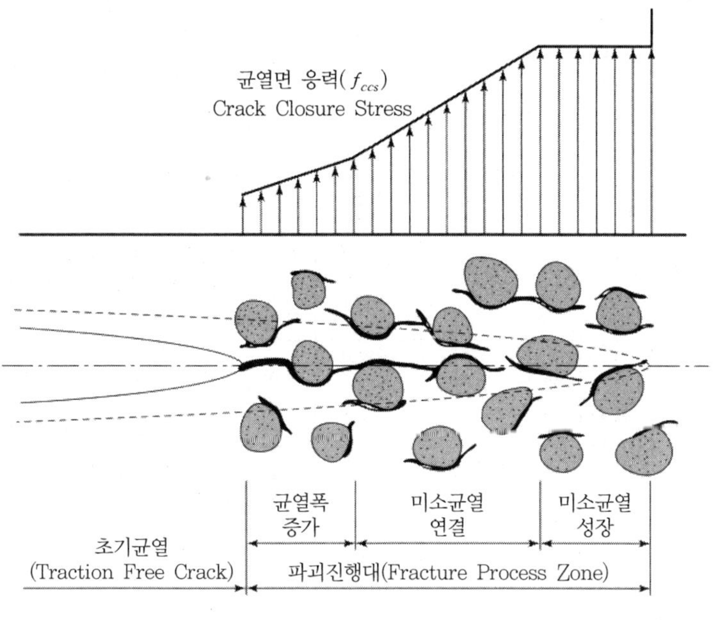

[그림 1-5] 콘크리트 파괴진행대

파괴진행대는 [그림 1－5]와 같이 미세균열이 성장과 분기 그리고 연결의 과정을 거쳐 균열을 형성하는 영역이며, 각 과정의 진행 정도에 따라 파괴진행대를 가로질러 전달될 수 있는 인장응력 또는 균열면응력(Crack Closure Stress, CCs : f_{ccs})의 크기가 변하는 것으로 가정된다.

3 균열 유형

(1) 균열 유형

철근콘크리트 구조물에 나타난 균열들을 살펴보면 여러 부재에서 여러 형태의 균열들을 발견할 수 있다. 이들 균열의 발생기구는 전적으로 단독의 원인이거나 여러 가지의 원인이 복잡하게 작용하면서 발생하므로 그 원인이 무엇인가를 쉽게 추정하기란 매우 어려운 일이다. 여기서 부위별 균열 발생의 원인에는 [표 1－1]과 같이 요약할 수 있는데, 균열의 원인이 되는 것을 재료 조건, 시공 조건, 사용 · 환경 조건, 구조 · 외력 조건에 의한 원인별로 분류하여 그 발생시기 및 형태, 특징도 함께 나타낸 것이다.

▼ **[표 1－1] 균열의 원인별, 발생시기별, 형태별 특징**

대분류	중분류	소분류	번호	원인	발생시기	형태	특징
재료	사용재료	시멘트	A1	이상응결	수시간 ~1일	표면	폭이 크고 짧은 균열이 비교적 빨리 불규칙하게 발생
			A2	수화열	수일	표면 관통	콘크리트 단면에서 1~2주가 지난 후부터 직선상의 균열이 거의 등간격 · 규칙적으로 발생, 표면에 발생하는 것과 부재를 관통하는 것이 있음
			A3	이상팽창	수 10일 이상	표면 그물 모양	방사형의 그물 모양 균열
		골재	A4	점토성분	수시간 ~1일	표면 그물 모양	콘크리트 표면의 건조에 따라서 불규칙하게 그물 모양의 균열이 발생
			A5	저품질	수시간 ~1일	표면	불규칙한 짧은 균열 발생
			A6	반응성	수 10일 이상	표면 그물 모양	콘크리트 내부에서부터 거북등 모양으로 발생, 다습한 곳에 많다.
			A7	염분	수 10일 이상	표면 그물 모양	표면이 침식되고, 팽창성 물질이 형성되어 전면에 균열이 발생

>>> **응결과 이중응결**

① 응결(凝結 ; Setting) : 시멘트 페이스트가 시간이 경과함에 따라 수화작용에 의해 유동성을 상실하고 고화(固化)하는 현상

② 이중응결(이상응결, 헛응결) : 가수 후 10~20분 사이에 급격히 굳어지고 다시 묽어지며 이후 순조로운 경과로 굳어가는 현상

>>> **수화열**

수화열은 콘크리트 배합 시 시멘트와 물이 혼합되면 시멘트의 여러 성분들이 화학반응을 일으켜 새로운 물질이 생성되면서 콘크리트가 응결됨과 동시에 경화하는데, 이러한 시멘트와 물과의 화학반응을 수화작용(Hydration)이라고 하고 이때 발생하는 열을 수화열이라 한다. 이 수화열은 시멘트의 종류, 물－시멘트비, 단면의 크기, 외기온도, 콘크리트 강도, 시멘트의 분말도 등에 의해 영향을 받는다.

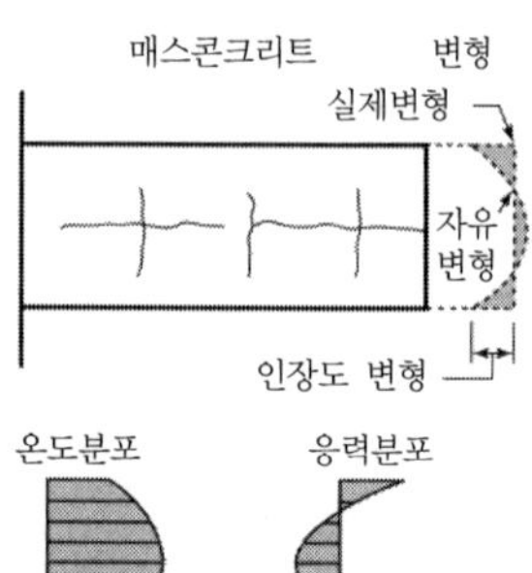

[매스 콘크리트의 온도 및 응력분포에 따른 균열의 발생]

대분류	중분류	소분류	번호	원인	발생시기	형태	특징
재료	사용재료	골재	A8	침하 · 블리딩	수시간 ~1일	표면	타설 후 1~2시간에서, 철근의 상부와 벽, 상판의 경계 등에 단축적으로 발생
			A9	소성수축	수시간	표면 그물 모양 관통	개구부나 기둥, 보로 둘러싸인 코너부위에는 경사균열이, 상판 · 보 등에는 가는 균열이 등간격으로 수직하게 발생
				경화수축	수시간 ~1일		
				건조수축	수일~ 수 10일		
				장기건조 수축	수 10일 이상		
시공	콘크리트	배합	B1	혼화 재료의 불균일한 분산	수시간 ~1일	그물 모양	팽창성인 것과 수축성인 것이 있으며, 부분적으로 발생
			B2	장시간 비비기	수시간 ~1일 수 10일 이상	그물 모양 표면 관통	전면에 그물 모양 또는 길이가 짧은 불규칙한 균열이 발생
		운반	B3	펌프 압송 시 배합변경	수시간 ~1일 수 10일 이상	그물 모양 표면 관통	침하, 블리딩, 건조수축 등의 균열이 발생하기 쉬움
		타설	B4	타설 순서가 바뀜	수시간 ~1일 수 10일 이상	관통	배근의 이동과 피복두께 부족의 원인이 됨
			B5	급속한 타설	수시간 ~1일	표면	거푸집의 변형과 침하, 블리딩에 의한 균열이 발생하기 쉬움
		다짐	B6	불충분한 다짐	수시간 이상	표면	슬래브에서는 주변에 따라 원형으로 발생. 배근 및 배관의 표면에 발생
시공	콘크리트	양생	B7	경화 전 진동 · 재하	수시간 ~1일 수일 이상	표면	구조 및 외력에 의한 균열과 동일
			B8	초기 양생 중의 급격한 건조	수시간 ~1일	표면 그물 모양	타설 직후 표면의 각 부분에 짧은 균열이 불규칙하게 발생

대분류	중분류	소분류	번호	원인	발생시기	형태	특징
시공	콘크리트	양생	B9	초기 동해	수일~수 10일 이상	표면 그물 모양	가는 균열, 탈형하면 콘크리트면이 하얗게 됨
		이어치기	B10	이어치기면의 부적합	수시간 ~1일 수 10일 이상	관통	이어치기면에서 균열이 발생
	철근	배근	B11	배근의 이동	수 10일 이상	표면	슬래브에서는 주변에 따라 원형으로 발생, 배근 및 배관의 표면에 발생
			B12	피복두께 부족	수 10일 이상		
	거푸집	거푸집	B13	거푸집의 변형	수시간 ~1일	표면	거푸집이 움직이는 방향으로 평행하게 부분적으로 발생
			B14	누수 (거푸집이나 지반으로부터)	수시간 ~1일	표면	누수의 흐름에 따라서 균열이 표면에 발생
			B15	거푸집 조기 제거	수일	표면	콘크리트 강도부족에 의한 균열, 건조수축의 영향도 크게 됨
		동바리	B16	거푸집, 동바리의 침하	수시간 ~1일 · 수일	표면	상판과 보의 단부 상단 및 중앙부 하단 등에 발생
사용 및 환경	물리적	온도 · 습도	C1	외부 온도 · 습도의 변화	수 10일 이상	표면 관통	건조수축의 균열과 유사하고 발생한 균열은 습도변화에 따라 변동
			C2	부재 양면의 온도 · 습도차	수 10일 이상	표면	저온측 또는 저습측의 표면에 휨방향과 직각으로 발생
			C3	동결 · 융해의 반복	수 10일 이상	표면 그물 모양	표면이 부풀어 올라서 부슬부슬 떨어지게 됨
			C4	화재	수 10일 이상	표면 그물 모양	표면 전체에 가는 거북등 모양의 균열이 발생
			C5	표면가열			

대분류	중분류	소분류	번호	원인	발생시기	형태	특징
사용 및 환경	화학적	화학작용	C6	산·염분에 의한 화학작용	수 10일 이상	표면 그물모양	표면이 침식되고, 팽창성 물질이 형성되어 전면에 균열이 발생
			C7	탄산화에 의한 내부철근의 녹			철근을 따라 큰 균열이 발생하며 콘크리트의 피복이 떨어져 나가고 녹이 유출됨
			C8	염화물에 의한 내부철근의 녹			
구조 및 외력	하중	장기·단기·동적하중	D1	설계하중 이내의 장기하중	수 10일 이상	표면 관통	주로 휨하중에 의해 보나 슬래브의 인장측에 수직으로 균열이 발생
			D2	설계 하중을 초과하는 장기하중			
			D3	설계하중 이내의 단기·동적하중	수 10일 이상	표면 관통	전단하중에 의해서 기둥, 보, 벽 등에 45° 방향으로 균열이 발생
			D4	설계 하중을 초과하는 단기·동적하중			
	구조설계		D5	단면·철근량 부족	수 10일 이상	표면 그물모양	휨하중과 전단하중에 의한 균열 발생과 같은 형태, 상판과 채양 등에서 처진 방향으로 평행한 균열이 발생
	지지조건		D6	구조물의 부등침하	수 10일 이상	표면 관통	45° 방향으로 큰 균열이 발생
			D7	지반의 동결	시공 중 및 사용 중	표면 관통	동결조건에 따라 다양
기타			E				기타

(2) 균열의 형태 및 분류

보수 · 보강의 여부 및 공법의 선택을 위하여 균열의 원인을 추정하고 그에 따라 균열을 분류하여야 한다. 균열 발생의 원인 추정은 표준조사 및 상세조사의 결과와 [표 1－1] 및 원인에 따른 균열의 형태를 나타낸 [그림 1－6]~[그림 1－10]을 조합하여 행한다. 균열의 원인 추정을 위하여 균열의 분류를 행한다.

또한 [그림 1－6]~[그림 1－10]은 재료조건, 시공조건, 사용 · 환경조건, 구조 · 외력조건에 따른 균열 원인별로 구분하여 균열의 전형적인 형태를 나타낸 것이다.

시멘트의 이상 응결(A1)	시멘트의 수화열(A2)
짧고 불규칙한 균열이 비교적 빨리 발생한다. 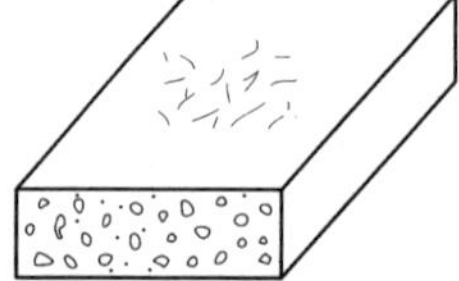	큰 단면(한 변이 80cm 이상)인 벽체, 두꺼운 지하 외벽 등에 내부구속에 따른 종방향 표면균열이나 외부구속에 따른 벽체에 수직한 관통균열이 일정 간격으로 발생한다. 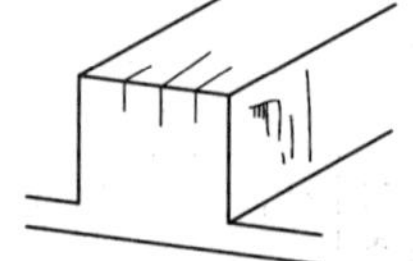
점토분이 많은 골재(A4)	**알칼리－골재반응(A6)**
콘크리트의 건조에 따라 불규칙적인 그물눈 모양의 균열이 발생한다. 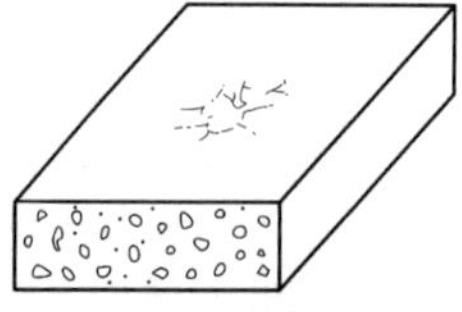	기둥 · 보에서는 재축 방향에 평행하게, 벽/옹벽에서는 방향 없이 마구 갈라지는 형으로 나타난다. 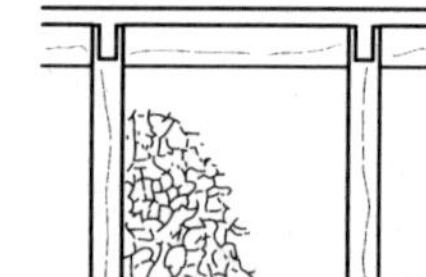
콘크리트중의 염화물(A7)	**콘크리트의 침하 · 블리딩(A8)**
콘크리트 내에 염화물이 함유되었을 경우 철근의 부식으로 균열이 발생한다. 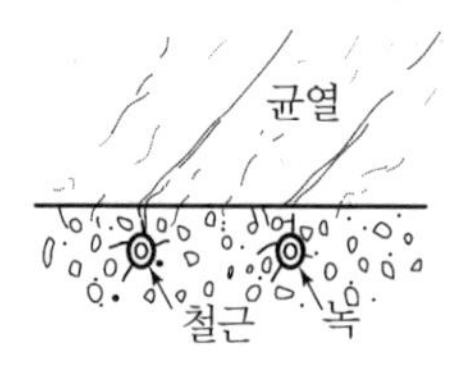	상부 철근 위에 발생하는 것으로서 콘크리트를 친 다음 1~2시간 안에 철근에 따라 발생한다. 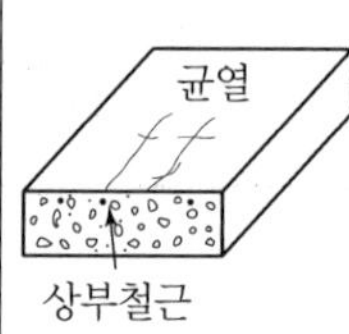 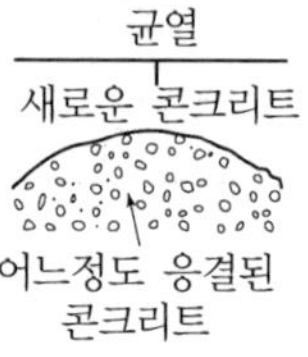

[그림 1－6] 재료조건에 의한 균열의 형태

혼화재의 불균일한 분산(B1)	장시간 비비기(B2)
팽창성과 수축성이 있는데 모두 부분적으로 발생한다. 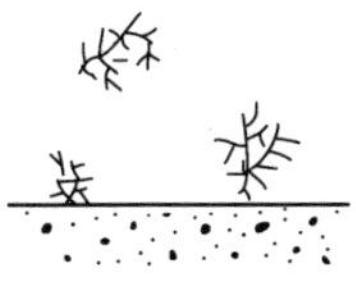	운반시간이 너무 길어 발생하는 균열로서 전체 면에 그물눈 모양으로 발생한다. 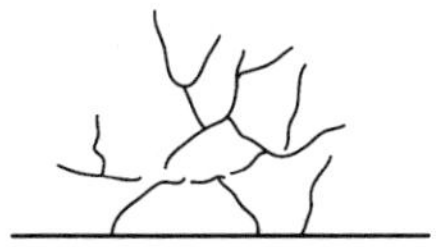
급속한 타설(B5)	**불충분한 다짐(B6)**
급속히 콘크리트를 타설하면 콘크리트의 침강으로 균열이 발생한다. 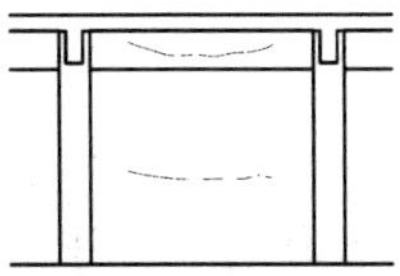	콘크리트 다짐을 충분히 하지 않으면 내부에 곰보나 벌집 같은 것이 생겨 그로 인해 균열이 발생한다. 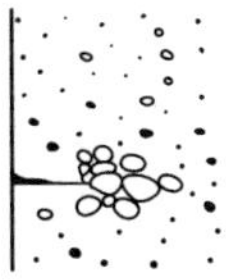
콘크리트 경화 중 재하 · 진동(B7)	**초기 양생 중 급속한 건조(B8)**
콘크리트의 경화 중 공사자체의 적재 및 공사용 기계의 진동에 의해 균열이 발생할 수 있다. 자재 적재 기계 진동 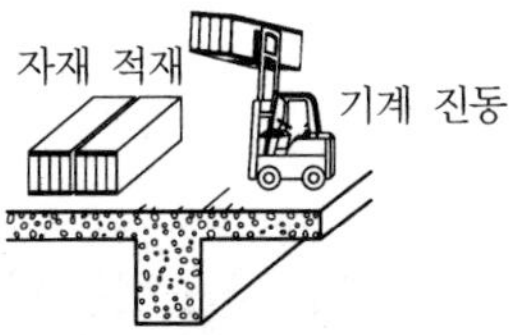	콘크리트 타설 직후 건조한 바람이나 고온저습한 외기에 노출될 경우 급격한 습윤의 손실로 소성수축균열이 발생한다. 균열 수분 증발 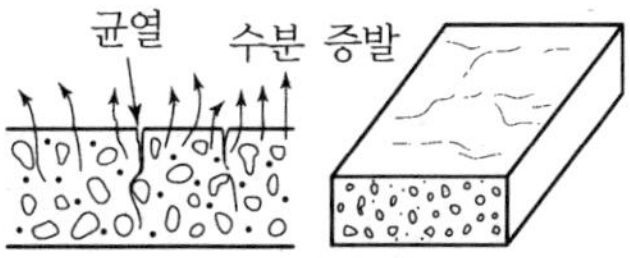
양생의 불량(B8)	**부적당한 이어치기(콜드조인트)(B10)**
조기 건조나 습윤양생이 부족하면 짧고 불규칙한 균열이 나타난다. 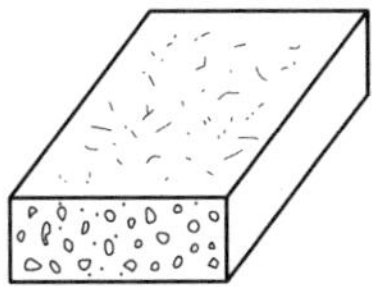	이어치기 처리가 적절하지 않으면 신구의 콘크리트 경계에 균열이 발생한다. 새로 타설된 콘크리트 콜드 조인트 경화 중인 콘크리트 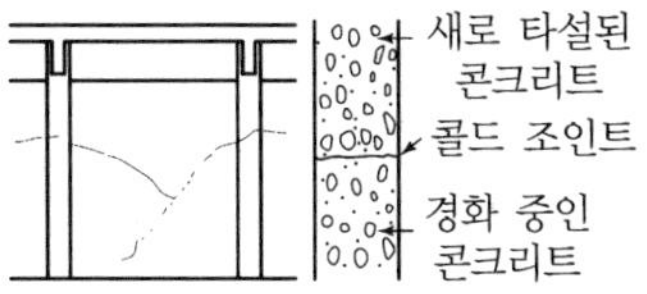

[그림 1-7] 시공조건에 의한 균열의 형태-1

철근의 피복두께 부족(B12)	배근 · 배관의 피복두께 부족(B12)
피복두께가 부족하면 내부 철근이 녹슬기 쉽고 철근를 따라 균열이 발생한다. 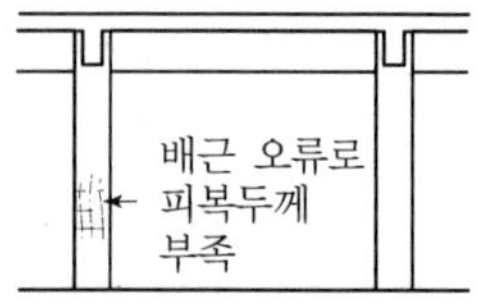 	전선관 및 설비배관의 편심배치시 피복두께가 부족하여 배관의 배치선을 따라 균열이 발생한다. 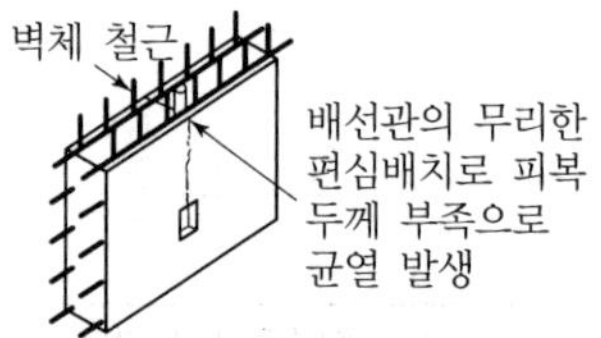
슬래브 상부철근의 피복두께 부족(B12)	거푸집의 부풀음(B13)
슬래브 윗면 등에서는 피복두께가 부족하면 경화 초기에 철근을 따라 균열이 발생한다. 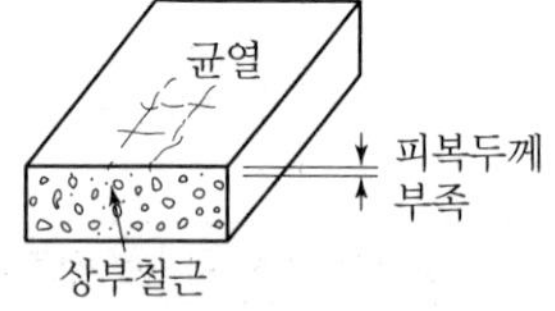 	거푸집이 부풀어 오르면 거푸집 면에 작은 균열이 발생한다. 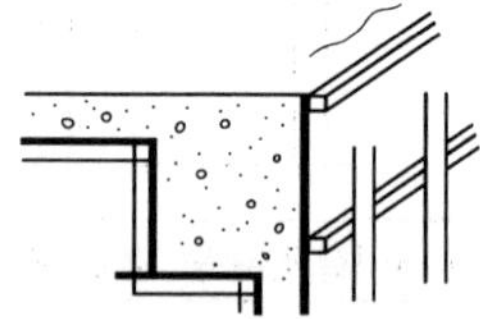
거푸집 · 동바리의 조기제거(B15)	동바리의 침하(B16)
콘크리트가 상당히 경화하기 전에 거푸집 및 동바리를 조기에 제거하면 해로운 균열이 나타난다. 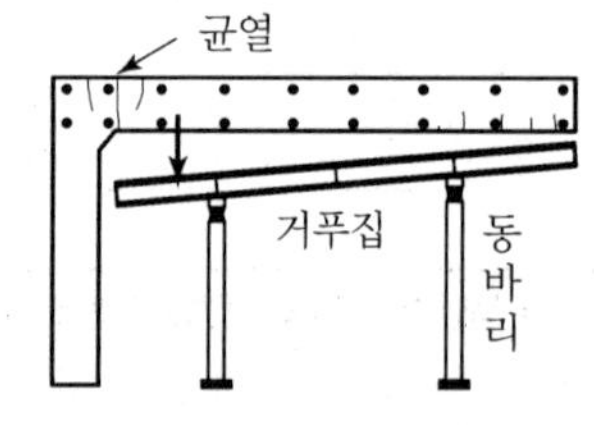 	동바리가 침하하면 수평부재에 휨응력이 작용하여 균열이 발생한다. 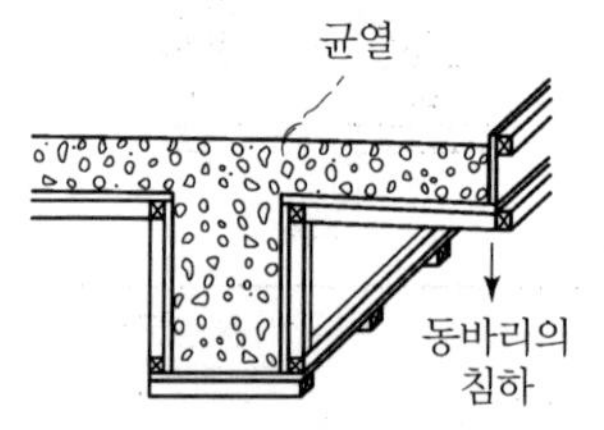

[그림 1-8] 시공조건에 의한 균열의 형태-2

환경온도 · 습도의 변화(C1)	부재 양면의 온도 · 습도의 차이(C2)
기상작용으로 건물이 신축하여 옥상슬래브 및 외벽면에 균열이 생긴다. 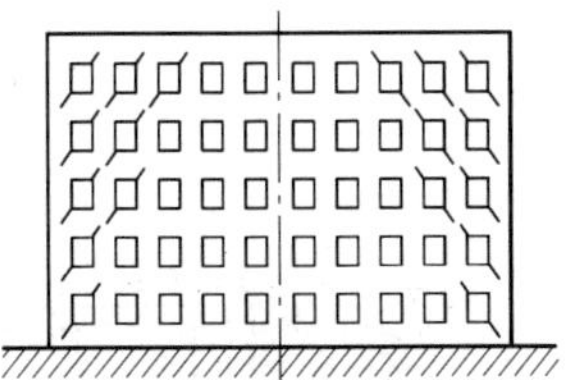	외측이 고온 또는 고습, 내측이 저온 또는 건조한 경우 균열은 구속 부재 간의 거의 중앙 혹은 구속 부재의 인접부 부근의 저온 혹은 건조한 쪽에 발생한다. 초기 단계에서는 균열은 관통하지 않지만, 반복작용으로 시간이 경과하면 관통하는 일이 있다.

동결융해의 반복(C3)	
습기에 노출이 심한 부재의 모서리 부분에 망상균열이나, 박리 · 박락 등의 현상이 나타난다. 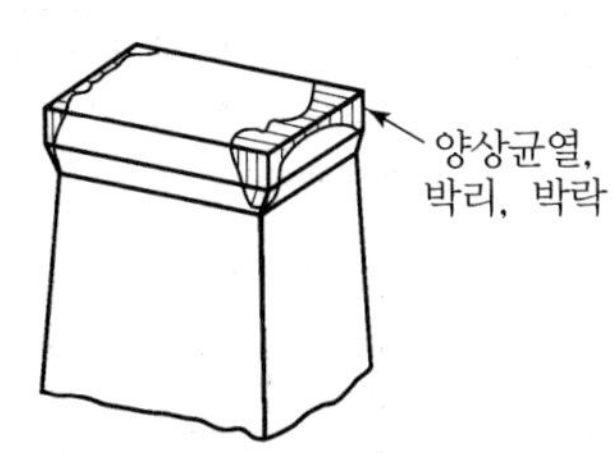	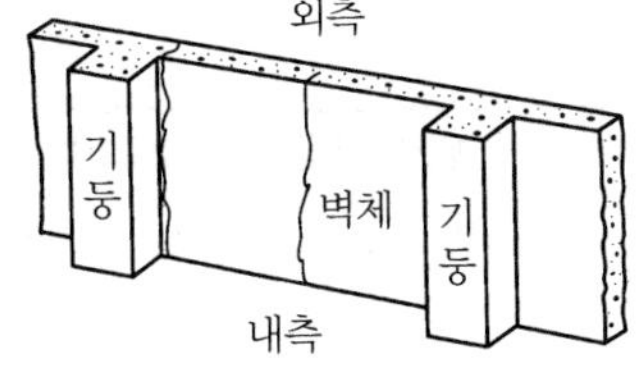

화재, 표면가열(C4, C5)	산 · 염류의 화학작용(C6)
급격한 온도상승과 건조에 따라 그물눈 모양의 미세한 균열과 함께 보, 기둥에 거의 등간격의 굵직한 균열이 발생한다. 또 부분적으로 폭발하여 떨어지는 일이 있다. 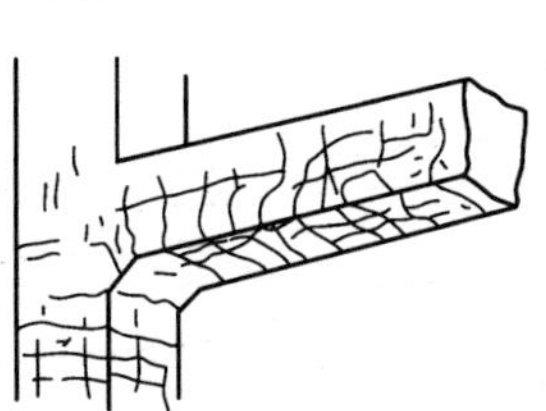	콘크리트 표면이 침식되어 대부분은 철근 위치에 균열이 생기고 일부 균열 표면이 떨어지기도 한다. 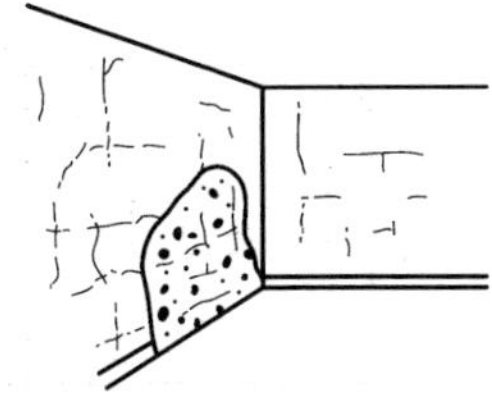

탄산화로 인한 내부 철근의 녹(C7), 침입 염화물에 의한 내부 철근의 녹(C8)	
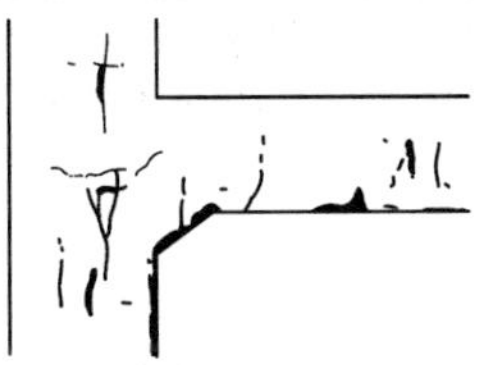	균열은 철근을 따라 발생한다. 균열부분에서는 녹이 유출하여 콘크리트 표면을 더럽히는 일이 많다. 철근의 부식이 현저할 때에는 콘크리트가 떨어지기도 한다.

[그림 1-9] 사용 및 환경조건에 의한 균열의 형태

하중(D1, D3)	설계하중을 넘는 하중(D2, D4)
보통 휨모멘트를 받는 부재에는 미세한 균열(폭 0.1~0.2mm)은 발생하지만, 0.2mm를 초과하는 폭의 경우나 전단력으로 인한 균열의 발생은 정상적으로 일어나는 균열과 다르므로 상세하게 검토하여야 한다.	그림과 같은 균열은 지진 시 수평력으로 인한 대표적인 것이다.
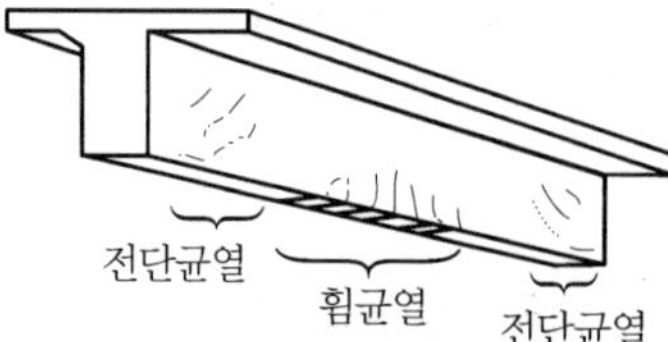	
단면 · 철근량의 부족(D5)	**익스팬션 조인트의 부적당한 위치(D5)**
배력 철근량의 부족으로 균열이 발생하는 일도 있다.	익스팬션 조인트의 위치나 간격이 부적당하면 조인트 중간의 취약부위에서 균열이 발생한다.
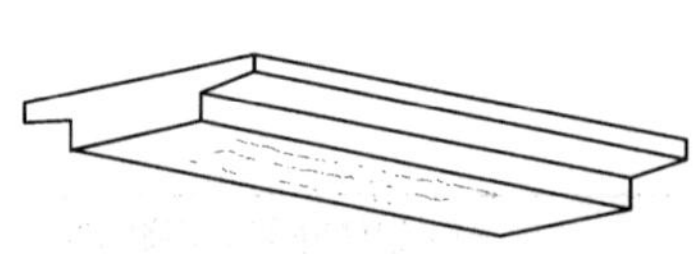	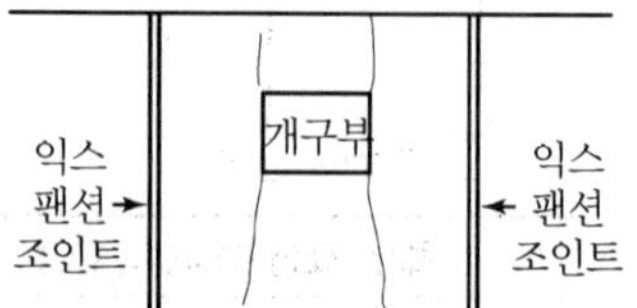
모서리 부분의 응력집중(D5)	**단면 크기의 변화 부분(D5)**
벽부재에 있어서 개구부의 유무 · 구속 정도에 따라 균열의 발생현상이 달라진다.	단면의 크기가 갑자기 변화하는 곳에서는 응력집중에 의해 균열이 발생하기 쉽다.
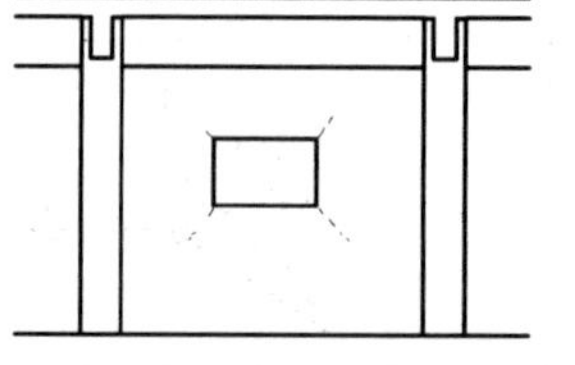	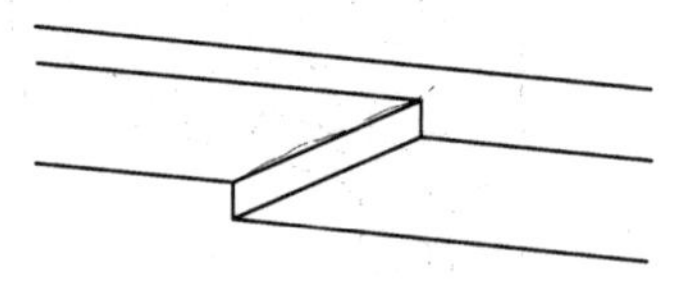
형상이 복잡한 구조물(D5)	**부등침하(D6)**
건물의 평면구조가 복잡한 경우는 단면이 급격히 변화하는 곳에서 균열이 발생한다.	부정정구조물에서는 지지점의 부등침하에 따라서 균열이 발생하는 일도 있다.
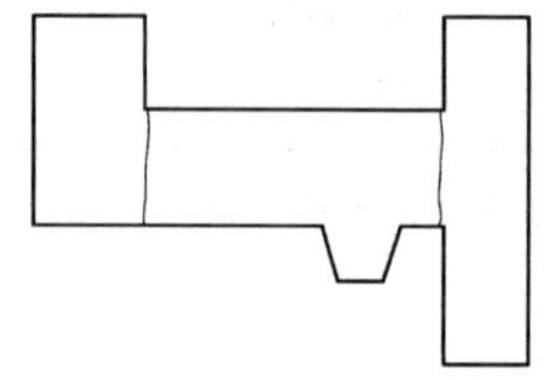	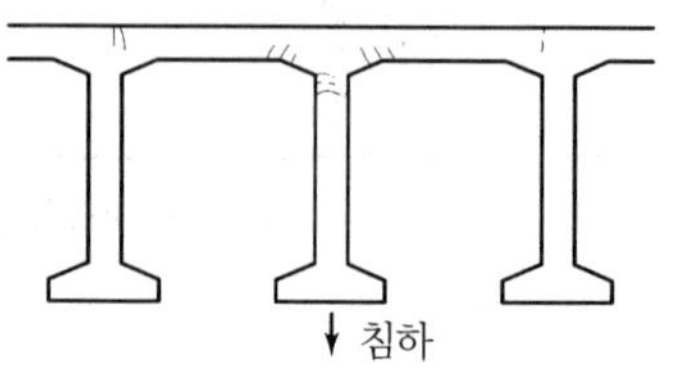

[그림 1-10] 구조 및 외력 조건에 의한 균열의 형태

부정정 구조물

구조물이 어떠한 외력을 받더라도 항상 평형상태를 이루면 그 구조물을 안정(Stable)이라 하는데 일반적으로 안정된 구조물에서 힘의 평형조건만으로 지점반력 및 부재력을 모두 구할 수 있는 구조물을 정정(靜定)이라 하고 구할 수 없는 구조물을 부정정(不靜定)이라 한다.

(3) 슬래브에 발생하는 각종 균열

① 보로 둘러싸인 바닥 슬래브에 생긴 균열

	균열형상	원인추정
	슬래브 상단에 보 주변을 따라 발생한 균열	설계에서 정한 이상의 과적재에 의한 응력, 철근량 부족, 상부 철근 처짐 등의 시공불량, 콘크리트 강도 부족 및 건조수축 등이 주요인이다. 이때에는 바닥 휨에 대한 조사가 필요하다.
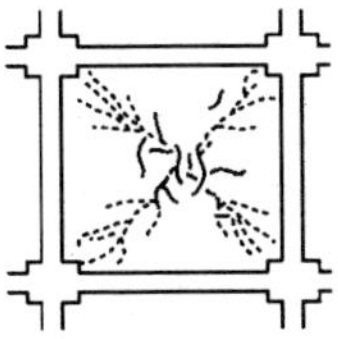	슬래브 하단에 발생한 과대 변형 균열 점선 또는 실선처럼 생긴다.	하중에 의한 응력과대로 슬래브 처짐이 큰 경우가 주요인이다. 바닥 슬래브의 휨균열(구조균열)은 강성저하나 변형장해를 수반하는 경우가 많다. 균열발생 상황을 파악하고 필요에 따라 보수 · 보강한다.
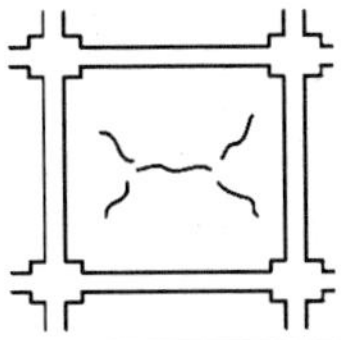	슬래브 하단에 중앙과 빗방향으로 생긴 균열	과대하중 혹은 철근량의 부족, 심한 건조수축이 주요요인이다. 슬래브 하중은 단변방향이 더 부담하므로 장변방향 균열이 단변방향 균열보다 많이 발생한다.
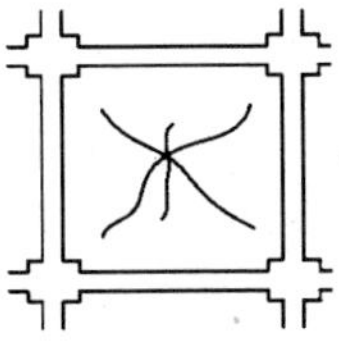	슬래브의 하단 중앙부에 X자형의 항복선을 형성한 균열	슬래브 처짐에 의해 발생하는 경우가 많다. 이 처짐은 과대하중, 철근량 및 콘크리트 강도 부족이 주요인이다. 구조물의 보유내력을 검토하여 필요하면 보수 · 보강한다.
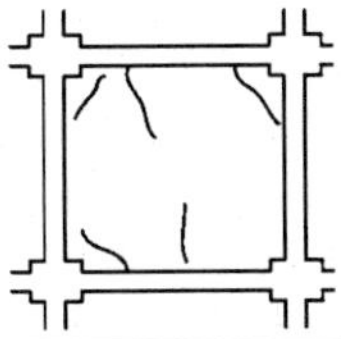	슬래브 상 · 하단의 모서리 부분에 발생한 관통 균열	슬래브의 주변보에 의한 구속이 클 때 사방향으로 우각부에 발생하는데, 이는 배근상태가 불량한 경우이거나 건조 수축에 의한 경우에도 나타난다.
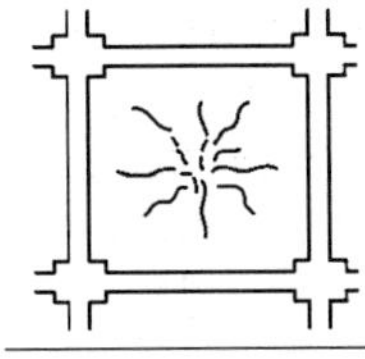	슬래브 하단 중앙부에 발생한 변형 균열	조기 지보공의 철거, 적재하중에 의한 동바리의 침하 혹은 과대하중의 작용 등의 주원인이다. 균열상태를 파악하고 필요하면 보수 · 보강한다.
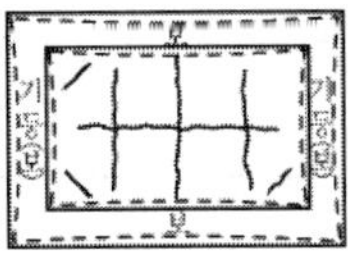	슬래브 상 · 하단에 슬래브의 장변 방향과 직각의 방향으로 생긴 균열	건조수축에 의한 균열로 W/C비가 큰 부배합의 콘크리트에서 많다. 두께가 얇은 슬래브에서 비교적 크게 나타나며, 균열의 형태는 슬래브 상 · 하단으로 관통하는 경우가 많다.

부배합(富配合, Rich Mix)

단위 용적에 대한 시멘트나 석회의 양이 비교적 많은 배합

	균열형상	원인추정
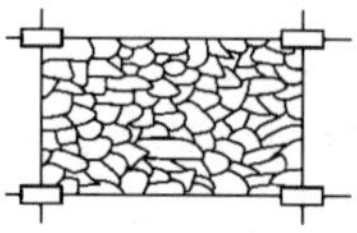	슬래브 상·하단에 거북등 모양으로 불규칙하게 생긴 균열	이 균열은 휨이 보이는 슬래브 상면 단부나 하단 중앙에 선모양의 균열이 보이는 경우도 있다. 주요인은 재료의 불순물이 많은 골재를 사용하거나 장시간 반죽 또는 운반시간의 지연 등이 주요인이다. 또는 응결지연제를 혼입한 콘크리트가 건조할 때에도 생긴다. 콘크리트 강도 및 콘크리트의 내부상황 조사가 필요하다.
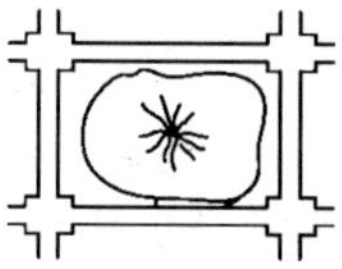	슬래브 하단 중앙부에 벌집 모양의 균열	설계하중 이외의 과대하중, 거푸집 존치기간이 짧은 경우 콘크리트 단면 및 철근량이 부족한 경우 등 설계, 시공상의 부주의가 주원인이다. 구조물의 보유내력을 검토하고 필요하면 보수·보강한다.
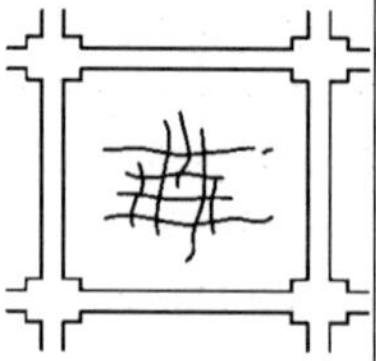	슬래브 하단에 발생한 바둑판(철근 배근간격) 모양의 균열	피복두께의 부족, 철근의 녹 발생으로 인한 팽창이 주원인이다. 콘크리트의 건조수축에 의한 경우도 나타난다.
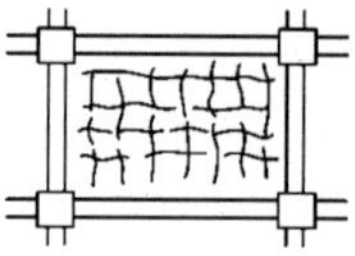	슬래브 상단에 발생한 바둑판 모양의 균열	W/C비 과다, 수분의 급속 증발, 건조 수축에 의해 콘크리트 타설 후 1~2시간 사이에 철근방향을 따라 생긴 침하균열이다. 피복두께가 부족한 경우에 심하게 나타난다.
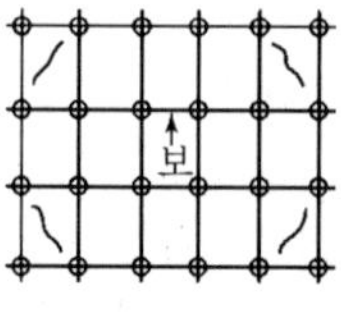 보	비교적 큰 슬래브 모서리에 발생한 45° 방향의 균열	슬래브 크기가 크고, 우각부가 강력하게 고정되어 있을때 생긴 균열이다. 이는 슬래브가 하중을 받을 때 주근방향으로 처짐이 생기면 우각부가 들어 올려진다. 이것을 강력하게 억제함으로써 우각부에 균열이 생긴다. 또는 큰 표면적을 가진 슬래브 콘크리트 속의 상대습도가 80% 이하로 떨어져 건조할 때 생기는 경우도 있다.
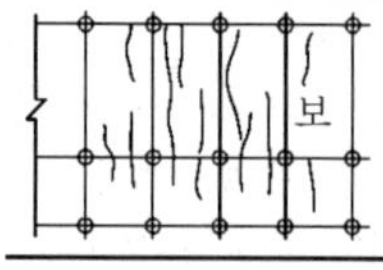 보	도리 방향이 긴 건물에서 보간 방향으로 생긴 균열	대부분 건조수축에 의한 균열이다.

도리 방향

보에 직각으로 기둥과 기둥 사이에 걸어 연직하중 또는 수평하중을 받는 가로재를 도리라 하고, 이 도리의 방향을 도리 방향이라 하는데 건축에서는 대체로 건물의 긴 방향을 의미한다.

② 지붕 슬래브에 생긴 균열

	균열형상	원인추정
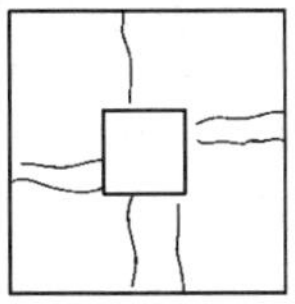	폐쇄형의 건물에서 생긴 균열	주로 건조수축에 의해 발생한다.

③ 캔틸레버 슬래브에 생긴 균열

	균열형상	원인추정
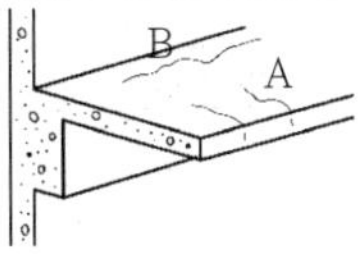 B A	캔틸레버 슬래브에 생긴 균열	A는 주로 건조수축에 의한 균열이다. B는 휨모멘트에 의해 생긴 균열이다.
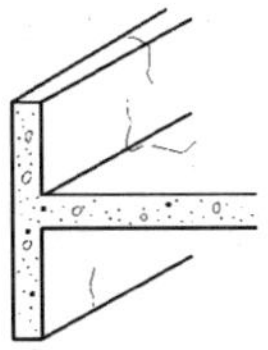	캔틸레버 슬래브 선단에 상부벽이나 내림벽에 생긴 균열	온도변화에 의한 건조수축균열이다.
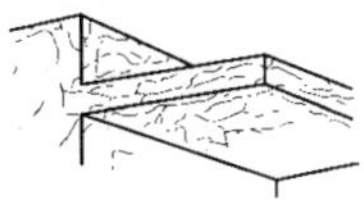	외벽에 면한 돌출부재에 발생한 비낀 균열 및 스케일	동결융해 반복에 의한 균열이다.

④ 테크플레이트 바닥에 생긴 균열

	균열형상	원인추정
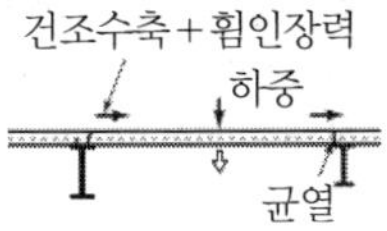 건조수축+휨인장력 하중 균열	데크 플레이트가 보 위에 깔려 있을 때 보의 근방에 생긴 균열	단순 지지슬래브 구조여서 적재하중에 의한 인장력과 수축에 의한 인장력으로 균열이 발생한다.
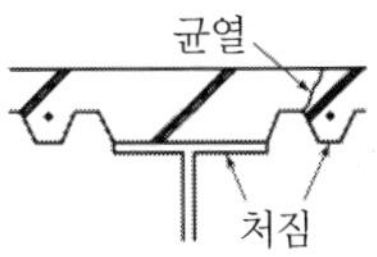 균열 처짐	단면의 요철이 있는 데크플레이트에 생긴 균열	단면의 요철이 있는 데크플레이트는 보 근방의 얇은 단면부에서 균열이 발생한다. 특히 합성바닥판 구조용 데크를 이용한 슬래브는 철근량이 적어 균열의 폭이 크게 될 수가 있다. 한편, 데크플레이트가 작은 보 위에 연속적으로 깔려 있는 경우에는 콘크리트 타설 중 진동 등으로 처짐이 심하다.

	균열형상	원인추정
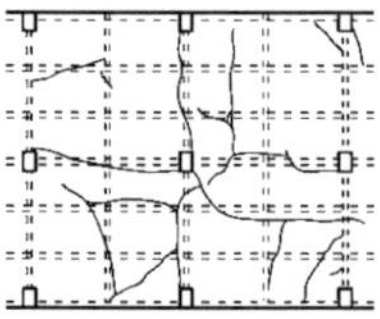	데크플레이트 바닥 전체면에 생긴 균열	데크 플레이트 바닥 전 데크플레이트 슬래브에는 큰 보, 작은 보의 처짐의 차이와 슬래브 상부 철근의 처짐 및 시공 시 과도한 하중을 슬래브 위해 놓을 때 얇은 슬래브의 우각부 사이드 등에 균열이 생기는 경우가 많다.

(4) 보에 생긴 균열

	균열형상	원인추정
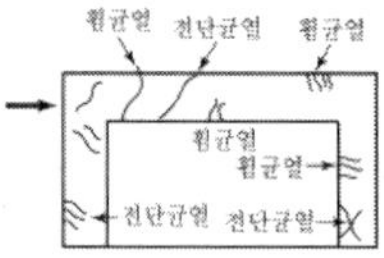 휨균열 전단균열 휨균열 휨균열 휨균열 전단균열 전단균열	보 상단 특히 슬래브를 관통한 모양의 사방향 균열	보의 단부에 45° 방향으로 발생한 전단균열은 지진 또는 부등침하로 발생한다. 또는 과대하중, 단면 및 철근량의 부족 또는 콘크리트 강도 부족에 의해서도 발생한다. 건물 전반의 균열상황과 보유내력 검토가 필요하다.
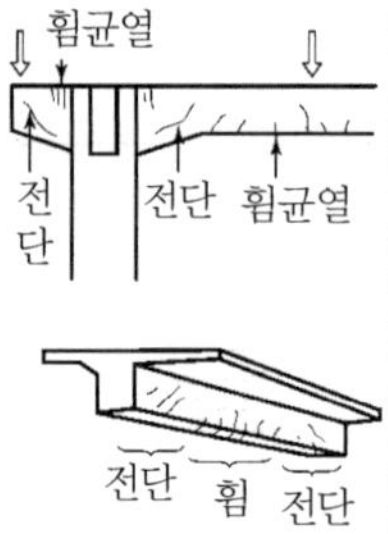 휨균열 전단 전단 휨균열 전단 휨 전단	보 중앙부 및 보와 기둥 접합부에 발생한 수직방향의 휨 균열	휨 균열은 콘크리트 수축과 휨응력에 의해 보 중앙부의 하부로부터 세로방향으로 발생하거나 보와 기둥 접합부근에 발생하기도 한다. 또는 보 중앙 하단근의 단부정착이 부족할 때 보 밑 1/4지점 부근에서 발생하기도 한다. 발생원인은 부재의 단면 · 철근량의 부족과 지진 혹은 과대하중 등의 작용 때문이다. 균열상황과 부재의 보유내력 검토가 필요하다.
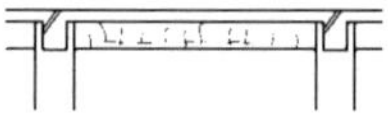	부재 전체에 세로방향의 등간격균열과 보하부에 수평방향의 잔균열	오래된 건물에서 철근의 녹 발생으로 인한 팽창에 의한 균열이다.
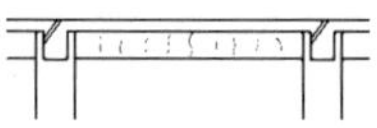	부재 전체에 등간격의 잔균열이 세로방향으로 생긴 균열	부재 상부의 건조수축으로 인한 균열이다.
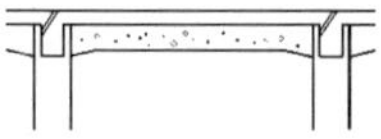	골재가 빠지는 모양의 균열	반응성 골재의 사용으로 인한 알칼리 – 골재반응 현상 때문에 발생한다.

	균열형상	원인추정
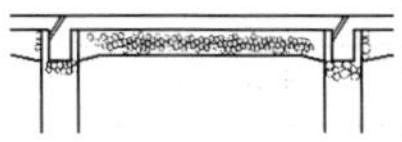	부채 전체 표면에 거북등 모양의 헤어크랙	마감재의 건조수축, 불량골재의 사용, 콘크리트의 장시간 비빔, 장시간 운반 등에 의해 생긴 균열이다.
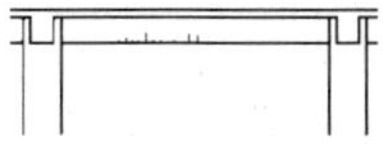	부재 중앙부 하부에 발생한 수직방향 잔균열	철근의 피복두께 부족으로 발생한 균열이다.
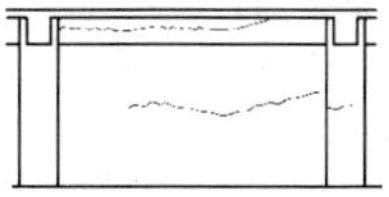	보와 벽체에 수평방향으로 발생한 균열	콘크리트 침강에 의한 균열이다. 혹은 이어붙기 부분이 일체화되지 않아 생긴 균열이다.
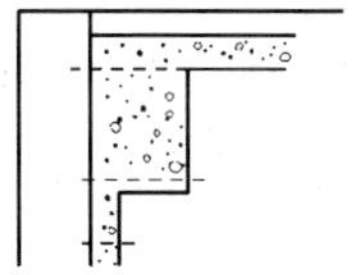	부재단면이 바뀌는 곳에서 생긴 균열	부재단면이 바뀌는 곳에서 침하량의 차이에 기인한 균열이다.
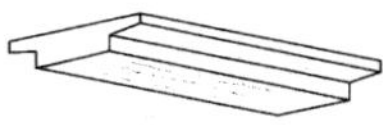	보 하부에 발생한 불규칙한 벌레무늬형의 균열	통상 배력철근량의 부족으로 발생한 균열이나 과대하중, 단면부족에 의한 경우도 있다. 라멘 등의 부정정 구조물에는 지점의 부등 침하에 의해 발생하는 수도 있다.
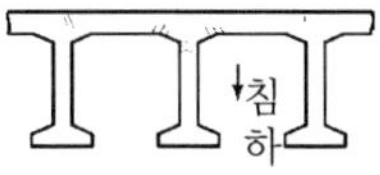 침하	보와 기둥의 접합부분에 생긴 균열	부재단면, 철근량이 부족한 경우 또는 설계하중 이외의 외력이 작용한 경우 발생하는 균열이다. 건물 전반의 보유내력을 검토하고 필요하면 보수 · 보강한다.
	콘크리트 내의 철근을 따라 발생한 균열	콘크리트 탄산화 혹은 침입 염화물에 의해 내부철근의 부식에 기인한 균열이다. 특히 철근의 부식이 현저할 때에는 피복콘크리트가 박락되기도 한다.
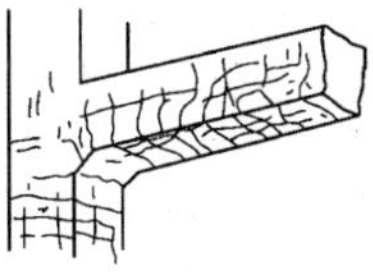	보, 기둥에 발생한 불규칙한 그물 모양의 균열	이 균열은 화재 등에 의한 콘크리트 표면의 가열 등으로 급격한 온도상승과 건조에 따라 등간격의 굵직한 균열이 생긴다.

(5) 기둥에 생긴 균열

① 기둥에 발생하는 각종의 균열

	균열형상	원인추정
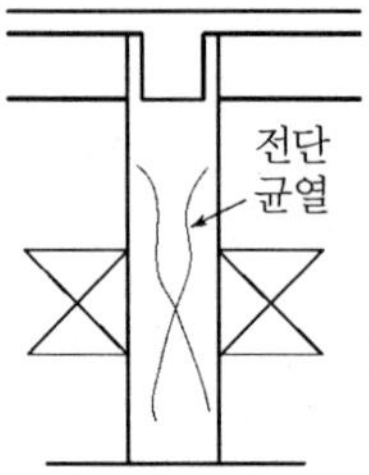 전단 균열	X자 형의 전단균열	기둥의 사방향 균열은 지진으로 인해 큰 전단력이 가해졌을 때 발생한다. 또는 설계하중 이상의 외력이 작용할 때 혹은 큰크리트 단면의 부족과 철근량 부족 및 콘크리트 강도 부족 등의 원인으로도 발생한다.
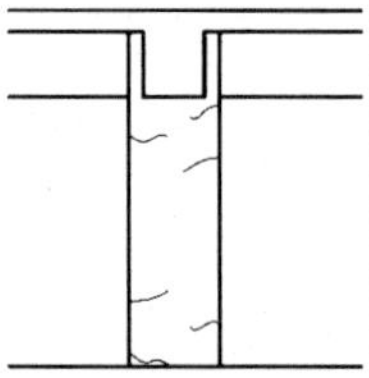	주두, 주각부에 수평으로 발생한 균열	주두, 주각부에 수평으로 발생한 정균열, 전단균열은 설계응력 이상의 정모멘트를 받을 경우에 발생한다.
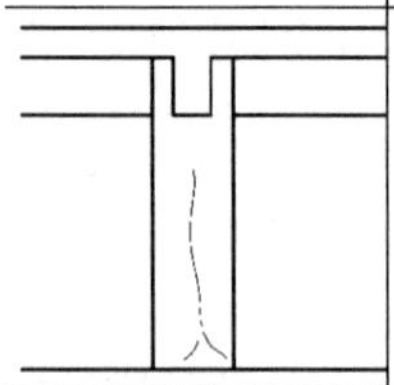	기둥의 연속적인 세로 방향의 균열	축방향 균열은 압축력에 의한 균열이다. 건물 전반의 보유내력을 검토하고 필히 보수 · 보강한다.
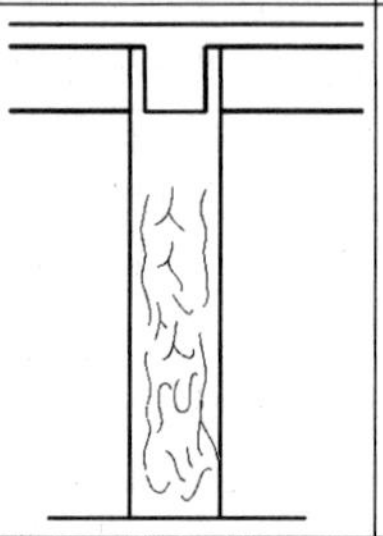	주두, 주각부에 발생한 불규칙한 균열	산 · 염류의 화학작용, 화재로 인한 표면가열에 의해 발생한 균열이다.
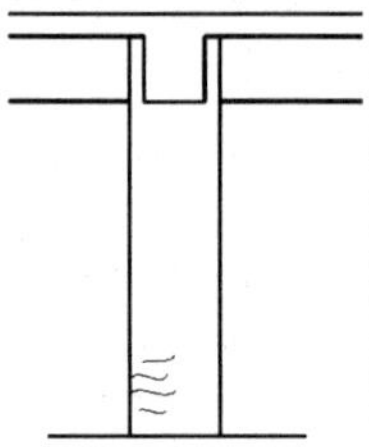	기둥 하부부분에서 철근의 위치에 따라 생긴 균열	노후된 건물에서 철근의 부식에 따른 팽창에 의한 경우가 많다. 또는 피복두께 부족으로 띠철근을 따라 발생하기도 한다.
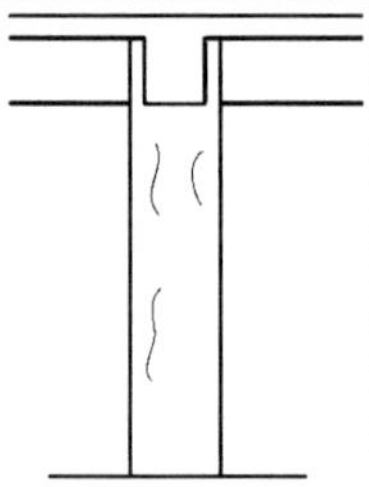	불규칙적인 수직방향의 잔균열	콘크리트 강도의 부족 혹은 시멘트나 골재의 불량으로 인해 발생한다.

	균열형상	원인추정
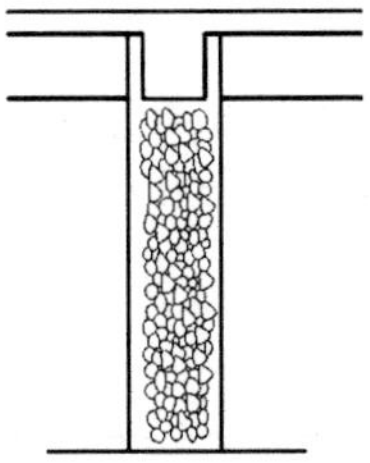	기둥 전체에 불규칙적인 귀갑형상의 잔 균열	사용재료의 불량이나 콘크리트의 장시간 비빔 및 장시간 운반 등이 원인이다. 알칼리-골재반응에 의한 경우 균열을 생기게 하는 기동력은 반응생성물의 체적 증대에 따른 팽창압이다. 귀갑상의 균열은 콘크리트가 동결하여 그 팽창압으로 발생하는 경우도 이와 같다.
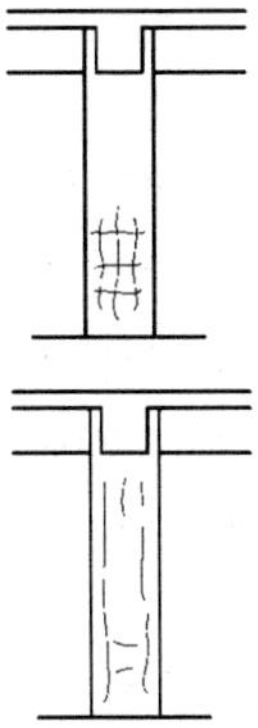	철근에 면하여 생긴 균열	배근의 흐트러짐 혹은 피복두께가 부족하여 내부 철근의 부식에 따라 생긴 균열이다. 콘크리트 속의 염화물을 다량으로 함유하면 내부 철근의 녹 발생에 의해 균열 및 피복콘크리트가 뜨는 경우도 있다.
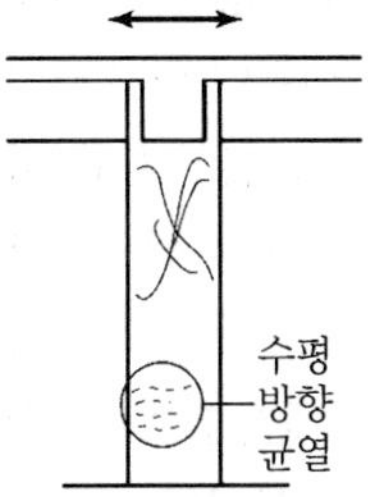 수평방향 균열	주두에서 발견된 X자형의 경사균열	지진으로 인해 큰 전단력이 가해졌을 때 또는 과대하중의 작용, 큰크리트 단면의 부족, 철근량 및 큰크리트 강도 부족 등의 원인으로 발생한다. 점선의 수평방향 균열도 원인은 위와 같이 지진에 의한 정균열이다. 균열상황과 부재의 보유내력을 검토하고 필요할 경우에 보수·보강한다.
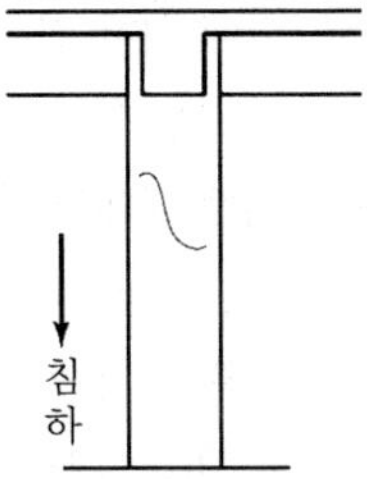 침하	기둥 상부로부터 하부를 향해 발생한 경사균열	직접기초에서 접지, 내력 부족에 의해 건물의 부등침하로 발생한 균열이다. 또 말뚝기초의 지지력 부족 혹은 불규칙한 기초에서도 발생한다.
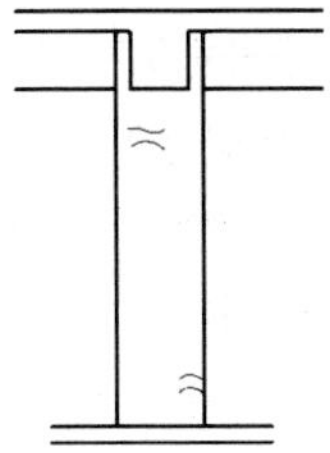	기둥의 상부 및 하부에 발생한 수평방향 균열	외력이 과다한 경우나 철근량 및 콘크리트 강도가 부족한 경우에 발생한다. 건물 전반의 균열상황과 보유내력 검토가 필요하다.

	균열형상	원인추정
	기둥의 배부름 하자	구조계산 시 토압, 수압 크기 추정의 잘못으로 인하여 기둥에 휨이 생긴다.

(6) 벽면에 생긴 균열

벽면에 발생한 균열을 살펴보면 외벽에서의 경우 八자형과 역八자형 균열을 많이 볼 수 있으며, 콜드 조인트에 기인한 불규칙한 사방향 균열이 있는가 하면 건물의 중간층 부분에는 X자형의 균열도 발견된다. 八자형과 역八자형 균열은 주로 건물의 층수가 비교적 높은 경우에 상 · 하층의 건조수축의 차이로 생기거나 사계절의 온도변화에 의한 수축, 팽창으로 일어난다.

건조수축과 온도변형의 영향은 건물의 맨 아래층과 그 위 2, 3층 및 맨 위층에서 나타나는데, 아래층은 기초부가 수축하지 않아 큰 변형의 차가 생겨서 건물 양쪽 끝부분의 벽은 강하게 전단변형이 되어 비낀 균열이 발생하고, 2층에서 윗부분의 층은 거의 평행이동하는 형태로 수축한다. 따라서 맨 아래층에 발생하는 균열은 건조수축으로 역八자형의 균열이 생기는 것이다.

온도에 의한 균열은 맨 위층에서 생기는데 균열형태는 건조수축의 경우와는 반대로 八자형이 된다. 이 균열은 하절기에 지붕면이 열을 받아 온도가 상승하여 지붕바닥과 보가 늘어나 변형되고, 벽에 외향 전단변형을 강제함으로써 생긴다. 특히 지붕이 열을 흡수하는 검은색 계통의 재료이거나, 맨 위층이 공기조화로 인한 낮은 온도에 의해 억제되는 경우 또는 건물의 길이가 긴 경우에는 더 심하다.

한편, 종방향 균열은 보와 같이 구속이 큰 부재로 둘러싸인 벽체에서 주로 건조수축으로 인하여 벽체의 중앙이나 또는 구속부재(보, 기둥 등)를 따라 발생한다. 그리고 부등침하의 원인으로 지중응력도가 집중되는 중앙부가 침하하는 경우 벽면에는 국부적인 八자형 균열이 생기며, 건물의 한쪽 끝부분이 침하할 경우 침하한 방향으로 사방향 균열이 발생한다. 반대로 지반이 치솟을 때에는 치솟은 부분과 반대방향인 사방향의 균열이 생기며, 지진에 의해 생긴 벽체의 균열은 수평력의 영향으로 보통 X자형 균열이 많아진다. [그림 1－11]은 벽면의 건조수축과 온도균열이 되는 이유를 나타낸 것이다.

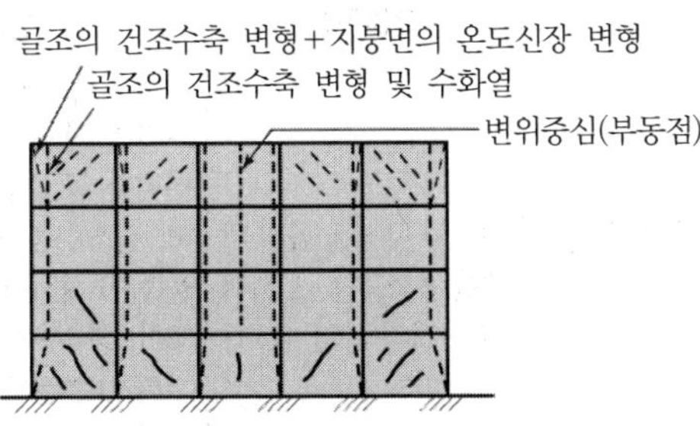

[그림 1-11] 건조수축으로 인한 변형과 벽 균열

① 기둥과 보로 둘러싸인 벽체에 생긴 균열

	균열형상	원인추정
	벽면에 X자형의 경사 균열	지진력에 의한 응력의 과대, 콘크리트 강도의 부족, 과대하중의 작용이 주원인으로 건물 전반에 걸쳐 보유내력 검토가 필요하다.
↓침하	벽면에 45° 방향의 경사 균열	건물의 부등침하가 주요인이며, 설계 외력(지진, 적재) 외에 건조수축, 온도, 습도변화에 의한 건물 전체의 신축에도 관계된다. 건물의 부등침하량과 균열상황 및 침하 진행 등의 조사가 필요하다.
↓침하	개구부의 한 방향으로 발생한 균열	균열이 심하면 건조수축보다 부등침하가 주원인일 수도 있으므로 부등침하량, 침하 진행 등의 조사가 필요하다.
	무개구부 벽면의 모퉁이에 경사로 발생한 균열	보, 기둥 등 주변 부재의 구속이 클 때 건조 수축에 의해 발생한다.
	벽면의 중앙 부근에 발생한 종방향 균열 기둥의 가장자리에 면하여 발생한 종방향 균열	벽 두께가 얇고 비교적 면이 큰 경우, W/C비가 큰 부배합의 콘크리트에서 혹은 건조수축에 의해 발생한다. 두꺼운 벽은 건조가 더디고 외부 구속이 적으므로 미세균열이 발생하며, 전체의 건조수축균열이 가늘게 분산된다. 또한 벽이 두꺼우면 기둥에 약간의 균열이 있더라도 누수가 되지 않는다. 그러나 내진적으로는 불리하고, 만약 두꺼운 내진벽을 건물의 4코너에 설치하면 그 벽에 구속되어 다른 벽의 균열이 많아진다.

	균열형상	원인추정
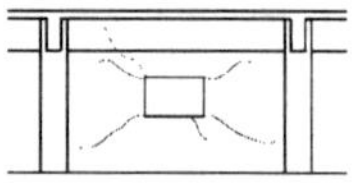	개구부 구석을 따라 발생한 경사균열 · 보측까지 연결된 균열	개구부 구석에 사방향의 균열은 거푸집 탈형 직후에 수화열에 의해 미세한 균열이 생기는 경우가 많고, 건조수축 외기온 변동의 요인을 받아 서서히 확대해 가게 된다. 또한 개구부 주위의 균열은 벽 내부의 10℃ 정도의 온도상승에서도 발생하며, 개구부가 있는 벽은 기둥과 보로 구속된 경우도 생긴다.
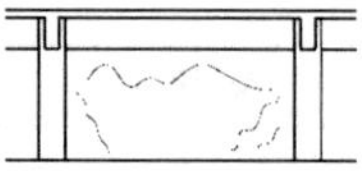	무개구 벽면에서의 불규칙한 균열	이어치기 불량으로 콜드조인트에 의해 발생한 균열이다. 신 · 구콘크리트에서 장시간이 지나면 콘크리트 경계에 나타난다.
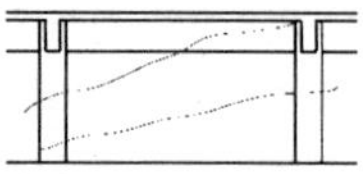	보, 기둥, 벽체에 연하여 생긴 불규칙한 경사균열	불규칙적으로 나타난 경사균열이라 하여 전단력에 의한 균열로 판단하기 쉬우나, 대개 콜드 조인트에 의해 발생한 예가 많다.
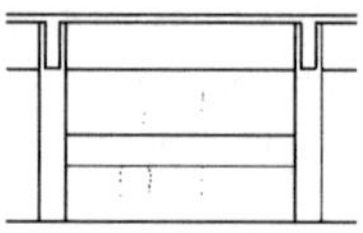	내림벽, 징두리벽에 긴 방향과 직각으로 중앙부근 혹은 등간격으로 발생한 균열	모르타르가 두꺼운 경우 건조수축에 의해 발생한다. 외벽의 건조수축량은 벽 두께나 마감의 유무 등으로 다르며, 건조수축균열은 벽 아래 층 구체와 상부 보 부재의 건조수축 차이에 따라 발생한다.
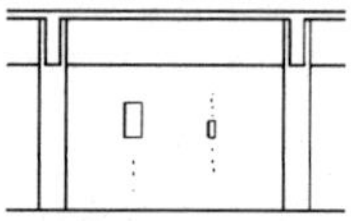	단자함 주위의 종방향 균열	배근, 배관의 콘크리트 피복두께가 부족하여 발생한다.
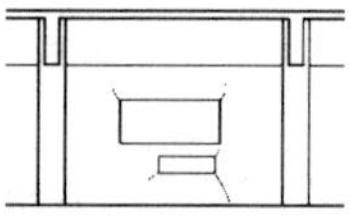	개구부가 서로 겹쳐 있는 경우에 생긴 연결균열	건조수축이 주원인이다.
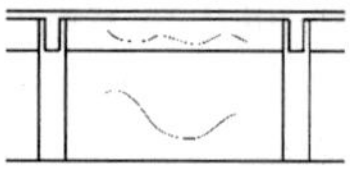	벽체의 하부로 향하여 발생한 균열	급속한 콘크리트 타설에 의한 콘크리트 침강에 따른 균열이다.
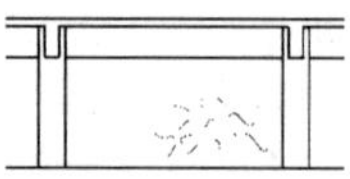	단면이 얇은 벽체 일부에서 발견된 짧고 불규칙한 균열	시멘트의 이상 응결이 주요인이며, 콘크리트 타설 후 조기에 나타난다.
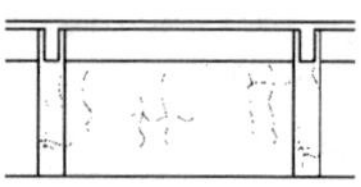	철근의 위치를 따라 생긴 균열	철근의 피복두께가 적은 상태에서 현저히 나타나고, 철근의 발청팽창에 의한 경년(經年)이 긴 건물이나 해사(海沙) 사용의 건물에서도 볼 수 있다. 균열부위에서 녹의 유출이 보이는 경우도 있다.

	균열형상	원인추정
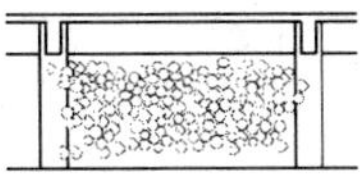	거북등 모양의 헤어크랙	불순물이 많은 골재를 도용하거나 장시간의 반죽, 장시간의 콘크리트 운반 등에 의해 발생한다. 콘크리트 강도 및 콘크리트 내부 상황을 조사할 필요가 있다.
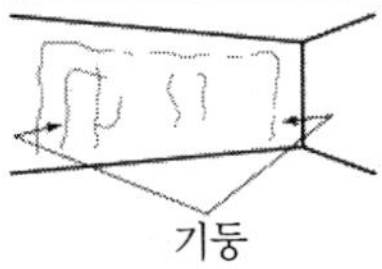 기둥	콘크리트와 콘크리트 블록의 경계면 부근에 생긴 균열	지반이 서로 다른 경우, 지반의 수축 등에 의해 발생한다.
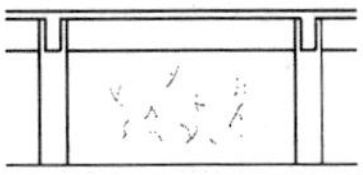	모르타르 바름벽에 ㅅ자 모양의 잔균열	외기온의 변화, 건조수축에 의해 모르타르의 들뜸으로 발생한다.
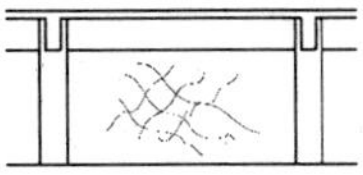	무개구 벽면에 45° 방향의 겹친 균열	지진에 의한 건물의 침하가 주요인이다. 건물 전반에 보유내력을 검토하고 필요하면 보수 · 보강한다.
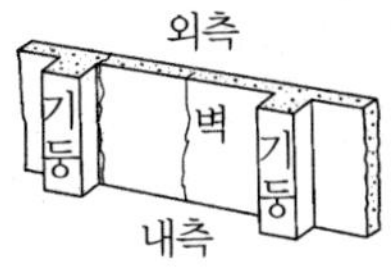 외측 기둥 벽 기둥 내측	구속부재 간의 중앙부 혹은 구속부재 인접부 부근에 수직으로 발생한 균열	부재의 외측이 고온다습하고, 내측이 저온 건조한 경우 저온 혹은 건조한 쪽에서 균열이 발생한다. 시간이 경과하면 반복작용으로 인하여 균열이 관통하기도 한다.
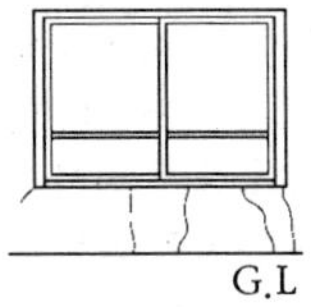 G.L	1층 징두리벽부에 생긴 균열	1층의 징두리벽에 쉽게 균열이 발생한 것은 하부구조가 땅 속에 있어서 건조수축이 없으므로 징두리벽의 건조수축이 그대로 균열 발생과 연결되기 때문으로 판단된다.

② 건물 전체의 벽에 생긴 균열

	균열형상	원인추정
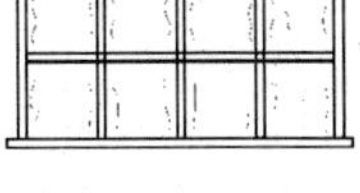	건물 외벽 기둥면을 따라 발생한 종방향 균열	보와 같이 구속이 큰 부재로 구성되어 있는 벽체에 건조수축으로 인하여 벽체의 중앙부 또는 기둥면에 따라서 발생한다.
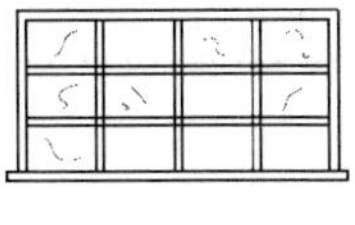	건물 외벽면에 발생한 불규칙한 사방향의 균열	얼핏 보기에 전단력에 의한 균열로 착각하기 쉬우나 이어붓기 불량으로 생긴 콜드 조인트에 의한 균열이다.
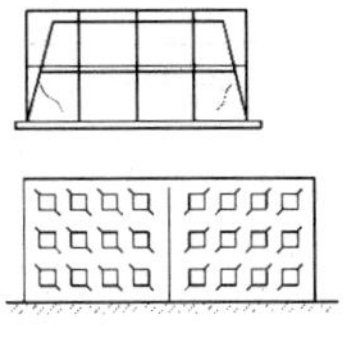	외벽면에서의 역八자형 균열	옥상부가 저우 혹은 건조상태가 되어 수축할 경우 지상부분과 지하부분의 건조수축 차이에 의해 생긴 균열이다. 균열폭은 건물 아래층 또는 양단부로 갈수록 커지며, 여름철에 시공한 건물에 주로 많이 발생한다.

>>> **압밀(壓密, Consolidation)**

흙이 압축력을 받아 흙의 빈틈 속에 있는 물이 외부로 배출됨에 따라 지반이 서서히 압축되는 현상

	균열형상	원인추정
	외벽면에서의 八자형 균열	기상작용으로 옥상부가 고온 다습하게 되어 팽창할 경우에는 옥상 슬래브 및 외벽면에 균열이 생긴다. 이는 환경온도, 습도의 변화로 건물이 신축하기 때문이다.
침하 곡선	외벽면에 국부적으로 발생한 八자형 균열	기초의 부등침하가 주요인이다. 압밀이 균일한 지반에서는 지표면이 처지는 중앙부에 지중응력도가 집중되어 중앙 침하하여 八자형 균열이 생긴다. 건물의 균형상황 및 침하 진행 등의 조사가 필요하다.
	하층에는 역八자형, 상층에는 八자형으로 발생한 균열	대체로 건물의 층수가 높은 경우에 온도상승으로 균열이 각각 다르게 발생하며, 중간층 부근에서는 양균열이 겹친 X자형 균열을 볼 수 있다.
	건물 전면에 발생한 사방향 균열(X형 균열)	부등침하 및 지진의 수평력 영향으로 기둥, 벽 등에 X자형의 전단균열을 볼 수 있다. 건물 전반의 보유내력 검토가 필요하다.
	벽면 모서리에 국부적으로 발생한 사방향 균열	인접한 흙막이벽이 부실하여 침하한 경우, 혹은 건물의 한쪽 끝의 지반침하 등에 의하면 침하한 방향에 사방향 균열이 발생한다.
	지반의 융기로 생긴 연직방향의 할렬균열	건물의 지반이 치솟을 때에는 치솟은 부분과 반대방향인 사방향으로 균열이 생기는데 만일 치솟은 부분이 건물 중앙부일 때에는 그림과 같이 연직방향의 할렬균열이 생긴다.
	벽면에 생긴 각종의 균열	높이에 비해 길이가 긴 건물은 자른 부분의 구속이 커서 균열이 많이 발생한다.

(7) 기타 부재에 생긴 균열

① 시공에 관계된 균열

	균열형상	원인추정
	국부적으로 발생한 팽창 균열	혼화재가 팽창성인 것과 수축성이 있는데, 이들 모두가 불균일한 분산에 의하면 부분적으로 균열이 발생한다.

	균열형상	원인추정
	콘크리트 내의 공동·곰보	콘크리트 다짐이 부실하면 콘크리트 내부에 곰보나 공동 및 벌집이 생겨 균열의 발생기점이 된다.
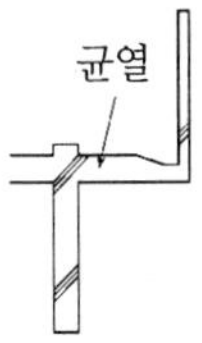 균열	발코니, 복도 바닥에 생긴 균열	콘크리트 두께의 부족이나 철근량 부족 또는 콘크리트 타설 시 철근의 처짐 등으로 발생한 예가 가장 많다.
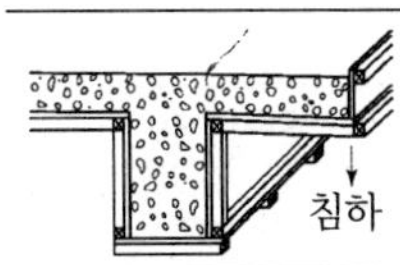 침하	보 상부 슬래브면에 생긴 균열	받침기둥이 침하하면 수평부재에 휨응력이 작용하여 균열이 발생한다.
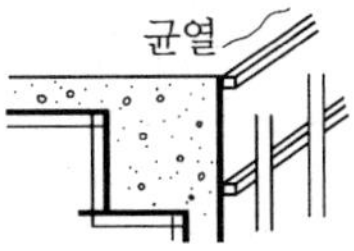 균열	거푸집 변형에 의해 생긴 균열	거푸집이 부풀어 오르거나 팽창하면 거푸집면에 연한 균열이 생긴다.

② 재료적 성질에 기인한 균열

	균열형상	원인추정
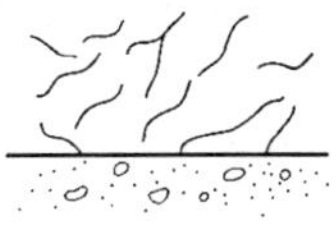	짧고 불규칙한 벌레무늬 모양의 균열	시멘트 이상응결에 기인한 균열은 짧고 불규칙하며 조기에 발생한다. 콘크리트 초기에 양생이 불량할 때 급격한 건조로 인하여 발생하는 경우도 이와 같다.
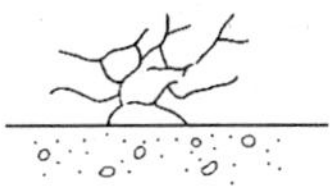	불규칙한 그물 모양의 균열	골재 속에 섞인 오물에 의해서 콘크리트의 건조에 따라 불규칙한 그물눈 모양의 균열이 발생한다. 또한 콘크리트의 장시간 비빔, 장시간 운반에 의해서도 생긴다.
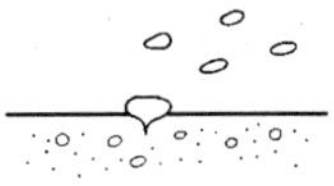	드물게 발생한 팝콘 모양의 균열	반응성 골재나 풍화암 등의 품질이 낮은 골재로 할 때 팝콘 모양으로 균열이 드물게 발생한다.
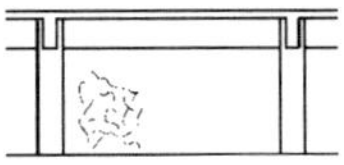	방향성이 없는 지도 모양의 균열	반응성 골재에 의한 균열은 벽의 경우 방향성이 없이 마구 갈라지는 지도 모양으로 발생한다. 기둥, 보 등에서는 재축방향에 거의 평행으로 발생한다.
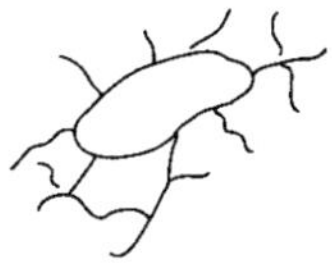	짧고 불규칙한 방사상의 균열	성분적으로 불안정한 시멘트는 경화 초기단계에 이상팽창을 일으켜 짧고 불규칙한 균열이 방사상으로 나타난다. 급격한 건조에 따라 발생하는 경우도 있다.

	균열형상	원인추정
	두꺼운 단면부재에 생긴 균열	단면이 큰 지중보나 두꺼운 지하벽 등에서 수화열에 의해 발생한다. 일단 팽창된 콘크리트가 수축을 구속당한 경우는 관통하는 균열이 발생한다.

③ 환경적 요인에 기인한 균열

	균열형상	원인추정
	벽면의 철근에 의하여 생긴 균열	산, 염류의 화학작용에 의하면 콘크리트 표면이 침식되어 대부분 철근의 위치에 균열이 발생하고, 일부 균열표면이 벌어지기도 한다. 노출면 철근에는 녹자국이 심하게 나 있다.
	패러핏 벽면에 발생한 균열	최상층 바닥 방수층의 열팽창에 대해 누름콘크리트에서 적절한 신축 줄눈이 없으면, 패러핏 벽이 밀려 수평균열이 발생하는 경우가 많다.

④ 진동과 관계된 균열

	균열형상	원인추정
G.L 완충제 (스티로폴) D.A 균열	드라이에리어 구체에 발생한 균열	드라이에리어 구체에 가까운 곳에서 발파나 말뚝박기, 열차 진동이 지중을 통하여 건물의 지하 벽체나 기초에 전달되어 균열이 생긴다. 이때 진동이 전파되는 지하 벽체면에 스티로폴 등의 완충재를 부착하면 방지효과가 크다.

SECTION 02 균열의 발생원인

1 균열의 발생원인

>>> 균열원인 = 인장응력 > 인장강도

균열이 발생하는 요인은 콘크리트에 작용하는 인장응력이 증가하거나, 콘크리트의 인장강도가 저하하는 경우 그리고 콘크리트에 인장방향의 변위를 부여하는 경우와 콘크리트의 신장능력을 저하시키는 경우 등으로 나눌 수 있다. 그러나 이런 요인은 서로 간에 관련이 강하기 때문에 반드시 단일한 것은 아니며, 일반적으로 2가지 이상의 요인이 겹쳐있을 때가 많다. 균열의 원인으로 가장 많이 꼽히는 것은 콘크리트의 건조수축이다.

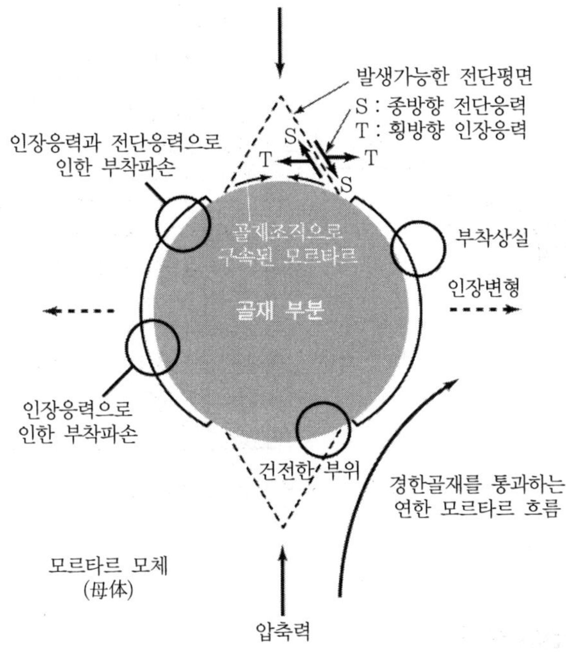

[그림 1-12] 콘크리트 균열 메커니즘

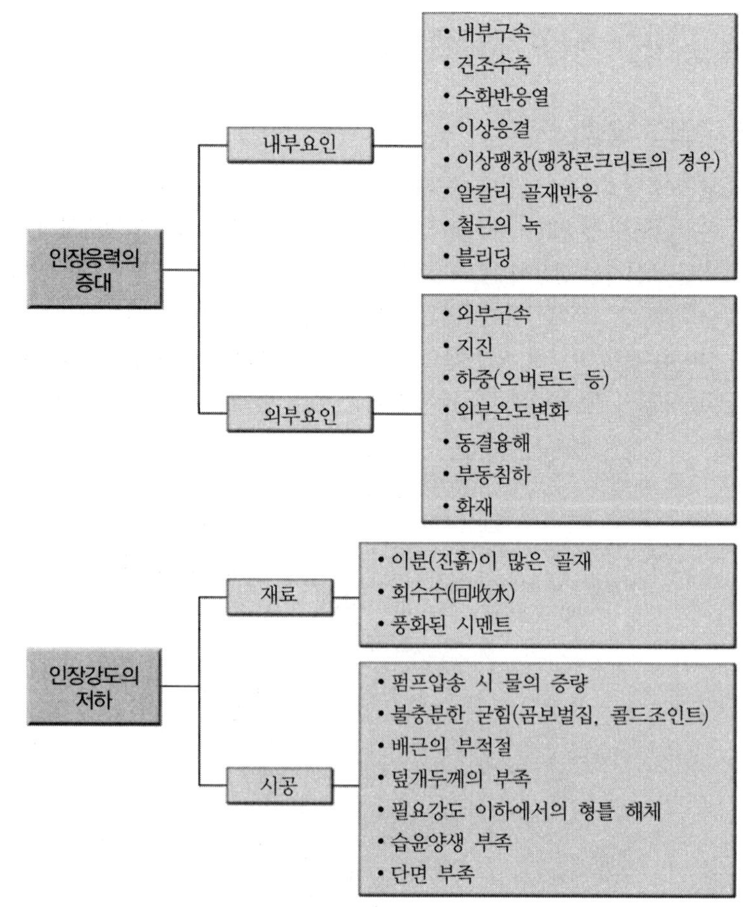

[그림 1-13] 콘크리트 균열의 원인

(1) 균열의 원인

콘크리트의 인장강도는 압축강도에 비하여 1/10~1/15 정도로 인장강도가 매우 작은 재료로 콘크리트에 작용하는 인장응력이 콘크리트의 인장강도보다 크거나, 변위면에서 콘크리트에 작용하는 변위가 콘크리트의 인장변형률보다 크면 발생한다. 최근에는 변위에 관계되는 균열 개구변위 또는 에너지에 관계되는 파괴에너지를 기준으로 하는 이론도 제시되고 있다.

콘크리트는 시멘트와 물의 수화작용으로 생성되는 시멘트 페이스트로 골재를 접착시킨 합성재료(Composite Material)이며, 이러한 합성재료의 특성상 수화작용, 블리딩현상, 수화열, 소성수축, 콘크리트 내의 많은 공극(Pores), 또는 미세균열(Microcrack)을 양산한다. 이러한 미세균열은 콘크리트가 경화하는 과정에서 발생하는 건조수축, 온도변화, 소성수축, 소성침하 및 콘크리트 내부의 움직임 그리고 철근의 부식과 같은 매입물의 팽창과 하중 또는 지반침하 등과 같이 외부에서 작용하는 외부하중에 의해 균열(Crack)로 성장하게 된다.

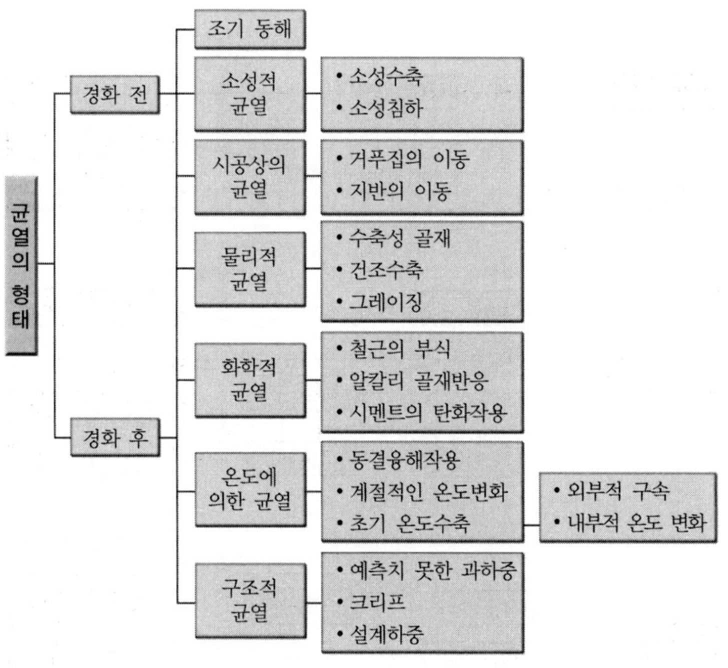

[그림 1-14] 균열의 형태

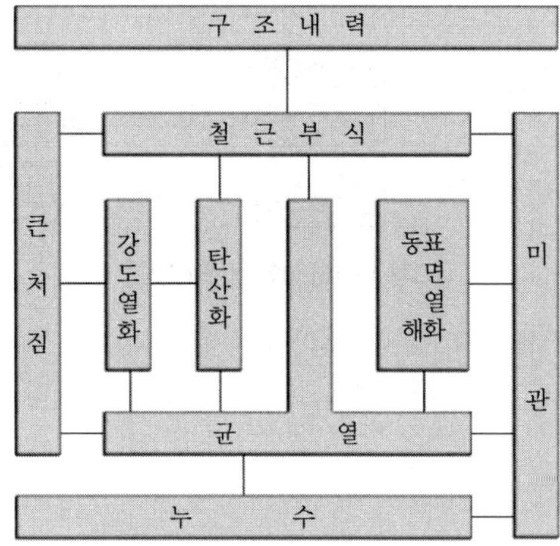

[그림 1-15] 8대 열화 현상의 상호 관계

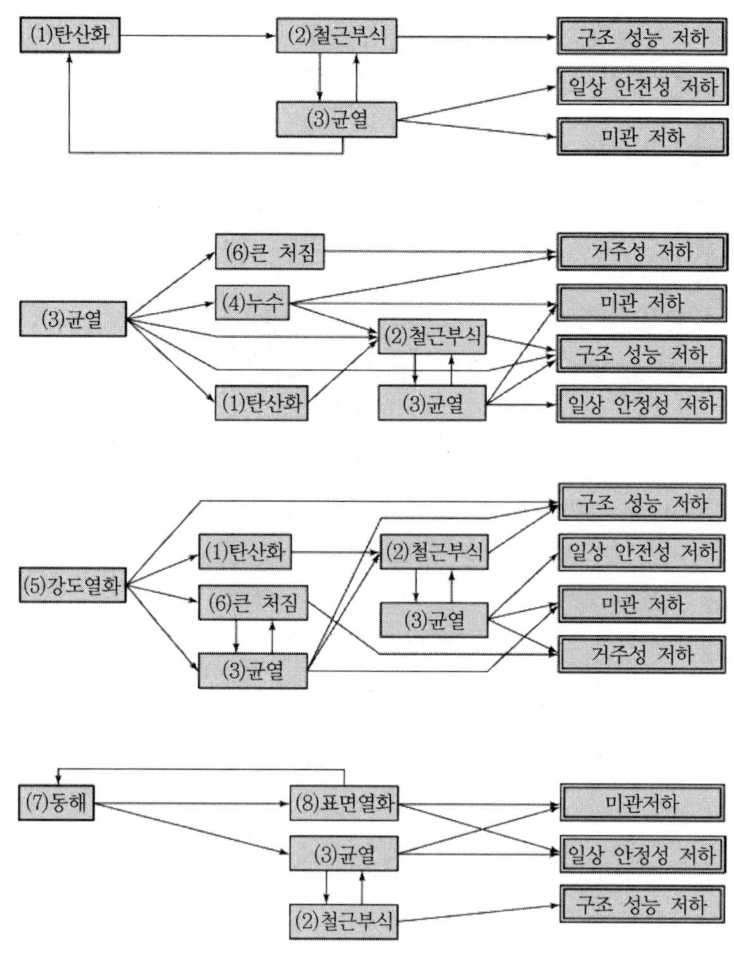

[그림 1-16] 열화 현상의 진전

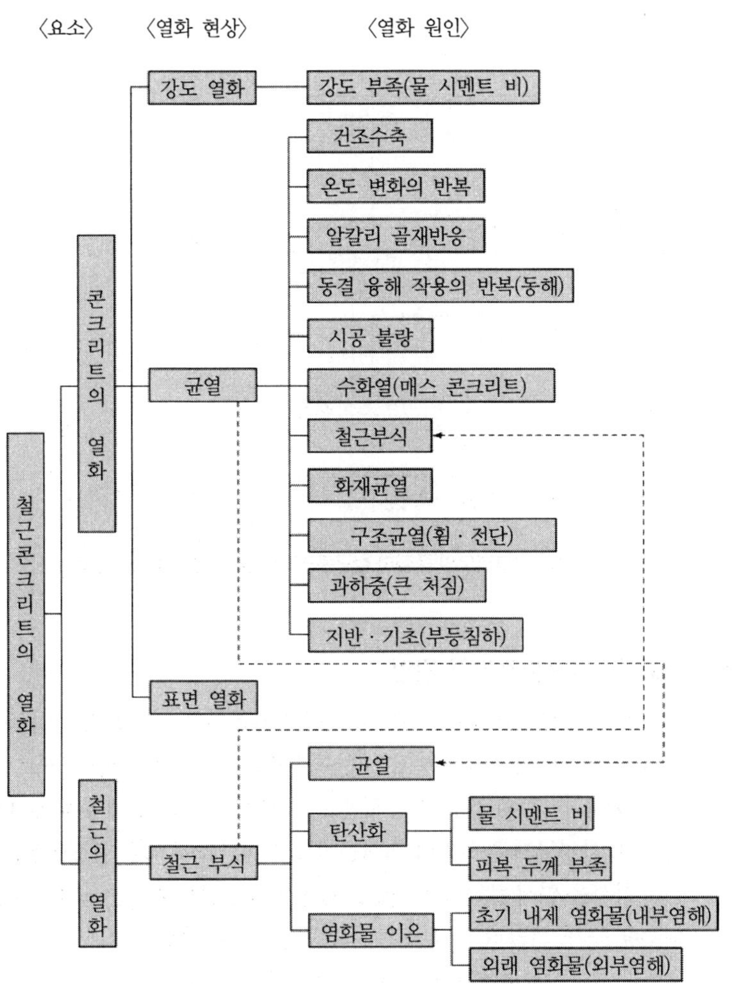

[그림 1-17] 철근콘크리트 열화 현상의 분류

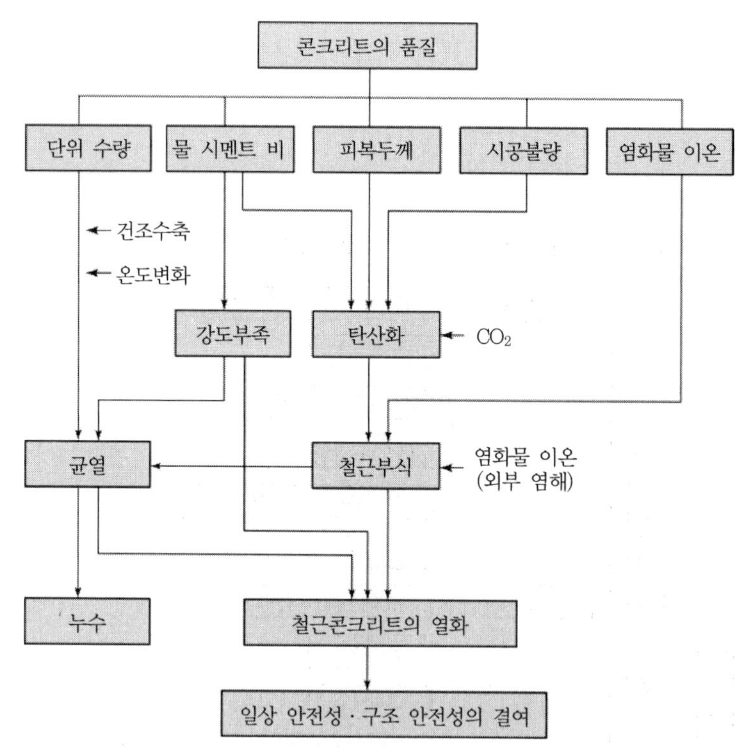

[그림 1 - 18] 콘크리트의 품질과 철근콘크리트 열화 현상의 상호관계

>>> **재료에 기인하는 균열과 발생시기**

시기	균열의 종류
타설 직후부터 응결 종료까지	• 소성수축균열 • 침하균열
응결 종료부터 재령 1주일 정도까지	• 온도균열 • 자기수축균열
경화 후	• 건조수축균열 • 동결융해작용에 따른 균열 • 알칼리 골재반응에 따른 균열 • 황산염 반응에 따른 균열 • 철근 녹슬음에 따른 균열

(2) 재료 및 사용환경상의 원인

콘크리트균열의 원인 중 최근 재료 및 사용환경상의 원인에 기인하여 많이 발생하고 있는데 그 이유는 천연골재의 고갈 또는 채취 규제로 인한 골재의 다양화와 품질저하, 시멘트 제조방식이 습식공법에서 에너지 절감 및 환경규제로 인하여 건식공법으로 전환함에 따른 품질변동, 시공성 향상을 위해 콘크리트 타설을 펌핑에 의존함으로써 콘크리트의 단위수량 증가, 콘크리트 강도 위주의 구조설계로 내구성에 대한 충분한 검토가 그동안 이루어지지 않은 점 등을 들 수 있다.
이와 같은 균열을 방지하기 위해 콘크리트의 재료적인 특성을 충분히 이해하고 이것을 적절히 고려한 설계와 시공이 필요하다.

1) 소성수축균열(Plastic Shrinkage Cracking)

① 정의

소성수축은 굳지 않은 콘크리트에서 수분손실로 인하여 발생되는 수축변형을 말한다. 콘크리트의 타설 직후에 발생하는 수축현상의 대부분은 대기와 접하고 있는 콘크리트의 표면에서 발생하게 된다. 굳지 않은 콘크리트는 완전히 물로 채워져 있는 상태라고 볼 수 있으며, 이때 콘크리트 내의 수분이 표면을 통하여 증발하게 되면 수축현상이 일어나게 된다.

증발량이 블리딩량을 초과하게 되면 콘크리트 표면에 인장응력이 발생되며, 소성상태의 콘크리트는 거의 강도를 가지지 못함으로 인장응력으로 인하여 균열이 발생될 수 있다. 이러한 균열을 소성수축균열이라 한다.

② 현상

소성수축균열은 콘크리트를 타설하고 나서 1~4시간 사이에 물광택이 표면에서 사라진 직후 갑자기 발생된다.

소성수축균열은 [그림 1－19]과 같이 평행하거나 일정한 규칙없이 발생하며, 경화된 콘크리트에서 발생하는 균열과는 다르다. 소성수축균열은 소성과정이라 큰 응력이 없기 때문에 철근이나 골재입자를 따라서 발생하고, 경화된 콘크리트에서처럼 골재를 관통하지는 않는다. 균열 위 크기의 폭은 헤어크랙부터 3mm 정도, 길이는 100~1,000mm, 깊이는 20~50mm 정도가 많다.

③ 원인

소성수축균열은 포장, 슬래브, 벽체 등과 같이 표면적이 넓은 구조물이나 사질토 지반 위에 설치된 기초 등에서 발생할 가능성이 크다. 소성수축균열과 증발량과는 밀접한 관계가 있는데, ACI 305R에서는 증발량이 시간당 1kg/m^{2}를 초과하는 경우 소성수축균열이 발생할 가능성이 크다고 발표되었다. 또한 높은 외기온도, 높은 풍속, 높은 콘크리트 온도 및 낮은 상대습도는 증발속도를 증가시키고 이로 인하여 소성수축균열이 발생될 가능성이 크다.

④ 대책

소성수축균열이 일단 발생하게 되면 균열을 없애는 것이 거의 불가능하며, 발생된 균열은 수분이나 염의 침투로 콘크리트의 노화 및 철근의 부식을 유발시켜 내구성을 저하시키므로 다음과 같은 사항에 주의해야 한다.

㉠ 기온, 상대습도, 풍속 등의 현장상태를 정기적으로 기록하여야 한다.

㉡ 기상자료와 타설 시 콘크리트의 온도를 바탕으로 필요한 방호조치를 취하여야 한다.

㉢ 소성수축이 발생할 가능성이 있는 고온 기후에서 콘크리트를 타설할 경우 거푸집에 충분한 수분을 공급하여 적셔야 한다.

㉣ 가능한 한 낮은 온도에서 콘크리트를 타설하고 차양막과 바람을 막을 수 있는 설비를 설치하여야 한다.

소성수축균열 판별 시 검토사항

균열위 패턴, 생콘크리트의 재료, 생콘크리트의 제조조건, 기상조건, 콘크리트의 강도, 균열의 진행상황, 슬래브의 구조검토 등을 진단 시 체크하여야 한다.

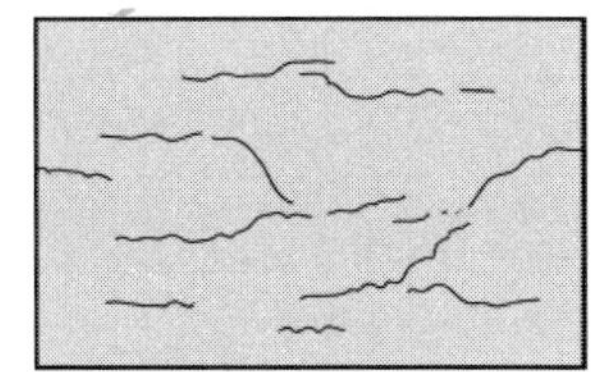

[전형적인 소성수축균열]

기온, 습도, 풍속과 증발속도

- 기온 : 온도가 10℃에서 38℃로 상승하게 되면 증발속도는 약 7배 증가한다.
- 상대습도 : 상대습도가 90%에서 10%로 떨어지면 증발속도는 약 8배 증가한다.
- 풍속 : 풍속이 0에서 11.2m/sec로 증가하게 되면 증발속도는 약 9배 정도 증가한다.

ⓜ 콘크리트 치기를 끝냈을 때 또는 시공을 중지하였을 때에는 즉시 보호하여야 한다.

ⓑ 콘크리트 표면이 습윤상태로 유지될 수 있도록 특히 주의하여야 한다.

ⓢ 서중콘크리트 공사 시 콘크리트 타설 직전에 연무노즐을 사용하여 거푸집이나 철근을 사전에 냉각시켜야 한다.

ⓞ 시멘트량은 사용량이 증가하면 배합수의 사용량 또한 증가하여 증발량이 증가하므로 사용량 이상을 쓰지 않도록 한다.

ⓙ 단위수량을 줄이는 대신에 감수제나 분산제 등 혼화제를 사용한다.

ⓒ 시공연도가 좋지 않아 단위수량을 많이 필요로 하는 쇄석이나 미분말이 과대하게 포함되어 있는 모래 등의 골재는 피한다.

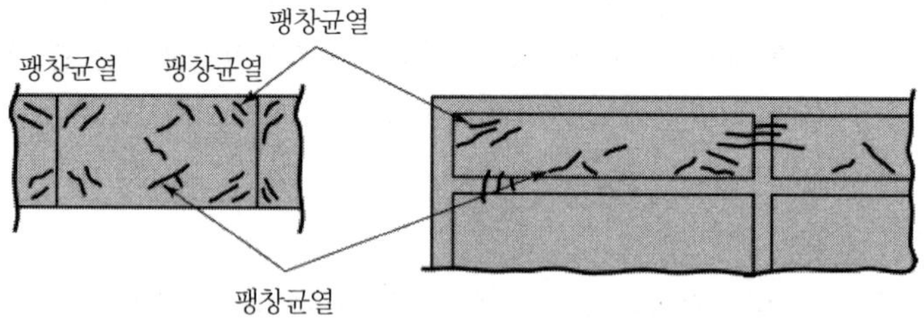

[그림 1－19] 콘크리트 도로와 슬래브 표면의 소성수축균열

2) 침하균열(침강균열)

① 정의 및 현상

콘크리트 타설 후 비중 차이에 의하여 가벼운 물이 위로 올라오는 블리딩현상이 생기면서 이에 대응하는 시멘트와 골재 등 비중이 큰 물질은 침하하게 된다. 침하균열은 콘크리트 타설 후 1~3시간이 지나면 나타나는데 이때 침하하는 부분이 부분적으로 철근 또는 기타 매설물에 의하여 방해를 받으면 그 곳에 인장력 또는 전단력이 발생하게 되어 이 인장력이 콘크리트의 인장강도보다 커지면서 방해물 상부면에 균열이 발생하게 된다.

또한 부재의 두께가 다르거나 콘크리트의 타설 높이에 차이가 있으면 타설 높이가 높은 만큼 침하량이 크게 되어 그 차이에 따라 경계면에 침하균열이 발생한다. 일반적으로 건축현장에서는 아파트의 기초와 같이 단면이 크고 깊은 경우 그리고 슬래브와 보 혹은 단면이 큰 벽체 사이에 많이 발생된다.

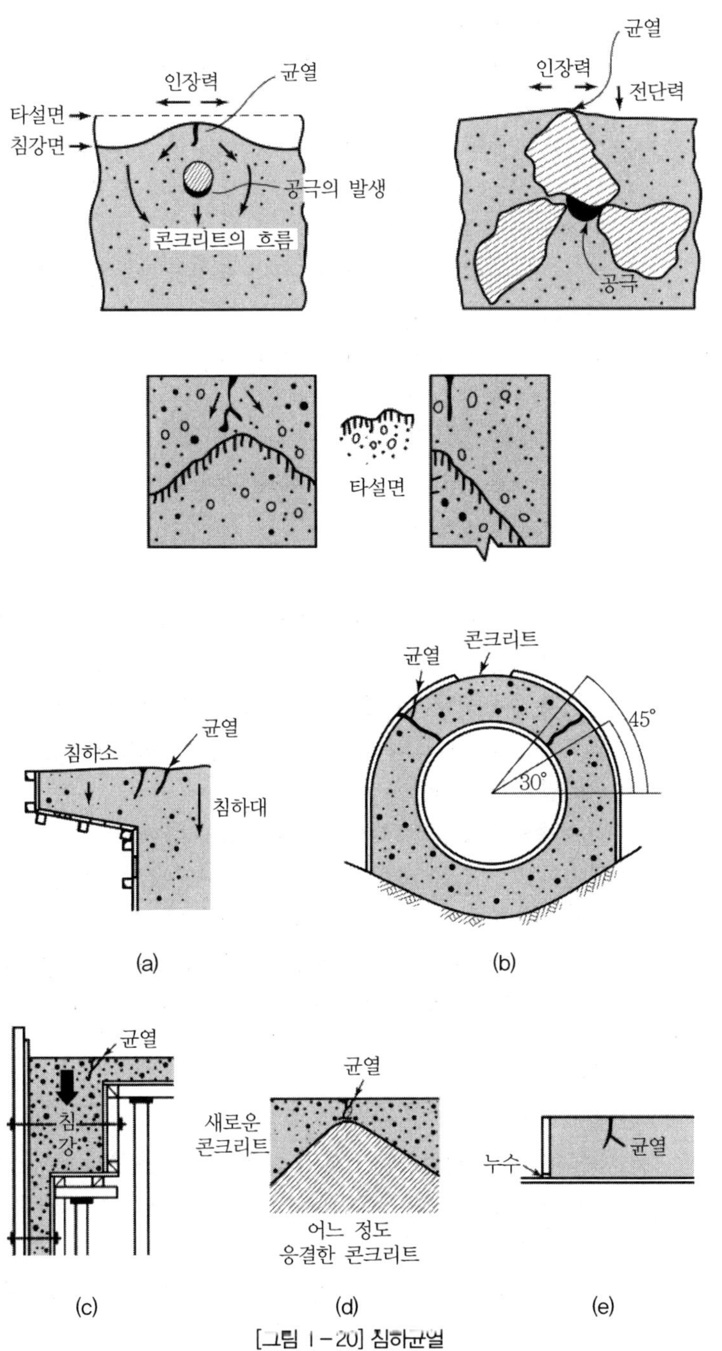
인장력
균열
타설면
침강면
공극의 발생
콘크리트의 흐름
균열
인장력
전단력
공극
타설면
콘크리트
균열
45°
30°
균열
침하소
침하대
(a)
(b)
균열
침
강
균열
새로운
콘크리트
어느 정도
응결한 콘크리트
균열
누수
(c)
(d)
(e)

[그림 1-20] 침하균열

② 원인

침하균열은 다음의 경우에 발생할 가능성이 크다.

㉠ 잔골재량이 적고 단위수량이 큰 경우 슬럼프가 클수록 묽은 콘크리트가 되어 침하량이 커진다.

㉡ 시멘트의 입자가 크고 응결시간이 늦어질수록 침하균열은 커진다.

㉢ 사용된 철근의 직경이 클수록 콘크리트의 침하에 장애되는 부분이 커지므로 침하균열은 커진다.

㉣ 콘크리트 타설 시 한 번에 많은 양을 타설할 경우에 침하균열은 커진다.

㉤ 거푸집이 너무 평할하거나 수분을 많이 흡수하는 경우 혹은 거푸집 사이로 물이 빠져나가는 경우 수량감소로 인해 침하균열은 커진다.

㉥ 다짐이 충분하지 못한 경우나 튼튼하지 못한 거푸집을 사용했을 경우 침하균열은 커진다.

③ 대책

침하균열 등을 최소화하기 위한 방안을 요약해 보면 다음과 같다.

㉠ 거푸집의 정확한 설계와 적절한 진동다짐 및 재진동

㉡ 기둥과 슬래브 및 보와 콘크리트 타설 간의 충분한 시간간격

㉢ 단위수량 및 슬럼프의 최소화 및 콘크리트 피복두께의 증가

㉣ 블리딩이 적은 배합이 되도록 한다.

㉤ 타설 속도를 낮추고 1회 타설 높이를 낮게 한다.

㉥ 균열이 발생하였는지 수시로 검사하고 균열이 발생한 경우는 두드리거나 흙손으로 눌러 균열을 제거한다(재타법).

㉦ 재타법을 행하는 시기는 하계의 경우 콘크리트 타설 후 60~90분 이내, 기타의 계절에는 90~180분 이내에 행하는 것이 좋다.

>>> **침하균열 처리**

타설된 콘크리트가 가소상태에 있을 때는 재진동에 의해 가소성 수축균열이나 침하에 의한 균열을 없앨 수 있다. 재진동에 의하여 굵은골재 둘레에 생긴 균열들이 제거되면 콘크리트 강도와 철근부착이 더 좋아지는 것으로 알려져 있다.

3) 건조수축

① 정의

건조수축에 의한 균열은 가장 흔히 발생할 수 있는 콘크리트균열로서 콘크리트 내부의 시멘트 페이스트 함수량의 변화에 따른 체적의 변화가 생기면서 발생한다.

시멘트에 물이 첨가되면 수화작용이 일어나고 이 결과 수산화칼슘의 결정물질이 생성된다. 이러한 결정물질은 겔상태(Calcium Silicate Gel)로서 콜로이드의 미세입자이며 비표면적이 극히 크다. 경화된 시멘트 페이스트 내부공극에 물이 차 있고, 또한 상당량의 수분이 겔로 포화되어 있다. 수축은 주로 이러한 겔에 흡수되어 있는 수분이 손실될 때 발생한다. 건조 시 먼저 시멘트 페이스트 내의 공극수가

>>> **건조수축**

콘크리트에 있어서 건조수축은 균열을 일으키는 가장 많은 원인 중의 하나이다. 우리나라와 같이 건조한 겨울에 외부에 접한 콘크리트는 건조수축하게 된다. 그러나 콘크리트 내부는 아직도 수분을 많이 함유하고 있으므로, 외부의 수축작용을 구속하게 된다. 따라서, 외부표면에는 인장응력이 발생하게 되며 이 인장응력이 콘크리트의 인장강도를 초과하게 되면 균열이 발생하게 된다. 일반적으로 환절기 감기가 유행하는 10월에서 다음해 5월경까지 우리나라는 저온건조한 기후로서 건조수축성 균열이 건설현장에 유행하게 된다.

증발하는데 이로 인한 수축량은 적은 반면, 수화된 겔 결정구조 사이에 수분이 감소하면서 수축량이 커진다.

콘크리트가 건조조건에 노출되면 수분은 내부에서 외부로 서서히 확산되고 외부 표면에서 증발된다. 물기에 젖어 있을 때는 이와 반대현상이 일어나며 콘크리트는 팽창하게 된다.

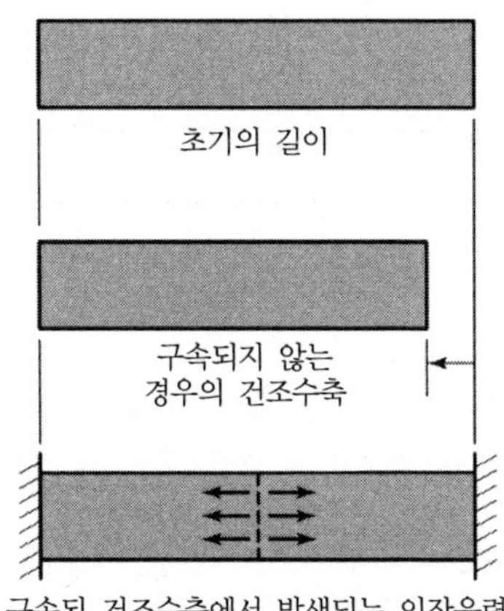

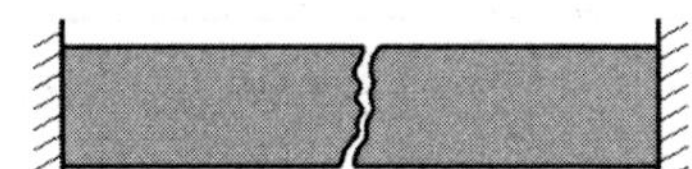

인장응력이 인장강도보다 큰 경우의 균열발생

[그림 1-21] 건조수축에 의한 균열발생 과정

>>> 구조적 균열과 비구조적 균열의 분류

분류	구조적 균열 (Structural Crack)	비구조적 균열 (Nonstructural Crack)
정의	구조물이나 구조부재에 사용하중의 작용으로 인해 발생한 균열	구조물의 안전성 저하는 없으나 2차적으로 내구성, 사용성 저하를 초래할 수 있는 균열
주요균열	• 설계오류에 의한 균열 • 외부하중에 의한 균열 • 단면 및 철근량의 부족에 의한 균열	• 소성침하균열 • 소성수축균열 • 초기 온도 수축균열 • 건조수축균열 • 불규칙한 미세균열 • 염화물에 의한 철근부식에 의한 균열 • 알칼리 골재 반응에 의한 균열

② **현상**

대부분의 콘크리트 구조물은 기초나 다른 구조요소 또는 콘크리트 내의 보강철근 등에 의해 구속을 받게 된다. 이러한 수축작용의 구속은 인장응력을 유발시키며, 이 인장응력이 콘크리트의 인장강도에 도달할 때 콘크리트는 균열이 발생한다. 그러나 콘크리트는 외부의 구속이 작용하지 않더라도 내부의 구속으로 인해 균열이 발생하기도 한다.

즉, 콘크리트 표면을 통한 수분의 증발은 내부의 수분분포에 영향을 미치게 되고 각 위치에서의 습도 차이로 인해 콘크리트에서의 부등건조수축을 유발하게 된다. 부등건조수축은 콘크리트 표면에 인장응력을 발생시키며, 이때 발생된 인장응력에 이해 콘크리트에서는 표면균열이 발생하는 경우가 빈번하고, 콘크리트에서의 표면균열은 장기적으로 구조물의 강도를 떨어드릴 뿐만 아니라 콘크리트의 내구성 등에 문제를 야기시킨다.

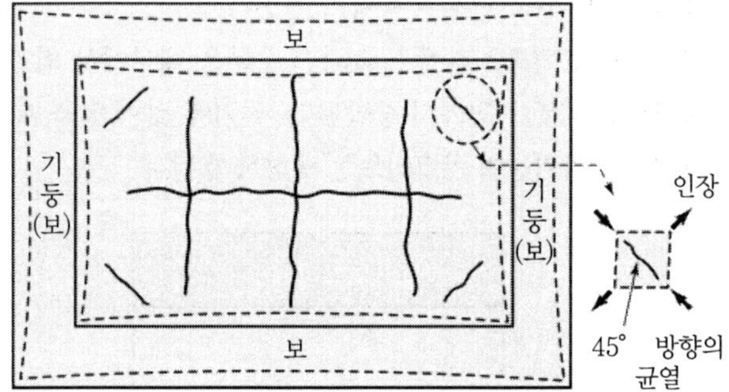

[그림 1-22] 주위의 구속이 강한 경우의 균열

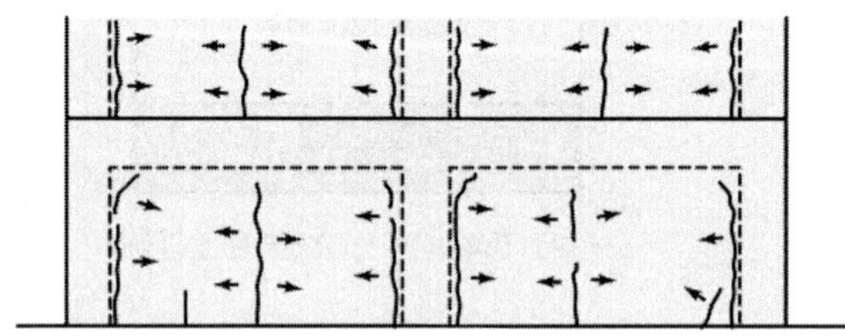

[그림 1-23] 벽인 경우의 균열

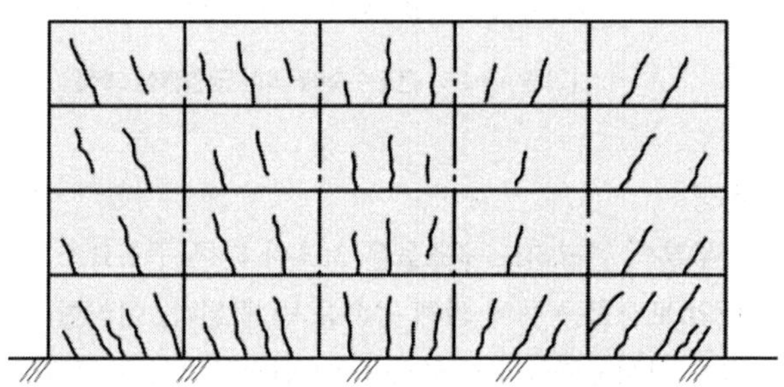

[그림 1-24] 구조물 전체가 수축을 받아 발생되는 벽체 균열

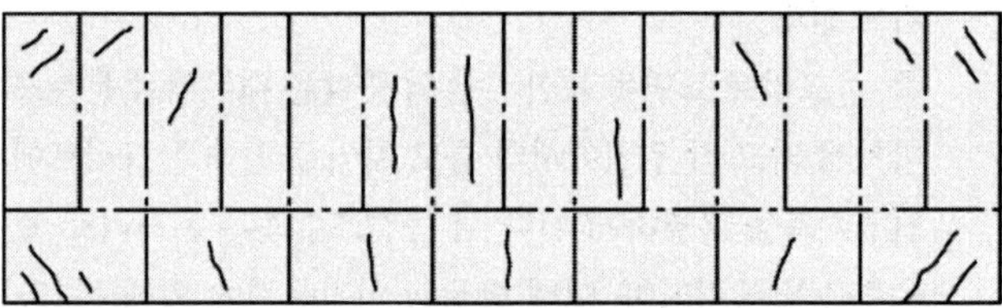

[그림 1-25] 바닥의 균열 형상

③ 원인

건조수축에 영향을 미치는 인자로는 골재량 및 종류, 배합수량, 시멘트, 상대습도, 혼화제 등이 있다. 또한 건조수축은 콘크리트의 수분 손실률, 부재의 크기 및 형상, 외기의 상대습도 및 건조에 노출된 시간 등에 따라 크게 영향을 받는다. 이중에서 가장 영향을 많이 받는 것은 시멘트의 화학성분이며, 건조수축과 관련한 재료적인 요인을 분석하면 다음과 같다.

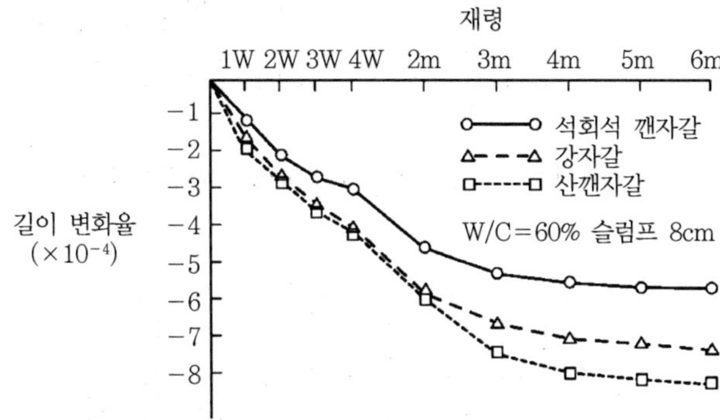

[그림 1-26] 골재의 종류와 건조 수축율의 관계

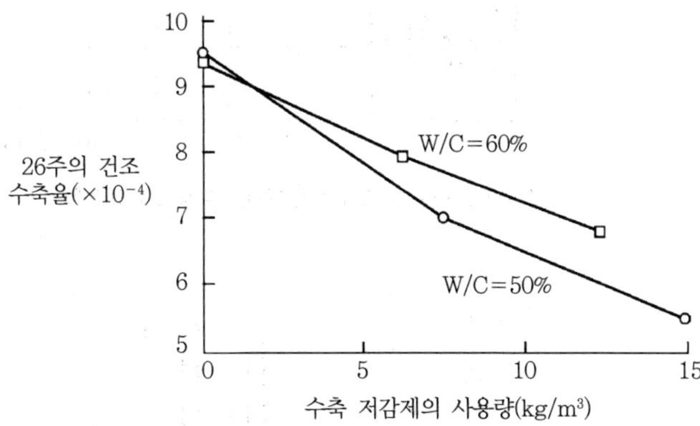

[그림 1-27] 수축 저감제의 사용량과 건조 수축율의 관계

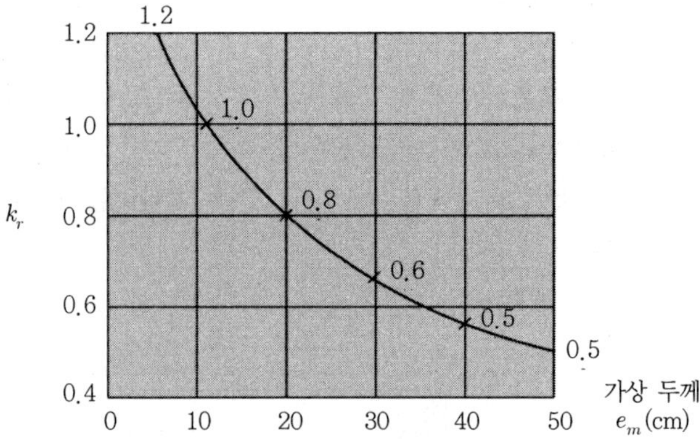

[그림 1-28] 건조수축에 미치는 부재 치수의 영향

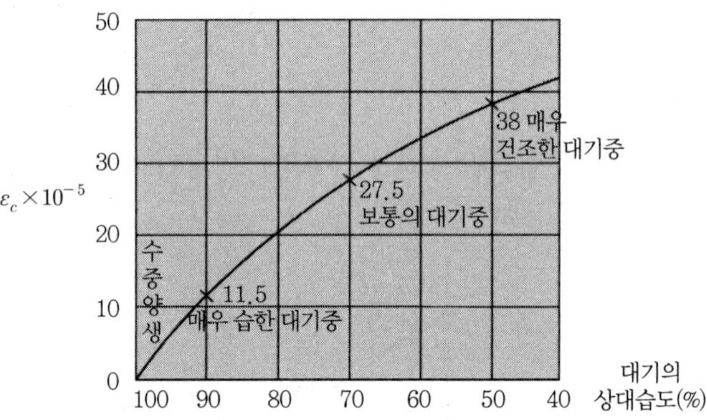

[그림 1-29] 건조 수축에 미치는 환경 조건의 영향

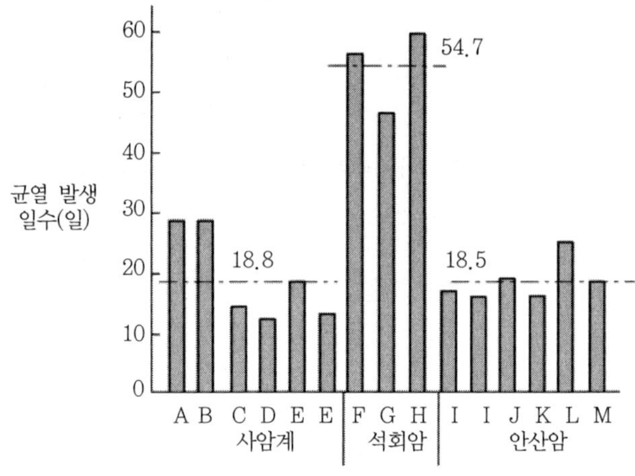

[그림 1-30] 굵은 골재의 종류가 균열 발생에 미치는 영향

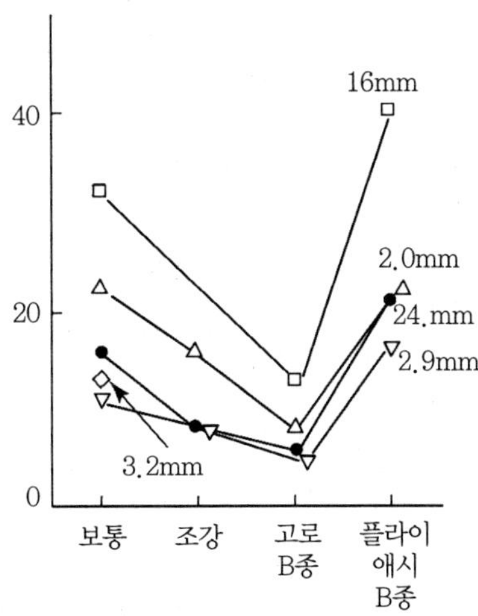

[그림 1-31] 시멘트의 종류가 균열 발생에 미치는 영향

▼ [표 1-2] 건조수축의 재료적인 요인

분류	요인 분석	비고
시멘트	종류별로 건조 수축량이 다르다.	건조 수축량의 비교 : 중용열 < 플라이애시 < 조강 < 보통 < 실리카 < 고로시멘트
	분말도가 높을수록 건조수축량도 커진다.	비교적 큰 영향을 주지는 않는다.
혼화재	백토, 규조토는 단위수량을 증가시켜 건조 수축량이 커진다.	–
	플라이애시는 단위수량을 감소시켜 건조 수축량이 작아진다.	플라이애시의 20% 치환 시 건조수축률을 20% 절감시킬 수 있다.
골재	흡수율이 높고 비중이 작을수록 건조수축이 커진다.	콘크리트 건조 수축량은 시멘트페이스트에 1/4~1/6 정도로 골재는 건조수축에 많은 영향을 준다.
	입도분포가 고루되어 있고 입형도 둥글거나 정육면체에 가까울수록 시공연도가 좋아 건조수축이 작다.	시공연도가 좋아 단위수량이 작아지기 때문이다.
	골재의 최대크기를 크게 할수록 건조수축이 작다.	골재의 최대크기가 크면 시멘트 사용량도 줄고 시멘트 페이스트의 수축을 구속하기 때문이다.
	점토나 실트 혹은 암석미분 등을 함유하면 건조수축이 커진다.	–
	실적률이 클수록 입형이 좋고 입도가 적당하며 시멘트 페이스트가 적게 들어 건조수축량이 작아진다.	조립률도 실적률과 같은 특성을 가진다.

분말도

시멘트 단위중량당 전체 입자의 표면적의 합으로 국내산 보통포틀랜드시멘트의 일반적인 비 표면적은 3,100~3,200cm^2/g 정도이다. 비표면적이 큰 시멘트일수록 분말이 미세하며 일반적으로 강도발현이 빨라지고 수화열의 발생량도 많아진다.

백토(Siliceous Earth)

화산암이나 화산회(火山灰) 등이 풍화 또는 변성하여 생긴 백색 또는 옅은 황색의 흙으로 규산 광물을 주성분으로 하고, 유기물의 함유가 적다. 일반적으로 시멘트, 콘크리트의 혼화 재료로 쓰인다.

규조토(Diatomaceous Earth)

규조류의 잔해가 오랜 세월에 걸쳐 퇴적하여 진흙이나 흙 또는 경질 암석이 되어 산출되는 흙이다. 백색 또는 황색으로 비중은 2.0 이하, 단위 용적 무게는 0.2~0.3kg/L로 단열성이 크고 내열성이 있어 보온용, 단열용 시멘트의 혼화재로 많이 쓰이며, 보온 벽돌 및 물유리의 원료 들으로 쓰인다.

플라이애시(Flyash)

보일러의 연도에서 채취한 고운 가루로 된 탄재. 주로 화력 발전소에서 대량으로 나오며 규산질의 혼합제로 콘크리트나 모르타르에 쓰임. 입자가 구상으로 되어 콘크리트나 모르타르의 워커빌러티를 좋게 하고, 유리석회와 반응하여 녹지 않는 물질을 형성하여 콘크리트나 모르타르의 밀실성을 높이는 효과를 가진다.

분류	요인 분석	비고
혼화제	AE제는 콘크리트 내부에 공극량을 증가시켜 건조수축을 다소 증가시킨다.	건조수축은 공기량이 5% 이내에서는 큰 영향을 주지 않는다.
	감수제와 경화지연제는 건조수축을 감소시켜 주지는 못한다.	–
	경화촉진제는 초기 건주수축을 증가시킨다.	–
배합수	물의 양이 증가할수록 골재의 부피가 상대적으로 적어지게 되어 건조수축량은 커진다.	–
	슬러지물(회수물)은 고형물이 많을수록 건조수축이 커진다.	–
	배합수 중에 불순물의 종류, 농도 및 불순물의 혼합조합에 따라 건조수축이 커진다.	Cacl₂, NaCl, Na_2CO_3 등은 건조수축률을 40% 정도 증가시킨다.

④ 대책

이러한 건조수축에 의한 균열을 제어하기 위해서는 적절한 재료, 적합한 배합설계, 보강근의 배근, 시공조인트의 설치, 팽창시멘트 사용, 올바른 시공법을 들 수 있으며 이들을 통하여 균열생성을 줄일 수 있다. 건조수축에 대한 대책은 건조수축을 최소화하는 것과 발생한 균열을 분산시키는 방법, 균열을 인위적으로 한 군데로 집중시키는 방법 등이 있다.

>>> **건조수축의 성향**

건조수축에 의해 발생하는 균열은 단위수량이 클수록 크게 발생한다. 보통 초기에 표면에서 얇게 발생한 건조수축 균열은 시간이 흐를수록 깊이가 깊어진다.

4) 수화열에 의한 온도응력

① 정의

시멘트와 물이 화학반응을 일으키면 120cal/g 정도의 반응열인 수화열이 발생하게 되는데 콘크리트는 열전도율이 상대적으로 작기 때문에 수화열에 의한 내부발열량이 외부로 빠져나가는 데 충분한 시간을 요하게 된다.

이와 같이 열의 소산이 어려운 매스콘크리트 구조물에서 콘크리트 내·외부의 온도차에 의하여 균열이 발생하게 된다. 그리고 수화열에 의한 균열은 팽창하기 때문에 온도 상승 시에는 발생하지 않고, 수화열에 의한 최대온도 발생 이후 콘크리트 내부온도가 하강 시 발생하게 된다.

>>> **수화작용**

콘크리트에서 시멘트와 물이 혼합되면 시멘트의 여러 성분들이 화학반응을 일으켜 새로운 물질이 생성하게 되면서 콘크리트가 응결됨과 동시에 경화되는데 이러한 시멘트와 물과의 화학반응을 말한다.

>>>

열전도율이 큰 콘크리트는 주변에 열을 전달하므로 콘크리트 내의 온도 상승량이 작다.

>>>

수화열에 의한 콘크리트 체적변화는 온도상승량과 열팽창계수와의 곱으로 표시되므로 콘크리트의 열팽창계수가 작을수록 콘크리트의 체적변화는 작게 된다.

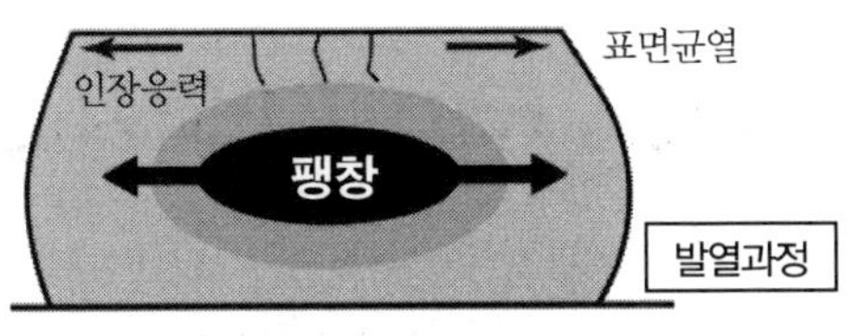

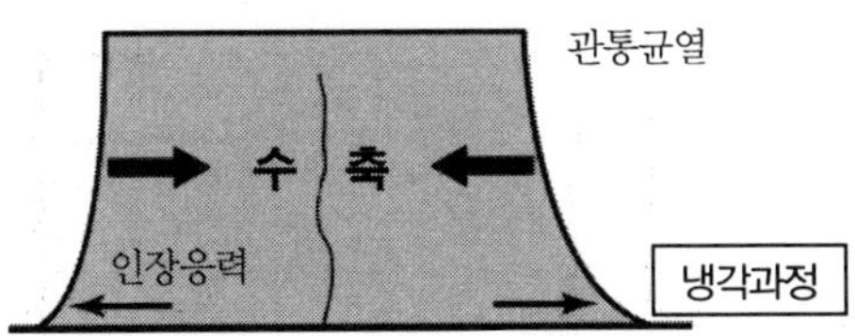

[그림 1-32] 수화열에 의한 온도균열 발생유형

② 원인

수화열에 의한 균열발생 영향인자는 매우 다양하다. 첫째로 사용재료에 의한 영향으로 단위시멘트량, 시멘트의 종류, 혼화재 대체율 등이다. 둘째로 콘크리트의 열적 특성으로 열전도율, 비열, 대류계수 등에 따라 영향을 받게 된다. 셋째로 구조물의 조건으로서 구조물의 1회 타설두께, 하부지반이나 연결 구조물과의 구속도에 따라 영향을 받게 된다.

그리고 수화열에 의한 균열 발생현상은 구조물이 외적으로 구속되어 있지 않아도 [그림 1-33], [그림 1-34]과 같이 콘크리트 내·외부의 온도차(내부구속)에 의하여 발생할 수 있다.

그러나 대부분의 구조물은 하부지반이나 연결구조물 등에 구속되어 있으므로 외부구속의 상태에 놓이게 되며, 이로 인해 수화열에 의한 균열 가능성은 가중된다. 외부구속 상태에 있는 매스콘크리트의 수화열에 의한 균열 발생패턴은 직선의 균열이 일정한 간격으로 발생하게 된다(그림 1-35 참조).

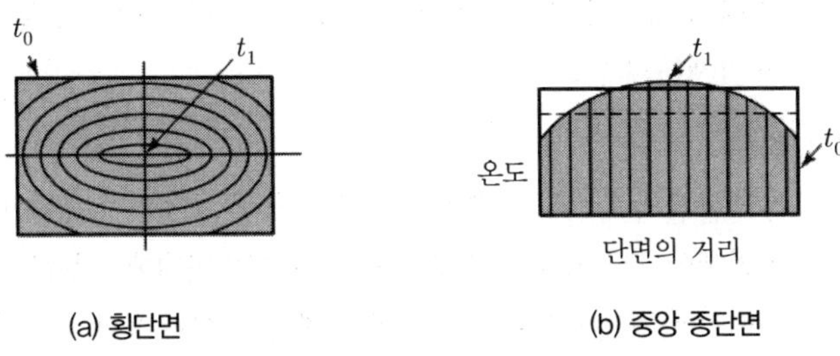

[그림 1-33] 수화열에 의한 온도분포

>>> **열팽창계수**

- 시멘트 페이스트 : $10\sim20\times10^{-6}$/℃
- 골재 : $5\sim12\times10^{-6}$/℃
- 콘크리트 : $6\sim12\times10^{-6}$/℃

>>>

일반적으로 단위골재량을 늘리는 것은 콘크리트의 열팽창계수의 저감효과에 있으며, 골재의 종류에 따라 콘크리트의 열팽창계수는 최대 2배 정도 차이를 나타낸다.

>>>

경량골재를 사용한 콘크리트는 열전도율이 보통 콘크리트에 비해 1/3 정도로 수화열이 단면 내에 쉽게 축적되지만 탄성계수 및 열팽창계수가 비교적 작고 온도강하 속도도 낮으므로 보통 콘크리트에 비해 균열이 적게 발생한다.

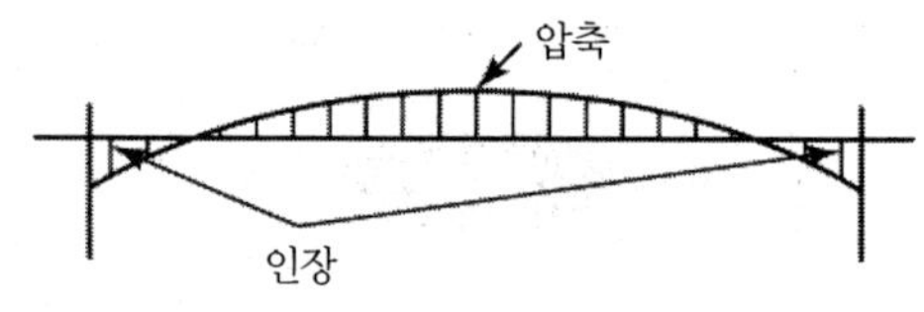

(a) 온도에 의한 응력

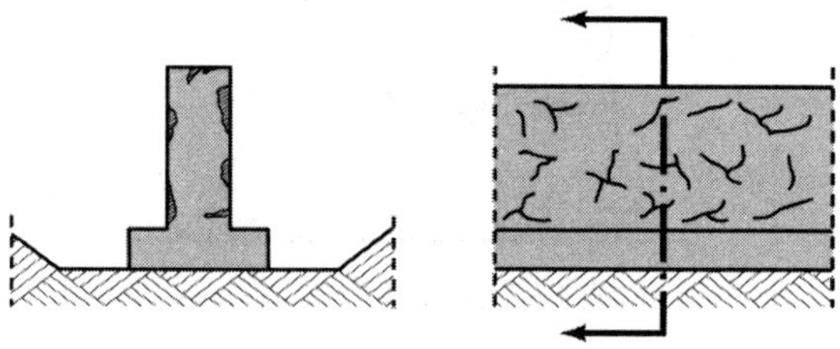

(b) 응력평형에 따른 균열도

[그림 1-34] 온도 차이에 의한 균열

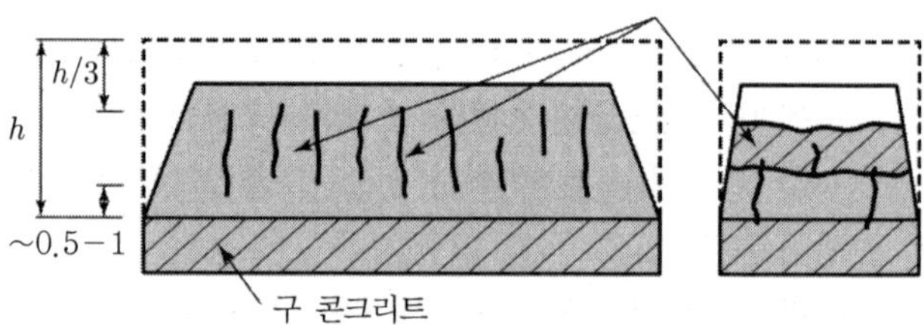

[그림 1-35] 벽체의 초기 온도 이동에 의한 균열

또한 구조물의 외부구속의 형태에 따라 균열의 발생은 매우 다른 양상을 보이며 외부구속이 존재하지 않고, 내·외부온도차가 작을 경우 수화열에 의한 균열이 발생하지 않는다. 그러나 하부층 콘크리트에 의해 외부구속이 존재할 경우, 구속의 영향이 큰 신콘크리트의 하부에 균열이 발생하게 된다. 그리고 지상과 지중을 동일한 콘크리트로 타설 시 상대적으로 변형도의 차가 큰 신콘크리트의 상부에 균열이 발생하게 된다.

③ 특징

온도균열의 특징은 방향이나 위치 및 폭에 일정한 규칙성이 있고, 균열발생이 콘크리트 타설 후 대략 2~4주일 이내에 발생하는 것이다. 이러한 균열은 콘크리트가 경화 전에 생긴 것과 경화 후에 생긴 것으로 대별할 수 있는데 경화 전에 발생한 균열은 보통 플라스틱균열이라 하여 경화가 시작되는 매우 초기에 발생하는 균열이다. 또한 경화 후에 발생하는 균열은 건조수축에 의한 균열과 수화열에 의한 균열로 나눌 수 있다.

≫ 건조수축과 수화열 비교

건조수축균열과 수화열에 의한 균열은 균열형태와 발생기구가 유사하나 일반적으로 건조수축균열은 주로 1개월이 경과한 시점에서 장기간에 걸쳐 일어나는 반면 온도균열은 단기간에 발생하기 때문에 발생시기를 통해 균열의 종류를 판별할 수 있다.

≫ 온도균열의 발생위치 및 시기

영향도	균열발생 위치	발생 시기
내부구속이 탁월한 경우	표면에 분산 발생	1~3일
내·외부 구속이 공존하는 경우	표면 또는 중앙에 발생	8~15일
외부구속이 탁월한 경우	중앙에 발생	15일 이후

④ 내부구속과 외부구속응력

수화열에 의한 균열이 내부구속에 의한 것인지 외부구속에 의한 것인지에 대해서는 구조물과 구속체의 강성비, 구조물의 가로 · 세로 길이의 비 및 길이 · 높이의 비해 의해 영향을 받기 때문에 속단하기는 어렵지만, 외부구속이 탁월한 경우에는 평균 온도강하량과 구속도의 크기에 크게 영향을 받고, 내부구속이 탁월한 경우는 온도분포 형상에 크게 의존하기 때문에 타설블록의 형상, 구속상태를 고려하여 온도응력해석을 실시함으로써 발생 응력이 무엇에 의해 좌우되는지 검토할 필요가 있다.

내부구속이 탁월한 경우는 주로 구속체의 탄성계수가 새로 타설한 콘크리트에 비해 현저히 높지 않거나 구조물의 높이에 대한 길이의 비(L/H)가 비교적 작은 경우 혹은 구속체와의 경계에서 미끄럼이 발생될 가능성이 있는 경우 등 외부구속이 비교적 약한 경우에 나타난다. 외부구속이 탁월한 경우는 콘크리트포장, 지반 기초부 콘크리트 및 옹벽구조물과 같이 구속도가 높은 구속체 위에 타설한 콘크리트에 해당되며, 구조물의 크기나 하부의 암반상태에 따라 온도응력의 발생양상이 크게 달라지므로 온도균열의 발생시기나 위치 등에 대한 추정이 매우 어렵다.

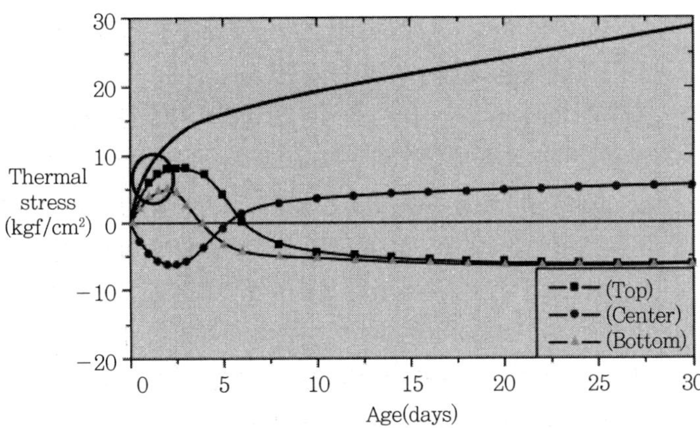

[그림 1-36] 내부구속응력이 탁월한 경우의 온도응력

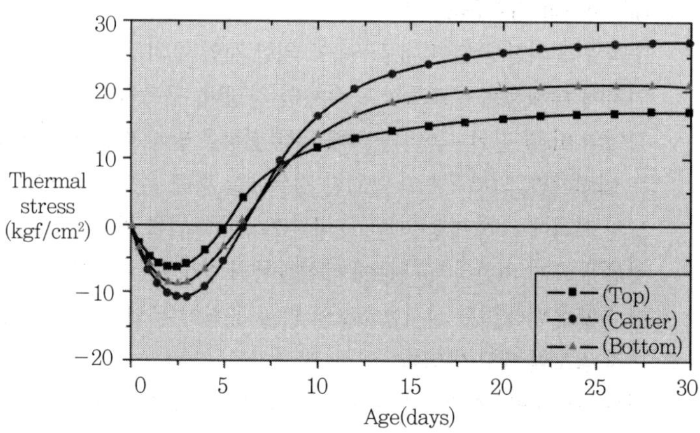

[그림 1－37] 외부구속응력이 탁월한 경우의 온도응력

⑤ 대책

수화열에 의한 균열을 예방하기 위해서는 수화열에 의한 발열량을 줄여주어야 한다. 이와 같이 수화발열량을 줄이기 위해서는 여러 가지 방안이 있을 수 있다.

첫째로, 수화발열량을 적게 할 수 있는 시멘트를 사용하거나 단위시멘트량을 줄이는 배합설계를 이용하는 것이다.

둘째로, Pre－cooling방식으로 콘크리트의 사용재료인 골재, 시멘트 및 사용수를 냉각시켜 배합을 실시하는 방안이다. 이때 사용수 대신에 분쇄된 얼음조각을 사용하기도 한다.

셋째로, Pipe－cooling을 이용하는 방안으로 매스콘크리트의 내부에 강관 파이프를 배관한 후 콘크리트를 타설하고, 일정시간이 경과한 시점에 냉각수를 유동시켜 콘크리트의 온도를 강제로 떨어지게 하는 방법이다. 대형 구조물의 공사에 주로 많이 이용되는 방식으로, 파이프의 배관방식에 따라 적절하게 냉각을 실시할 수 있다.

넷째로, 기타 타설된 콘크리트의 급격한 열량 유입이나 손실을 방지하는 방안으로, 한낮에는 직사광선을 피하고 야간에는 급냉각을 피할 수 있는 현장여건을 조성하는 것이다.

다섯째로, 줄눈설치이다. 줄눈은 신축줄눈과 균열유발줄눈으로 구분되는데 신축줄눈은 수화열에 의한 열신축 이외에도 온도변화, 건조수축, 침하 등에 의해 구조물에 나쁜 영향이 미치는 것을 피하기 위해 구조물을 두 개 이상 독립시키기 위해 설치한다. 또한 균열유발줄눈은 단면의 일부를 손상시켜 그 부분에 응력집중이 발생하도록 하여 균열이 특정한 부분에 발생하도록 유도하는 것이다.

>>> 수화열에 의한 균열은 폭이 크고 부재를 관통하는 경우가 많아 구조물의 내력이나 내구성, 미관을 해치는 일이 많기 때문에 시공 전에 구조물 내부의 온도상승 및 하강량을 미리 예측하고 온도상승량을 최소화할 수 있는 대책을 사전에 마련해야 한다.

>>> 시멘트 각 성분에 대한 수화열을 구하는 식과 수화열(HT)

$$H_T(kcal/kg) = 136(C_3S) + 62(C_2S) + 200(C_2A) + 30(C_4AF)$$

시멘트 종류	수화열(kcal/kg)						
	3일	7일	28일	3개월	1년	6.5년	13년
보통	60.9	79.2	95.6	103.8	108.6	116.8	118.2
조강	75.9	90.6	101.6	106.8	114.2	120.6	120.6
중용열	46.9	60.9	79.6	88.1	95.4	98.4	100.7
플라이애시	49.0	63.1	77.9	83.0	–	–	–

5) 대기온도 증감에 의한 온도응력

① 정의

경화된 콘크리트의 열팽창계수는 평균 1.0×10^{-6}/℃이므로 대기온도의 변화에 따라 대기에 노출된 콘크리트구조체에는 일교차 또는 연교차에 의한 온도경사에 의해 온도응력이 발생하여 처짐이나 변형이 생기게 된다.

이러한 외부의 열에 의한 체적변화가 다른 구조체의 제약을 받게 되면 내부응력이 발생하게 되어 균열을 일으킨다. 고온으로 올라갈수록 콘크리트의 강도는 낮아지며 연성은 증가하고 탄성계수가 감소한다.

또한 균열에 대한 저항능력인 파괴에너지가 온도가 올라감에 따라 현저히 감소하는 경향을 보이기 때문에 고온하에서의 콘크리트는 더욱 쉽게 균열이 발생한다.

② 영향인자

콘크리트 구조물에서 온도 증감에 의해 균열이 발생할 수 있는 영향인자는 구조물에 일어나는 온도경사이다. 따라서 아파트에서 온도증감에 의해 균열이 발생하는 주요 구조물은 발코니 슬래브 및 외벽에서 주로 발생한다. 즉, 발코니 슬래브의 경우 일교차 등에 의하여 콘크리트 내·외부에 온도경사가 발생하며, 외벽의 경우 구조물 내부와 공기와 접하는 외부의 온도차에 의하여 수직균열이 발생한다.

온도증감에 의한 균열을 예방하기 위해서는 발코니 슬래브의 경우 자유단에 인장응력이 발생할 소지가 있으므로 자유단에 온도철근을 적절히 배치하여야 한다. 그리고 외벽의 경우 외기와 접하는 면에서 인장균열이 발생되므로 외벽부에 전체 철근량의 1/2~2/3 정도를 배근하여 외벽부에서 발생할 수 있는 균열에 대비하는 것이 타당할 것이다. 그리고 열팽창계수가 작은 골재를 사용하여 온도증감에 의한 변형률을 최소로 하거나 온도증감에 의해 발생되는 응력을 견딜 수 있도록 철근 등으로 보강하는 시공이 되어야야 한다.

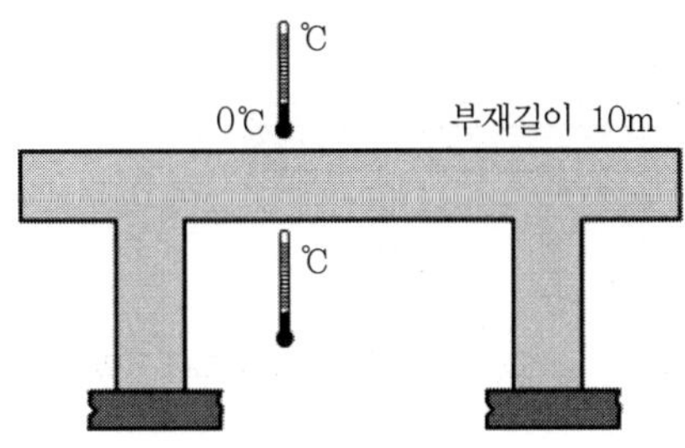

온도응력에 의한 균열

콘크리트 구조물에 발생하는 온도차이는 시멘트의 수화작용으로 인한 경우와 대기의 온도변화에 의한 경우의 두 가지로 대별할 수 있다. 이러한 단면 내의 온도변화는 부등의 체적변화를 일으키게 되며, 이로 인해 인장변형이 유발되고, 이 인장변형률이 콘크리트의 인장변형 능력을 초과하게 되면 콘크리트는 균열을 일으키게 된다.

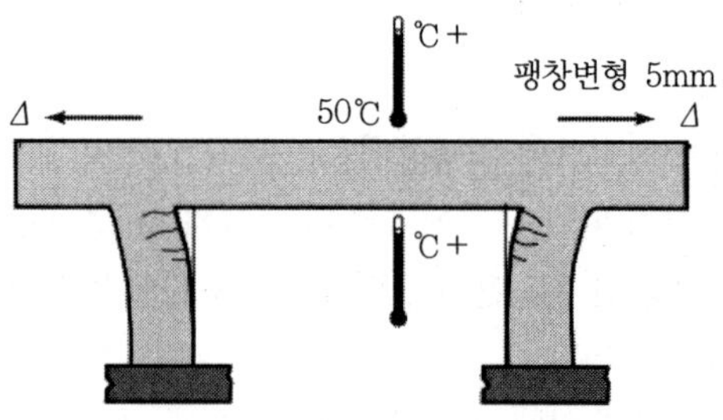

[그림 1-38] 온도변화에 의한 체적변화

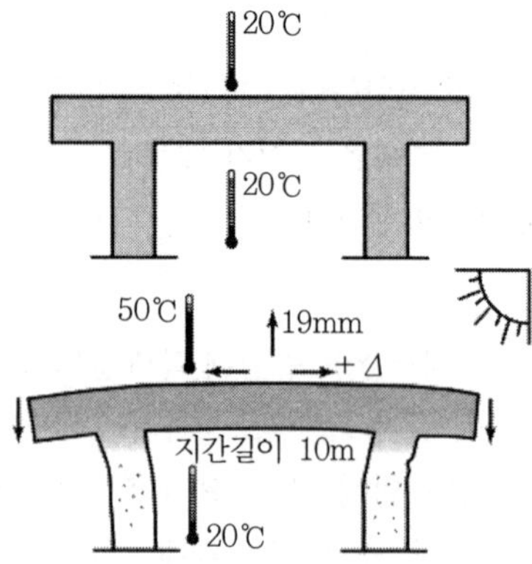

달아낸 부분은 지간 중앙부의 변화와 반대방향으로 변위된다.

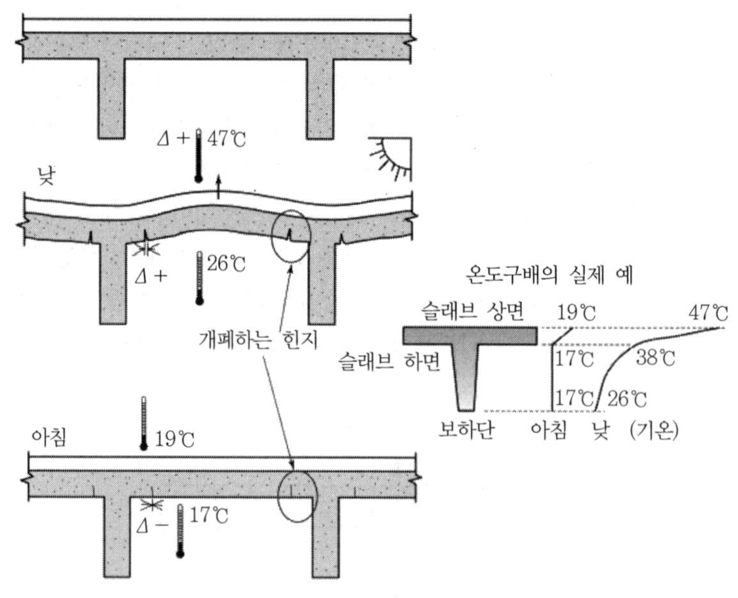

[그림 1-39] 온도차에 의한 응력

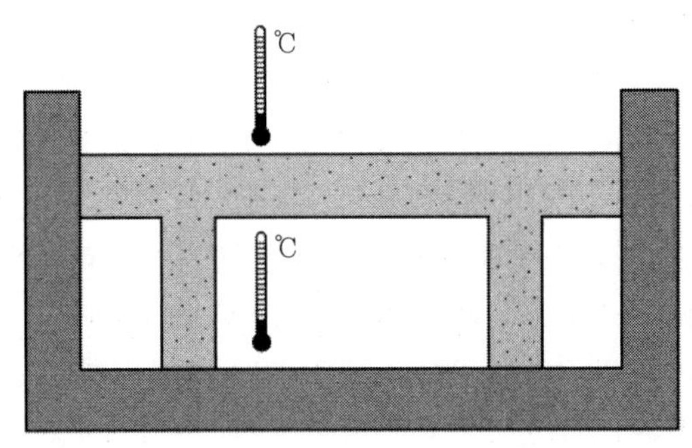

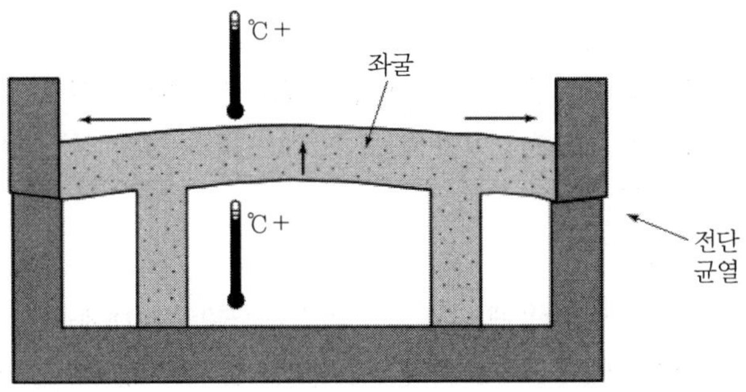

[그림 1-40] 체적변화를 구속할 경우

6) 알칼리-골재반응

① 정의

시멘트에 존재하는 나트륨(Na), 칼륨(K)과 같은 알칼리 이온과 자갈, 모래 등의 골재에 알칼리 반응성 광물로 인해 장시간 동안 수분이 존재할 경우, 콘크리트 내부에 팽창성 겔이 형성되게 되고 이 겔은 콘크리트의 다른 부분으로부터 물을 끌어들여 국부적인 팽창을 유발, 인장응력을 발생하게 되며, 알칼리 실리카겔의 생성으로 인해 골재의 강성이 약해지게 된다.

② 알칼리-골재반응의 종류

㉠ 알칼리-실리카 반응 : 시멘트의 알칼리 금속이온(Na^+, K^+)과 수산이온(OH^-)이 실리카 사이에서 실리카 겔(Silica Gel)로 형성되어 수분을 계속 흡수 팽창한다(대부분 이 반응이다).

㉡ 알칼리-탄산염 반응 : 점토질의 Dolomite 석회석과 시멘트 알칼리와의 유해한 반응, 실리카겔(Silica Gel) 형성이 없고, 점토질이 수분을 흡수 팽창한다.

㉢ 알칼리 실리게이트 반응 : Vermiculite(운모)를 함유하는 암석과 알칼리가 수분과 결합 팽창한다. Gel 생성이 적다.

>>> 알칼리-골재반응의 화학적 성분변화

$SiO_2 \cdot nH_2O + 2NaOH$
$\rightarrow 2NaSiO_2 \cdot (n+1)H_2O$

>>> **알칼리 - 골재반응의 진행 3요소**

① 반응성 골재
② 알칼리 성분의 시멘트
③ 물의 공급

>>> **알칼리 - 골재반응**

콘크리트 내에 골재가 반응성일 경우 이 반응성 골재가 시멘트의 알칼리 성분과 반응을 일으키며 콘크리트에는 균열의 위험이 존재하게 된다.
이것을 알칼리 골재반응이라고 일컬으며 이 알칼리 골재반응은 콘크리트 내에 부풀어 오르는 겔을 형성하게 되고 이 겔은 콘크리트의 다른 부분으로부터 물을 끌어들여 국부적인 팽창을 유발하며 인장응력을 발생시킨다. 결국은 이러한 과정을 거쳐 구조물의 성능 저하 현상을 일으키게 된다.

③ 균열발생 현상

알칼리 – 골재반응은 기후조건에 따라 수개월에서 수년 동안 진행되고 백태(백화)현상, 골재의 뽑힘, 세척현상 및 깔대기형 파열현상 등이 나타나며, 미세한 격자 모양의 균열이 형성되어 최악의 경우에는 콘크리트가 완전 파괴된다. 일반적으로 알칼리 – 골재반응을 일으키는 규산을 함유한 골재는 Opal, 옥수(Chalcedony), 화산성 유리, 은미정질의 석영 및 규산염, 백운석을 함유한 석회암 등이 있는데 가장 반응에 민감한 것은 Opal이다. 알칼리 – 골재반응은 구조물의 형상에 관계없는 재료적 특성이므로 어떠한 형태의 구조물에서도 발생 가능하다.

균열 형태로는 철근의 구속이 없는 경우에는 거북등 형태의 망상균열이 생기고 철근 구속이 있는 경우에는 구속철근의 축방향으로 균열이 발생한다.

④ 반응측정

알칼리 – 골재반응에 의한 피해 확인은 균열의 형태에 의해 판단하는 것 이외에도 코어를 채취하여 겔(백색을 띠고 있다)의 존재 및 공극 내부 충전 유무, 이상 팽창의 발생 유무, 골재입자의 둘레에 검은색의 반응환 발생 등으로 측정한다.

⑤ 제어대책

㉠ 반응성 골재를 사용하지 않는 방법이 있다. 알칼리 – 골재반응에 대한 위험성을 판단하기 위해 KS F 2545 및 ASTM C 289에서 규정하고 있는 화학적 시험방법을 통해 유 · 무해성을 조사한다. 이 방법이 알칼리 – 골재반응을 방지하는 데 가장 확실한 방법이다.

㉡ 저알칼리성 시멘트(Na_2O 당량 0.6% 이하)를 사용하는 방법이 있다. 이 방법은 다소 소극적 방법이라 할 수 있다.

㉢ 실리카퓸, 고로슬래그, 플라이애시 등 포졸란 계통의 알칼리 – 골재반응에 유효한 혼화재를 사용함으로써 콘크리트 중의 총 알칼리량을 3kg/m^3 이내가 되게 한다. 포졸란계 혼화재를 이용할 경우 자체 성분이 알칼리 실리카 반응 제어에 효과적일 뿐 아니라 수화 반응시 2차 반응을 하기 때문에 콘크리트가 치밀하게 되어 콘크리트 내부 수분의 이동 및 알칼리 이온의 이동을 방지하므로 효과적이다.

㉣ 염분이나 혼화제 등 알칼리 골재반응을 유발시키는 공급원을 미연에 차단시키고 밀실한 배합이 되어 2차적 외부의 염분침투를 막아야 한다. 또한 AE제를 사용하여 생성된 겔의 팽창압력을 공기로서 완화시키는 것도 효과적이다. 그 외에 구조물 표면을 방수처리하는 것도 유효한 방법이다.

7) 알칼리 – 탄소골재반응

시멘트의 알칼리 성분과 탄소를 함유한 골재(Carbonate Aggregate)가 반응을 일으켜 콘크리트를 팽창시켜 균열을 유발시키는 반응이다. 이 반응은 균열 부위에서 알칼리 실리카겔이 형성되지 않는다는 점에서 알칼리 – 골재반응과 구별된다. 알칼리 – 탄소골재반응을 줄이기 위한 반응성 골재를 피하고, 굵은 골재의 최대치수를 감소시키는 것이 바람직하다.

> **알칼리 - 탄소골재반응과 알칼리 - 골재반응의 차이**
>
> 알칼리 – 탄소골재반응과 알칼리 – 골재반응의 차이점은 균열부위에 실리카겔이 형성되지 않는다는 점에서 알칼리 골재반응과 구별되고 있다.

8) 화학물질 침투

황산염을 포함하고 있는 물은 콘크리트의 내구성에 특별한 문제를 야기할 수 있다. 황산염이 수화된 시멘트풀 속에 침투하면 칼슘 알루미나와 접촉하게 되고 이것은 칼슘설포 알루미나(Calcium Sulfo – Aluminate)를 형성하여 체적을 팽창시키며 국부적으로 높은 인장응력을 유발하여 콘크리트를 손상시킨다.

수화된 시멘트풀 속의 수산화칼슘[$Ca(OH_2)$]은 공기 중의 이산화탄소와 결합하여 칼슘카보네이트(Calcium Carbonnate)를 형성하며 이것은 수산화칼슘보다 적은 체적을 가지고 있으므로 수축이 일어나게 되고 따라서 굳지 않은 콘크리트의 표면에 심각한 미세균열을 일으키는 원인이 된다.

9) 기상작용에 의한 균열

① 발생 메커니즘

㉠ 수압설(水壓說, Power에 의해 제안)

기상작용으로 인하여 균열이 발생하는 경우 많은 경우가 동결융해(동해)에 의하여 발생한다. 콘크리트는 다공질이므로 습기나 수분을 흡수한다. 결빙점 이하의 온도에서는 흡수된 수분이 얼면서 팽창(약 9.8%)하기 때문에 정수압이 생기며 콘크리트의 표면에 균열을 발생시킨다. 온도가 상승하여 얼었던 부분이 녹으면 균열된 표면이 부분적으로 떨어져 나가게 되며 이러한 현상이 여러 번 반복되면 콘크리트 표면이 분열하게 된다.

> **기상작용에 의한 균열 특성**
>
> 기상작용으로 인하여 발생된 균열은 동결융해, 건습현상, 열의 상승과 냉각현상 등이 그 주요 요인이다. 자연적 풍화와 기상작용으로 인한 콘크리트의 균열은 겉으로 보기에 괄목하게 나타나지만 실제로 표면 바로 아래에서는 성능저하가 되지 않을 수도 있다.

㉡ 수분확산설

모세관수의 동결에 의한 수압의 발생과 이에 따라 발생하는 겔수의 확산에 기인한다.

㉢ 삼투압설

시멘트 페이스트 중 공극수의 알칼리 농도, 염분 농도 등의 차에 의해 발생된다는 학설로 특히 해수의 작용을 받는 콘크리트는 해수의 침식에 따라 표면근처의 수산화칼슘[$Ca(OH)_2$]이 용출되어 모세관 공극이 증가하면 동결가능한 물이 증가하여 수압이 커지면서 스케일링이 발생하기 쉬운 구조가 된다.

② 균열현상

동해에 의한 피해 형태는 미세한 균열의 발생으로 생기는 지도모양의 Pattern Crack, 구조물의 이음매, 단부 혹은 구조균열을 따라 나타나는 D – line Crack, 콘크리트 표면에 있는 얇은 시멘트 페이스트나 모르타르 층이 벗겨져 골재 사이의 모르타르 및 굵은 골재의 탈락을 유발하는 Scaling, 콘크리트 표면층 부근의 강도가 낮은 다공질 골재가 동결팽창하여 외부측의 모르타르 부분을 박리시켜 원추형 모양으로 움푹 패이는 팝아웃(Popout)현상 등이 있다.

동해에 의한 콘크리트의 열화는 기상작용의 영향에 좌우된다. 동해의 직접적인 유발 원인의 하나인 수분은 겨울철의 강우 및 강설에 의하여 보급되며, 이 수분이 콘크리트 내부로 침투하였을 때 동결이 일어나고 또 낮 시간의 일사에 의하여 콘크리트의 표면온도가 상승하여 동결과 융해가 반복되게 된다.

기상조건이나 구조물의 입지조건으로부터 물과의 접촉을 피할 수 없는 경우에는 이러한 물을 콘크리트 내부에 가능한 한 침투하지 못하게 하는 방책이 필요하다. 수분침투의 정도는 콘크리트 자체의 수밀성에 의하여 정해지며 또한 이것에는 사용재료, 배합조건, 양생 등 많은 요인이 작용한다. 양질의 골재를 사용한 보통의 콘크리트에서 동해의 원인이 되는 수분이 존재하는 공간과 이 압력을 완화하는 공기가 존재할 수 있는 공간은 주로 시멘트의 경화체 부분에 있으며, 이러한 공간의 특성, 즉 시멘트 경화체의 공극특성이 동해를 지배하게 된다.

또한 융빙 · 제설제 사용으로 인한 동해도 자주 발생한다. 겨울철에 눈이 오거나 도로가 얼면 NaCl, $CaCl_2$, $MgCl_2$ 등의 제설제가 노면에 살포되는데, 이러한 제설제에 포함된 염들은 환경문제, 차체부식 및 교량에서는 철근부식의 위험성이 있다. 그리고 물의 빙점을 강하시킴으로써 눈이나 얼음을 녹이고 여기에 필요한 융해열은 거의 절대적으로 콘크리트에서 충당한다.

이때 콘크리트 표면은 급격한 냉각현상이 나타나면서 인장응력이 발생하고 경우에 따라서는 이것이 인장강도를 넘어서기도 한다. 제설제는 확산에 의해서 콘크리트 안으로 침투하여 농도경사를 형성하며 이에 의해 각 깊이에 따라서 결빙점이 다르다. 따라서 콘크리트 온도와 제설제의 빙점이 교차하는 점이 생기고 빙점보다 낮은 콘크리트 부위는 빙결하게 된다. 이때 인접한 빙결층의 공극으로 빙압을 방출할 수 없기 때문에, 즉 부피팽창의 여유 공간이 없기 때문에 표면층의 콘크리트가 파열된다.

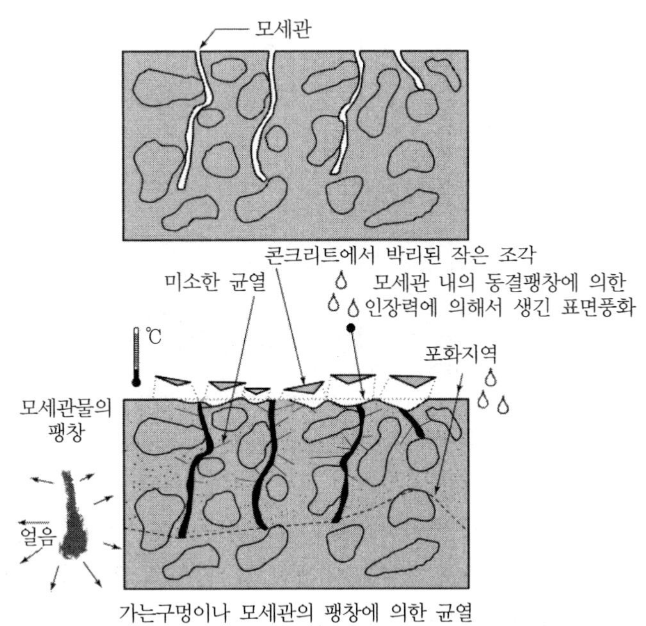

작은 구멍 내의 동결수에
의한 골재 및 주변 콘크리
트의 파쇄

℃

흡수성이 높은
골재료의 물의 침입

- 높은 다공성(증대요인)
- 동결융해가 많은 사이클(증대요인)
- 수평면 위의 체수(증대요인)
- 작은 모세관 구조와 흡수성이 큰 골재(증대요인)

- 높은 수분 포화성(증대요인)
- 공기 연행량(증대요인)

[그림 1-41] 동결융해에 의한 풍화

③ 제어대책

㉠ 동결융해의 반복작용에 대한 콘크리트의 내구성(내동해성)을 증대시키는 가장 중요한 요소는 AE제 또는 AE감수제를 사용하여 적정량의 공기를 연행시키는 것이다. 연행된 공기로 인해 자유수 동결에 따른 압력의 발생을 완화시키고, 자유수의 이동을 가능하게 하여 동결융해에 대한 저항성을 증가시킨다. AE제를 사용한 콘크리트 중의 공기량의 적당량은 4~6%이다.

㉡ 동일한 기포조건하에서, 물시멘트비를 작게 하여 조밀한 콘크리트가 되면 모세관 공극이 감소하게 되어 동해에 유효하다.

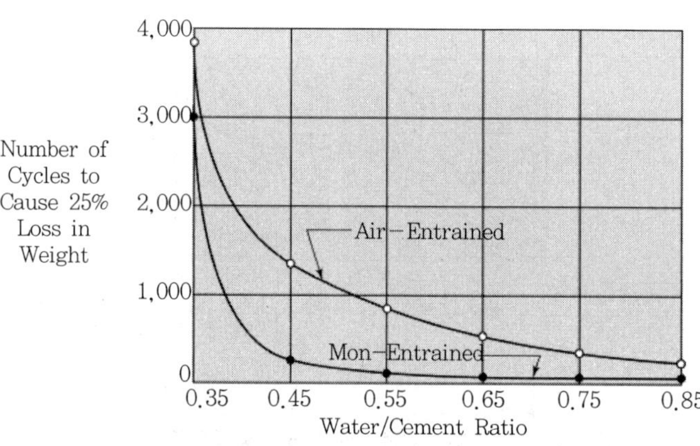

[그림 1-42] 콘크리트의 동결융해 저항성에 관한 물-시멘트비의 영향의 예

㉢ 제설제 등이 콘크리트 중에 가능하면 스며들지 않도록 콘크리트 구조물에 물을 차단하거나 물이 잘 배수될 수 있도록 물 흐름 구배 등을 강구하는 것도 중요하다.

㉣ 내구성이 강한 골재를 사용하여 동결융해에 대한 저항성을 높일 수 있으며, 배합 시 골재가 포화되지 않거나 타설 후 부분적으로 건조되고 경화체 안의 모세관이 불연속이면 다시 포화되기가 어려워 동결융해 시 유리하다.

㉤ 양생 시 충분한 건조는 동결융해에 저항성을 높인다.
콘크리트의 팽창에 의해 발생하는 콘크리트의 동해를 방지하는 데에는 AE제에 의한 기포 연행이 가장 유효하다. 그러나 이것은 스케일링과 같은 열화에는 그다지 효과가 없으며 낮은 물-시멘트비로 조직을 치밀화시키는 것이 오히려 스케일링에는 효과적이다. 또한, 팝아웃과 같은 피해 방지책으로는 다공질인 골재의 사용을 제한함으로써 방지할 수 있다.

10) 철근부식에 의한 균열

콘크리트는 강한 알칼리성으로 철근표면은 20~60Å 정도의 얇은 산화피막이 형성되어 있어 부동태화되어 있기 때문에 부식작용으로부터 보호된다. 그러나 콘크리트가 탄산화되거나 염화물의 침투로 인하여 부동태막이 파손되고 강재의 표면이 활성화되면 철근의 부식이 시작된다. 부식의 진행과 더불어 철근이 본래 체적의 약 2.5배로 팽창하고, 이로부터 발생하는 상당한 팽창압력은 철근 주위의 콘크리트를 파괴시킨다. 콘크리트 균열이 발생하면 외부로부터 산소나 물의 공급이 용이하게 되어 철근의 부식이 촉진되고 결국은 피복 콘크리트가 탈락하여 구조물의 내구성이 현저히 저하된다.

철근의 녹

철근의 부식은 수분과 산화제 및 전자류를 필요로 하는 전기화학적 과정이다. 금속의 표면에서 일련의 화학반응이 일어나게 되는데, 표면의 양극에서는 금속원자가 전자를 잃고 다른 표면의 음극에서는 산소와 물이 자유전자와 결합하여 수산기(Hydroxyl) 이온을 형성한다. 이 수산기 이온은 양극 쪽으로 움직여서 금속이온과 결합하며 금속 산화물을 형성한다. 강재인 경우에는 철산화물이 양극에서 형성되는데 이 철산화물이 바로 녹이다.

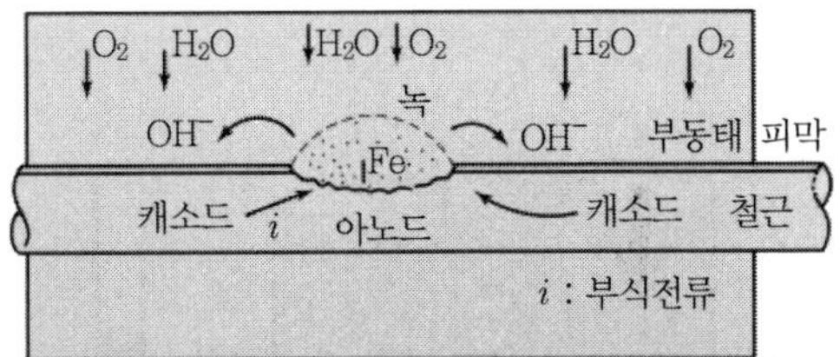

[그림 1-43] 철근의 부식전지작용

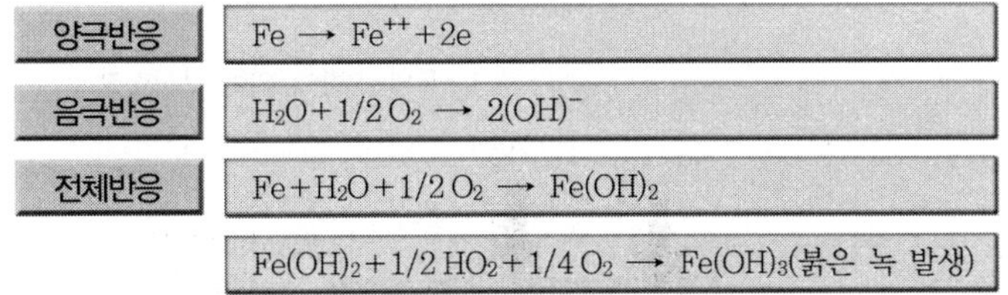

양극반응	$Fe \rightarrow Fe^{++} + 2e$
음극반응	$H_2O + 1/2\,O_2 \rightarrow 2(OH)^-$
전체반응	$Fe + H_2O + 1/2\,O_2 \rightarrow Fe(OH)_2$
	$Fe(OH)_2 + 1/2\,HO_2 + 1/4\,O_2 \rightarrow Fe(OH)_3$(붉은 녹 발생)

[그림 1-44] 철근의 부식작용에 대한 반응식

① 제어대책

㉠ 탄산화(중성화)

철근부식의 첫 번째 조건인 부동태피막 파괴는 콘크리트의 탄산화에 의해 진행된다. 콘크리트의 탄산화란 산화칼슘(CaO), 수산화칼슘[$Ca(OH)_2$]이 탄산가스(CO_2)에 의해 탄산칼슘($CaCO_3$)으로 변화하면서 pH 값이 8.5 이하로 감소하는 것을 의미한다. 균열이 발생되거나, 철근의 피복이 얇거나, 손상을 받은 경우를 제외하고는 일반적으로 탄산화가 양질의 콘크리트에는 큰 문제가 되지 않으며, 약 50% 정도 포화되어 있을 때 탄산화 속도가 가장 빠르게 일어난다.

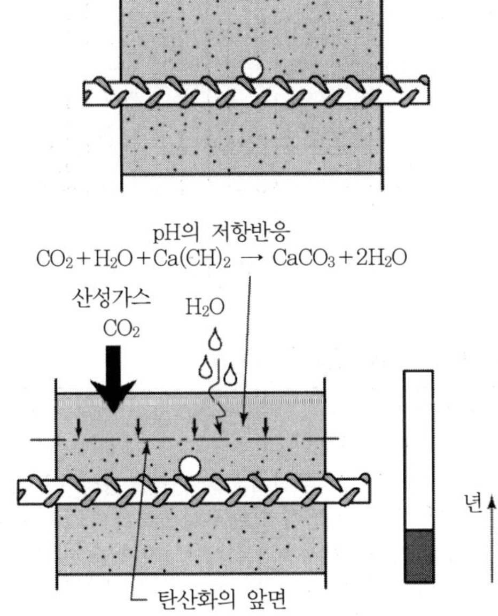

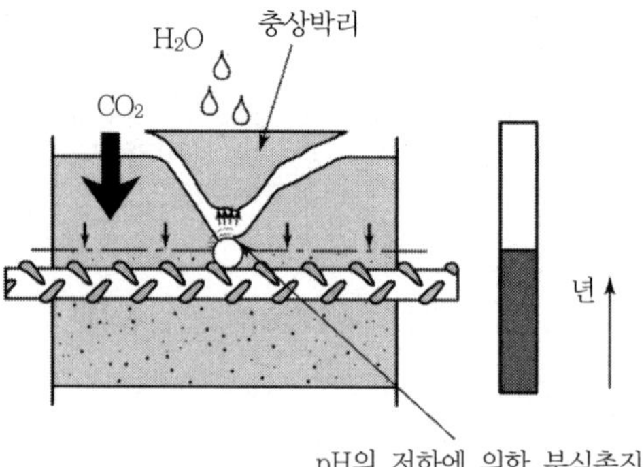

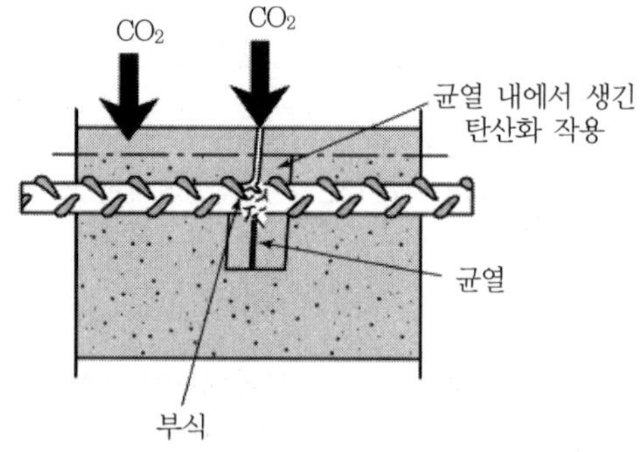

[그림 1-45] 콘크리트의 탄산화(중성화)

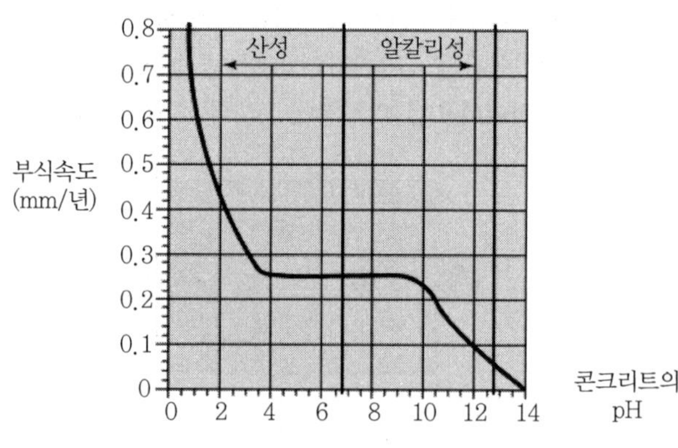

[그림 1-46] pH와 부식속도와의 관계

ⓛ 염화물에 의한 철근부식

발생원인	• 염해란 콘크리트 내의 염화물, 또는 염분침해로 콘크리트를 침식시키고, 철근(강재)을 부식시켜 구조물에 손상을 일으키는 현상으로 여기서 철근부식에 의한 균열을 정리하면 철근의 부식은 화학작용과 전류작용에 의한 부식으로 크게 나눌 수 있다. 일반적으로 철은 자연상태의 철에 전기에너지와 열에너지를 가하여 불안정한 상태에 존재하지만, 물 · 공기 등과 반응하여 안정된 상태로 되돌아오려는 성질을 나타낸다.

발생원인	• 철근콘크리트에서는 철근을 보호하고 있는 피복콘크리트의 강알칼리(pH 12.5~13) 성분이 탄산화되면서 화학작용을 일으킨다. 외부의 산성물질이 철근과 작용하면서 체적팽창(약 2.6배)으로 균열이 발생하며, 이를 통해 계속적인 수분과 탄산가스(CO_2)의 침투로 부식작용이 가속화된다. 또한 수분을 포함한 콘크리트는 전도체에 가깝기 때문에 누전 등에 의하여 전류가 흐르면 전기적 화학작용으로 부식을 일으키게 된다.
방지대책	철근부식에 의한 균열의 발생형태는 대부분 철근 방향과 평행하게 일어나고, 구석 부위의 콘크리트가 파손되는 형태를 나타내는데, 이에 대한 대책은 다음과 같다. • 염분의 제거 : 바닷모래를 사용할 경우, 염화물 함량을 0.04% 이하(NaCl로 절건중량)로 하고 콘크리트 내 Cl^- 이온을 0.3kg/m³ 이하, 배합수의 염소이온을 200ppm 이하(국내 150ppm 이하)로 관리한다. • 염분의 고정화 : 염분과 결합하여 용해도가 매우 낮은 안정한 화합물 생성으로 염분을 제거한다(예 : 염화물+알루미네이트 ⇒ Friedel염 생성 : 난용성). • 철근의 표면처리 : 부식에 강한 금속 또는 합성수지 도포(아연도금) • 콘크리트의 밀실화 : 국부전지의 음극반응($1/2\,O_2+H_2O \rightarrow 2(OH)^-$) 억제, 물/시멘트비 감소, 재료선정 · 배합 · 운반 · 타설 · 다짐 · 양생관리 철저, AE제 · AE 감수제 · 고성능 AE 감수제 사용, 블리딩 · 이상응결 · Cold Joint 방지 • 철근의 피복두께 증대 : 외부로부터 산소, 물, 탄산가스의 유입을 차단하여 탄산화의 영향을 감소 • 방청제 사용 : 금속의 부식속도 저감(화학장치, 수조, 보일러, 급수기관 등) • 전기방청법 : 외부전류로 국부전지의 음극전위를 양극의 평균전류까지 분극(전류차단 ⇒ 부식방지) • 콘크리트 표면처리 : 표면으로 침입하는 산소, 탄산가스, 수분, 염분 등을 방지할 목적으로 수지계 도장, 타일붙임

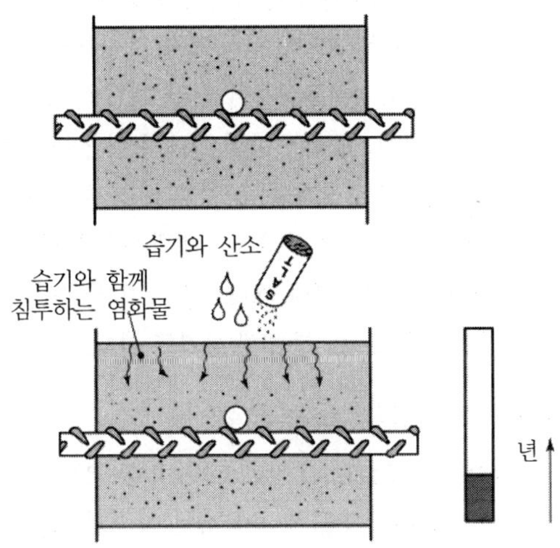

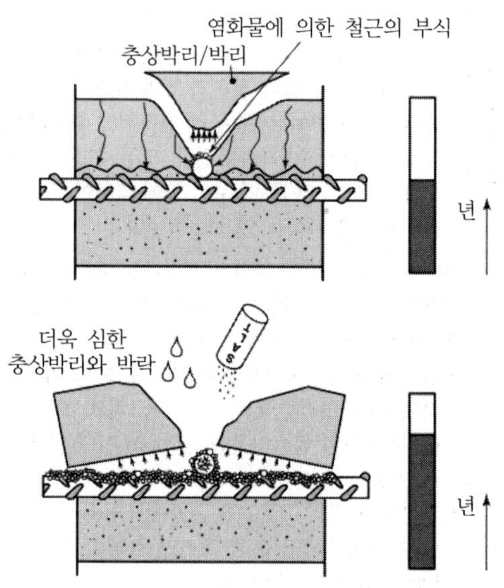

[그림 1-47] 염화물의 침투

(3) 설계상의 원인

건축물의 설계는 건축가나 구조기술자의 몫이라고만 생각하기 쉽다. 그러나 그들이 하는 설계는 지반조건, 법규, 사회 환경과 아울러 건축주와 사용자의 취향, 성격, 경제적인 여건과 대지 주변 이웃의 간섭 등 복잡한 변수로부터의 영향을 받는 의존적 행위이기 때문에 콘크리트를 타설할 부재의 특성과 전체 구조체의 구조거동을 충분히 이해하지 못하였을 경우에는 응력이 집중되거나 구조체의 일체성이 결여되어 구조체에 균열이 발생하는 경우가 있으며, 기초의 부동침하, 단면철근의 부족, 과하중 등에 의해서도 구조체에 균열이 발생하는 경우가 많다.

이러한 균열은 타설 직후에 발생하는 경우보다 장기간에 걸쳐서 발생하는 경우가 많기 때문에 사전에 지형 및 구조설계의 조건에 대한 면밀한 검토가 필요하다. 때로는 구조물에 어느 정도의 균열 발생을 예견하면서도 어쩔 수 없이 어느 방향으로의 설계를 강행하는 수도 있고 전혀 예측하지 못했던 상황으로 인하여 균열 피해가 발생하기도 한다. 따라서 구조물에 발생한 균열은 그 원인별로 명확히 구분하는 것은 일반적으로 불가능한 것으로 보아야 하나 개략적으로 어떤 것을 설계의 잘못에 가깝다고 볼 것인지를 분석 · 분류해 보기로 한다.

1) 부적절한 구조해석에서 오는 균열

① 활하중 부분재하(Pattern Loading)에 의한 영향

구조설계 시에는 구조물에 작용하는 하중의 다양한 조건을 모두 고려하기 어려우므로 건물의 용도별 설계하중을 결정한 후 설계하중

이 모두 작용하는 경우로 단순화하여 구조설계를 하게 된다. 이렇게 작용 가능한 모든 하중이 작용할 때 안전하도록 설계된 구조물은 대부분의 경우 실제 사용시에는 설계하중보다 작은 하중이 작용하므로 구조물의 내력에 여유가 있는 상태가 된다.

그러나 하중의 작용형태에 따라서는 이러한 설계하중보다 작은 활하중이 작용함에도 불구하고 국부적으로 오히려 더 큰 부재응력이 발생하여 균열과 변형 등의 원인이 되는 경우가 있는데 이러한 것을 활하중 부분재하(Pattern Loading)에 의한 영향이라고 한다.

일반적인 사무실의 경우처럼 하중이 비교적 균등하게 작용하고, 고정하중보다 활하중이 크지 않은 경우에는 부분재하에 의한 영향이 적으며, 창고와 같이 활하중이 고정하중에 비하여 상대적으로 크고 하중의 적재 상태가 다양한 경우에는 부분재하의 영향이 크게 된다. 구조설계에서도 이러한 경우를 고려하여 설계하는 것이 원칙이나, 이렇게 할 경우 작업량이 매우 많아지므로 현재 대부분의 구조설계에서는 이러한 활하중의 부분재하에 의한 영향까지는 설계에 반영하지 못하는 실정이다.

따라서 현장에서는 이러한 현실을 고려하여 공사용 자재 등을 야적할 경우 한 곳에 집중시키지 않고 넓은 면적으로 균등하게 분산 야적하여 부분재하(Pattern Loading)에 의한 영향으로 구조물의 피해가 발생하지 않도록 주의가 필요하다.

② **활하중 부분재하(Pattern Loading) 시 인장구역 설정에 대한 오류**

구조 해석 시 상기 하중 재하형태를 적절하게 고려하지 못하여 인장철근을 배근하여야 할 인장구역의 설정에 오류가 발생하는 경우 요구되는 길이보다 철근이 짧게 배근되어 균열을 유발하게 된다. 휨철근의 인장구역 양단에서 아래 그림과 같이 최소연장길이에 대한 오류로서 철근콘크리트 구조물은 전단력에 의하여 철근의 인장응력이 증가하는데 설계에서는 통상 휨모멘트 분포로 인장구역을 결정하므로 최소 연장길이가 확보되지 않으면 균열이 발생하기 쉽다.

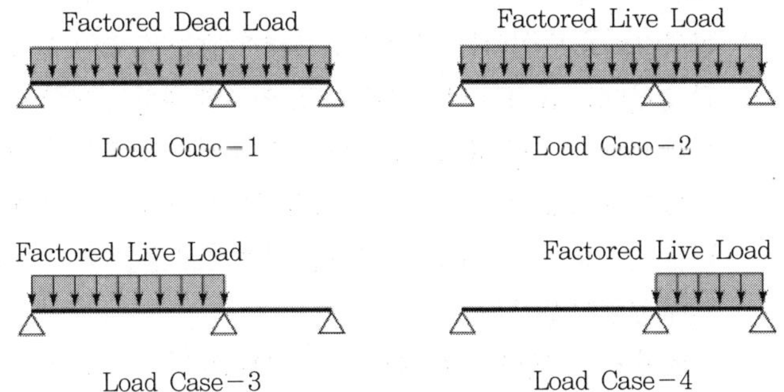

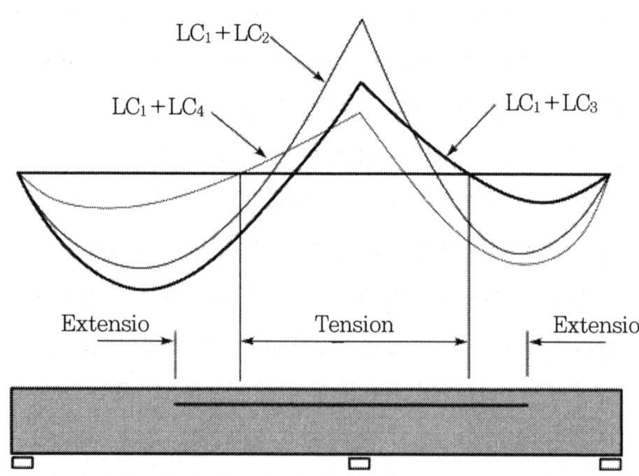

[그림 1-48] 구조해석 시의 패턴(Pattern Loading) 및 인장구역

인장구역 내 철근절단 오류에 의한 균열로 일반적으로 철근콘크리트구조설계에서 최대 휨모멘트를 기준으로 인장철근의 양을 결정한 후 모멘트의 분포를 고려하여 일부의 철근을 절단함으로써 경제적인 단면을 결정한다. 이때 인장철근 일부의 절단위치에 오류가 발생하면 설계결과에 따라 시공된 구조물에 아래 그림과 같은 균열이 발생하기 쉽다.

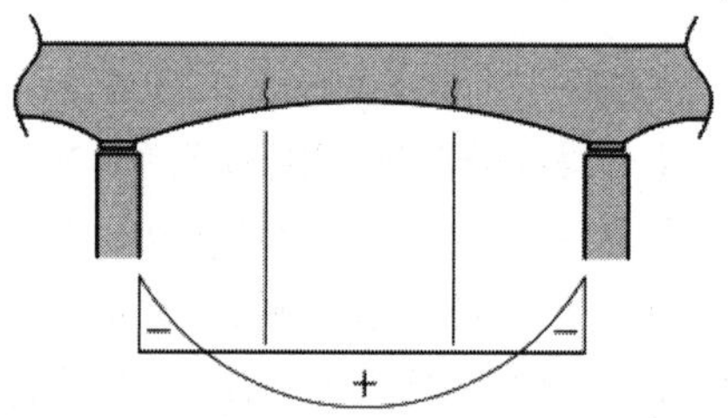

[그림 1-49] 인장구역 내 철근절단 오류

2) 구조물에 작용하는 하중에 의한 균열

① 시공 시 하중

콘크리트를 타설하는 과정에서 부재가 받는 하중이 설계하중보다 클 경우에는 균열이 발생하게 된다. 이러한 현상은 현장에서 콘크리트의 타설 초기에 유발하중으로 인하여 부재에 발생하거나 프리캐스트 부재의 운반·설치과정에서 부주의로 인하여 영구적인 균열로 남는 경우도 있다. 또한 프리텐션 부재의 긴장완화 시 응력방출로 인해 균열이 발생되는 경우도 있다.

이외에도 증기양생으로 제작되는 콘크리트의 온도구배를 잘못 선정하여 발생하는 열충격에 의한 균열, 두꺼운 프리캐스트 부재의 급격한 냉각에 의한 표면균열, 한중콘크리트 공사에서 난방기구의 사용에 의한 열응력균열 등 시공하중에 따른 균열로 분류할 수 있다. 이러한 하중에 대한 방지 대책은 현장에서 콘크리트를 타설 · 양생하는 과정에서 유발하중이 가해지지 않도록 시공계획 및 공사관리에 있어서 철저한 보양 및 규정을 준수하도록 해야 할 것이다.

특히, 프리캐스트를 공장에서 운반하여 현장적치 · 양중 · 설치하는 과정에서도 면밀한 시공계획을 세워서 확인하고 수행하는 방안이 필요하다. 프리텐션 부재의 응력도입 및 긴장완화 시에도 응력이 집중되거나 편심하중을 받는 경우가 생기지 않도록 사전에 검토해야 한다.

따라서 시공하중에 대한 전반적인 체크리스트를 작성하여 각 공정별로 품질관리를 체계적으로 수행하도록 하고 설계 및 공사과정에 있어서 오류가 발생하지 않도록 해야 할 것이다.

② 장기하중으로 인한 균열

바닥이나 보 부재가 장기간에 걸쳐 수직하중을 받으면 바닥 윗면 지지단이나 보 밑면 스팬 중앙에 균열이 생기는 수가 있다. 바닥에 발생하는 콘크리트 균열의 패턴 예를 [그림 1－50]에 나타냈는데 윗면에서는 슬래브의 큰 변위로 인한 휨균열이 지지보에 의하여 원형형상으로 발생하고 있고 휨균열은 슬래브 밑면에서는 대각선상으로 균열이 발생하고 있으며, 균열뿐만 아니라 변위 문제도 동시에 지적되는 경우가 많다.

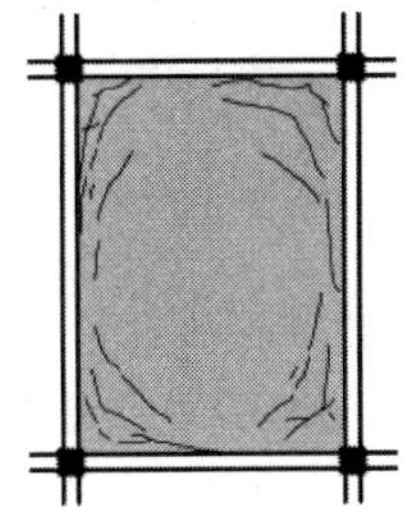

(a) 큰 변위로 인한 슬래브 윗면 휨균열

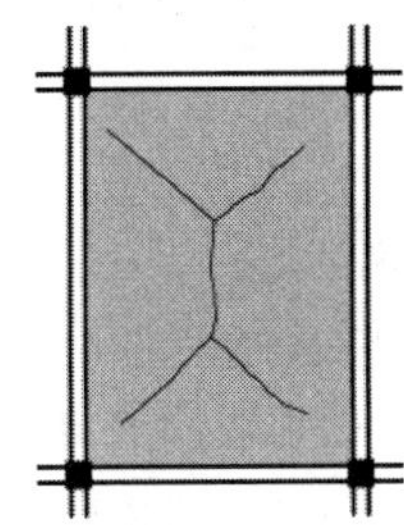

(b) 큰 변위로 인한 슬래브 밑면 휨균열

[그림 1－50] 장기하중으로 인한 슬래브 휨균열

③ 반복하중으로 인한 균열

RC부재가 반복하중을 받으면 정적 시험보다도 저하중으로 손상을 받는 경향이 있다. 즉, 균열하중 이하일지라도 반복피로로 슬래브 밑면에 휨균열이 발생하는 수도 있다. 또 균열이 증가함과 동시에 균열폭은 서서히 확대된다. 이것은 콘크리트가 피로에 따라 강도가 저하하기 때문이며, 철근과 콘크리트의 부착이 열화해 가기 때문이기도 하다.

④ 동하중으로 인한 균열

오래된 도로교의 철근콘크리트 바닥 슬래브는 예상을 초월한 차량 중량과 주행빈도로 인해 손상이 격심하여 부득이 보수를 해야 하는 일이 많다. 이와 유사한 현상은 건축물의 창고나 배송센터와 같이 포크리프트가 주행하는 바닥슬래브에서도 흔히 볼 수 있다. 윗면에서는 당초 휨균열이 보 주위에 원형상으로 발생하여 확대해 간다. 균열부가 각 결함을 일으키는데 그 후 변위 변형이나 유감진동이 생기게 되어 심해지면 부분적인 원형상 결함을 야기한다.

한편 밑면에는 휨균열이 발생하는데 손상이 확대되면 균열 각 결함으로 인해 콘크리트가 부서져 박락하게 된다. 더욱 심해지면 슬래브 한 면에 격자상 균열이 생기게 되고 [그림 1－51] 콘크리트 작은 조각이 박락하게 된다. 그 후 윗면의 결함이 밑면까지 관통해 진전하여 사용이 불가능하게 된다.

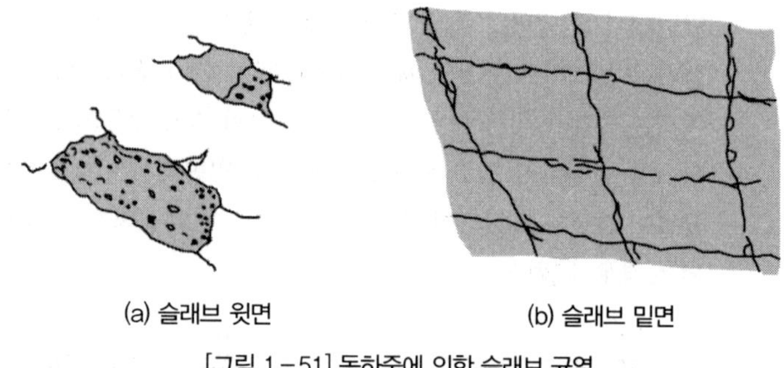

(a) 슬래브 윗면 (b) 슬래브 밑면

[그림 1－51] 동하중에 의한 슬래브 균열

⑤ 지진하중

지진하중은 일시적인 하중이며 몇 분 사이에도 큰 피해를 가져온다. 지진하중으로 인한 보, 기둥의 구조체 균열 손상은 휨균열과 전단균열이 대표적인 균열 패턴이고, 구조재의 스팬이 짧을수록 휨내력은 향상하지만 전단내력은 향상하지 않는다.

휨균열은 인성이 있어 충분한 변형 성능을 가지지만, 전단 균열은 취성파괴로 이어질 우려가 있으므로 기둥 부재의 전단 파괴로 건축물이 파괴되지 않도록 충분한 전단보강(띠철근 증강)을 규정하고 있으며, 이때 나선철근기둥은 나선철근과 주근이 감싸고 있는 코어콘크리트가 깨져 나올 우려가 적은 반면, 띠철근 기둥은 코어콘크리트가 밖으로 빠져 나올 우려가 더 높고 주근의 좌굴 우려도 나선철근기둥에 비해 더 높다.

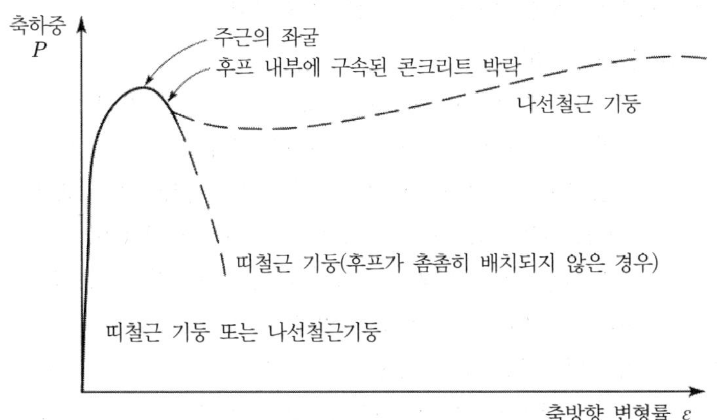

[그림 1－52] 지진하중 시 전단보강근의 변형 성능

지진으로 인한 벽 균열은 경사 방향이나 X자형 균열이 많고 이들은 전단균열 패턴이다(그림 1－53). 다만, 비낀 균열로 발생하는 상황은 벽체콘크리트의 수축(건조 · 온도 변동)으로 인한 균열 패턴과 콘크리트를 부어 넣을 때의 콜드조인트와 흡사하다(그림 1－54). 판정하기가 혼란스러울 때 균열 발생시기의 특징이나 건축물 전체의 균열 패턴에서 어떤 종류의 균열인지 판단하게 된다.

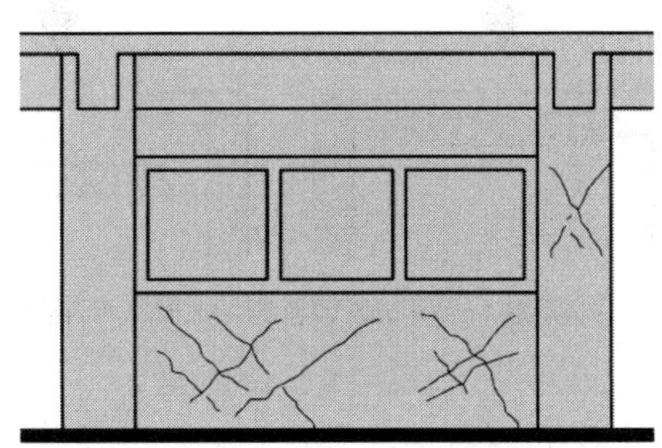

[그림 1－53] 징두리벽에 발생한 구조전단균열

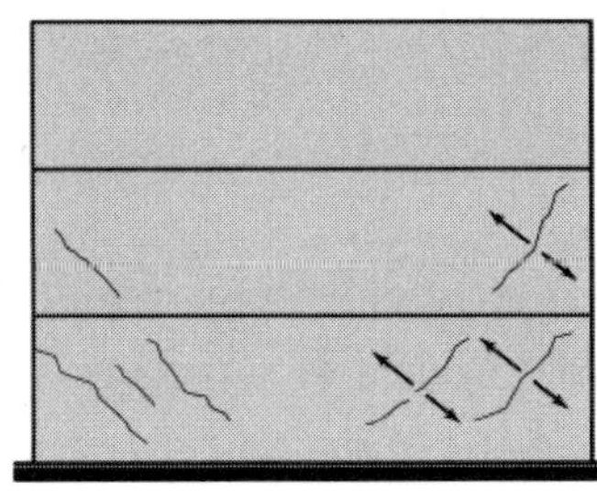

(a) 건조수축균열

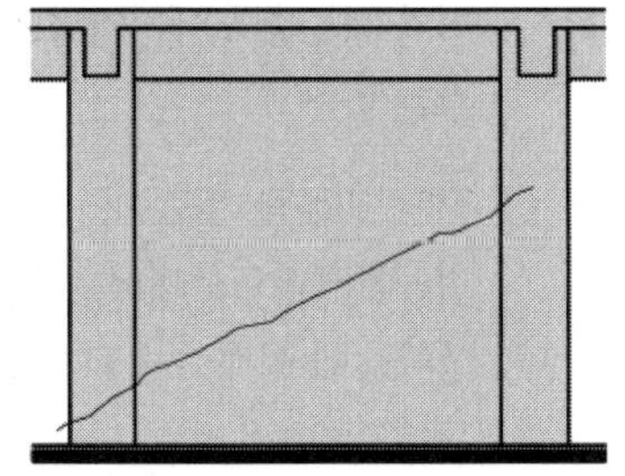

(b) 콜드조인트에 따른 균열

[그림 1－54] 구조균열과 혼동하기 쉬운 균열

3) 구조물에 발생하는 응력에 따른 균열 양상

① 휨재 및 압축재

휨재에서 휨극한하중의 50% 정도의 하중을 받으면 매우 가는 수직 균열이 보의 중앙 하부에서 발생한다. 외력이 증가하면 철근의 변형도 증가하여 초기에 발생했던 균열은 그 폭이 넓어지며 보의 중립축 쪽으로 진행해 올라간다. 콘크리트 파괴 이전에 철근이 항복에 도달하면 이를 휨인장 파괴라고 하며, 이때의 철근비를 과소철근비라고 한다. 이 경우 부재에는 큰 균열과 처짐이 발생하므로 거주자가 위험을 인지하고 대책을 취할 수 있는 여유가 있다.

반면 과대철근비일 경우에는 콘크리트 파괴가 철근의 항복에 앞서 발생하여 콘크리트가 파괴응력에 도달하더라도 철근에 발생하는 응력은 적기 때문에 보 인장측의 휨 균열폭은 매우 작다. 따라서 외견상 파괴의 징조를 거의 보이지 않은 채 갑자기 콘크리트가 파괴되는 취성적 성격을 띠기 때문에 매우 위험한 파괴형태이다.

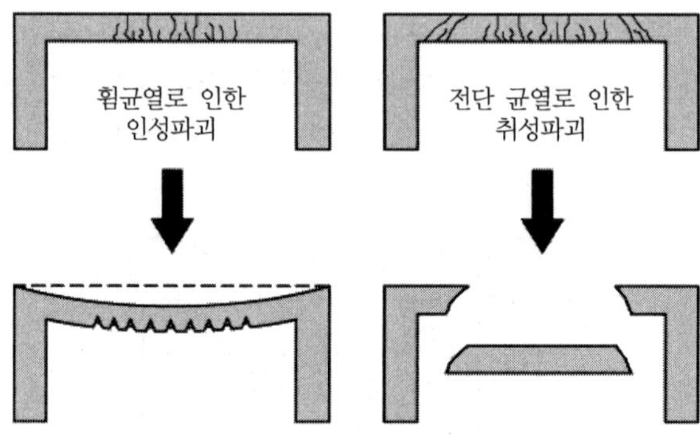

[그림 1-55] 보의 균열 형상에 따른 파괴양상

기둥에서 편심하중을 받을 경우 부재에는 축방향력 뿐만 아니라 휨모멘트도 발생하게 된다. 보와 마찬가지로 철근이 항복했는지 여부에 따라 인장파손 또는 압축파손이 발생한다. 그러나 기둥은 압축재이기 때문에 보에서처럼 철근비를 조절함으로써 압축파손을 방지할 수는 없다.

② 전단, 비틀림, 뚫림전단

철근콘크리트보에서는 휨모멘트와 전단력이 조합하여 주응력이 발생하는데 이때 주응력은 중립축에서 약 45°가 된다. [그림 1-56]는 등분포하중을 받는 단순보에서 주응력의 궤적을 보여주고 있다.

이러한 주응력을 사인장력이라고 하며, 주응력이 콘크리트의 인장강도를 초과하면 균열이 발생한다. 휨모멘트가 큰 위치에서는 부재축에 수직 방향의 휨균열이 발생하며, 전단력이 큰 지역의 중립축에서 사인장력이 극대가 된다.

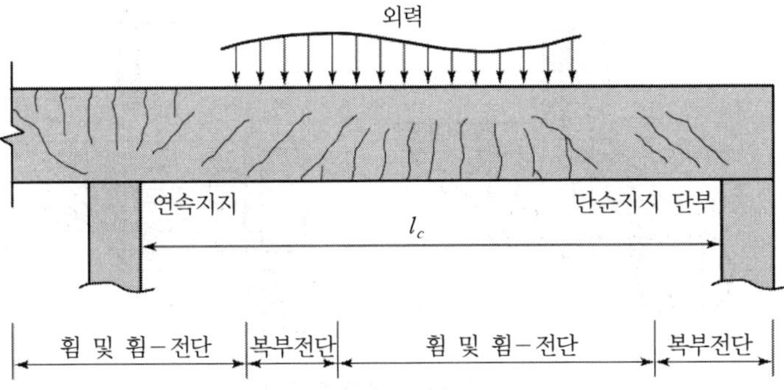

[그림 1-56] 휨균열과 사인장균열의 생성형태

사인장력에 의한 전단균열을 사인장균열이라고 하며, 휨균열과 사인장균열의 복합형태를 휨-전단균열이라고 한다. [그림 1-56] 보의 복부에서 사인장균열만 발생하는 경우보다 휨균열에서 시작하여 전단균열로 발전되는 형태가 더 많이 관찰된다.

㉠ 사인장력에 대한 보강

사인장력에 의한 파괴를 방지하기 위해서는 보의 웨브 부분에 스터럽을 내포하거나, 주근을 30° 이상 구부려 배근하는 방법 등이 있다. 스터럽은 사인장 각도의 수직인 45°로 배근하는 것이 가장 효과적이지만 시공성을 고려하여 주근과 수직으로 배근하게 되며, 따라서 스터럽의 최소 간격은 d/2로 정하고 있다.

전단에 의한 사인장 전단보강근은 경사균열이 확대되는 것을 억제함으로써 연성을 증가시키지만 휨균열에 비해 취성적인 거동을 하기 때문에 주의해야 한다.

㉡ 보의 비틀림 파괴

[그림 1-57]과 같은 큰 보의 슬래브나 작은 보의 단부모멘트에 의하여 비틀림(Torsion)을 받는다. 이와 같은 비틀림모멘트가 커지면 사선 방향의 균열이 발생하며 일반적인 경우 전단보강근이 비틀림에 저항하기 때문에 설계자들은 비틀림에 대한 검토를 생략하기도 하지만 스팬드럴보에서는 비틀림에 대한 보강 여부를 반드시 검토해야 한다. 비틀림에 대한 보강으로는 주근과 스터럽 모두 유효하다.

비틀림에 의한 사인장응력에 저항하기 위해서는 반드시 주인장 철근과 폐쇄형 스터럽으로 동시에 보강하여야만 하며, 전단, 비틀림 보강근의 양단의 철근 끝은 훅으로 가공되거나 구부러져야 하고, 비틀림에 저항하기 위한 스터럽의 단부는 스터럽 내부의 콘크리트에 정착되어야 한다.

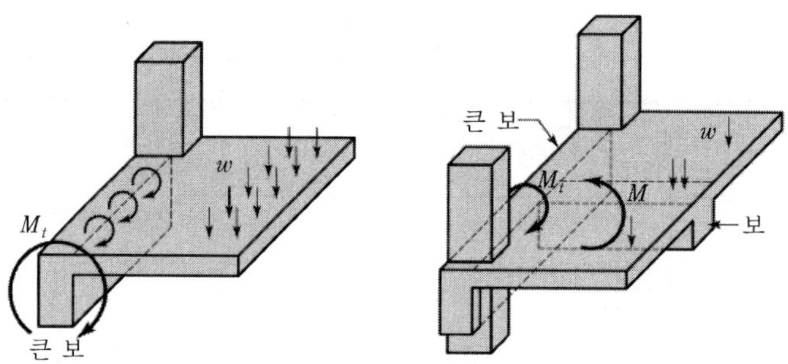

[그림 1-57] 비틀림을 받는 보

㉢ 뚫림전단파괴

슬래브나 기초판에 집중하중이 작용하면 반력에 의해 위험단면이 집중하중 부위의 둘레를 따라 형성되는 것으로써 이방향작용 또는 뚫림전단(Punching Shear)이라고 한다.

여기서 위험단면이란 집중하중의 표면으로부터 d/2만큼 떨어진 지점을 말하는데 뚫림전단이 45° 각도로 발생한다고 가정하여 그 중간지점인 d/2를 택한 것이다. 이러한 뚫림전단은 콘크리트 강도가 높을수록 파괴에 대한 저항강도는 높아진다. [그림 1-58]과 같이 지판(Drop Panel)과 주두(Capital)를 설치하여 위험 단면의 길이를 늘리거나 슬래브의 두께를 증가시켜 뚫림전단에 저항할 수 있는 면적을 넓혀주는 것이 가장 효과적인 방법이다.

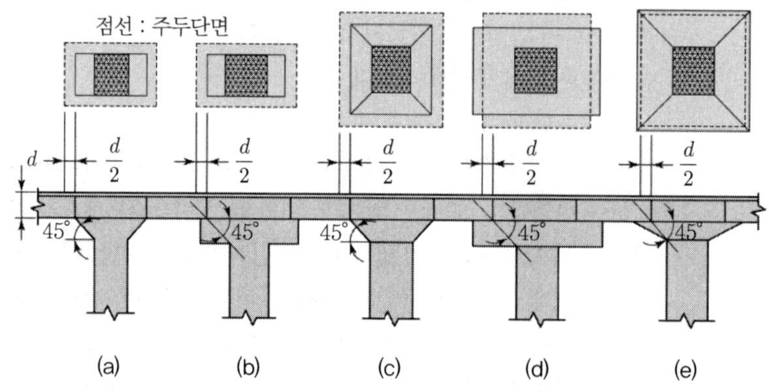

[그림 1-58] 지판 및 주두의 형태 및 위험단면 산정

③ 부착 및 이음부 파손

㉠ 부착파괴

철근과 콘크리트 사이의 부착거동은 [그림 1－59]과 같은 거동을 보이며, 철근의 순간격이 부족한 경우나 구조물의 내구성에 큰 영향을 주는 피복두께가 충분하지 못한 경우에는 [그림 1－59]과 같은 할렬균열(Splitting Crak)이 발생하게 되고 이러한 철근과 콘크리트의 부착은 급속히 파손되어 취성파괴의 현상이 나타난다. 이때 철근의 간격을 크게 하면 철근을 감싸는 콘크리트의 단면적이 증가하기 때문에 수평 방향 쪼갬에 대한 저항력이 커지며, 콘크리트 피복두께를 증가하면 콘크리트의 인장내력이 증가하여 수직 방향 쪼갬에 대한 저항 성능이 증가한다.

또한 스터럽과 같은 횡보강근이 사용될 경우에는 콘크리트 인장내력에 횡보강철근의 인장내력이 추가되므로 수평 및 수직 방향의 쪼갬 균열에 대한 저항능력이 더 증가한다.

㉡ 이음부 파손

이음철근의 양방향에서 힘이 작용하면, 두 개의 이음철근을 감싸고 있는 콘크리트에는 쪼개려는 힘뿐 아니라 강한 전단력이 생성된다.

겹침이음부가 안전하기 위해서는 콘크리트와 철근의 부착강도가 충분하도록 설계기준에 따른 겹침길이 이상으로 설계하여야 하며 겹침이음에 따라 철근을 연결할 때는 철근의 순간격이 감소하므로 이를 고려하여 피복두께 부족으로 인한 할렬균열(Splitting Crak)이 발생하지 않도록 한다.

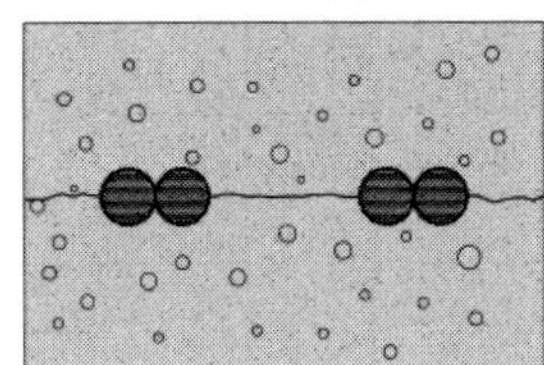
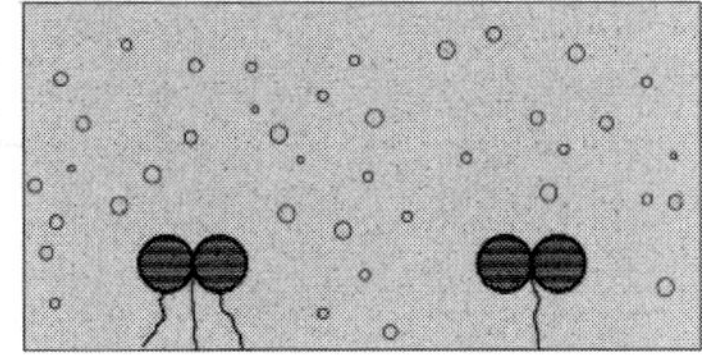

[그림 1－59] 부착파손이 발생한 유형

모든 철근을 연결하여야 하는 경우에는 모든 철근을 한 군데서 겹침이음하지 않도록 하여야 하며 겹침이음을 엇갈리게 배치하여야 한다. 또한 철근을 연결하는 경우에는 겹침이음, 용접이음, 기계적 연결에 관한 설계기준을 이해하고, 이러한 최소 규정 이상의 상세를 갖도록 설계하여야 한다.

4) 기타 고려사항

① 꺾인보 배근상세

꺾인 보의 각도 α 가 15° 이내로 작을 경우에는 [그림 1-60(a)]와 같이 꺾인 부분에 스터럽을 설치하며, α 가 15° 이상으로 클 경우에는 [그림 1-60(b)]와 같이 두 개의 철근으로 분리하여 정착시켜 주며, 역학구조상 보강스터럽이 필요 없지만 절곡부위의 균열제어를 위해 주근배근과 관계없이 보강스터럽을 추가로 배근한다[그림 1-60(c)].

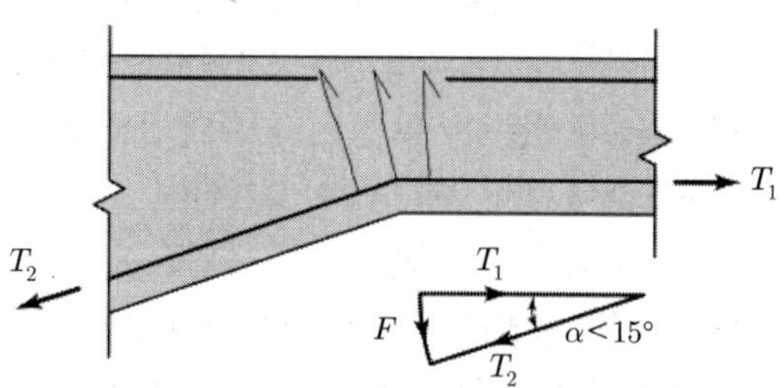

(a) 보의 꺾인 각도가 작을 경우

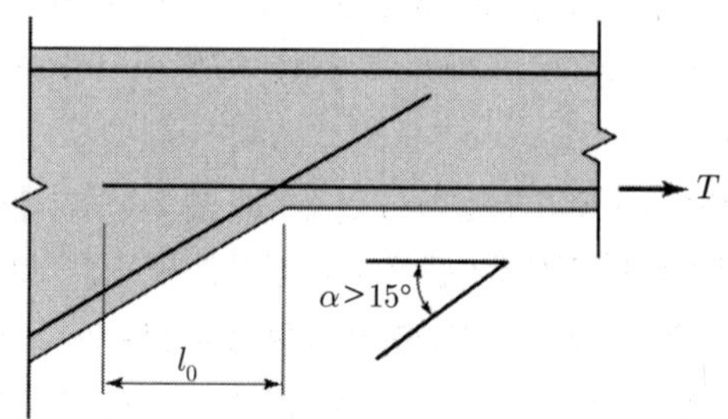

(b) 보의 꺾인 각도가 클 경우

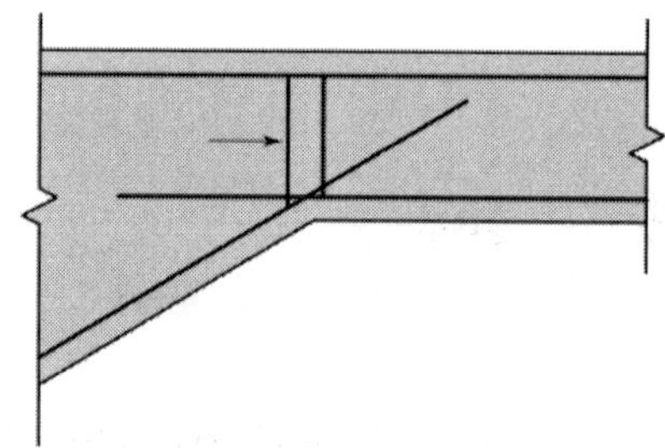

(c) 꺾인보 절곡부위 보강방안

[그림 1-60] 꺾인보의 배근상세 및 보강방안

② 슬래브

㉠ 내력벽이나 단차가 있는 보에 접하는 슬래브의 철근배근

슬래브가 내력벽이나 단차가 있는 강성이 큰 보에 접하는 부분은 부모멘트 응력집중현상이 일어난다. 이 경우 부모멘트에 대한 보

강이 필요할 뿐만 아니라 상부철근의 처짐방지 및 정착길이 확보가 매우 중요하다.

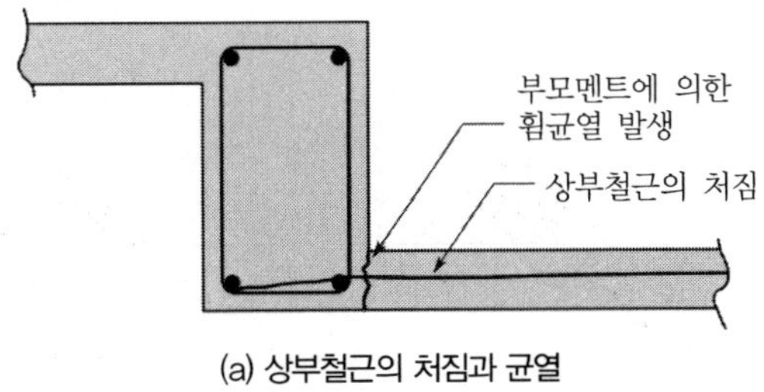

(a) 상부철근의 처짐과 균열

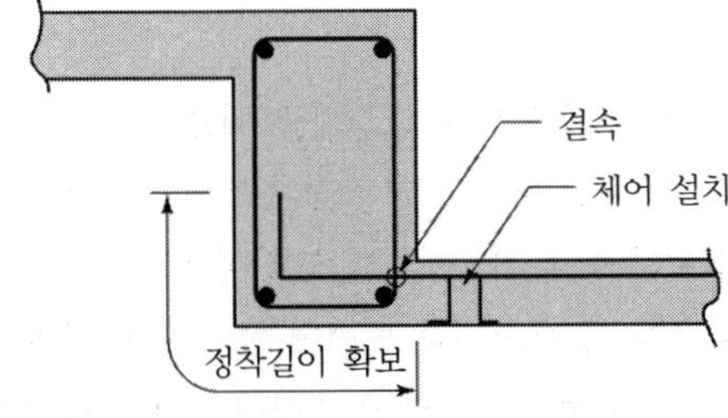

(b) 상부철근의 처짐방지 및 정착길이

[그림 1-61] 단차가 있는 큰 보에 접하는 슬래브 처짐과 균열

㉡ 슬래브 코너 부위 보강

강성이 큰 보 또는 전단벽과 같이 강성이 높은 지지구조에 슬래브가 구속되어 있을 때 모서리 효과에 의해 항복선이 모퉁이에 이르기 전에 갈라져 아래 그림과 같이 균열이 발생하는 경향이 있다. 이런 슬래브 모퉁이의 균열을 방지하기 위하여 균열의 직각인 방향으로 상단철근을 배치해야 하며, 모퉁이 부근의 슬래브 하단 철근의 방향은 모퉁이에 평행하게 배치되어야 한다.

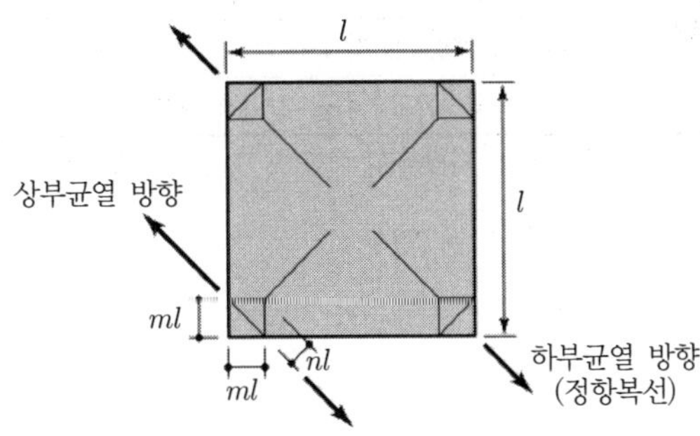

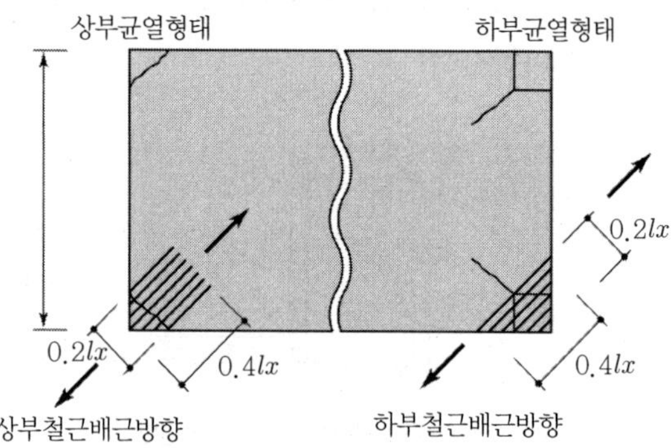

[그림 1-62] 슬래브 모서리부분 보강방안

㉢ 지하주차장 옥외상부 고정하중(시공 전 검토사항)

일반적인 구조계산서 작성 당시 토목 Level 및 마감(흙높이 포함)이 정확하게 결정되지 않은 상태에서의 구조계산서는 토목 Level을 가정하여 계산되고 도면에 반영된다. 지하주차장 상부 토목 Level 및 마감이 주변 현황에 따라 변하고 흙 높이가 주차장 중앙부와 가장자리의 물매를 잡기 위해서 달라지게 된다(설계 시 흙높이 차이 반영). 지하주차장 상부 조경변경으로 인한 마감 하중 추가 여부를 고려한다(즉, 설계당시 관목에서 교목으로 설계변경되는 경우 쌓이는 흙높이 증가로 인한 하중 증가).

건축은 골조 및 골조위 방수까지, 토목은 조경 및 포장 위주로 시공이 추진되는 경우, 고정하중에 대한 구조계산서와의 일치 여부를 확인한다.

▼ **[표 1-3] 주차장 및 옥외차도 활하중(단위 : kN/m²)**

구분	내용	활하중
주차장 및 옥외 차도	총중량 30kN 이하의 차량(옥내)	3.0
	총중량 30kN 이하의 차량(옥외)	5.0
	총중량 30kN 초과 90kN 이하의 차량	6.0
	총중량 90kN 초과 180kN 이하의 차량	12.0
	옥외 차도와 차도 양측의 보도	12.0

[주] 위 표의 기준은 건축물 설계하중(국토교통부 제정)으로써 2022. 10. 11부로 개정된 내용이다.

주차장 관련 활하중이 더욱 강화되었고, 옥내주차장 차로 및 경사로와 옥외주차장은 충격을 고려하여 설계 및 시공될 수 있도록 권장하고 있다. 특히 경사로의 시작과 끝나는 부분은 충격하중에 의한 하자 사례가 빈번하므로 설계 및 시공 시 세심한 배려가 요망된다. 따라서 시공 전 지하주차장 상부 고정하중, 활하중을 반드시 사전 검토하여 구조물 완성 후 하자가 발생하지 않도록 세심한 배려가 요구된다.

㉣ 개구부 주변의 균열

철근콘크리트 벽체 개구부의 모서리에는 건조수축, 온도변화, 외력 등으로 인하여 응력집중이 생겨 유해한 균열이 발생하기 쉽다는 것은 경험적으로 이해하고 있다. 철근콘크리트 벽체의 개구부 모서리 균열에 대한 개구부 보강은 전단력이 일정하게 작용하는 무한판에 충분히 작은 개구부가 있는 경우를 상정하여, 그 개구부 주변의 응력집중을 고려한 것이다.

그림과 같이 벽체의 개구부 모서리에는 경사인장력이 생기고 개구부 주변에는 테응력이 생긴다. 전자에 대해서는 경사 보강근을 이용하여 저항시키고, 후자에 대해서는 틀보강근을 이용해서 저항시킨다.

균열제어방법으로는 개구부 양쪽에 수축줄눈을 배치하는 방법으로 균열을 수축줄눈으로 유도하는 것으로 유해한 균열을 막을 수 있다. 개구부 양쪽에 수축줄눈을 넣을 수 없는 경우에는 보강철근을 배근하는 방법이 있다. 개구부 모서리에 보강철근을 배근함으로써 균열을 완전히 억제하는 것은 거의 불가능하나 보강철근은 균열을 분산시키고 발생된 균열이 확대되는 것을 방지할 수 있다.

모서리 보강근은 벽두께를 한 변으로 하는 정방향 면적의 약 1% 정도의 경사보강근을 설치하거나 개구부 가까이에 수직 및 수평 방향의 보강근을 배치한다.

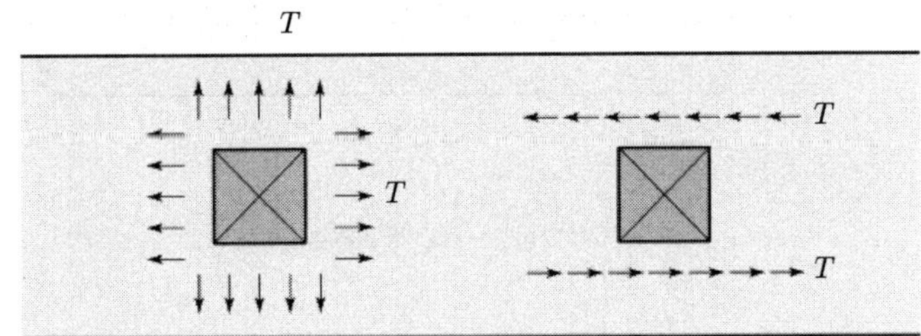

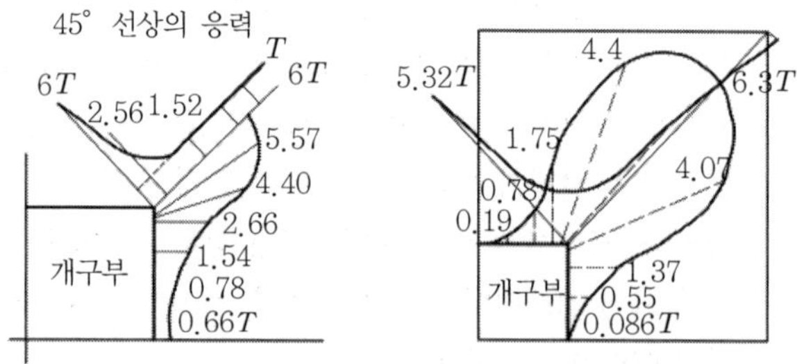

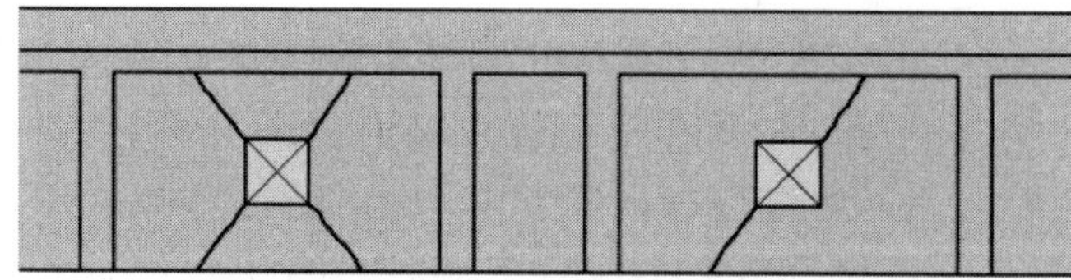

[그림 1-63] 개구부 주변의 균열

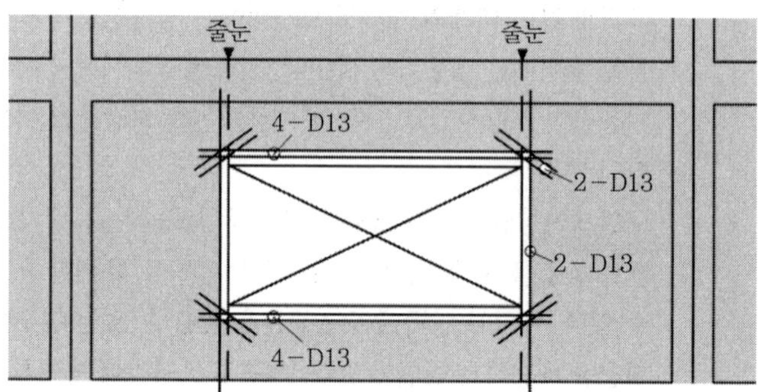

개구부 옆에 줄눈이 있을 때
(유발형)

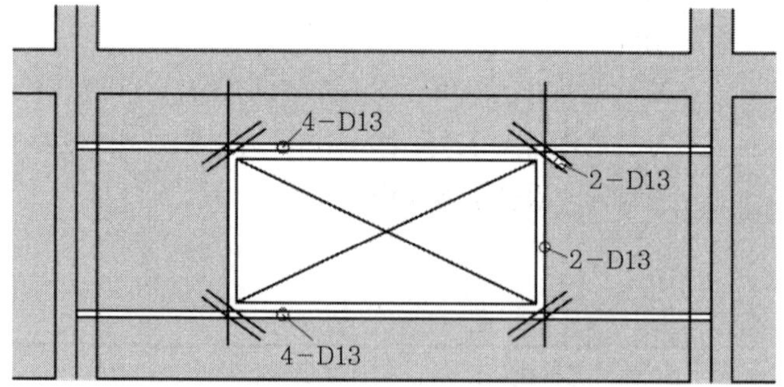

보강 철근 세로철근 또는 가로철근 중 어느 것인가를 보 또는 기둥에 정착시킨다.

[그림 1-64] 개구부 철근보강

ⓜ 지반의 부동침하에 의한 균열

부동침하는 상부구조에 일종의 강제변형을 주는 것으로서 이로 인하여 인장응력과 마찰응력이 생기고 인장응력에 의한 균열은 직각 방향으로, 또 침하가 적은 부분에서 침하가 많은 부분으로, 사선방향으로 생기는 것이 보통이다. 부동침하량이 작은 경우에는 균열이 발생하는 정도의 손상에 머물 수 있으나 침하량의 차이가 큰 경우에는 구조물의 붕괴와 같은 예상치 못한 심각한 사태를 유발시킬 수 있다.

기초공의 허용변위량은 상부구조의 허용변위량에 의해서 결정되지만 상부구조의 허용변위량 자체가 절대적인 값은 아니다. 따라서 설계 시 하부구조의 변위량을 작게 하거나 발생하는 변위량에 따라 상부구조를 설계하여야 한다. 즉, 설계 시에 상부구조 전체적으로 종합적인 검토가 요구된다.

부동침하의 대책은 다음과 같다.

- 구조물을 가볍게 한다.
- 각 기초에 작용하는 하중을 균등하게 한다.
- 기초구조를 통일하고, 같은 지지층에 시공한다.
- 구조물의 수평 방향 층을 크게 한다.
- 적당한 곳에 신축이음매를 설치하는 등 부동침하에 뒤따르기 쉬운 상부구조로 한다.
- 지반을 개량하고 침하를 억제한다.

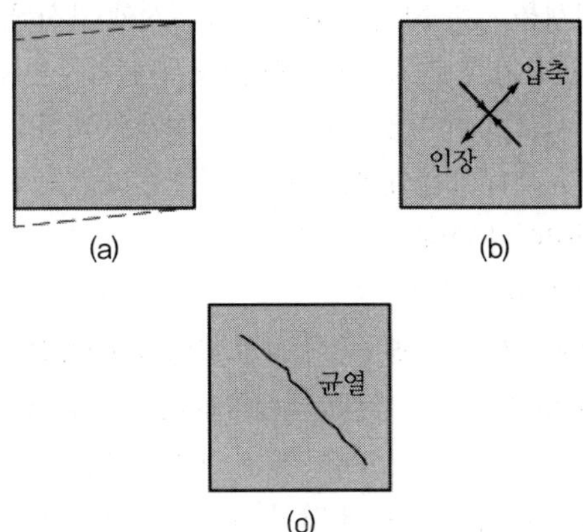

[그림 1-65] 부동침하에 의한 균열발생

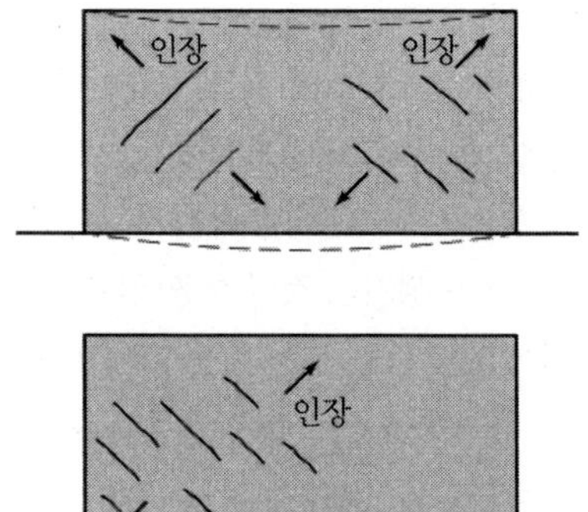

[그림 1-66] 부동침하에 의한 건물의 균열

ⓑ 설계용 지하수위

지반조사보고서에 표시된 지하수위(Ground Water Level)는 지반 조사를 하기 위해 뚫은 보링(Boring)공에 물을 채우고 24시간 후에 측정한 수위이다. 진흙질 지반 또는 경질지반을 파고 건물을 지은 후 주변의 빈 공간을 흙으로 메우면 장마철의 침수나 건물 주변 지표수가 그 메운 흙 사이로 스며들어 배수가 되지 않아 지하실의 외벽과 바닥에 지속적으로 압력을 가하게 된다.

또한 시공 시에는 메말랐던 투수성이 좋은 모래질 지반(이 경우 지반조사보고서의 지하수위는 측정이 되지 않고 0으로 나타남)에 장마철이면 사방에서 물이 순간적으로 스며들어 구조물의 높은 압력을 가하게 된다.

설계용 지하수위는 지반조사보고서에 표시된 지하수위가 아니라 그 외 주변 지층이나 환경(조사시기, 주변 건설현황) 등을 살펴서 신중히 결정되어야 한다. 설계용 지하수위는 그 구조물이 필요하지 않을 때까지 한번이라도 올라올 가능성이 있는 최고 높이이어야 한다.

ⓢ 코벨 및 브래킷

불완전한 철근배근은 심각한 균열이 발생되는 주된 원인인 경우가 대부분이며, 극한상태에서의 하중재하능력에 크게 영향을 준다. 특히 브래킷, 교량교좌점, 기둥기초면, 프리스트레싱 정착부 및 기둥 주두부 등과 같이 심한 국부적 집중하중이 작용하는 부분에서의 잘못된 배근상세는 결정적인 균열발생과 재하능력의 감소를 쉽게 초래한다.

국부적인 집중하중이 작용하는 경우 중 코벨(Corbel)에 대해 살펴보자. 코벨에 대한 연구 결과에 의하면 6개의 서로 다른 파괴형태가 있다고 알려졌다(그림 1 – 67). 따라서 철근은 이 파괴형태에 대비하여 배근하여야 한다. 이 중에서 매우 일반적으로 코벨에 발생하는 문제의 근원은 하중지지판 외측의 단부이다. 이곳은 현실적으로 철근의 굽힘간격 또는 피복두께와 현장 작업자의 부주의 등에 의해 현실적으로 철근이 배치되지 않는 경우가 많다. 따라서 설계자는 충분한 여유를 두고 이 단부에 철근이 배치되도록 설계해야 하며 띠철근의 방향에도 주의하여 배치하도록 한다.

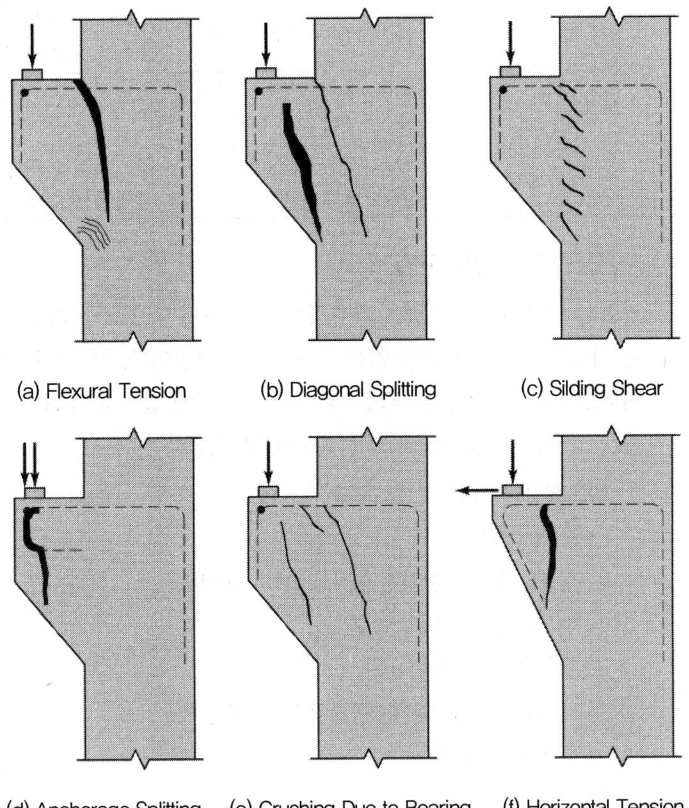

[그림 1 – 67] 코벨에서 가능한 파괴형태

(4) 시공상의 원인

시공에 기인되는 균열은 철근 · 거푸집 · 양생 · 타설 불량 등의 시공불량에 의한 균열 및 시공하중에 의한 균열, 설비에 관계되는 균열로 대별할 수 있다. [표 1 – 4]은 각 시공과정에서 발생될 수 있는 균열의 형태와 대책을 나타냈다.

▼ [표 1-4] 균열의 형태와 대책

균열형태	원인	방지대책
경화 중, 경화 직후에 발생하는 균열	소성균열, 표면의 급격한 건조	타설 시 보호장치, 타설 직후 표면덮기, 공기연행제 사용
깊은단면에서 철근, 거푸집 타이 철물주위의 균열	소성처짐, 경화 중의 침하	배합설계조정, 공기연행제 사용
두꺼운 단면에서 냉각 시 균열	수축작용이 구속된 열응력	구속요인을 최소화 강도발현까지 냉각 지연
표면의 공기구멍	거푸집면에 기포밀집, 다짐불량, 박리제 불량	진동개선, 배합설계 조정, 박리제 개선, 습수성 거푸집 사용
벌집형 기공	다짐불량, 그라우트 부족	진동개선, 골재크기 줄이기, 그라우트 손실 방지
색조 차이	배합, 양생, 진동, 박리제, 거푸집 사이 누수	재료균질성 확보, 누수방지
철근피복두께 부족	철근고정 불량, 간격재 불량, 상세 문제	간격재 개선, 고정장치 확보, 상세에 여유치 증가

1) 시공불량으로 인한 균열

경화된 콘크리트의 품질을 좌우하는 여러 가지의 요소 중 가장 큰 요소는 시공상태에 있는 굳지 않은 콘크리트의 성질이다. 콘크리트의 운반, 비빔, 펌프에 의한 압송, 타설, 양성의 전 공정에 걸쳐 굳지 않은 콘크리트의 성질은 각 공정상의 모든 요소에 영향을 받는다.

① 철근배근불량으로 인한 균열

㉠ 보의 균열
㉡ 창호, 지하실 환기창 등의 개구부 균열
㉢ 복도, 발코니 보의 균열
㉣ 피복두께에 의한 균열

② 콘크리트 타설 및 양생불량으로 인한 균열

㉠ 소성 침하 균열
㉡ COLD JOINT
㉢ 타설구획 불량에 의한 균열
㉣ 혼화재료의 불균일한 분산에 의한 균열
㉤ 비빔시간의 과다로 인한 균열

③ 거푸집 공사 시 시공불량에 의한 균열

㉠ 거푸집의 배부름
㉡ 거푸집 누수
㉢ 거푸집 조기해체
㉣ 지주 및 지보공의 침하

④ 신축에 의한 균열
⑤ 진동에 의한 균일
⑥ 배합에 의한 균열

2) 시공하중으로 인한 균열

시공과정에서 부재가 받는 하중이 설계 하중보다 클 경우 이에 대한 시공하중을 적절하게 고려하지 않은 경우 균열이 발생한다. 특히 부재의 하역 및 저장, 시공기계의 운용 중에 생기는 시공하중 등에 의한 설계 및 상세에서 충분한 고려가 있어야 한다.

① 거푸집 공사에서 발생하는 균열
㉠ 과하중 및 거푸집 존치기간 미확보에 의한 균열
㉡ 충격에 의한 균열
㉢ 굳지 않은 콘크리트 측압에 의한 균열
㉣ 연직하중 및 수평하중

② 경화 후 외력에 기인하는 균열
㉠ 수직하중에 기인하는 균열
㉡ 부동침하로 인한 균열

3) 설비 및 시공과의 관계

설계 시 시공과정에서 발생할 수 있는 하중이나 단면결손 등이 충분히 반영되지 않거나 불량시공에 의하여 균열이 발생한다.

① 시설물 매입에 의해 발생된 단면결손이 원인이 되는 경우
② 설비시설물 하중의 과부하에 의한 균열
③ 설비시설물의 진동에 의한 균열

4) 기타

① 미장 균열
㉠ 복도, 발코니 등의 이질재 접합부
㉡ 미장 들뜸 균열
㉢ 연속된 넓은 미장면에서의 균열
② 스티로폼재 문양거푸집의 사용
③ 지붕공사

5) 화학적 원인

화학적 열화는 보통 시멘트 매트릭스(Cement Matrix) 침식의 결과이다. 포틀랜드 시멘트는 알칼리성이므로 수분이 있으면 산과 반응하여 그 결과 이 매트릭스가 약화되어 그 성분이 녹아 나온다. 산성 지하수는 콘크리트 기초 열화의 잠재적인 원인이며, 그 발생원은 부식된 식물(Humic

Aclu)과 외부에서의 토양 오염 때문이다. 밀실한 콘크리트는 표면만이 부식되므로 중대한 손상은 거의 생기지 않지만, 내산성의 표면 코팅만이 유일하고 완전하게 보호할 수 있다. 내황산염 포틀랜드 시멘트의 사용으로는 해결할 수 없다.

용액 속의 황산염은 포틀랜드 시멘트 속의 알루민산 3칼슘(C_3A)과 결합하는 경향이 있는데 침상 결정상의 슬포알루미네이트(Sulfoaluminate) 수화물(엔트린가이트)을 생성재는 C_3A 함유량이 적은 내황산염 시멘트를 사용해야 한다. 밀실한 콘크리트의 침식은 표면에서 지하수 속에 존재하는 화산염의 형태는 일반적으로 용해도가 작은 황산 칼슘마다 그 외에 활산 마그네슘 등의 염류는 훨씬 물에 녹기 쉬워 좀 더 고농도의 용액을 생성하는 경향이 있으므로 위험하다. 오래된 공장은 다른 화학 약품에 오염되어 있을 염려가 있으므로 이러한 경우에는 문헌을 참조하는 것이 좋다.

용액 속에 이산화탄소가 함유된 물은 콘크리트 표면을 침식시키지만 그 침식 침도는 대단히 더디다. 드물게 석회석 골재가 주위의 모르타르 몫보다도 급속히 침식되는 일이 있는데 이것은 수중의 탄산이 탄산칼슘을 좀 더 녹기 쉬운 중탄산염으로 전화시키기 때문이다.

알칼리 실리카 반응(ASR)은 콘크리트 균열을 일으킬 가능성은 있지만 비교적 드문 원인이므로 생각할 수 있는 그 밖의 균열 원인을 충분히 검토하고, 이들을 제외한 후에 ASR을 본격적으로 검토해야 한다. 포틀랜드 시멘트는 알칼리 금속(나트륨, 칼륨) 화합물을 함유하고, 이러한 화합물에 따라 콘크리트 간극 수중의 수산(OH) 이온 농도가 비교적 높아지는 경향이다. 이 고알칼리성 용액은 일부가 골재 속에 존재하는 특정 형태의 실리카와 반응하여 알칼리 실리카겔을 생성한다. 이 겔(Gel)은 물을 흡수하면 팽창하고 이 팽창력이 콘크리트를 파괴할 정도로 커지는 경우가 있다.

무근 또는 철근비가 작은 콘크리트에 대한 일반적인 징후는 보통 굵은 6각형 망상의 패턴을 가진 귀갑상 균열과 균열 장소에서 겔이 배어 나온다. 철근의 존재와 외부응렬의 작용으로 균열 패턴이 바뀌는 경우가 있다.

예를 들면 축 방향으로 하중을 작용케 한 기둥 손상 발생에는 다음의 3가지 요인이 동시에 존재해야 한다.

① 알칼리 금속의 농도가 매우 높은 것
② 반응성 실리카
③ 수분

위에 말한 요인 중 하나라도 존재하지 많으면 손상은 발생하지 않는다. 시멘트의 알칼리는 분석상 산화나트륨(Na_2O)과 산화칼륨(K_2O)으로 나타내며, 알칼리량을 다음 식의 산화나트륨 등량으로서 나타낸다.

$$Na_2O \text{ 등량} = Na_2O + 0.6SB \times K_2O$$

실내 시험으로 콘크리트에 ASR의 징후가 나타나도 그것이 반드시 손상의 원인이었다고는 볼 수 없다는 것을 명기해야 한다. 영국에서는 ASR 이외의 형식인 알칼리 골재반응으로 콘크리트에 큰 손상이 발생한 일은 이제까지 확인된 바 없다고 한다.

6) 물리적 원인

콘크리트가 충격이나 마모로 인해 손상을 받았을 때 보통 원인이 명확하여 보수와 함께 보호가 필요하다. 그러나 시공 후 어느 정도 시간이 지나고 나서 일어난 균열에 대해서는 원인을 조사하기가 그다지 쉽지 않다. 부재의 인장측에는 과대 하중으로 균열이 생기는 경우가 있지만, 아마 그 외의 원인으로 균열이 생기는 경우가 일반적일 것이다. 두꺼운 부재에서의 건조 수축은 그 과정이 평소보다 늦었으므로 이것을 구속하면 인장 응력이 서서히 축적되는 결과가 된다. 단위 수량이 많은 고수축성 콘크리트의 사용은 어떤 지역에서의 '수축하기 쉬운' 골재의 사용과 마찬가지로 문제를 심각하게 한다. 온도 수축의 구속은 상당히 빈도가 높은 균열의 원인이지만 설계에서는 종종 열응력에 대하여 적절한 대응을 하지 않고 있다. 하나의 원인만으로는 균열이 일어나지 않더라도 복수의 원인이 조합됨에 따라 영향이 누적되어 손상이 발생하는 데도 주의해야 한다.

콘크리트는 화재, 동결 등의 환경 요인에 따라서도 손상을 받는다. 콘크리트는 온도가 300℃를 초과함에 따라 강도를 잃고, 열팽창률이 높은 석련질 등의 골재는 열팽창률이 낮은 석회석 등의 골재보다도 손상이 커진다.

콘크리트의 동해는 표면의 박리로 나타나거나 불규칙적인 균열을 일으키거나 한다. 손상은 동결 방지제의 사용에 따라 일어나기 쉬워진다. AE 콘크리트는 공기를 연행하지 않는 콘크리트보다도 훨씬 동해를 받지 않는다. 따라서 동해가 재발할 염려가 있을 경우에는 AE 콘크리트를 보수재로서 사용해야 한다.

물이 충만하거나 물을 흡수하는 것과 같은 재료를 포함하는 공극은 트러블의 원인이 된다. 공극 속의 물은 동결하면 팽창하여 주위 콘크리트를 파괴하기 때문이다. 보수 실시 후는 재발을 막는 조치를 강구해야 한다.

(5) 유지관리상의 원인

1) 철근 부식

철근콘크리트 구조물의 손상 원인의 대부분은 철근 부식이다. 이것은 일반적으로 콘크리트의 탄산화 또는 콘크리트 측의 염화물 존재에 기인한다. 정상적인 콘크리트는 알칼리성(pH 12.5 이상)이고, 그 속에 묻어 넣은 강재의 표면에는 부동태 피막이 생성된다. 알칼리도가 약 pH 10 이하가 되면 부동태 피막이 파괴되어 산소와 수분의 존재하에서 강재는 부식한다. 콘크리트 속에 염화물이 존재하면 염화물 이온 농도에 따라서 좀 더 높은 pH 값이라도 부동태를 잃게 된다.

탄산화는 대기 중에서의 이산화탄소 침투로 일어난다. 수분의 존재 하에서는 탄산이 생성되어 시멘트 매트릭스의 알칼리성을 중화(中和)시킨다. 콘크리트에 대한 탄산화 침투 깊이는 시간의 제곱근에 비례하므로 콘크리트 표층이 급속히 탄산화하더라도 침투 속도는 깊이가 깊어짐에 따라 저감한다. 침투 속도는 시멘트 함유량과 콘크리트의 투수성에도 좌우되므로 충분히 다져진 질이 좋은 콘크리트로 피복을 적절히 하면 철근은 장기간 보호된다. 문제가 발생하는 것은 피복이 부적절하다든지 피복 콘크리트의 품질이 적당하지 않은 경우이다. 탄산화는 젖은 콘크리트보다도 마른 콘크리트의 쪽이 급속히 진행하며, 강재 붓기에는 산소와 수분 양쪽이 필요하다. 따라서 탄산화에 기인하는 철근 부식은 결로와 비바람을 쐰 콘크리트에서 가장 빈번하게 볼 수 있다.

현행 시공 규준에는 재료의 염화물 함유량에 관한 규제가 있으며, 염화물에 기인하는 철근 부식이 생기는 것은 오래된 구조물이나 바닷물과 동결 방지제 등의 염화물을 함유한 재료의 영향을 받는 구조물이 주류를 이룬다. 많은 요인이 관여하므로 부식이 발생하지 않는 한계 염화물 함유량을 특정하기란 불가능하다. BRE(Building Research Establishment)는 콘크리트의 염화물 함유량이 시멘트 중량의 0.4% 이하라면 부식이 일어나지 않지만 1%를 초과하면 그 가능성이 높아진다고 한다. 그러나 이러한 숫자가 반드시 명확한 경계는 아니다. 부식의 위험성은 철근 콘크리트 부재 속의 염화물 농도의 변동이나 수산 이온 농도(즉, 알칼리도)와 그 변동, 부식 발생에 불가결한 산소와 수분의 존재 등으로 결정된다. 시멘트의 화학 조성도 영향을 끼친다. 그리고 이를테면 동결 방지제와 같이 콘크리트 경화 후에 침투하는 염화물은 혼화 재료로서 처음부터 콘크리트 속에 존재하는 염화물이나 골재의 오염보다도 유해하다. 새롭게 비빈 콘크리트 속에 존재하는 어떤 양의 염화물 이온은 시멘트 속의 알루민산 3칼슘과 결합하여 부식 발생에는 유효하게 작용하지 않기 때문이다.

두 가지의 이종 금속을 전기적으로 접속하여 전해액 속에 침투시키면 전류가 양쪽 금속 사이에 흐른다. 전류는 양쪽 금속의 전기 화학적인 전위와 회로의 전기 저항으로 정해진다. 애노드가 되는 금속은 전자가 전해액에서 금속으로 유입하여 전류에 비례한 속도로 용해된다. 다른 성분을 가진 전해액에 잠겨 있는 단일 금속의 표면에도 마찬가지로 애노드 영역과 캐소드 영역이 성립하여 캐소드 영역에서는 전자가 금측에서 유출하고 애노드 영역에서는 금속으로 유입된다. 젖은 콘크리트는 전해액으로서 작용하여 철근의 부동태성을 잃은 경우 애노드와 캐소드의 영역을 만든다. 철 이온이 애노드 영역에서 유출하여 충분한 산소 공급하에서 반응하여 녹이 슨다. 부식 속도는 회로의 전기 저항과 애노드와 캐소드 영역의 상대적인 크기에 의존한다. 가장 유해한 상황은 작은 애노드와 큰 캐소드의 경우이며 부식은 작은 영역에 집중된다. 충분한 산소 공급이 필요하므로 항상 수중에 있는 철근콘크리트 구조물에서는 심한 부식이 거의 생기지 않는다.

철근콘크리트 구조물은 이상의 재료상의 원인, 설제상의 원인, 시공상의 원인에 의하여 발생하는 균열 이외에도 사용 중 유지관리에 의하여 균열이 발생한다. 일반적으로 유지관리는 시간이 경과함에 따라 성능이 저하되는 구조물의 성능을 회복시키기 위하여 필요한 것이나 현재 아파트와 지하주차장은 다음과 같은 사례가 다수 발생하고 있다.

① 보다 넓은 공간을 확보하기 위하여 내력벽(기둥)을 훼손
② 거실 및 방의 확장을 위하여 발코니를 확장하고 바닥 높이를 높이기 위한 하중의 증가
③ 조경을 꾸미기 위한 하중의 증가

2 균열의 유형

(1) 진행성이 아닌 균열

불활성 균열은 그 대부분이 설계상 고려하지 않는 우발적인 외력이 작용한 결과로 인해 생기는 것으로, 될 수 있는 한 균열이 없는 당초의 상태로 회복시킨 다음에 균열을 고정(Lock)해야 한다.

바닥과 같은 수평면에 발생한 폭 1mm 이상의 균열은 보통 시멘트계 그라우트재를 충전하는 것으로 실(Seal) 할 수 있다. 그러나 균열은 콘크리트 내부로 진행함에 따라 가늘어지는 경향이 있으며, 표면의 균열 폭은 철근 위치에서의 균열 폭보다 넓을 가능성이 있다는 것을 고려해 두어야 한다. 미세한 균열이나 구조물의 밑면과 옆면에 발생하는 균열은 폴리머 주입으로 실(Seal) 할 수 있다. 구조물 전체의 균일성을 회복시키기 위한 보수나 수분(水分)을 확인할 수 있는 경우에는 에폭시수지가 가장 많이 쓰인다. 보수의 목적이 철근 부식을 막는 데 있는 경우에는 폴리에스테르를 사용하는 것보다 값이 싼 폴리머 수지를 많이 쓴다. 어느 경우에나 수지는 중력하에서 혹은 가압하는 것으로 주입할 수 있다. 그러나 진공 주입을 사용하면 좀 더 효과 있게 침투시킬 수 있다.

(2) 진행성 균열

균열에 계속적인 진행 징후를 볼 수 있는 경우에는 보수 후 변상에 대비한 대책이 필요하다. 이러한 균열은 계획 외의 신축 조인트로 간주하여 고정해 버리면 다른 균열이 근처에 발생하는 경우가 자주 있다. 움직임은 절대값이 아니라 변형이라고 하는 관점에서 고려되어야만 하며, 실런트의 변형 능력은 적어도 작용하는 변형보다도 크게 해야만 한다. 대단히 큰 균열 이외에서는 균열폭 내에서 변형이 모두 발생할 경우에는 작은 움직임이라도 결과적으로 상당한 변형을 일으키게 되어 실런트의 변형 능력을 쉽게 초월하게 된다. 따라서 움직임을 좀 더 큰 폭으로 넓히고 발생한 변형과 사용한 실런트를 접합하게 해야만 한다.

이것을 실행하는 방법의 하나는 균열에 따른 홈을 파는 것이다. 움직임이 홈의 폭 전체로 퍼지는 것처럼 실런트는 홈의 가로로 접착하고, 밑바닥에는 부착하지 않도록 해야 한다. 그렇게 하기 위해서는 평활한 플라스틱과 같은 재료의 절연 테이프 실런트를 시공하기 전에 밑바닥에 붙인다. 실(Seal)의 크기는 그 성능에 따라 정한다. 실런트의 깊이 D는 조인트 양면의 접착 높이 S와 같고, 조인트 폭 W도 D와 같으므로 실런트에 전단력이나 인장력이 걸린 어떤 움직임도 콘크리트와의 접착 계면에 상당한 응력을 생기게 한다. 만약 움직임이 과대하게 되면 실(Seal)은 떨어진다. 이것은 어떠한 경우라도 발생하는 응력이 상당히 삭감된다는 것을 뜻하고 있다.

실(Seal)의 깊이는 조인트 폭의 절반 몫이며, 면적의 절반 몫은 접착에, 그리고 나머지는 표면의 움직임에 대응할 수 있다. 이러한 상태에서 표면 실(Seal)은 접착면에 과도한 부담을 주는 것이 아니어서 큰 움직임에 견딜 수 있다. 다른 방법으로서 콘크리트 끝 부분에 접착할 수 있는 탄력성이 있는 재료를 실런트로 사용할 수도 있다. 이것은 이미 만들어진 것보다도 좋고, 적절한 탄력이 있는 성질의 두꺼운 막 코팅층으로 된 것이라도 좋다. 어느 것이나 폭이 좁은 테이프 위에 사용한다.

실런트의 색은 비교적 눈에 띄지 않도록 선택한다. 그러나 진행할 가능성이 있는 균열을 숨기는 것은 실용적이지 않다.

MEMO

제2편
콘크리트 구조물의 안전진단 요령

CHAPTER

01

총론

CHAPTER 01 총론

SECTION 01 개요

구조물의 진단기술과 시공, 사용, 유지의 관계

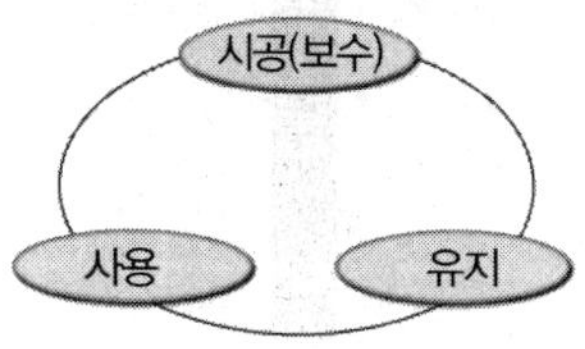

열화

기상, 해수, 화합물 등의 작용에 의하여 콘크리트의 품질이 점차로 나빠져 가는 현상

공용 중인 구조물의 안전점검 필요성

① 작용하중의 불확정성
② 강도의 불확정성
③ 제작 및 시공오차
④ 설계 및 해석방법의 불확정성
⑤ 구조물 설계 시 고려하지 못한 요인의 존재
⑥ 인적 과오의 존재

구조물이 설계 당시의 성능과 기능을 최적상태로 유지하기 위해서는 구조물의 현 상태를 판단하는 객관적이고 합리적인 조사기술이 필요하며, 이러한 구조물의 진단기술은 구조물의 시공(보수), 사용, 유지의 순환고리에서 중요한 역할을 하게 된다.

구조물은 인간의 요구에 의하여 설계 · 시공되므로 구조물이 완성된 후 사용자가 안전하고 쾌적하게 이용할 수 있는 기능과 성능을 유지하여야 한다. 그러나 대부분의 구조물은 사용기간 동안 끊임없이 반복되는 하중작용과 주변 환경(지하수위의 변동, 진동, 소음, 매연, 용도변경 등)에 의하여 구성재료가 열화 또는 손상되므로 최적 조건하에서도 설계 시의 성능을 점차적으로 상실하여 간다.

특히 콘크리트와 같은 다상의 취성복합재료는 타설 후 경화과정을 거치면서 초기 단계부터 재료 내부에 수많은 미세균열을 내재함으로써 계절적인 온도변화, 습도, 작용하중의 변화, 화학적인 변화 등이 수반되며, 미세균열이 상호결합, 성장 발전하여 구조물의 강성저하, 처짐, 균열, 골재노출, 박리, 박락, 철근부식 등을 유발하는 원인으로 작용하게 된다.

구조물의 안전성을 판단하기 위한 기본 자료를 얻기 위해서는 현장에서의 조사가 중요하다. 더구나 조사결과를 얼마나 정량적 · 정성적으로 얻었느냐에 따라 구조물의 미래를 예측 · 관리할 수 있는 것이다.

성공적인 구조물의 점검을 위해서는 적절한 계획과 기법, 필요한 장비의 확보 그리고 책임기술자를 포함한 점검자의 경험과 신뢰성이 필요하며, 보이는 결함의 발견은 물론이고 발생가능한 문제의 예측까지도 포함시켜야 한다. 그러므로 점검은 정확해야 할 뿐만 아니라 예방적 차원에서 시설물의 과학적 관리체계의 개발을 위하여 수행되어야 한다.

SECTION 02 안전점검

안전점검은 육안검사 또는 간단한 점검기기 등을 이용하여 건축물의 현 상태를 파악하여 상태평가 및 안전성 평가의 기본 자료를 제공하고, 시설물의 상태와 노후화 정도에 대한 지속적인 기록의 제공 그리고 보수 및 성능회복작업의 우선순위 등을 결정하기 위한 것이 주목적이며, 안전진단 및 정밀안전진단지침규정에 따라 실시한다.

점검은 크게 시설물의 안전점검, 건설공사의 안전점검 및 정밀안전진단으로 분류할 수 있으며 이들에 대한 세부 점검내용을 도시하면 다음 그림과 같다.

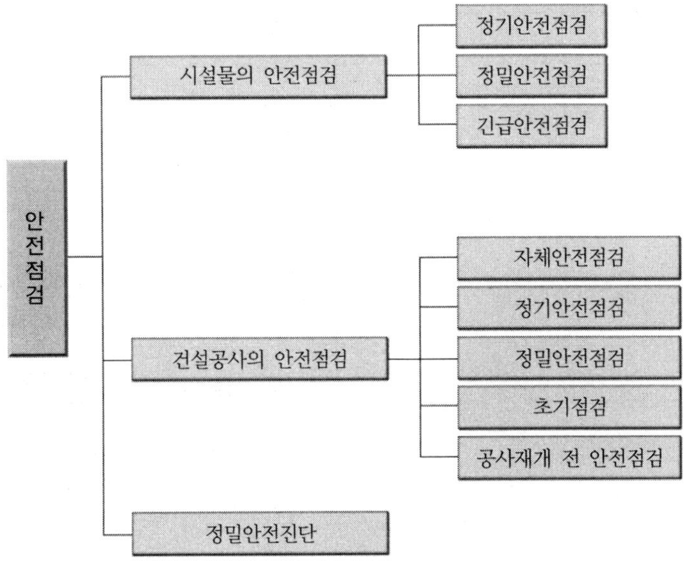

[그림 1－1] 안전점검의 분류

또한 정기점검, 정밀점검 및 긴급점검 업무의 흐름은 다음 [그림 1－2], [그림 1－3]과 같다.

>>> **구조물의 현장조사**

① 형상검사 : 규격, 치수, 변위, 변형, 침하 등 현장검측

② 상태검사 : 파열, 손상, 세굴, 마모, 부식, 균열, 누수, 열화 등 육안검사

건축물의 일반적인 구조 방식

① 공동주택
- 라멘구조 : 보와 기둥이 모든 하중을 기초로 전달하는 구조방식
- 벽식구조 : 보와 기둥이 없이 바닥판과 벽체만으로 하중에 저항하도록 설계된 구조방식

② 상업 및 업무용 건축물
철골 또는 철근콘크리트조의 라멘방식을 기본으로 하는 구조방식

③ 고층건물 및 관람집회용 건축물
- 고층 건축물 : 철골 철근콘크리트조(SRC), 철골조(SC) 구조방식
- 관람집회용 건축물 : 철골조(SC), 트러스(Truss) 구조방식

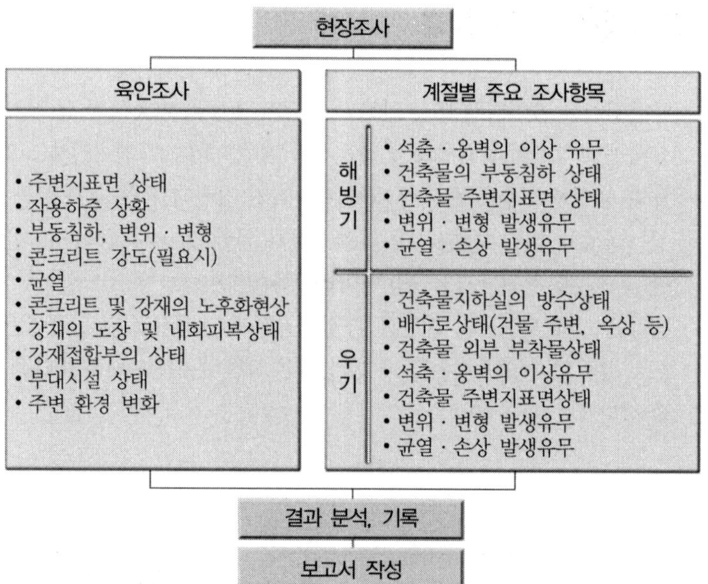

[그림 1－2] 정기점검 업무의 흐름도

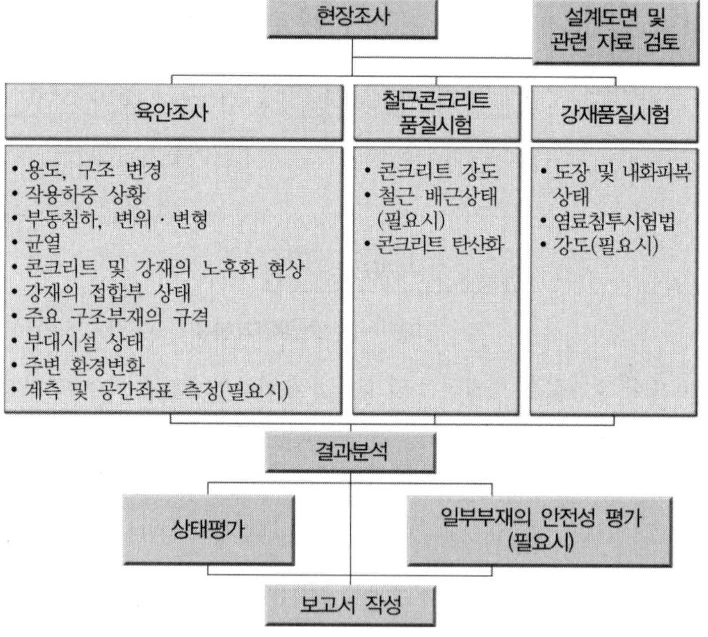

[그림 1－3] 정밀점검 및 긴급점검 업무의 흐름도

SECTION 03 점검계획 및 방법

1 점검계획

책임기술자는 점검의 목적을 정확히 파악, 숙지한 후 여러 조건을 고려하여 점검계획을 수립하여야 한다. 체계적인 점검계획은 구조물의 현상을 보다 더 정확하고 짧은 시간 내에 파악할 수 있게 된다. 현장점검계획 수립시 고려되어야 할 조건은 아래 [표 1－1]과 같다.

▼ [표 1－1] 현장점검계획 수립 시 고려조건

조건	내용
규모	• 구조의 특성 • 용도 • 층수 • 건축구조물의 연면적
조사목적	• 피해(손상) • 법에 의한 점검 및 진단 • 재건축을 위한 진단 • 건설공사의 안전점검
주변 환경조건	• 1일 조사 가능 시간 • 교통량 • 일기상태
설계도서	• 조사를 위한 충분한 설계도서(도면, 시방서, 공사일지, 시설물 관리대장 등) • 기존 점검 및 보수이력
인력 및 기술수준	• 조사인원 • 조사기간 • 조사장비 및 기기 • 조사자의 기술수준
점검의 난이도	• 층고 • 천정고 • 위험설비 • 구조물 마감상태 • 조사 가설재 설치 · 해체 난이도
조사비용	비용에 따른 조사 범위 및 시험항목
기타	관리주체의 협조

건축물에 대하여 효과적인 점검을 수행하기 위해서는 안전점검 및 정밀안전진단지침의 내용과 같이 계획을 수립하며, 수립된 계획서는 실행과정에서 확인, 수정, 보완이 이루어질 수 있도록 한다. 점검의 상세계획은 현장에서 실시하는 예비조사 후에 수립하며, 예비조사 시에는 설계도서 검토, 현장여건 및 문제점 파악, 관리자 및 사용자의 의견청취, 제반시설의 관련 자료를 수집한다.

2 조사 범위 설정

현장조사 범위는 점검의 종류, 구조물의 형식, 점검의 목적, 점검의 시기 등에 따라 달리하게 되므로 점검책임자는 현장조사계획 수립 시 이러한 조건들을 사전에 관리주체와 충분히 협의하여야 한다.

결함의 원인에 대한 조사의 범위는 결함의 상태, 원인의 파악에 요구되는 정확도, 결함발생의 원인 중에서 주요 요인의 특성에 의해 결정된다.

>>> 점검계획 및 기법 선정 시 고려사항

① 점검계획을 수립함에 있어 각 구조물에 대한 특수한 구조적 특성을 이해하며 특별한 문제가 없는지 우선 검토한다.
② 점검 중에는 최신 진단기술과 실무경험이 적용되도록 한다.
③ 점검의 빈도 및 수준은 구조형식과 부위, 붕괴 가능성에 따라 정한다.
④ 점검의 책임기술자는 법에 의하여 정해진 자격기준에 따라 선정한다.

>>> 점검계획서의 포함사항

① 건축물 개요 : 명칭, 연면적, 층수, 최고높이, 종별, 용도, 구조형식, 준공년도
② 점검 종류
③ 주요 문제점 : 구조물의 상태, 구조 안전성(필요시), 기타
④ 주요 조사대상 부위
⑤ 조사, 시험 항목 및 주요 장비
⑥ 소요 인력 계획
⑦ 일정 계획
⑧ 작업 안전관리 계획
⑨ 소요 예산
⑩ 기타 : 환경적인 요소, 가설구조

결함이 일반적이지 않을 경우 조사는 더욱 정밀해야 되고, 조사의 범위는 더욱 확대되어야 한다. 매우 단순한 수준의 초기 조사에서는 전체적인 육안검사와 제한된 자료수집에 국한된다. 본조사에서는 시료의 채취나 현장실험, 실험실 시험 등에 필요한 조사 기간이 많이 소요되게 되므로 조사인원이나, 장비, 조사비용 등을 고려하여 조사 범위를 설정한다.

3 점검방법

정기점검은 건축물의 관리주체나 안전진단전문기관 또는 유지관리업체에서 정기적으로 수행하는 순찰수준의 점검으로 건축물의 구조적 특성과 용도, 계절적 특성에 따른 제반 관리사항을 각 건축물의 특성에 맞게 점검할 필요가 있다.

(1) 점검항목

① 건축물의 평면, 입면, 단면, 용도 등의 변경사항
② 구조부재의 변경사항
③ 하중조건, 기초지반 조건, 주변 환경조건 등의 변동사항
④ 균열발생 상태
　㉠ 균열발생 위치
　㉡ 균열의 유형 및 형상(종류)
　㉢ 균열의 크기(폭, 길이 등)
　㉣ 균열의 진행 상황
　㉤ 균열 부위의 누수 여부
⑤ 구조물 혹은 부재의 전반적인 상태
　㉠ 구조물 혹은 부재의 변위 · 변형 상태 : 부동침하, 편심 · 집중하중상태, 과다적재 하중상태, 진동 · 충격상태, 이상체감 등
　㉡ 콘크리트의 표면노후화 상태 : 위의 ④항 이외의 것으로 박리, 박락, 층분리, 백태(백화), 누수 등
　㉢ 철근의 노출 및 부식상태
　㉣ 강재구조물의 노후화 상태 : 균열, 도장 및 내화피복 등 마감, 부식, 접합부, 변형 · 변위 등의 상태
⑥ 보수 · 보강 실태조사 및 기록
⑦ 계절별 주요 점검항목
⑧ 반발경도기 등에 의한 콘크리트의 강도
⑨ 철근의 배근상태
⑩ 기타 점검자가 필요하다고 판단하는 사항

구조물 안전에 위해를 끼치는 행위

① 구조 및 용도변경
② 과하중 적재 및 위치 변경
③ 추가로 기초지반 굴착
④ 구조물 인접지반 굴착
⑤ 구조물 인접지역 지하수 펌핑
⑥ 구조물 인접지역 말뚝 항타
⑦ 구조물 측면에 고성토
⑧ 인접건물에서의 앵커 설치

용어정리

① 박리(Scaling)
박리는 콘크리트 표면의 모르타르가 점진적으로 손실되는 현상이다.
② 박락(Spalling)
철근이 녹슬어서 팽창되고, 철근을 따라 벗겨져 떨어지는 상태로 동결 융해 작용에 따라 표면이 떨어지는 상태로서 층분리 현상의 진전된 현상이다.
③ 층분리(Delamination)
철근이 부식하고 팽창하여 철근을 덮고 있는 콘크리트가 층을 이루며 분리되는 것으로 철근의 부식은 주로 칼슘이온(소금, 염화칼슘)에 의하여 발생된다. 층분리 부위는 망치로 두드려 중공음이 나는지 여부로 확인할 수 있다.
④ 백해(Effolorescence)
콘크리트 표면에 나타난 백색 깃털 모양의 결정을 말하며, 주성분은 시멘트 중의 황산염이다. 겨울철 재령이 짧은 콘크리트에 발생하기 쉽다. 이러한 현상을 백화라고도 한다.
한편 시멘트 중의 수산화칼슘, 유산염이 흘러나와 공기 중의 이산화탄소와 화합하여 이어치기한 부분 등으로부터 표면에 흘러나와 공기 중의 이산화탄소와 화합하여 탄산칼슘이 되는 것을 백태라 한다. 백화와 백태를 총칭하여 백해라고 정의한다.

(2) 점검방법

① 정기점검은 원칙적으로 면밀한 육안검사와 간단한 비파괴시험을 중심으로 실시한다.

② 정기점검에서 면밀하고 지속적인 검사가 필요한 구조부재나 부위의 선정은 책임기술자가 이전에 실시한 모든 점검 및 진단에서 밝혀진 것이나 사전 예비조사 및 설계도면을 대상으로 한 안전성 평가 및 계산을 통하여 결정한다.

③ 건축물의 구조적인 조건변경(재하중, 구조변경, 구조물의 큰 변형, 부재의 손상이나 보강 등)이 있어 건축물의 안전성 평가에 영향을 주는 경우에는 내하력에 대하여 다시 계산하여 평가하여야 한다.

④ 정기점검은 건축물의 전체적인 구조체의 변위 · 변형 여부와 외형상 나타나는 구조부재의 노후화 상태의 유 · 무를 육안검사와 실측을 통하여 정성 및 정량적으로 자료를 얻어 기록하고 도면에 표시한다.

⑤ 점검대상 부위는 필요할 경우 마감재(천장, 돌, 타일, 도배지, 단열재, 수장재, 마루 등)를 부분적으로 제거하고 실시하여야 한다.

⑥ 건축물의 점검에서 조사된 모든 사항의 발생시기 및 발견 시기, 추정 원인을 상세히 기록한다.

⑦ 구조부재에 발생한 균열이나 기타 구조물의 노후화 상태에 대한 조사결과는 도면에 표시하고 상세히 기록하여야 하며, 기록 상태는 유형별로 구분하여 그 크기(폭, 길이 혹은 면적, 깊이 등)를 구체적으로 정리한다.

⑧ 콘크리트의 강도측정은 비파괴시험기를 이용하여 실시하고, 부재의 강도는 같은 부재에서 3개소 이상에서 얻은 자료를 평균한 값으로 평가한다.

⑨ 철근의 배근상태는 간단한 비파괴시험기 등을 이용하여 철근의 피복두께 및 배근간격 등을 파악할 수 있도록 하며, 구조물의 내하력 평가와 안전성 평가에 필요한 기초자료로써 이용한다.

4 구조물의 진단순서

콘크리트 구조물의 대표적인 진단순서는 아래와 같다.

(1) 육안 조사

(2) 기술 정보의 대조 조사

① 설계 및 시공보고서

② 사용상황과 유지관리작업 기록

용어정리

⑤ 팝아웃(Popout)
팽창성 골재가 콘크리트의 표면 가까이에 존재하는 경우나 기존의 철근이 현저하게 녹슬어 팽창하는 경우에 원추형의 구덩이 모양으로 파괴되는 상태를 말한다.

⑥ 조사
보수 여부의 판정, 보수 계획의 작성, 보수 공사의 설계 및 시공에 필요한 정보를 수집 · 정리 · 확인하는 것

⑦ 진단
조사 결과를 토대로 열화 증상 파악, 열화도 판정, 열화 원인 추정, 열화에 도달하는 메커니즘을 해명하여 보수 설계 및 보수 공사의 방향을 정하는 것

⑧ 열화
물리적 · 화학적 · 생물적 요인에 의하여 사물의 품질이나 성능이 시간의 경과에 따라 저하하는 것

⑨ 보수
열화된 부재 또는 부품 등의 성능 · 기능을 원상태 또는 실용상 지장이 없는 상태까지 회복시키는 것. 철근 부식에 의하여 발생한 부재의 변형과 내력의 저하를 개선하고 초기 상태로 되돌리는 것도 보수에 포함된다.

⑩ 보강
건축물에서의 콘크리트구조 부재의 변형과 내력을 개량하여 사용상 지장이 없는 상태로 하는 것

③ 콘크리트(사용재료)의 기록

④ 정기적 조사 보고

(3) 현황조사

① 각종 결함의 도면화

② 모니터링

③ 접합부 조사

④ 샘플링 및 테스트

⑤ 비파괴조사

⑥ 구조해석

(4) 최종평가

(5) 보고서 작성

이상과 같이 진단을 실시한 후 문제가 있는 범위와 원인을 결정하려면 그 과정을 정확하게 이해하는 것이 필요하다.

도면 작성, 샘플링, 시험 없는 간이 검사와 조사로서는 정확한 평가를 얻을 수 없다.

SECTION 04 정밀안전진단

1 개요

정밀안전진단(이하 '진단')은 시설물의 안전 및 유지관리에 관한 특별법 제11조제1항의 규정에 의거하여 관리주체는 안전점검을 실시한 결과 재해 및 재난을 예방하기 위하여 필요하다고 인정되는 경우 실시하거나, 제12조제1항의 규정에 따라 정기적으로 실시한다.

진단은 건축물에 내재되어 있는 위험 및 수명단축 요인을 조사 · 평가하여 이에 대하여 신속하고 적절한 조치와 적절한 보수 · 보강방법을 제시하여 건축물의 안전 및 기능을 확보하고 재해 및 재난을 예방하며, 수명을 연장하기 위함을 목적으로 한다. 진단업무의 흐름도는 [그림 1-4]와 같다.

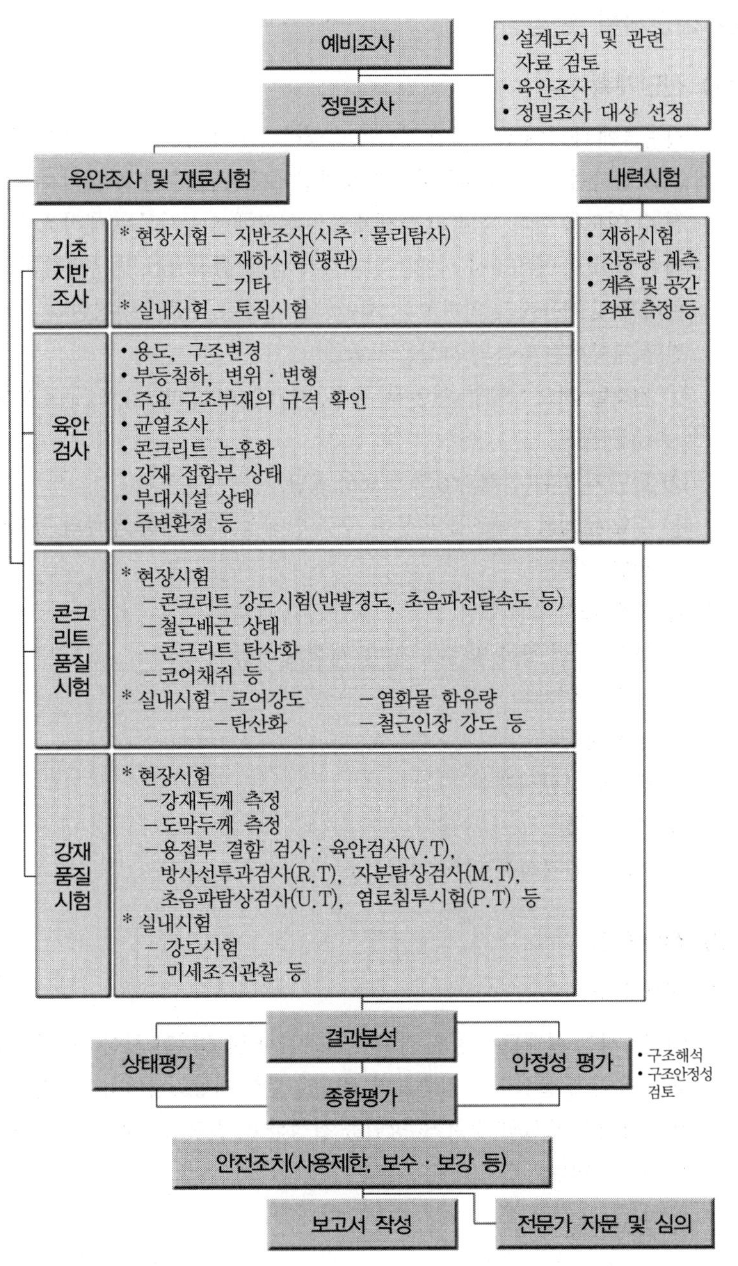

• 각 시험은 과업내용에 따라 책임기술자가 필요하다고 인정하는 항목을 선택해서 실시한다.

[그림 1 – 4] 정밀안전진단의 흐름도

2 진단계획 및 방법

(1) 진단계획

건축물에 대하여 효과적인 진단을 수행하기 위해서는 지침에 따라 계획을 수립하며, 수립된 계획서는 실행과정에서 확인, 수정, 보완이 이루어질 수 있도록 한다. 점검의 상세계획은 현장에서 실시하는 예비조사 후에 수립하며, 예비조사 시에는 설계도서 검토, 현장여건 및 문제점 파악, 관리자 및 사용자의 의견청취, 제반시설의 관련 자료를 수집한다.

진단 계획서는 다음의 사항을 포함한다.

① **건축물 개요** : 명칭, 연면적, 층수, 최고 높이, 종별, 용도, 구조형식, 준공연도
② 진단의 범위(선택과업의 필요성 판단)
③ **주요 문제점** : 구조물의 상태, 구조 안전성, 구조거동 계측의 필요성 판단, 기타
④ 주요 조사대상 부위
⑤ 조사, 시험 항목 및 주요 장비, 시험기기 등
⑥ 소요 인력계획
⑦ 일정계획
⑧ 작업안전관리계획
⑨ 소요 예산
⑩ 기타 : 환경적인 요소, 가설구조

(2) 진단방법

1) 예비조사

예비조사는 설계도서 등의 검토와 육안검사 및 간단한 시험 · 조사기구를 사용하여 실시하는 건축물의 전반에 걸친 개황조사이며, 이 결과에 의해서 정밀조사의 범위 및 방법을 결정하고, 진단의 전체적인 상세계획을 수립한다.

① 조사항목
㉠ 주요 구조부재의 규격 확인
㉡ 비파괴검사에 의한 콘크리트의 강도
㉢ 철근의 배근상태
㉣ 콘크리트의 탄산화 깊이
㉤ 건축물의 내진설계 및 내풍설계 여부의 확인(구조계산서 검토)
㉥ 기타 책임기술자가 필요하다고 판단하는 사항

구조안정성 손상 징후

① 이유없이 벽지가 자주 찢어 진다.
② 천장 및 벽체에서 '뻑'소리와 같은 파열음이 자주 들린다.
③ 문틀, 창틀이 뒤틀리고 여닫기 힘들다.
④ 보에 경사 및 수직균열이 다수 발생한다.
⑤ 인접옹벽 상단에서 균열이 일어난다.
⑥ 현관과 주변건물 사이에 이탈 현상이 보인다.
⑦ 인접보도블록이 침하되어 있다.
⑧ 인접가로수가 기울어져 있다.

내진설계 (Earthquake Proof Structural Design, Aseismic Design)

지진에 대하여 안전한 성능을 갖도록 구조를 설계하는 것

내풍설계 (Wind Resistant Design)

구조물을 설계할 때에는 바람에 대한 안정성의 조사가 필요하지만 정적인 풍하중에 대한 조사 외에 타워나 긴 교량과 같이 가조성이 높은 구조물에서는 갖가지 진동현상에 대한 조사가 필요하다. 이들 정적, 동적인 바람의 영향에 대한 조사를 총칭해서 말한다. 정적인 내풍설계에서는 풍하중을 재하하고 조사하면 되지만 동적인 내풍설계에서는 정량적인 평가가 어렵고, 풍동실험에 의해 안정성을 확인하고 있다.

② 조사방법

㉠ 조사 부위의 선정은 이전에 실시한 점검 · 진단 결과에 의해서 선정된 주요 감시대상 부재나 부위 또는 설계도서 검토결과, 문제시되는 부위 및 노후화된 부위, 이런 현상이 예상되는 부위로 한다.

㉡ 이전에 실시된 점검 · 진단의 결과로부터 현재까지의 변경사항 등을 종합적으로 정리 · 검토하여 분석 · 평가의 기초 자료로 삼는다.

㉢ 예비조사 시에는 건축물 구조체의 변위 · 변형 여부와 외형상 나타나는 구조물의 결함 · 손상, 노후화 현상의 범위 및 그 정도에 대하여 면밀한 육안조사를 통하여 정성 · 정량적인 자료를 얻어 기록하고, 개략도면에 표시하여 분석 · 평가에 이용한다.

2) 정밀조사

정밀조사는 예비조사의 결과에서 수립된 계획에 의하여 체계적이고 정밀하게 실시하며, 정밀한 육안조사와 재료시험, 재하시험(필요시), 계측 및 공간좌표측정(필요시) 등으로 이루어진다. 조사의 결과는 구조물의 상태 · 안전성 · 종합평가와 기능장애 및 성능저하의 원인을 규명하고 적절한 보수 · 보강방법을 제시하는 데 이용한다.

① 조사항목

정밀조사에서 필요한 조사항목은 다음에 열거하는 바와 같다.

㉠ 조사항목은 전술한 제3장 정밀점검의 항목과 이전에 실시한 점검 · 진단 이후에 변화된 정도를 판단하기 위하여 필요한 검사 등의 항목을 선택과업으로서 포함한다.

㉡ 예비조사의 설계도서 및 점검 · 진단자료의 검토 및 현장조사 결과에 대한 분석에서 필요하다고 판단되어 선정한 현장시험 또는 실내시험 등을 선택과업으로 포함한다.

㉢ 철근배근상태

㉣ 철근 및 강재의 부식(강구조의 접합부 포함)

㉤ 구조부재의 내력조사 및 평가

㉥ 구조부재에 대한 실내시험 및 재하시험(필요시)

㉦ 구조물에 대한 계측 및 공간좌표측정(필요시)

㉧ 구조물의 진동량 측정(필요시)

㉨ 지반지질조사 및 토질시험(필요시)

㉩ 구조물에 대한 재해석, 내진성 · 내풍성능 평가 및 재평가(필요시)

② 조사방법

㉠ 이전에 실시된 점검 · 진단과 예비조사의 결과에서 기록된 사항을 종합적으로 정리 · 검토하여 진단의 분석 · 평가의 기초 자료로 삼는다.

㉡ 건축물에 대한 조사대상은 예비조사의 결과를 토대로 하여 구조체의 결함 · 손상 및 노후화된 부위 및 이런 현상이 예상되는 부위 그리고 감시대상 부재나 부위를 중심으로 선정하고, 기타 부위에 대해서는 구조물의 전체적인 안전성을 파악할 수 있는 대표성이 있는 층과 평면에서 선정한다.

㉢ 전술한 첫 번째의 조사항목 중에서 필요시 선택과업으로 포함하는 항목에 대한 조사 · 분석 · 평가는 관리주체와 사전에 협의하여 실시한다.

㉣ 육안조사 : 콘크리트 및 철골구조물의 결함 · 손상 및 노후화에 대하여 발생 위치, 유형, 크기 등과 그 원인, 발생이나 발견 시기 등을 정밀하게 조사하고 규명 혹은 추정하여 상세히 기록하며, 개략도면에 표시한다. 건축물에서 발견된 각종 안전성과 재료의 노후화 등에 관련한 문제점에 대해서는 다음에 진행되는 안전점검에서 그 진행 여부를 확인, 감시할 수 있도록 현장의 대상 부위에 표시해야 하며, 표시한 날짜와 그 크기(폭, 길이 등)를 기록하여 남겨 둔다.

3 상태 평가

과업내용에 의거, 실시한 조사, 시험 및 측정의 결과분석과 시설물의 상태평가 결과를 작성한다.

(1) 전체 부재별 외관조사 결과분석
(2) 비파괴현장시험 및 측정 등 결과분석
(3) 재료시험 결과분석(콘크리트, 강재, 토질재료 등)
(4) 주요한 결함의 발생원인 분석
(5) 부재별 상태평가 및 시설물 전체의 상태평가등급 결정

4 안전성 평가

(1) 방법

건축물의 안전성 평가는 부재별 상태평가, 재료시험결과 및 각종 계측, 측정, 조사 및 시험 등을 통하여 얻은 결과를 분석하고 이를 바탕으로 대상 건축물의 구조적인 특성에 따라 구조에 대한 계산 · 검토 또는 선택과업으로서 구조해석을 통하여 구조물의 안전과 부재의 내력 등을 종합적으로 판단하고 전체적인 안전성평가의 결과를 기록하며, 지침 제5장에 따라 안전성평가 등급을 판정하고, 이를 각 주요 층별 및 주요 부재종류별, 전체 종합 등으로 구분하여 기재하여야 한다.

건축물의 구조 안전성 평가는 다음의 방법으로 수행한다.

① 진단에서 건축물의 구조안전은 현재 상태에 대한 안전성을 판단하는 것을 원칙으로 한다.

② 건축구조물에 대한 구조해석 및 구조안전성 검토는 설계당시에 적용된 기준에 의해 실시하고 그 결과에 따라 안전성 평가를 실시한다.

③ 건축구조물이 설계 당시의 구 기준을 만족하지 못하여 일부 또는 전부 불안전한 경우에는 당연히 당장에 사용제한의 여부를 판단하고 안전 확보를 위해 적절한 보수 · 보강 등의 조치를 취할 수 있도록 그 공법을 제시한다.

④ 현행의 기준이 당해 건축물의 설계당시에 적용 · 반영한 구 기준보다 발전 · 강화되어 현재상태에서 건축구조가 일부 또는 전부 불안전한 것으로 나타난 경우에는 관리주체가 장기적인 차원에서 유지관리계획을 수립하여 당해 구조물에 대해 개량하도록 권장하도록 한다. 이때에 수행하는 구조계산 및 해석 · 검토는 관리주체와 사전에 협의하여 선택과업으로 실시한다. 구조 안전성 평가에 사용된 평가방법의 종류 및 해석결과에 대한 설명과 계산기록(입력자료 포함) 등을 보고서에 포함하며, 안전성평가를 위하여 필요한 조사 · 시험 등은 대상 건축물의 구조적인 특성에 따라 필요한 사항을 선택과업으로 실시한다.

(2) 구조해석 및 안전성 검토

① 구조설계와 실제 구조물의 비교 · 검토

현장에서 조사한 하중조건 및 실측된 구조부재가 구조설계의 내용과 일치하지 않는 경우와 구조적 원인에 의한 결함 · 손상이 발생한 것으로 추정되는 경우에는 조사 및 실측된 결과자료를 근거로 구조응력해석을 실시하고, 구조부재의 내력을 재평가한다.

구조해석 및 계산에 적용하는 콘크리트 강도는 각종 검사나 시험에 의해 추정한 값이 설계기준강도에 만족하는 경우에는 설계기준강도로 하고, 설계기준강도에 미달하는 경우에는 '콘크리트 구조설계기준'에서 규정하고 있는 설계기준강도로서 실측값보다 낮은 수준으로 정할 수 있다. 여기서 후자의 경우에는 콘크리트 강도를 코어강도시험 결과에 의해 평가할 수 있다.

② 보고서에는 구조응력해석 또는 계산에 적용된 제 하중 및 재료강도를 포함한 주요한 가정사항(골조 모델링, 허용지내력, 지하수위 등)을 명시한다.

③ 구조해석 및 안전성 검토는 건축구조물의 현상태에 대하여 실시하며, 이를 위해서는 다음의 실측자료를 반영하여야 한다.

㉠ 부재의 규격(단면의 크기, 철근콘크리트의 경우에는 철근량을 포함), 재료강도 및 탄성계수 등

≫ 콘크리트 구조설계기준 제정 목적

무근콘크리트, 철근콘크리트 및 프리스트레스트 콘크리트 구조물을 설계하기 위해 필요한 기술적 사항을 기술함으로써 콘크리트 구조물의 안전성, 사용성 및 내구성을 확보하는 것을 그 목적으로 한다.

㉡ 결함 · 손상에 의한 부재단면의 손실량(필요시)
㉢ 실제의 하중조건
㉣ 지점 및 절점의 조건과 각 위상좌표값
㉤ 지반의 지지력 또는 지내력 등(설계도서, 시공당시 및 진단 시에 실측된 값 중에서 책임기술자가 판단한 값)

5 종합평가

건축물의 상태평가와 안전성 평가의 결과를 종합하여 종합평가등급을 판정하고, 이를 각 주요 층별 및 주요 부재종류별, 전체 종합 등으로 구분하여 기재하여야 한다.

▼ [표 1-2] 종합평가 후 조치사항

등급	노후화 상태	안전성	조치
A	문제점이 없는 최상의 상태	최상의 상태	정상적인 유지관리
B	경미한 문제점이 있으나 양호한 상태	균열이나 변형이 있으나 허용범위 이내인 상태	지속적인 주의 관찰이 필요함
C	문제점이 있으나 간단한 보수 · 보강으로 원상회복이 가능한 보통의 상태	균열이나 변형이 있으나 구조물의 내하력이 설계의 목표치를 초과한 상태	지속적인 감시와 보수 · 보강이 필요함
D	주요 부재에 발생된 노후화 정도가 고도의 기술적 판단이 요구되는 상태로 사용제한 여부의 판단이 필요함	균열이나 변형이 허용 범위를 초과하고 있거나, 구조물의 내하력이 설계의 목표치를 미달하고 있어, 고도의 기술적 판단이 요구되는 상태로 사용제한 여부의 판단이 필요함	보수 · 보강 및 사용제한 여부의 판단이 필요함
E	주요 부재의 노후화 정도가 심각하여 원상회복이 불가능하거나 안전성에 위험이 있어 즉각 사용금지하고 긴급한 보강이 필요한 상태	균열이나 변형이 허용범위를 초과하고 있고, 구조물의 내하력이 허용범위에 미달하고 붕괴가 심각히 우려되며, 안전성에 위험이 있어 즉각 사용금지하고 긴급한 보강이 필요한 상태	보강 및 교체, 개축이 필요하며 긴급 보강 조치 또는 사용금지 판단이 필요함

[주] 적용 : 시설물의 안전 및 유지관리에 관한 특별법 적용대상 건축물

CHAPTER

02

육안조사

CHAPTER 02

육안조사

SECTION 01 개요

구조물 진단 시 현장조사계획에 의거 도면 검토와 조사에 필요한 각종 정보를 선취득 후 이를 기초로 육안조사를 착수하게 된다. 육안조사는 제1차 조사로서 진단의 성패를 좌우하는 첫 단계이다.
육안조사는 구조물의 표면에 나타난 손상상황과 구조물 전체의 변형상황, 구조물 주변의 환경상황 등을 육안관찰과 간단한 기구 등을 이용하여 파악하는 조사방법으로 콘크리트 구조물을 진단하는 경우에 가장 중요한 정보를 얻을 수 있는 조사의 한 방법이다. 육안조사는 책임기술자에 의하여 실시해야 하며, 전반적인 결함의 현상과 원인이 개략 파악되어야 한다. 육안조사 결과에 따라 제2차, 제3차 조사의 계획을 수립 · 시행하게 되므로 대단히 중요한 단계이나 현실적으로는 초보자나 중급기술자들이 하는 업무로 잘못 인식되고 있다.

SECTION 02 육안조사의 항목

육안조사는 균열, 박리, 철근노출, 표면열화, 누수 및 누수흔적, 변형 등에 대한 육안관찰을 실시하고 각각의 열화, 손상의 한계를 기록한다. 육안조사 시 콘크리트 구조물의 주요 성능저하 증상은 [표 2-1]과 같으며, 육안조사 항목별 조사 방법은 [표 2-2]와 같다.

▼ [표 2-1] 구조물의 주요 성능저하 증상

<table>
<tr><th>구분</th><th colspan="2">결함내용</th><th>증상</th></tr>
<tr><td rowspan="4">콘크리트 구조물</td><td rowspan="3">균열</td><td>부재의 재축 방향</td><td>기둥, 보에서는 부재의 재축 방향에 생기는 균열로 부재의 가장자리가 아니라 중심선 부근에 1~3개 생긴다.</td></tr>
<tr><td>방사형</td><td>벽 또는 이와 유사한 부재에 생기는 귀갑상(거북이등 모양)의 균열로 구속의 정도에 따라 방향성을 갖는 것이 있다.</td></tr>
<tr><td>개구부 주변</td><td>벽의 개구부 주변에서 경사형 균열</td></tr>
<tr><td colspan="2">하얀색 물질의 침출</td><td>콘크리트 표면에서 하얀색의 겔상 물질이 새어 나오는 상태이다. 균열 부분에서 새어나오는 것이 많고, 빗물이 닿기 쉬운 장소에서는 변색 또는 착색되어 하얀색을 띠지 않는 것도 있다.</td></tr>
</table>

구분	결함내용		증상
콘크리트 구조물	POP OUT		콘크리트 표면 부근에 반응성 골재 입자가 있는 경우에 반응에 의한 팽창성 물질의 생성에 의해 표면층을 밀어 올려 골재가 빠지거나, 골재가 갈라지거나 하여, 콘크리트 표면의 작은 부분이 원추형의 파인 상태로 파괴된 상태를 말한다.
	박락	마감재	마감재가 벗겨져 떨어진 상태로 콘크리트를 수반하는 경우가 있다.
		콘크리트	들떠 있던 콘크리트가 구체에서 벗겨져 떨어진 상태. 반드시 철근의 노출이 따르지는 않는다.
	변형		상단이 구속되어 있지 않은 부재(발코니의 파라펫, 계단, 난간, 벽 등)의 경사, 창호의 개폐 정도를 감각적으로 판단한다.

▼ [표 2-2] 육안조사 항목별 조사방법

손상의 종류	조사방법
균열	• 육안관찰에 의한 균열의 발생방향, 개수의 파악 · 기록 • 균열스케일 등에 의한 균열폭의 측정 · 기록 • 스케일 등에 의한 균열길이의 측정 · 기록 • 균열에 손을 대어 들뜸, 단차 등의 파악 · 기록 • 균열 주위의 타음에 의한 들뜸 · 박리의 파악 · 기록 • 균열로부터의 녹물용출 개소의 파악 · 기록
들뜸, 박리, 박락, 철근 노출, 녹물의 용출, 허니콤, 유리석회, 변색, 누수, 체수, 보수 흔적	• 육안관찰에 의한 손상위치, 손상개소 수의 파악 · 기록 • 손상 주위의 타음에 의한 들뜸, 박리의 파악 · 기록 • 스케일 등에 의한 손상의 치수측정 · 기록
이상음, 이상진동	음원과 진동위치를 육안관찰 등으로 파악 · 기록
백태	콘크리트면을 손으로 세게 눌러서 분상물의 부착으로 판단한다.
변형, 침하, 이동, 경사	• 육안관찰 · 기록 • 스케일이나 추를 내려보는 방법 등에 의한 측정 · 기록

SECTION 03 균열조사

>>> 노출콘크리트의 경우는 균열 조사 시 문제가 없으나, 모르타르, 타일 등 마감재가 시공되어 있는 경우는 균열 확인을 위하여 마감재를 제거할 필요가 있다.

1 개요

균열은 콘크리트 구조물의 내력 및 내구성의 저하를 나타내는 지표이다. 특히 휨 균열, 전단균열, 피로하중에 의한 균열은 구조내력의 직접적인 피해를 가져오는 것이다. 기타 균열은 주로 시공과 관련되어 있으며 (예 : 플라스틱균열, 침하균열, 띠근 · 늑근에 따른 균열, 건조수축균열, 콜드조인트 등), 주로 구조체의 경과 연수에 의한 균열(예 : 온도균열, 철근부식에 의한 균열, 동결융해에 의한 균열 등)이 있다. 이 밖에 부동침하에 의한 균열은 설계 · 시공에 주원인이 있고, 알칼리 골재반응에 의한 균열은 재료에 기인하며, 철근의 부식에 의한 균열은 콘크리트 중의 염화물의 양, 시공불량에 의한 피복두께의 부족 등에 원인이 있다.

>>> **균열의 형태**

① 경화 전 균열
- 조기동해에 의한 균열
- 소성적 균열
- 시공상의 균열

② 경화 후 균열
- 물리적 균열
- 화학적 균열
- 온도에 의한 균열
- 구조적 균열

2 균열조사 내용

균열조사 시 다음과 같은 내용을 중점적으로 실시한다.

(1) 균열발생 위치
(2) 균열의 유형 및 형상, 관통유무
(3) 균열의 크기(균열최대폭과 길이)
(4) 균열의 진행 여부
(5) 균열 부위의 누수 및 백태 여부
(6) 이물질 충전의 유무
(7) 균열폭의 변동 유무
(8) 균열발생의 원인분석

균열에 대한 평가는 그 원인추정과 크기(폭)의 한계, 진행 여부, 재하에 의한 확대 여부, 누수 여부 등에 대한 분석으로 이루어진다. 균열위치는 정확하게 도면에 표기하도록 하며 균열의 중요 유형 및 형상은 사진촬영 · 보관하도록 하며 균열의 크기는 길이와 최대 균열폭을 mm 단위로 기록하고 실제 균열 부재 부위에 알아보기 쉽도록 표시를 하여 지속적인 추적 관찰이 가능하도록 한다. 또한 균열의 진행상황은 전회 점검 시 내용과 변화된 상황을 기록한다.

>>> **균열의 발생 원인**

① 재료상의 원인
② 설계상의 원인
③ 시공상의 원인
④ 구조외력에 의한 원인

3 균열 발생 원인

철근콘크리트 구조물은 콘크리트 양생과정을 걸쳐 기준강도가 발현되는 시점까지 경화된 이후에 구조적인 거동을 하게 되므로 시공과정에서 경화중인 콘크리트(굳지 않은 콘크리트)와 경화 완료된 콘크리트로 구분할 수 있으며 균열 발생원인 또한 경화 전후로 구분할 수 있다.

▼ **[표 2-3] 콘크리트 경화 전후에 발생 가능한 균열발생 원인**

굳은 콘크리트	• 건조수축 • 온도변화(온도응력) • 탄산화
	하중재하(고정 및 적재하중)
	부동침하
	재해발생(지진 및 화재 등)
	동결융해
	기타 요인(시멘트, 골재 등의 불량)
굳지 않은 콘크리트	지반침하 및 지주침하
	조기 건조
	초기동결, 양생 중 진동 등

콘크리트 구조물 전반에 걸쳐 시공단계부터 유지관리단계까지 균열발생의 원인이 되는 세부적 요인은 다음과 같다.

▼ **[표 2-4] 콘크리트의 일반적인 균열발생 원인**

A. 콘크리트의 재료적인 성질에 관한 사항	[표 2-5] 참조
B. 시공에 관한 사항	[표 2-5] 참조
C. 구조, 외력 등에 관한 사항	[표 2-5] 참조
D. 외적인 요인에 관한 사항	[표 2-5] 참조

▼ **[표 2-5] 콘크리트 구조체의 일반적인 균열발생 원인 및 특징**

구분	균열원인	균열의 특징
A. 콘크리트의 재료적 성질에 관련된 사항	A1. 시멘트의 이상 응결	폭이 크고 짧은 균열이 비교적 빨리 불규칙하게 발생
	A2. 콘크리트의 침하 및 블리이딩	타설 후 1~2시간에서 철근의 상부와 벽과 상판의 경계 등에서 단속적으로 발생
	A3. 시멘트의 수화열	단면의 콘크리트에서 1~2주간 지난 후부터 직선상의 균열이 대략 등간격으로 규칙적으로 발생표면만의 것과 부재를 관통하는 것이 있음
	A4. 시멘트의 이상팽창	방사형의 균열
	A5. 골재에 함유되어 있는 이분	콘크리트 표면의 건조에 따라 불규칙하게 강상의 균열이 발생
	A6. 반응성 골재 또는 풍화암의 사용	콘크리트 내부부터 거북이 등 모양으로 발생함. 다습한 곳에 많음
	A7. 콘크리트의 경화건조수축	2~3개월 후부터 발생하고 점차 성장함. 개구부나 기둥, 보로 둘러싸인 모퉁이 부분에 경사균열 및 가늘고 긴 균열이 등간격으로 수직하게 발생

»» 부동침하 (Differential Sefflement)

구조물의 지점이나 기초지반의 침하량이 일정하지 않을 때의 침하, 상부구조에 장해를 입혀서 때때로 파괴의 원인이 된다. 특히, 연속형 등에서 기초형식 또는 기초의 지지지반이 다를 경우에는 부동침하의 원인이 될 때가 있다. 부동침하를 다른 표현으로 부등(不等)침하라고도 한다.

구분	균열원인	균열의 특징
B. 시공에 관련된 사항	B1. 혼화제의 불균일한 분산	팽창성인 것과 수축성인 것이 있어 부분적으로 발생
	B2. 장시간의 비비기	전면에 방사형 또는 길이가 짧은 불규칙한 균열이 발생
	B3. 펌프압송 시의 시멘트량, 수량의 증가	A2와 A7의 균열이 발생하기 쉬움
	B4. 타설순서의 실수	B7과 B8의 원인이 됨
	B5. 급속한 타설속도	B9과 A2의 균열이 발생하기 쉬움
	B6. 불충분한 다짐	표면에 곰보가 생기기 쉽고, 각종 균열의 기점이 되기 쉬움
	B7. 배근의 이동, 철근의 피복두께 감소	슬래브에서는 주변에 따라 원형으로 발생 배근 및 배관의 표면에 발생
	B8. 이음처리 부정확	이음부분에서 균열이 생김
	B9. 미장강도 부족	조적몰탈 부위에 방사형의 균열
	B10. 거푸집의 변형	거푸집이 움직인 방향으로 평행하게 부분적으로 발생
	B11. 거푸집 지지틀의 침하	상판과 보의 단부상방 및 중앙부 하단 등에 발생
	B12. 거푸집의 조기제거	콘크리트 강도부족에 의한 균열. A7의 영향도 크게 됨
	B13. 경화 전의 진동과 재하	D의 외력에 의한 균열과 동일
	B14. 초기양생 중의 급격한 건조	타설 직후 표면의 각 부분에 짧은 균열이 불규칙하게 발생
	B15. 초기동해	가느다란 균열, 탈형하면 콘크리트 면이 하얗게 됨
C. 외적 요인에 관련된 사항	C1. 환경, 온도, 습도의 변화	A7의 균열과 유사함. 발생한 균열은 습도 변화에 따라 변동.
	C2. 부재양면의 온・습도차	저온 측 또는 저습 측의 표면에 휨 방향과 직각으로 발생
	C3. 동결, 융해의 반복	표면이 부풀어 올라서 부슬부슬 떨어지게 됨
	C4. 동상	D의 외력에 의한 균열과 같은 상태
	C5. 내부 철근의 녹(철근의 부식)	철근을 따라 큰 균열이 발생. 피복 콘크리트가탈락하고 녹이 유출됨
	C6. 화재, 표면가열	표면 전체에 가느다란 거북이 등 모양의 균열 발생
	C7. 산・염류의 화학작용	표면이 침식되고 팽창성 물질이 형성되어 전면에 균열이 발생
	C8. 연속, 충격적인 진동	망상 모양의 균열, 경사균열 및 변위

구분	균열원인	균열의 특징
D. 하중에 관련된 사항	D1. 하중(설계하중 이내의 경우)	주로 휨하중에 의해 보나 슬래브의 인장측에 수직으로 균열이 발생
	D2. 하중(설계하중을 초과 하는 경우)	D1과 D3와 같은 형태의 균열이 발생
	D3. 하중(주로 지진에 의한 경우)	전단하중에 의해서 기둥, 보, 벽 등에 45° 방향으로 평행한 균열이 발생
	D4. 단면, 철근량의 부족	D1과 D2와 같은 형태. 상판과 채양 등에서 처진 방향으로 평행한 균열이 발생
	D5. 구조물의 부동침하	45° 방향에 큰 균열이 발생

위와 같이 철근콘크리트 구조물에 발생할 수 있는 균열의 종류는 매우 다양하며 실제 건축물에 발생되는 균열은 상기의 균열발생 원인이 복합적으로 작용하여 발생한다.

4 측정장비

측정장비는 균열현미경, 버니어캘리퍼스, 크랙스케일 등이 있으며 장비 및 측정방법은 다음 그림과 같다.

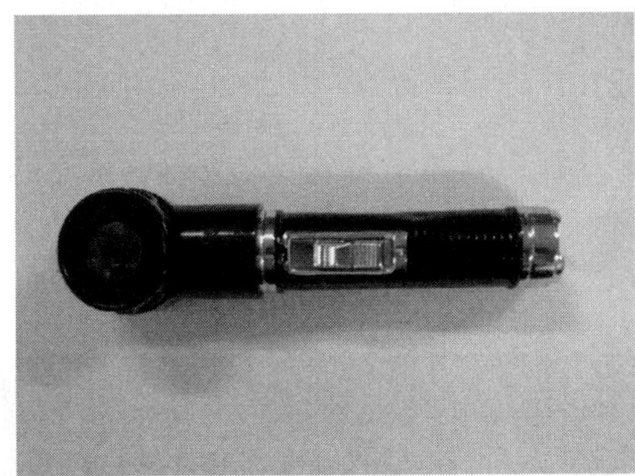

[그림 2-1] 균열현미경

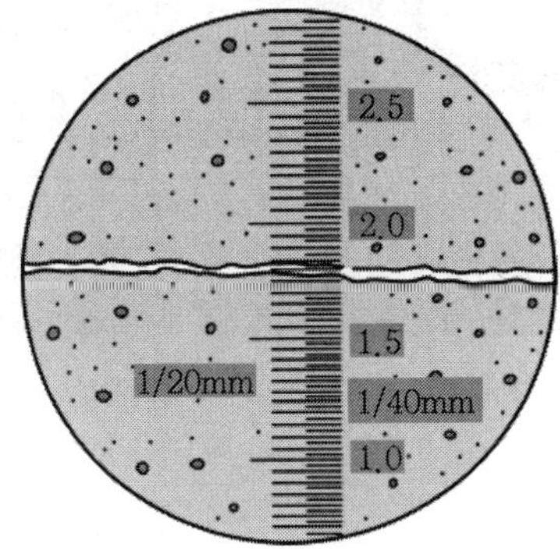

[그림 2-2] 균열폭 측정

[그림 2-3] 균열폭 측정 장면

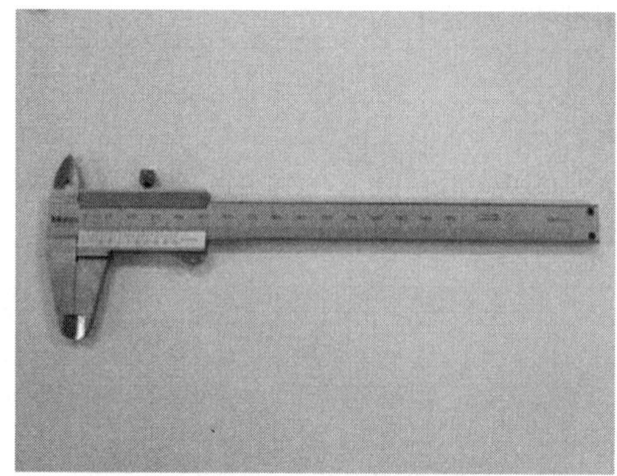

[그림 2-4] 버니어 캘리퍼스

[그림 2-5] 크랙스케일

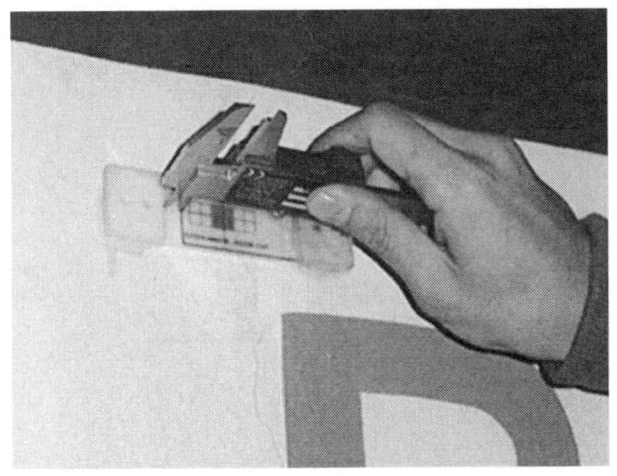

[그림 2-6] 버니어 캘리버스를 이용한 균열폭 측정

[그림 2-7] 크랙스케일을 이용한 균열폭 측정

5 균열폭 변동의 측정방법

(1) 클립게이지(Clip Gauge)를 사용하는 방법

(2) 전기식 다이얼 게이지를 사용하는 방법

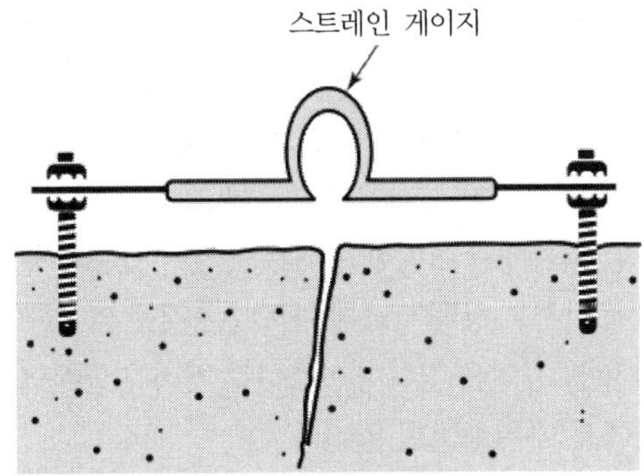

[그림 2-8] 클립게이지에 의한 측정

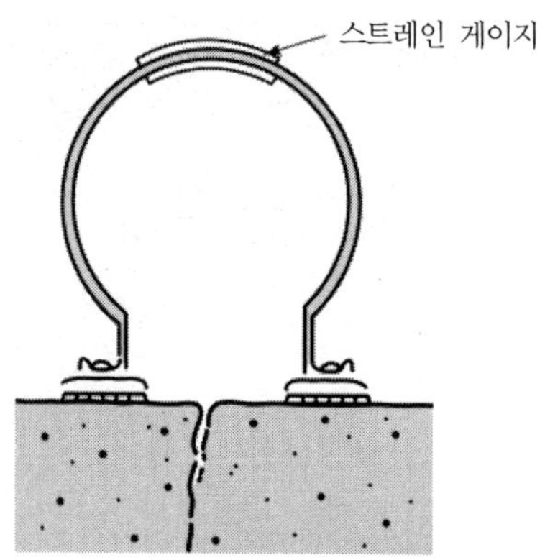

[그림 2-9] 스트레인 게이지에 의한 측정

6 균열조사방법

(1) 균열의 위치, 형상, 누수, 백태 등을 도면에 표시한다.

(2) 균열자를 이용하여 균열의 폭을 mm 단위로 측정하여 길이와 함께 도면에 표시한다.

(3) 사진촬영과 필요시 비디오촬영을 병행한다.

(4) 균열의 진행성 여부를 알아보기 위하여 필요한 부위에 균열게이지를 설치하고, 1/100mm 단위까지 측정하여 조사일자와 함께 도면 및 균열게이지 주변에 표시한다.

(5) 다음 번 측정 시 균열의 진행상황은 이미 부착된 균열게이지의 전회 측정값과 같은 방법으로 기록한다.

(6) 균열의 진행성을 알 수 있도록 연필 등으로 균열을 모양대로 표시하고, 균열의 끝부분에 균열과 직각 방향으로 선을 그어 조사일자를 표시하기도 한다. 다음 번에도 같은 방법으로 표시하면 균열의 진행상황을 쉽게 알 수 있다.

7 균열의 평가

≫ 균열의 측정 시기

균열 폭은 온도나 습도에 따라 변화되므로 변동측정을 할 경우에는 그 측정 시의 온·습도 조건을 가능한 한 같도록 하는 것이 원칙이다.

① 하루 평균기온에 거의 상당하는 오전 10시 전후

② 직접 비를 맞는 경우, 강우 후 적어도 3일 이상 경과된 다음에 측정

철근콘크리트 구조물에는 균열이 강구조물과는 달리 항상 존재한다. 또 이러한 구조체 안전성에 문제를 일으키지 않는 경우도 많다. 그러나 균열이 구조물의 안전성의 문제에서 중요한 요소가 되는 것 또한 사실이다. 이는 어떠한 위치에서 어떠한 형태로 균열이 있는지에 따라 균열이 구조물 안전성에 미치는 영향이 크게 다르다는 것을 의미한다. 따라서 평가자는 균열의 발생 원인을 정확히 예측하는 것이 철근콘크리트 구조물의 안전성 평가에서 매우 중요한 일이다.

구조물의 용도, 놓여 있는 환경 그리고 각 나라에 따라 균열의 허용범위가 달리 주어져 있으므로 이 범위 내에 있으면서 균열이 일정 부위에 집중적으로 없으면 안전상 문제가 없다고 볼 수 있다.

▼ [표 2-6] 철근콘크리트구조의 허용균열폭(ACI 224R-80)

노출상태	허용균열폭(mm)
건조한 공기 또는 보호막이 있는 상태	0.41
습한 공기나 흙 속에 있는 상태	0.30
동결방지용 약품이 사용된 상태	0.18
해수나 해풍을 반복으로 받는 상태	0.15
물을 저장하는 구조	0.10

▼ [표 2-7] 각 국의 규준상의 허용균열폭

<table>
<tr><th>국가명</th><th>규준</th><th>환경조건</th><th>허용균열폭(mm)</th></tr>
<tr><td rowspan="2">한국</td><td rowspan="2">콘크리트
표준시방서</td><td>건조</td><td>0.40</td></tr>
<tr><td>습윤</td><td>0.30</td></tr>
<tr><td rowspan="2">미국</td><td rowspan="2">ACI Building Code
318-71</td><td>옥외 부재</td><td>0.33</td></tr>
<tr><td>옥내 부재</td><td>0.41</td></tr>
<tr><td rowspan="2">스웨덴</td><td rowspan="2">도로교 규정</td><td>고정하중</td><td>0.30</td></tr>
<tr><td>고정하중+적재하중의 0.5배</td><td>0.40</td></tr>
<tr><td rowspan="2">영국</td><td rowspan="2">BIS 규정
CP-110</td><td>일반환경</td><td>0.30</td></tr>
<tr><td>부식성 환경</td><td>0.04d 이하
(d : 주철근의 피복)</td></tr>
<tr><td>프랑스</td><td>Brocard</td><td></td><td>0.40</td></tr>
<tr><td rowspan="4">러시아</td><td rowspan="4">SNIP
Ⅱ-B-1-62</td><td>비부식성</td><td>0.30</td></tr>
<tr><td>약부식성</td><td>0.20</td></tr>
<tr><td>중부식성</td><td>0.20</td></tr>
<tr><td>강부식성</td><td>0.10</td></tr>
<tr><td rowspan="6">유럽</td><td rowspan="6">유럽 콘크리트
위원회
(CEB-FIP)</td><td>상당한 침식작용을 받는 구조부재</td><td>0.10</td></tr>
<tr><td>보호공이 있는 보통의 구조부재</td><td>0.30</td></tr>
<tr><td>보호공이 없는 보통의 구조부재</td><td>0.20</td></tr>
<tr><td>현저하게 노출되어 있는 부재</td><td>0.10</td></tr>
<tr><td>보호공이 없는 부재</td><td>0.30</td></tr>
<tr><td>현저하게 노출되어 있는 부재</td><td>0.20</td></tr>
<tr><td rowspan="3">일본</td><td>운수성</td><td>항만구조물</td><td>0.20</td></tr>
<tr><td>일본도로협회</td><td>도로교 시방서 및 해설(합성보)</td><td>0.02</td></tr>
<tr><td>JIS A 5309</td><td>• 원심력 철근콘크리트말뚝(Pole)
• 설계하중 시, 설계휨모멘트 작용 시
• 설계하중, 설계휨모멘트 개발 시</td><td>0.25</td></tr>
</table>

▼ [표 2-8] 내구성을 유지하기 위한 허용균열폭(CEB-FIP Model Code)

주위 상태	하중 조합	철근부식에 대한 민감도(mm)	
		매우 민감함	그다지 민감하지 않음
양호한 상태	빈번히 작용하는 하중	0.2	0.4
	영구하중	0.1	
보통 상태	빈번히 작용하는 하중	0.1	0.2
	영구하중	0 또는 0.1 이하	
불리한 상태	드물게 작용하는 하중	0.1	0.2 또는 0.1
	빈번히 작용하는 하중	0.0	

8 허용균열폭

(1) 허용균열폭

① 허용균열폭 w_a는 구조물의 사용목적, 소요 내구성, 환경조건, 부재의 조건 등을 고려하여 정하여야 한다.

② 물을 저장하는 수조 등과 같은 수밀성을 요구하는 구조물이 허용균열폭은 0.2mm이다. 다만 부식성 또는 고부식성 환경에 노출되어 있으면서 수밀성을 요구하는 구조물의 허용균열폭은 0.13mm이다.

▼ [표 2-9] 허용균열폭 w_a(mm)

강재의 종류	강재의 부식에 대한 환경조건			
	건조 환경	습윤 환경	부식성 환경	고부식성 환경
철근	0.4mm와 0.006 c_c 중 큰 값	0.3mm와 0.005 c_c 중 큰 값	0.3mm와 0.004 c_c 중 큰 값	0.3mm와 0.035 c_c 중 큰 값
긴장재	0.2mm와 0.005 c_c 중 큰 값	0.2mm와 0.004 c_c 중 큰 값	–	–

여기서, c_c는 최외단 주철근의 표면과 콘크리트 표면 사이의 콘크리트 최소피복두께(mm)

(2) 균열의 검토

① 휨모멘트 및 축력에 의한 콘크리트의 인장응력이 콘크리트의 설계기준인장강도의 60% 보다 작을 경우에는 휨균열을 검토하지 않아도 된다.

② 인장철근의 설계기준 항복강도가 300MPa 이상인 경우 사용하중에 의한 휨균열폭은 아래 식에 의하여 구하고, 균열폭이 [표 2-12]의 허용균열폭 w_a 이하가 되도록 하여야 한다.

$$w = 1.08\beta_c f_s \sqrt[3]{d_c A} \times 10^{-5}(\text{mm})$$

여기서, f_s는 휨모멘트를 철근의 단면적과 내부모멘트 팔길이를 곱한 값으로 나누어 구하여야 한다. 이러한 계산 대신에 철근의 설계기준항복강도 f_y의 60%를 취할 수 있다. 그리고 β_c의 값은 보에 대하여 1.2, 슬래브에 대하여 1.35로 할 수 있다.

9 균열에 대한 상태평가등급 기준

▼ [표 2-10] 세부지침에 의한 콘크리트균열에 대한 상태평가등급 기준

평가등급	평가점수 (대표값)	평가기준		
		최대 균열폭 c_w (단위 : mm)	면적률 20% 이하	면적률 20% 이상
a	1	$c_w < 0.1$	a	a
b	3	$0.1 \leq c_w < 0.2$	b	c
c	5	$0.2 \leq c_w < 0.3$	c	d
d	7	$0.3 \leq c_w < 0.5$	d	e
e	9	$0.5 \leq c_w$	e	e

[주] ① 면적율(%) $= \dfrac{\text{균열발생면적}}{\text{점검단위면적}} \times 100 = \dfrac{\text{균열길이}(L) \times 0.25}{\text{점검단위면적}} \times 100$

② 균열발생면적 산정은 균열길이당 25cm의 폭을 차지하는 것으로 계산(단, 벽체 및 슬래브 등의 판재에만 적용)

MEMO

CHAPTER

03

콘크리트의 압축강도조사

CHAPTER 03 콘크리트의 압축강도조사

SECTION 01 반발경도에 의한 압축강도조사

콘크리트 표면을 테스트 해머에 의해 타격하고, 그 반발경도로부터 압축강도를 구하는 방법을 반발경도법이라고 한다. 반발경도법에는 낙하식 해머법, 스프링식 해머법, 회전식 해머법, 슈미트해머 등 여러 종류가 있다. 이들 중 슈미트해머에 의한 반발경도법은 비파괴시험방법으로 가장 널리 보급되어 있고 시험방법이 간편하며, 짧은 시간에 강도추정이 가능하고, 구조물 전체적에 적용이 가능한 매우 유용한 방법이다. 따라서 본 장에서는 반발경도법의 가장 대표적인 방법인 슈미트해머법에 대하여 살펴보도록 하겠다.

1 슈미트해머법의 원리

테스트해머에 의해 일정한 에너지로 콘크리트 표면을 타격했을 때 테스트해머의 다시 튀어오르는 높이(반발높이 또는 반발도 R)와 콘크리트 압축강도(F_c)와의 사이에 상관관계가 있다는 실험적 입증에 근거하고 있다. 이에 따르면 반발높이는 타격에 의해 생기는 콘크리트의 패인 정도와 관련하여 패인 정도가 클수록 반발높이가 낮아 강도값은 작은 값을 나타낸다. Schmidt Hammer는 1948년 스위스의 E.Schmidt에 의해 고안된 것으로, 스프링의 복귀력을 이용하여 콘크리트 표면에 충격을 주어 반발경도를 측정한 후 경화콘크리트의 압축강도를 추정하는 것이다. 다음 [그림 3-1]은 플랜저라 불리는 테스트해머 선단부와 콘크리트 접촉 위치에서의 개념도를 나타낸 것으로 구체적인 원리는 다음과 같다.

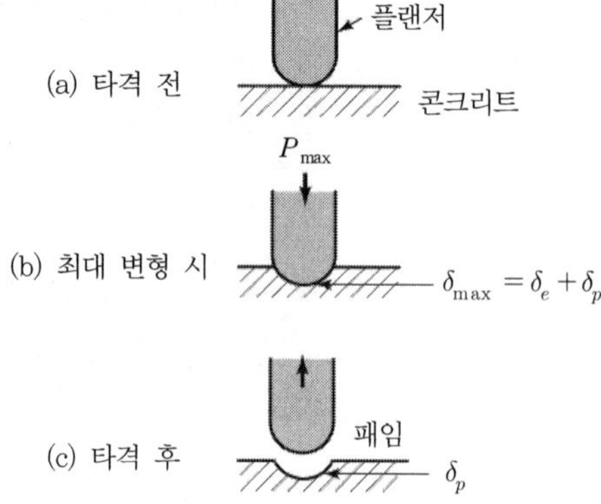

[그림 3-1] 타격에 의한 플랜저와 콘크리트의 접촉

>>> 타격면에 따른 영향

① 일반적으로 타격면이 습윤할 경우 강도에서 5% 정도 적게 나온다.
② 타격면이 평활할수록 반발도가 크게 측정된다.
③ 콘크리트 두께가 10cm 이하일 경우 반발도가 급격하게 감소하고, 30cm 이상일 경우 반발도가 일정하다.
④ 벽이나 기둥을 타격할 경우, 하단부분이 가장 높게 측정된다. 그 이유는 모르타르의 침하로 인하여 하단부분의 강도가 크기 때문이다.
⑤ 동일 부위를 연속하여 타격하는 경우 타격회수의 증가와 함께 반발도가 커진다.

>>> 반발경도법의 종류

① 낙하식 해머법
② 스프링식 해머법
③ 회전식 해머법
④ 슈미트해머법

타격에 의한 플랜저의 최대 관입량은 콘크리트의 국부적인 탄성변형량과 소성변형량 δ_p의 합으로 나타난다. 타격에 의한 산이 최대 변형에 달하고 나서, 콘크리트면의 탄성변형이 회복됨으로써 플랜저가 눌러진 상태에서 되돌아오지만 소성변형량의 관계에 따라 변화된다. 타격에너지가 소성변형으로 소비되지 않으면 반발높이는 높아져 콘크리트의 경도가 높다는 사실을 알 수 있다.

이에 따라 콘크리트의 경도와 강도 사이에는 상관이 있으므로 테스트해머의 반발높이로부터 콘크리트의 경도를 매개로 콘크리트 압축강도를 추정할 수 있다. 이상과 같이 본 방법은 콘크리트 표면의 특성을 이용하여 내부 콘크리트의 강도를 추정하려고 하는 방법이다. 그러나 타격 시의 반발경도는 타격에너지 및 피타격체의 형상, 크기, 재료의 물리적 특성과 관계되는 여러 요인에 의해 크게 달라진다. 콘크리트 표면의 골재 유무, 습윤상태, 콘크리트의 재령, 탄산화 정도 등에 따라 반발경도에 많은 영향을 받는다.

따라서 강도추정의 유일한 방법으로는 많은 문제점이 있으나 간편하고 짧은 시간에 강도추정이 우수한 사용성과 콘크리트 구조물 전체에 대해 강도추정이 가능하다는 점에서 매우 유용한 시험법이라 할 수 있다.

N형 슈미트 해머의 내부기구

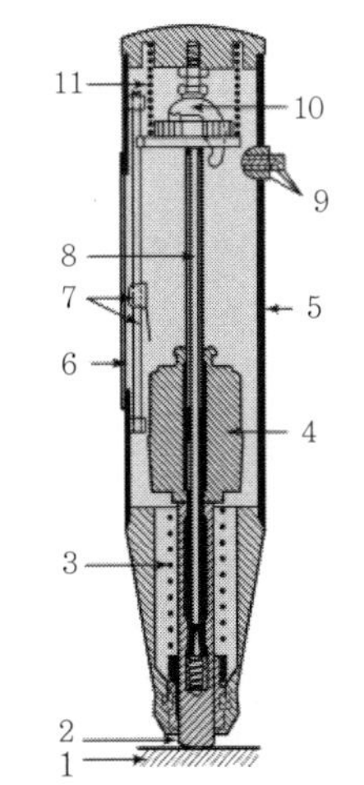

1. 콘크리트 표면 2. 플랜저
3. 임팩트 스프링 4. 해머
5. 케이스 6. 스케일
7. 지침 8. 해머가이드 바
9. 푸시 버튼 10. 홀드 패스트
11. 압축 스프링

2 측정기의 선정

슈미트해머는 여러 종류가 있으나 일반적으로 N형과 NR형이 일반적으로 사용되며, 반발경도를 직접 읽는 NR형이 가장 많이 사용되고 있다. 슈미트해머는 그 목적에 대응하는 적절한 기종을 사용할 필요가 있는데 [표 3-1]은 각 기종에 대한 강도측정범위를 나타낸 것이다.

▼ [표 3-1] 균열의 형태와 대책

기종	적용 콘크리트	강도측정범위 (kgf/cm²)	비고
N	보통콘크리트	150~600	반발경도 직독식
NR	보통콘크리트	150~600	반발경도 자동기록식
L	경량콘크리트	100~600	반발경도 직독식
LR	경량콘크리트	100~600	반발경도 자동기록식
P	저강도콘크리트	50~150	진자식
M	매스콘크리트	600~1,000	반발경도 직독식

반발도 측정 방법

높이에 따라 강도가 따르기 때문에 수직부재의 경우는 하단, 중앙, 상단을 평균하여 측정하고, 보의 경우는 단부, 중앙부를 평균하여 측정하여야 한다. 다만, 사정상 1개소만 측정할 경우 높이를 맞추는 경우가 좋으며 일반적으로 위치를 바닥위 130~150cm 정도로 하면 측정이 용이하다.

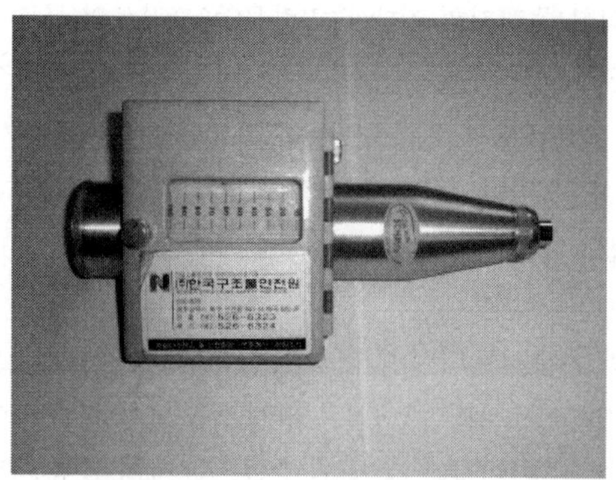

[그림 3-2] NR형 슈미트해머

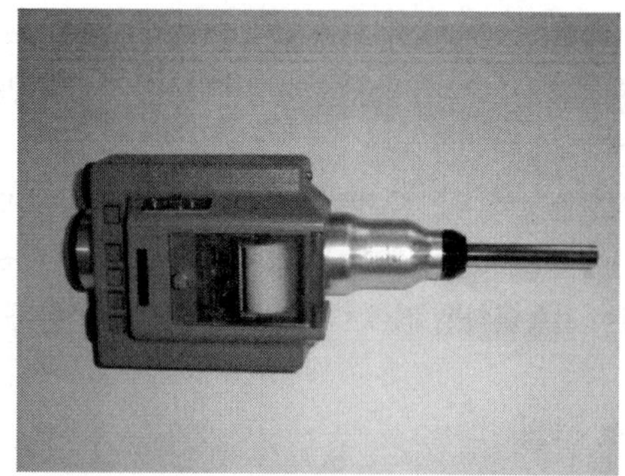

[그림 3-3] NR형 디지털 슈미트해머

3 측정기의 보정(Anvil)

슈미트해머를 사용하는 경우 정상적인 측정치를 가질 수 있도록 사용직전에 정기적으로 테스트 앤빌에 의한 교정이 필요하다. 테스트 앤빌에 의한 슈미트해머의 반발경도 R_a는 80±1이 되는 것이 바람직하나 80±2의 범위까지도 허용한다. 이 범위의 값을 벗어날 경우 슈미트해머의 조정나사를 조작하여 조정하여야 한다. 다만, 반발값이 72 정도까지 나타나고 또 반발값이 일정하지 않을 경우에 한하여 다음 식에 의하여 보정한다.

$$R = \overline{R_0} \times \frac{80}{R_a}$$

단, Ra = 테스트 앤빌에 따른 하향 타격 시의 반발도

$\overline{R_0}$ = 반발도 R의 평균치

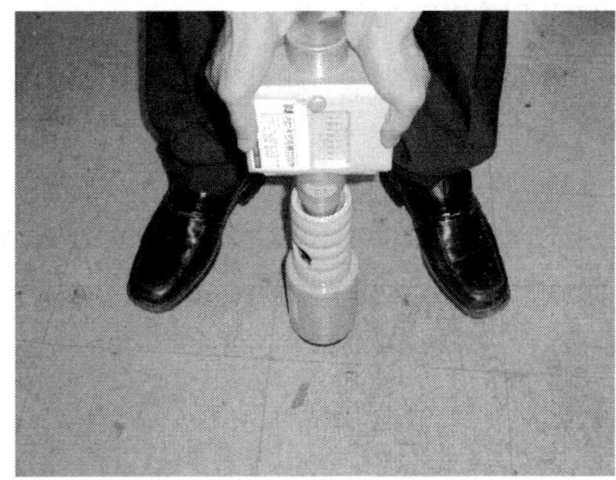

[그림 3-4] 테스트 앤빌

4 측정방법

(1) 측정 일반

3cm 간격으로 가로 5줄, 세로 4줄의 선을 그어 선이 교차하는 20점에 대하여 강도측정을 하며, 타격 시 반향음이 이상하거나 타격점이 움푹 들어가는 곳은 인접위치에서 강도측정을 추가한다. 다음 [그림 3-5]와 [그림 3-6]은 슈미트해머 측정장면과 슈미트해머 기록지를 보여주고 있다.

[그림 3-5] 슈미트해머 측정 장면

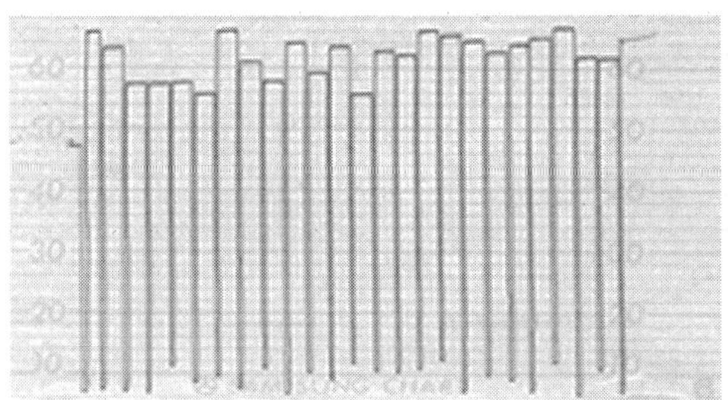

[그림 3-6] 슈미트해머 기록지

슈미트해머 테스트 용지

가로 3cm 5줄×세로 3cm 4줄=20점

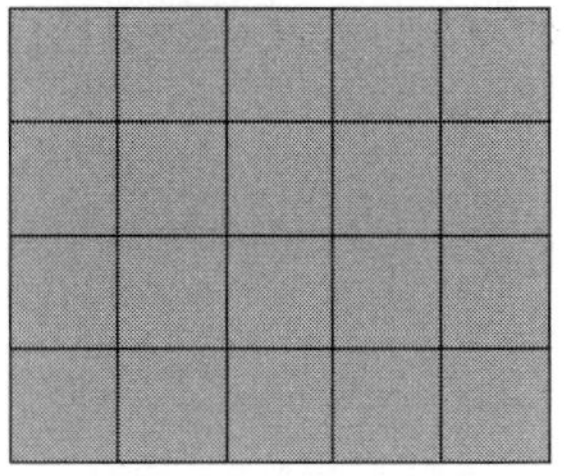

측정위치 선정

① 콘크리트면이 평탄한 곳
② 도장이나 마감재 제거
③ 자갈이 노출되거나 공극은 회피
④ 타격부의 두께가 10cm 이하인 곳은 회피
⑤ 모서리에서 10cm 이상 떨어진 곳을 선정
⑥ 기둥의 경우 두부, 중앙부, 각부 등에서 측정
⑦ 슬래브와 보의 경우 단부와 중앙부 등의 양 측면에서 측정
⑧ 벽의 경우 보, 기둥, 슬래브 부근과 중앙부 등에서 측정

슈미트해머 타격 시 콘크리트 표면과 직각을 유지한다.

측정치는 원칙적으로 정수값을 읽도록 한다.

(2) 콘크리트의 압축강도 추정방법

측정한 20점에 대한 산술평균을 구하고, ±20%를 넘는 측정치는 추가 조사된 값으로 대체하여 산술평균을 다시 구해서 반발경도(R)로 정하며, [표 3-7] 반발경도 보정치(ΔR)에 의하여 반발경도에 타격각도(방향)에 따른 보정치(ΔR)를 반영하여 기준경도($R_0 = R + \Delta R$)를 산출하며, 이를 기초로 한 콘크리트 압축강도(F_c) 환산은 다음의 3가지 방법을 적용한다.

① 방법 1 : $F_c = -18.0 + 1.27 \times R_0$(MPa)
(일본재료학회에 의한 강도추정식)

② 방법 2 : $F_c = (10 \times R_0 - 110) \times 0.098$(MPa)
(동경 건축재료검사소에 의한 강도추정식)

③ 방법 3 : $F_c = (7.3 \times R_0 + 100) \times 0.098$(MPa)
(일본건축학회에 의한 강도추정식)

위와 같이 3가지 방법에 의해 압축강도(F_c)를 구한 다음 [표 3-3] 재령에 따른 보정치(n)로 각각 보정한 후 3가지 방법에 의하여 구해진 추정 압축강도($F_c \times n$)를 산술평균하여 콘크리트의 평균압축강도를 구한다.

▼ [표 3-2] 반발경도 보정치(ΔR)

반발경도 (R)	보정치(ΔR)				비고
	+90° (상향 수직)	+45° (상향 경사)	−45° (하향 경사)	−90° (하향 수직)	
10	−	−	+2.5	+3.4	
20	−5.4	−3.5	+2.4	+3.2	
30	−4.7	−3.1	+2.3	+3.1	
40	−3.9	−2.6	+2.0	+2.7	
50	−3.1	−2.1	+1.6	+2.2	
60	−2.3	−1.6	+1.3	+1.7	

▼ [표 3-3] 재령에 따른 보정치(n)

재령(일)	4	5	6	7	8	9	10	11	12	13
αn	1.90	1.84	1.78	1.72	1.67	1.61	1.55	1.49	1.45	1.40
재령(일)	14	15	16	17	18	19	20	21	22	23
αn	1.36	1.32	1.28	1.25	1.22	1.18	1.15	1.12	1.10	1.08

⋙ 강도추정

측정된 자료의 분석 및 보정을 통하여 평균 반발경도를 산정하고, 현장에 적합한 강도 추정식을 선정하여 평가하도록 한다.

⋙ 측정자료의 처리 및 보정

측정된 20개 자료의 평균을 구하고 평균에서 ±20%가 벗어난 경우를 제외하고, 이를 보정하여 재평균한 값을 최종값으로 한다.

⋙ 재령계수

수년이 경과한 콘크리트 구조물은 표면경도가 높기 때문에 [표 3-4]의 재령에 따른 보정치 n을 곱하여 아래 식과 같이 압축강도를 추정한다.

$$F_{28}' = n \cdot F_c$$

재령(일)	24	25	26	27	28	29	30	32	34	36
αn	1.06	1.04	1.02	1.01	1.00	0.99	0.99	0.98	0.96	0.95
재령(일)	38	40	42	44	46	48	50	52	54	56
αn	0.94	0.93	0.92	0.91	0.90	0.89	0.87	0.87	0.87	0.86
재령(일)	58	60	62	64	66	68	70	72	74	76
αn	0.86	0.86	0.85	0.85	0.85	0.84	0.84	0.84	0.83	0.83
재령(일)	78	80	82	84	86	88	90	100	125	150
αn	0.82	0.82	0.82	0.81	0.81	0.80	0.80	0.78	0.76	0.74
재령(일)	175	200	250	300	400	500	750	1000	2000	3000
αn	0.73	0.72	0.71	0.70	0.68	0.67	0.66	0.65	0.64	0.63

(3) 압축강도 추정산정 예

① 재령 28일 강도(F_c 28)의 추정

㉠ 콘크리트 상태 : 건조

㉡ 타격각도 : $\alpha = 0°$

㉢ 재령 : 약 7년 10개월 경과

재령 7년 10개월=2,820일
∴ 보정치 n=0.63

▼ [표 3-4] 콘크리트 추정압축강도 산정표

용역명	○○빌딩 정밀안전진단							시험일	2004-6-23		
측정 위치	타설 일자 각도	반발경도 측정치					평균	재령	보정 계수	측정 강도	보정 강도	비고
지하층 기계실 기둥 (C-2)	1996년 8월 →	56	52	55	54	55	5.31	약 7년 10 개월	0.63	471.13	296.81	
		54	51	55	55	54						
		49	52	54	55	51						
		48	52	55	48	56						

5 콘크리트 강도에 대한 상태평가등급 기준

▼ [표 3-5] 세부지침에 의한 콘크리트 강도에 대한 상태평가등급 기준

평가등급	평가기준	평가점수(대표값)
a	α_c* ≥ 100%	1
b	α_c ≥ 100%(경미한 손상 있음)	3
c	85% ≤ α_c < 100%	5
d	70% ≤ α_c < 85%	7
e	α_c < 70%	9

* α_c =(측정강도 ÷ 설계기준강도) × 100%

SECTION 02 초음파전달속도시험

>>> **초음파 측정 시 음속에 미치는 영향**

① 재료의 종류
② 내부 철근
③ 콘크리트의 배합비
④ 콘크리트의 함수율

1 개요

콘크리트 비파괴시험법으로서의 초음파전달속도시험(또는 음속법)은 콘크리트의 균질성 · 내구성 등의 판정 및 강도의 추정 등에 이용된다. 그러나 콘크리트 중의 음속은 측정조건, 사용골재의 종류 · 양, 콘크리트의 함수상태, 내부철근의 양과 콘크리트의 배합 등 많은 요인의 영향을 받으므로, 음속만으로 콘크리트 압축강도의 정도를 양호하게 추정하는 것은 곤란한 경우가 많다.

단지, 주요 조건이 유사한 경우는 음속과 강도 사이에 거의 일정한 상관성이 보여, 어느 정도의 압축강도의 추정은 가능하다.

2 측정원리

콘크리트에 접착시킨 단자로부터 발진한 초음파 펄스(20～200kHZ의 단속음파)가 콘크리트 중을 이동하여 다른 쪽의 단자에 도달한 시간을 구하여 전파시간으로 하며, 양단자 간의 거리를 구하여 속도를 구한다. 측정장비의 구성은 아래 그림과 같다.

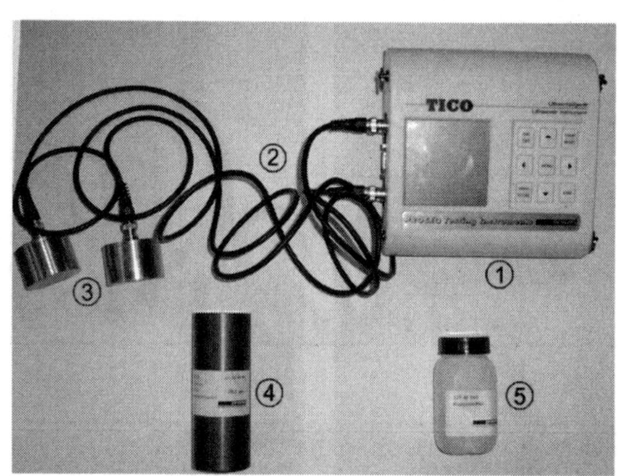

① 초음파 측정기 본체(TICO)	④ 캐리브레이션바(검정용)
② 트랜즈 듀서 연결 케이블(송신용/수신용)	⑤ 접착시약(커플런트)
③ 트랜즈 듀서(송신용 : TX/수신용 : RX)	⑥ 배터리 1.5V×6개로 60시간 사용

[그림 3-7] 초음파측정기(Tico)의 구성

3 시험방법

(1) 측정준비

① 측정면은 평탄한 곳, 균열이 없는 곳을 선정
② 도장된 곳이나 덧씌운 곳은 제거
③ 요철, 공극, 자갈 노출부는 회피

④ 그라인더로 요철, 분말 등을 제거
⑤ 측정부위의 종횡 방향으로 최소 50cm 이상을 그라인딩한다.
⑥ 습도가 높고 비 내리는 경우나 구조체가 습윤된 경우는 가급적 피한다.

(2) 탐촉자의 배치

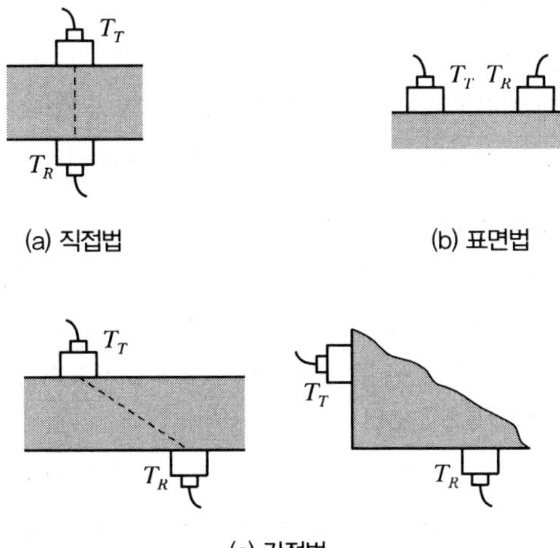

(c) 간접법

[그림 3-8] 초음파전달속도 시험을 위한 탐촉자 배치 방법

(3) 측정방법

① 측정부위에 사전에 철근탐사시험으로 철근의 위치를 파악하여 둔다.
② 측정은 주로 간접법과 직접법에 의해 측정한다.
③ 발 · 수진자 위치에 철근이 직접 놓이지 않도록 하며, 측정부위를 종 · 횡 방향으로 그라인딩한다.
④ 그라인딩은 콘크리트표면에 이물질을 제거하기 위하여 실시하며, 10cm 간격으로 사전에 준비된 측정위치판을 이용하여 탐촉자의 측정위치를 원형으로 표시하되 간접법의 경우 최소 50cm 이상 측정할 수 있도록 실시한다.
⑤ 측정대상면에 접촉제(그리스 등)를 바르고 발 · 수진자를 밀착하여 측정한다.
⑥ 측정 전 측정기의 전원을 10∼20분간 켜놓고 안정된 상태에서 측정한다.
⑦ 측성 선 Calibration Bar를 이용하여 0점 조정을 실시한다.
⑧ 측정위치에서 종 · 횡 방향으로 측정을 실시한다.
⑨ 측정 시 발진자를 고정하고 수신자를 이동하며 측정한다.
⑩ 종 · 횡 방향으로 10cm 간격으로 10cm부터 50cm까지 측정값이 안정될 때의 초음파 전달시간을 측정한다.

》》 측정 시 주의사항

① 초음파를 이용한 비파괴 검사에 있어서 투과방법이 콘크리트에 가장 접합한 방법이다.
② 센서 간의 거리는 10cm 이상으로 하고 1m 이내에서 측정을 하여야 한다. 가장 근접한 측정거리로는 20∼30cm가 적합하다.
③ 초음파의 전파속도는 센서와 콘크리트 면과의 접착상태에 따라 ±0.25us 정도의 오차가 생기게 된다.
④ 측정 시 발신자와 수신자의 동일선상에 철근이 위치하지 않도록 주의한다.
⑤ 측정부위는 수분 입자가 없는 건조한 곳을 선정한다.

》》 측정수

측정점 수는 측정목적에 따라 다르지만 가능한 한 많을수록 좋다.

⑪ 측정 시 특이한 상황에 대해서는 스케치하여 후에 자료분석에 이용하도록 한다.

(4) 측정부위

① 기둥은 단면의 중앙부에서 타설 방향의 상부 · 중앙부 · 하부의 3개소로 한다.
② 보는 단면의 중앙부에서 단부 · 중앙부의 2개소로 한다.
③ 벽체 · 바닥은 평면적인 중앙부와 단부의 2개소로 한다.
④ 기초의 경우는 상기에 준하여 형상에 따라 적절히 선정한다.

⑤ **음속과 콘크리트의 관계**
㉠ 석회암질의 골재를 사용한 콘크리트는 안산암질 골재를 사용한 것보다는 동일강도의 경우 음속은 커지게 된다.
㉡ 굵은 골재량이 증가하면 일반적으로 콘크리트 강도는 저하하나 음속은 증대한다.
㉢ 3개월 이상의 장기재령이 되면 콘크리트 강도의 증가에 비하여 음속은 그만큼 증가하지 않고 또한 강도의 증가가 거의 없는 경우에는 음속은 저하하는 경향을 나타내는 경우가 있다.

>>> 기둥의 측정에 있어서 띠철근 등과 같이 측정 방향과 동일한 방향의 철근은 음속에 현저히 영향을 준다. 그러나 축방향근과 같이 측정 방향에 대하여 직각인 철근은 통상의 철근콘크리트 정도의 철근비라면 콘크리트 음속값에 미치는 영향은 무시할 수 있다.

4 평가방법

강도추정은 측정된 자료를 분석하여 전파속도를 결정하고, 현장에 적합한 강도 추정식을 선정하여 평가하도록 한다.

(1) 측정자료의 처리 및 전파속도 결정

① 측정위치의 측정값을 X축에 거리, Y축에 전달시간항으로 Plot 한다.
② 각 점에 대한 기울기의 양상을 비교 · 분석하여 콘크리트 내부의 이상유무(균열, 공동)를 판단한다.
③ 큰 이상이 없는 경우 이점들로 단순회귀분석하여 기울기를 구하고 기울기의 역수로 전파속도를 결정한다.
④ 종방향과 횡방향의 전달 속도를 각각 산정한 후 그 평균을 그 위치의 전달속도로 결정한다.
⑤ 자료의 이상이 있을 때는 균열이나 결함이 있는지를 면밀히 분석한다.

(2) 강도추정

분석된 초음파 전달속도에 의한 콘크리트의 강도추정은 기존에 제안된 식을 적용하여 평가한다.

① 일본건축학회 : $F_c = (215V_d - 620) \times 0.098(\text{MPa})$

② 일본재료학회 : $F_c = (102V_d - 117) \times 0.098(\text{MPa})$

여기서, $V_d\ (=1.05V_i)$: 직접법에 의한 초음파전달속도(km/sec)

V_i : 표면법에 의한 초음파전달속도(km/sec)

>>> 실측한 초음파 펄스의 전단시간 t 및 측정거리 L을 이용해서 V_d를 구하면 $V_d = L/t$(km/s 또는 m/s)

(3) 음속에 의한 품질판정(미국, 캐나다 기준)

▼ [표 3-6] 음속에 의한 품질판정

전파속도(km/s)	품질기준	비고
4.6 이상	우수	
3.7~4.6	양호	
3.1~3.7	보통	
2.1~3.1	불량	
2.1 이하	극히 불량	

>>> **시험목적**

이 시험은 콘크리트에 발생된 균열을 초음파를 이용하여 콘크리트 균열깊이를 평가할 수 있다.

5 초음파법에 의한 균열깊이 평가

(1) 원리

발진기에서 발진된 탄성파는 콘크리트 내를 직진, 반사, 회절을 반복하면서 산란, 확산되어 간다. 지진파와 같이 타성파에는 종파(P파), 횡파(S파), 레일리파 등의 표면파가 있고, 동일 물질 내부라도 각각 전파속도가 다르다.

콘크리트에서의 탄성파 전파속도는 종파가 가장 빠르고(통상 콘크리트에서 4,000~4,500m/s), 횡파와 표면파는 각각 같은 속도(2,500~3,000 m/s 정도)이다. 이와 같이 탄성파를 이용해서 콘크리트 내의 결함을 탐지하는 방법은 기본적으로는 콘크리트 내의 균열, 공동, 박리개소 등에 존재하는 공기층과의 경계에서 탄성파의 대부분이 반사되는 성질을 이용하고 있다.

(2) 시험방법

① 측정 부위에 사전에 철근탐사시험으로 철근의 위치를 파악하여 둔다.

② 그라인딩은 콘크리트표면에 이물질을 제거하기 위하여 실시하며, 각 시험법에 따라 필요한 길이로 실시한다.

③ 발 · 수진자 위치에 철근이 직접 놓이지 않도록 한다.

④ 측정대상면에 접촉제(그리스 등)를 바르고 발 · 수진자를 밀착하여 측정한다.

⑤ 측정 전 측정기의 전원을 미리 켜놓고 안정된 상태에서 측정한다(10~20분).

⑥ 측정 전 Calibration Bar를 이용하여 0점 조정을 실시한다.

⑦ 측정자료가 안정될 때의 초음파 시간을 측정한다.

⑧ 측정 시 특이한 상황에 대해서는 스케치하여 후에 자료분석에 이용하도록 한다.

⑨ 발생된 균열의 시점과 종점, 중간점에서 각각 측정하여 균열의 현황을 파악할 수 있도록 한다.

(3) 평가방법

균열깊이를 평가하는 방법은 주로 4가지가 있으며 이를 설명하면 다음과 같다

① $T_c - T_o$법

이 방법은 수신자와 발신자를 균열의 중심으로 등간격 a로 배치한 경우의 전파시간 T_c와 균열이 없는 부근 $2a$에서의 전파시간 T_o로부터 균열깊이 d를 다음 식에 의해 추정하는 방법으로 균열면이 콘크리트의 표면과 직각으로 발생되어 있으며, 균열 주위의 콘크리트는 어느 정도 균질한 것이라고 가정하여 유도한 것이다. 이 방법의 균열깊이 탐사 결과는 15% 정도의 오차를 가지고 있으며, 균열에서 발 · 수진자까지의 거리는 탐촉자까지의 거리이다.

$$d = a\ \sqrt{(T_c/T_o)^2 - 1}$$

여기서, d : 균열의 깊이(mm)
$2a$: 송수 양탐촉자의 거리(mm)
T_c : 균열을 사이에 두고 측정한 전파시간(μs)
T_o : 건전부 표면에서의 전파시간(μs)

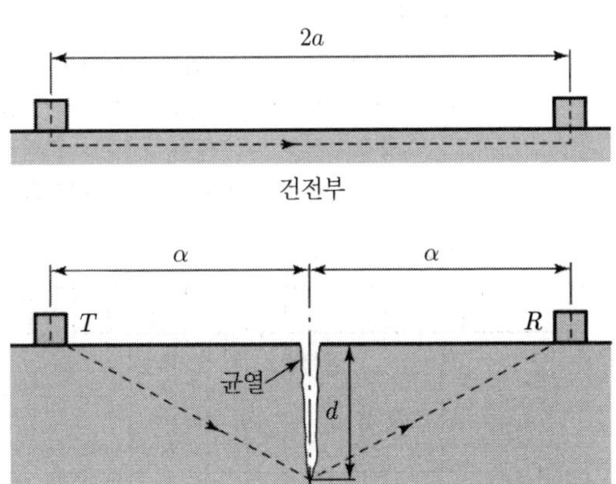

[그림 3-9] $T_c - T_o$에 의한 균열깊이 측정방법

② BS법

BSI 1881 Part No. 203에 규정되어 있는 방법으로 발 · 수진자를 균열 개구부에서 $a_1 = 150$mm일 경우의 전파시간 T_1, $a_2 = 300$mm일 경우의 전파시간 T_2를 이용하여 균열깊이 d를 추정한다.

$$d = 150\sqrt{\frac{(4{T_1}^2 - {T_2}^2)}{({T_2}^2 - {T_1}^2)}}$$

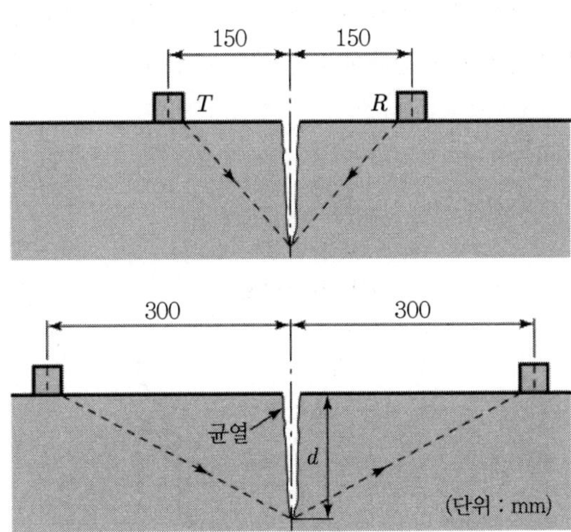

[그림 3-10] BS법에 의한 균열깊이 측정방법

③ T-법

T-법은 발진자를 고정하고, 수진자를 10~15cm 간격으로 이동시켜 전파거리와 전달시간의 관계(주시곡선)로부터 균열 위치의 불연속시간 T를 도면상에서 다음 식을 이용하여 균열 깊이 d를 구한다.

$$h = \frac{T\cos\alpha(T\cot\alpha + 2L)}{2(T\cot\alpha + L)} \quad \text{or} \quad h = \frac{L}{2}\left(\frac{T_2}{T_1} - \frac{T_1}{T_2}\right)$$

여기서, T : $T_2 - T_1$

L : 발진자(T_x)에서 균열까지의 거리

α : 주시곡선 시작점에서 균열까지의 전달시간 기울기

T_1 : 주시곡선의 측정 시작점에서 균열까지의 전달시간

T_2 : 주시곡선의 균열 시작점에서 이후의 전달시간

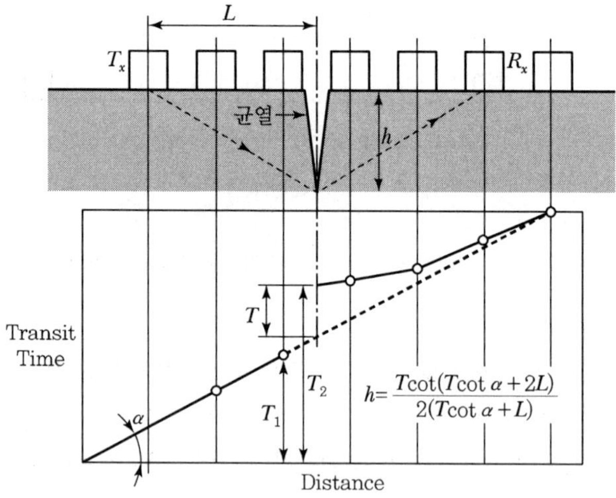

[그림 3－11] T－법에 의한 균열깊이 측정방법

④ 근거리 우회파법

송 · 수신 양 탐촉자를 균열을 사이에 두고 근접하여 접촉시켜 균열 끝까지의 왕복 전파시간 $t(\mu s)$를 측정하여 다음 식으로 계산한다.

$$d = V_o \cdot \frac{t}{2}$$

여기서, d : 균열의 깊이(mm)

V_o : 측정물의 음속(km/s)

t : 왕복 전파시간(μs)

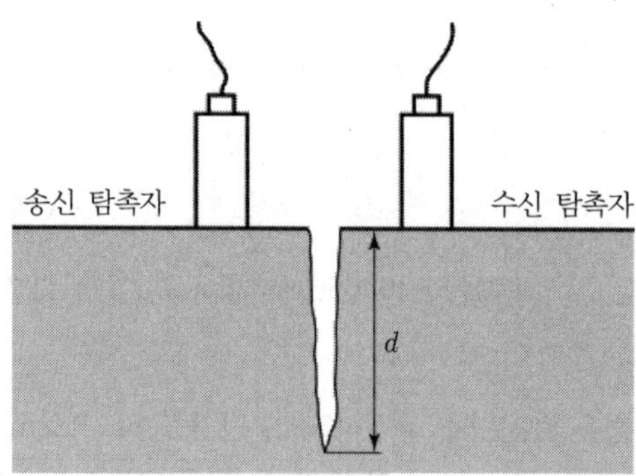

[그림 3－12] 근거리 우회파법에 의한 균열깊이 측정방법

SECTION 03 콘크리트 코어 채취에 의한 압축강도시험

1 개요

콘크리트의 코어에 의한 강도시험은 구조물에서 콘크리트의 강도를 판정하는 방법 중 가장 신뢰성이 높은 방법이며, 기존 콘크리트 구조물의 내력 진단 및 구조체 콘크리트의 강도 추정 연구나 품질 검사 등의 사용 빈도가 높다. 이 코어 채취방법 및 압축강도 시험방법은 콘크리트에서 절취한 코어 및 보의 강도시험방법(KS F 2422)에 규정되어 있다.

그러나 과거의 연구 성과에 의하면 코어 채취기의 종류, 착공 속도, 채취 방향, 철근 절단의 유무, 철근을 절단한 경우의 코어 속의 철근의 지름·양·배근 상태, 코어 측면의 요철, 가압면의 처리, 채취 후의 양생 등이 압축강도시험 결과에 미치는 영향도 크다. 강도에 영향을 미치는 이러한 여러 인자를 고려해서 표준적인 코어채취방법과 시험방법을 알아본다.

[그림 3-13] 콘크리트 코어 채취 장면

2 시험방법

이 시험은 구조물에 결손을 주는 것이므로 코어를 채취하는 개소가 한정된다. 주로 벽, 바닥판이 채취의 대상이 되며, 기둥이나 보 등의 중요한 개소에서는 코어 공시체를 채취하지 않는다. 또 콘크리트에서 절취한 코어 및 보의 강도시험방법(KS F 2422)에는 강도시험 결과에 영향을 미치는 코어 지름의 크기, 지름과 높이의 비, 채취 시기 등을 규정하고 있으나 채취할 때의 절단작업에 대해서는 특별한 규정이 없다.

(1) 시험용 기구

① 코어 채취에 사용하는 코어 비트의 지름은 ϕ100mm를 원칙으로 한다. 코어 공시체의 지름은 콘크리트 중의 굵은 골재 치수의 3배 이상으로 하고, 어떠한 경우에도 2배 이하로 해서는 안 된다. 코어비트의

>>> **코어에 의한 압축강도시험의 실시**

① 콘크리트의 품질 검사에서 불합격된 경우
② 표준 공시체가 없는 경우
③ 콘크리트의 품질 관리 및 구조체 콘크리트의 강도 추정을 실시하는 경우
④ 구조체에 큰 손상, 결함의 징후가 있는 경우
⑤ 구조체의 내구 진단을 하는 경우

>>> **코어 채취에 의한 시험 시 필요 장비**

① 코어 채취기
② 캡핑용 금속압판 또는 두께 6mm 이상의 판유리
③ 흙손
④ 물
⑤ 버니어 캘리퍼스
⑥ 공시체 집게
⑦ 콘크리트 압축강도시험기 등

>>>

굵은 골재의 최대 치수가 40mm 이상인 경우 착공용 비트의 지름은 ϕ150mm로 한다.

>>>

코어공시체의 지름 및 보 공시체 끝면의 1변은 일반적으로 굵은 골재 최대치수의 3배 이상으로 하고, 어떤 경우에도 2배 이하가 되어서는 안 된다.

절단 날은 다이아몬드 숫돌 입자와 메탈 보드로 구성된 것이다.

② 코어 채취기는 기계 진동이나 착공용 비트에 흔들림이 생기지 않도록 강성을 갖고, 코어 채취기를 설치할 때 안정된 기구를 갖는 것으로 한다. 비트의 주속(Circumfere－Ntial Speed)은 300m/mim 이상으로 한다. 단, 채취하는 코어의 지름이 ϕ100mm를 넘는 경우는 600 m/min 이상으로 하는 것이 좋다.

③ 채취한 코어의 상하 단면을 절단, 가공하는 경우에는 다이아몬드 블레이드를 사용한 커터기를 사용한다. 블레이드의 주속은 2,400m/min으로 한다.

(2) 코어의 채취작업

① 구조체에서 코어를 채취하는 시기는 보통 및 경량콘크리트 모두 재령 28일 이후에 실시하는 것으로 한다.

② 코어 공시체의 높이는 되도록 코어 지름의 2배에 가깝도록 한다.

③ 채취 개소의 위치는 되도록 철근을 절단하지 않도록 한다. 일반적으로 벽의 경우는 스팬 중앙부의 높이 1m 정도에서, 바닥판의 경우는 스팬 중앙부에서 채취하는 것이 바람직하다. 부득이 기둥에서 채취하는 경우에는 너비 방향 중앙부의 높이 1m 정도에서, 보의 경우에는 스팬 1/3 개소의 지지 부분 및 압축 구역으로 하나 모두 구조기술자의 지시에 따른다.

④ 코어 채취 및 착공작업은 원칙적으로 기계 조작을 한 경험자가 실시하고, 콘크리트의 지식이 있는 자가 실시한다.

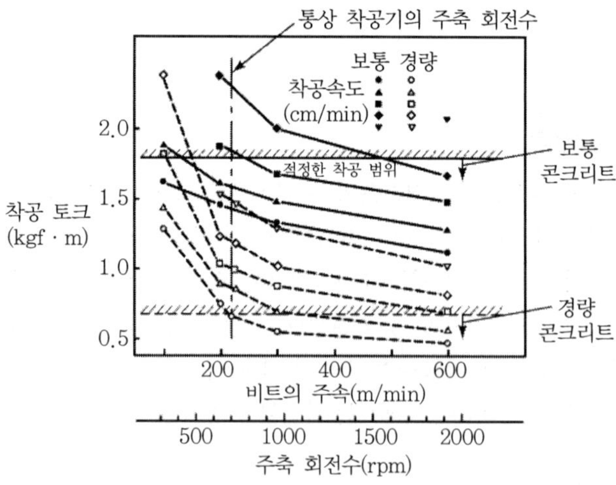

[그림 3－14] 영향이 적은 착공 토크와 주축 회전수

⑤ 표준적인 코어의 착공작업은 [그림 3－14]의 착공 토크에 의한 보통 콘크리트의 경우에서 1.8kgf/m 이하, 경량콘크리트의 경우에는 0.7

kgf/m 이하가 되도록 굴착 속도를 조절한다. 이 채취한 코어 측면의 요철은 1.5mm 이내로 한다. 특히 채취작업에서 굵은 골재가 이완된다거나 코어 측면에 파손이 생길 경우에는 강도저하의 원인이 된다.

⑥ 콘크리트 중의 철근은 원적으로 착공(절단)하지 않는다. 부득이 철근을 절단한 경우는 [표 3-7]의 보정계수를 사용한다. 단, 가압축에 평행한 방향이나 경사 방향에 넣은 코어는 강도시험을 하지 않는다.

▼ **[표 3-7] 철근을 절단한 코어 강도의 보정계수**

철근의 상태		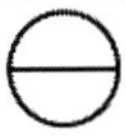		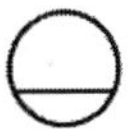	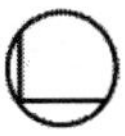
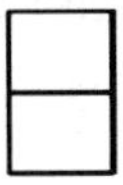	D10ϕmm D13ϕmm	1.02 1.03	1.03 1.04	1.05 1.06	1.07 1.08
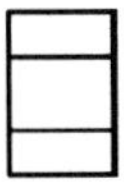	D10ϕmm D13ϕmm	1.03 1.04	1.04 1.05	1.06 1.07	1.08 1.10

(3) 채취 후의 처리

① 채취한 공시체는 KS F 2422의 경우 강도시험을 하기 전에 40~48시간 물(20±3℃) 속에 담그는 규정이 있으나, 구조체 콘크리트의 강도 추정에는 수중 보존이 아닌 코어 채취 후 1~2일 이내에 시험한다.

② 채취한 코어 공시체의 단면에 6mm 이상의 요철이 있는 경우, 또 단면과 공시체의 축이 이루는 각이 85° 이하인 경우에는 절단기로 단면을 절단 가공해서 바른 형상으로 한다.

③ 캡핑은 코어의 양단면을 실시하며, 유황 캡핑 또는 콘크리트의 강도 시험용 공시체 제작방법(KS F 2405)에 준해서 실시한다.

(4) 압축강도시험

① 코어의 압축강도시험은 콘크리트의 압축강도시험방법(KS F 2405)에 의한다. 단, 코어의 높이가 그 지름의 2배보다 작은 경우에는 얻어진 압축강도에 [표 3-8]의 보정 계수를 곱해서 지름의 2배의 높이를 코어의 강도에 환산한다.

② 보고서에는 콘크리트의 압축강도시험방법에 나타나 있는 보고 사항 외에 특히 다음의 사항을 기재한다.

㉠ 코어 공시체의 채취 위치(부재 명칭과 부위의 높이)

㉡ 코어 공시체의 채취방법(철근의 유무, 코어 채취기의 종류)

㉢ 코어의 직경과 높이

㉣ 강도시험방법(시험시의 건습, 붓기 방향과 재하방법)

㉤ 코어 공시체의 외관 기타(코어 측면의 요철 상황)

▼ [표 3-8] 공시체의 높이에 의한 보정계수

높이와 지름의 비(H/D)	보정계수	비고
2.00	1.00	H/D가 이 표에서 나타낸 값의 중간에 있으면 보정계수를 보정해서 구한다.
1.75	0.98	
1.50	0.96	
1.25	0.93	
1.00	0.89	

3 합부판정의 평가자료

여기서는 코어의 강도시험에 관한 기본 사항으로서 시험방법이 코어 강도에 미치는 영향에 대해서 기존의 결과를 기술한다. 합격 판정의 평가 기준 자료라고 생각된다.

(1) 채취방법과 그 영향

1) 코어 지름과 강도

코어 공시체는 일반적으로 표준 공시체보다 강도가 작다. 또 경량콘크리트는 천공에 의한 굵은 골재 자체의 강도저하에 의해 다시 강도가 5% 정도 작게 된다. 그래서 공시체가 작을수록 편차가 크게 된다.

2) 채취 위치와 강도

벽·기둥 등의 수직 부재에서의 구조체 콘크리트는 [그림 3-15]에 나타난 것처럼 상층부의 강도가 작고, 중층부, 하층부의 순서로 강도가 증가하여 부재의 상하 방향에 큰 강도차이가 있다. 따라서 코어의 채취 위치를 명확하게 하여 코어 강도를 평가한다.

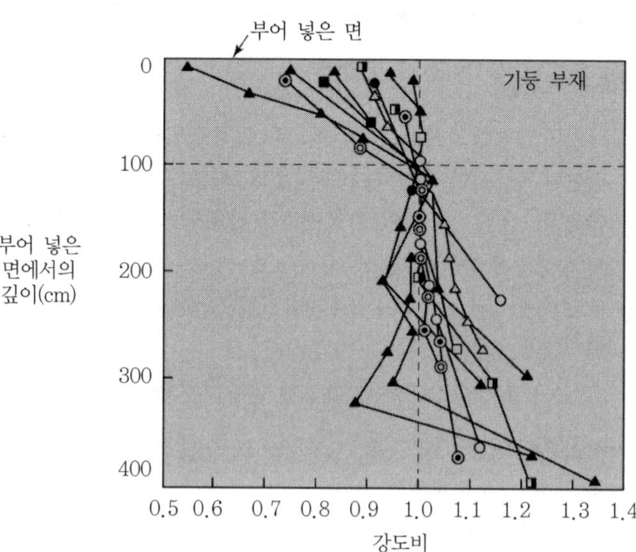

공시체의 치수와 콘크리트 압축강도의 관계

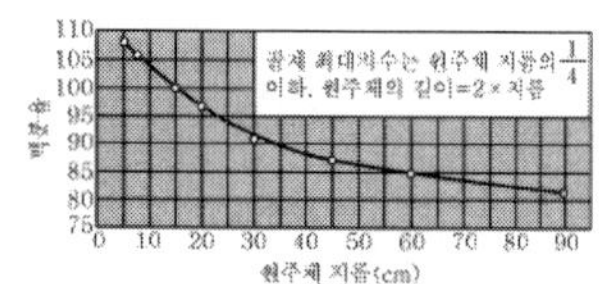

[원주공시체]

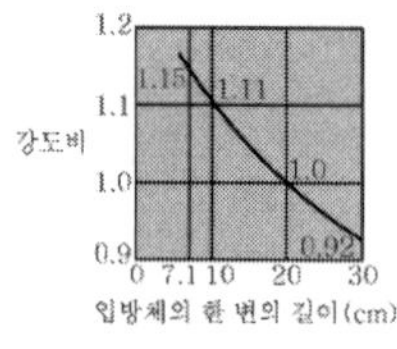

[입방공시체]

공시체의 형상치수와 압축강도의 관계

공시체의 형상	공시체의 치수(cm)	φ15×30 cm의 원주 공시체강도의 비	φ15×30 cm의 원주 공시체강도 환산값
원주체	φ10×20 cm	1.03	0.97
	φ15×30 cm	1.00	1.00
	φ20×50 cm	0.95	1.05
입방체	10	1.33	0.75
	15	1.25	0.80
	20	1.20	0.83
	30	1.11	0.90
직방체	15×15 ×45	0.95	1.05
	20×20 ×60	0.95	1.05

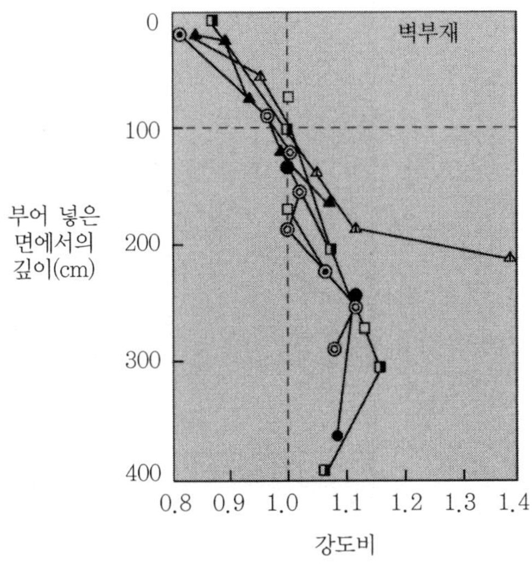

[그림 3-15] 기둥 · 벽부재의 상하 방향의 강도비(보통콘크리트)

3) 부어 넣는 방향과 강도

콘크리트를 부어 넣는 방향에 직각으로 가압한 강도는 평행으로 가압한 강도보다 약 5%의 저하가 인정된다(그림 3-16).

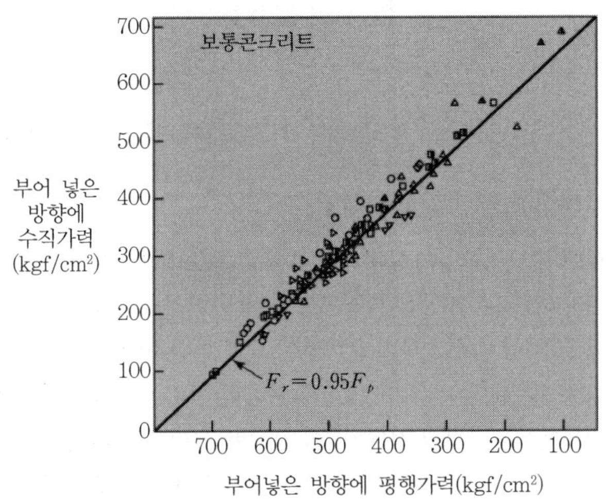

[그림 3-16] 콘크리트를 부어 넣는 방향의 영향

(2) 채취작업과 그 영향

1) 코어 채취 재령과 강도

KS F 2422에서는 코어의 채취 기간을 14일로 규정하고 있으나 [그림 3-17]에 의하면 보통콘크리트는 채취작업에 영향을 받아서 표준 공시체 강도와 비교해서 강도 저하가 크다. 다시 말하면 약재령에서 콘크리트를 절단하면 콘크리트 중의 굵은 골재가 움직여 강도에 악영향을 미친다.

재하속도와 압축강도의 관계

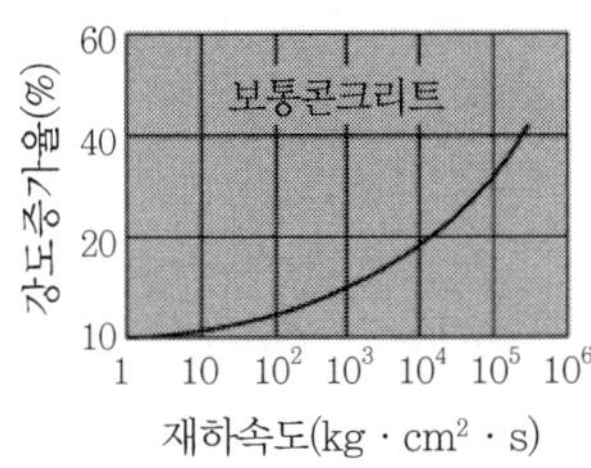

공시체의 굴곡과 압축

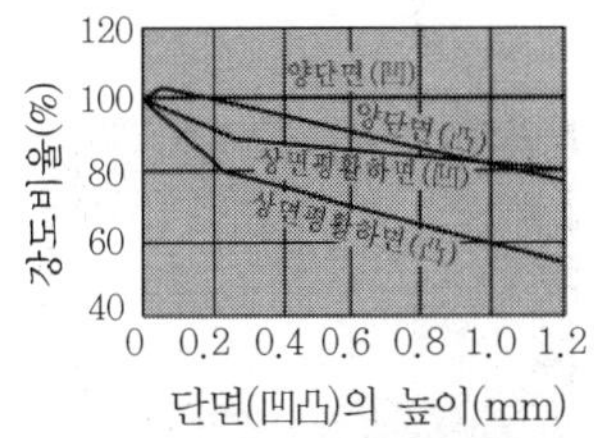

몰드 저판의 굴곡과 압축강도

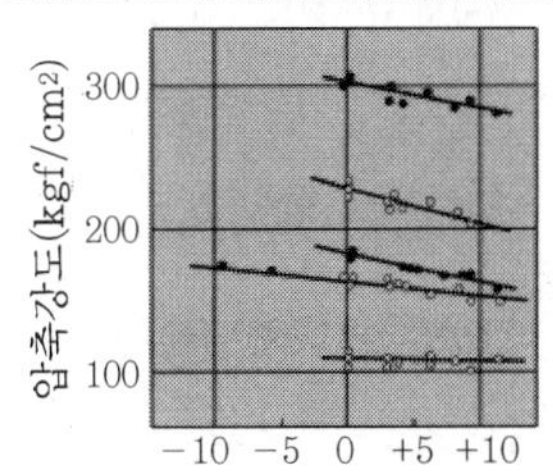

보통 콘크리트

코어/표준 공시체의 강도비

1.0
0.9
0.8

W/C(%)
● 40
■ 50
▲ 60
▼ 70

3 7 28

재령(일)

경량 콘크리트

코어/표준 공시체의 강도비

1.0
0.9
0.8

W/C(%)
○ 40
□ 50
◇ 60
△ 70

3 7 28

재령(일)

[그림 3-17] 재령과 코어 공시체 강도에 대한 표준 공시체 강도비

2) 코어의 절단 조건과 강도

코어의 채취작업에서 무리하게 착공 속도를 빨리하면 착공 토크가 올라가 [그림 3-18]과 같이 착공 토크에 반비례하여 코어 강도는 콘크리트와 굵은 골재와의 사이에 이완이 생겨서 감소한다.

또한 채취작업은 코어 비트의 가압력(반력)이 50kgf/cm² 이상(ϕ10cm 비트에서는 700kg 정도)이 필요하다. 코어 채취기의 고정에는 충분히 주의한다. 그리고 코어 비트에는 착공열(마찰열)에 의해 절단날 중의 다이아몬드 숫돌 입자가 연소하거나 파손이 생기지 않도록 끊임없이 냉각수(1.5~2.0L/min)를 공급한다.

≫ 공시체

≫ 공시체 압축강도시험 장면

(3) 시험 시 상태와 그 영향

1) 철근을 포함한 코어와 강도

철근을 포함한 코어와 강도는 복잡하여 철근의 지름·양·위치 등에 따라서 영향이 있으며, 어떠한 경우라도 가압 방향에 평행한 철근을 포함한 코어 공시체는 강도시험에 사용해서는 안 된다.

2) 코어의 건조와 강도

시험할 때 코어 공시체의 함수율은 강도에 영향을 미친다. 건조한 공시체를 젖게 하면 약 10~20%의 강도가 떨어진다. 반대로 습윤 코어를 건조하면 약 10% 정도 강도가 커진다(그림 3-18).

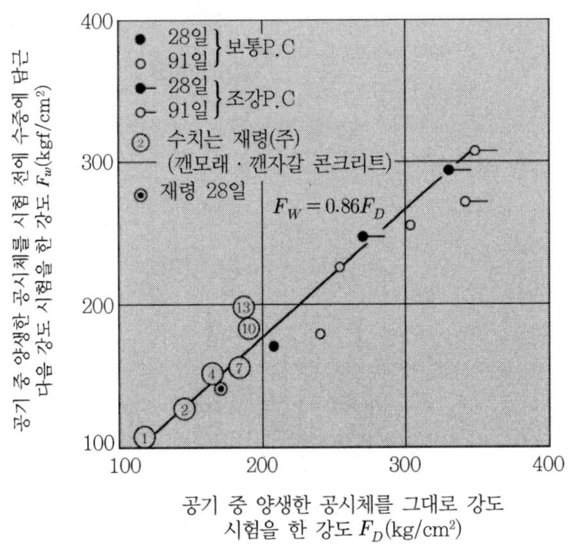

[그림 3-18] 공기 중에서 양생한 공시체의 건습의 영향

3) 코어 강도와 현장 수중 양생 공시체 강도

현장 수중 양생 강도는 벽 · 기둥 등의 수직 부재에서 높이 방향의 거의 중앙부의 코어 강도와 같은 정도이다. 보 · 슬래브의 코어 강도는 이것을 5~10%(20% 근처까지) 밑돈다.

SECTION 04 인발(Pull-out)시험법

1 개요

콘크리트 표면에 매립된 앵커를 인발하여 인발될 때 하중으로부터 강도를 구하는 방법으로, 이 방법은 콘크리트 나실 전에 앵커볼드를 매립하는 방법(프리앵커법)과 콘크리트 경화 후 구멍을 뚫어서 볼트를 매립하는 방법(포스트앵커법)이 있다. 이 두 가지 방법 모두 콘크리트 표면을 원추형으로 전단파괴시켜 얻어진 강도는 압축강도보다도 전단강도에 가까운 값이 된다.

>>> **인발시험법의 특징**

시험이 간편하면서도 신속하고, 적은 비용으로 실시할 수 있다.

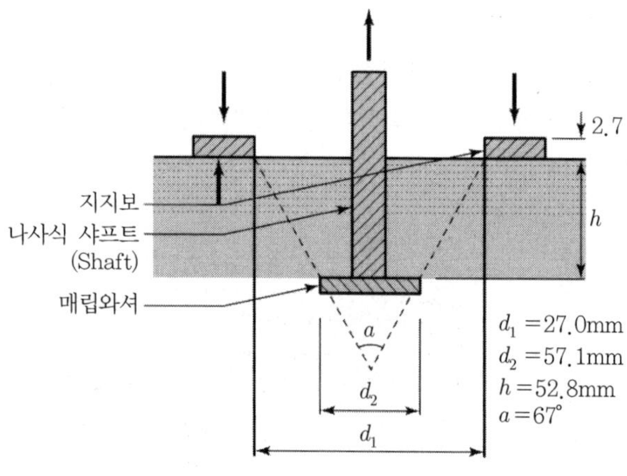

[그림 3-19] 프리 앵커법

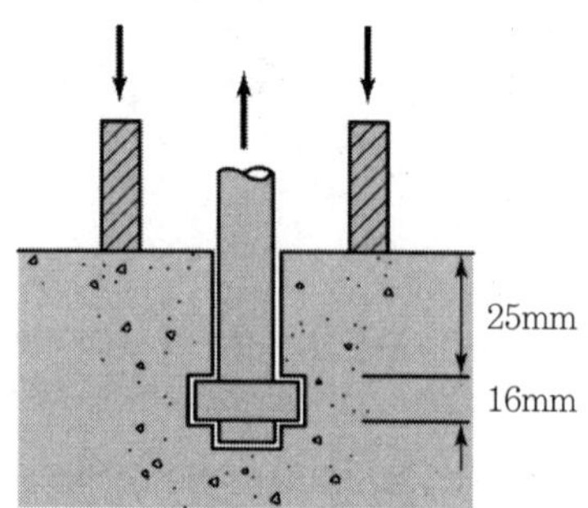

[그림 3-20] 포스트 앵커법

>>> **인발시험법의 적용 시 고려사항**

① 측판 및 가설 받침대를 제거하는 시기의 결정
② 한중콘크리트의 양생, 중기양생 등을 포함한 양생 종료시기의 결정
③ 프리스트레스트 도입 시기의 결정
④ 구조체 콘크리트가 설계 기준강도에 대한 요구를 만족하는 것을 확인
⑤ 프리캐스트 부재 제조 공정에서의 품질 관리

2 인발강도시험기의 종류

(1) WIGA METERm 인발강도시험기

(2) N · T 인발강도시험기

3 시험방법(프리앵커법)

(1) 실시 순서

① 가력 플레이트와 인발 볼트(고력볼트)를 소정의 매입 깊이가 정확하게 유지되도록 스페이서를 사용하여 거푸집에 설치한다.

② 콘크리트를 부어 넣은 후 고력볼트의 나사부가 콘크리트 표면에서 돌출한 상태로 된다.

③ 어댑터 너트로 재하장치 및 계측장치를 장착한다.

④ 재하에서 인발력의 최대치를 구한다(이 경우 그림과 같이 파괴 콘이 뽑히기 이전에 최대 내력에 도달하므로 매입부의 회수를 필요로 하지 않으면 완전하게 뽑을 필요는 없다). 최대 내력에서 추정식을 사용하여 환산콘크리트 강도를 구한다.

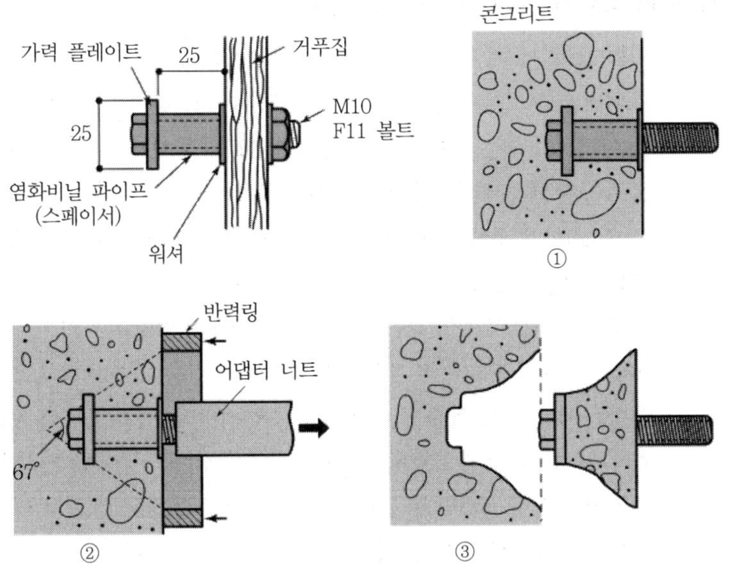

[그림 3-21] 인발시험 실시순서(프리앵커법에 의한)

(2) 시험기의 구성

인발 시험기는 매입부, 재하부, 하중 계측부의 3부분으로 되어 있다. [그림 3-22]에 장치의 일례를 나타낸다. 재하부는 시판되는 앵커볼트시험기를 응용한 것이다. 재하는 어댑터 너트를 스패너를 사용하여 수동으로 회전하여서 실시한다. 계측부는 피크 홀드형 디지털의 변형 계측부에 직접 최대 하중치(t)를 표시한다.

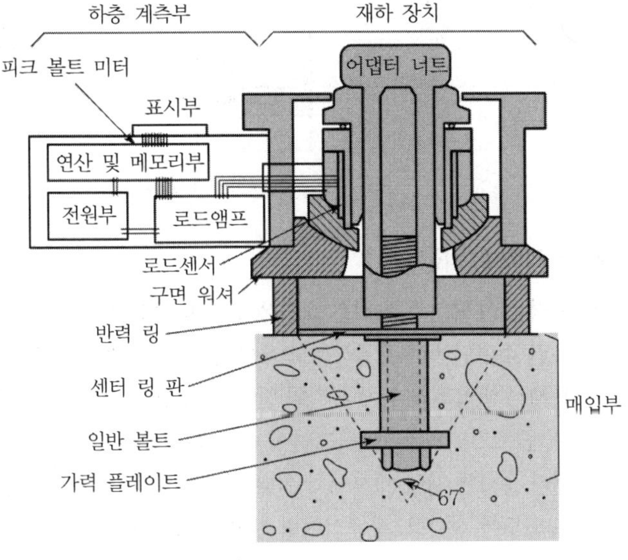

[그림 3-22] 인발 시험기의 구성

(3) 시험 각부의 치수(그림 3－23 참조)

① 가력 플레이트의 지름 d_1은 25mm를 표준으로 한다. 응용 조건이 허용되면 d_1을 크게 하는 것이 바람직하고 굵은 골재 최대 치수의 1.25배 이상으로 하는 것이 좋다. 가력 플레이트의 두께 l_1과 재질은 인발 볼트의 형상을 고려해서 재하에 의해 항복하지 않는 두께로 한다(d_1 ＝25mm의 경우에는 SS41급에서 l_1＝5mm로도 좋다). 가력 플레이트의 각 면은 미끄럼면으로 되도록 마감한다.

② 가력 플레이트의 매입 깊이 h는 d_1과 같게 한다. 인발 볼트의 길이는 매입 깊이 h를 유지하며 거푸집에 고정하고, 재하 시 재하 기구와 연결하는 데 필요한 돌출 길이가 있도록 결정한다. 인발 볼트의 지름은 스페이서의 외경이 $0.6d_1$ 이하로 되도록 정하고, 하중을 탄성 범위에서 안전하게 전할 수 있는 재질로 한다(d_1＝25mm의 경우 F11T－M10 또는 M12를 사용하면 좋다).

③ 반력 링의 내경 d_2는 상정 파괴 콘의 정각이 67°로 되도록 $7d_1/3$으로 한다. 반력링의 살두께는 $d_1/4$ 이상, 높이 l_2는 $0.4d_1$ 이상으로 한다.

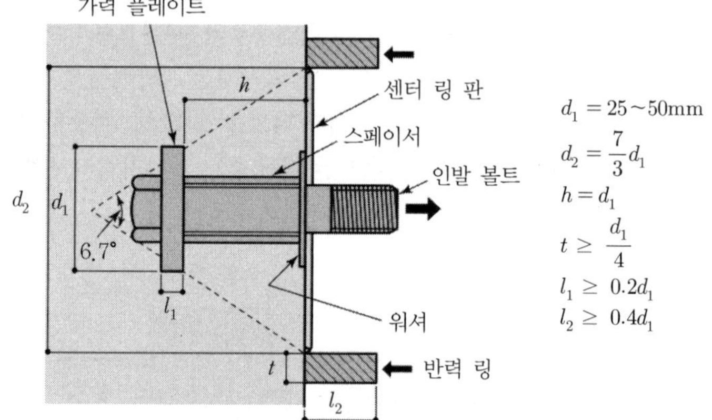

[그림 3－23] 인발시험 각부의 치수

(4) 시험 시의 유의점

① 반력 링이 닿는 콘크리트 표면은 평면이어야 한다. 콘크리트의 부어올린 수평면에서 시험하는 경우에는 거푸집 대신에 플로트판을 사용해서 매입부의 위치 유지와 반력 링이 닿는 면의 평면도를 확보한다. 플로트판의 일례를 [그림 3－24]에 나타낸다.

② 재하 속도를 재하 개시에서 최대 내력까지의 시간이 1.5분±0.5분으로 되도록 정하고, 평균적이며 연속적으로 재하한다. 특히 예측되는 최대 내력 부근에서는 재하장치의 스트로크의 연결로 되지 않도록 주의한다.

③ 소요의 내력 이상에 도달하고 있다는 것을 확인하는 목적의 경우는 파괴 콘이 인발될 때까지 재하할 필요는 없고, 소요의 내력을 확인한 단계에서 시험을 종료해도 좋다.

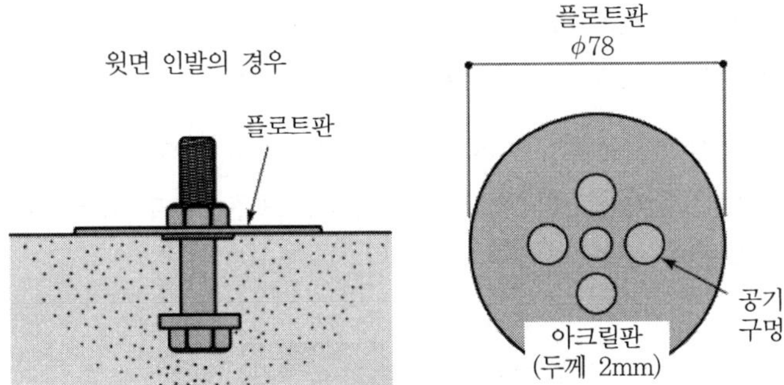

[그림 3-24] 플로트판의 사용 예

(5) 시험 위치의 선택

① 인접한 인발시험위치의 중심 간격은 가력판 반경 d_1의 6배 이상, 콘크리트 단면에서의 거리는 d_1의 4배 이상으로 한다.

② 콘크리트의 파괴 콘 측면에서 d_1 이내의 위치에 철근이 존재하는 위치를 선택해서는 안된다($d_1 = 25$mm로 하면 가능성은 없고, 자유롭게 위치를 정한다).

③ 시험하려고 하는 구조체 위치에 대해서 적어도 4개의 인발 시험을 가능한 한도에서 집중된 배치로 하는 것이 좋다.

4 결과의 보고

시험 결과의 보고에는 다음의 사항이 포함되어 있는 것이 바람직하다.

(1) 시험 위치, 시험 개소의 배치
(2) 최대 내력, 1개소 시험 위치에서의 평균치 및 표준 편차
(3) 시험한 콘크리트의 표면 상태(시험 시의 콘크리트 표면의 습윤도, 평면도의 이상 유무와 이상이 있는 경우는 그 원인)
(4) 매입 깊이(h)의 실측 치수
(5) 시험 시의 이상(파괴 콘의 형상, 인발 볼트 축의 경사, 굵은 골재의 이상 집중 등)
(6) 콘크리트 부어 넣은 날짜, 양생법, 시험 시 재령, 시험일, 시험자 이름)
(7) 프레시 콘크리트 특성 및 부어 넣을 때의 기록
(8) 그 밖의 특기해야 할 사항

»»

인발내력과 압축강도와의 관계식은 항상 일정한 보편식이 얻어지는 것은 아니다. 콘크리트의 골재 품질(보통 골재와 경량 골재 등의 종류나 석질), 배합(단위 굵은 골재량), 양생조건(건습의 정도) 등의 요인에 따라서 이 관계식은 약간 다른 계수를 갖는다.
일반적으로 굵은 골재가 많을수록, 석질이 굳을수록, d_1이 작을수록, 습윤할수록, 같은 압축강도에서도 인발 내력은 커진다(환산 계수는 작아진다).

5 결과의 평가

1개소 1조(최소한 4개의 인발시험으로 됨)의 시험 결과에서 인발 내력 평균치 $P_s(t)$를 구한다. 식 ①, ②에서 추정 압축강도 F_{cp}(kgf/cm²)를 구한다.

(1) 보통콘크리트 : $F_{cp} = 110P_s$ ·················· ①

(2) 경량콘크리트 : $F_{cp} = 150P_s$ ·················· ②

①, ②식에서 계수 110, 150은 가력 플레이트 d_1=25mm의 경우(이를 표준인발시험이라고 함)에 있어서 제안하는 표준치이다. 시험 결과의 일례를 [그림 3－25]에 나타낸다.

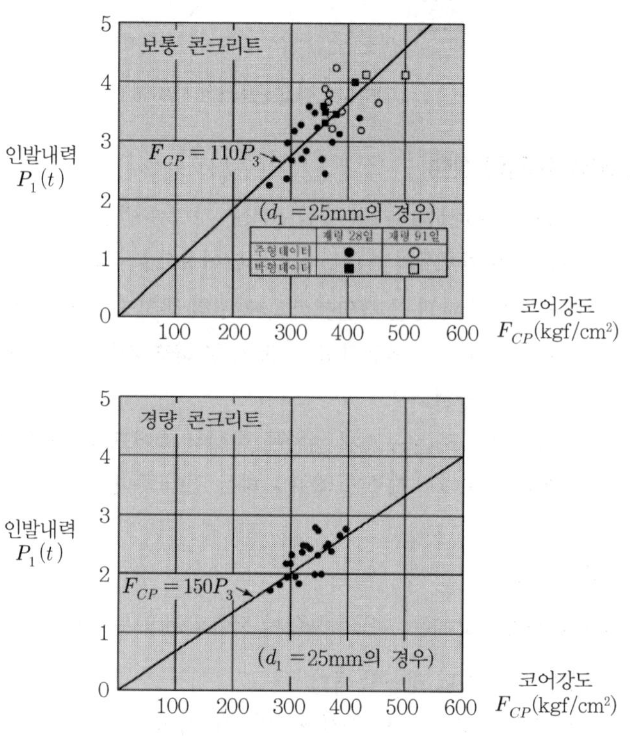

[그림 3－25] 표준인발강도와 코어강도의 대응

CHAPTER

04

철근배근조사

철근배근조사

SECTION 01 개요

시험 목적

콘크리트 속에 매입된 철근의 배근상태(피복두께, 철근간격)를 평가하기 위하여 실시

콘크리트 구조물에 있어서 구조내력이나 강성을 산정하여 검토하기 위하여 기존 건물의 기둥, 벽, 보, 바닥 등의 배근상태를 조사할 필요성이 발생할 경우가 있다. 이 경우에 검사방법으로서는 구조체 콘크리트를 깨어내고 철근을 노출시켜 직접 조사하거나 구조체를 파괴하지 않고 조사할 수 있는 비파괴검사방법이 있다. 이 장에서는 철근탐사시험을 비파괴검사로서 철근의 직경, 위치, 방향, 피복두께를 측정하는 시험이다.
본 장에서는 대표적인 철근탐사장비인 페로스캔에 의한 철근탐사에 대하여 알아보고자 한다.
페로스캔은 전자기파에 의한 탐사장비로써 콘크리트 속에 매립된 철근의 위치, 배근간격, 피복두께를 판독하며 그래픽 출력이 가능하여 기타의 장비에 비해 판독하기가 쉽고 비교적 신뢰성이 높은 자료를 확보할 수 있다. 진단대상 건축물의 주요 구조부재를 중심으로 철근배근의 적정성 및 구조 검토 시 기초 자료를 확보하고자 철근탐사를 실시한다.

SECTION 02 현장치기 콘크리트의 최소피복두께

▼ **[표 4-1] 철근의 최소피복두께**

구분	최소피복두께
(1) 수중에서 타설하는 콘크리트	100mm
(2) 흙에 접하는 콘크리트를 친 후 영구히 흙에 묻혀 있는 콘크리트	75mm
(3) 흙에 접하거나 옥외의 공기에 직접 노출되는 콘크리트	
① D19 이상의 철근	50mm
② D16 이하의 철근	40mm
(4) 옥외의 공기나 흙에 직접 접하지 않는 콘크리트	
① 슬래브, 벽체, 장선구조	
(가) D35 초과하는 철근	40mm
(나) D35 이하의 철근	20mm
② 보, 기둥 이 경우는 콘크리트의 설계기준강도 f_{ck}가 40MPa 이상인 경우 규정된 값에서 10mm 저감시킬 수 있다.	40mm
(5) 쉘, 절판부재	20mm

SECTION 03 장비의 원리

페로스캔의 원리는 해당 물체 내의 송신된 전자파가 전기적 특성(유전율 및 전도율)이 다른 물질(철근, 매설물, 공동 등)의 경계에서 반사파를 일으키는 성질을 이용해 콘크리트 표면으로부터 내부를 향해 전자파를 안테나로부터 방사하여 목표물에서 반사해 온 신호를 안테나로 수신한 후 콘크리트 내부의 상태를 수직 단면도로 본체 표시기에 나타내어 준다.

SECTION 04 장비의 일반사항

1 장비의 구성

(1) 모니터
(2) 스캐너
(3) 배터리
(4) 충전기 및 전원 케이블
(5) PC소프트웨어
(6) 눈금종이 세트
(7) 표시용 색연필 세트

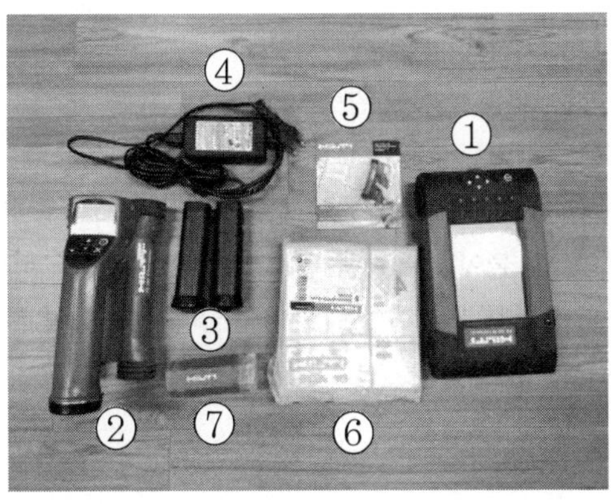

[그림 4-1] 페로스캔 장비의 구성

>>> 철근배근상태 조사 장면

▼ [표 4-2] 충전기 및 배터리의 일반사항

충전기 일반사항	배터리 일반사항
• 배터리를 충전기에 삽입한 후 바로 충전되지 않으면 배터리가 차갑거나 뜨거운 경우이다. • 충전기에 전자온도감지장치가 부착되어 배터리온도가 0~45℃일 경우 자동으로 충전된다. • 충전기에 배터리를 오래 두어도 배터리가 손상되지 않는다.	• 배터리 작동온도는 -10~50℃로 겨울철에는 온도 저하로 인해 작동이 잘되지 않으므로 적정온도를 유지해야 한다. • 배터리는 1,000회 이상 충전할 수 있으며, 2년에 한 번씩 점검한다. • 배터리는 완전 방전될 때까지 사용하면 안 된다. 방전 시까지 사용하게 되면 배터리에 손상이 간다.

2 페로스캔 사용상 주의 및 관리사항

(1) 고가의 장비이므로 충격이나 떨림에 의한 고장에 대해 주의가 필요하다.

(2) 모니터 스크린 및 배터리의 사용온도는 -10~50℃이다.

(3) PC와 프린터의 연결부는 먼지와 습기를 피하기 위해 사용하지 않을 시 뚜껑을 닫아 놓는다.

(4) 스캐너는 약 2년 정도 사용 후 조정하도록 되어 있으며, 스캐너 조정 시 배터리도 함께 점검한다.

(5) 철근 탐지 시 측정수치가 허용한계 밖에 있으면 전체 시스템이 작동하지 않게 된다.

3 측정 전 준비사항

(1) 배터리는 측정 전 항상 완충시킨다.

(2) 측정할 콘크리트면을 고르고 평탄한 곳을 선정한다.

(3) 공급된 모눈종이를 접착테이프를 가지고 콘크리트 표면에 부착한다. 현장여건상 붙이기 어려운 경우 자를 가지고 콘크리트에 직접 9개의 눈금을 그리거나 스캐너 측면의 눈금을 이용하여 콘크리트면에 9개의 눈금을 그린다.

SECTION 05 페로스캔에 의한 측정방법

(1) 1회 탐사 시 탐사범위는 가로, 세로 60cm × 60cm이므로 탐사범위는 물론 탐사 시 본체에 연결된 스캐너를 움직이기에 필요한 여분의 공간 내에 지장물이 없는 곳을 선정하여 15cm 간격으로 가로 5줄, 세로 5줄을 표시한다.

(2) 본체와 연결된 스캐너를 모니터에서 지시하는 순서에 따라서 측정 대상면에 대고 좌 · 우, 상 · 하 방향으로 움직여 탐사한다.

(3) 스캐너의 이동속도는 0.5m/sec 이하로 한다.

(4) 측정위치와 모니터상 일련번호를 도면에 표시해 둔다.

(5) 탐지원칙에 의하면 보강철근이 탐지 움직임의 방향과 평행하면 탐지할 수 없다. 탐지 구역은 서로 직각 방향으로 탐지기를 움직임으로써 분석할 수 있다.

>>> 정확한 측정을 위해 모눈종이 및 눈금은 수평 · 수직으로 평행을 이루도록 한다.

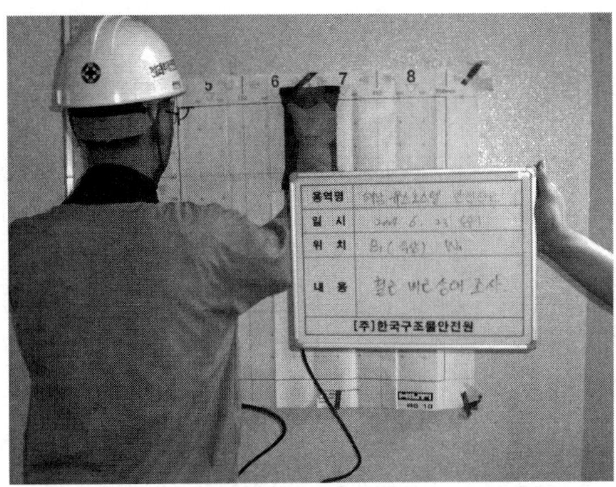

[그림 4-2] 철근탐사장면

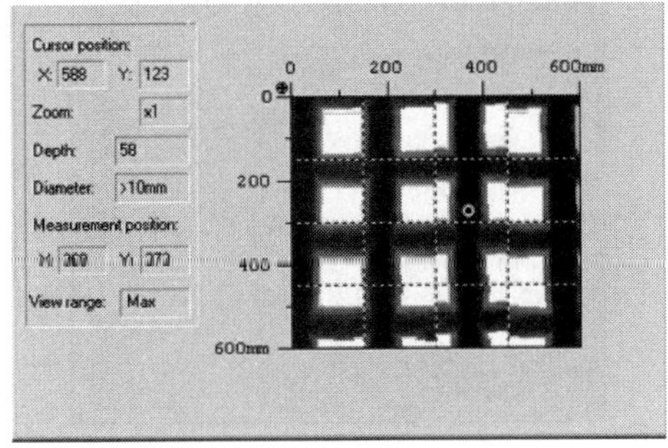

[그림 4-3] 페로스캔 프린트 영상

SECTION 06 철근의 직경 및 피복두께 분석

>>> **Tip**

① Rv10 모니터의 메모리에는 42개의 영상을 저장할 수 있다.
② 마감 재료가 초음파를 투과시키지 못하는 재료일 경우 마감재를 제거한 후 콘크리트 표면에서 측정한다.
③ 현장여건이 협소하여 측정하기 어려울 경우 스캐너 손잡이 부분의 탈착이 가능하다.

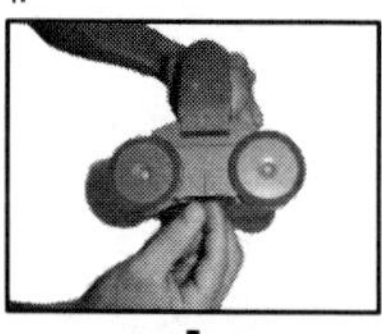

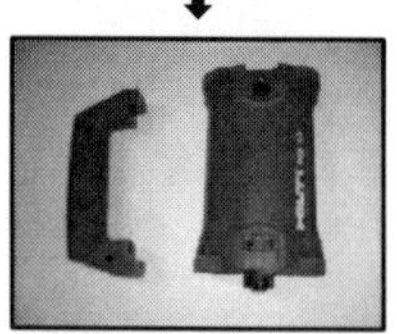

④ 스캐너 탐지 시 수직 및 수평 방향을 아래와 같이 하여야 한다.

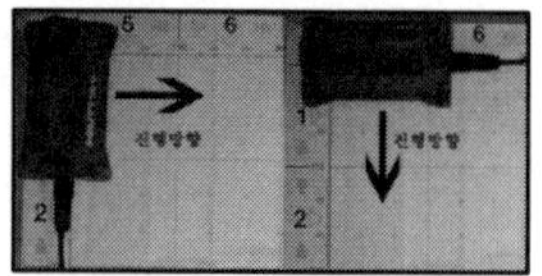

[정상적인 진행방향]

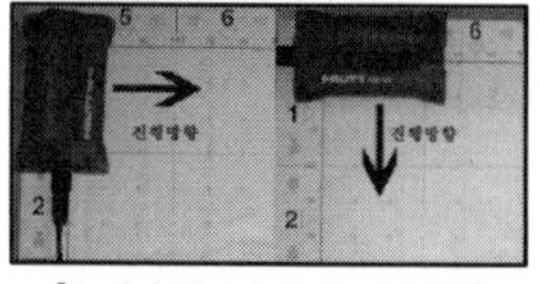

[스캐너 위치가 틀린 진행방향]

1 Analysis의 주요 기능

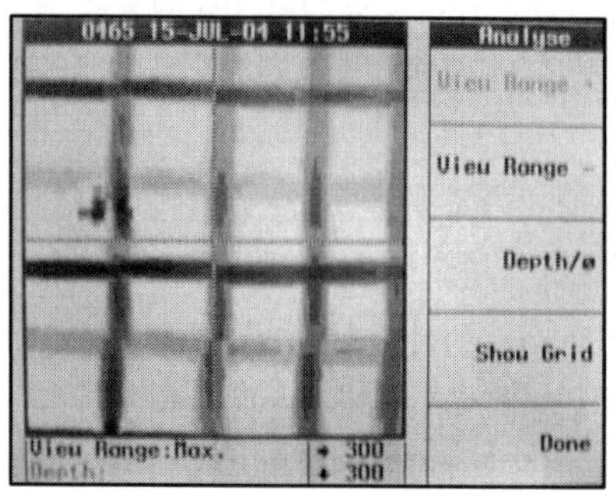

← ① 해상도 조정
← ② 피복두께 및 피복 측정
← ③ 그리드 보이기/감추기
← ④ 종료

↑ ⑤ 해상도 표시 ↑ ⑥ 측점의 좌표

[그림 4-4] 페로스캔 Analysis의 주요 기능

2 철근의 배근 간격 및 지름, 피복두께 분석

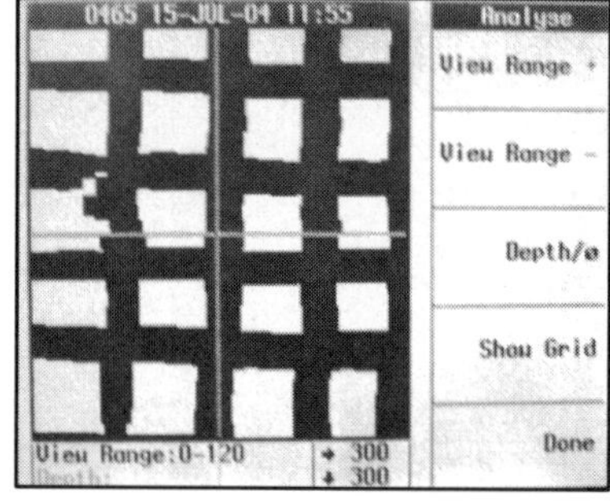

(a)

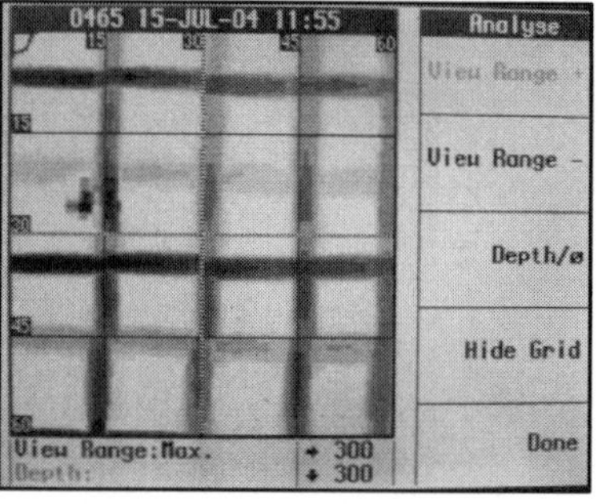

(b)

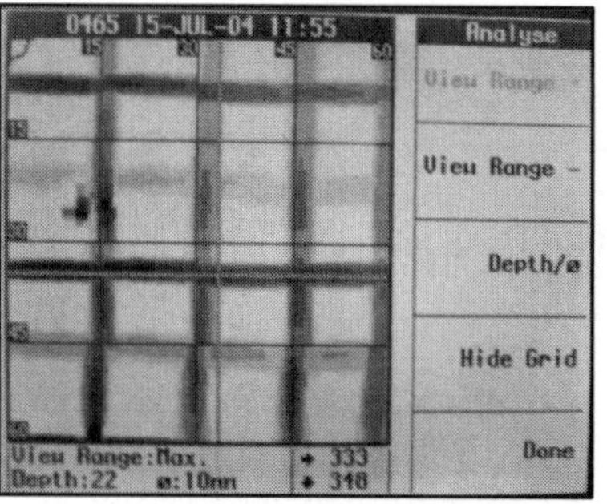

(c)

[그림 4-5] 페로스캔 자료 분석

(1) 앞에서 설명한 Scan을 통해 측정된 데이터를 이용하여 주메뉴에서 Analysis 버튼을 눌러 Analysis 화면으로 전환시킨다.

(2) [그림 4－4]와 같이 View Range ＋, － 버튼을 이용하여 판독하기 쉽도록 해상도를 조정한다.

(3) 철근의 배근 간격 확인 시 그림 (a)에서 Show Grid 버튼을 누르면 그림 (b)와 같이 15cm 간격의 그리드가 보이며 간격 확인이 더욱 용이해 진다.

(4) 철근의 직경 및 피복두께 확인은 그림 (a)에 보이는 십자선의 이동키를 사용하여 그림 (b)와 같이 확인하고자 하는 철근의 위치에 위치시킨 후 Depth/ϕ 버튼을 누르면 피복두께 및 직경이 그림 (c)의 View Range 밑에 활성화되어 확인할 수 있다.

>>>

철근의 직경은 다음과 같이 탐지(Scan)할 경우 분석이 가능하다.

① 철근의 배근 간격(수직 · 수평)이 콘크리트 피복두께의 2배 이상이 되어야 한다.
② 콘크리트 피복두께가 60mm 이하일 때 분석이 가능하다.

3 철근의 위치 및 피복두께 측정(Quickscan)

(1) 일반사항

① 주 기능은 탄산화 및 초음파 시험 시 철근의 위치를 사전에 탐지하여 철근을 피하거나 철근 가까이에서 시험을 할 수 있다.
② 이 기능은 모니터의 메모리에 저장이 되지 않으며, 스캐너와 수평인 방향의 철근은 탐지되지 않는다.

(2) 측정방법

① 주메뉴에서 Quickscan 버튼을 누른다.
② 그림 (d)와 같이 설정창이 보이며, Depth＋, Depth－ 버튼을 이용하여 측정 깊이를 설정한다.
③ 그림 (e)와 같이 설정한 후 Start 버튼을 눌러 측정을 시작한다.
④ 그림 (f)와 같이 철근이 탐지가 되면 신호음이 울리고 측정값이 화면에 출력된다.
⑤ 측정을 마치려면 Stop 버튼을 누르면 된다.

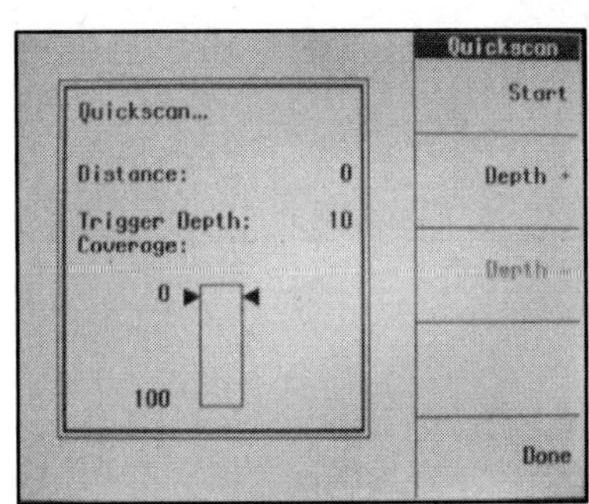

(d)

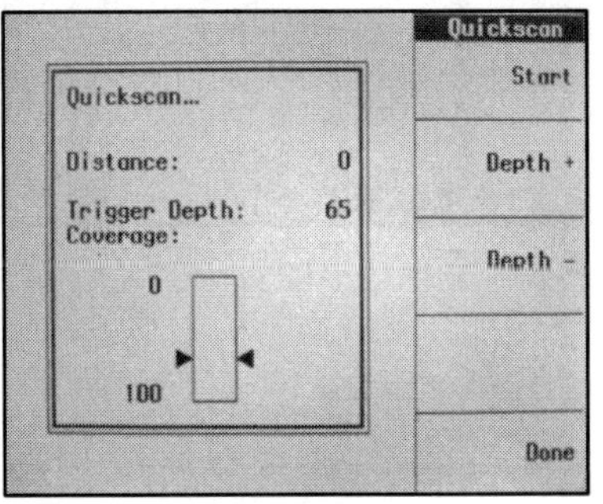

(e)

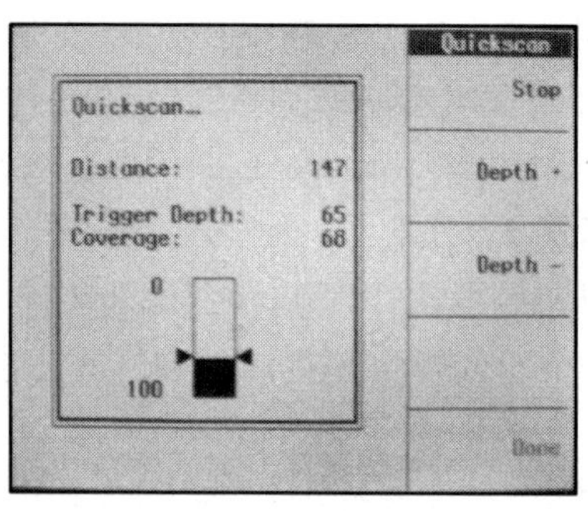

(f)

[그림 4-6] Quickscan 기능

4 측정한 데이터 삭제

(1) 주 메뉴에서 Delete 버튼을 누른다.

(2) 그림 (g)와 같이 마지막 스캔한 이미지가 보이며 Delete All, Delete Current 두 개의 기능이 활성화되어 있다.

(3) 전체 스캔 이미지를 지우려면 Delete All 버튼을 누르면 그림 (h)와 같이 확인창이 나타나며 OK 버튼을 누르면 전체 이미지가 삭제된다.

(4) 현재 창에 보이는 이미지만 삭제하려면 Delete Current 버튼을 누르면 확인창 없이 바로 삭제되며 그림 (i)와 같이 전 단계의 스캔 이미지가 보여진다.

(5) 현재 창에 보이는 이미지의 전 단계를 삭제하려면 Delete Oldest 버튼을 누르면 현재창에 보이는 이미지는 그대로 있고 바로 전에 있던 이미지가 삭제된다.

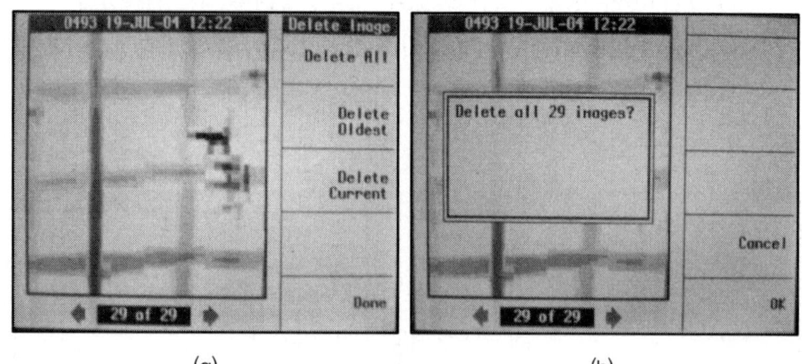

(g) (h)

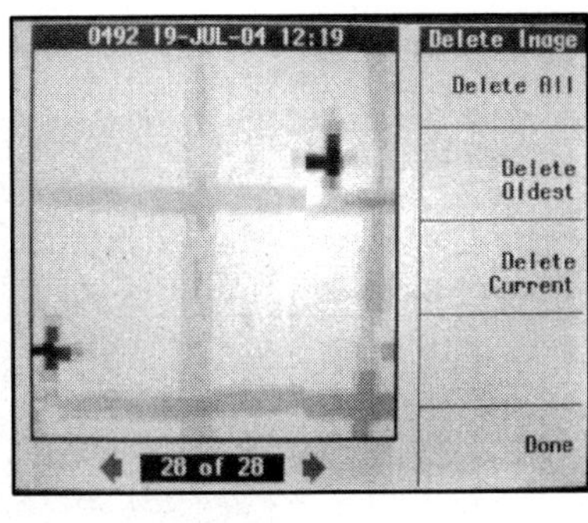

(i)

[그림 4-7] 데이터의 삭제

5 측정 데이터 PC로 이동

(1) 구성품에 포함되어 있는 소프트웨어 프로그램을 PC에 설치한다.

(2) 연결(시리얼)케이블을 이용하여 모니터와 PC를 연결한다.

(3) 모니터의 전원을 켜고 프로그램을 실행시킨다.

(4) 파일을 저장한 폴더를 만들고 아래 그림 (a)에서 Ferroscan → PC를 클릭한다.

(5) 그림 (b)와 같이 모니터에 저장되어 있는 파일 목록이 보여지며 필요한 파일을 그림 (c)과 같이 체크하여 OK 버튼을 누르면 PC로 전송이 시작된다.

(6) 그림 (d)와 같이 하나의 이미지가 전송이 완료되면 그림 (e)와 같이 저장될 폴더를 지정하는 창이 나오게 된다. 미리 만들어 놓은 폴더를 지정해 주고 확인 버튼을 누르면 지정 폴더에 모니터의 데이터가 전송된다.

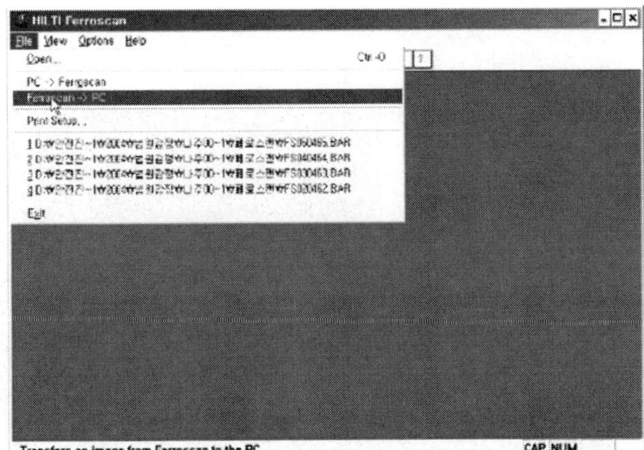

(a)

철근의 피복두께 조사 장면

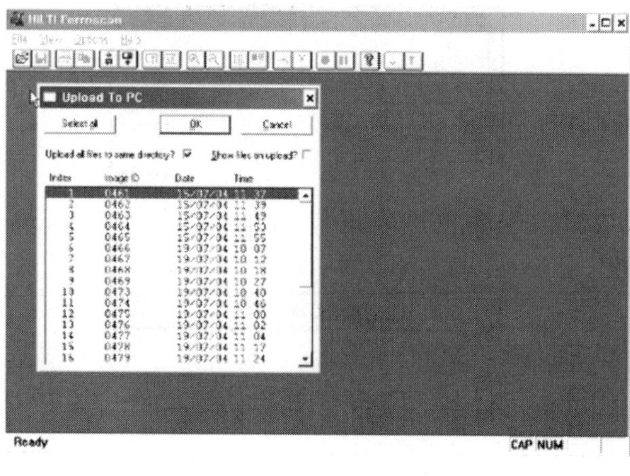

(b)

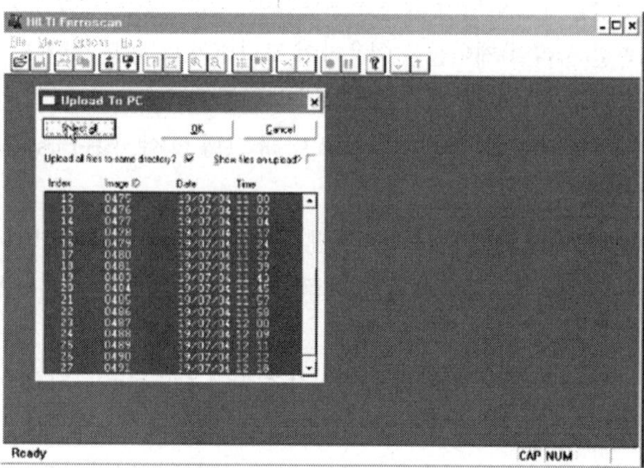

(c)

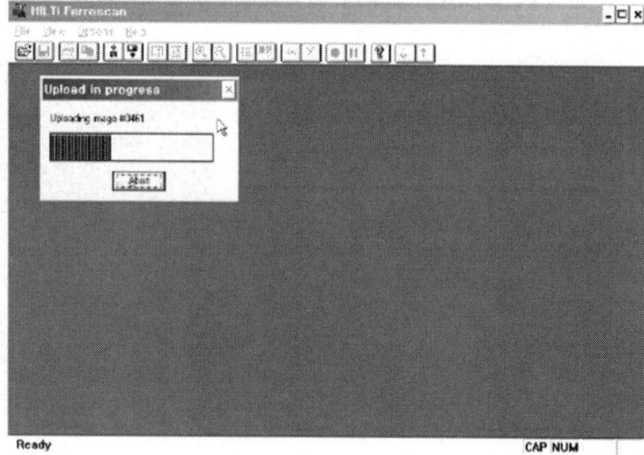

(d)

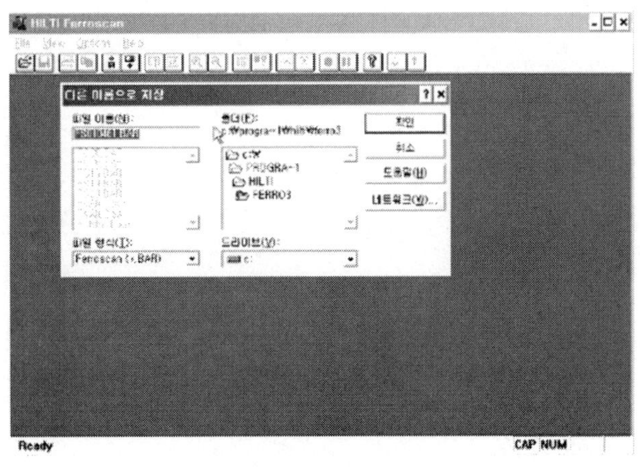

(e)

[그림 4-8] 측정한 데이터의 이동순서

MEMO

CHAPTER

05

철근부식조사

CHAPTER 05 철근부식조사

SECTION 01 개요

철근부식 억제 방안

① 물-시멘트 비를 작게
② 충분한 피복두께 확보
③ 수밀콘크리트 시공
④ 염화물이 함유된 골재 사용금지
⑤ 에폭시, 아연도금 철근 사용

콘크리트 중 철근의 녹은 콘크리트 표면으로부터 침투한 부식성 폐액에 의한 것과 콘크리트에 발생된 균열을 통해 침투한 습기, 탄산가스 등에 의한 것으로 대별되며, 어느 것이나 콘크리트 구조물의 내구성에 중요한 문제가 된다. 이와 같은 원인에 의하여 철근에 녹이 슬면 부피팽창으로 콘크리트에 균열이 발생하며, 이 균열을 통해 철근의 부식이 증가되어 2차적인 균열을 일으키게 된다. 이러한 작용의 반복에 의해 콘크리트에 균열이 진전된다.

철근의 부식을 억제하기 위해서는 물-시멘트 비를 적게 하고 밀실한 콘크리트로 하며, 피복두께를 충분히 하고 염화물이 함유된 골재를 사용하지 않아야 한다. 또한 에폭시로 피복되어 있거나 아연도금된 철근을 사용한다.

SECTION 02 부식도 조사항목

콘크리트 내부 철근의 부식에 대한 조사항목에는 부식형태, 부식생성물, 부식면적률, 부식수준, 부식에 의한 철근의 단면감소(부식깊이), 중량변화율, 부식도, 인장강도 등이 있으며, 강재의 부식상황에 대한 현상파악을 위해서 각각의 구조물 또는 시험체에 대하여 계측이 가능한 것을 선택하고 이에 대한 계측결과와 평가기준의 조합 · 비교를 근거로 검토한다.

SECTION 03 부식량 조사

철근에 녹이 상당히 진전된 경우에는 이 부분의 콘크리트를 제거하여 철근을 노출시키고 부식의 정도를 조사한다. 철근의 녹은 표면에 산화막을 형성시키며, 하중, 외력 등에 의해 산화막이 파괴되면 녹의 진행이 촉진되고 철근단면이 감소된다. 철근부식량 조사는 다음의 항목을 조사한다.

(1) 노출철근의 종류 조사

노출된 철근의 종류 및 종별조사

(2) 녹 발생 범위조사

녹 발생 개소의 길이, 철근 주위의 녹 상황

(3) 철근단면적 감소 조사

철근의 산화피막을 와이어브러시로 제거한 후 유효단면적 측정

(4) 콘크리트의 탄산화 조사

구조물을 철근이 위치한 깊이까지 깨어내고, 페놀프탈레인 1% 용액을 이용하여 탄산화된 깊이를 측정하며, 철근 주변부 콘크리트의 방청 성능을 평가

»» 부식량 조사순서

① 철근시료를 채취할 위치 선정
② 철근시료 채취 후 중량의 측정
③ 철근 부식 상황의 전개도 작성
④ 철근 부식 부분의 면적 측정
⑤ 철근 부식 면적률 산출
⑥ 녹 제거 후의 철근중량 측정
⑦ 철근 중량 감소율의 산출

SECTION 04 콘크리트의 변색조사

철근의 녹에 의해 콘크리트 표면은 변색된다. 이와 같은 콘크리트 내 철근녹의 진행상황을 추정하기 위하여 콘크리트 표면의 변색 상태를 조사하는 것은 중요하다.

(1) 변색 부분의 확장 조사

콘크리트 표면에 철근녹에 의하여 변색된 부분은 표시를 해두고, 시간의 경과에 따라 변색부분의 확장과 진행의 속도를 조사

(2) 해머에 의한 타음 조사

콘크리트의 변색 부분을 조사용 망치로 두드려서 그 소리에 의하여 표면콘크리트의 들뜸 유무를 조사

(3) 컬러사진에 의한 변색의 색도 조사

시간이 어느 정도 경과한 시점에서 변색 부분을 컬러사진으로 3~4장 정도 찍어서 변색 부분의 농도변화 조사

SECTION 05 철근의 부식도 조사방법

철근부식도 조사방법의 종류

① 전기화학적 방법
- 자연전위법
- 표면전위법
- 전기저항법
- 분극저항법
- 교류임피던스법
- 전기화학적 노이즈법

② 정물리적 방법
- 육안관찰
- 해머 타음법
- 초음파법
- 적외선법
- 방사선 투과법

자연전위 측정순서

① 조사장소 선정
② 측정포인트 마킹
③ 리드선 접속
④ 콘크리트면의 습윤화
⑤ 전위의 측정, 기록
⑥ 부식 판정

자연전위 측정기구

일렉트로미터, 조합전극, 리드선, 전극탐사계, 수분탐사계

콘크리트 내부의 철근부식은 전기·화학적 반응에 기초하여 진행하므로 다음에 나타내는 전기·화학적 비파괴 철근부식도 조사방법이 유효하다.

1 자연전위법

자연전위법은 콘크리트 중의 철근부식 여부를 비파괴적으로 검사할 수 있는 전기화학적 방법 중에서 가장 많이 검토되고 있는 방법으로서 비교적 간편한 방법이다.

(1) 측정원리

자연전위란 콘크리트 내부의 철근이 그 부식상태에 따라 나타내는 전위를 말한다. 따라서 자연전위를 측정하여 철근의 부식 상태를 추정할 수 있다. 콘크리트는 강알칼리성을 나타내고 그러한 환경하에서는 철근 표면에 부동태피막이 형성되어 높은 자연전위를 나타낸다.
그러나 콘크리트가 탄산화된다든지 콘크리트 내부에 염화물 이온이 존재하면 철근 표면의 부동태피막이 파괴되어 부식이 발생하는데 그것에 따라 낮은 전위를 나타낸다.

(2) 측정방법

자연전위의 측정은 100MΩ 이상의 입력저항이 큰 직류 전압계와 조합전극을 이용하여 아래 [그림 5-1]에 나타낸 방법으로 한다. 조합전극으로는 일반적으로 염화은 전극이나 구리, 황산 구리 전극을 사용하고 있다. 측정값은 마감재나 피복콘크리트의 품질에 영향을 받으므로 사전에 배근상태를 비파괴 탐사하여 철근 바로 위쪽에서 측정하는 것이 중요하다.

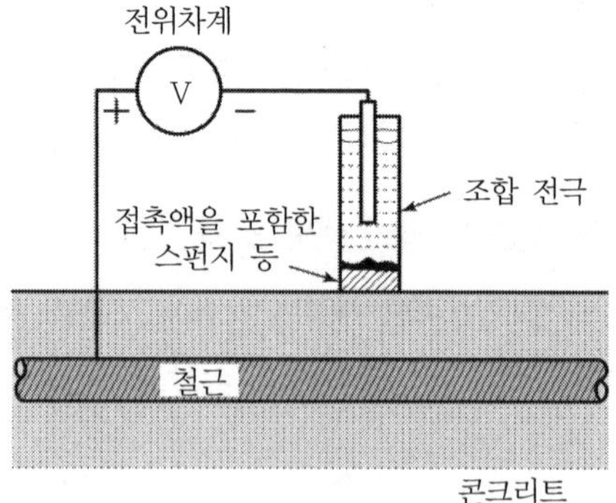

[그림 5-1] 자연전위 측정방법

피복콘크리트 등의 영향을 아래 [그림 5－2]에 나타낸 바와 같이 철근 근방에 도달하는 소경의 구멍에서 염교를 이용하여 여러 곳에서 전위차를 측정하고 이것을 측정값의 보정에 사용하면 된다. 또한 피복콘크리트의 표면이 내부에 습기가 많은 경우에는 실제값보다 낮은 값이, 건조되어 있는 경우에는 높은 값이 측정되는 경향이 있으므로 주의해야 한다.

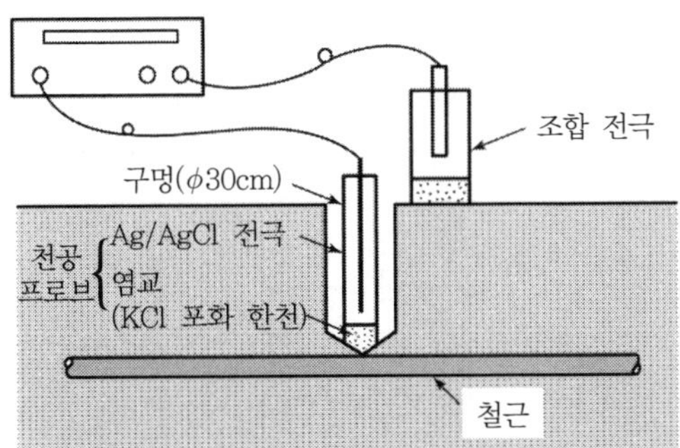

(주) 조합 전극은 측정용 구멍 근처의 콘크리트 표면에 댄다.

[그림 5－2] 피복콘크리트의 전위차 보정방법

철근부식도 측정장비(전위차식)

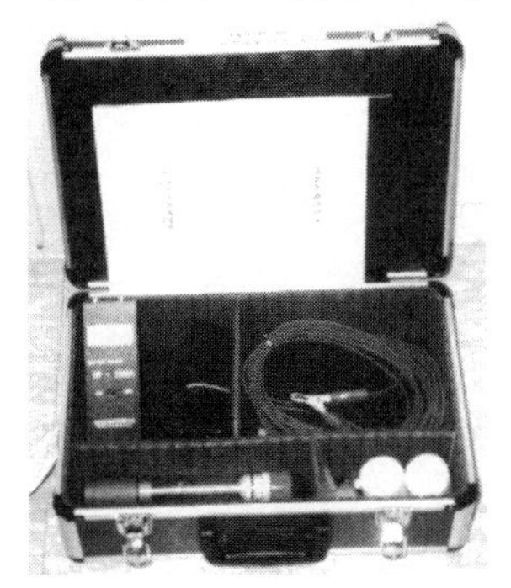

(3) 부식 평가 기준

ASRM C 876－91(콘크리트 내부의 무도장 철근에 대한 자연 전위법)은 아래 [표 5－1]과 같은 철근부식 평가 기준을 나타내고 있다. 이것은 황산구리 전극에 의한 평가 기준이고, 그 외의 조합 전극을 사용하는 경우는 환산하여 평가할 필요가 있다.

▼ [표 5－1] 자연전위와 철근부식의 관계(ASTM C 876－91)

측정 전위의 범위	콘크리트 내부의 강재 부식 가능성
－200mV < E	90% 이상의 확률로 부식하지 않는다.
－350mV < E < －200mV	불확정
E ≤ －350mV	90% 이상의 확률로 부식한다.

※ 전위는 구리/황산구리 전극 기준

2 분극저항법

(1) 측정원리

분극저항은 철근에 미소 전류를 흘렸을 때 발생하는 전위변화량을 측정하여 구한다. 콘크리트 내부에서 부식되어 있는 철근 표면의 등가전기회로는 [그림 5－3]에 나타낸 바와 같이 저항으로 분극저항(R_p)과 액저항(R_s)이 있으며, 분극저항(R_p)의 역수와 부식 속도는 비례하고 그 비례상수는 금속의 종류나 환경조건에 따라 변한다.

분극저항 측정순서

① 철근탐사(위치, 피복두께 등)
② 철근 간의 도통확인
③ 콘크리트 표면의 습윤화
④ 철근과의 접속
⑤ 센서의 접촉
⑥ 자연전위의 측정
⑦ 분극저항의 측정
⑧ 부식도의 평가

$$부식\ 전류\ 밀도 : 1\ corr. = \frac{K}{R_p}$$

K 값에 대해서는 콘크리트 내부의 강재인 경우는 약 0.02~0.03mV 정도라는 연구 성과가 있다. 따라서 이 분극저항을 구하면 철근의 부식 속도를 추정할 수 있다. 이 경우 분극저항과 액저항을 분리할 필요가 있는데 1kHz 정도의 고주파 전류를 흘려 R_s를, 0.1Hz 정도의 저주파 전류를 흘려 $(R_p + R_s)$를 측정한 후, R_p를 분리하는 등의 방법을 취하고 있다. 덧붙여서 액저항(R_s)은 부식환경을 추정할 수 있는 특성값이다.

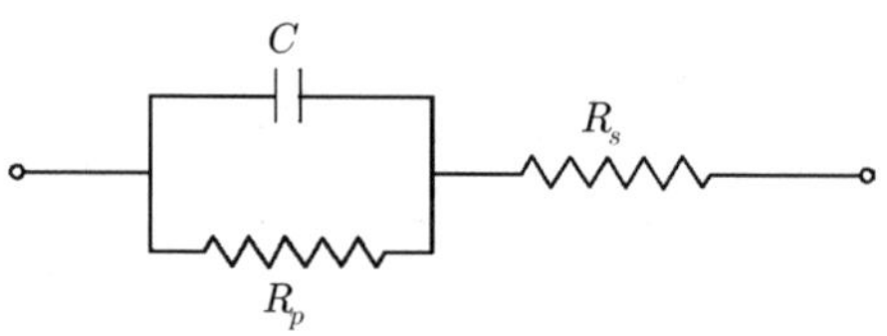

[그림 5-3] 부식되어 있는 철근 표면의 등가전기회로

>>> 철근부식도 측정장비(전기저항식)

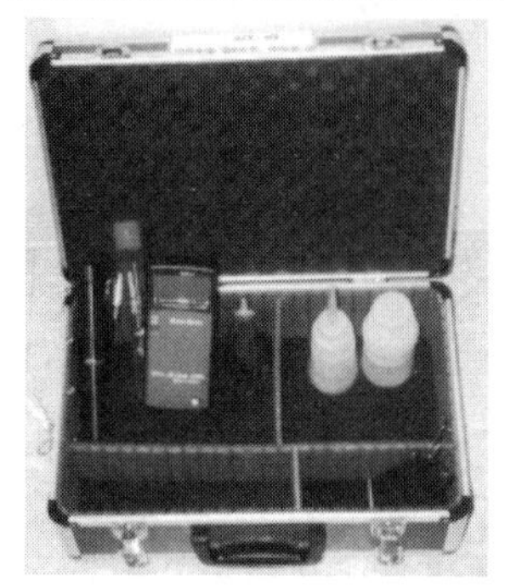

>>> 분극저항 측정 시 유의점

① 콘크리트의 표면이 매우 건조하여 전기적으로 절연체에 가까울 경우, 콘크리트의 표면에 도장 등의 절연재료가 피복되어 있는 경우에는 적용되지 않는다.
② 계측대상의 콘크리트 표면은 균열이며, 요철이 없이 매끄러워야 한다.
③ 철근은 콘크리트와 직접 부착되어야 한다. 부식에 의한 균열이 진전되어 균열폭이 커져서 철근콘크리트와 직접 부착이 되지 않은 경우에는 적용되지 않는다.
④ 콘크리트의 표면이 늘 물에 잠겨 있는 경우에는 적용되지 않는다.
⑤ 에폭시 수지도장 철근이나 아연 도금한 철근 등 표면이 피복되어 있는 철근에는 적용되지 않는다.
⑥ 미소전류가 존재하는 장소, 강한 자장이 작용하고 있는 장소에는 적용되지 않는다.

(2) 측정방법

분극저항은 아래 [그림 5-4]에 나타낸 요령으로 측정한다. 즉, 반대극에서부터 철근에 미소 전류를 흘려서 철근의 전위를 자연 전위 ±20mV 이내가 되도록 변화시키고 그때 발생하는 전기저항에서 액저항을 분리하여 구한다.

(3) 부식 속도 평가 기준

부식 속도와 분극저항은 반비례 관계에 있으므로 분극저항을 구하면 부식 속도는 간단하게 구해지리라 생각되지만 반대극으로부터 철근에 흘린 전류의 분포 상황은 배근상태, 철근지름, 피복두께, 콘크리트의 함수상태나 균열 상황에 따라 다양하게 변한다.

따라서 분극저항 측정값에 의한 부식 속도 평가 기준은 향후 수많은 실험에 의하여 얻어진 데이터베이스에 기초하여 책정할 필요가 있다.

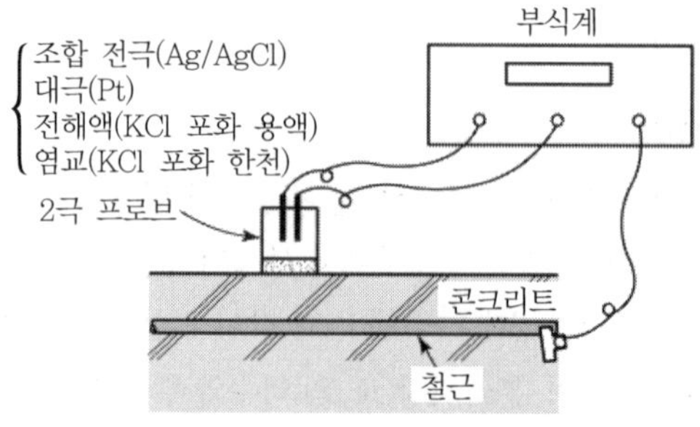

[그림 5-4] 분극저항 측정방법

SECTION 06 부식도

부식도는 철근의 부식상황을 파악할 때 반드시 측정되어야 하는 항목으로서, 사용하는 철근의 중량을 미리 정확하게 측정한 경우에만 가능하며 다음의 식에 의하여 구한다.

$$부식도(mdd) = \frac{당초의\ 중량(mg) - 부식생성물을\ 제거한\ 후의\ 중량(mg)}{철근의\ 전표면적(dm^2) \times 시험일수(日)}$$

SECTION 07 침식도

침식도는 단위시간당 철근표면이 부식에 의해 손실되는 깊이를 파악하기 위하여 측정하며, 다음의 식에 부식도(mdd)를 대입하여 계산한다.

$$침식도(mm/연) = \frac{부식도(mdd) \times 365 \times 10^4}{철근의\ 밀도(g/m^3)}$$

SECTION 08 부식상황의 평가기준

철근의 부식상황 파악을 위한 조사항목의 측정결과를 근거로 철근부식의 정도 및 신속한 교환 · 보수의 필요성 여부를 평가 · 판단해야 하며, 기존에 발표된 조사 · 실험결과 등을 근거로 각 항목에 대한 평가기준을 정리하여 나타내면 [표 5－2]와 같다.

▼ **[표 5－2] 철근부식상황 평가의 기준**

부식상황 평가의 기준		현저한 부식으로는 인식되지 않음		현저하게 부식됨	
		현상태로 사용 가능		주의가 필요	교환 · 보수 등 필요
부식의 형태평가		G 부식		D 부식	
부식조사 기본방향	부식등급	Ⅰ	Ⅱ	Ⅲ	Ⅳ
	부식에 의한 강재단면의 감소	단면감소가 거의 발견되지 않음		• 단면의 감소가 명확히 나타남 • Ⅳ의 경우는 1mm 이상의 결손이 발생하고 있는 것이 많음	
	중량변화율	5% 이하		5% 초과~ 8% 미만	8% 이상
	부식도	3~7mdd 이하		10mdd 이상	
	침식도	0.15mm/연 이하		0.15mm/연 이상	
	부식전위	－200mV < E		E ≤ －350mV	

<table>
<tr><th colspan="3" rowspan="2">부식상황
평가의 기준</th><th colspan="2">현저한 부식으로는
인식되지 않음</th><th colspan="2">현저하게 부식됨</th></tr>
<tr><th colspan="2">현상태로 사용 가능</th><th>주의가 필요</th><th>교환 · 보수 등
필요</th></tr>
<tr><td rowspan="9">부식물로서의 검사항목</td><td colspan="2">콘크리트의
균열유무</td><td colspan="2">없음</td><td>균열발생 개시</td><td>균열이 발생하고
있음</td></tr>
<tr><td colspan="2">콘크리트의
녹 확산</td><td colspan="2">녹은 철근과 콘크리트의 계면에 발생</td><td>콘크리트 내부로
확산 개시</td><td>균열을 따라
확산, 콘크리트
표면으로
스며나옴</td></tr>
<tr><td rowspan="4">부착
강도</td><td>이형</td><td colspan="4">거의 변화하지 않음</td></tr>
<tr><td rowspan="3">원형</td><td colspan="4">부식도가 커짐에 따라 오히려 증대함</td></tr>
<tr><td colspan="4">부착강도비(Ⅰ을 100으로 함)</td></tr>
<tr><td>100</td><td>134</td><td>166</td><td>139</td></tr>
<tr><td colspan="2" rowspan="2">항복점</td><td colspan="2" rowspan="2">거의 변화하지 않음</td><td></td><td>부식감량에
비례하여 저하</td></tr>
<tr><td colspan="2">항복점이 나타나기 어렵게 됨</td></tr>
<tr><td colspan="2">인장강도</td><td colspan="2">거의 변화하지 않음</td><td>단면결손이
없으면
강도저하는 무시</td><td>상당히 저하</td></tr>
</table>

SECTION 09 부식도 평가

철근의 부식도는 [표 5－3] 철근부식도 등급에 따라 평가한다. 평가결과가 A~D 등급에 해당할 경우에는 피복콘크리트를 철저히 보수하여야 하고, E등급에 해당할 경우에는 피복콘크리트에 대한 보수와 철근결손에 대한 보강을 하여야 한다.

▼ **[표 5－3] 철근부식도의 등급**

등급	철근의 상태
A	흑피의 상태 또는 녹이 있지만 전체적으로 얇고 치밀한 녹으로 콘크리트면에 녹이 부착되어 있지 않은 상태
B	콘크리트면에 녹이 부착되어 있는 상태
C	부분적으로 들뜬 녹이 있지만 작은 면적에 반점상이 있는 상태
D	단면결손을 눈으로 확인, 관찰할 수 없지만 철근 표면의 둘레, 전체 길이에 걸쳐 들떠있는 녹이 발생한 상태
E	단면결손이 일어난 상태

SECTION 10 철근부식에 대한 상태평가등급 기준

▼ [표 5-4] 세부지침에 의한 철근부식에 대한 상태평가등급 기준

평가등급	평가점수(대표값)	평가기준			강재의 부식환경	
		자연전위(mV)	철근의 부식상태	상태계수(α)	부식환경조건	부식환경계수(β)
a	1	E>0	녹이 발생하지 않았거나 약간의 점녹이 발생한 상태	1	건조환경	1.0
b	3	−200<E≤0	점녹이 광범위하게 발생한 상태	3	습윤환경	1.1
c	5	−350<E≤−200	면녹이 발생하였고 부분적으로 들뜬 녹이 발생한 상태	5	부식성환경	1.2
d	7	−500<E≤−350	들뜬 녹이 광범위하게 발생하였거나 20% 이하의 단면결손이 발생한 상태	7	고부식성환경	1.3
e	9	E≤−500	두꺼운 층상의 녹이 발생하였거나 20% 이상의 단면결손이 발생한 상태	9		

[주] ① 철근부식의 대표값 = $\alpha \times \beta$
② 근거 : ASTM 및 준ASTM(일본)
③ 부식 환경조건 : 콘크리트 사용성 설계기준(KDS 14 20 30) 참고
④ 상태평가결과가 "*e*"이면서 누수를 동반하는 경우 중대한 결함으로 본다.

MEMO

CHAPTER

06

변위조사

CHAPTER 06

변위조사

건물의 변위 및 변형의 조사항목

① 설계하중 및 작용외력조사
② 각 구조부재의 변형상태조사
③ 건물기초의 조사
④ 지반침하 및 지하수위 변동조사
⑤ 인접 건물의 시공에 의한 영향조사

건축물에 나타나는 변위 및 변형은 동하중에 의한 것과 정하중에 의한 것이 있으며 일반적인 원인은 다음과 같다.

▼ **[표 6-1] 건축물 변위 및 변형 발생원인**

지반의 침하	입지조건	주변 환경변화	인접시공의 영향
• 연약지반에서 나타나는 압밀침하 • 지중구조물 파손에 따른 현상 • 되메우기 등의 불량에 따른 침하	구조물이 경사지에 건축된 경우	• 하천 수심의 변화 • 지하수위의 저하 • 침식	• 지반굴착에 의한 수위변화 및 침식 • 흙막이가시설물의 변형에 의한 침하 • 발파 및 항타에 의한 진동영향

건축물에 발생하는 변위는 대부분이 건축물에 영구변형을 가져오게 하는 중요한 요소이므로 매우 민감하게 취급되어야 한다. 이미 완공된 건축물을 대상으로 어떤 시점에 최초로 변위조사를 실시하는 경우에는 건축물의 시공오차 등에 의해서 발생된 변위값은 측정이 불가능하며, 초기값을 기준으로 다음 번부터 측정이 가능하다.

SECTION 01 수평변위조사

1 개요

수직부재의 수평변위는 트랜싯을 이용하여 조사하며, 건축물의 모서리 등 수직선이 나타난 곳 중 부재면과 일직선상에서 변위량(δ)을 측정하여 도면에 표시하며 이곳의 높이(L)와 조사일을 기록한다. 건물의 높이가 낮고 수직선이 나타난 곳이 없는 부분의 변위량은 다림추를 이용하여 측정하기도 한다. 또한 차후에도 동일 위치에서 조사하여 변위량을 자료화할 수 있도록 조치한다.

[그림 6-1] 수평변위조사

2 적용기준

변위조사의 적용은 [표 6-2] 각 변위(이론적인 바탕으로 광범위한 시험에 의해 결정한 1963년 Bjerrum의 여러가지 구조물의 각 변위의 한계)의 수치를 기준으로 평가한다.

▼ [표 6-2] 각 변위

각 변위(δ/L)	내용
1 / 750	침하에 예민한 기계기초의 작업곤란한계
1 / 600	사재를 가진 뼈대의 위험한계
1 / 500	균열을 허용할 수 없는 빌딩에 대한 안정한계
1 / 400	칸막이벽에 첫 균열이 예상되는 한계
1 / 300	고가크레인의 작업 곤란이 예상되는 한계
1 / 250	강성의 고층빌딩의 전도가 눈에 띄일 수 있는 한계
1 / 150	• 칸막이벽이나 벽돌벽의 상당한 균열이 있는 한계 • 가소성 벽돌벽의 안전한계 • 일반적인 건물에 구조적 손상이 예상되는 한계

▼ [표 6-3] 세부지침에 의한 건축물의 기울기에 대한 상태평가등급 기준

평가기준	평가내용		평가점수(대표값)
	기울기(각변위)	내용	
a	1/750 이내	예민한 기계기초의 위험 침하 한계	1
b	1/500 이내	구조물의 균열발생 한계	3
c	1/250 이내	구조물의 경사도 감지	5
d	1/150 이내	구조물의 구조적 손상이 예상되는 한계	7
e	1/150 초과	구조물이 위험할 정도	9

* 시공오차를 제외한 순 기울기

[주] 상태평가결과가 "d" 이하이면서 균열의 심한 변화를 동반하는 경우 중대한 결함으로 본다.

>>> 다림추를 이용한 기울기 조사

3 적용

조사된 변위량은 표와 그래프 등을 이용하여 표현하며, 이전 조사 값이 있는 경우에는 변화된 상황을 한꺼번에 표시한다. 자료분석 시 각 변위 및 국토교통부 시설물의 안전 및 유지관리 세부지침을 이용하여 분석한다(표 6-2, 표 6-3 참조).

SECTION 02 수직변위조사

1 개요

수평부재의 수직변위는 레벨을 이용하여 조사하며, 주로 내부바닥이나 보의 하부를 대상으로 변위량을 측정하여 도면에 표시하고 조사일도 기록한다. 측정위치는 건물의 길이 방향 및 직각 방향으로 함을 원칙으로 한다. 또한 차후에도 동일 위치에서 조사하여 변위량을 자료화할 수 있도록 조치한다.

[그림 6-2] 수직변위조사

2 적용기준

▼ [표 6-4] 최대허용처짐(ACI 규준)

부재의 형태	고려해야 할 처짐	처짐한계
과도한 처짐에 의해 손상되기 쉬운 비구조 요소를 지지 또는 부착하지 않은 평지붕구조	적재하중 L에 의한 즉시 처짐	L^1 / 180
과도한 처짐에 의해 손상되기 쉬운 비구조 요소를 지지 또는 부착하지 않은 바닥구조	적재하중 L에 의한 즉시 처짐	L / 360

부재의 형태	고려해야 할 처짐	처짐한계
과도한 처짐에 의해 손상되기 쉬운 비구조 요소를 지지 또는 부착한 지붕 또는 바닥구조	전체 처짐 중에서 비구조요소가 부착된 후에 발생하는 처짐 부분(모든 지속하중에 의한 장기처짐과 추가적인 적재하중에 의한 즉시 처짐의 합)[3]	L[2] / 480
과도한 처짐에 의해 손상될 염려가 없는 비구조 요소를 지지 또는 부착한 지붕 또는 바닥구조		L[4] / 240

[주] [1] 이 제한은 물고임에 대한 안전성을 고려하지 않았다. 물고임에 대한 적절한 처짐 계산을 검토하되 고인물에 대한 추가처짐을 포함하여 모든 지속하중의 장기적 영향, 치올림(Camber), 시공오차 및 배수설비의 신뢰성을 고려한다.

[2] 지지 또는 부착된 비구조요소의 피해를 방지할 수 있는 적절한 조치가 취해지는 경우에는 이 제한을 초과할 수 있다.

[3] 장기처짐은 비구조요소의 부착 전에 생긴 처짐량을 감안할 수 있다. 이 크기는 해당 부재와 유사한 부재의 시간－처짐 특성에 관한 적절한 자료를 기초로 결정한다.

[4] 다만, 비구조 요소에 의한 허용오차보다 더 커서는 안된다. 전체 처짐에서 치올림을 뺀 값이 제한값을 초과하지 않도록 치올림을 했을 경우에는 이 제한을 초과할 수 있다.

여러 구조물의 종류별 최대허용침하량과 부동침하로 인한 허용변위에 대한 기준은 [표 6－5] 구조물의 종류에 따른 허용변위량과 같다.

▼ **[표 6－5] 구조물의 종류에 따른 허용변위량(Sowers, 1962)**

침하형태	구조물의 종류	최대 침하량
전체침하	배수시설	15.0～30.0cm
	출입구	30.0～60.0cm
	부동침하의 가능성, 석적(石積) 및 벽돌구조	2.5～5.0cm
	뼈대 구조	5.0～10.0cm
	굴뚝, 사이로, 매트	7.5～30.0cm
전도	탑, 굴뚝	0.004 S
	물품적재	0.01 S
	크레인 레일	0.003 S
부동침하	빌딩의 벽돌벽체	0.0005～0.002 S
	철근콘크리트 뼈대구조	0.003 S
	강 뼈대구조(연속)	0.002 S
	강 뼈대구조(단순)	0.005 S

[주] S : 기둥 사이의 간격 또는 임의 두 점 사이의 거리

3 적용

조사된 변위량은 표와 그래프 등을 이용하여 표현하며, 지난번에 조사값이 있는 경우에는 변화된 상황을 한꺼번에 표시한다. 자료분석 시 최대허용처짐(ACI 규준)과 (표 6－4, 표 6－5 참조) 구조물의 종류에 따른 허용변위량(Sowers, 1962)을 이용하여 분석한다.

SECTION 03 침하, 기울기, 처짐에 대한 일반사항

1 허용부동침하량에 대한 개요

기초지반에 침하가 발생할 경우 구조부재는 손상을 받게 된다. 침하에 의해 야기되는 건축물의 손상은 미적 손상, 구조적 손상, 기능적 손상 등으로 구분할 수 있으며 균등침하인 경우 구조적 손상은 없지만 미적, 기능적 손상이 발생되며, 부동침하가 발생할 경우는 당연히 구조적 손상도 동반된다.

2 부동침하와 건축물의 손상범위와의 관계

(1) Skemption과 Macdomald 연구결과

① 최대순구배(기울기)가 1/300을 초과할 경우 골조의 바닥판과 내력벽에 균열이 발생한다.

② 기둥이나 보에 균열이 발생하는 한계는 최대 순구배(기울기)가 1/165보다 클 경우이다.

③ 최대순구배, 허용부등침하량은 독립기초보다 온통기초에서 더 크게 허용할 수 있으며 최대순구배가 1/300 범위의 최대침하 허용한계는 점토지반의 경우 독립기초 75mm, 온통기초 100mm이며 사질토의 경우 독립기초 50mm, 온통기초 65mm이다.

④ 온통기초의 경우 최대허용침하한계는 기초의 강성과 두께의 변화에 따라 값을 조정할 수 있다.

▼ [표 6-6] 건물에서의 허용침하량

규정		독립기초	전면기초
최대순구배 (기울기)	비구조체균열	1 / 300	1 / 300
	구조체 균열	1 / 150	1 / 150
최대부동침하	모래	32mm	32mm
	점토	45mm	45mm
최대침하	모래	50mm	65mm
	점토	75mm	100mm

3 Rebecca Grant, John T. Christian, Erick H, Vanmarke 연구결과

(1) 침하구배(δ/l)가 1/300보다 클 경우 손상이 발생한다. 그러나 부분적으로 1/300을 초과할지라도 반드시 손상이 발생하지는 않는다.

(2) 지반의 종류와 기초형태별로 최대침하량과 침하구배의 관계는 다음과 같다.

▼ [표 6-7] 최대침하량과 침하구배 관계

지반 \ 형식	온통기초	독립기초
점토	$\rho_{max} = 1,250(\sigma/l)_{max}$	$\rho_{max} = 1,200(\sigma/l)_{max}$
사질토	$\rho_{max} = 750(\sigma/l)_{max}$	$\rho_{max} = 600(\sigma/l)_{max}$

[주] ① ρ_{max} : 최대처짐량, ② $(\sigma/l)_{max}$: 최대순구배

(3) 지반의 종류와 기초형태별로 최대침하량과 침하구배의 관계는 다음과 같다.

▼ [표 6-8] 최대부동침하량과 침하구배 관계

점토지반	사질토지반
$\delta_{max} = 600(\delta/l)_{max}$	$\delta_{max} = 300(\delta/l)_{max}$

[주] ① δ_{max} : 최대처짐량, ② $(\delta/l)_{max}$: 최대순구배

(4) 건물의 침하가 건축 후 2년 이내에 50% 이상 발생하였을 경우 조기침하, 그렇지 않을 경우 장기침하로 구분하며, 장기침하는 두터운 점토지반에서 발생하고 조기침하는 사질토지반에서 발생한다. 이 경우에 침하와 건축물의 손상을 침하구배(δ/l)와 만곡도(Δ)를 기준으로 나타내면 다음과 같다.

▼ [표 6-9] 건축물의 손상과 침하구배 관계

조기침하의 경우 손상발생한계	장기침하의 경우 손상발생한계
$\delta/l > 1/200$ $\Delta > 1/500$	$\delta/l > 1/300$ $\Delta > 1/1,500$

(5) 이상의 결과에서 건축물의 미적, 구조적, 기능적 손상은 침하량의 크기보다는 부동침하에 의해서 결정되며 건축물의 침하는 부동침하를 동반하는 것으로 간주된다.

4 Hunt의 연구결과

Hunt(1984)의 연구결과는 아래와 같다.

▼ [표 6-10] 침하량 및 기울기와 구조물의 손상관계

기울기(δ/l)		1 / 300
최대부동침하량	점토	45mm
	사질토	30mm
총 침하량	점토	80mm
	사질토	40mm

MEMO

CHAPTER

07

탄산화 시험

CHAPTER 07 탄산화 시험

SECTION 01 개요

중성화의 화학적 변화

$Ca(OH)_2 + Co = CaCO_3 + H_2O$

$Ca(OH)_2$ + 산 = 중화로 알카리성 소실

- 탄산화 현상을 다른 표현으로 중성화현상이라고도 한다.

경화한 콘크리트는 초기에 알칼리성을 나타내나 환경적 요인 중 CO_2의 영향을 받아 점차 중성으로 변한다. 콘크리트로 피복된 철근은 초기의 알칼리 환경에서는 부식되지 않으나 점차 콘크리트가 탄산화되면서 부식된다. 콘크리트 탄산화가 진행되면서 철근은 부식되어 체적이 증가하기 때문에 콘크리트에 균열이 발생하고, 균열을 통한 수분 및 공기가 침투되어 콘크리트의 탄산화는 더욱 가속화된다. 결국 철근은 더 빠른 속도로 부식되는 과정이 반복되어 구조물의 내구성이 떨어지게 된다. 따라서 탄산화 깊이의 측정은 중요한 검사항목이라 할 수 있다.

탄산화 시험방법은 공시체 및 코어를 이용하여 실험실에서 시험하는 방법과 현장에서 구조체에 직접 시험하는 방법으로 분류할 수 있는데 본 장에서는 현장에서 사용하는 페놀프탈레인 시험법에 대해 살펴보도록 하겠다.

SECTION 02 측정 전 준비

수산화 칼슘에 의해 알칼리성의 콘크리트가 탄산화되는 원인

① 대기중의 탄산가스에 의해 탄산화
② 산성비 등에 의해 중화소실된다.
③ 물에 씻겨 알칼리성을 잃는다.

측정장소가 결정되면 일반적으로는 그 부분의 콘크리트를 절취하나 탄산화 시험과 동시에 콘크리트 코어에 의한 압축강도시험을 실시하는 경우에는 그 코어를 사용해도 탄산화 깊이를 추정할 수 있다. 콘크리트를 절취할 경우에는 철근을 따라서 30cm 정도의 길이로 절취하고, 그 깊이는 주근이 전부 나타날 때까지로 한다. 절취면에서 작업 중 발생한 분말이 다량으로 묻어 있으므로 압축공기 등으로 깨끗하게 제거한다.

이 분말이 미탄산화 부분의 콘크리트에서 발생한 것이라면 페놀프탈레인 용액을 분무할 경우 탄산화하고 있는 부분에서도 붉게 변색하기 때문에 미탄산화로 판단할 수도 있으므로 주의가 필요하다.

또 콘크리트 코어를 발췌해서 탄산화 시험을 실시하는 경우에는 코어 비트의 냉각에 사용된 물에 미탄산화 부분의 콘크리트에서 용출한 알칼리가 포함되어, 이것이 탄산화하고 있는 부분에 섞이면 앞에 기술한 것처럼 틀린 판단을 할 수 있다. 따라서 이런 경우에는 다음날까지 방치한 후에 측정하면 명확하게 판별할 수 있다.

기둥 및 보의 모서리는 X방향과 Y방향으로 탄산화가 진행되므로 평행부에 비해서 탄산화 깊이가 크게 된다. 따라서 모서리 근처에서 측정하는 경우에는 [그림 7－1]에 나타낸 것(모서리에서 탄산화 깊이 ＋25mm) 이상 떨어진 위치를 측정장소로 한다.

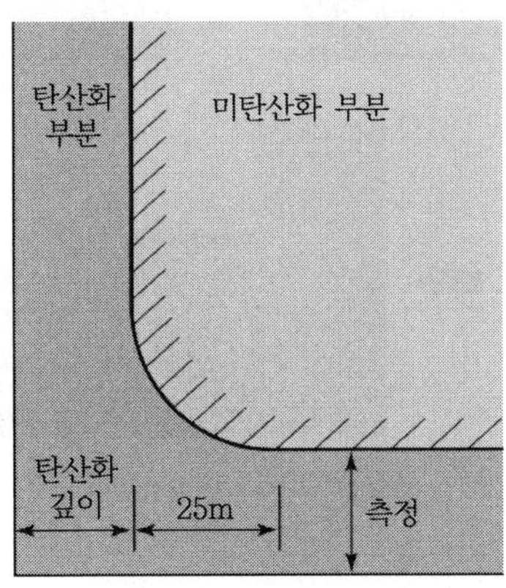

[그림 7－1] 모서리의 탄산화

>>> **탄산화 반응식**

$CO_2 + H_2O + Ca(OH)_2 \rightarrow CaCO_3 + 2H_2O$

>>>

공기 중에 탄산가스 농도는 0.03%로 낮지만 공업지대에 있어서는 그 농도가 높고 반응도 빠르다. 또한 외부보다 내부에서 탄산화 진행이 빠르다.

>>>

양질인 콘크리트에서는 탄산화의 경향은 완만해서 1년에 1mm라는 보고도 있다.

>>> **탄산화 측정장비**

페놀프탈레인 1% 용액, 분무기 또는 솔, 정, 드릴, 버니어캘리퍼스 등

SECTION 03 시험방법

콘크리트는 수화반응 이후 탄산화가 되지 않은 시점에서 pH 12.4～13의 알칼리성을 유지하며, 페놀프탈레인 시약을 분무하면 진한 적색을 나타내나 탄산화가 진행되어 pH 8.5～10의 중성단계에 이르면 무색으로 나타나므로 간단하게 탄산화 정도를 알 수 있다. 구체적인 시험방법은 다음과 같다.

(1) 측정 부위를 드릴로 천공하거나 정으로 쪼아내어 코어를 채취한다.
(2) 압축공기 등을 이용하여 측정 부위를 깨끗하게 청소한다.
(3) 측정 부위가 젖어 있으면 표면을 완전히 건조시킨다.
(4) 측정 부위에 페놀프탈레인 1% 용액(페놀프탈레인 분말 1g을 에틸알코올 90mL에 용해하고, 여기에 물을 더해 100mL로 한 용액)을 분무기로 분무한다.
(5) 적색으로 착색되었다가 퇴색된 부분도 탄산화 영역에 포함시킨다.
(6) 탄산화 깊이는 조사부위마다 3군데를 mm 단위로 측정하여 평균값으로 한다.
(7) 측정부위, 철근의 피복두께, 철근의 부식상태를 도면에 표시하고 사진을 촬영한다.

>>>

탄산화는 콘크리트의 표면에서 내부를 향하여 진행하며 콘크리트는 탄산가스와 반응한 중량만큼 무거워지고 치밀해진다. 그리고 탄산화함에 따라 약간의 극히 미세한 균열이 발생하지만 문제가 될 정도는 아니다. 따라서 탄산화에 의하여 물리적 변화가 생기는 이유는 수산화칼슘의 영향이 가장 크다.

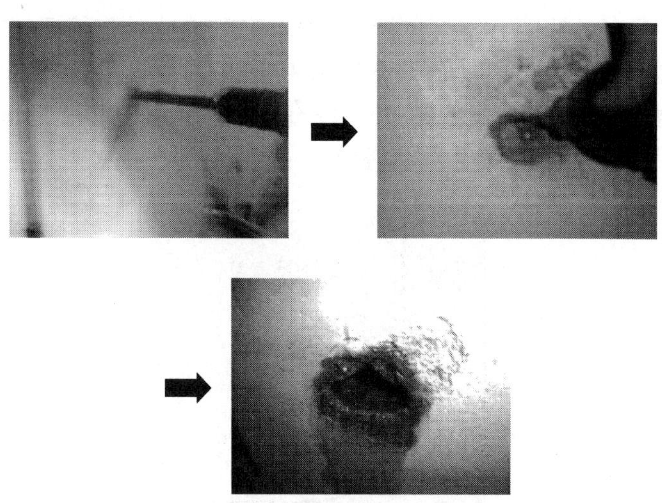

[그림 7-2] 탄산화 시험

SECTION 04 탄산화 깊이의 측정

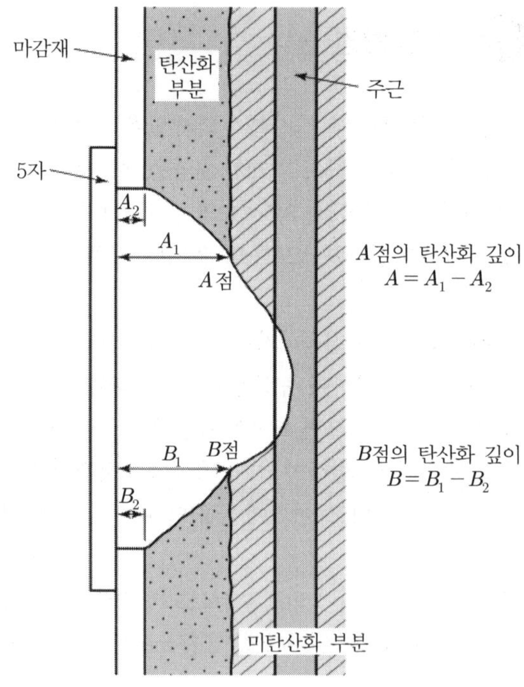

[그림 7-3] 탄산화 깊이의 측정방법

절취한 위치의 탄산화 깊이는 [그림 7-3]에 나타낸 것처럼 부재의 표면을 따라서 자를 대고, 탄산화하고 있는 부분과 미탄산화 부분의 경계선

≫ 콘크리트의 탄산화 진행 속도에 미치는 요인

① 시멘트의 종류 : 혼합시멘트(고로실리카, 플라이애시)는 수산화석회의 성분이 포틀랜드시멘트(조강, 보통, 중용열)보다 많이 때문에 탄산화는 빠르다.
② 골재의 종류 : 강모래나 쇄석을 사용할 경우 탄산화 속도가 늦어진다.
③ 표면활성제의 사용 : 표면활성제를 사용하면 물-시멘트 비(W/C)가 적어지며 시멘트 입자가 분산되고 밀실한 콘크리트가 되어 탄산화가 늦어진다.
④ 물-시멘트 비(W/C) : 물-시멘트 비가 적을수록 탄산화가 늦어진다.
⑤ 환경조건 : CO_2의 농도가 짙을수록, 산성비의 pH가 산성에 치우칠수록 탄산화가 빨라진다. 또한 습도가 높을수록 탄산화 속도가 빨라진다.

위치에서 자 하단까지의 거리를 재고, 표면에 마감재가 있는 경우에는 그 두께를 빼고 콘크리트의 탄산화 깊이로 한다.

탄산화 깊이는 측정하는 위치에 따라서 다소 차이가 인정되므로 절취면의 상하, 좌우 등의 되도록 많은 위치에서 측정해서 최대, 최소 및 평균 탄산화 깊이를 구하면 좋다.

콘크리트 코어를 사용해서 측정하는 경우에는 원주를 따라서 등간격으로 8개소 정도 측정해서 최대, 최소 및 평균 탄산화 깊이를 구한다.

마감재가 있는 경우에는 그 종류 · 두께 및 탄산화의 상황을 포함해서 기록하는 것이 바람직하다. 실제로 탄산화 깊이를 측정하면 [그림 7－4]에 나타낸 것처럼 마감재의 일부는 미탄산화로 있음에도 불구하고 내부의 콘크리트가 탄산화하고 있는 경우로 때때로 인정된다. 이것은 콘크리트의 일부가 탄산화한 다음에 마감재가 시공된 경우 등에 생기는 것이 많다.

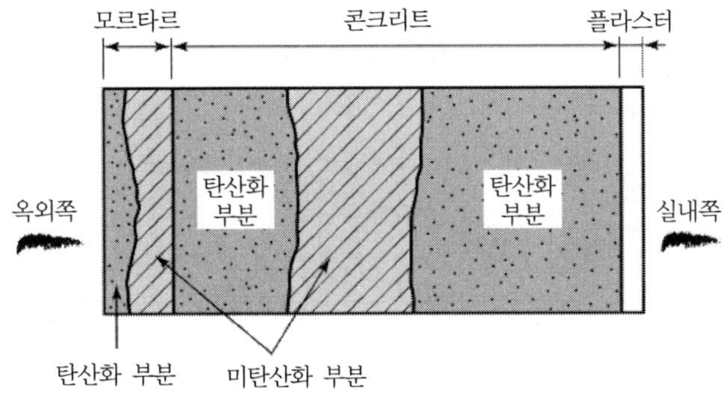

[그림 7－4] 탄산화 시험 결과의 표시방법의 예

탄산화 측정장소의 선정

목측의 대상이 되는 건축물의 피해 상황 및 개요를 파악한다.

① 피해 상황이 치우쳐 있지 않다고 인정되는 경우 : 각 층마다 기둥 · 보 · 벽 및 바닥의 대표적인 부분을 측정 장소로 선정한다.
② 피해 상황이 치우쳐 있다고 인정되는 경우 : 피해가 큰 층에 대해서는 피해가 현저한 곳과 경미한 곳 각 3개소를 선정한다.
③ 피해가 적은 층에 대한 경우 : 피해가 치우쳐 있지 않다고 인정되는 경우와 마찬가지로 하여 선정한다.

탄산화 방지 대책

① 재료 : 재료는 공극이 적은 재료를 선정하고, 유해성분(NaCl, 점토)이 포함되지 않는 재료를 선정한다.
② 설계
- 철근의 피복두께를 증가시킨다.
- 스페이서 등을 작은 간격으로 배치한다.
- 물－시멘트(W/C) 비를 적게 한다.
- 혼화제(AE감수제, 방청제 등)를 사용한다.
- 슬럼프를 가능한 한 작게 한다.
- 시공결함(Bleeding, Cold Joint 등)이 생기지 않도록 시공한다.
- 반드시 콘크리트의 표면처리를 한다.
- CO_2와 SO_3에 대해서 유효한 마무리재로 시공한다.

③ 시공
- 세심한 시공 및 충분한 다짐을 한다.
- 초기양생을 철저히 한다.
- 시공이음을 줄인다.

SECTION 05 탄산화속도계수 산정

탄산화 속도에 관한 공식을 이용하여 탄산화에 의한 잔존수명을 추정할 수도 있다. 국토교통부에서 발간한 시설물의 안전 및 유지관리 세부지침에 의하면 아래 식을 제시하고 있다.

$$C = A\sqrt{t}$$

여기서, C : 탄산화 깊이(mm)
A : 탄산화속도 계수(mm/$\sqrt{년}$)
t : 재령(년)

SECTION 06 구조물의 잔존수명 산정식

>>>

콘크리트가 탄산화되면, 아직 탄산화되지 않은 콘크리트에 비해 그 성질은 일반적으로 다음과 같은 경향이 있다.

① 강도는 커진다.
② 영계수는 작아진다.
③ 중량은 증가한다.
④ 길이는 수축한다.
⑤ 흡수율은 작아진다.
⑥ Total Porosity는 작아진다. 특히, 큰 공극경의 기공이 감소한다.
⑦ 탄산화된 콘크리트에 생성되는 $CaCO_3$는 육방정계의 Calcite가 대부분인데, 드물지만 바티라이트가 관찰되는 경우도 있다.

>>> 마감재에 따른 콘크리트 탄산화의 속도 순서

마무리 없음 > 페인트 마감 > 뿜칠 마감 > 두께 12mm 이하 몰탈 > 두께 15mm 이상 몰탈 > 타일 마감 > 돌 마감

건물 외부측의 각점에서 실측해서 얻은 탄산화 깊이 X를 이용하여, 다음 식에 따라 구조물의 잔존수명을 추정한다.

$$T=\frac{t_0}{X^2}D^2-t_0=t_0\left(\frac{D^2}{X^2}-1\right)$$

여기서, T : 구조물의 수명(연)
t_0 : 시험 시의 재령(연)
X : 시험 시의 탄산화 깊이(cm)
D : 철근의 피복두께(cm)

페놀프탈레인 용액에 의한 콘크리트 탄산화 측정 결과와 철근부식의 관계는 아래와 같다.

▼ [표 7-1] 콘크리트 탄산화와 철근부식 관계

변색범위 (pH값)	1	2	3	4	5	6	7	8	9	10	11	12	13
페놀프탈레인 1% 용액 변화	백색(무변화)									적색변화			
철근부식	녹슬기 쉬움									녹슬지 않음			

SECTION 07 탄산화와 콘크리트의 수명

철근콘크리트 구조물의 실태조사에 의해 일반 환경조건에서 철근의 부식은 탄산화 깊이와 피복두께의 상관관계에 의해 결정된다고 알려져 있다. 탄산화와 철근콘크리트 수명과의 관계를 [그림 7-5]에 나타낸다. 여기서 t_1은 탄산화 깊이가 철근의 표면에 도달하는 시점이며 지금까지는 철근콘크리트 구조물의 수명을 t_1의 시점으로 판단하여 왔다(탄산화 수명설). 그리고 한편으로는 부재 내력이 한계에 도달하는 시점인 t_3를 수명으로 보는 경우도 있다(구조내력 수명설).

그러나 최근에는 t_1의 시점은 부재 내력상 너무 안전하고, t_3는 너무 위험한 영역에 속하여 철근이 부식되어 균열을 발생시키는 시점인 t_2를 철근콘크리트의 수명 산정점으로 판정하고 있다.

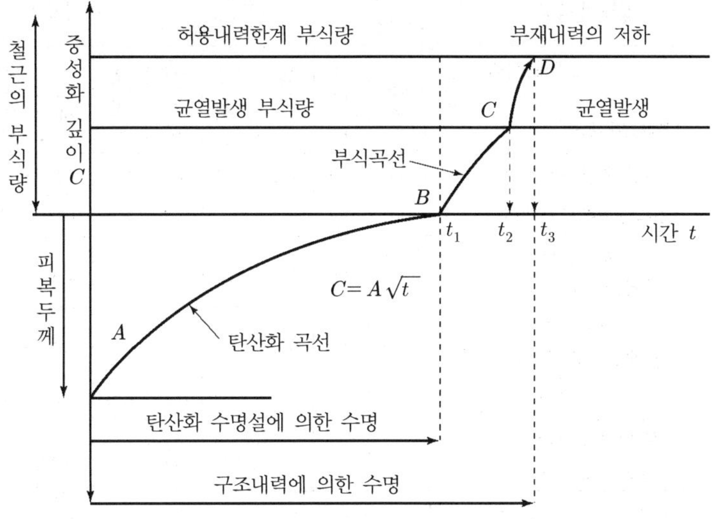

[그림 7-5] 탄산화와 철근콘크리트 수명과의 관계

SECTION 08 탄산화에 대한 상태평가등급 기준

▼ [표 7-2] 세부지침에 의한 콘크리트 탄산화에 대한 상태평가등급 기준

평가등급	평가기준	평가점수(대표값)
a	$C_t^* \le 0.25D^{**}$	1
b	$0.25D < C_t \le 0.5D$	3
c	$0.5D < C_t \le 0.75D$	5
d	$0.75D < C_t \le D$	7
e	$D < C_t$	9

[주] $^*C_t$: 콘크리트 탄산화 깊이(cm)
$^{**}D$: 측정된 철근의 피복두께(cm)

▼ [표 7-3] 콘크리트의 종류별 탄산화 비율 R

골재의 종류	강모래 강자갈			강모래 화산골재			화산골재		
표면활성제 / 시멘트의 종류	플레인	AE제	AE감수제	플레인	AE제	AE감수제	플레인	AE제	AE감수제
보통포틀랜드시멘트	1.0	0.6	0.4	1.2	0.8	0.5	2.9	1.8	1.1
조강포틀랜드시멘트	0.6	0.4	0.2	0.7	0.4	0.3	1.8	1.0	0.7
고로시멘트 (슬래그 30~40%)	1.4	0.8	0.6	1.7	1.0	0.7	4.1	2.4	1.6
고로시멘트 (슬래그 60% 전 후)	2.2	1.3	0.9	2.6	1.6	1.1	6.4	3.8	2.6
실리카시멘트	1.7	1.0	0.7	2.0	1.2	0.8	4.9	3.0	2.0
플라이애시시멘트 (플라이애시 20%)	1.9	1.1	0.8	2.3	1.4	0.9	5.5	3.3	2.2

[주] 경량콘크리트(1종 및 2종)의 R은 강모래 · 강자갈콘크리트와 강모래 · 화산자갈콘크리트의 중간 정도임

CHAPTER

08

지반조사

CHAPTER 08

지반조사

SECTION 01 지반조사 종류

1 지하탐사법

(1) 터파보기(Test Pit = 시험파기)

대지의 일부분을 시험파기하여 그 지층의 상태를 보고 내력을 추정한다.

(2) 탐사간(Sounding Rod = 짚어보기)

9mm 정도의 철봉을 땅 속에 박아서 그 저항이나 울림, 침하력으로 생땅의 위치나 흙의 강도 등을 측정한다.

(3) 물리적 지하탐사

지반의 구성층을 판단, 전기저항식, 강제진동식, 탄성파식이 있고, 전기저항식이 많이 쓰이며 건축공사에는 거의 사용하지 않는다.

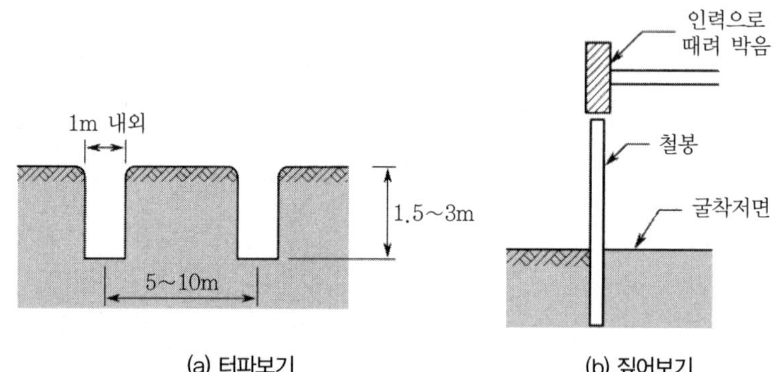

(a) 터파보기

(b) 짚어보기

발신지

수신지

직접파(지표)

굴절파(지중)

(c) 물리적 탐사법

[그림 8-1] 지하탐사법의 종류

터파보기 측정방법

직경 60~90cm, 깊이 1.5~3.0m, 간격 5~10m로 구덩이를 파서 생땅의 위치, 얕은 지층의 토질, 지하수를 조사한다.

지반조사의 구체적인 목적

① 구조물 위치 선정
② 구조물 설계계산
③ 기초 혹은 토공설계(지하구조물 포함)
④ 가설구조물 설계
⑤ 주위 환경영향평가(인접 구조물, 지반조건 및 환경변화 등)
⑥ 시공계획, 관리 및 확인
⑦ 지반사고 및 그 대책 수립
⑧ 재료의 적합성, 매장량 결정
⑨ 장기성능 확인, 안전진단 및 평가(구조물, 자연사면, 관측)
⑩ 유지관리(사고나 구조물 손상원인 규명 및 대책수립)
⑪ 기타(설계의 확인, 연구목적, 환경영향평가, 법적분규 등)

2 보링(Boring)

지중에 철관을 꽂아 천공하여 지중의 토질의 분포, 토층의 구성, 지하수위의 측정 등을 필요에 의해서 행한다.

(1) 보링의 종류

1) 오거식 보링(Auger Boring)

① Auger의 회전으로 시료를 채취한다.

② 얕은 지반에 사용한다.

③ 시료교란의 결점이 있다.

④ 10m 정도는 Hand Auger로 하고 10m 이상은 기계 Auger를 사용한다.

2) 수세식 보링(Wash Boring)

① 연약한 지반에서 내관 끝에 충격을 주면서 물을 분사해서 파진 흙과 물을 같이 침전층에 침전시켜 지층의 토질을 판별한다.

② 외관(Cashing Pipe) 사용 혹은 이수를 사용한다.

3) 충격식 오거(Percussion Boring)

와이어로프의 끝에 Bit(충격날)를 달고 60~70cm 상하로 움직여 낙하충격으로 토사암석 파쇄 후 천공 Bailer로 퍼내고 Bentonite 이수를 사용한다.

4) 회전식 보링(Rotary Boring)

① 날을 회전시켜 천공한다.

② 이수를 사용한다.

③ 4명이 1조로 하며 속도는 1일 3~5m 정도이다.

④ 10m 정도 굴착과 불교란시료채취가 가능하다.

⑤ 가장 정확하다.

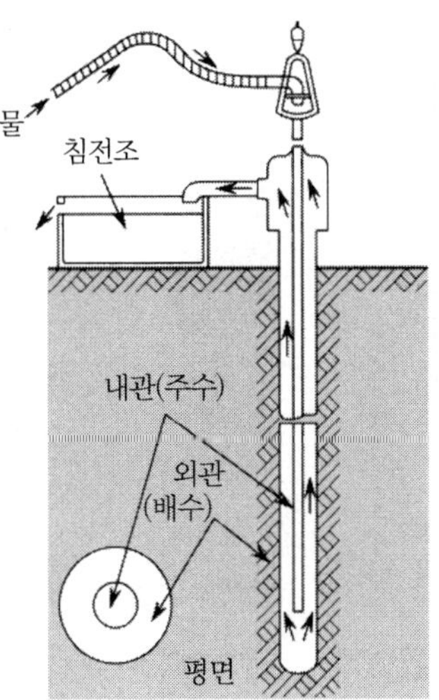

[그림 8-2] 수세식 보링

회전수세식 시추장비의 주요 부품

케이싱, 로드, 리밍 셸, 코어, 배럴, 비트 등이 있다.

① 케이싱(Casing)은 토사층에서 시추공의 붕괴를 방지하기 위하여 사용하는 관

② 리밍 셸(Reaming Shell)은 비트가 지반을 마모굴진하는 동안 공경을 확대하기 위한 부품이다.

③ 비트는 로드선단에서 직접적으로 지층을 천공하는 가장 중요한 부분이므로 시추목적과 지질상황에 따라 비트를 적절히 선정하여야 한다.

④ 로드는 비트의 회전과 급진을 전달하고 중공부를 통해 굴착용 유체를 칼끝에 공급하는 작용을 한다.

케이싱 및 비트의 종류와 규격

분	비트규격 (mm)		케이싱 규격 (mm)		코어 직경 (mm)
	내경	외경	내경	외경	
EX	21.5	37.7	41.3	46.0	20.2
AX	30.0	48.0	50.8	57.2	28.6
BX	42.0	59.9	65.1	73.0	41.3
NX	54.7	75.7	81.0	83.9	54.0
HX	68.3	98.4	104.8	114.3	67.5

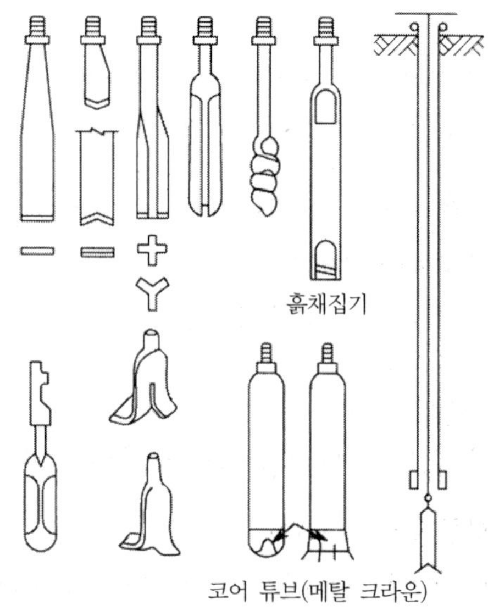

[그림 8-3] 보링용 기구

(2) 보링 사용기기

Core Tube, Rod, Bit(칼날), 외관(Casing Pipe)

(3) 보링 깊이

① 경미한 건축물 : 기초폭의 1.5~2배

② 일반 건축물 : 20m 이상이나 지지층 이상

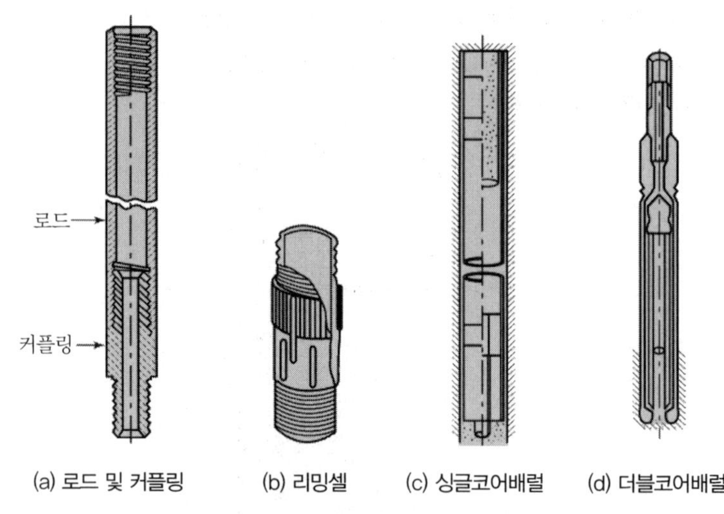

(a) 로드 및 커플링 (b) 리밍셀 (c) 싱글코어배럴 (d) 더블코어배럴

[그림 8-4] 시추기 부속품

3 샘플링(Sampling)

▼ [표 8-1] 샘플링의 종류

종류	특성
교란시료	흐트려져 버린 시료(토질의 성질, 다짐성 등을 시험)
불교란시료	자연상태로 흩어지지 않게 채취하는 시료
신월 샘플링 (Thin Wall Sampling)	• 시료채취기의 튜브가 얇은 날로 된 것을 써서 시료를 채취한다. • 연약점토에 적당하다. • 신뢰도가 높다.
컴포지트 샘플링 (Composite Sampling)	• 샘플링 튜브의 살이 두꺼운 것을 쓰는 시료채취방법 • 굳은 점토, 파괴된 모래의 채취에 적당
데니슨 샘플링 (Dension Sampling)	경질 점토채취 용이
포일 샘플링 (Foil Sampling)	연약층이 연결된 시료채취에 용이

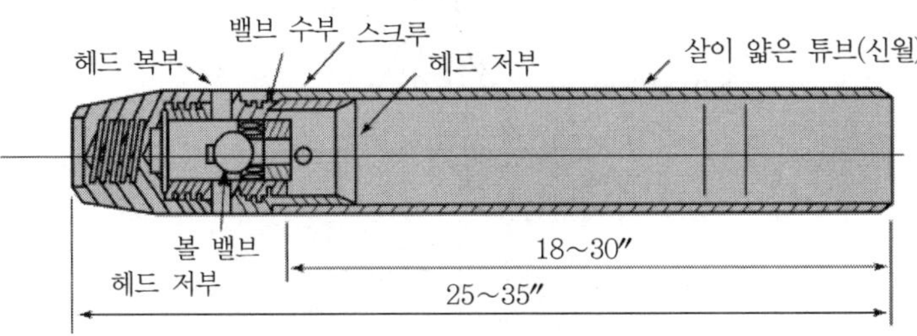

[그림 8-5] 신월 샘플러

>>> 샘플링의 목적

흙의 밀도, 강도 및 압축성을 실내시험을 통해 알아내고자 할 경우에는 흙의 조직이나 구조가 안정된 시료가 필요하다. 이때 보링에 의한 흐트러지지 않은 시료를 채취하려면 사용 환경 특성에 맞는 샘플러를 선정하여 시료를 채취하는데 목적이 있다.

4 사운딩(Sounding)

(1) 개요

Sounding이란 Rod의 선단에 붙은 스크류 포인트를 회전시키면서 압입하거나 원추콘을 정적으로 압입하여서 흙의 경도나 다짐상태를 조사하는 방법이다. 즉, 보링구멍을 이용하든지 직접 동적 또는 정적으로 시험기를 떨어뜨려 흙의 저항 및 그 위치의 흙의 물리적 성질을 측정하는 방법으로서 원위치 시험이라고도 한다.

(2) 종류

1) 표준관입시험(Standard Penetration Test)

사질토의 밀도 측정, 지내력 측정에 사용

① 표준관입시험용 샘플러를 중량 63.5kg의 추를 75cm의 높이에서 자유낙하시켜 충격으로 샘플러를 30cm 관입시키는 데 필요한 타격횟수 N값을 구하는 식이다.

>>> 사운딩의 목적

지반의 개황을 파악하는 목적으로써 조사능력이 큰 사운딩을 선정하여 정도는 다소 낮더라도 지층을 빠짐없이 조사하는 것이 중요하다.

>>> 사운딩 조사방법의 선정요령

① 미지의 지반 : 조사능력이 탁월한 표준관입시험
② 매우 연약점토층(N<2) : 휴대형 콘관입시험, 베인시험, 이스키미터시험
③ 연약점토층(2<N<4) : 휴대형 콘관입시험, 베인시험, 화란식 이중관콘관입시험, 스웨덴식 사운딩
④ 보통토층(4<N<30) : 표준관입시험, 동적 콘관입시험, 화란식 콘관입시험 또는 스웨덴식 사운딩
⑤ 사력층 : 표준관입시험, 대형 동적콘관입시험

> **표준관입시험 N값의 보정**
>
> 타격횟수 N값은 많은 요인으로 인해 측정된 N값에 영향을 미치게 되므로 다음의 사항에 대한 보정이 이루어져야 한다.
> ① Rod 길이에 대한 보정
> ② 토질에 대한 보정
> ③ 상재압에 대한 보정

② **표준관입시험 순서** : Rod 선단에 표준관입시험용 샘플러를 부착 → Rod 상단에 중량 63.5kg의 추를 75cm의 높이에서 자유낙하 → 표준관입시험용 샘플러를 지반에 30cm 관입 시 소요되는 타격횟수 N을 측정하여 밀도 판별

③ N값은 사질토와 점토질이 다르게 적용되고 N값이 클수록 밀실한 토질이다.

▼ **[표 8-2] 표준관입시험 N값에 의한 밀도측정**

모래질지반	N값	점토지반	N값
밀실한 모래	30~50	매우 단단한 점토	30~50
중정도 모래	10~30	단단한 점토	8~15
느슨한 모래	5~10	중정도 점토	4~9
아주 느슨한 모래	5 이하	무른 점토	2~4
		아주 무른 점토	0~2

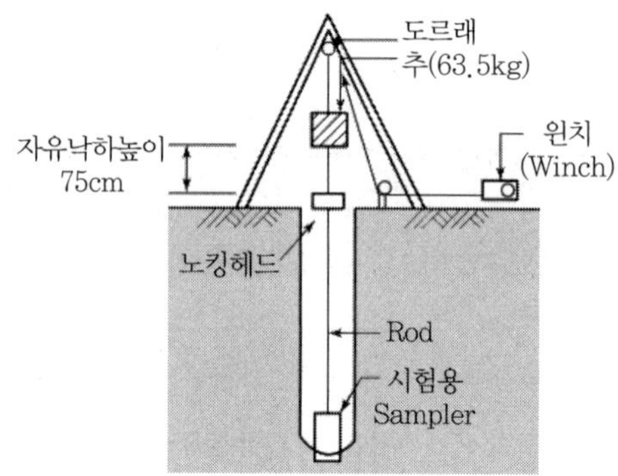

[그림 8-6] 표준관입시험

2) Vane Test

① 10cm 이내의 아주 연약한 점성토에서 보링구멍에 +자형 날개의 베인테스터를 소요깊이까지 관입하고 회전시켰을 때 그 회전력에 의한 저항모멘트로 점토의 전단력(점착력)을 판별하는 테스트

$$\text{점착력을 구하는 식} : S_u = \frac{M_{max}}{\left\{\dfrac{\pi D^2(3H+D)}{6}\right\}}$$

여기서, S_u : 점착력(kgf/cm²)
D : Vane의 지름(cm)
H : Vane의 높이(cm)

② Vane Test는 일축압축이나 삼축압축시험의 시료형성이 안되는 연약한 점토에서 행한다.

③ 깊이 10cm 이상되면 Rod의 되돌림으로 부정확하다.

3) Cone관입시험

① 원위치에서 콘을 정적으로 지반에 압입할 때의 관입저항에서 토질의 경연, 다짐상태 또는 구성을 판정하는 시험

② 매우 밀실한 모래층, 자갈층, 호박돌층 등은 반력장치의 관계상 측정은 불가능하다.

③ 매우 연약한 지반에서는 로드의 자중으로 침하하는 이유로 인해 측정이 불가능하다.

4) 포크블 콘관입시험

① 선단에 콘을 설치한 로드를 인력으로 일정한 속도로 연속 압입하여 그때의 관입저항값에서 흙의 강도를 알 수 있는 시험

② 연약한 점토, 실트층에 적합한 방법이다.

③ 조사심도는 매우 연약한 지반에서도 5m 정도까지가 한도이다.

5) 스웨덴식 사운딩

① 스크류 포인트를 로드의 선단에 설치하고 추의 재하에 의해 관입량을 측정한다.

② 토층의 경도, 다짐상태 또는 토층 구성을 판정하는 것이다.

③ 굳지 않은 점토성에 적합하다.

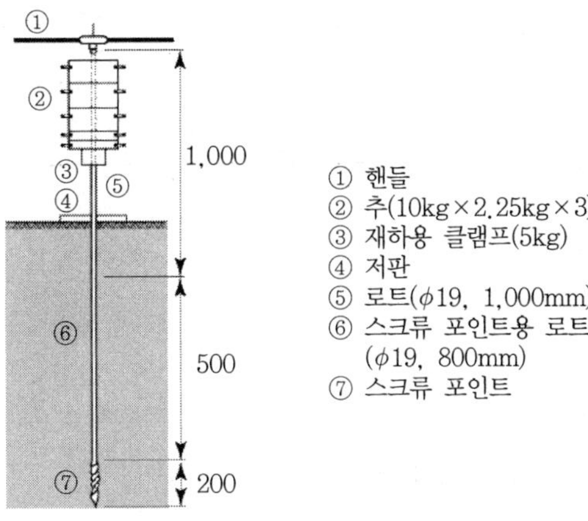

[그림 8-7] 스웨덴식 사운딩

▼ [표 8-3] 사운딩의 종류와 특징

시험명	선단형식	측정치	추정 정수	적용토질	유효심도 (가능심도)
표준관입 (Standard Penetration)	스플릿스푼 샘플러 (내경 35mm, 외경 51mm, 전장 81mm)	해머 중량 64kg, 자유낙하고가 75cm일 때 30cm 관입 시 타격횟수(N값)	모래의 상대밀도 및 내부 마찰각, 점토의 컨시스턴시, 일축압축강도 및 점착력 사질 및 점토지반의 허용 지지력	호박돌 외의 모든 토질, 매우 연약한 토질에서는 N=0	15~20m (50m)

》》 Cone관입시험의 방식 및 종류

① 정적 Cone관입시험방식
- 화란식 원추관입시험기
- 간이 정적 콘관입시험기
- 스웨덴식 관입시험

② 간이 동적 콘관입시험방식

》》 사운딩의 특성

① 기동성, 간편성
② 기능 및 정도 저하

원위치 시험 종류 및 측정치

시험명	측정치
표준관입시험	N치, 시료채취
수위측정	지하수위
보아홀 셰어	전단강도 정수(c)
유향유속계	유향, 유속
Ko브레이드 토압계	정지토압
코로존사운딩	간극률, 비저항
투기시험	투기계수, 분발압력
심층재하시험	연직지지력, 인발력
프레셔미터	정지토압, 수형k치
베인전단시험	비배수전단강도
간극수압측정	간극수압, 압밀계수
현장투수시험	간극수압, 투수계수

시험명	선단형식	측정치	추정 정수	적용토질	유효심도(가능심도)
동적 콘관입 (Dynamic Cone)	• 콘각도 : 60° • 면적 : SPT • 샘플러 면적	표준관입시험과 같음(N_d)	SPT의 N값 N_d≒(1∼2)N	호박돌 외의 모든 토질, 매우 연약한 토질에서는 N=0	15m(30m)
	• 콘각도 : 60° • 면적 : 20cm²	해머의 중량 30 kgf, 자유낙하고 35cm일 때 10cm 관입 시 타격횟수 (N_d 35/10)	SPT의 N값 N_d≒10N		10m(15m)
휴대형 콘관입 (Portable Cone)	• 콘각도 : 30° • 면적 : 6.45 cm²	인력압입 시 면적당 저항치 q_c(kg/cm²)	점토의 일축압축강도 q_c=5qu, 점토의 점착력 q_c=10c	매우 연약한 점토, 이탄질토	5m(10m)
화란식 콘관입 (Dutch Cone)	• 콘각도 : 60° • 면적 : 10cm²	압입 시 면적당 저항치 q_c (kgf/cm²) 및 주면마찰력 f_s (kg/cm²)	점토의 점착력 q_c=14∼17c	호박돌 외의 모든 토질	• 2t용 : 20m (40m) • 10t용 : 30m (50m)
스웨덴식 사운딩 (Swedish Sounding)	스크루 포인트 : ϕmax33mm	5, 15, 25, 50, 75, 100kgf 재하 때의 침하량(W_{sw}), 100kgf 재하 때의 1m당 회전수 (N_{sw})	SPT의 N값 (다수의 실험식 있음)		15m(30m)
간이 베인 (Portable Vane)	베인 • H=5cm • H=10cm	완속회전 모멘트의 최대치 M_{max}	연약점성토의 전단강도 τ	• 연약점토 • 실트 • 이탄질토	5m(10m)
베인(Vane)	베인 • H=2D • H=5∼10cm		연약점성토의 전단강도 τ		15m(30m)

SECTION 02 보링(Boring)조사

지반조사의 종류는 상기와 같이 여러 가지 종류가 있으나 주로 사용하는 보링(Boring)에 대해서 서술한다.

보링(Boring)조사의 목적

채취된 시료관찰에 의하여 지반의 구성상태, 지층의 두께와 심도, 층서, 지반구조 등을 조사하는 것

1 개요

보링이란 구조물 축조를 위해 지반을 착공하여 지반 구성 및 지하수위 파악, 불교란시료의 채취, N값을 측정하기 위한 표준관입시험, 공내 재하시험 등의 원위치시험을 하기 위해 지반을 착공하며, 보링을 이용한 지반조사를 통해 건설 공사의 설계 및 시공을 하는 데 있어 유용한 데이터를 얻을 수 있다. 보링은 건축물의 규모 및 사전조사를 실시하여 지반의 파악 정도를 검토하고, 작성된 시방서에 따라 실시하는 것이 일반적이다. 일반적인 건축물에 대한 보링 수량의 기준은 [표 8－4]와 같다.

▼ [표 8-4] 일반적인 건축물에 대한 보링의 수량

지반 구성	수량	깊이
사전조사를 통해 파악이 가능한 경우	1개소 이상을 원칙으로 하고, 건축면적 300~500m²마다 1개소를 기준으로 한다.	보링 중에서 1개소는 N값 50 이상의 지층을 5m 이상 확인한다.
사전조사를 통해 파악이 불가능한 경우	2개소 이상을 원칙으로 하고, 건축면적 100~300m²마다 1개소를 기준으로 한다.	파일럿 보링은 N값 50 이상의 지층을 5m 이상 확인한다.

▼ [표 8-5] 시추간격 배치기준

구분	시추간격	시추심도
한국도로공사		경암 1m
한국수자원공사, 미국해군공병단 (NAVFAC)	• 대규모 구조물 15m • 면적이 크고 하중이 작은 구조물은 네 모서리에 한 공씩 • 면적 225~900m² 독립강성기초는 주변을 따라 최소 3공 • 면적 225m² 이하 독립강성기초는 반대쪽 모서리에 최소 2공	• 연직응력이 접촉응력의 10% 보다 적게 분포하는 깊이까지 • 기초 최하부에서 최소한 9m를 조사하되 그 이전에 암반이 나타나면 종료
한국수자원공사, 일본지반조사 위원회	• 토층 균일 : 50m • 토층 보통 : 30m • 토층 불규칙 : 15m	• 보통 토층에서는 기초 폭 최소변장의 3배(6m 이상) • 연약토층에서는 지지층을 지나 5m까지
한국토지공사	• 건축물 : 15~60m • 기타 구조물 : 30~60m	기초 하부 1m 또는 지지층
한국건설기술 연구원	• 2개소 이상 • 각 방향으로 15~30m • 가장 적절한 방향을 따라서 지층단면도를 작성할 수 있도록	• 지지층 및 터파기 심도 하부 5m • 기반암이 출현하지 않는 경우 일부 시추공에서 기반암 2m
일본건축학회	• 지반추정 가능 : 구조물당 1공 이상, 건축면적 300~500 m²마다 1공 • 지반추정 불가능 : 구조물당 2공 이상, 건축면적 100~300 m²마다 1공	건축물 기초를 확인하기 위해 최소한 1공 이상 N > 50 지층 확인
BS (British Standard)	• 10~30m • 면적이 작은 구조물은 개소당 3공 • 구조물이 인접해 있을 경우 구조물당 1공	• 하중이 작용하는 구조물 폭의 최소한 1.5배 깊이까지 • 신설구조물이 지반이나 지하수에 영향을 미치거나, 지반이나 지하수가 신설구조물에 영향을 미치는 깊이까지 • 신설구조물로 침하가 일어날 수 있는 압축성 토층은 응력이 더 이상 증가하지 않는 깊이까지

[그림 8-8] 보링조사 장면

2 조사방법

(1) 검사 내용과 요령

1) 보링 위치, 본수, 심도의 확인

보링의 심도는 일반적으로 지반에 응력이 작용하는 범위까지 보링을 실시하며, 지지층에서 암반이 나와도 1~2m 정도를 확인 보링하는 게 보통이다.

2) 보링 위치의 지반 높이 측정

보링 위치의 표고를 정확하게 측정해야 하며, 표고 측정이 부득이한 경우에는 부지 내 또는 부지 외에 설정한 기준 레벨과의 관계를 확실하게 기록한다.

3) 보링방법의 확인

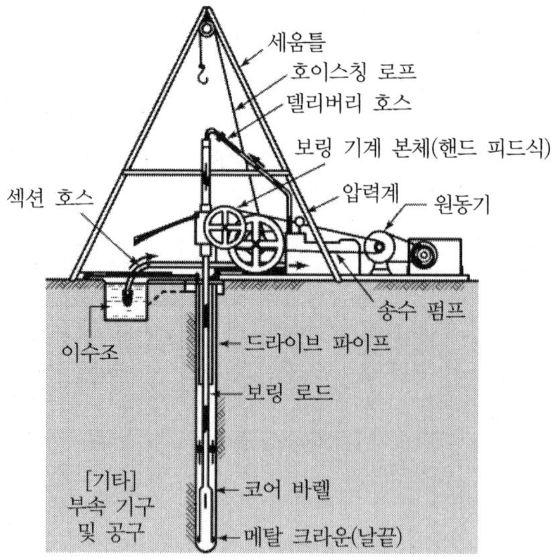

[그림 8-9] 로터리형 보링머신(핸드 피드식)

보링은 통상 기계보링을 뜻하며, 보링에는 회전식(Rotary Boring), 충격식(Percussion Boring), 수세식(Wash Boring) 오거 보링(Auger Boring) 등이 있다. 일반적으로 시추공 하부의 흐트러짐이 적은 회전식 보링을 채용하는 경우가 많으며, 굴진 가능 심도가 약 100m 정도의 기재 1식으로 2t 트럭에 적재할 수 있는 핸드 피드식 로터리형 또한 많이 사용되고 있다(그림 8－9 참조).
굴착은 지하수위를 확인하기 전에는 물을 사용하지 않고 굴착하는 것을 원칙으로 하되 굴착 깊이가 깊어지게 되면 날끝의 발열 방지 및 공벽의 붕괴 방지 차원에서 물의 사용이 필요하게 된다.

4) 보링 구멍 직경의 확인

보링을 통해 실시하는 원위치시험의 샘플링 항목에 대해 [표 8－6]에 나타낸 시추공 직경을 선정한다.

▼ **[표 8－6] 보링의 구멍지름**

<table>
<tr><th colspan="2">샘플링 및 원위치 시험 항목</th><th>적용 토질</th><th>필요최소 구멍지름 (mm)</th><th>비고</th></tr>
<tr><td colspan="2">기계보링</td><td>모든 토질</td><td>66
88
116</td><td>표준관입시험만인 경우 66mm로 함. 다른 원위치시험 · 샘플링을 실시할 때는 86mm, 116mm를 구분해서 사용함</td></tr>
<tr><td colspan="2">표준관입시험</td><td>호박돌 · 전석 · 암석을 제외한 것</td><td>66</td><td>샘플러의 지름은 51mm</td></tr>
<tr><td rowspan="2">불교란 시료의 채취</td><td>고정피스톤식 신월 샘플러</td><td>N<4의 점성토</td><td>86</td><td></td></tr>
<tr><td>데니슨형 샘플러</td><td>N≥4의 점성토</td><td>116</td><td>홍적 점토 · 롬은 N≤3에서도 데니슨형 샘플러가 필요한 경우가 있다.</td></tr>
<tr><td rowspan="3">지하수위 · 간극수압 측정</td><td>구멍 안 수위 측정</td><td>모든 지반</td><td>66</td><td>유공 염화비닐관을 설치하여 장기간 관측</td></tr>
<tr><td>현장투수시험</td><td>사질토</td><td>66</td><td>ϕ2 인치의 가스관을 사용하는 케이싱법</td></tr>
<tr><td>간극수압측정 (전기식)</td><td>점성토</td><td>66</td><td></td></tr>
<tr><td colspan="2">보링 구멍 안 재하시험</td><td>호박돌 · 전석 · 암석을 제외한 모든 토질</td><td>66
88
110</td><td>시험 기준에 따라 다름</td></tr>
</table>

5) 구멍 벽면의 붕괴에 대한 주의

회전식 보링에 있어서는 굴착 이수가 시추공 내벽의 안정에 효과가 있으므로 보통은 케이싱을 사용할 필요가 없다.

≫ 보링의 종류

① 회전식 보링(Rotary Boring)
② 수세식 보링(Wash Boring)
③ 충격식 보링(Percussion Boring)
④ 오거 보링(Auger Boring)

≫ 회전 수세식 시추의 특징

토사에서 경암까지 적용지질의 범위가 넓고, 굴진성능이 우수하며, 균등한 공경, 공벽의 평활성, 공저지반의 교란이 적으므로 시료채취 및 공내 원위치시험에 적합하며, 특히, 암석코어를 채취할 수 있으므로 암반 조사에는 널리 적용되는 시추방법이다.
회전 수세식 시추 중 지반조사용으로 수동 레버식이 많이 사용되고 있으나, 최근 샘플링의 품질을 중요시하게 되면서 유압식의 사용이 증가되고 있다.

≫ 구멍 벽면의 붕괴 방지대책

지표면 부근의 흙은 붕괴하기 쉬우므로 드라이 파이프를 3m 이상 박아 넣는 것이 바람직하다. 그 이하의 부분은 이수에 의한 벽면의 보호가 곤란한 경우에는 케이싱 파이프를 박아 넣는다. 그 경우 케이싱 파이프의 선단 심도는 시료채취 심도의 1m 이상 위쪽으로 고정하도록 한다.

6) 기타

보링조사의 계획에는 사전조사를 통해 장비 반입로나 작업 스페이스, 비계 등의 가설의 여부, 급수시설 등의 현지 상황을 사전에 확인해 둘 필요가 있다.

(2) 보링 결과의 기록

>>> 보링 주상도 토질 기호

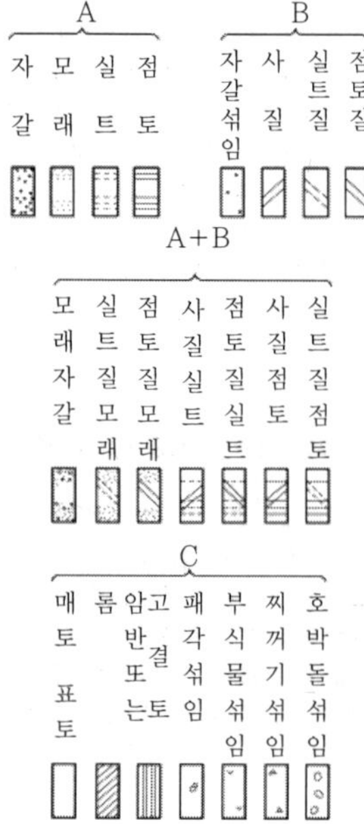

보링 결과는 보링 주상도(Column Section)로서 [그림 8-10]과 같이 기록한다. 주상도의 작성을 위한 토질 기호는 아직 통일되어 있지 않다. 기록 사항에는 다른 종류의 함유물(예 : 조개껍질, 부식물, 찌꺼기, 호박돌)의 종류와 함유 정도(소량, 다량 등)나 취기 등을 관찰한 결과를 자세하게 기입한다.

DRILL-LOG

PROJECT : 고창 ○○○ 안전진단	HOLE NO : BH-1
LOCATION :	CLIENT :
ANGLE : VERICAL	ELEVATION : 0.0(m)
BORING METHOD : WASH BORING	TOTAL DEPTH : 10.0(m)
DATE : 2004. 6. .	GROUND WATER TABLE : -8.7(m)
USED MACHINE : Y.T-300(KSF2318)	INSPECTOR :

SYMBOLIC LOG	DEPTH (M)	DESCRIPTION	SYMPLE	DEPTH	M/CM	S. P. T. (10 20 30 40 50)
		◉ 퇴적층[0.0m~1.5m] 황갈색 육성퇴적층으로 풍화토 사이전석, 암편 조각 협재 N치 불안정	◎	1.5	32/30	
	05m		◎	3.0	19/30	
		◉ 풍화토층[4.5m~8.4m] 황갈색 세립질 및 중립질의 풍화잔류토이며 실트로 분리되어 약간 조밀내지 조밀한 상태	◎	4.5	50/22	
	10m		◎	6.0	32/30	
	15m	◉ 풍화암층[8.4m~10.0m] 황갈색 상부 풍화대는 중립질 실트와 모래로 분리되며 매우 조밀한 상태. 일부 암편 발달	◎	7.5	50/14	
	20m	▸ 10.0m 시추종료	◎	9.0	50/08	
	25m					
	30m					

[그림 8-10] 보링 주상도(Drill Log)

3 보링에 의한 시료의 채취

(1) 요지

보링에 의해 채취된 시료는 흙의 밀도, 강도 및 압축성을 실내시험을 통해 지반의 물리적 특성 및 역학적 특성을 파악하는 데 사용되며 시료는 교란시료와 불교란시료로 나뉘어진다.

(2) 교란시료

1) 교란시료채취 목적

오거보링, 표준관입시험 시 샘플러에 들어오는 흙은 타격에 의해 샘플링이 되기 때문에 교란시료를 얻는 목적으로 사용되며, 교란시료는 단지 물리적 특성만 파악하는 데 쓰인다.

2) 시료교란의 원인

보링 시 시료교란의 원인은 아래 [표 8－7]과 같다.

▼ [표 8－7] 시료교란의 원인

조건	항목	비고
응력해방	천공에 의한 응력변화	• 천공으로 인한 σ_v의 과다한 인장변형 유발 • 큰 천공압력에 의한 과잉 압축변형 유발
	현장 초기 전단응력의 제거	결과로 발생하는 전단변형률은 일반적으로 작음
	구속응력의 제거	• 조립재의 존재로 인한 부의 간극수압의 손실 • 기포나 용해되지 않은 가스의 팽창
시료채취 기술	• 직경/길이, 면적비, 간격비 • 부속품 : 피스톤, 코어링 튜브, 내부코일 등	• 회수율 • 시료 벽면을 따른 접착력 • 내부 벽면을 따라 교란된 영역의 두께 → 위의 요소들에 의해 영향을 받음
	샘플러 추진	타격법보다 연속적인 추진방법이 좋음
	시료의 회수	시료의 바닥에서 석션 효과를 제거하기 위해 지공 브레이커를 사용
핸들링 방법	운반	충격, 기온변화 등을 피할 것
	저장	• 박테리아 성장을 최소화하기 위해 현장 온도로 관리 • 샘플링 튜브와의 화학적 반응을 피할 것 • 저장시간 장기화에 따른 물의 이동 증가
	시료추출과 성형 등	추가 변형을 최소화시킬 것

>>> **신월 샘플러 및 데니슨형 샘플러의 특징**

① 신월 샘플러는 부드러운 점성토에 사용되며, 스테인리스 또는 황동제의 날끝이 쌍으로 된 길이 1m의 원통(라이너 튜브)을 그대로 흙 속에 압입하여 시료를 채취한다.
② 데니슨형 샘플러는 라이너 튜브를 그대로 압입할 수 없는 굳은 점성토에 사용되며, 라이너 튜브와 그것을 덮고 있는 외관이 2중 구조로 되어 있으며, 외관은 회전하면서 굴진한다. 최근 데니슨형 샘플러와 유사한 기구의 트리플 튜브 샘플러가 개발되어 사용되고 있다.

>>> **슬라임(Slime)**

지반 착공 당시에 공벽의 절단 부스러기 또는 그것이 구멍 밑으로 침전된 것이다.

(3) 불교란시료

불교란시료의 채취는 점성토를 대상으로 행해지며, 얕은 지반에서 Core Cutter를 이용한 압입식, 고정 피스톤식 샘플러에 의해 채취한다.

>>> 불교란시표채취방법 요약

① 사용 샘플러의 선정
② 시료채취 심도의 확인
③ 시추공 하부의 슬라임 배제
④ 샘플러 세트
⑤ 샘플러 압입
⑥ 샘플러 뽑기
⑦ 로드의 압입과 시료 길이의 기록
⑧ 샘플링 튜브에 조사사항 기재
⑨ 재료의 시일
⑩ 시료의 보관, 운반

(4) 불교란시료채취방법

1) 사용 샘플러의 선정

▼ [표 8-8] 샘플링방법과 적용 토질

샘플링방법	적용 토질	필요최소 구멍지름(mm)	비고
고정 피스톤식 신월 샘플러	연약한 점성토 N>4	86 이상	가장 신뢰성이 높은 샘플러로서 널리 사용되고 있다.
데니슨형 샘플러	중간~단단한 점성토 N=4~5	116 이상	단단한 점성토에 잘 사용된다.
트리플 튜브 샘플러	중간~단단한 점성토 N≥4	116 이상	주로 N≥15의 점성토에 사용된다.
샌드 샘플러	모래 N<15~20		조사 업자가 독자적으로 개발한다.
기계 보링의 코어 바렐	연암암석	56 이상	연암에서 흐트러지지 않는다는 의미에서 문제가 있으나, 봉상의 코어에 의한 역학 시험은 가능하다.

[표 8-8]의 각종 샘플링 방법과 적용 토질을 참고하여 샘플러를 선정한다. 샘플러는 일반적으로 고정 피스톤식 신월 샘플러(Thin Wall Sampler)와 데니슨형 샘플러가 많이 사용되고 있다.

2) 시료채취 심도의 확인

보링 로드가 일정 깊이에 도달했을 때 로드 삽입 길이로 그 깊이를 확인한다. 일반적으로 로드의 단위 길이는 보통 3m이나 절단해서 사용하는 경우도 있으므로 미리 길이를 확인해야 한다.

3) 시추공 하부의 슬라임 배제

시추공 하부의 슬라임은 이수의 순환 등으로 제거한다. 이때 송수압이 높으면 시료가 흐트러지므로 주의해야 한다. 송수압은 10m의 곳에서 0.75kgf/cm^2, 20m의 곳에서 1.4kgf/cm^{2}를 기준으로 한다.

4) 샘플러의 세트

샘플러를 구멍 하부로 내리고 심도를 다시 확인한다.

5) 샘플러의 압입

샘플러에 일정 압력을 주어 땅 속에 샘플러를 매입한다. 이때 충격이나 회전을 주지 않도록 하고 매입 길이는 샘플링 튜브의 유효길이에 약 90% 정도로 한다.

6) 샘플러의 뽑기

샘플러는 채취 시료와 지반을 끊기 위해 최소한(180° 이내) 회전시키고 조용히 뽑아 올린다.

7) 로드의 압입과 시료 길이의 기록

시료의 흐트러진 상태를 파악하는 정보이므로 필히 기록한다.

8) 샘플링 튜브에 조사사항

조사명, 보링 번호, 시료 번호, 채취 심도, 채취일 등을 기입한다.

9) 재료의 시일

샘플링 튜브의 양단에 약 2%의 송진을 혼합한 다음 파라핀을 몇 회 나눠 주입하여 시일하고 캡을 씌워 비닐 테이프로 밀봉한다.

10) 시료의 보관, 운반

시료는 직사 일광이 닿지 않는 곳에 보관해야 하며 겨울철 동결에 주의한다. 운반 시에는 충격, 진동, 압력 등이 가해지지 않도록 주의해서 취급한다.

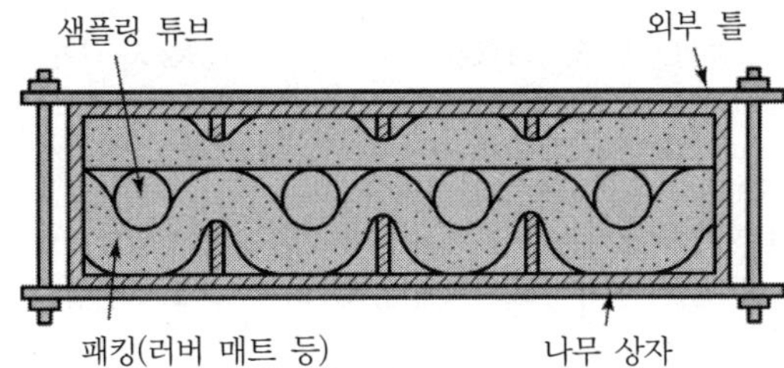

[그림 8-11] 수송용 상자의 일례

(5) 토질시험

채취된 시료의 실내 시험을 통한 토질시험은 여러 시험기관에서 실시되며, 주요 토질시험과 그 목적은 다음 [표 8-9]와 [표 8-10]과 같다.

▼ [표 8-9] 흙의 물리적 성질에 관한 시험

토질시험명	규격	시험상태	목적
흙비중	KS F 2308	교란	다른 토질시험치를 구하기 위한 기초 자료
함수량	KS F 2306	교란	다른 토질시험치를 구하기 위한 기초 자료, 함수상태의 판단

토질시험명	규격	시험상태	목적
입도	KS F 2302	교란	• 흙의 분류 • 재료로서의 판정 • 투수성의 추정
액성한계	KS F 2303	교란	• 흙의 분류 • 흙의 안전성 판정 • 재료로서의 판정
소성한계	KS F 2304	교란	• 흙의 분류 • 흙의 안전성 판정 • 재료로서의 판정
습윤밀도	KS F 1377	불교란	• 지반의 지지력 계산 • 침하 계산 • 토압 계산 • 사면 안정 계산

▼ [표 8-10] 흙의 역학적 성질에 관한 시험

토질시험명	규격	시험상태	목적
직접전단	ASTM D 3080-72	불교란	• 지반의 지지력 계산 • 토압 계산 • 사면의 안정 계산
1축 압축	DS F 2314	불교란	
3축 압축	ASTM D 2850-70	불교란	
압밀	KS F 2316	불교란	압밀침하의 계산

▼ [표 8-11] 서울시의 표준지반 분류(안)

지반명 및 정성적 특징 (노두조사 및 막장조사 시)	시추조사 시의 분류기준(충족조건)	개략 현장 탄성파속도 V_P(km/s)
퇴적토층(DS) : 원지반에서 분리 · 이동되어 다른 곳에 퇴적된 층으로 대체로 원지반보다 연약하며 입자의 크기나 구성에 따라 세분	흙의 통일분류법으로 세분함	–
풍화토층(RS) : 조암광물이 대부분 완전풍화되어 암석으로서의 결합력을 상실한 풍화잔류토로서 절리의 대부분은 풍화산물인 점토등 2차 광물로 충진되어 흔적만 보이고 함수포화 시에 전단강도가 현저히 저하되기도 하며, 손으로 쉽게 부수어지는 지반	N<50회 / 10cm 흙의 통일분류법으로 세분함	< 1.2
풍화암층(WR) : 심한 풍화로 암석자체의 색조가 변색되었으며 충진물이 채워지거나 열린 절리가 많고, 가벼운 망치 타격에 쉽게 부수어지며 칼로 흠집을 낼 수 있음. 절리간격은 좁음 이하이며 시추 시 암편만 회수되는 지반	TCR≥10% N≥50회 / 10cm q_u < 100kg/cm^2	1.0~2.5

지반명 및 정성적 특징 (노두조사 및 막장조사 시)	시추조사 시의 분류기준(충족조건)	개략 현장 탄성파속도 V_P(km/s)
연암층(SR) : 절리면 주변의 조암광물은 중간에 풍화되어 변색되었으나 암석 내부는 부분적으로 약한 풍화가 진행 중이며 망치 타격에 둔탁한 소리가 나면서 파괴되고, 일부 열린 절리가 있으며 절리간격은 중간 정도인 지반	TCR≥30% RQD≥10% q_u ≥100kg/cm^2 J_s ≥20cm	2.0~3.2
보통암층(MR) : 절리면에서 약한 풍화가 진행되어 일부 변색되었으나 암석은 강한 망치 타격에 다소 맑은 소리가 나면서 깨어지고, 절리면의 대부분이 밀착되어 있으며 절리간격이 넓음	TCR≥60% RQD≥25% q_u ≥500kg/cm^2 J_s ≥60cm	3.0~4.2
경암층(HR) : 조암광물의 대부분이 거의 신선하며 암석은 강한 망치타격에 맑은 소리를 내며 깨어지고, 절리면은 잘 밀착되어 있으며 절리간격이 매우 넓음	TCR≥80% RQD≥50% q_u ≥1,000kg/cm^2 J_s ≥200cm	4.0~5.0
극경암층(XHR) : 거의 완전하게 신선한 암으로서 절리면은 잘 밀착되어 있고 강한 망치 타격에 맑은 소리가 나며 잘 깨어지지 않고 절리간격이 극히 넓음	TCR≥80% RQD≥75% q_u ≥1,500kg/cm^2 J_s ≥300cm	> 4.5

[주] N : 표준관입시험(SPT)의 관입저항치, TCR : 코어 회수율, RQD : 암질 표시율
q_u : 코어시료 일축압축강도, J_s : 절리면 간격
TCR 및 RQD는 Nx 공경 다이아몬드 비트와 이중 코어배럴을 사용한 시추 시의 측정치임

상기 표에서

$$\text{TCR(회수율)} = \frac{\text{회수된 core의 길이}}{\text{굴착된 암석의 이론적 길이}}$$

$$\text{RQD(암질구분지수)} = \frac{\text{10.0cm와 같거나 보다 큰 회수된 부분의 길이 총합}}{\text{굴착된 암석의 이론적 길이}}$$

▼ [표 8-12] 사질토에서의 N값과 상대밀도 및 내부마찰각의 상관관계

N값	상대밀도(D_r)		내부마찰각(ϕ), °	
			Peck	Meyerhof
0~4	매우 느슨	0.0~0.2	< 28.5	< 30
4~10	느슨	0.2~0.4	28.5~30	30~35
10~30	중간	0.4~0.6	30~36	35~40
30~50	조밀	0.6~0.8	36~41	40~45
50 <	매우 조밀	0.8~1.0	41 <	45 <

>>> 현장 암석질과 RQD의 상관관계 비교

RQD	암질
0~0.25	매우 불량
0.25~0.50	불량
0.50~0.75	보통
0.75~0.90	양호
0.90~1.00	아주 양호

▼ [표 8-13] 물리탐사 종류 및 탐사방법의 특징

탐사법	이용하는 물리량	측정물리량	비고
중력탐사	밀도	중력가속도	육상측정, 해상측정
자력탐사	대자율	자기장	세기측정, 방향측정
전기탐사	전기비저항, 자연전위	전기비저항, 전위	전기비저항탐사, 자연전위법, 유도분극법
전자탐사	전기전도도, 투자율	전기장, 자기장, 위상	VLF법, EM법, MT법, TEM법
탄성파탐사	탄성계수	지진파속도	굴절법, 반사법
방사능탐사	방사능	Gamma Ray 강도	전성분 측정법, 단성분 측정법

1 중력탐사

암석 또는 광물의 밀도차에 의한 중력 이상(Gravity Anomaly)을 측정하여 이를 해석하는 탐사법

2 자력탐사

지구 자기장의 지역적인 변화는 암석 또는 광물의 대자율(Magnetic Susceptibility) 차이 때문에 생기며, 특히 암석 내의 자철석의 함량의 차이에 따라 대자율이 결정된다. 이와 같이 대자율의 차이에 의한 자력 이상(Magnetic Anomaly)을 측정하여 해석하는 탐사법

3 전기탐사

(1) 용도

터널, 교량의 Pier 설치위치 선정 및 구조물 등의 설계 시 지하구조(단층의 유무, 공동파악 등)의 추정과 지층(토질)의 구성판정을 위한 조사, 온천이나 지하수탐지를 위해 이용

(2) 전기탐사의 종류

1) 자연전위(Spontaneous polarization)탐사

광체 주변에서 자연적으로 발생하는 전기화학적 현상을 지표면에서 전위를 측정하여 해석하는 탐사

2) 전기비저항탐사

인공적으로 지하에 직류전류를 흘려보내고 지하매질의 전기전도도

>>> **전기비저항탐사의 종류**

① 슐럼버저(Shlumberger) 배열법
지표면상의 특정한 지점하부의 자세한 정보를 정량적으로 얻고자 할 때 적합
② 쌍극자 배열법
광역적으로 지하의 2차원적인 전기전도도에 대한 정보를 얻고자 할 때 적합
③ 유도극(Induced Polarization) 탐사법
과도(Transient)전류를 보내 매질의 전기화학적 특성에 의한 과도현상을 측정하여 해석하는 탐사법

(Electrical Conductivity) 차이에 의해 발생되는 전위를 측정하여 해석하는 탐사법으로 국내에서 지하수탐사에 가장 널리 쓰이고 전극의 배열에 따라 슐럼버저 배열법과 쌍극자 배열법 등으로 분류

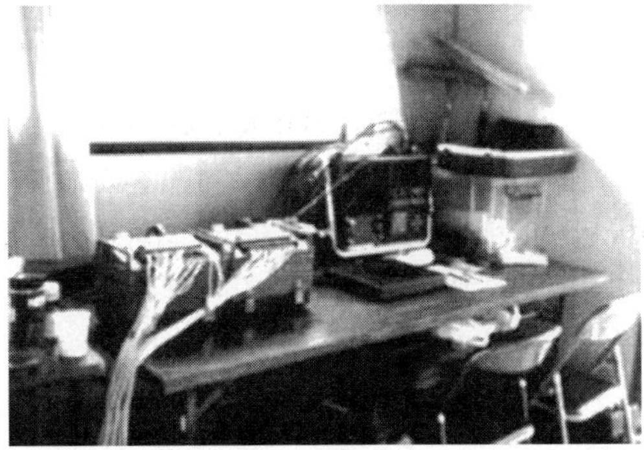

[그림 8－12] 전기비저항탐사 장비

[그림 8－13] 전기비저항탐사 장면

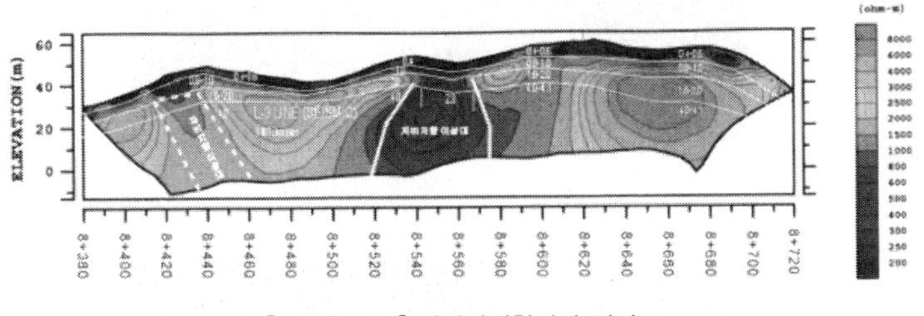

[그림 8－14] 전기비저항탐사 결과도

3) 측정방법

① 측선상의 지표면에 일정 간격으로 전극을 설치

② 조사지역을 중심으로 양방향에 각각의 탐사심도의 5~10배 정도 떨어진 지점에 전류전극과 전위전극을 원거리 접지시킨다(단극법).

③ 두 개의 전류전극(C_1, C_2)에서 전류를 흘려 보낸 후 측선상에 위치한 하나의 전위전극(P_1)에서 전위를 측정한다.

④ 원거리 접지된 전위전극(P_2)에서의 전위는 항상 0이다.

⑤ 측선상의 전류전극과 전위전극을 순차적으로 선택하여 전위 측정을 반복한다.

4 전자 탐사

전기전도도가 높은 지하광체의 전자유도특성을 이용하는 탐사로 지표면에서 도선이나 코일에 교류전류를 흘려보내면 전류 흐름의 변화율에 의해 전자장이 발생하게 되고, 이 1차 전자장에 의하여 지하의 양도성 광체에는 유도전류가 흐르게 되어 2차 전자장이 발생하게 된다. 이 2차 전자장의 특성을 탐지하여 해석하는 탐사법

전자 탐사 중 VLF 전자파 탐사

VLF(Very Low Frequency)송신소에서 송출하는 전자파를 이용하여 지하의 전기전도도 구조를 유추하는 탐사법으로 비교적 탐사 초기단계에서 지하 천부에 존재하는 이상체를 규명하는 데 많이 적용한다.

5 탄성파 탐사

지표 또는 해면부근에서 탄성파를 발생시켜 지하에 전파할 때 지표 또는 해면상의 수진기에 돌아오는 반사파 또는 굴절파를 수신하여 파형과 주행시간을 측정함으로써 지하구조를 규명하는 탐사법으로 터널의 굴착공법과 지보공의 선택을 위한 하나의 지표가 되는 P파 속도를 구함으로써 터널의 계획선까지의 P파 속도분포를 측정하는 것이 목적이다.

탄성파 굴적법 탐사

지표부근에서 해머타격 및 발파 등에 의해 인공적으로 탄성파를 발생시켜 지하매질 내 경계면으로부터 굴절되어 지표에 도달한 굴절파를 기록하여 지하구조를 해석하는 방법으로 지하매질별 탄성적 성질의 차이에 의해 탄성파의 전달특성이 다른 점을 이용 기반암의 심도 및 지하의 지질구조, 파쇄대, 연약대 등의 판별에 유용하다.

[그림 8-15] 탄성파 탐사 장비

[그림 8-16] 탄성파 탐사 장면

(1) 측정방법

① 측정상의 지표면에 5～10m Pitch에 12～24개의 수진기를 설치한다.
② 미리 설정한 발진점에서 순차적으로 발진하여 파동을 측정한다.
③ 측정된 파동기록을 이용하여 주시곡선을 작성한 후 이를 분석하여 측선하부의 P파 속도 분포를 구한다.

6 방사능 탐사

방사능 동위원소를 이용한 탐사법으로 주로 우라늄 광물의 직접탐사와 방사능 동위원소의 함량 차이를 측정하여 지질조사, 지하수탐사에 이용

>>> **탄성파 측정 시 숙지사항**

① 파동 측정 시 수진점으로부터 먼 거리의 발진을 위해 다이나마이트를 이용하기도 한다.
② 통상 탄성파탐사의 측선은 탐사 심도의 10배 정도가 필요하며, 지표면으로부터 터널의 형성심도가 100m 이상일 경우에는 수진기와 발진기 사이의 거리가 1000m 이상 필요하다.

MEMO

CHAPTER

09

소음 · 진동 측정

CHAPTER 09 소음 · 진동 측정

SECTION 01 소음 측정

소음 측정의 목적

정확한 소음 측정으로 인한 건설현장 내 소음 저감 대책 마련 및 객관적인 근거 제시에 목적이 있다.

1 일반사항

건설공사에서 공사현장 인근 주변에 소음, 진동 등의 장해를 주는 것은 주로 기초공사의 시공에서 시작된다. 기초 지정, 흙막이 벽 시공에서부터 터파기, 철골, 구체의 콘크리트 부어 넣기에 이르는 공정에 집중된다. 이 외에 다듬기 작업이나 트럭의 출입으로 인한 소음이 남아 있지만, 건축물 내부 마감공사는 작업자에게는 장해가 되나 구체의 차음으로 인해 주변에 대한 영향은 적다. 시공 단계에서 소음에 대한 조사 항목과 그 내용을 정리하면 [표 9－1]과 같다.

▼ [표 9－1] 시공 단계에서 소음에 대한 조사 항목과 그 내용

조사 내용	내용
1. 신고(내용)에 대해서	
(1) 신고서가 있는지의 여부	▸ 신고서의 유무 확인
(2) 소음대책이 신고서 내용과 다르게 되어 있는지의 여부	▸ 건설작업이 신고서대로 실시되고 있는지 확인 및 작업의 종류, 기계, 대수 등의 체크
(3) 작업시간대의 체크	▸ 특정 건설 작업시간대의 엄수, 1일에 관한 연작업시간의 엄수, 동일장소에 대한 연소작업시간의 엄수
(4) 규제에 관한 기준치에 적정하는지 여부	▸ 부지 경계선 소음 레벨 체크
2. 주민(내용)에 대해서	
(1) 주민 설명회는 실시하고 있는지	▹ 일시, 참가인원수, 설명회 내용
(2) 불만의 유무	▹ 주민과의 양해사항, 협정은 지켜지고 있는가?
(3) 불만 처리의 내용은 없는가?	▹ 불만이 발생한 경우 신속하고 구체적으로 대응 ▹ 불만을 접수받는 담당자를 결정할 것
(4) 현장의 공해 방지 관리 체제는 어떤가?	▹ 현장(감독) 패트롤의 실무

3. 소음원(건설기계, 장치 등)에 대해서	
(1) 음원(건설기계)의 선정은 적정한가?	▹ 저소음형 건설기계의 채용
(2) 건설기계의 노후도는 어떤가?	▹ 노후화된 것은 갱신
(3) 이상음의 발생 개소는 없는가?	▹ 기계류의 보수 관리, 부품의 교환, 방음 커버, 소음기 등의 확인
(4) 건설기계의 진동은 어떤가?	▹ 발생 진동이 작은 기계공법의 채용
(5) 건설기계의 운전 조작은 적정하게 되는가?	▹ 정격 운전이 되고 있는가? 엔진 소리, 공회전에 유의 ▹ 출입 차량의 소음 방지, 운행 속도의 관리 ▹ 크레인 등의 작업 소음의 방지, 운전법의 지시 ▹ 적재, 적하 시의 소음 방지, 작업 소음의 관리
(6) 작업소 안의 확성기 등의 사용에 관한 배려는 어떤가?	▹ 장내 방송의 인근에 미치는 영향 방지
(7) 특정 건설작업 이외의 작업 소음 대책은 어떤가?	▹ 기타의 주요 발생원 대책
(8) 공사 중의 소음 관리는 어떤가?	▸ 연속적 또는 각 공정마다 소음 측정
4. 차음성(전반 대책)에 대해서	
(1) 차음벽의 차음 구조현상은 적정한가?	▹ 벽체의 강성 등의 검토
(2) 차음벽의 설치 위치는 적정한가?	▹ 차음벽의 방음 효과 확인, 민가까지의 거리에 유의
(3) 차음벽, 흡음재 표면의 청소, 관리는 적정한가?	▹ 먼지 퇴적의 제거
(4) 울타리, 건축물 사이의 상호 반사는 어떤가?	▹ 울타리의 흡음 처리
(5) 차음(울타리)은 충분히 그 목적을 다하고 있는가?	▹ 틈, 파손 개소 유무, 높이, 재질, 여유 깊이(음의 회절에 대한)

[주] ▸ : 소음진동관리법상 중요한 조사 내용

2 생활소음 규제 기준

소음으로 인한 피해 방지 및 소음을 적정하게 관리, 규제하기 위해 환경부에서 제정, 공포한 생활소음 규제 기준은 [표 9－2]와 같다.

▼ [표 9－2] 생활소음 규제 기준

[단위 : dB(A)]

<table>
<tr><th rowspan="2">대상지역</th><th rowspan="2" colspan="2">소음원</th><th colspan="3">시간별</th></tr>
<tr><th>아침, 저녁
(05:00~07:00, 18:00~22:00)</th><th>낮
(07:00~18:00)</th><th>밤
(22:00~05:00)</th></tr>
<tr><td rowspan="7">주거지역, 녹지지역, 관리지역 중 취락지 · 주거개발진흥지구 및 관광 · 휴양개발진흥지구, 자연환경보전지역, 그 밖의 지역에 있는 학교 · 종합병원 · 공공도서관</td><td rowspan="2">확성기</td><td>옥외설치</td><td>60 이하</td><td>65 이하</td><td>60 이하</td></tr>
<tr><td>옥내에서 옥외로 소음이 나오는 경우</td><td>50 이하</td><td>55 이하</td><td>45 이하</td></tr>
<tr><td colspan="2">공장</td><td>50 이하</td><td>55 이하</td><td>45 이하</td></tr>
<tr><td rowspan="2">사업장</td><td>동일건물</td><td>45 이하</td><td>50 이하</td><td>40 이하</td></tr>
<tr><td>기타</td><td>50 이하</td><td>55 이하</td><td>45 이하</td></tr>
<tr><td colspan="2">공사장</td><td>60 이하</td><td>65 이하
공휴일(60 이하)</td><td>50 이하</td></tr>
<tr><td rowspan="6">그 밖의 지역</td><td rowspan="2">확성기</td><td>옥외설치</td><td>65 이하</td><td>70 이하</td><td>60 이하</td></tr>
<tr><td>옥내에서 옥외로 소음이 나오는 경우</td><td>60 이하</td><td>65 이하</td><td>55 이하</td></tr>
<tr><td colspan="2">공장</td><td>60 이하</td><td>65 이하</td><td>55 이하</td></tr>
<tr><td rowspan="2">사업장</td><td>동일건물</td><td>50 이하</td><td>55 이하</td><td>45 이하</td></tr>
<tr><td>기타</td><td>60 이하</td><td>65 이하</td><td>55 이하</td></tr>
<tr><td colspan="2">공사장</td><td>65 이하</td><td>70 이하</td><td>50 이하</td></tr>
</table>

[비고] ① 소음의 측정방법과 평가단위는 소음 · 진동공정시험방법에서 정하는 바에 따른다.
② 대상지역의 구분은 국토이용관리법(도시지역의 경우에는 도시계획법)에 의한다.
③ 규제기준치는 대상지역을 기준으로 하여 적용한다.
④ 옥외에 설치한 확성기의 사용은 1회 2분 이내, 15분 이상의 간격을 두어야 한다.
⑤ 공사장의 소음규제기준은 주간의 경우 1일 최대작업시간이 2시간 이하일 때는 +10 dB을, 2시간 초과 4시간 이하일 때는 +5dB을 규제기준치에 보정한다.

[그림 9-1] 소음 측정 장비

3 생활(건설)소음 측정방법

(1) 측정점의 선정

① 측정점은 피해가 예상되는 자의 부지경계선 중 소음도가 높을 것으로 예상되는 지점의 지면 위 1.2~1.5m 높이로 한다.

② 측정점에 담, 건물 등 높이가 1.5m를 초과하는 장애물이 있는 경우에는 장애물로부터 소음원 방향으로 1~3.5m 떨어진 지점으로 한다. 단, 장애물이 방음벽이거나 충분한 차음이 예상되는 경우에는 장애물 밖의 1~3.5m 떨어진 지점 중 암영대(暗影帶)의 영향이 적은 지점으로 한다.

③ 위 ① 및 ②의 규정에도 불구하고 피해가 우려되는 곳이 2층 이상의 건물인 경우 등으로서 피해가 우려되는 자의 부지경계선에 비하여 소음도가 더 큰 장소가 있는 경우에는 소음도가 높은 곳에서 소음원 방향으로 창문 · 출입문 또는 건물벽 밖의 0.5~1m 떨어진 지점으로 한다.

(2) 측정의 조건

1) 일반사항

① 소음계의 마이크로폰은 측정위치에 받침장치를 설치하여 측정하는 것을 원칙으로 한다.

② 손으로 소음계를 잡고 측정할 경우에 소음계는 측정자의 몸으로부터 50cm 이상 떨어져야 한다.

③ 소음계의 마이크로폰은 주소음원 방향으로 하여야 한다.

④ 풍속이 2m/sec 이상일 때에는 반드시 마이크로폰에 방풍망을 부착하여야 하며, 풍속이 5m/sec를 초과할 때에는 측정하여서는 아니 된다.

⑤ 진동이 많은 장소 또는 전자장(대형 전기기계, 고압선 근처 등)의 영향을 받는 곳에서는 적절한 방지책(방진, 차폐 등)을 강구하여 측정하여야 한다.

»» 소음 관련 단위 정의

① dB(L)
음압의 크기 LEVEL을 표시한 것으로 폭발로 인하여 공기압으로 표출되는 폭풍압으로 인한 공기의 압력으로 그 크기가 결정된다.

② dB(A)
음압의 크기도 주파수 크기가 달라지면 인체에 느끼는 감각적 크기가 달라지기 때문에 중심 주파수를 1,000Hz 기준으로 하여 등 청감도 곡선에 의거 보정된 소음치를 의미하며, 환경의 소음기준도 dB(A)를 의미한다.

③ dB(L)을 dB(A)로 보정할 때 주파수 영역별 개략적 보정치

주파수(Hz)	소음보정치dB(A)
20	−50.0
30	−40.0
40	−31.5
50	−29.5
60	−26.0
70	−23.5
80	−22.0
90	−20.5
100	−19.0

2) 측정사항

① 측정소음도의 측정은 대상 소음원을 정상적으로 가동시킨 상태에서 측정하여야 한다.

② 암소음도는 대상소음원의 가동을 중지한 상태에서 측정하여야 한다.

(3) 측정기기의 조작

1) 사용 소음계

KSC－1502에서 정한 보통소음계 또는 동등 이상의 성능을 가진 것이어야 한다.

2) 일반사항

① 소음계와 소음도 기록기를 연결하여 측정 · 기록하는 것을 원칙으로 한다. 소음도 기록기가 없을 경우에는 소음계만으로 측정할 수 있다.

② 소음계 및 소음도 기록기의 전원과 기기의 동작을 점검하고 매회 교정을 실시하여야 한다.

③ 소음계의 레벨렌지 변환기는 측정지점의 소음도를 예비조사한 후 적절하게 고정시켜야 한다.

④ 소음계와 소음도 기록기를 연결하여 사용할 경우에는 소음계의 과부하 출력이 소음 기록치에 미치는 영향에 주의하여야 한다.

3) 청감보정회로 및 동 특성

① 소음계의 청감보정회로는 A특성에 고정하여 측정하여야 한다.

② 소음계의 동 특성은 원칙적으로 빠름(Fast)을 사용하여 측정하여야 한다.

(4) 측정시각 및 측정 지점수

적절한 측정시각에 2지점 이상의 측정지점수를 선정 · 측정하여 그 중 가장 높은 소음도를 측정소음도로 한다.

(5) 측정자료 분석 및 암소음 보정

1) 자료분석방법

측정자료는 다음 경우에 따라 분석 · 정리하며, 소수점 첫째자리에서 반올림한다. 다만, 측정 소음도 측정 시 대상소음의 발생시간이 5분 이내인 경우에는 그 발생시간 동안 측정 기록을 한다.

① 디지털 소음자동분석계를 사용할 경우
샘플주기를 1초 이내에서 결정하고 5분 이상 측정하여 자동 연산 · 기록한 등가소음도를 그 지점의 측정소음도 또는 암소음도로 한다.

마이크로폰

암소음

대상으로 하는 특정음 이외의 소리의 총칭이며, 백그라운드 노이즈로도 불리운다.

등가소음도

임의의 측정시간 동안 발생한 변동소음의 총에너지를 같은 시간 내의 정상소음의 에너지로 등가하여 얻어진 소음도를 말한다.

② 소음도 기록기를 사용하여 측정할 경우

5분 이상 측정 기록하여 다음 방법으로 그 지점의 측정소음도 또는 암소음도를 정한다.

㉠ 기록지상의 지시치의 변동폭이 5dB(A) 이내일 때에는 변화폭의 중간소음도로 한다.

㉡ 기록지상의 지시치가 불규칙하고 대폭적으로 변하는 경우에는 최대치에서 소음도의 크기 순으로 10개를 택하여 산술평균한 소음도로 한다.

③ 소음계만으로 측정할 경우

계기조정을 위하여 먼저 선정된 측정위치에서 대략적인 소음의 변화양상을 파악한 후 소음계 지시치의 변화를 목측으로 5초 간격 50회 판독 · 기록하여 다음의 방법으로 그 지점의 측정소음도 또는 암소음도를 정한다.

㉠ 소음계의 지시치의 변화폭이 5dB(A) 이내일 때에는 변화폭의 중간소음도로 한다.

㉡ 소음계 지시치가 불규칙하고 대폭적으로 변하는 경우에는 최대치에서 소음도의 크기 순으로 10개를 택하여 산술평균한 소음도. 다만, 등가소음을 측정할 수 있는 소음계를 사용할 때에는 5분 동안 측정하여 소음계에 나타난 등가소음도로 한다.

2) 암소음 보정

측정소음도에 다음과 같이 암소음을 보정하여 대상소음도로 한다.

① 측정소음도가 암소음보다 10dB(A) 이상 크면 암소음의 영향이 극히 작기 때문에 암소음의 보정 없이 측정소음도를 대상소음도로 한다.

② 측정소음도가 암소음도보다 3~9dB(A) 차이로 크면 암소음의 영향이 있기 때문에 측정소음도에 [표 9-3] 보정표에 의한 보정치를 보정한 후 대상 소음도를 구한다.

▼ [표 9-3] 암소음의 영향에 대한 보정표

[단위 : dB(A)]

측정소음도와 암소음도의 차	3	4	5	6	7	8	9
보정치	−3	−2		−1			

③ 측정소음도가 암소음도보다 2dB(A) 이하로 크면 암소음이 대상소음보다 크므로 ① 또는 ②항이 만족되는 조건에서 재측정하여 대상소음도를 구하여야 한다.

(6) 평가 및 측정자료 기록

1) 평가

앞의 2)의 항으로부터 구한 대상 소음도를 생활소음 규제기준과 비교하여 판정한다.

2) 측정자료 기록

측정자료는 [서식 1]에 의하여 기록한다.

[서식 1]

생활소음 측정자료 평가표

작성 연월일 : 년 월 일

1. 측정 연월일	년 월 일 요일 시 분부터 시 분까지		
2. 측정대상	소재지 : 명 칭 :		
3. 측정자	소속 : 직명 : 성명 : (인) 소속 : 직명 : 성명 : (인)		
4. 측정기기	소음계명 : 기록기명 : 부속장치 : 삼각대, 방풍망		
5. 측정환경	반사음의 영향 : 풍속 : 진동, 전자장의 영향 :		
6. 측정대상의 소음원과 측정지점			
소음원	규 격	대 수	측정지점 약도
			(지역구분 :)

(7) 측정자료 분석결과(기록지 등 첨부)

① 측정소음도 : dB(A)

② 암소음도 : dB(A)

③ 대상소음도 : dB(A)

SECTION 02 진동 측정

1 개요

건설공사에서 말뚝기초공사, 지반개량지정공사, 흙막이공사 등이 주요 진동 발생원이다. 이중 말뚝 및 샌드파일박기 등에 의해 생기는 지속적인 충격 진동은 공해 · 장해의 영향이 제일 크다. 건설공사에서 발생되는 진동은 「소음진동관리법」에 의해 규제되므로 진동에 대한 대책의 계획 및 실시할 시에는 상기의 내용에 대해 충분히 이해하여야 한다.

2 측정방법

(1) 진동 레벨계

진동 측정은 KS C 1507에 규정된 진동 레벨계 또는 이것과 동등한 성능 이상을 가진 측정기를 사용한다. 진동 레벨계는 인간의 전신 진동에 대한 감각 특성을 도입한 측정기이다.

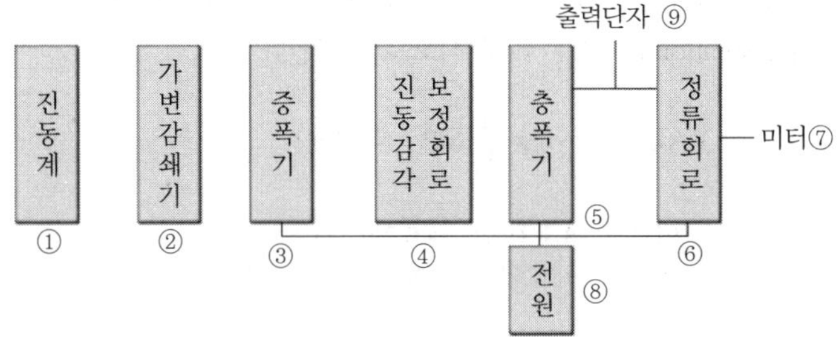

① 진동을 전기 에너지로 변환(전압 · 동전형)
② 전기 신호의 크기를 조절한다.
③ 전기 신호를 증폭한다.
④ 전기 신호에 진동감각 보정을 한다.
⑤ ③과 같다.
⑥ 전기 신호를 정류하여 실효치로 한다.
⑦ 신호의 실효치를 지시한다.
⑧ 증폭기에 전기를 공급한다.
⑨ 주파수 분석기 · 데이터 레코더에 신호를 보낸다.

[그림 9-2] 진동 레벨계의 구성

진동 입력을 캐치하는 환진기(Pick Up)에 속도 또는 가속도 환진기를 사용하여, 미분 적분 회로에 의해 필요에 따라서 지시계의 진동 변위, 가속도의 어느 것인가를 지시한다. 진동레벨계의 구성과 각각의 물리적 의미는 [그림 9-2]와 같다.

진동이론

충격원에 의해 발생하는 파(진동)들은 압축파(P파), 전단파(S파), 표면파(레일리파)의 세 가지로 크게 나눌 수 있다.
세 개의 파형은 암석이나 토양 속을 진행하는 물체파(압축파, 전단파)와 보통 상부 지표를 따라 진행하는 표면파(레일리파)로 구분할 수 있다. 물체파들은 다른 암석, 토양층이나 지표면고 같은 경계면을 만날 때까지는 외부를 향해 구상으로 전파하다가 경계면에서 표면파가 생성된다.
그러므로 진동파동의 전달거리가 멀 때는 표면파가 중요하게 된다.

진동의 특성

① 압축파 : 진동파동이 진행과 같은 방향으로 입자운동
② 전단파 : 직각으로 움직임
③ 표면파 : 가장 복잡, 진동파동의 진행 방향에 평행하면서도 수직인 방향으로 움직임

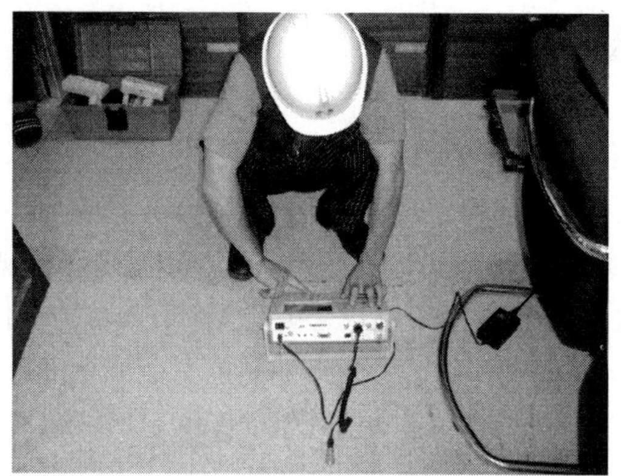

[그림 9－3] 소음 · 진동 측정 장면

측정에 필요한 기술 용어에 대해 설명을 한다.

1) 진동 가속도 레벨

진동 감각은 진동 가속도가 변하면 대부분 그 대수(Logarithm)에 비례해서 변화한다. 이것에서 감각을 평가하는 진동 공해에서는 대수 척도를 사용한 진동 가속도 레벨을 사용한다. 진동 가속도 레벨 VAL(Vibration Acceleration Level)은 다음 식으로 정의된다.

$$\mathrm{VAL} = 20 \cdot \log\frac{A}{A_0}\ (\mathrm{dB} : \text{데시벨})$$

여기서, A : 가속도 실효치(cm/s²)

A_0 : 기준 가속도 실효치(10^{-5}cm/s²)

2) 진동 스펙트럼

공사 진동은 제멋대로 시간적 변화를 하는 불규칙한 진동이다. 진동을 구성하는 주파수 성분을 횡축에 표시하고 가속도 레벨을 종축에 표시한 것을 진동 스펙트럼이라고 한다. 공해 진동에서는 1～90Hz의 범위를 대상으로 하고 있으나, 이 범위에서 어느 폭의 주파수대로 나누고, 이 가운데 평균 가속도 레벨을 사용하여 표시한다. [그림 9－4]의 실선이 진동 스펙트럼이다. 주파수 밴드 폭은 통상 1/3 옥타브 및 옥타브 폭이 사용된다. 옥타브의 정의는 두 개의 주파수 f_{i+1}, f_i의 사이에 다음의 관계가 있다.

$$\frac{f_{i+1}}{f_i} = 2^n$$

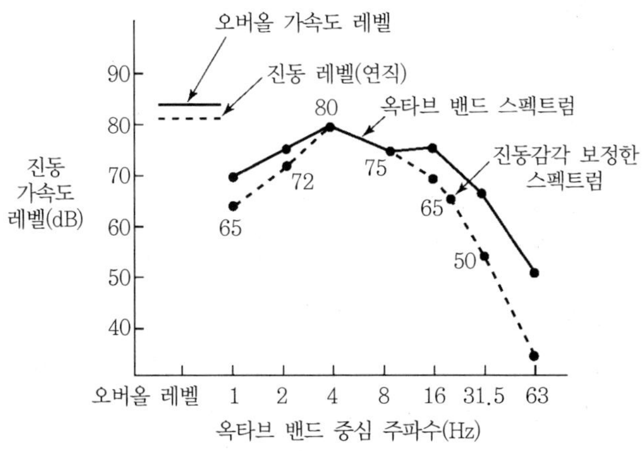

[그림 9-4] 주파수 분석 결과

3) 오버올과 밴드 레벨

진동 스펙트럼을 해석할 때 오버올(Overall)이라는 것이 있다. 이것은 진동 감각에서 불규칙 진동인 경우 각 주파수 밴드의 진동을 따로따로 감지해서 취하는 것이 아니고, 각 주파수 전체를 하나의 진동으로서 느낀다. 이 합성된 진동의 가속도 레벨을 오버올이라 한다.

4) 진동 레벨

진동 스펙트럼은 공해 진동의 물리량에서 [그림 9-5]에 나타낸 주파수 특성 중에서 평탄 특성을 사용하며, 진동에 대한 인간의 반응은 들어있지 않다. 이 진동 스펙트럼을 [그림 9-4]에 나타낸 주파수로 보정을 하여 합성한 것을 진동 레벨이라고 한다. 서 있을 때는 4~8Hz의 인간의 공진점이 있으며, 가장 느끼기 쉬운 진동수 영역이다.

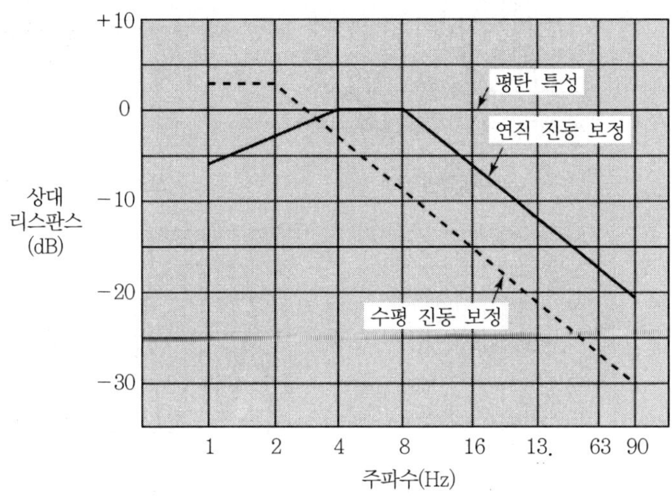

[그림 9-5] 진동 감각 보정 특성

진동량의 단위

성분	기본 단위	그 밖의 단위	
변위	cm	$\mu=10^{-3}$mm $=10^{-4}$cm mm$=10^{-1}$cm m$=10^{2}$cm	in.
속도	cm/sec	mm/sec $=10^{-1}$cm/sec kine=1cm/sec m/sce $=10^{2}$cm/sec	in./sec
가속도	cm/sec^2	gal=1cm/sec^2 g=980cm/sec^2 ≒1,000gal m/sec^2 $=10^{2}$cm/sec^2	in./sec^2

* 진동주파수(f)
Cycle/sec(C.P.S), Hz

1kine(카인)

1초에 1cm의 진동을 말하며, 단위는 cm/sec이다.

>>> **진동의 측정장소 선정 시 주의사항**

① 진동 측정 장소로서 부지 경계가 정해져 있는 것은 배출 기준의 규제치에서 오는 것이다.
② 진동 공해 불만은 거주자에게 오는 것이므로, 부지 경계에 구애되어 진동의 본질을 잊지 않도록 주의한다.
③ 진동원에서의 거리, 진동 전파 경로상의 진동 성상을 파악한다.

(2) 측정방법

1) 측정장소

① 진동 공해 대상인 경우에는 진동원 부근의 지반 위의 부지 경계선 위로 한다.

② 진동 공해 대상 가옥의 거주성에 관한 가옥의 진동을 측정하는 경우는 가옥의 다짐바닥, 지반 1층 또는 2층의 바닥 등에서 측정한다.

2) 측정 계기의 설치 · 취급의 주의

① 환진기를 지반에 설치할 경우 지반을 굳게 다지거나 지반에 안정된 콘크리트 블록 위에 세트한다.

② 진동계의 성능상 온도 · 습도에 대해서는 충분히 유의하여야 한다. 여름에 장시간에 걸친 직사 일광에서의 측정은 피하고, 지정되어 있는 온도 범위 안에서 측정한다.

③ 동선 바퀴형 환진기를 사용하는 진동계는 전자 유도에 주의한다.

3) 지시계의 읽기

① 정상 진동인 경우는 한 장소에서 1회 측정하여도 좋으나 불규칙하게 변동하는 경우는 여러 번 측정하여 평균치로 한다.

② 규칙적으로 변동하는 경우에는 최대 · 최소치의 변동 시방을 밝혀 둔다.

③ 말뚝박기 등의 간헐적인 진동일 경우 진동 발생 시마다 최대치를 읽고 여러 번의 평균치로 표시한다. 진동 레벨의 변동과 분류를 [그림 9-6]에 나타낸다.

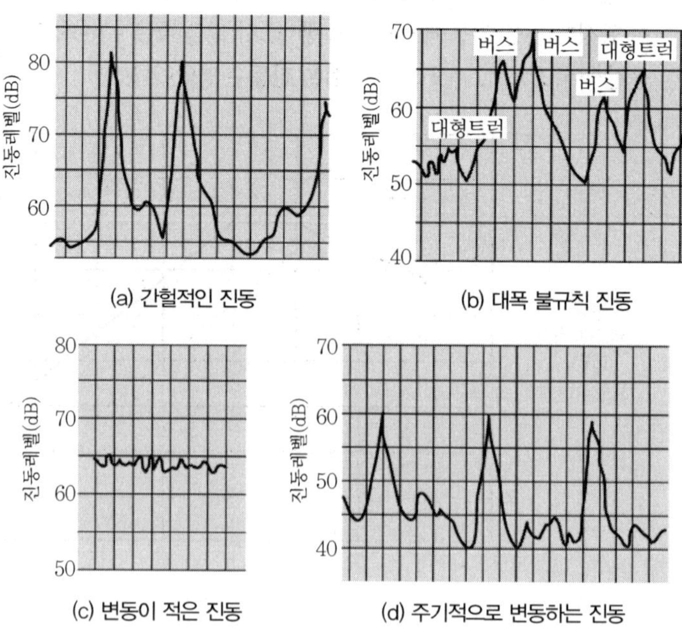

[그림 9-6] 진동 레벨 변동

▼ [표 9-4] 국내 공공기관의 발파진동 허용기준

[단위 : cm/sec]

구분	진동 속도에 따른 규제 기준	
	건물 종류	허용진동치
서울시 지하철 시방기준	문화재, 정밀기기 설치건물	0.2
	주택, 아파트	0.5
	상가, 사무실, 공공건물	1.0
	RC, 철골조 공장	4.0
노동부 (노동부고시 94~26호)	문화재, 컴퓨터 등 정밀기기	0.2
	결함 또는 균열이 있는 건물	0.5
	균열이 있고 결함이 없는 빌딩	1.0
	회벽이 없는 공업용 콘크리트 구조물	1.0~4.0
한국토지공사 시방기준	가축(소, 닭, 돼지 등)	0.09
	문화재, 진동예민 시설물	0.2
	주택, 아파트	0.5
	상가건물	1.0
	철근콘크리트건물	1.0~4.0
건교부 터널설계기준 (1999)	진동예민 구조물(문화재 등)	0.3
	조적식 벽체와 목재 천장구조물(재래가옥 등)	1.0
	조적식 중 · 소형 건축물(저층양옥, 연립주택 등)	2.0
	철근콘크리트 중소형 건축물(중, 저층아파트 등)	3.0
	철근콘크리트 대형 건축물(고층아파트 등)	5.0

(3) 진동평가

1) 진동 레벨의 평가

불규칙 진동에서는 진동계의 미터가 변동한다. 이 진동의 크기를 정하기 위해 「소음진동관리법」에서는 10% 값을 사용한다.

이 방법은 불규칙하게 변동하는 진동을 일정한 시간 간격에서 100개 측정하고, 이 데이터에서 진동 레벨이 낮은 것을 누적하여 누적빈도곡선을 구하고, 이 도수의 90%에 상당하는 진동 레벨을 10% 값, L_{10}으로 표시한다.

다른 표현으로는 이것을 80% 구역(Range)의 상단치 또는 누적도의 50%에 상당하는 진동 레벨을 중앙치라고 한다. 누적 도수 곡선을 [그림 9-7]에 나타낸다.

>>> **발파진동식**

$$V = 160\left(\frac{D}{\sqrt{W}}\right)^{-1.6}$$

여기서, V : 예상진동속도(cm/sec)
D : 폭원에서의 이격거리(m)
W : 지발당 장약량(kg/delay)

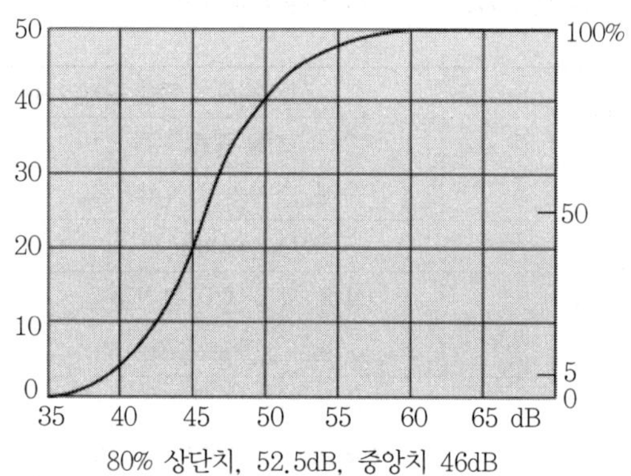

[그림 9-7] 누적도수곡선

>>> **물적인 진동 피해 기준**
>
> ① 건물, 시설물에 대한 물적인 피해기준은 진동속도(V)로 기준해야 한다.
> ② 인체와 가축 등에 미치는 영향에 대한 피해기준은 가속도 레벨인 dB(V)로 기준하는 것이 타당하다.

2) 진동 규제치

소음진동관리법에서는 시 · 도지사가 관계시장 · 군수 · 구청장의 의견을 들어 주거 밀집 지역, 병원 또는 학교 주변의 지역, 그 밖의 지역에서 진동 방지를 함으로 인해 주민생활환경을 보전할 필요가 있다고 인정되는 것을 지정하고, 이 지정 지역에 대해서 규제를 하는 것이다.

지정 지역 안에서 시행되는 모든 건설작업에 의해 발생하는 진동이 규제되는 것이 아니며, 특히 진동이 큰 작업(특정 공사를 말함)을 규제 대상으로 하고 있다.

3) 진동 영향 평가 기준

지금까지의 연구에 의한 평가기준법은 가속도, 속도로 평가되는 것이 많고, 소음진동관리법과의 관련을 알아둘 필요가 있다. 이것을 [표 9-5]에 나타낸다.

▼ **[표 9-5] 진동 환산표**

진동 구분	가속도 (cm^2/s)	진동 가속도 레벨(dB)	진동 레벨 (dB)	진동 속도 (mm/s)	호칭명	지진동의 정도
0	0.8 이하	55 이하	49 이하	0.11 이하	무진	진동의 감각역치
I	0.8 ~2.5	55 ~65	49 ~58	0.11 ~0.3	미진	약간 느낄 수 있을 정도
II	2.5 ~8.0	65 ~75	58 ~67	0.3 ~0.8	경진	대부분 느끼며, 창문이 약간 흔들림
III	8.0 ~25.0	75 ~85	67 ~77	0.3 ~2.4	약진	창문 · 미닫이 등이 떨면서 울림

진동 구분	가속도 (cm^2/s)	진동 가속도 레벨(dB)	진동 레벨 (dB)	진동 속도 (mm/s)	호칭명	지진동의 정도
Ⅳ	25.0 ~80.0	85 ~95	77 ~86	2.4 ~6.2	중진	기물이 넘어지고 물이 넘침
Ⅴ	80.0 ~250.0	95 ~105	86 ~96	6.2 ~17.2	강진	벽의 균열이나 돌담이 무너짐
Ⅵ	250.0 ~400.0	105 ~109	96 ~99	17.2 ~25.7	열진	목조가옥 파괴 30% 이하
Ⅶ	400 이상	109 이상	99 이상	25.7 이상	격진	목조가옥 파괴 30% 이상, 산사태

인체에 미치는 진동 감각 평가는 종래부터 마이스터(Meister)감각 곡선이 사용되고 있다. [그림 9-8] A에서의 유감곡선은 연직 방향의 진동 레벨에서 약 57dB 정도이다.

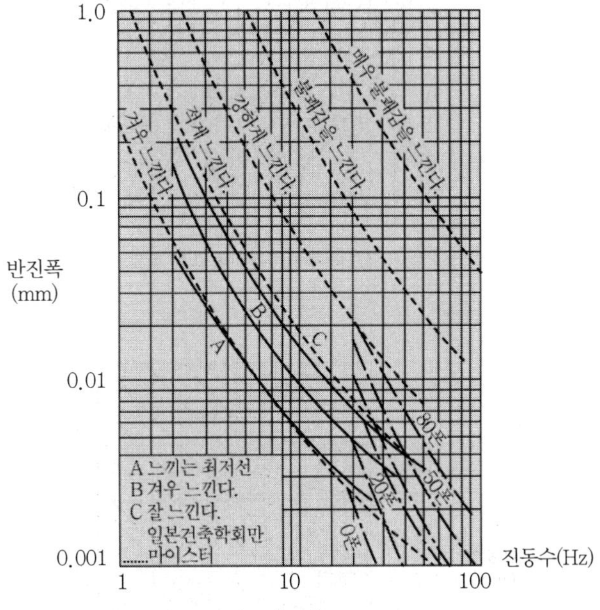

[그림 9-8] 진동감각곡선

>>> 미국 광무국(USBM)의 진동수준 조사자료(1984. Stagg)

구분	진동수준 (cm/sec)
일상 활동 걷기	0.08
뜀뛰기	0.71
문을 꽝 닫았을 때	1.27
벽면에 못을 박을 때	2.24

>>> 국내 지하철 공사 진동에 관한 조사

구분	진동속도 (cm/sec)	측점위치
한발을 굴렀을 때	0.16 ~0.35	방구들
두발을 굴렀을 때	0.40 ~0.63	방구들
버스나 트럭이 지나갈 때	0.28 ~0.89	도로변

건축물의 피해에는 기초 · 벽 등의 균열이 있다. 진동허용치로서 [그림 9−9]의 자료가 많이 사용되고 있다. 또한 진동영향평가로서 중요시 되는 것 중에 정밀기기의 진동허용치가 있다. 현 상태에서는 ISO 2631 · 2 바닥 용도별의 평가(정밀 시설 바닥)를 참고하는 것도 유효하다. 진동을 받는 정밀 시설은 검사 · 제조 등의 여러 갈래에 걸쳐 있으므로 거기에 의한 개별 취급이 중요하다(그림 9−10).

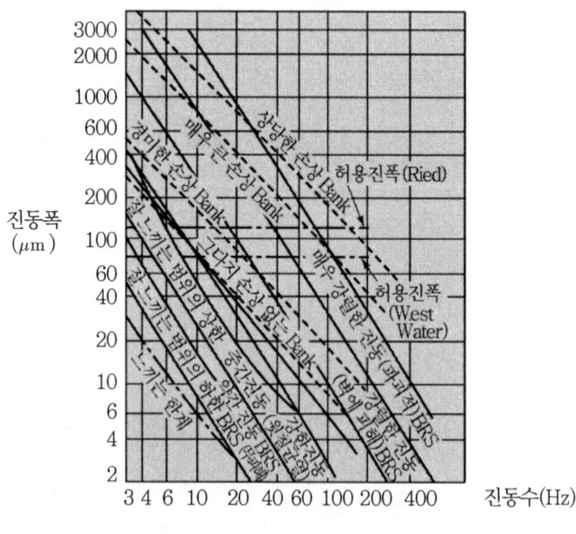

[그림 9−9] 건축물 피해 한도

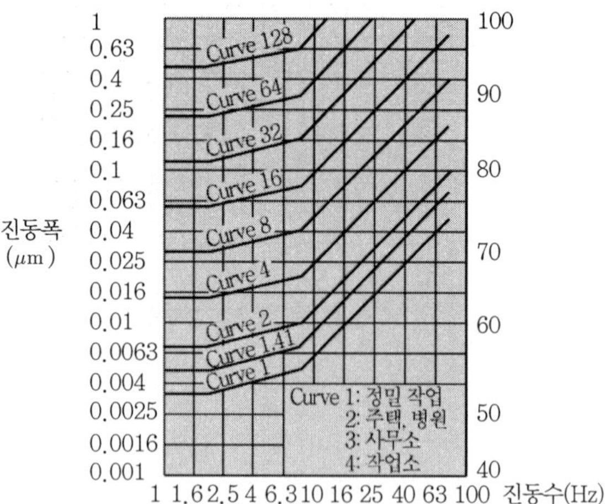

[그림 9−10] 건축물 용도별 바닥진동

SECTION 03 소음 · 진동 방지 대책

1 소음 · 진동 관리지침

▼ [표 9-6] 소음 · 진동 관리지침

분류	세부규칙
주민협조 체제구축 현장주변 상황조사	• 공사시행 전에 지역 주민에게 공사내용을 설명하고 협조를 구한다. • 위험물 등 현장 주변을 조사한다. • 관할 관련 기관과 사전 협의를 거쳐 행정 절차 등 도움을 구한다.
소음 · 진동 발생예측	• 소음진동관리 기준 등 관련 법 조항을 검토한다. • 공사 시행 전에 소음 · 진동의 발생 정도를 예측한다.
소음 · 진동측정 및 저감방안 수립	• 소음 · 진동 예측값이 관리 기준을 상회하는 경우에는 측정 업체에 의뢰하여 시험측정을 실시한다. • 측정결과에 의거 저감 대책을 수립한다.
최적공법 확정	• 적절한 방지시설(방음벽, 방음막 등)을 설치한다. • 제시된 저감방안 및 대책을 적용하여 최적공법을 선정, 시행한다.
사후처리	• Check List에 의거 계속적으로 소음 · 진동을 측정하고 관리한다. • 주기적인 측정으로 민원발생을 최소화한다.

2 건설 소음 · 진동 방지대책

(1) 기본사항

① 소음 · 진동 대책을 수립하려면 사전에 투입될 건설기계의 소음 · 진동 특성을 충분히 이해해야 한다.

② 소음 · 진동의 영향은 발생 시간대에 따라 피해가 크게 좌우되므로 대책 마련시 정온을 요하는 심야나 조석시간대에는 작업하는 것을 피하고 가급적 발생 시간을 최소화하도록 검토한다.

③ 공사장 주변의 입지조건을 조사하여 장비를 적절하게 배치하고 작업공정을 설정하여 소음 · 진동이 저감될 수 있도록 한다.

④ 건설기계 운용시 불필요한 소음 · 진동이 발생하지 않도록 하고 적절한 차음 시설 등을 설치한다.

⑤ 공사 실시 전에 지역 주민에게 공사의 목적 · 내용 등에 대해 설명하고 협력을 구한다.

>>> 발파진동과 발파소음의 차이점

구분	발파진동	발파소음
전달매질	지반 (토사, 암반)	대기 (공기 중)
전파속도	2,000~ 5,000m/sec	340m/sec
인체감응	• 전파속도가 빠르기 때문에 청각으로는 느끼지 못하고 육체적 신경으로 느낌 • 인체 감응도는 크지 않음	• 대부분 청각으로 느낌 • 소음을 수반하므로 인체 감응도가 크게 느껴짐
주택 및 구조물의 피해 정도	주택 및 구조물에 직접적인 피해	주택이나 구조물에 피해를 주는 경우는 거의 없음
측정단위	진동속도 (cm/sec, Kine)	음압(dB)
민원정도	민원이 적음	발파민원이 대부분임
종합의견	발파진동과 발파소음은 장약량에 따라 비례관계이므로 비교적 정량적인 발파진동 요소를 조절해야 되며, 발파소음은 1회 발파공수에 따른 폭약량에 영향을 많이 받게 되므로 발파공수를 조절하여 시행함이 바람직하다.	

>>> **진동이 인체에 감응되는 수준**

지속 시간	진동수준	주파수대	인식 정도
500s	0.02mm/s	3~25Hz	겨우 인식
	0.5mm/s	30Hz	불편
	50mm/s	5Hz	불편
5s	<25mm/s	2.5~25 Hz	강하게 인지
반복적	>5mm/s	교통진동	불편

(2) 현지조사

건설공사의 설계 · 시공에 있어서 공사현장 및 주변상황에 대하여 '시공 전 조사'와 '시공중 조사'를 실시하여 소음 · 진동 방지대책 수립 시 참조한다.

① 시공 전 조사

② 현장주변 현황 및 주거상태조사

㉠ 암소음 및 진동측정

㉡ 위험시설 및 문화재 등의 보호시설조사

(3) 소음 · 진동 대책수립의 예

▼ **[표 9-7] 소음 · 진동 대책수립의 예**

분류		대책	구체적 예
소음	소음원 대책	• 발생원의 저음화 • 발생원인의 제거 • 차음 • 저소음공법 • 방진 및 제진 • 운전방법의 개선	• 저소음형 기계의 채용 • 급유, 부품교환, 불균형 조정 • 방음커버 • 소음기, 흡음덕트 • 방진고무 및 제진제 장착 • 자동화 배치 변경 등
	전파경로 대책	• 거리감쇄 • 차폐효과 • 흡음 • 지향성	• 배치의 변경 • 차폐물, 방음벽 • 설비 내부의 흡음처리 • 음원의 방향전환
	수음자 대책	• 차음 • 작업방법의 변경 • 귀의 보호	• 방음 감시실 • 작업스케줄의 조정, 원격조작 • 음원의 방향전환 • 보호구의 착용
진동	진동원 대책	• 타격, 진동조절 • 방진 • 굴착	• 기초, 방호기계의 타격, 진동조절 • 토공기계의 주행장치 방진 • 포장된 파쇄 기계
	전파경로 대책	• 방진구 • 방진벽(1) • 방진벽(2) • 거리 감쇄의 이용	• 파장과 같은 정도의 깊이 굴착 • 지반보다 고밀도 벽 설치(콘크리트 지붕벽, 가설시트, 파일) • 흙보다 음향 임피던스가 작은 재료[모래(Sand), 코르크, 합성수지] • 약 30dB 감소/거리 2배
	수진동 대책	• 음향 임피던스 • 방진기초	• 큰 물건기초 • 기계류

3 공사종류별 소음 · 진동 저감대책

(1) 정지공사

1) 굴삭 · 적재작업

① 굴삭 · 적재작업 시 저소음 건설기계를 사용한다.

② 둔덕이나 흙무더기 등을 굴삭할 경우 소음을 줄 수 있는 건물의 반대편에서부터 실시한다.

③ 충격력에 의한 굴삭은 피하고 무리한 부하나 불필요한 고속 운전 및 공회전을 삼가한다. 장비 정지 시에는 기계를 수평으로 고정시켜 편하중에 의한 삐걱거리는 소음이 발생하지 않도록 한다.

④ 굴삭 · 적재기에 의해 직접 트럭에 짐을 싣는 경우에는 불필요한 소음 · 진동이 발생하지 않도록 낙하높이를 낮게 한다. 특히 점성이 있는 흙을 방출할 때에는 덜컹거림에 의한 소음이 발생하지 않도록 한다.

2) 불도저 작업

흙을 불도저로 굴삭하여 밀고 나갈 때에는 무리한 부하가 걸리지 않도록 주의하고 주행 시 고속주행을 피하며 정속주행한다.

3) 다짐작업

① 다짐작업 시에는 가능한 한 저소음 건설기계를 사용한다.

② 진동 및 충격력에 의해 다짐작업을 할 경우에는 기계의 종류 · 작업시간대 설정 등에 유의한다.

(2) 운반공사

1) 운반의 계획

운반계획 시에는 교통안전에 유의함과 아울러 운반에 수반되는 소음 · 진동에 대해서도 각별히 유의한다.

2) 운반로의 선정

운반로의 선정 시에는 미리 도로 및 인근상황에 대해서 충분히 조사하고 사전에 도로관리자 및 경찰 등과 협의하는 것이 좋으며 다음 사항에 유의한다.

① 통근, 통학 또는 시장 근처 등과 같이 보행자가 많거나 차도와 보도의 구별이 없는 도로는 가능한 한 피한다.

② 좁은 도로를 출입할 경우에는 진입로와 퇴출로를 따로 둔다.

③ 경사가 급하거나 급커브가 많은 도로에서는 엔진소음 및 제동소음이 크게 증가함므로 이런 도로는 피한다.

3) 운반로의 유지

운반로의 점검을 매일 실시하고 필요한 경우에는 유지보수를 공사계획에 반영하여 대책을 수립한다.

4) 차량의 주행

① 운반 차량의 주행속도는 도로 및 주변 상황에 따라 적정하게 계획하여 실시하고 불필요한 급발진, 급가속과 공회전 등을 삼가한다.
② 주행속도는 소음방지의 관점에서 시속 40km 이하로 하는 것이 좋다.
③ 운반차량 선정 시에는 운반량, 투입대수, 주행속도 등을 충분히 검토하여 될 수 있는 한 저소음 차량의 운행을 늘리고 과적을 엄격히 제한한다.

(3) 암석굴착공사

1) 굴삭계획

시공 도중의 공법변경은 거의 불가능하고 비용 또한 증대하므로 계획 시에 리퍼공법, 발파 리퍼공법, 발파공법 등에 대해서 비교 · 검토하여 전체적으로 소음진동의 영향이 적은 공법을 택한다. 발파 리퍼공법은 발파공법에 비해 천공 구멍수가 많게 되어 착암기 소음이 증가하는 경향은 있으나 진동은 줄어든다.

2) 천공

착암기로 천공할 경우에는 방음대책이 강구된 기계의 사용이나 저소음 착암기(유압식 또는 소음기가 부착된 공압식)의 사용을 검토하고 이동식 방음상자의 채용도 고려한다.

3) 발파

암반 등을 발파할 경우에는 저폭속 화약 등과 같은 저진동 특수화약이나 누발전기내관 등의 사용에 관해서 검토하고 시험발파를 통해 주변에 진동피해를 야기하지 않는 수준의 화약량을 사용하도록 한다.

>>> 발파진동의 인체 감응수준

발파진동 V=0.3cm/sec 이하에서는 일반적으로 많은 사람이 진동을 느끼는 수준이지만 불쾌감이 적은 수준이라고 판단할 수 있다.

(4) 콘크리트 공사

1) 콘크리트 플랜트

콘크리트 플랜트의 설치 시에는 주변 지역에 대한 소음진동의 영향이 적은 곳을 택하여 설치면적을 충분히 확보하고 필요에 따라 방음대책도 강구한다. 그리고 콘크리트 플랜트 현장에서 가동되거나 출입하는 차량 등의 소음 · 진동 대책에 대해서도 배려한다.

2) 콘크리트 믹서트럭

콘크리트 타설 시에는 공사현장이나 부근에 믹서트럭이 대기할 장소를 배려하고 불필요한 공회전을 삼간다.

3) 콘크리트 펌프카

콘크리트 펌프카로 콘크리트를 타설할 경우 설치장소에 유의하고 콘크리트 압송파이프를 항상 정비하여 불필요한 공회전을 삼간다.

(5) 포장공사

아스팔트 플랜트의 설치 시에는 주변에 소음진동의 영향이 적은 곳을 택하여 설치면적을 충분히 확보하고 필요에 따라 방음대책도 강구한다. 그리고 아스팔트 플랜트 현장에서 가동되거나 출입하는 차량 등의 소음 · 진동 대책에 대하여도 배려한다.

1) 포장

포장 시에는 조합할 기계별로 작업능력을 잘 파악하여 기다리는 시간이 적도록 배려한다.

2) 포장면 철거

포장면 철거작업 시에는 가능한 한 유압체크식 포장면 파쇄기나 저소음 굴삭기 등을 사용한다. 또한 저소음형의 포장면 절단기나 브레이커(전동식이나 유압식 또는 소음기가 부착된 공압식) 등을 택하고 소음 민감지역에서는 이동식 방음상자의 활용방안도 검토한다. 파쇄물 적재 시에는 낙하물의 높이를 낮게 하여 불필요한 소음 · 진동이 발생되지 않도록 노력한다.

(6) 철구조물공사

1) 크레인차의 선정

가능한 한 저소음 크레인차의 채택을 검토한다.

2) 가설

가설에 사용되는 크레인 등의 운전은 작업시간대에 유의함과 동시에 무리한 부하가 걸리지 않도록 한다.

(7) 구조물 철거공사

1) 철거공법의 선정

콘크리트 구조물을 파쇄하는 경우에는 공사현장 주변의 환경을 충분히 고려하여 콘크리트 압쇄기, 브레이커, 팽창제 등의 사용공법 중에서 적절한 것을 선정한다.

2) 파쇄

철거한 구조물을 잘게 파쇄할 필요가 있는 경우에는 트럭에 실을 수 있을 정도로 블록화하여 파쇄한 후 소음 · 진동의 영향이 적은 곳에서 잘게 파쇄한다. 또한 적재 시 등에도 불필요한 소음진동이 발생되지 않도록 조심스럽게 작업한다.

3) 방음시트 등

콘크리트 구조물을 철거하는 작업현장은 소음대책과 안전대책을 고려하여 가능한 한 방음시트나 방음판넬 등의 설치를 검토한다.

(8) 가설공사

1) 설치 등

가설재의 설치, 철거 및 적재, 하역작업 시에는 불필요한 소음 · 진동이 발생되지 않도록 조심스럽게 다룬다.

2) 노면 복공판

복공판 설치 시에 이음매의 단차나 불량지지 등에 의한 차량통행 시 발생되는 소음 · 진동 방지에 유의한다.

3) 공기압축기, 발전기, 펌프 등

가능한 한 저소음 기계를 사용, 주변 환경을 고려하여 소음 · 진동의 영향이 적은 곳에 설치한다.

(9) 건설소음, 진동규제 대책

1) 일반규제 대책

① 시공법, 작업형태 등에 따른 건설기계별 소음 · 진동 특성을 사전에 파악

② 설계 시부터 입지조건을 고려하여 소음 · 진동이 저감될 수 있도록 다음 사항을 고려
㉠ 가능한 한 저소음, 저진동공법 및 건설기계 선정
㉡ 적정한 작업시간대 및 작업공정의 선정 : 낮시간대에 가능한 작업
㉢ 건설기계 적정배치 : 거리감쇠 및 차음효과를 고려하여 배치
㉣ 차음독 · 방음벽 등의 차음시설 활용

③ 건설기계 운전 시 불필요한 소음 · 진동이 발생되지 않도록 다음 사항 고려
㉠ 장비의 점검 및 정비 : 정비 불량에 의한 소음 · 진동방지
㉡ 공사장 출입차량 통제 : 저속운행, 급발진 및 공회전 억제

㉢ 주변 주민의 협조 강구 : 사전에 공사의 목적, 내용 등을 설명
㉣ 현장관리 : 장내 정비, 주행로 정비, 확성기 사용 억제

2) 공종별 소음 저감대책

① 토공사
㉠ 저소음 건설기계를 사용
㉡ 장비의 고속운전 및 공회전 억제, 편하중에 의한 소음 억제
㉢ 무리한 부하가 걸리지 않도록 주의
㉣ 기계의 종류, 작업시간대 설정 등에 유의

② 콘크리트공사
㉠ 설치면적의 충분한 확보 및 방음대책 강구
㉡ 출입차량의 소음 · 진동 억제
㉢ 레미콘 차량의 대기장소 배려 및 공회전 억제

③ 운반공사
㉠ 교통안전에 유의하며 운반에 수반되는 소음 · 진동 배려
㉡ 운반로 점검 및 유지, 보수 심사(과적제한)
㉢ 차량의 주행 시 급발진 및 공회전 억제
㉣ 주행속도는 40km/hr 이하로 유지

④ 포장공사
㉠ 아스팔트 플랜트 : 충분한 설치면적 확보 및 방음대책 강구
㉡ 포장 : 조합할 기계별로 작업능력을 파악하여 기다리는 시간이 적도록 고려

SECTION 04 소음 · 진동 환경 관리체계 및 실태

1 규제체계

현재의 소음진동관리기준은 공장소음 · 진동 배출허용기준, 생활소음 · 진동규제기준, 교통소음 · 진동의 한도, 항공기 소음의 한도, 자동차의 소음허용기준 등으로 구분한다.

2 소음환경기준

현행 우리나라의 소음환경기준은 생활환경보전과 건강을 보호하기 위한 환경정책의 목표치로서 국제표준화기구(ISO)의 권고기준을 근거로 하여 환경정책기본법에서 규정한다.

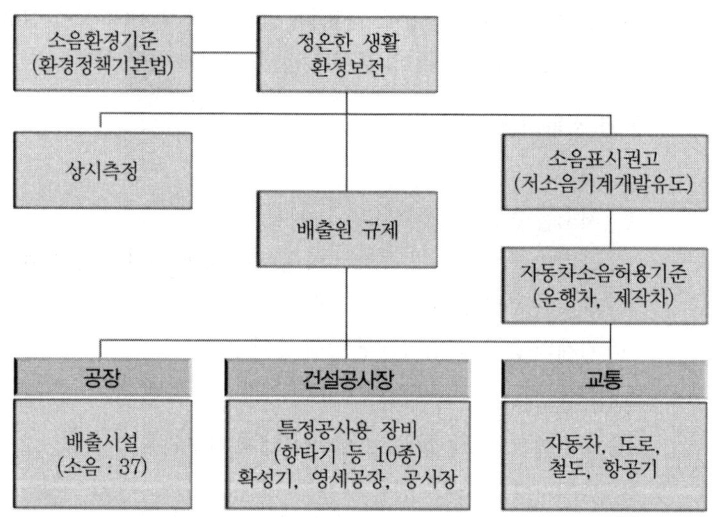

[그림 9-11] 소음 · 진동 규제체계

▼ **[표 9-8] 소음환경기준**

[단위 : Leq dB(A)]

지역구분	적용대상지역	환경기준	
		낮(06:00~22:00)	밤(22:00~06:00)
일반지역	전용주거지역	50	40
	일반주거지역	55	45
	상업지역	65	55
	공업지역	70	65
도로변지역	주거지역	65	55
	상업지역	70	60
	공업지역	75	70

[주] 이 소음환경기준은 철도소음, 항공기소음, 건설작업소음에는 적용하지 아니함

▼ **[표 9-9] 우리나라와 선진국의 소음환경기준 비교**

[단위 : Leq dB(A)]

구분		한국		일본		독일		영국		미국 시카고
		낮	밤	낮	밤	낮	밤	낮	밤	낮
일반지역	전용주거지역	50	40	55	45	45	35	50	40	–
	일반주거지역	55	45	55	45	50 ~50	35 ~40	55 ~60	45 ~50	55
	상업지역	65	55	60	50	60 ~65	45 ~50	65	55	61
	공업지역	70	65	60	50	70	70	70	60	–

구분		한국		일본		독일		영국		미국 시카고
		낮	밤	낮	밤	낮	밤	낮	밤	낮
도로변 지역	주거지역	65	55	60 ~65	55 ~60	65	55	–	–	–
	상업지역	70	60	65	60	70	60	–	–	–
	공업지역	75	70	65	60	75	65	–	–	–

[주] 우리나라의 소음환경기준은 영국과 대체로 유사하고 일본, 독일(주거지역)보다 5dB(A) 정도 완화되어 있음

3 환경소음 · 진동 측정망 운영관리

(1) 환경소음 측정망

현재 환경소음측정망은 국토이용관리법의 지역구분(4개 지역)에 따라 전국적으로 25개 도시, 257개 지역, 1,267개 운영

▼ [표 9-10] 생활소음 측정망 설치 · 운영현황

구분	합계(지역, 지점)			'가' 지역			'나' 지역		
	계	시 · 도	환경청	계	시 · 도	환경청	계	시 · 도	환경청
지역	257	136	121	87	47	40	72	38	34
지점	1,267	662	605	428	228	200	357	187	170

구분	'다' 지역			'라' 지역		
	계	시 · 도	환경청	계	시 · 도	환경청
지역	61	32	29	37	19	18
지점	301	156	145	181	91	90

(2) 진동측정망

현재 서울, 부산, 대구 등 6개 도시, 34개 측정망을 설치하여 운영(환경청)

(3) 항공기소음측정망

1989년도부터 김포공항을 시작으로 제주 · 김해 · 대구 · 광주 등 5개 공항에 37개소 측정망을 설치하여 운영(환경청)

4 소음진동 관리

(1) 공장 분야

① 소음 · 진동배출시설을 설치하고자 하는 자는 배출시설의 설치신고를 하거나 설치허가를 받도록 규정

➡ 학교, 종합병원, 도서관, 주거지역 등 정온을 요하는 지역에서는 허가를 받도록 함

② 소음 · 진동배출시설에서 발생하는 소음 · 진동을 적정하게 관리하기 위하여 '공장소음 · 진동 배출허용기준'을 규정

➡ 사업자에게 배출허용기준 준수의무를 부여하고, 배출허용기준 초과 시 기준 이하로 운영되도록 필요한 조치

(2) 생활 분야

① 국가는 주민의 정온한 생활환경을 유지하기 위하여 사업장 및 공사장 등에서 발생되는 소음 · 진동을 규제

➡ '생활소음 · 진동의 규제기준'에 따라 국토이용관리법에 의한 대상지역별, 시간대별로 소음원을 관리

② 규제기준을 초과한 소음 · 진동을 발생하는 자에 대하여 작업시간의 조정, 소음 · 진동발생 행위의 중지, 방음시설의 설치 등 필요한 조치

③ 확성기, 스피커 등 이동소음원에 대해서는 이동소음규제지역으로 지정하여 이동소음원의 사용을 금지하거나 사용시간 등을 제한

④ 생활소음 · 진동 발생원 중 폭약의 사용으로 인한 소음 · 진동피해를 방지하기 위하여 폭약을 사용하는 자에 대하여 사용 규제

▼ **[표 9-11] 생활소음 규제기준**

[단위 : dB(A)]

대상지역	소음원 \ 시간대별		아침, 저녁 (05:00~07:00, 18:00~22:00)	낮 (07:00~18:00)	밤 (22:00~05:00)
주거지역, 녹지지역, 관리지역 중취락지 · 주거개발진흥지구 및 관광 · 휴양개발진흥지구, 자연환경보전지역, 그 밖의 지역에 있는 학교 · 종합병원 · 공공도서관	확성기	옥외설치	60 이하	65 이하	60 이하
		옥내에서 옥외로 소음이 나오는 경우	50 이하	55 이하	45 이하
	공장		50 이하	55 이하	45 이하
	사업장	동일건물	45 이하	50 이하	40 이하
		기타	50 이하	55 이하	45 이하
	공사장		60 이하	65 이하	50 이하
그 밖의 지역	확성기	옥외설치	65 이하	70 이하	60 이하
		옥내에서 옥외로 소음이 나오는 경우	60 이하	65 이하	55 이하
	공장		60 이하	65 이하	55 이하
	사업장	동일건물	50 이하	55 이하	45 이하
		기타	60 이하	65 이하	55 이하
	공사장		65 이하	70 이하	50 이하

▼ [표 9-12] 생활진동 규제기준

대상지역 \ 시간별	주간 (06:00~22:00)	심야 (22:00~06:00)
주거지역, 녹지지역, 관리지역 중 취락지구·주거개발진흥지구 및 관광·휴양개발진흥지구, 자연환경보전지역, 그 밖의 지역에 소재한 학교·종합병원·공공도서관	65dBV 이하	60dBV 이하
그 밖의 지역	70dBV 이하	65dBV 이하

1. 진동의 측정 및 평가 기준은 「환경분야 시험·검사 등에 관한 법률」 제6조제1항제2호에 해당하는 분야에 대한 환경오염공정 시험기준에서 정하는 바에 따른다.
2. 대상 지역의 구분은 「국토의 계획 및 이용에 관한 법률」에 따른다.
3. 규제 지준치는 생활 진동의 영향이 미치는 대상 지역을 기준으로 하여 적용한다.
4. 공사장의 진동 규제 기준은 주간의 경우 특정공사 사전신고 대상 기계·장비를 사용하는 작업시간이 1일 2시간 이하일 때는 +10dB, 2시간 초과 4시간 이하일 때는 +5dB를 규제 기준치에 보정한다.
5. 발파 진동의 경우 주간에만 규제 기준치에 +10dB을 보정한다.

(3) 교통 분야

① 기차, 자동차, 전차, 도로 및 철도 등 교통기관으로 인하여 발생되는 소음·진동으로부터 정온한 생활환경을 유지하기 위하여 필요한 경우 일정지역을 교통소음·진동관리지역으로 지정하여 관리(소음진동관리법 제28조)

② 자동차 전용도로, 고속도로 및 철도로부터 발생되는 소음·진동이 한도를 초과하여 주민의 정온한 생활환경이 침해된다고 하는 때에는 방음·방진시설의 설치 등 필요한 조치

③ 자동차소음의 저감을 위하여 제작자동차와 운행자동차의 소음허용기준을 제정하여 기준치를 준수하도록 함

➡ 국내에서 제작되거나 수입되는 자동차 및 운행자동차 대상

(4) 항공기 분야

소음진동관리법에서 항공기의 소음한도를 공항 주변 인근지역(소음피해지역)은 90WECPNL, 기타 지역(소음피해예상지역)은 80WECPNL로 규정

➡ 항공기소음의 한도를 초과하여 공항 주변의 생활환경이 매우 손상된다고 인정하는 경우에는 관계기관의 장에게 방음시설의 설치, 기타 항공기소음의 방지를 위하여 필요한 조치

5 외국의 소음 · 진동관리 정책·규제 동향분석

(1) 외국의 소음 · 진동환경 기준

① WHO 및 ISO 소음관리는 산업현장 이외의 모든 원인으로부터 발생하는 소음으로 정의되며, 특정 환경에서의 환경소음 Guideline을 정하여 권장

▼ [표 9-13] 국제표준화기구 ISO의 권장치

[단위 : dB(A), LAeq]

특정 지역	주간	중간	야간
주거전용지역, 병원 / 요양시설	45	40	35
교외 주거지역, 소도로	50	45	40
도시 주거지역	55	50	45
작업장, 간선도로	60	55	50
도시, 무역, 행정지역	65	60	55
공업지역	70	65	60

② 미국, 일본, 독일, 프랑스, 영국, 스위스 국가들의 소음기준은 환경소음을 도로, 철도, 항공기소음 등으로 분류하고 있으며, 기준치(혹은 권고치)를 정하고 있음

CHAPTER

10

인접 건물의 사전조사 및 계측관리

CHAPTER 10

인접 건물의 사전조사 및 계측관리

SECTION 01 개요

>>> **사전조사의 목적**

건설공사 시 건설 공해 등으로 인해 인근으로부터 클레임 발생이 예상될 경우 미리 치밀한 사전조사를 실시, 자료를 준비하여 적절한 대책을 강구할 필요가 있다.

지하공사에는 굴착에 의한 응력 해방이나 지하수의 배출 등으로 그 주변 지반에 다소간의 침하나 이동현상이 수반된다는 것은 종래의 경험을 통해 알 수 있다. 그 영향은 노면의 균열 · 경사 · 함몰, 공공 매설물의 파손, 근린 구조물의 부동 침하, 붕괴 등 많은 공해로서 나타나기 때문에 경제적인 면은 말할 것도 없고 사회적인 관점에서도 매우 주의해야 한다. 이 침하현상은 그 원인으로 흙의 이동에 의한 침하와 흙의 압밀에 의한 침하 2항목으로 분류할 수 있다.

[그림 10 - 1] 인접지반 침하상태

1 흙의 이동에 의한 침하

>>> **흙의 이동에 의한 침하 요인**

① 뒷면 흙의 오버컷
② 뒷채움 흙의 준비 부족
③ 시트 파일 등의 인발에 의한 뒷면 흙의 이동
④ 지반의 이완
⑤ 토사의 유출

흙의 이동에 의한 침하는 경사면의 변위나 이동, 흙막이 벽의 변형에 따른 뒷면 흙의 이동, 뒷채움 흙의 불비에 따른 뒷면 흙의 이동에 의한 것 등이 있으며, 이러한 흙의 이동량에 따라 지표면의 침하로 나타난다고 보면 된다.

2 흙의 압밀에 의한 침하

흙의 압밀에 의한 침하현상은 모래와 같이 입자 골격의 강성이 높고, 투수성이 좋아서 극히 미소량이 생기는 데 불과하다. 이에 반해 점성토와 같은 세립토는 흙 입자의 형상이 넓고 긴 것이 많아서 틈이 크고, 골격구조도 약하므로 압밀에 의한 침하가 상당히 많이 일어난다. 터파기 공사에 있어서 상수위가 중력 배수에 의해 [그림 10－2]의 (a), (b)에 나타낸 위치까지 저하했을 때, 예를 들면 ㄱ－ㄴ 수평단면에 대해 유효한 윗실림 하중은 ㄱ－ㄴ 단면에 상부의 사선으로 나타낸 부분의 체적에 상당하는 물의 중량분만큼 증가한 것으로 된다.

따라서 흙막이 벽에 접한 부분에서는 증가 하중이 가장 커지므로 침하량이 최대가 된다. 그림(b)에 나타낸 것처럼 터파기 밑보다 아래의 모래 또는 자갈층에서 강제 배수한 경우에 그 영향 범위가 매우 크다.

흙의 압밀침하

흙의 압밀침하는 간단하게 말하면 흙 입자 사이의 틈을 채우는 수분이 하중에 의해 배출되고, 이것에 따라 흙이 압축되는 현상이다.

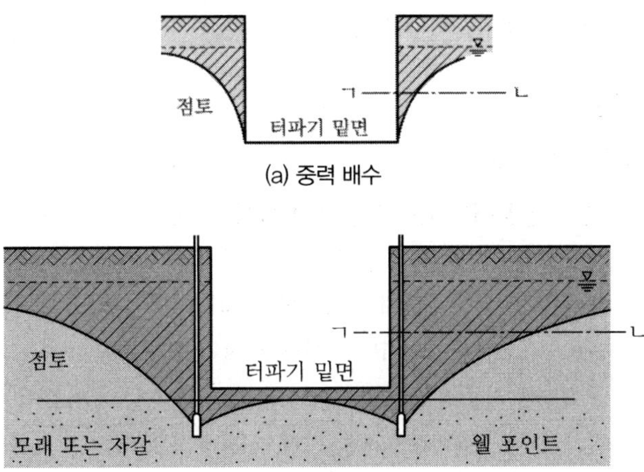

(a) 중력 배수

(b) 강제 배수

[그림 10－2] 터파기 공사에서 배수가 주변 지반에 미치는 영향

주변 지반의 침하량과 그 영향 범위는 [그림 10－2]에 나타낸 배수 방법 외에 부지 안 및 주변의 토층 구성과 지반 성상, 굴착 규모, 배수 상태, 시공 시기 및 기간 등의 여러 조건에 따라 다르나 일반적으로 사질토나 과압밀의 홍적점토질지반 등의 경우는 침하량이 작아서 문제가 되는 것이 적다. 이것에 대해 압밀이 완료되지 않고, 또는 정규압밀점토인 경우는 수위 저하에 의한 침하가 무시되지 않는 경우가 많아서 침하에 대한 충분한 대책이 필요하다.

또한 부식도 등의 유기질 흙은 탈수에 의한 수축이 매우 커서 공사 현장에서 약 150m 떨어진 건축물에도 영향을 미치며, 벽체 균열이 발생하고 기둥이 기울어진 예도 있다.

점토지반의 탈수에 의한 영향

연약한 점토인 경우 터파기 깊이의 0.2%에 상당하는 터파기 깊이의 3~4배 떨어진 곳까지 영향을 미친다.

근린 대책을 위한 사전조사 주요 사항

① 주요 건물 조사
② 매립장 여부 조사
③ 지하 및 지상 지장물 조사
④ 주변 교통 사정 조사

장기 측정 시 기준점 설치

장기간 측정하는 경우 지반침하의 발생이 있는 지역의 지반침하와 구조물에 의한 침하를 파악할 수 있도록 기준점을 설치하는 데 좀 더 확실하게 하기 위해 떨어진 장소에 2개 정도 추가 설치하면 좋다.

지하공사는 상기와 같은 지반침하에 의한 문제가 발생하지 않도록 계획하고 시공해야 하며, 또한 다음에 기술한 측정이나 관찰을 실시하고, 관리 대책을 강구함과 동시에 보상 문제에 관한 분쟁을 피하기 위해 공사 착수 전에 미리 상세하게 현장을 살펴본 후 공증 기관의 확인 도장이나 가옥주의 확인 도장을 얻어서 공사쪽의 책임 범위를 명확하게 해야 한다.

SECTION 02 인접 구조물의 사전조사

1 인접 구조물의 침하 측정

(1) 측정 기구

레벨(수준측량) 또는 수준 측량식(Leveling) 침하계, 스틸 테이프, 스케일

(2) 측정 준비

1) 기준점의 설치

기준점의 설치에는 다음과 같은 방법이 있다.

① 경질층에 지지되고 있는 구조물에 설치한다.

② 보링 구멍을 이용하여 경질층에 지지시키기 위해 구멍 안에 직경 5~10cm의 철관을 박고, 그 상단에 설치한다(그림 10-3).

③ 구조물에 기준점을 설치하는 경우 측정 구조물의 지중 응력 범위 바깥의 위치, 그리고 구조물 자체의 침하가 무시되는 것에 설치한다(그림 10-4).

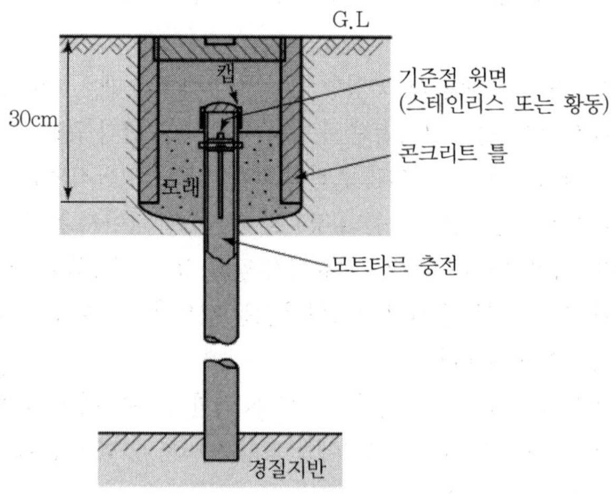

[그림 10-3] 기준점의 설치

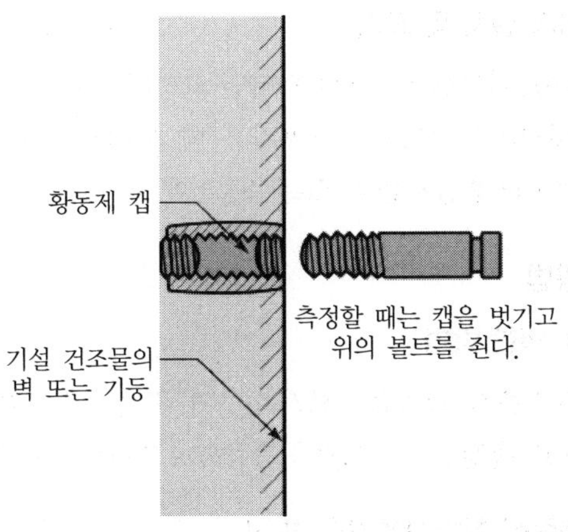

[그림 10-4] 구조물에 설치하는 경우 기준점 및 측정점

④ 지표에 설치하는 경우 ③의 위치에서 동토 등을 고려한 매입 깊이는 1m 이상 필요하다(그림 10-5).

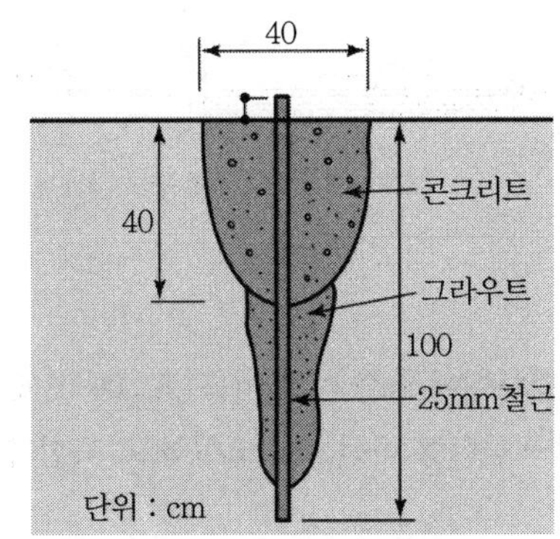

[그림 10-5] 지표면 측정점

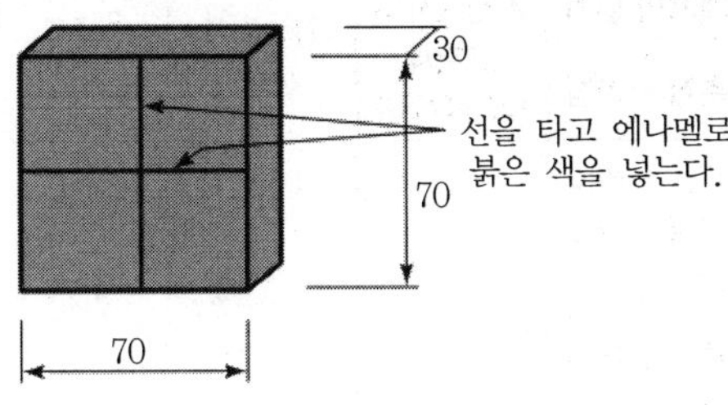

[그림 10-6] 측정점의 예

>>> **측정점의 설치 위치**

측정점의 위치는 구조물의 중요성이나 규모, 형태, 침하의 정도에 따라 계획되나, 일반적으로 구조물의 외주 모서리와 필요에 따라서 그 중간부에 설치한다.

>>> **측정점 설치 시 주의사항**

측정점에는 보양을 하여 흔들림 및 파손에 대비하여야 한다.

>>> **수준측량식 침하계 사용 시 주의사항**

① 호스 속의 물에 기포가 없도록 한다.
② 계기에 직사 일광, 바람이 닿지 않도록 한다.
③ 계기는 수직으로 세우고 바르게 유지되도록 설치한다.

>>> **수준측량식 침하계 기록사항**

① 토질시험 결과
② 굴착상황
③ 지하수위
④ 구조물의 기초 지정
⑤ 강우, 지진 등

2) 측정점의 설치 및 표기

측정점에는 [그림 10-6]에 나타낸 크기의 플라스틱판 또는 금속판을 1.4m 내외의 높이에 구조물의 기둥, 벽, 보에 리벳 치기용 총, 접착제 등으로 견고하게 설치한다. 또는 측정점에 +자형으로, 먹으로 표시한다.

(3) 측정방법

1) 레벨에 의한 방법

레벨은 기준점, 측정점이 보기 쉬우며, 지반이 견고한 위치를 선정하여 설치하고, 측정점의 고저차를 측량하여 침하량을 구한다.

2) 수준측량식 침하계에 의한 방법

수준측량식 침하계를 사용하여 측정할 때는 두 개의 계기를 기준점, 측정점에 맞게 설치하고, 양자의 수위를 측정한다. 고저차의 변화량이 침하량이다. 2점 간의 측정은 항상 두 개의 계기를 교환하여 바른 고저차를 구하도록 한다.

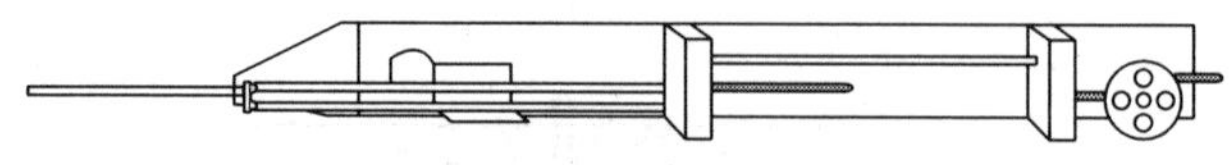

[그림 10-7] 수준측량식 침하계

(4) 기록

수준측량식 침하계에 의한 기록 예를 [표 10-1]에 나타낸다. 측정 결과는 즉시 시간-침하량 곡선으로 도시하고, 곡선에 불연속이 생길 때는 재측정한다.

▼ **[표 10-1] 수준측량식 침하계 기록 용지**

연월일	계기의 읽기		기점에서의 고저차 (각 읽기차)	기점에서의 고저차	MB에서 고저차	침하량	비고
	측점	기점				mm	
90. 4. 3	17.4 17.4 17.4	19.2 19.2 19.2	−1.8 −6.1	−3.95	−3.95	0	
	15.7 15.7	21.8 21.8					
90.6. 29	20.3 20.3	7.6 7.6	+12.5 +16.9	+14.7	+14.7	56.9	콘크리트 붓기 완료 후
	24.7 24.7	7.8 7.8					

연월일	계기의 읽기		기점에서의 고저차 (각 읽기차)	기점에서의 고저차	MB에서 고저차	침하량	비고
	측점	기점				mm	
90.9. 5	33.9 33.8 33.8 33.8 36.1 36.0 36.0	2.7 2.8 2.8 2.8 0.7 0.6 0.6	+31.0 +35.4	+33.2	+33.2	115.1	완료 후
90.11. 1	3.9 3.9 3.9 7.4 7.4	18.6 18.6 18.6 20.5 20.5	−14.7 −13.1	−13.9	62.6− 13.9 +48.7	160.5	레벨구멍 의 차 62.6
92. 2. 11	15.8 15.8 15.9 15.8 15.8 15.8	14.1 14.1 13.1 13.2 13.2 13.2	+1.4 +2.6	+1.85	62.6+ 1.85 +64.65	208.5	

2 경사측정

(1) 측정 계기

현재 사용되고 있는 경사측정계기에는 다음과 같은 것이 있다.

① 트랜싯(Transit, 그림 10−8)

② 진자(Pendulum, 그림 10−9)

③ 기포관에 의한 수관식 경사계(그림 10−10)

④ 전기적으로 차동하는 트랜스형 경사계(그림 10−11)

>>> **경사측정계기 선정 시 유의사항**

계측기의 정밀도는 진자를 제외한 나머지는 신뢰성이 있다. 측정이나 그 정리가 쉽다는 점에서 전기적으로 차동하는 경사계를 사용하는 것이 많다.

[그림 10−8] 트랜싯

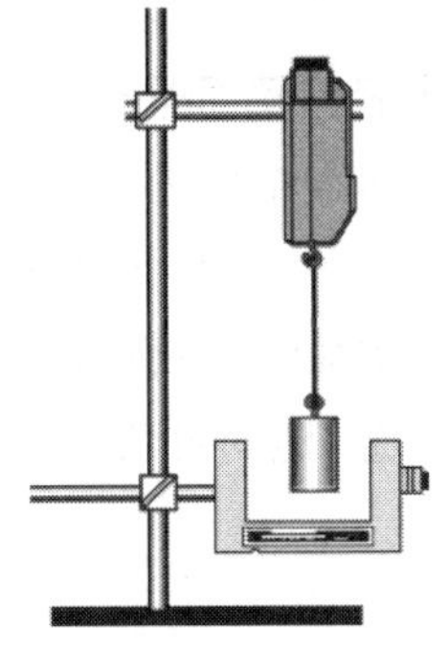

[그림 10−9] 진자

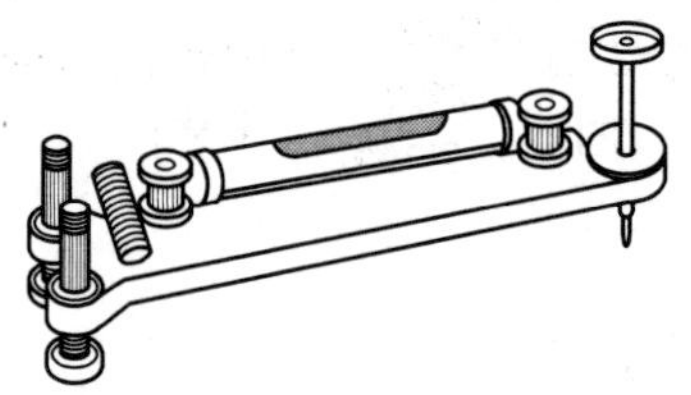

[그림 10-10] 수관식 경사계

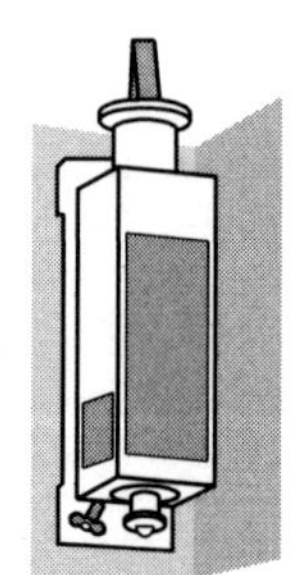

[그림 10-11] 차동 트랜스형 경사계

(2) 측정방법

≫ 트랜싯(Transit)

트랜싯은 수직도 및 각도를 측정하는 측정기로 흔히 데오돌라이트(Theodolite)라고도 부른다.

1) 트랜싯 또는 진자에 의한 경우

구조물의 외주 모서리에 측정점을 설치하고 트랜싯 또는 진자를 사용하여 구조물 연직면의 수평변위량을 스케일로 측정한다.

2) 기포관에 의한 수관식 경사계인 경우

① 경사계 자체의 변형이 없도록 하기 위해 [그림 10-12]에 나타낸 50cm×50cm×30cm(높이) 정도(설정 장소에 따라서는 필요가 없을 수도 있음)의 콘크리트 설치대를 강성이 높은 바닥(보 등)에 현장에서 부어 넣기로 한다. 설치대 위에는 유리판 40cm×40cm를 고정하여 측정기의 설치 위치 · 방향을 표시한다.

② 측정기를 소정의 위치에 설치하고, 기포가 기포관의 중앙에 오도록 발의 길이를 조정하여, 그때의 눈금을 읽어서 경사각으로 환산한다.

3) 전기적으로 차동하는 경사계에 의한 경우

① 경사계를 [그림 10-13]에 나타낸 것과 같이 기둥이나 벽면의 강성이 높은 장소에 접착제 또는 용접으로 고정한다.

② 경사계 코드를 측정장치에 접속하여 미터의 눈금을 읽고, 교정곡선을 사용하여 경사각으로 환산한다.

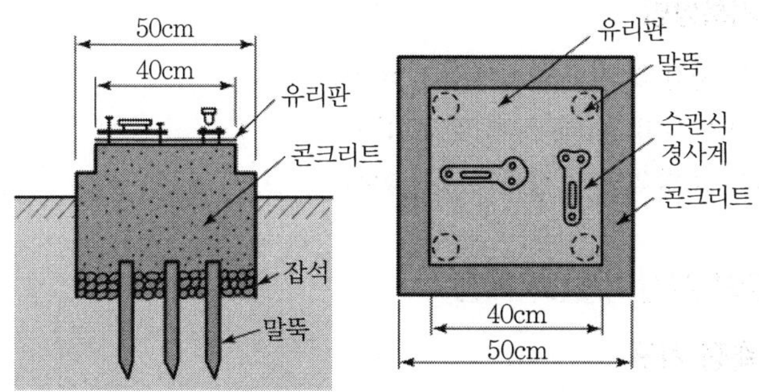

[그림 10-12] 경사계 설치대

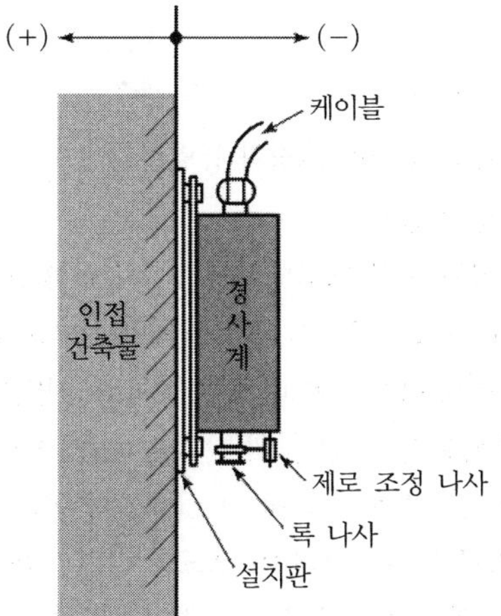

[그림 10-13] 경사계(차동 트랜스형) 설치도

(3) 기록의 정리

수평변위량 또는 경사각과 시간의 관계를 도시한다. 이 측정은 침하 측정과 함께 실시될 때 구조물과 지반의 침하량, 굴착상황, 토질시험 결과 등을 모아서 정리할 필요가 있다.

3 건축물 내 · 외부의 관찰

(1) 관찰 사항

① 내 · 외벽의 균열의 유무, 너비, 길이

② 타일의 박리 상황

③ 창호 세우기

④ 줄기초 다짐콘크리트의 균열 유무, 너비, 길이

⑤ 건축물의 경사 등

(2) 기록방법

① 사진 및 비디오 촬영에 의한 기록
② 도시(Illustration)에 의한 기록
③ 그 밖의 관찰 상황의 개요 기록

>>> **침하 측정 장치의 설치 위치**
>
> 침하 측정 장치의 설치 위치는 침하 발생원에서 같은 간격 또는 배수 간격으로 설치하면 좋다.

4 주변 지반의 침하 측정

(1) 측정 기구

레벨(수준측량) 또는 수준측량식(Leveling) 침하계, 스틸 테이프, 스케일 등

(2) 측정 준비

① 기준점의 설치
② 인접 구조물의 침하 측정과 동일하다.
③ 지하 측정의 설치
㉠ 아스팔트 포장 도로변인 경우 : 길이 9cm 이상의 도그 스파이크(Dog Spike)를 박고, 그 끝을 측정점으로 한다.
㉡ 지표면의 경우 : 30cm 입방 정도의 구멍을 굴착하고 콘크리트를 부어 넣는다. 또는 ㉢의 방법을 준용한다.
㉢ 지반 내인 경우 : [그림 10－13]에 나타낸 것처럼 직경 15～20mm의 철근 또는 가스관의 로드를 연결한 너비 7～10cm, 두께 5～15mm의 철판이나 스파이럴 앵커를 침하판으로 하여 소정의 깊이에 매설하고, 내경 20～25mm 이상의 보호 파이프를 침하 로드에 씌워서 수직으로 매입하여 그 지표면 부근 주변을 콘크리트로 굳힌다.

5 주변 지반 균열의 관측

터파기공사에 있어서 흙막이 벽에 이동 · 회전 · 변형이 생기면 지표면에 주동토압(Active Earth Pressure)에 의한 인장균열이 발생한다. 이 균열은 터파기 심도의 증대에 따라서 너비와 깊이가 함께 증대하고, 우수 등이 유입되면 흙막이 벽에 작용하는 토압과 수압의 증대를 초래하며, 그 결과 흙막이 붕괴의 원인이 되는 경우가 있다.
균열이 발견되면 묽은 비빔의 모르타르 또는 시멘트 페이스트를 주입하여 균열을 막아서 처리를 함과 동시에 버팀대에 작용하는 하중이나 흙막이 벽의 변형 측정을 병행하여 관찰을 계속하는 것이 공사의 안전관리를 위해 필요하다.

6 지하수위의 측정

굴착공사 중이라도 지하수위의 변화를 관측하여 공사에 대한 영향을 항상 고려하는 것이 중요하다.

(1) 개요

지하수위에 관해서는 설계자, 시공자 모두 실시설계에 들어가기 전에 비교적 경시하기 쉬운 경향이 있으나, 부지 내 및 부근의 지반조사 결과나 부근의 굴착현황의 상황, 우물수위와 그 굴착 심도 등을 고려함과 동시에 기후, 지형, 지반조건을 고려하여 충분한 검토를 하여야 한다. 보통 보링조사 시 병행하여 지하수위를 측정하며, 보링의 구멍 안의 수위는 지표에서 투수층이 연속되는 지층 구성인 경우는 실정에 가까운 지하수위를 나타내나 다른 경우는 벤토나이트 이수의 영향이나 지표수의 영향 때문에 실제의 지하수위보다 높게 되는 것이 많다.

(2) 지하수위 측정방법의 종류

① 관측 우물에 의한 방법
② 심초굴착 또는 우물굴착에 의한 방법
③ 구덩이 파기 굴착에 의한 방법
④ 간헐 수압계에 의한 방법

»» 수위측정 대상 토질

투수성이 좋은 사질토 및 자갈층

»» 보링을 통한 지하수위 측정

보링 후 지하수위를 측정할 때는 시추작업의 완료 후 24시간이 경과한 후에 지하수위를 측정해야 정확한 값을 알 수 있다.

»» 관측 우물에 의한 지하수위 측정 종류

홀관식, 겹관식, 보링의 구멍 안 수위

SECTION 03 계측관리

1 일반사항

(1) 개요

계측은 구조물의 융통성 있는 설계, 시공을 계획하고 시공이 진행되는 동안 구조물이나 기초지반의 응력, 변형 특성을 점검하면서 설계와 시공을 적절히 조정해 나가는 경제적이고 합리적인 방법이다.

(2) 계측관리의 목적

1) 목저

① 긴급한 위험의 징후를 발견한다.
② 시공 전, 시공 후의 안전확보, 시공법 개선, 유지보수 등 정보를 획득한다.
③ 설계보완 및 검토자료(Feed Back)를 얻는다.
④ 민원에 대비하기 위한 계측자료를 수집한다.

»» 계측은 그 역할에 따라 다음과 같은 목적으로 분류할 수 있다.

① 현장지반조건에 관한 정보부족으로 인한 설계자의 오류를 시공 중에 발견하여 제거하기 위한 수단
② 굴착 시 지반에 미치는 영향과 그에 따른 지반의 변화가 구조물에 미치는 영향을 파악
③ 굴착공사로 인한 법적분쟁 발생 시 증빙자료
④ 계측된 자료를 수집, 정리, 분석하고 자료를 축적하여 차후 구조물설계 및 시공에 반영하여 거동에 대한 확신을 주어 경제성 및 안전성을 도모

>>> **계측 계획 시 고려사항**

가장 합리적이고 안전한 시공을 위한 검토 사항은 아래와 같다.
① 인접 구조물 특성
② 구조물 특성
③ 지질 및 토질 특성
④ 설계 특성

>>> **계측계획**

계측빈도, 계측방법, 계측데이터 처리체계, 계측 체제 등

2) 중점 관리사항

① 흙막이벽 변위에 따른 배면지반의 침하
② 굴착저면에서의 Heaving, Boiling, 편토압
③ 토류벽 사이로 배면 지하수와 함께 유출되는 지반손실(Ground Loss) 문제 및 압밀침하
④ 기타 사항

(3) 계측의 순서

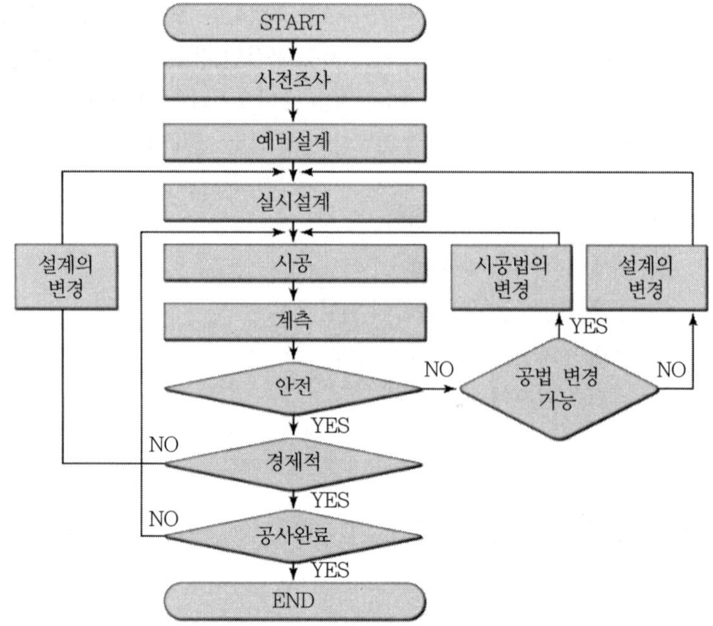

[그림 10-14] 계측의 흐름도

계측은 측정한 자료를 수집, 정리, 분석하여 안전성을 판단・예측하고 이에 따라 설계 및 시공을 수정・변경하는 시공관리를 함으로써 안전하고 경제적인 시공을 가능하게 한다.

2 계측항목 및 종류

흙막이공사에 있어 계측항목은 굴착현장의 영향범위 내의 구조물 유무와 인접 구조물의 기초 및 건물상태 등을 종합적으로 고려하여 결정해야 한다. 일반적인 흙막이 조사에 필요한 계측항목과 그에 따른 계측기의 종류와 용도는 다음 [표 10－2] 및 [표 10－3]과 같다.

▼ [표 10-2] 계측항목에 따른 계측기의 종류

구분	계측항목	측정사항	계측기
흙막이 구조물의 관리	흙막이 벽체의 계측	토압, 수압, 휨, 변형	Soil Pressure Meter Piezometer Strain Gauge Inclinometer
	Strut, Earth Anchor, Wale 등의 지보재의 계측	Strut, Earth Anchor의 축력, 변형 Wale의 변형, 국부파손	Load Cell Strain Gauge
주변지반 및 인접구조물 관리	주변지반의 변위계측	배면지반의 변형	Inclinometer Settlement Set Extensometer
	인접구조물의 변위계측	침하, 균열, 경사, 이동, 변형	Tiltmeter Crack Gauge Strain Gauge
지하수위 관리	지하수위 및 간극수압계측	지하수위 및 간극수압의 변동	Water Level Meter Piezometer
소음 및 진동 관리	소음 및 진동계측	소음에 의한 장애 진동에 의한 인접구조물의 영향	Sound Level Meter Vibroscope

▼ [표 10-3] 계측기의 종류 및 용도

종류	용도	설치위치	설치방법
지중수평 변위계	굴토진행 시 인접지반 수평변위량과 위치, 방향 및 크기를 실측하여 토류 구조물 각지점의 응력상태 판단	토류벽 배면지반	굴착심도 이상 부동층까지
지중수직 변위계	인접지층의 각 지층별 침하량의 변동상태를 파악, 보강대상과 범위의 결정 또는, 최종 침하량 예측/계측자료의 비교검토	토류벽 배면 인접구조물 주변	굴착심도 이상 부동층까지
지하수위계	지하수위 변화를 실측하여 각종 계측자료에 이용, 지하수위의 변화원인 분석 및 관련대책 수립	토류벽 배면 연약지반	굴착심도 이상 부동층까지
간극수압계	굴착에 따른 과잉간극수압의 변화를 측정	배면 연약지반	연약층 깊이별
지표침하계	지표면이 변하량 절대치의 변화를 측정, 침하량의 속도판단 등으로 허용치와 비교 및 안정성 예측	토류벽 배면 인접구조물 주변	동결심도 이상
토압계	토압의 변화를 측정하여 이들 부재의 안정상태 파악 및 분석자료에 이용	토류벽 배면	토류벽 종류에 따라

종류	용도	설치위치	설치방법
하중계	Strut, Earth anchor 등의 축하중 변화 상태를 측정하여 이들 부재의 안정상태 파악 및 분석자료에 이용	Strut Anchor	각 단계별 굴착 시
변형률계	토류구조물의 각 부재와 인근 구조물의 각 지점 타설 콘크리트 등의 응력 변화를 측정하여 이상변형 파악 및 대책수립에 이용	H－Plie, Strut, Wale, 각종 강재 또는 콘크리트	용접, 접착, 볼팅
경사계	인근 주요 구조물에 설치하여 구조물의 경사각 및 변형상태를 계측, 분석자료에 이용	인접구조물의 골조 및 바닥	접착, 볼팅
균열 측정기	주변 구조물, 지반 등에 균열발생 시 균열 크기와 변화를 정밀측정하여 균열발생 속도 등을 파악, 다른 계측결과분석에 자료 제공	균열 부위	균열부 양단
진동/소음 측정기	굴착, 발파 및 장비이동에 따른 진동과 소음을 측정하여 구조물 위험 예방과 민원 예방에 활용	인접 구조물 및 필요시	필요시 측정

계측위치 선정 시 고려사항

① 주변 구조물의 존재에 의해 결정되는 계측항목에 대해서는 그 구조물의 위치를 중심으로 계측기기를 배치한다.
② 조기에 시공되는 위치에 우선적으로 배치한다.
③ 토류구조물의 전체를 대표할 수 있는 곳에 배치한다.
④ 중요 구조물이 인접하여 있는 곳에 배치한다.
⑤ 하천주변 등 지하수위가 많고 수위의 변화가 심한 곳에 배치한다.

또한 토류구조물 시공 시 각종 계측기의 설치 모식도를 나타내면 아래 그림과 같다.

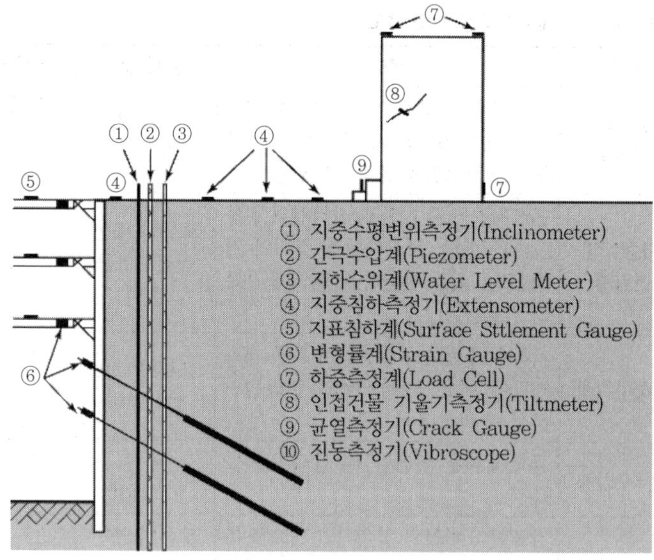

[그림 10－15] 흙막이공사 시 각종 계측기의 설치 위치도

3 계측방법 및 빈도

(1) 계측항목에 따른 계측방법 및 빈도

▼ [표 10-4] 계측항목에 따른 계측방법 및 빈도

<table>
<tr><th colspan="2" rowspan="2">계측항목</th><th rowspan="2">계측방법</th><th colspan="4">계측빈도</th></tr>
<tr><th>양수 중</th><th>지반 개량 중</th><th>굴착 중</th><th>구체 시공 중</th></tr>
<tr><td rowspan="4">흙막이벽</td><td>벽체변형</td><td>• 수평 : 측점설치하고 피아노선을 매달아 측정, 트랜싯을 이용하여 수직성 확인
• 연직 : 삽입식, 고정식 경사계 사용</td><td rowspan="4">1회/주</td><td rowspan="4">1회/주</td><td rowspan="4">1회/일</td><td rowspan="4">1회/주</td></tr>
<tr><td>토압, 수압측정</td><td>토압계나 수압계를 흙막이 벽체에 부착</td></tr>
<tr><td>벽체의 침하 · 부상</td><td>레벨을 이용하여 머리부분 계측</td></tr>
<tr><td>응력</td><td>유압식 하중계(변형계) 사용</td></tr>
<tr><td rowspan="4">동바리공</td><td>띠장, 버팀대 변형</td><td>피아노선이나 트랜싯을 이용</td><td rowspan="2">–</td><td rowspan="2">–</td><td rowspan="2">1회/일</td><td rowspan="2">1회/일</td></tr>
<tr><td>버팀대의 축력</td><td>유압식 하중계 사용</td></tr>
<tr><td>버팀대의 수평도 및 중간말뚝 침하부상</td><td>Level을 사용</td><td rowspan="2">–</td><td rowspan="2">–</td><td rowspan="2">1회/일</td><td rowspan="2">1회/주</td></tr>
<tr><td>흙막이 구조 전체의 이동</td><td>굴착부 밖에 설치한 기준점으로 측량 실시</td></tr>
<tr><td rowspan="4">주변지반</td><td>침하 측정</td><td>지반면에 Point 설치 후 Level로 확인</td><td rowspan="4">–</td><td rowspan="4">–</td><td rowspan="4">1회/일</td><td rowspan="4">1회/주</td></tr>
<tr><td>균열상태 측정</td><td>지표 침하판이나 침하측정공 이용</td></tr>
<tr><td>지하매설물 침하</td><td>매설물에 Point 설치 후 Level 이용</td></tr>
<tr><td>인접 구조물의 침하 및 경사 측정</td><td>기준점을 두고 레벨, 트랜싯, 경사계를 이용</td></tr>
<tr><td rowspan="2">지하수위</td><td>지하수위 측정</td><td>수위 측정기, 간극 수압계 사용</td><td rowspan="2">–</td><td rowspan="2">–</td><td rowspan="2">1회/일</td><td rowspan="2">1회/주</td></tr>
<tr><td>양 · 배수량 측정</td><td>V노치를 사용</td></tr>
</table>

[주] 계측빈도는 시공상황이나 계측결과에 따라 변경하여야 한다.

(2) 일일점검 항목(육안점검)

① 흙막이 벽체

흙막이 벽체의 변형, 누수 및 토사 유출, 굴착저면의 Heaving, Boiling, 굴착면에서의 용수 등

② 동바리공

띠장의 튀어나옴, 각 부재의 변형상태, 띠장과 버팀대 연결부 관찰, 각 부재의 접합부(볼트, 용접) 점검, 중간말뚝의 침하부상 등

③ 주변 지반

포장면의 요철 및 균열, 임시울타리 전신주의 기울어짐, 인접 구조물의 표면적 변화(벽 · 바닥 균열, 문짝의 변형 등)

④ 지하수위 및 배수량

주변 지반의 침하나 우물의 고갈, 인근 우물의 수위측정 및 수질검사, 굴착부로의 누수와 용수상황, 수질의 확인, 상수도관의 손상 여부(수질검사로 확인)

계측기 배치에 대한 검토사항

① 계측 목적과의 부합성
② 시공사항
③ 전체 관리 및 집중 관리
④ 계기 보수

4 계측관리의 Flow Chart

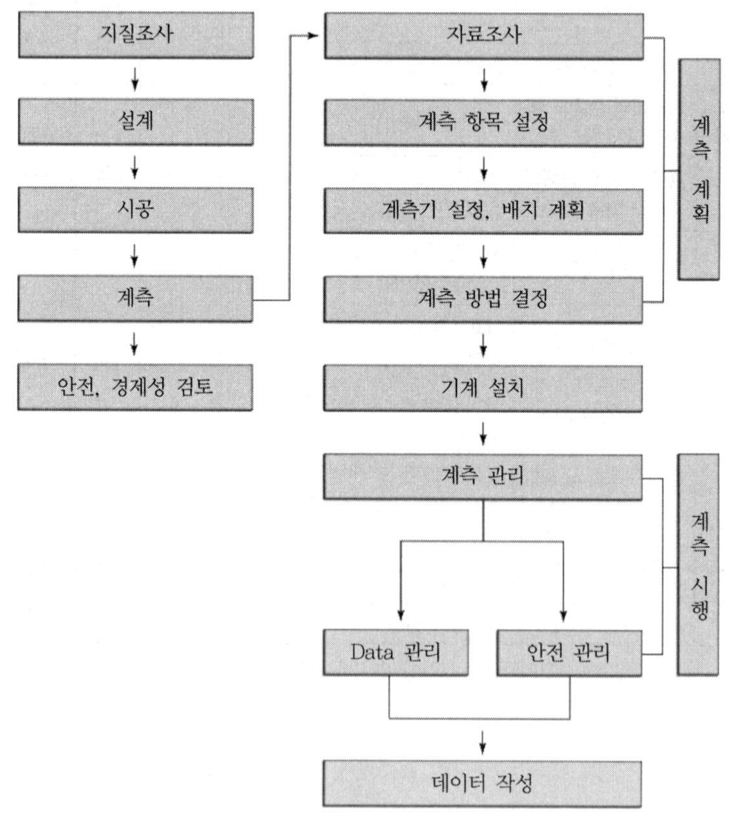

[그림 10-16] 계측관리의 Flow Chart

5 구조물의 허용변위량

(1) 허용침하량

① 구조물의 허용변위량은 손상한계를 규정하여 안전성과 내구성 확보를 위한 규정으로 한계변위량 산정에 있어서 불확실성, 구조물의 현황, 중요도, 보수방법의 난이도 등을 종합 판단하여 적절한 안전율을 고려하여 결정한다.

② 일반적으로 사용되는 구조물의 허용침하량을 초과할 경우 즉시 보강대책을 수렴, 조치하고 계측을 통한 판단에 의거 공사를 진행한다.

(2) 흙막이벽의 변위

흙막이벽은 필연적으로 토압, 수압의 작용으로 변위가 수반되고 이에 따라 배면 지반의 침하, 경사, 균열 등의 피해가 직접적으로 가해지므로 변위에 유의해야 한다.

1) 엄지말뚝의 변위

▼ [표 10-5] 엄지말뚝의 변위 억제 기준

구분		변위 억제 기준	변위량(Chang의 이론식)
굴착저면	점성토	1cm	$\delta = \delta_o + \alpha(H - h')$ δ : 엄지말뚝상단의 변위 δ_o : 하중점에서의 변위 α : 하중점에서의 경사각 H : 굴착깊이 h' : 굴착면에서 하중점까지의 거리
	사질토	0.3cm	
엄지말뚝 상단		3cm	

2) 강널말뚝 변위량 계산방법

$$\delta = \delta_1 + \delta_2$$

여기서, δ_1 : 최상단 버팀대를 강성힌지로 가정하고 가상 지지점까지 깊이의 1/2을 탄성지점으로 가정하여 중간버팀대를 무시한 단순보의 처짐

δ_2 : 단순보로서의 최대 처짐

3) 다변화 지반에서의 토류벽체 변위

Rankine의 작용토압에 대한 흙막이벽의 주동과 수동변위는 다음과 같다.

▼ [표 10-6] 토질에 따른 변위

구분	주동변위 ($\Delta H_a / H$)	수동변위 ($\Delta H_a / H$)	비고
느슨한 모래	0.1~0.2%	0.1%	ΔH_a : 주동인 경우 벽체의 정점 변위
촘촘한 모래	0.5~1.0%	0.5%	

구분	주동변위 ($\Delta H_a / H$)	수동변위 ($\Delta H_a / H$)	비고
연약점토	2%	4%	ΔH_p : 수동인 경우의 정점변위 H : 옹벽의 높이
단단한 점토	1%	2%	

6 계측기의 종류 및 특성

계측은 굴착지반의 활동인 균열의 발생, 구조물의 파괴, 변형 등에 대한 육안 관찰로부터 시작되나 토압 및 간극수압, 어스앵커 등 구조물에 발생하는 응력 또는 그 외 지반 내에서의 변화는 육안관찰만으로는 알 수 없으므로 계측기를 사용하게 된다.

(1) 지중수평변위계(경사계, Inclinometer)

1) 사용 목적

굴착 및 성토 시 공동현상 및 지하수위의 변화 등 기타 영향으로 인한 토립자의 수평변위량의 위치, 크기 및 속도를 계측하여 설계상의 예상변위량과 비교 · 검토함으로써 안전도 및 피해영향권을 추정하는 데 그 목적이 있다.

2) 적용 및 활용

① 지하철 및 흙막이공사의 굴착공사의 변위 측정

② 교각 및 교대의 변형 측정

③ 사면의 예상활동면 측정

④ 터널 및 수직갱, 댐 기타 각종 제방 등의 변위 측정

3) 설치방법

① 지반에 설치 시

㉠ 근입심도에 1~2m를 더하여 보링을 한다. Hole의 지름은 80~150mm 정도이되 100mm 정도로 하는 것은 설치에 편리하다.

㉡ 케이싱의 한쪽 끝을 End Cap으로 씌우고 Rivet을 사용하여 조립하며 Grouting 유입을 방지하기 위하여 Sealing을 한다.

㉢ Casing과 Casing의 연결은 Coupling을 이용하여 Rivet으로 조합시켜 놓고 Sealing 처리를 하여 준비한다.

㉣ 측정 방향을 굴토면과 수직되게 Casing을 삽입한다.

㉤ 조립된 Casing을 차례로 Hole 내에 측정 방향과 Keyway의 방향을 맞추어 설치한다.

㉥ Steel Casing를 제거하고 Grouting을 하며 Grouting재의 저하 후 재주입한다.

>>> 지중수평경사계의 원리

평형력 가속도계(Force Balance Accelerometer)의 원리가 이용된 Servo Accelerometer로 검전기(Position Detector)의 자장 내에 한 질점(Mass)이 놓여 있고 탐침기가 기울어지면 이 질점은 중력의 작용에 의하여 주력의 방향으로 기울려고 한다.
이때 검전기에 전류의 변화가 일어나는 것을 Protective Cover로 덮어 잘 보호되도록 한다.

>>> 지반에 설치 시 유의사항

현장의 특성과 주어진 상황에 따라 보링, Casing의 처리, Grouting 방법은 각 현장마다 차이가 있을 수 있다.

>>> 경사계 설치 시 주의사항

① Grout재가 양생된 후 침하된 부위에 다시 Grouting을 한다.
② Grout를 하는 과정에서 측정 방향과 Keyway 방향이 변경되지 않도록 유의해야 한다.
③ 만약 설치 도중에 공내 물에 의한 부력에 영향을 받는다면 케이싱 내에 맑은 물을 부어 넣어 부력을 제거하도록 해야 한다.
④ Boring 후 Hole 내에 Slime이 찰 수 있으므로 설치 시 반드시 Hole 깊이를 확인한다.

ⓢ Grout재로 완전히 채운 후 알미늄 케이싱의 끝부분을 Protective Cover를 덮어 잘 보호되도록 한다.

② 지중 연속벽에 설치 시

㉠ 지중연속벽 콘크리트 타설 시 측정위치에 지름 80~150mm 정도의 Steel 케이싱을 설치한다.

㉡ 케이싱의 한쪽 끝을 End Cap으로 씌우고 Rivet을 사용하여 조립하며 Grouting 유입을 방지하기 위하여 Sealing을 한다.

㉢ Casing과 Casing의 연결은 Coupling을 이용하여 Rivet으로 조합시켜 놓고 Sealing 처리하여 준비한다.

㉣ 측정 방향을 설정하여 조립된 Casing을 차례로 Hole 내에 측정 방향과 Keyway의 방향을 맞추어 설치한다.

㉤ Grout Pump와 Themip Pipe를 사용하여 연속벽 케이싱 내부를 Grouting한다.

㉥ Grout재로 완전히 채운 후 알루미늄 케이싱의 끝부분을 Protective Cover를 덮어 잘 보호되도록 한다.

4) 측정방법

경사계관의 Protective를 열고 Pully Assemble을 설치한다. Prove의 Wheel을 측정 방향에 맞추어 경사계관 내부의 Keyway를 따라 밀어 넣는다.

계획 심도에 맞추어 Prove를 내린 후 지시계의 스위치를 켠다. 50cm씩 표시된 케이블을 Assembly에 맞추어 올리며 계측을 하고 값은 자동적으로 지시계에 수록되며 필요한 자료를 원하는 때에 즉시 뽑아내어 사용한다.

>>> **경사계 측정 시 유의사항**

① 최초 측정 시기는 그라우트 완료 후 4일이 경과한 후 실시한다.
② 그라우팅에 유의하지 않으면 측정이 불가능해진다.
③ 경사계 튜브의 설치 방향에 따라 횡 변위와 침하량 측정을 할 수 있다.

5) 측정장비

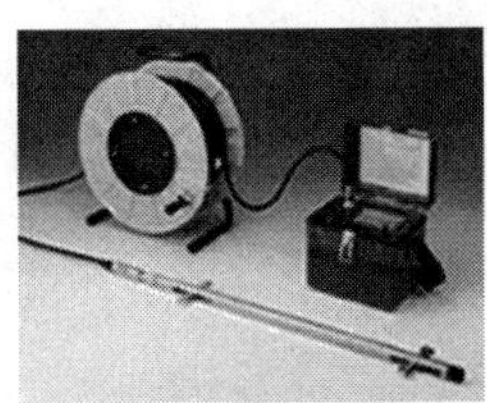

[그림 10-17] 지중수평변위계 및 케이싱

6) 평가방법

① 시간경과에 따른 변화로 판단하는 방법

㉠ 최대 수평변위량 : 굴착에 따라 발생하는 수평변위량 중 최대값은 굴착심도에 따라 발생하는 위치와 그 값을 달리하게 된다. 또한 굴착 시와 Strut 또는 Anchor 설치 시, 굴착공사의 방치 시에는

각 현장마다 변형량의 크기가 시간의 경과에 따라 그 기울기를 달리하며 이 값을 시간의 경과에 따라 Plot하면 수치적인 값으로 안전율을 표기할 수는 없지만, 그 흐름으로써 현 상태가 안정 방향인지 불안정 방향인지를 판단할 수 있다.

㉡ 1일 수평변위량 : 최대수평변위량의 관리와 마찬가지로 그 값을 단위시간 또는 1일당의 변위량으로 환산하여 시간경과에 대해서 Plot하면 굴착에 따른 임의시간에서의 상대적인 안정도를 판단할 수 있다.

7) 지중수평변위계(경사계, Inclinometer)의 모식도

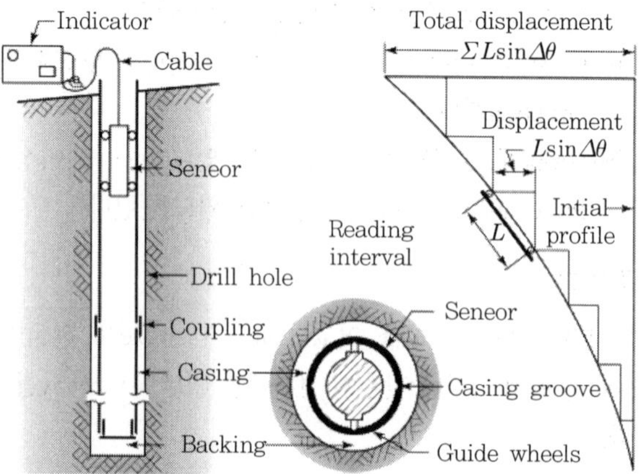

[그림 10-18] 지중수평변위계의 모식도

8) 경사계 계측관리

[그림 10-19] 지중수평변위계 계측장면

(2) 지하수위계(Water Levelmeter)

1) 사용목적

지하수위 변동사항을 측정하여 안전시공을 기하는 데 목적이 있다.

2) 적용 및 활용

① 지하철 및 흙막이공사에 따른 수위변화 측정

② 연약지반의 수위변화 측정

③ 성토 및 수리, 환경의 수위 측정

④ 기타 탈수나 배수의 수위변화 측정

3) 설치방법

① 예상굴착저면 1~2m 이하 또는 대수층까지 천공한다.

② 천공부를 Surging한 후 Casagrande Piezometer Tip과 Pipe를 연결하여 관입한다.

③ 관입시킨 후 Casagrande Piezometer Tip 상부 1~2m까지 모래로 투수층을 형성한다.

④ Bentonite Pellets로 차수층을 형성시킨 후 Cement Grouting한다. Ole 깊이를 확인한다.

4) 측정방법

Probe를 Stand Pipe 안으로 삽입하여 내린 후 Pipe 내의 수면에 닿을 때 부저가 울리는 깊이를 측정한다.

5) 측정장비

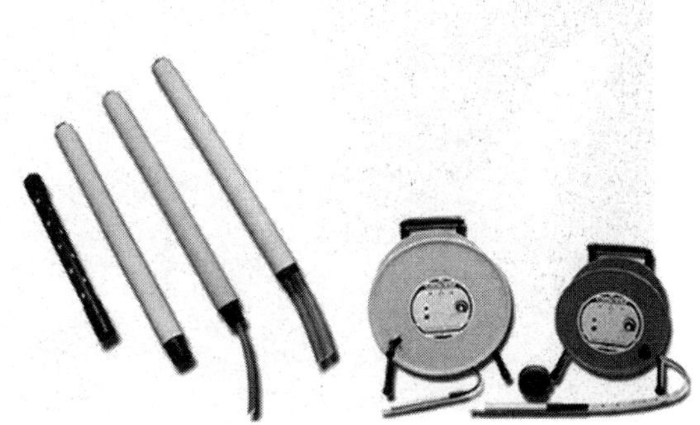

[그림 10-20] 지하수위계

6) 평가방법

굴착공사의 심도가 지하수위 이하에까지 도달하는 경우 현장 내부로 유입되는 유출수에 의한 주변의 침하가 문제가 되는 경우가 많다.
이러한 주변 위 침하는 공사에 막대한 지장을 주며 실제의 수위 변화를 고려하지 못하여 발생되는 시공상의 문제는 공기 및 공사비에 큰 영향

>>> **지하수위계의 종류**

① 부자식 : 수위가 얕고 공경이 큰 관측정에 사용
② 촉침식 : 수면 접촉 시 전류를 감지하는 방식으로 작은 공경에 적합, 사용 용이
③ 수압식 : 작은 공경에서도 측정이 가능, 간극 수압계로 겸용

>>> **지하수위계의 유의사항**

① 지층이 균질하고 흙의 투수성이 크고, 수압이 깊이에 비례하여 증가하는 경우에만 측정치가 잘 맞는다.
② 지층이 불규칙할 경우에는 오차가 심하다.
③ 세립토 지반에서는 투수계수가 낮아 수위의 상승과 하강의 반응시간이 대단히 느리기 때문에 오차가 심하다.
④ 어느 측정지점의 지하수위가 특이점을 나타낼 때는 재검토, 재조사가 필요하다.

을 미치므로 주의하여야 한다.

지하수위의 변동이 영향을 주는 사항은 다음과 같다.

① 인접 지반의 침하나 건물의 침하
② 인접 구조물의 지지력 저하
③ 침하로 인한 공공매설물의 피해
④ 지하수의 유로 재편성에 따른 우물의 고갈 등

7) 지하수위계의 모식도

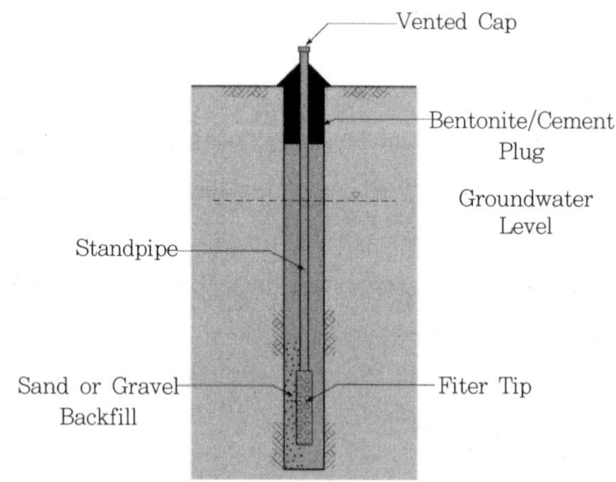

[그림 10－21] 지하수위계의 모식도

8) 지하수위계 계측관리

[그림 10－22] 지하수위계 계측장면

간극수압계의 종류

① 진동형식(일반적)
② 공압식
③ 전기식

(3) 간극수압계(Piezometer)

1) 사용목적

굴착에 의한 지반 내의 간극수압의 증감을 측정하여 지반의 안전성을 파악함으로써 시공속도를 조절하고, 토류구조물의 안전성을 검토하는 데 이용된다.

2) 적용 및 활용

① 탈수나 배수의 효과적인 측정
② 지반의 안정성 검토 및 시공조절을 위해서
③ 굴착이나 성토의 안정성 측정
④ 수위 측정의 Monitoring

3) 설치방법

① 간극수압계 Tip을 Cable에 연결한 후 24시간 동안 물에 담가 놓는다.
② 24시간이 지난 후 초기값을 읽고 Readout Sheet에 기록한다.
③ 정해진 설치위치에 Casing을 하여 천공을 실시한다.
④ 천공 Hole을 깨끗이 세척한다.
⑤ 깨끗한 모래를 설치공 내에 깔아준다.
⑥ 물 속에 담겨있는 간극수압계 Tip을 물에 잠겨있는 채로 현장에 운반하여 설치 Package나 Filterbag을 이용하여 설치한다.
⑦ 모래로 투수층을 형성한다.
⑧ 벤토나이트로 차수층을 형성한다.
⑨ 상부까지 시멘트 그라우팅을 한다.
⑩ 보호 Cover를 씌워 보호한다.

4) 측정방법

간극수압계에서 연결되어진 케이블을 Readout과 연결하여 계측치를 읽은 후 초기치와 계측치 및 계기의 상수를 환산공식에 적용하여 수압을 산정한다.

5) 측정장비

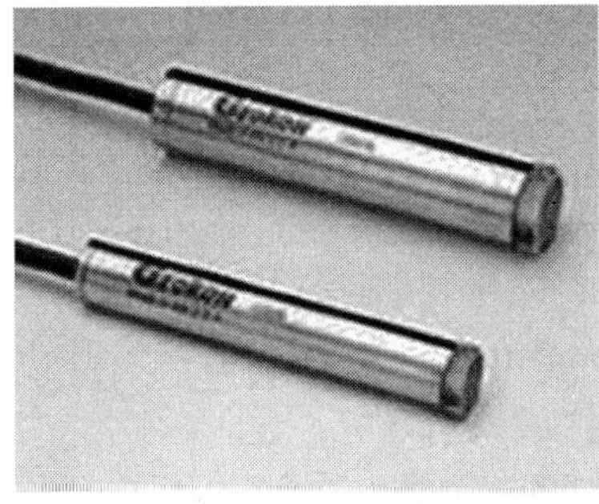

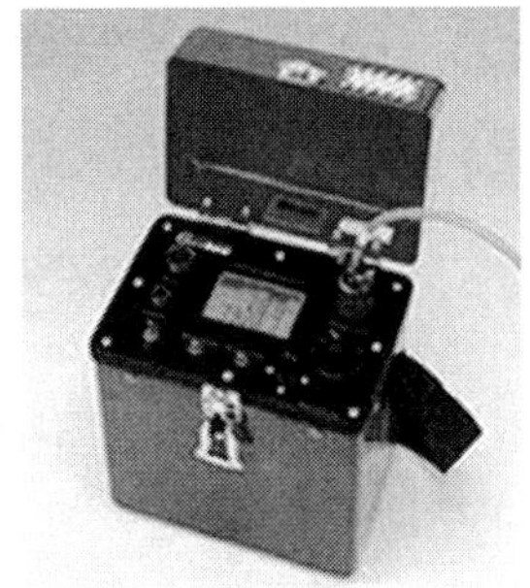

[그림 10-23] 간극수압계

간극수압계 유의사항

① 정확한 측정값을 얻기 어렵다.
② 소모품 비용이 비싸다.
③ 시험용 우물 등으로 검증을 시행할 필요가 있다.

6) 간극수압계의 모식도

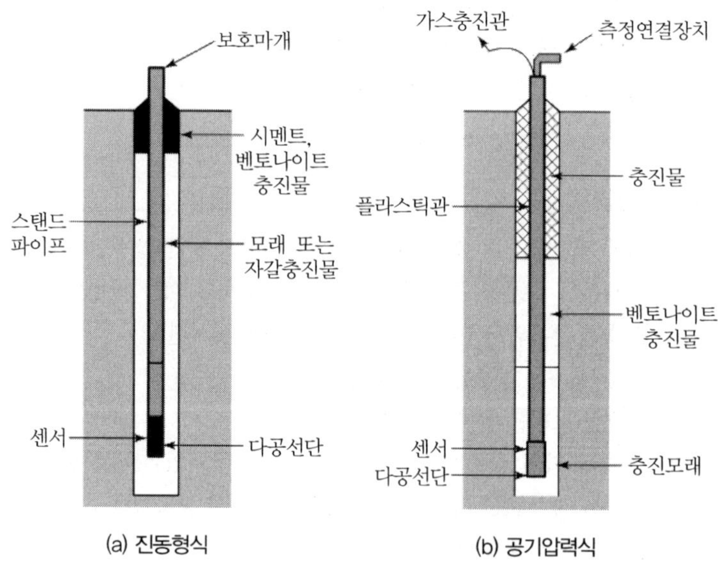

[그림 10-24] 간극수압계의 모식도

>>> **토압계의 종류**

① 제체 토압셀(Embankment Earth Pressure Cell) : 성토로 인하여 발생하는 지중의 응력상태 측정
② 접촉 토압셀(Contact Pressure Cell) : 구조물에 작용하는 토압 측정

(4) 토압계(Pressure Cell)

1) 사용 목적

옹벽, 지하흙막이벽, 지하연속벽 등의 배면토압이나 성토 시 상재하중에 의한 토압 등을 측정한다.

2) 적용 및 활용

① 지하연속벽의 토압 측정
② 성토층, 댐 등 기타 상재하중의 방향에 따른 토압의 크기 측정
③ 흙막이 배면에 작용하는 토압 측정

3) 설치방법

① Jack-out Pressure Cell

㉠ 지중연속벽의 철근망에 측정위치를 선정하여 Jack을 연결 Pressure Cell을 부착시킨다.
㉡ 철근망을 지중연속벽 내부에 거치시킨다.
㉢ Hydraulic Pump를 이용하여 유압을 가하여 Pressure Cell이 벽면에 고정되도록 한다.
㉣ Concrete를 타설한 후 지시계를 이용하여 초기치를 측정한다.

② Total Pressure Cell

㉠ 설치하고자 하는 지반을 소요크기만큼 굴착한 후 수평이 되도록 충분히 다진다.

㉡ Cell의 하부보호를 위하여 굴착한 흙을 체가름하여 20cm 정도 성토한 후 수평이 되도록 한다.

㉢ Pressure Cell을 그 위에 거치시킨다.

㉣ Cell의 상부에 양질의 흙을 약 15~20cm 정도 성토한다.

㉤ 성토 시 Cell의 상부에서 1m까지는 인력 및 소형다짐기를 사용하여 다짐을 실시한다.

㉥ 성토 후 계측을 실시하여 초기값을 측정한다.

4) 측정방법

토압계에서 연결되어진 케이블을 Readout과 연결하여 계측치를 읽은 후 초기치와 계측치 및 계기의 상수를 환산공식에 적용하여 토압을 산정한다.

5) 측정장비

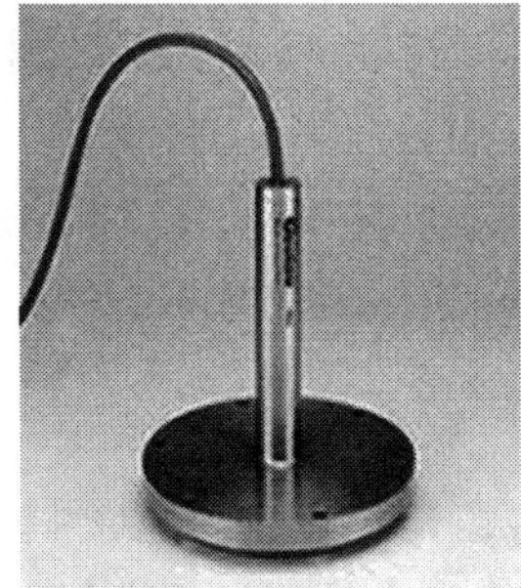

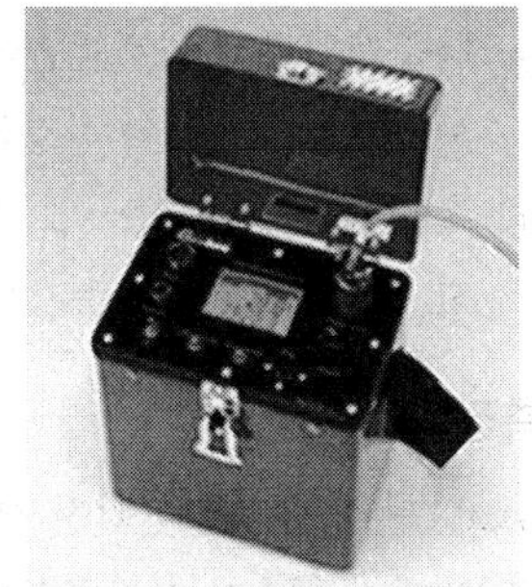

[그림 10-25] 토압계

(5) 하중계(Load Cell)

1) 사용목적

Pile, Strut 또는 Earth Anchor의 하중 및 인장력을 측정하여 공사 시 지반 상황을 예측하기 위하여 사용된다.

2) 적용 및 활용

① Earth Anchor의 하중 및 인장력 측정

② Pile의 하중 측정

③ Strut 축력 측정 및 굴착시의 하중 측정

3) 설치방법

① Earth Anchor에 설치 시

㉠ Load Cell 설치 3~4시간 전에 현장 그늘에 놓아둔다.

㉡ Cable을 연결한 후 영점값을 읽고 Sheet에 기록한다.

>>> 하중계의 종류

① 진동형식(Vibrating-wire Type)
② 전기저항식(Electrical Resistance)
③ 수압식(Hydraulic Pressure)

㉢ Earth Anchor 스트랜드를 Center Hole 내부로 넣어 Lower Plate를 거치시킨다.

㉣ Load Cell을 거치시킨다.

㉤ Upper Plate를 거치시킨 후 지압판을 거치하고 유압잭을 이용하여 Earth Anchor를 인장시킨다.

㉥ Earth Anchor를 인장시킨 후 지시계를 이용하여 초기치를 읽는다.

4) 유의사항

① 하중계 설치 후 초기에는 1~2일 간격으로 하중을 측정하고 하중이 안정된 후(통상적으로 15~20일 후)에는 정기적으로 측정한다.

② 강우직후 등 사면의 불안정이 우려되는 경우에는 수시로 측정하여 변동발생 여부를 조사한다.

③ 어스앵커 인장용 유압식 잭의 게이지와 하중계로 측정된 하중이 상당한 차이가 발생되는 경우가 있다.

④ 하중계의 정확도를 검증할 필요가 있을 때에는 시험실에서 1축 압축 시험기를 이용하여 점검할 수 있다.

⑤ 측정횟수는 최소한 1일 중 최고 및 최저온도에 맞추어 2회 또는 최고, 최저 및 각각의 중간온도에 맞추어 4회가 필요하다.

설치위치 선정방법

① 하중의 최대치가 작용하는 흙막이벽의 중앙부
② 경계조건의 고려를 위한 단부
③ 하중이 작용하는 곳에 인접한 장소
④ 교통량이 많은 도로 측, 침투수의 영향을 받는 하천 측 등에 중점 배치
⑤ 측정대상 부재에 작용하는 하중이 하중계에 완전히 전달될 수 있는 장소
⑥ 하중계의 설치로 인하여 구조적으로 약점이 되지 않는 장소
⑦ 하중계의 중량을 지지하는 지지대를 설치하기 좋은 장소

5) 측정방법

Load Cell에서 연결되어진 케이블을 Readout과 연결하여 초기치, 계측치 및 계기 상수를 환산공식에 적용하여 인장력 및 하중을 산정한다.

6) 측정장비

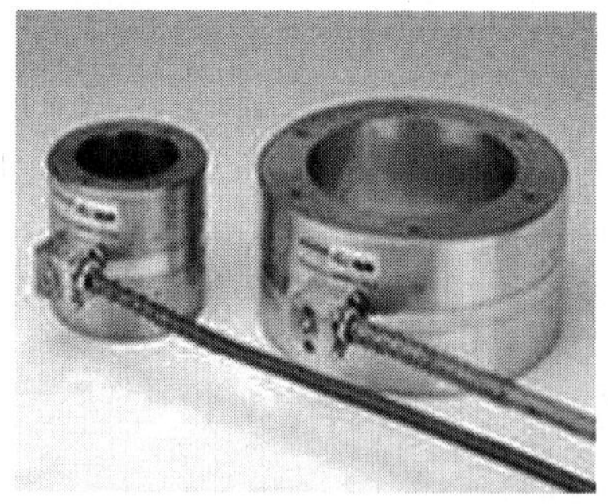

[그림 10-26] 하중계

7) 평가방법

T. Liu나 Larson의 연구결과에 따르면 Load Cell을 통해 얻어지는 Earth Anchor의 반력은 시간이 경과함에 따라 점진적인 감소를 나타내는데 이러한 반력감소 원인으로 다음 사항을 제시하였으며, 이러한 원인은 복합적으로 작용되는 것으로 제시되었다.

① Earth Anchor 정착부의 Creep 현상
② Anchor Strand의 응력이완(Stress Relaxation)
③ 정착부와 인접 지반의 미끄러짐(Slip)
④ 흙막이벽체와 Earth Anchor 정착부 사이에 놓인 원지반의 압축
⑤ 배면지반의 이완에 따른 마찰저항 감소
⑥ 시간경과에 따른 응력재배치의 종료와 평형상태 회복
⑦ 원지반의 수동파괴현상

반면에 반력이 증가하는 경우는 굴착 시 토류구조물 배면에 주동토압이 증가되어 흙막이벽체에 의해 변형이 억제되면서 앵커구조체에는 이에 저항하려는 응력이 발생한다.

이와 같이 Load Cell을 통하여 얻어지는 어스앵커 반력은 지반과 상호작용에 의해 평형을 찾으면서 감소 추세에 들어가게 되는데, 급격한 증가 또는 감소를 보일 경우 굴착속도를 완만히 하고, 앵커 구조체의 상태를 확인하는 등 시공에 따른 하자를 다시 살펴보아야 한다.

8) 하중계 모식도

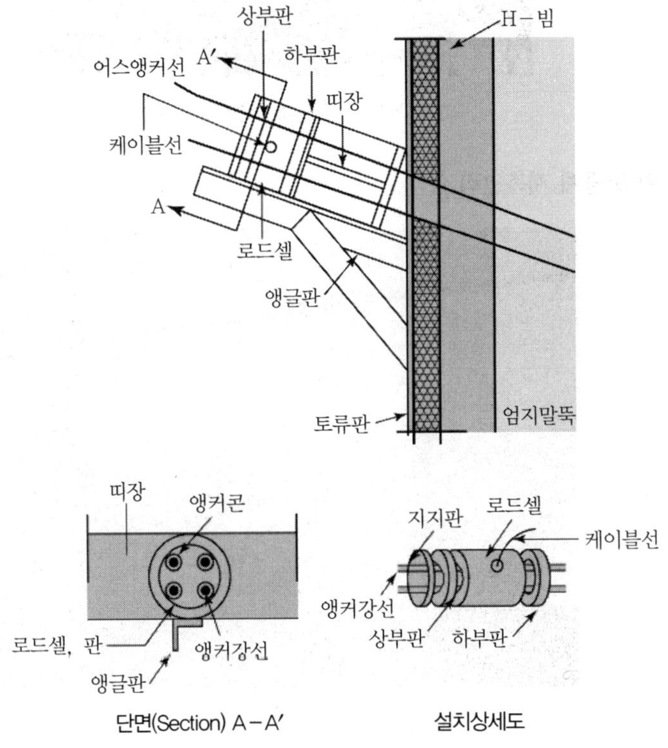

[그림 10－27] 어스앵커의 하중계 모식도

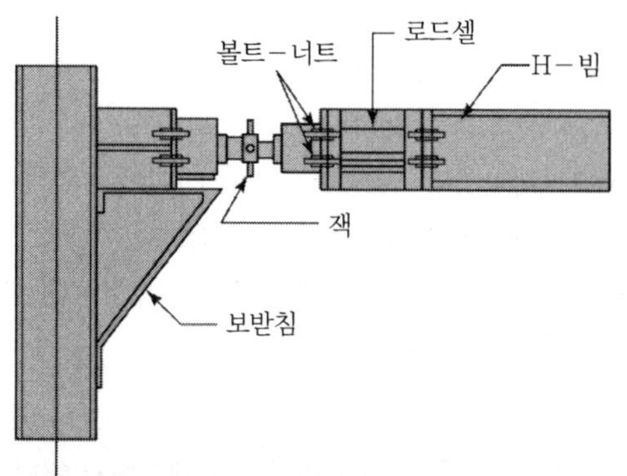

[그림 10-28] 버팀보에 하중계 설치 시 모식도

9) 하중계 계측관리 상태

[그림 10-29] 하중계 계측관리

(6) 변형률계(Strain Gauge)

1) 사용 목적

강재구조물이나 철골구조물 등에 부착하여 굴착작업 또는 주변작업 시 구조물의 변형을 측정하기 위하여 사용한다.

2) 적용 및 활용

① 터파기 공사 중 Strut이나 띠장에 부착하여 변형 측정
② 터널 라이닝이나 Steel Rib에 부착하여 변형률을 측정
③ 기타 구조물의 장기적인 변형을 측정

3) 설치방법

① 측정하고자 하는 위치에 전기용접 또는 접착제를 이용하여 Strain Gauge Sensor를 부착시킨다.
② 부착시킨 Sensor에 Cable을 연결시킨 후 보호덮개로 Sensor를 보호한다.

4) 측정방법

연결된 Cable을 측정위치까지 도달시킨 후 지시계에 Read Cable을 연결하여 변위치를 측정한다.

5) 측정장비

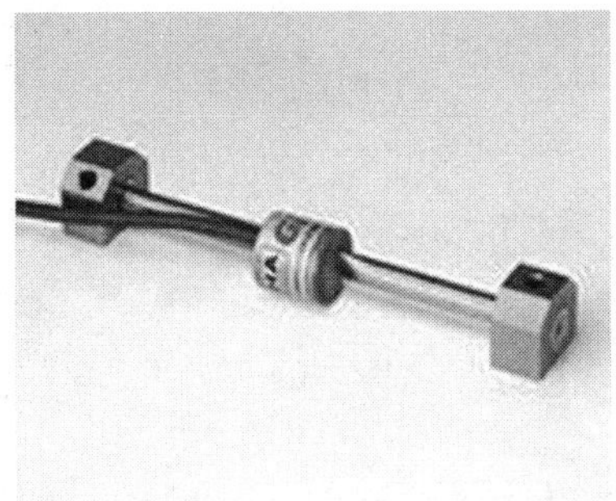
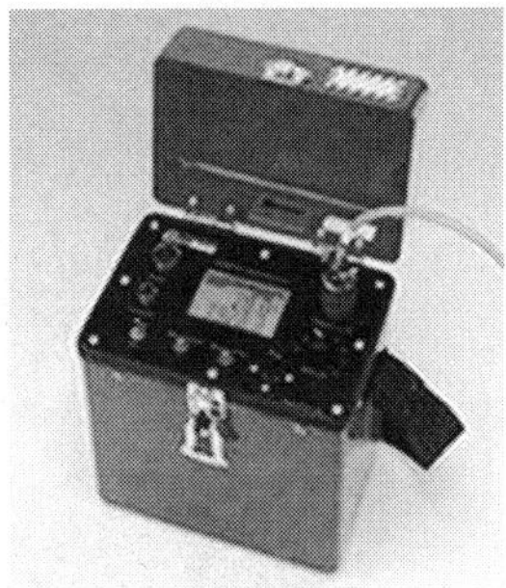

[그림 10－30] 변형률계

≫ 변형률계의 종류

① 표면부착형
② 매설형

≫ 변형률계 측정 시 유의사항

① Readout기는 온도변화에 대한 보정기능이 있어야 한다.
② Strain Gauge는 내부식성 · 방수성이 크고 장기간 안정되어야 하며, 강재의 변위를 충분히 포함할 수 있어야 한다.
③ 변형률계의 설치시기는 부착하는 부재에 따라 다소의 차이는 있으나 부재 거치 이전에 설치하여야 한다.
④ 측정오차 발생 여부에 대한 검증이 필요하다.

6) 변형률계의 설치 모식도 및 계측관리

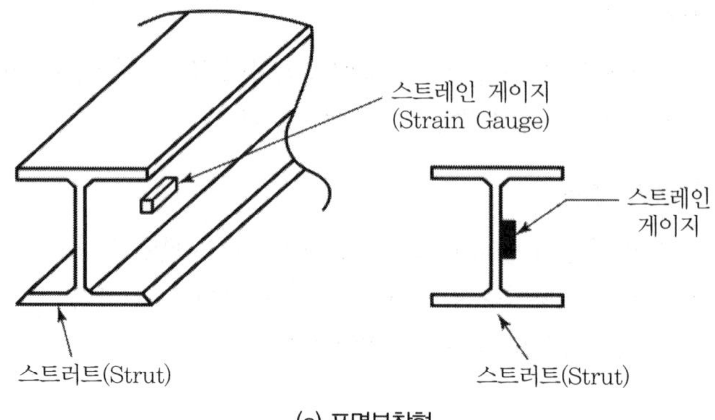

(a) 표면부착형

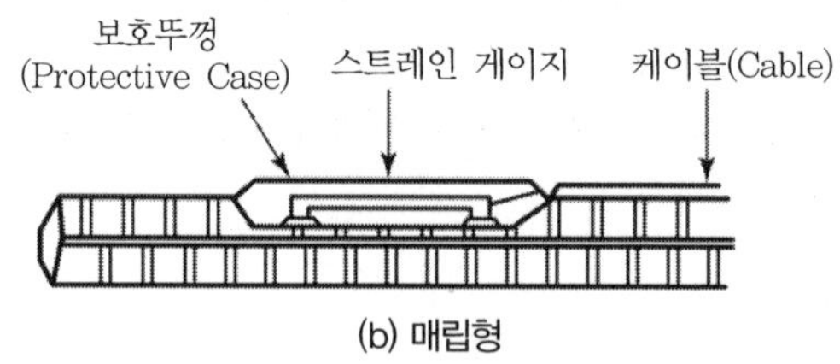

(b) 매립형

[그림 10-31] 변형률계의 설치 모식도

[그림 10-32] 변형률계 계측관리

(7) 지표면 침하계

1) 사용 목적

지표면에서 관측되는 수직침하량 및 수평이동량을 측정한다.

2) 적용 및 활용

① 흙막이 배면 지표면 침하량 측정

② 터널 상부 지표면 침하량 측정

③ 현장 인근 구조물의 침하량 측정

3) 설치방법

① 소요 크기의 철판에 Steel Rod를 수직으로 용접한다.

② 제작이 완료된 침하판을 지표면에 Rod가 연직이 되도록 설치한다.

4) 측정방법

① 현장부근에 굴착의 영향이 미치지 않을 부동점을 설치하고 그 점을 기준으로 측정하고자 하는 위치의 침하판을 위의 Rod를 수준측량하여 침하량 및 수평이동량을 측정한다.

② 각 침하판에서 발생하는 현재의 전 침하량을 알 수 있도록 누적된 침하량을 기록한다.

(8) 지중(층별)침하계(Extensormeter)

1) 사용 목적

연약지반과 터파기공사 시 지중에 주요 구조물이 매설된 경우, 특히 지층의 구조가 복잡하여 각 층에서 일어나는 압축량을 예측하기 곤란한 경우에 원하는 지점에 침하계를 설치하여 지층의 침하량과 속도를 알아내어 지층별 탄성 및 압밀침하량을 측정하기 위한 것이다.

2) 적용 및 활용

① 기초지반 및 성토지반의 침하 또는 융기로 인한 변위 측정

② 옹벽, 교량의 변위 측정

③ 제방 및 사력댐의 변위 측정

④ 연약지반의 압밀 측정

3) 설치방법

① 자석식 탐침침하계(Magnetic Probe Extensometer)

㉠ 굴착공을 천공한다. 이때 천공깊이는 주요 구조물의 매설지점에 따라 결정한다.

㉡ 굴착공을 Surging한 후 PVC Pipe를 Coupling으로 연결하여 관입시킨다.

㉢ PVC Pipe를 부동층에 고정시키고, 원하는 측점에 Spider Magnet을 설치한다.

② 시추공 이용 변위계(Rod Extensometer)

㉠ 천공 후 침하계(Anchor, Rod, Protective Sleeve)를 조립하여 설치한다.

㉡ Multi-Point : Anchor 부분을 시멘트로 Grouting한 후 다음 Anchor까지 모래로 채우고 다시 Anchor 부분을 Grouting한다.

㉢ Single-Point : Anchor에서 지반까지 시멘트로 Grouting한다.

>>> **지중 침하계의 종류**

① 자석식 탐침 침하계(Magnetic Probe Extensometer)(일반적)
② 테이프 침하계(Tape Extensometer)
③ 시추공 이용 변위계 (Rod Extensometer)
④ 진동형 침하계 (Vibrating-wire Extensometer)

>>> **측정 시 유의사항**

① 기준 소자는 반드시 암에 거치시켜야 한다.
② 지시계는 디지털로 되어 있으므로 주기적으로 측정하여 변위량을 산정한다.

4) 측정방법

① Magnetic Probe Extensometer

㉠ 감지소자를 공내에 설치된 PVC Pipe 공내로 내린다.

㉡ 감지소자와 Sensor가 일치될 때 그때의 심도를 측정한다.

㉢ 초기치와 계측치와의 상대침하량을 계산한다.

② Rod Extensometer

Dial Gauge 또는 Indicator로 Reference Head에서 주기적으로 측정하여 변위량을 산정한다.

5) 측정장비

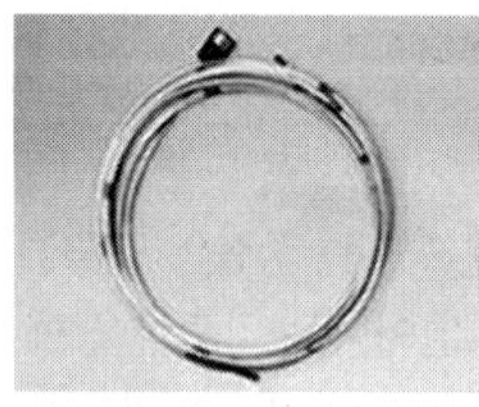

[그림 10-33] 지중침하계 측정 장비들

6) 지중침하계 모식도

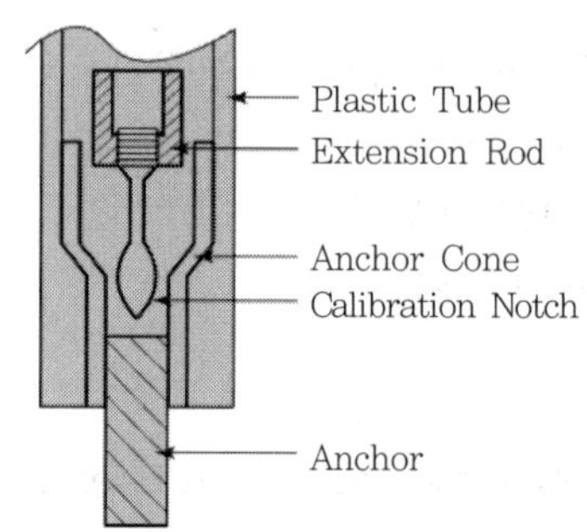

(a) 고정부 결합도

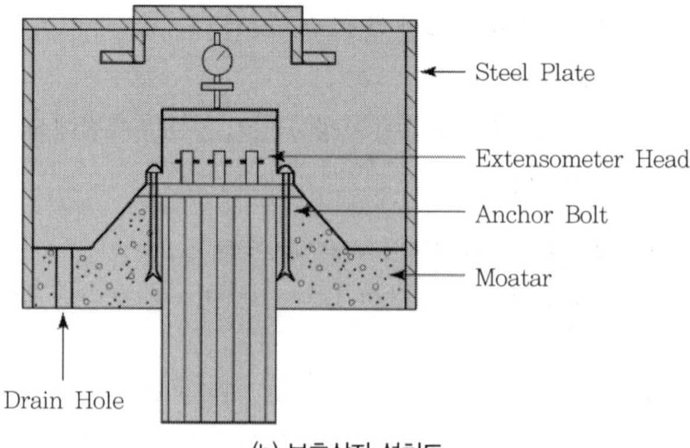

(b) 보호상자 설치도

[그림 10-34] 지중침하계 설치방법

(9) 인접건물 기울기 측정기(Tiltmeter)

1) 사용 목적

인위적 또는 자연적 영향으로 주변 건물이나 구조물, 옹벽 등의 부등침하로 인한 기울기 측정

2) 적용 및 활용

① 건물 주위의 지반 변형으로 인한 건물의 경사각을 측정

② 옹벽 및 구조물의 경사각 측정

3) 설치방법

① 현장에 근접한 방향의 위치를 선정한다.

② Tilt Sensor를 부착시킨다.

4) 측정방법

① Sensor에서 지시계로 기울기를 측정한다.

② 침하계, 경사계, 수위계 등의 계측 결과치와 비교 · 검토하여 분석에 이용한다.

5) 측정장비

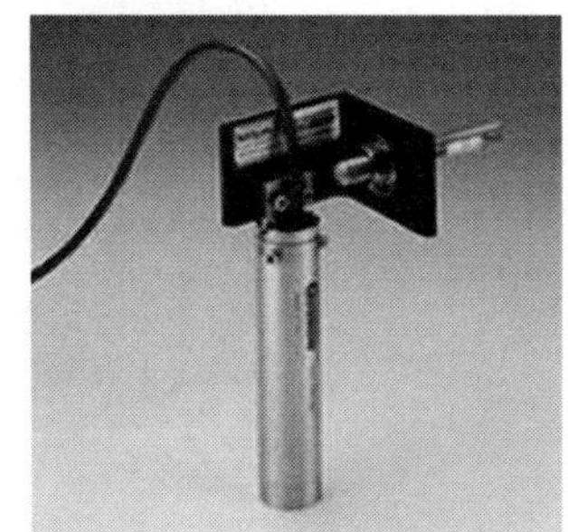

[그림 10－35] 기울기 측정기

6) Tiltmeter를 이용한 기울기 계측

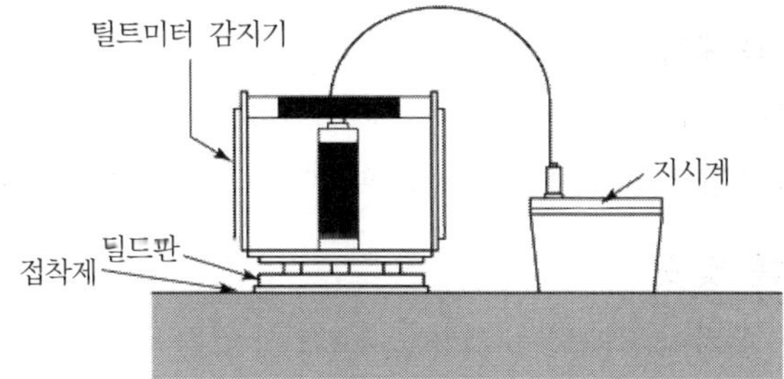

기울기 측정의 원리

평형력 가속도계의 원리를 이용한 것으로 질점의 변동에 따라 전자기력이 생기고 이러한 전자기력을 이용하여 구조물의 기울기를 측정

측정 시 유의사항

① 센서의 (+) 방향이 기준판에 1번 방향이 되도록 올려놓고, 주기적으로 행하여 Readout에 나타난 수치를 읽어 기록지에 기록하며 현재치와 초기치의 차를 개선하여 변형량과 속도를 파악한다.

② 구조물의 허용경사는 ε=1/750일 때 기초 작업이 곤란하고, 1/500일 때 균열을 허용할 수 없는 빌딩에 대한 한계이며, 1/100일 때는 일반적인 건물의 구조적인 손상이 예측되는 한계이다.

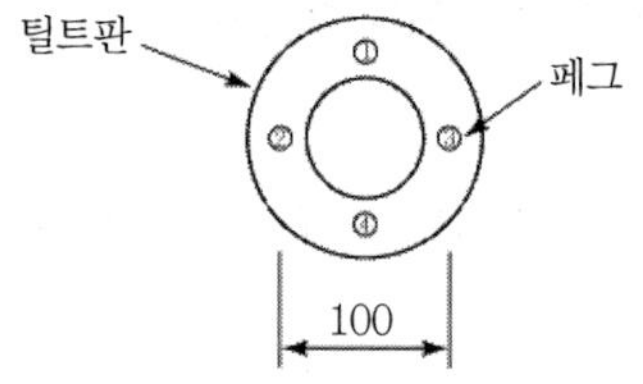

(a) Tiltmeter를 이용한 기울기 계측

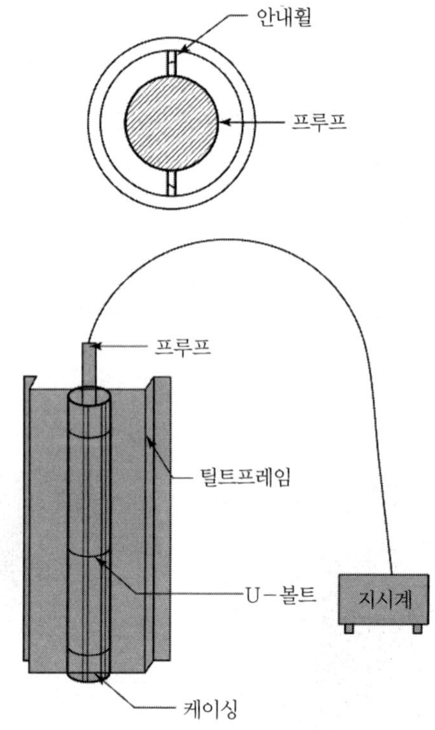

(b) 경사계를 이용한 기울기 계측

[그림 10-36] 건물 경사계의 설치 모식도

(10) 균열측정기(Crack Gauge)

1) 사용 목적

터파기, 터널굴착 등으로 인하여 야기되는 인접 구조물의 Crack 변형량을 측정하여 안정성 판단자료 및 민원야기 시 증빙자료 제공

2) 적용 및 활용

① 흙막이 및 터널 등 기타 공사로 인한 인접 구조물의 균열 측정
② 도로 등의 표면균열이나 팽창지점 측정
③ 옹벽이나 기타 구조물의 균열폭 측정

3) 설치방법

① 설치위치를 선정한다.

② 균열면을 고른다.

③ Crack Meter를 양단면에 부착시킨다.

4) 측정방법

① 설치된 Reference Point 양쪽 끝에 Dial Indicator를 이용하여 측정한다.

② Sensor에서 지시계로 균열량을 측정한다.

5) 측정장비

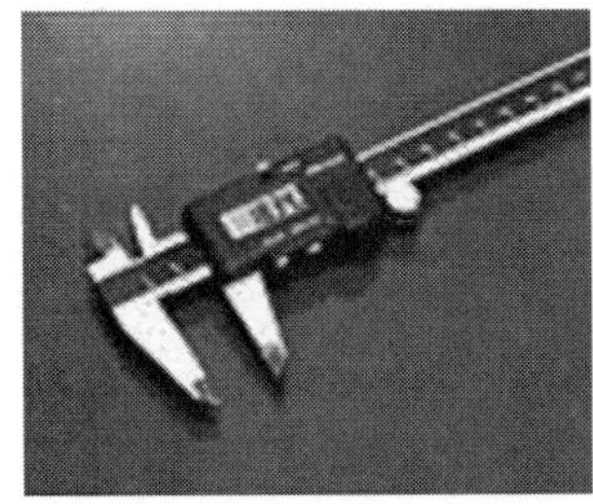

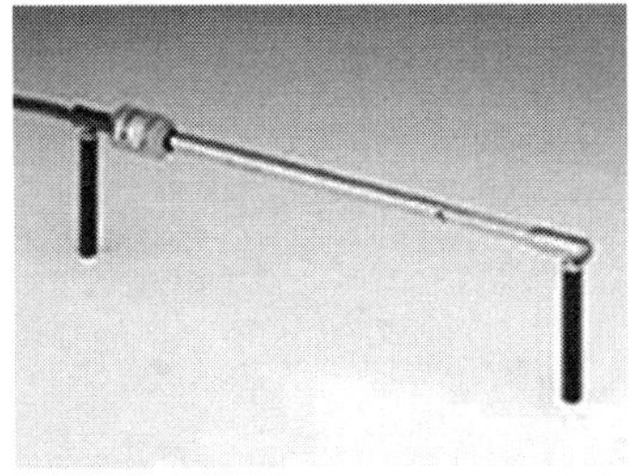

[그림 10-37] 버니어 캘리퍼스 및 크랙 게이지

6) 크랙게이지 계측관리

[그림 10-38] 크랙 게이지 설치 후 측정

MEMO

CHAPTER

11

흙막이 설계

CHAPTER 11 흙막이 설계

SECTION 01 개요

>>> **흙막기공법의 요구조건**

흙막이는 지하공사를 안전하고 원활하게 할 수 있도록 굴토벽면의 붕괴된 토사 유입을 방지하기 위하여 설치되는 가설 구조물로서 안전성과 시공성은 물론 경제성도 요구된다.

>>> **흙막이공법의 결정요인**

토질 및 지반의 형태, 지하수위, 매설심도, 관로 및 구조물의 매설폭, 경제성, 시공성, 현장 주위 여건 등

정지 평형상태에 있는 지반을 굴착하면 지반변위는 필연적으로 발생하게 되므로 이러한 변위와 변형량을 최소화하기 위해서 흙막이공법의 선정은 매우 중요하다. 현장의 모든 여건들이 고려된 경제적이고 안전한 흙막이공법의 선정이 필수적이라 할 수 있다.

SECTION 02 흙막이공법의 분류

1 재료에 따른 분류

일반적으로 흙막이공법은 크게 배면부 토사의 자립을 유지하기 위한 토류벽 공법과 이를 구조적으로 보강하는 버팀공법으로 구분되며 현재 가장 많이 사용되는 토류공법을 분류하면 [그림 11－1]과 같다.

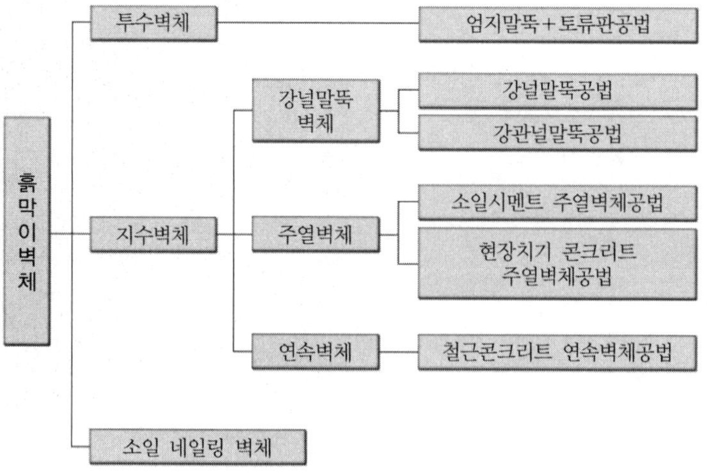

[그림 11－1] 흙막이공법의 분류

2 지보공법에 따른 분류

흙막이 벽체를 지보하는 방법은 크게 보 방식과 앵커 방식으로 구분된다. 최근에는 지하연속벽과 엄지말뚝을 병행하는 무지보 공법도 많이 사용되고 있다.

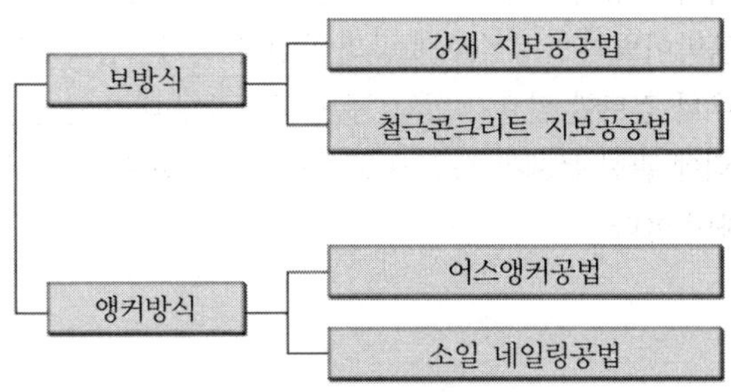

[그림 11－2] 엄지말뚝 토류판공법의 적용 예

SECTION 03 지하굴착공법

흙막이공법은 지하굴착의 방식에 따라 결정되는 경우가 많은데 이러한 지하굴착공법은 크게 개착공법, 역타공법으로 나눌 수 있으며 그 형식을 분류하면 [그림 11－3]과 같다.

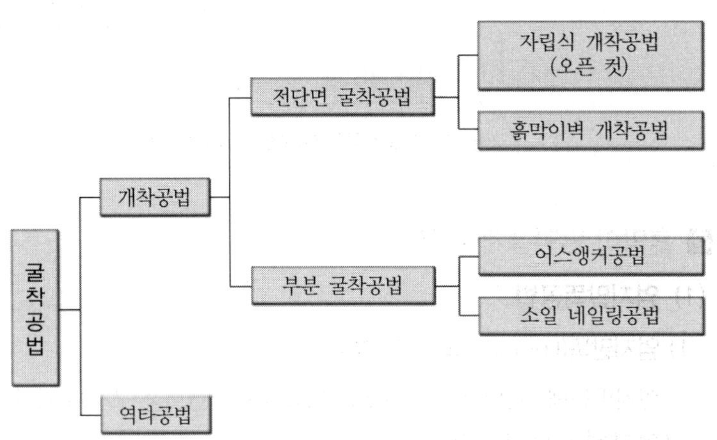

[그림 11－3] 굴착공법의 종류

SECTION 04 흙막이벽의 설계

>>> **흙막이벽 설계의 과정**

① 지하 매설물의 노선선정
② 매설형태(매설폭 및 심도) 결정
③ 토압계산
④ 안전율 적용
⑤ 흙막이의 필요
⑥ 강도 계산
⑦ 공사비 비교
⑧ 흙막이공법의 선정
⑨ 설계
⑩ 시공

1 흙막이벽 설계 시 검토사항

굴착공사에서 이용되는 가설(영구)구조물 설계 시에는 [그림 11－4]에 제시된 각각의 항목에 대해서 검토하는 것이 일반적이다.

이중 흙막이벽의 안정성, 지보공의 안정성, 굴착저면의 안정성은 항시 어느 경우나 검토할 필요가 있고, 주변 구조물에 대한 안정성 검토와 지하수 처리에 관한 문제는 도심지 굴착공사를 위한 흙막이 구조물 설계 시 고려해야 한다.

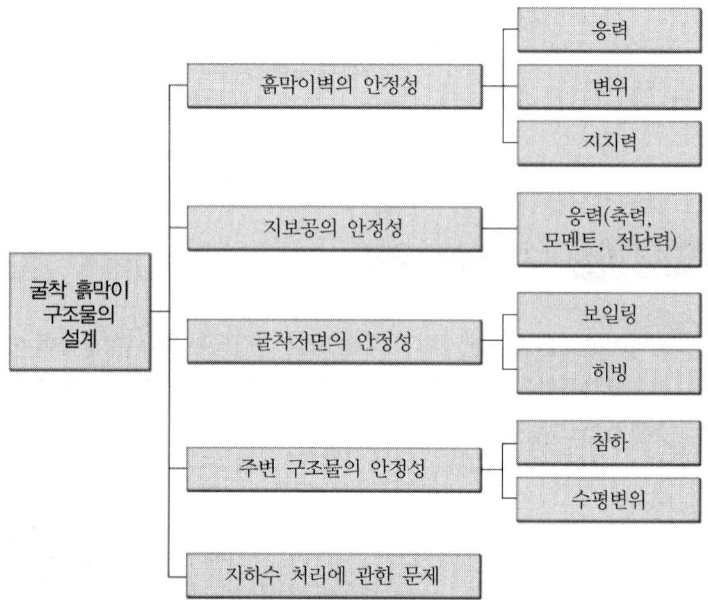

[그림 11－4] 굴착공사 설계에 있어서 검토 항목

2 흙막이 단면설계 요령

(1) 엄지말뚝공법

1) 엄지말뚝(H－PILE)의 단면 검토

엄지말뚝에 작용하는 최대휨모멘트와 최대전단력을 구하여 휨과 전단에 대해 각각 검토한다.

① 휨에 대한 검토

$$f_b = \frac{M_{\max} \cdot a}{Z_x} \qquad \frac{f_b}{f_{ba}} < 1.0$$

여기서, f_{ba} : 엄지말뚝의 허용휨응력
f_b : 외력에 의해 발생된 휨응력
M_{max} : 외력에 의한 최대휨모멘트
a : 엄지말뚝 간격
Z_x : 엄지말뚝 단면의 X축에 대한 단면계수

한편 소요단면계수를 구하여 사용된 엄지말뚝의 단면계수가 이 값을 초과하는지를 검토할 수 있다.

$$Z_x = \frac{M_{max}}{f_{ba}}$$

② 전단에 대한 검토

$$v_b = \frac{S_{max} \cdot a}{A_w} \qquad \frac{v_b}{v_{ba}} < 1.0$$

여기서, v_{ba} : 엄지말뚝의 허용전단응력
v_b : 외력에 의해 발생된 전단응력
S_{max} : 외력에 의한 최대 전단력
A_w : 엄지말뚝의 Web 단면적

③ 검토결과

휨이나 전단에 대해 단면이 부족할 경우에 엄지말뚝의 간격을 줄이거나 보다 큰 부재를 사용한다.

2) 버팀대의 단면검토

설치간격을 구하여 축력검토를 한다.

① 축력검토

$$f_c = \frac{T_{max}}{A} \qquad \frac{f_c}{f_{ca}} < 1.0$$

여기서, f_{ca} : 버팀보의 허용압축응력
f_c : 외력에 의해 발생된 압축응력
T_{max} : 설계축력
A : 버팀보의 총 단면적

② 검토결과

축력에 대해 단면이 부족한 경우 2열 버팀대를 사용하거나, 간격을 줄이고, 또한 좌굴이 발생되지 않도록 해야 한다. 한편 위에서 언급한 축력과 버팀대의 고정하중 및 적재하중에 의한 휨에 대한 검토도 함께 하는 것이 바람직하다.

3) 띠장의 단면검토

띠장에 작용하는 하중은 버팀보의 반력이 분포하중으로 작용하는 것으로 간주하여 단면을 검토한다.

① 휨에 대한 검토

$$소요단면계수 : Z_x = \frac{M_{max}}{f_{ba}}$$

여기서, M_{max} : 최대휨모멘트($= wl^2/8$)
W : 띠장에 작용하는 최대분포하중
l : 경간
A : 띠장의 총 단면적
f_{ba} : 띠장의 허용휨응력

② 전단에 대한 검토

$$소요전단강도 : A_w = \frac{S_{max}}{V_{ba}}$$

여기서, S_{max} : 최대전단력($= wl/2$)
A_w : 버팀보의 Web 단면적

③ 검토결과

소요단면계수나 전단강도가 부족할 경우 2열로 띠장을 설치하거나 간격을 줄여야 한다. 한편 띠장과 버팀보가 만나는 지점의 국부전단응력이 허용전단응력을 초과하는 경우 띠장에 앵글이나 찬넬로 보강해야 한다.

4) 나무 흙막이판(Logging)에 대한 검토

토사층, 풍화대와 연암 및 경암층을 나누어 각각 최대 발생토압을 구하여 검토할 수 있다. 길이는 엄지말뚝 간격에 의해 결정되고, 폭은 일반적으로 150mm를 사용하므로 소요두께만 검토한다.

① 휨에 대한 검토

$$유효경간 : l = s - 3/4 \times b$$

여기서, l : 유효경간, s : 엄지말뚝간격
b : 엄지말뚝의 Flange 폭

따라서 나무 수평널의 설계두께(t)는 다음 식으로 구한다.

$$t = \sqrt{[(6 \cdot M_{max})/(B \cdot f_{ba})]}$$

여기서, f_{ba} : 목재의 허용휨응력(주로 섬유에 평행한 침엽수 사용)
M_{max} : 최대휨모멘트($= wl^2/8$)
w : 최대작용토압(설계토압)
B : 목재의 폭

② 전단에 대한 검토

㉠ 최대전단력 : $S_{max} = wl/2$

㉡ 최대전단응력 : $v_{max} = \dfrac{S_{max}}{A}$

$$\therefore \ \frac{v_{max}}{v} < 1.0$$

③ 검토결과

이때 배면에 발생되는 토압은 아칭현상에 의해 강성이 상대적으로 큰 H－PILE의 후면으로 집중되는 현상을 보이므로 수평널의 중앙에 작용되는 모멘트는 감소되는 경향이 나타난다.

또한 두께가 110mm 이상이 되면 인력설치가 곤란하므로 수평널의 두께를 계산치보다 10～15% 감소시키거나, 허용응력을 25% 정도 할증할 수도 있다. 그러나 연약지반에서는 아칭현상을 기대할 수 없으므로 계산치의 두께를 그대로 사용해야 한다.

5) 엄지말뚝의 근입장에 대한 검토

H－PILE 근입장은 연직하중이나 측압, 히빙, 보일링에 대하여 안전하도록 검토한다. 측압에 대한 H－PILE 근입장의 검토는 다음 식에 의한다.

$$F_s = \frac{M_p}{M_a} > 1.2$$

여기서, F_s : H－PILE 근입장의 안전율
M_a : 최하단 버팀대 위치를 지점으로 하는 주동측압에 의한 모멘트
M_p : 최하단 버팀대 위치를 지점으로 하는 수동측압에 의한 모멘트

6) 중간말뚝(Post Pile)의 단면검토

버팀대는 중간말뚝에서의 브래킷에 의하여 지지된다.

① 말뚝의 지지력 검토

각 단의 버팀대, 브레이싱, L－형강, 중간말뚝의 자중, 복공판의 고정하중 및 적재하중, 각 단 버팀대의 구속력 등의 하중이 말뚝의 선단지지력보다 작아야 한다.

$$R_a = a \cdot R_u = a(R_p + R_f)$$

여기서, R_a : 허용지지력(tf)
R_u : 극한지지력(tf)
a : 장기 1/3, 중기 1/2, 단기 2/3
R_p : 말뚝의 선단지지력
• 항타의 경우 $R_p = 30 \cdot N \cdot A_p$
• 천공 후 항타 $R_p = 20 \cdot N \cdot A_p$
R_f : 주면마찰저항력(무시)

② 압축과 휨에 대한 단면검토

$$\frac{f_b}{f_{ba}} + \frac{f_c}{f_{ca}} < 1.0$$

여기서, f_{ba} : 중간말뚝의 허용휨응력

f_{ca} : 중간말뚝의 허용축방향 압축응력

f_b : $\frac{N_{\max} \times e}{Z_x}$

f_c : $\frac{N_{\max}}{A_s}$

$N_{\max}$: 최대축력

e : 버팀대와 중간말뚝과의 편심($e = 0.3$m)

A_s : 중간말뚝의 총단면적

Z_x : 중간말뚝의 단면계수

7) 어스앵커 검토

① 앵커의 허용인장력(P_a)

허용인장력은 인장재의 극한하중(f_{pu}), 인장재의 항복하중 (f_{py})에 대해 [표 11－1]의 값 중 작은 값을 사용한다.

▼ [표 11－1] 허용인장력(P_a)

구분		f_{pu}에 대하여	f_{py}에 대하여
가설앵커		$0.65f_{pu}$	$0.80f_{py}$
영구앵커	상시	$0.60f_{pu}$	$0.75f_{py}$
	지진 시	$0.75f_{pu}$	$0.90f_{py}$

② 앵커 축력(T) : 설계 앵커력

$$T = \frac{F \times S}{\cos a}$$

여기서, F : 지점 반력(tf/m), S : 설치간격(m), a : 설치각도(°)

③ 앵커 사용본수(n)

$$n = \frac{(1.2 \times T)}{P_a}$$

④ 앵커의 자유장(L_f)

㉠ 토층의 예상주동 활동면 : $\theta = 45° + \frac{\phi}{2}$

㉡ 자유장(L_f) : $0.5H$(H=최종굴착심도 : NAVFACDM－7) 최소 2.0m 이상 적용

>>> 어스앵커 설계순서

① 주어진 지반조건, 하중조건을 검토하고 시공성도 고려하여 앵커배치계획을 세운다.
② 1개의 앵커에 가해지는 외력을 계산한다.
③ 안전율을 고려하여 앵커 1개당 극한인발저항력을 구하고, 앵커체의 설계를 실시한다.
④ 필요한 곳에는 군으로서의 안정성 검토, 또는 흙막이의 경우 구조체 전체의 안정성 검토를 실시한다.
⑤ 앵커두부, 인방부, 좌대 등의 세부 설계를 실시한다.
⑥ 변위량, 초기 인장력 등 구조물과 관련된 기타 세부를 설계한다.

>>> 외국기준에 의한 앵커 자유장

외국기준	앵커 자유장
JSP (D1－88)	4m 이상을 표준으로 한다. 단 앵커체의 위치가 활동면보다 깊도록 한다.
U.S Deparment of Ransportation Federal Highway Administration	• 암반, 토사 : 활동면의 위치로부터 1.5m 이상 • 옹벽 : 활동면의 위치로부터 최대 옹벽높이의 1/5을 더한 길이

>>> 최소 앵커의 정착장

최소 앵커의 정착장은 3.0m이며, 진행성 파괴문제 때문에 앵커체 정착장은 10m 이하로 사용하는 것이 바람직하다.

⑤ 앵커의 정착장(L_b)

앵커의 정착장은 마찰저항장만 검토(부착저항장은 무시)

$$L_b = \frac{T \cdot F_s}{\pi \cdot D \cdot \upsilon_u}$$

여기서, T : 설계축력

F_s : 안전율(임시용 : $F_s = 0.5$, 영구용 : $F_s = 2.0 \sim 3.0$)

D : 보링공의 직경

υ_u : 앵커체와 지반의 주면마찰저항(표 11－2 참조)

▼ [표 11－2] 앵커의 주면마찰저항(υ_u)

지반의 종류			주면마찰저항(kgf/cm²)	비고
암반	경암		15~25	
	연암		10~15	
	풍화암		6~10	
	풍화토		6~12	
사력	N치	10	1.0~2.0	
		20	1.7~2.5	
		30	2.5~3.5	
		40	3.5~4.5	
		50	4.5~7.0	
모래	N치	10	1.0~1.4	
		20	1.8~2.2	
		30	2.3~2.7	
		40	2.9~3.5	
		50	3.0~4.0	
점성토			1.0c	c : 점착력

[주] 무가압형 앵커에서는 위 표의 값을 사용하지 말고 별도의 경험치 또는 분석이 필요하다. 최소 앵커체 정착장은 3.0m이며 진행성 파괴문제 때문에 앵커체 정착장은 10m 이하로 사용하는 것이 바람직하다.

⑥ Jacking Force : J(F)

㉠ Prestress에 의한 감소

- 정착장치에 의한 Prestress의 감소

$$\delta(f_p) = E_p \times \frac{\Delta l}{L}$$

여기서, E_p : 앵커체의 탄성계수($= 2.1 \times 10^6$kgf/cm²)

Δl : 3.0mm

L : 자유장+0.5m

앵커의 허용인발력(T_{ug})

앵커의 종류		극한 인발력에 대한 안전율
가설앵커		1.5
영구앵커	상시	2.5
	지진 시	1.5~2.0

$$\delta(P_p) = \delta(f_p) \times A \times n$$

여기서, A : 1개 앵커체의 단면적
n : 앵커체 개수

• Relaxation에 의한 감소

$$\delta(f_{pr}) = \gamma k \times f_{pt}$$

여기서, γk : 감소율(PC강선=5%, STRAND, 강봉=3%)
f_{pt} : 초기긴장응력(=0.8×허용인장력)

$$\delta(P_{pr}) = \delta(f_{pr}) \times A \times n$$

㉡ Jacking Force : J(F)

$$J(F) = T + \delta(P_p) + \delta(P_{pr})$$

㉢ Elongation : δ(L)

$$\delta(L) = \frac{J(F)\,L}{Ep\ A\ n}$$

▼ **[표 11-3] 어스앵커 요약표(예)**

ANCHOR NO.	설치 위치 (M)	설치 간격 (M)	설치 축력 (M)	자유장 (M)	정착장 (M)	JACKING FORCE (tf)	설치 각도 (°)	비고

8) 앵커 띠장의 단면검토(2열 띠장)

앵커 띠장의 단면을 검토할 때 띠장에 가해지는 외력은 앵커의 인장력(Jacking Force)이며, 최대인장력을 이용하여 띠장 단면에 대하여 휨과 전단에 대한 검토를 한다.

① 휨에 대한 검토

소요단면계수 : $Z_x = \dfrac{M_{\max}}{f_{ba}}$

여기서, $M_{\max}$: 최대휨모멘트$\left(= \dfrac{wl^2}{8}\right)$
w : 설계반력
l : H-PILE 설치간격
f_{ba} : 엄지말뚝의 허용휨응력

② 전단에 대한 검토

$$v_b = \frac{S_{\max}}{A_w}$$

여기서, $S_{\max}$: 최대전단력$\left(=\frac{wl}{2}\right)$

A_w : Web의 단면적

③ 검토 결과

휨이나 전단에 대한 단면이 부족할 경우보다 큰 부재의 띠장을 사용한다.

9) 앵커 장치부 집중하중에 대한 검토(지하연속벽인 경우)

지하연속벽 표면의 하중 접촉면을 지압판(Plate)의 면적으로 하고, 하중 분포를 45°로 간주하며 인발전단응력을 구하여 허용전단응력 이내가 되는가를 검토한다.

$$\text{인발전단응력} : v_p = \frac{T}{b_p} \times d$$

여기서, T : 앵커 설계축력

b_h : 하중분포범위의 주변장

d : Slurry Wall의 유효높이

$v_p < v_{ca}$

v_{ca} : 허용전단응력$(0.25 \times \sqrt{(0.85 \times f_{ck} \times 1.35)}\ )$

MEMO

CHAPTER

12

지반의 지지력

CHAPTER 12 지반의 지지력

SECTION 01 평판재하시험

1 개요

평판재하시험의 목적은 구조물을 설치하는 기초저면, 성토 기초면에 재하판을 통해서 하중을 가해 하중과 침하량의 관계에서 기초지반의 허용지내력 및 탄성계수를 구하기 위해 실시하는 원위치 시험이며, 실제의 구조물 지지력의 검토에 응용된다.

재하시험에 사용되는 재하판은 실제 구조물의 재하면보다 작고, 양자에 등하중도가 작용할 때의 지중에 관한 등응력은 [그림 12－1]에 나타낸 것처럼 거의 공모양으로 하중면의 폭에 비례한 크기로 된다. 따라서 지반의 지내력은 기초길이, 기초의 폭, 기초구조의 강성, 지하수 등의 영향을 받으므로 평판재하시험의 결과만 가지고는 기초의 설계하중을 결정하기에는 부족하므로 사운딩이나 토질시험과 겸해서 응용하여야 한다.

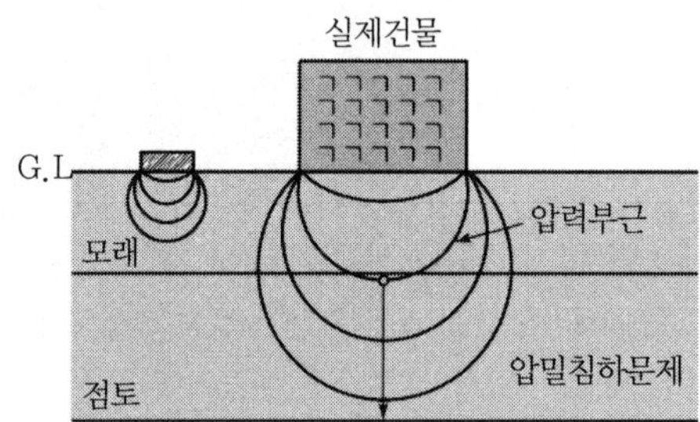

[그림 12－1] 재하판 치수의 영향

[그림 12－2] 평판재하시험(백호)

[그림 12－3] 평판재하시험기

2 측정용 기구

(1) 가력방법

재하시험에 하중을 가하는 방법에는 실하중을 반력으로서 재하하는 방법, 앵커를 반력으로서 재하하는 방법이 있다.

실하중재하는 계획최대하중이 비교적 작은 시험에 적합하다. 실제로 재하하는 하중이 2~3tf 정도인 경우에는 현장에 있는 백호 등의 중장비를 실하중으로 이용할 수 있다(그림 12－2, 그림 12－4).

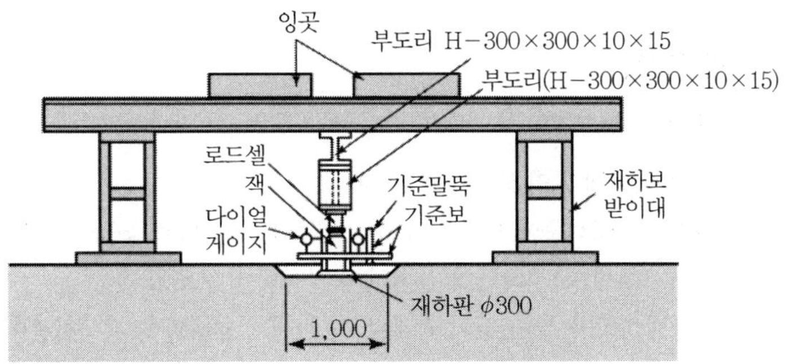

[그림 12－4] 실하중에 의한 반력장치의 예(입면도)

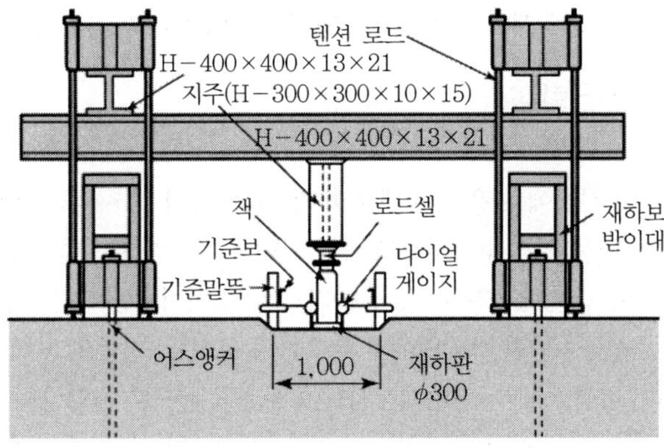

[그림 12－5] 어스앵커에 의한 반력장치의 예(입면도)

이것에 대한 앵커방식은 지중에 타설한 앵커체에서 반력을 취하므로 하중의 크기에 관계없이 채용할 수 있다(그림 12－5).

(2) 재하판

재하판은 [그림 12－6]과 같이 직경 또는 1변의 길이가 30cm의 원형 및 정사각형으로 아랫면이 평활하고 두께 22mm 이상의 강판으로 충분한 강성을 갖추어야 한다. 현재는 원형 재하판을 주로 사용하고 있으며 이것은 양자 차이가 있는 것이 아니라 시험 결과를 통일한다는 의미에서 사용하고 있다.

실하중재하의 사례

대형 자동차, Road Roller, 철재, 흙, 백호, Concrete 제품 등

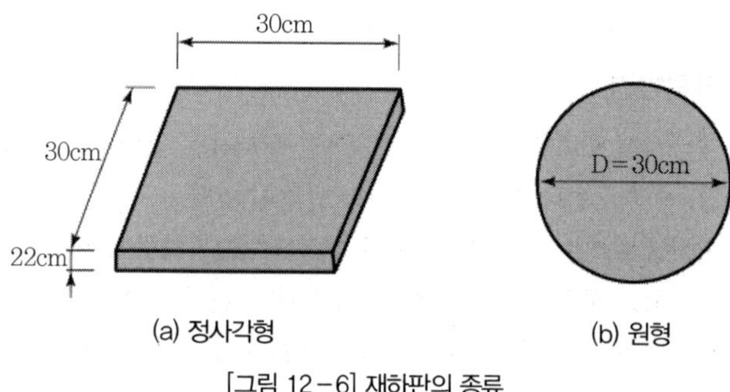

[그림 12-6] 재하판의 종류

(3) 재하장치

1) 재하장치의 조건

① 장치 전체가 안정된 구조일 것

② 계획최대하중에 대해서 120% 이상의 재하 능력을 갖고, 조립 · 시험 · 해체 등의 작업이 안전하게 실시되는 구조일 것

③ 재하하중을 무리 없이 각부로 전달하고, 재하판에 편심하중이 작용하지 않는 구조로 할 것

④ 하중을 안전하게 조작하고, 또한 무부하에 가까운 상태로도 될 것

⑤ 기상의 변화나 재하판의 침하에 의해 지장이 생기지 않을 것

2) 재하장치의 구성요소

재하장치의 구성요소

① 잭
② 지주
③ 재하보
④ 반력장치

① 잭(Jack)

평판재하시험에 사용되는 잭은 계획최대하중의 120% 이상의 가력 능력이 있음과 동시에 재하에 따라 진행하는 시험 지반면의 침하에 뒤따르는 충분한 스트로크(Strok)가 있는 것이어야만 한다. 잭은 정밀도 · 성능 · 안전성의 면에서 우수한 수동 또는 전동의 분리식 유압잭이 바람직하다. 평판재하시험에 사용하는 잭은 계획한 하중 단계에 따라서 유연하게 가격을 조정할 수 있어야 하고, 소정의 가력 상태를 결정할 시간 안에서 유지되는 기능이 있어야만 한다.

지주의 필수 요구조건

① 단순하고 안정된 구조일 것
② 계획최대하중의 120% 이상의 하중에 대해 충분한 내력과 감성이 있을 것
③ 끝면은 재축에 대해 직각일 것

② 지주(Post)

지주는 잭에 의한 재하하중을 재하보와 재하판에 무리없이 확실하게 전달시키는 것이라야 한다.

③ 재하보(Loading Beam)

재하보는 계획최대하중의 120% 이상인 하중에 대해서 휨 · 전단 · 지압의 각 응력도 및 좌굴에 대해 안전함과 동시에 충분한 강성이 있어야만 한다. 지주나 가력장치와의 접합부 등의 집중하중 작용점에 있어서도 국부적인 큰 변형이나 파손이 생기지 않고, 또한 전도하지 않는 안정한 상태로 설치하여야만 한다.

④ 반력 장치

앵커에 의한 반력장치는 다음의 조건을 만족하는 것으로 한다.

㉠ 앵커는 계획최대하중의 120% 이상의 하중에 대해 충분한 인장저항이 있어야 하고, 또한 인장재에 지장을 주는 신율이 생기지 않을 것

㉡ 앵커체는 재하단의 중심에서 1.5cm 이상 떨어져서 대칭으로 배치할 것

㉢ 재하보와의 접합 부분은 편심이나 2차 응력, 기타 사항을 고려하여 충분히 안전할 것

반력장치방식

① 앵커에서 반력을 취하는 방식
② 실하중에 반력을 취하는 방식부재를 휘게 하려는 힘의 크기

(4) 계측장치

계측장치는 하중계, 침하의 계측장치 및 시계로 구성한다. 계측장치는 시험 목적에 맞는 용량 및 정밀도가 있는 것으로 한다.

실하중에 반력을 취하는 방식의 요구조건

① 탑재하중은 계획최대하중의 120% 이상일 것
② 실하중의 받이대는 재하판의 중심에서 1.5m 이상 떨어진 위치에 설치할 것
③ 반력장치는 재하에 의한 이동이나 전도에 대해 안전할 것

계측장치 설치 시 유의사항

① 조작, 조정, 계측이 쉽고, 시험 진행 중에도 측정자의 안전이 보호될 것
② 진동이나 기상의 변화에 의해 지장을 받지 않을 것

1) 하중계

하중계는 원칙으로 환상 스프링형 또는 로드셀을 사용한다. 하중계의 용량은 계획최대하중의 120~300% 범위이며, 정밀도는 계획최대하중의 ±1% 이내로 한다. 하중계는 미리 검정에 의해 정밀도를 확인해 두어야 한다.

2) 침하의 계측장치

침하의 계측장치는 기준점, 기준보, 변위계로 구성된다.

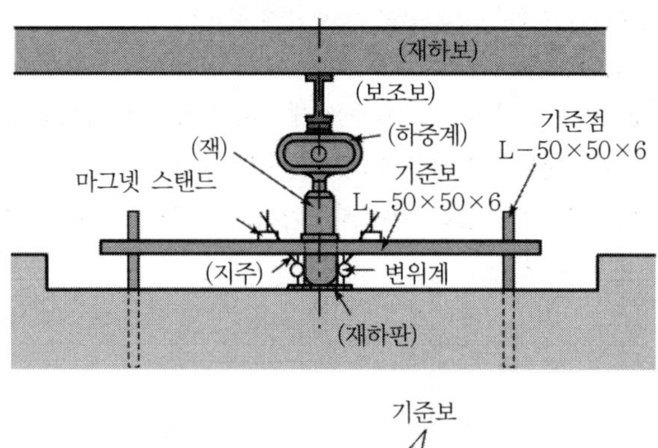

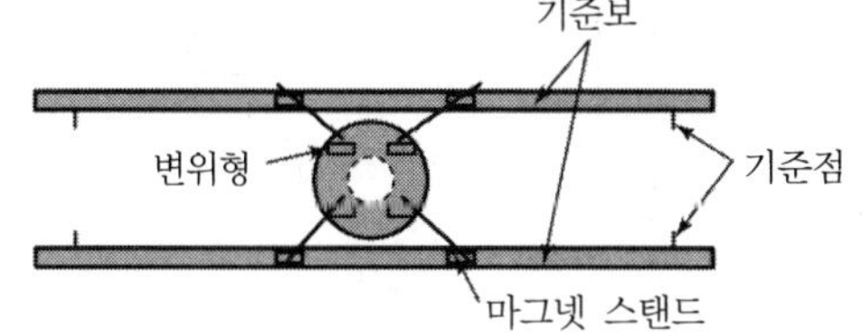

[그림 12−7] 침하의 계측장치

① 기준점 : 기준점은 기준 보를 지지하는 것이며, 재하판 중심 및 반력점의 양쪽에서 1.0m 이상 떨어진 곳에 설치한다.

② 기준보 : 기준보는 충분한 강성이 있는 강재를 사용하여 진동이나 온도 변화에 다른 유해한 영향을 받지 않는 방법으로 기준점에 지지된다.

③ 변위계 : 변위계는 1/100mm 눈금, 측정 깊이 30mm 이상의 다이얼 게이지 또는 이것에 준하는 성능의 변위계를 사용한다. 변위계는 시험 전에 정상으로 작용하는 것을 확인하여야 하며 변위계는 원칙적으로 4점을 설치한다.

>>> **변위계 설치 시 유의사항**

① 변위계는 재하판의 대칭이 되는 위치에 배치한다.
② 변위계는 재하판의 침하를 정확하게 계측할 수 있도록 연직으로 설치한다.
③ 시험의 진행에 수반되는 재하판의 경사나 수평 변위를 고려하여 변위계의 끝 부분이 닿은 면은 적당한 넓이로 평활한 수평면으로 한다.

3) 시계

시계는 시각 및 경과시간의 각각을 계측할 수 있는 것을 선택한다.

3 시험방법

(1) 재하판 종류 선정
(2) 시험 지점 선정
(3) 하중장치 준비
(4) 시험지반의 물리적 성질 추정
(5) 재하면 정형
(6) 재하판 설치
(7) 침하량 측정장치 조립
(8) 예비 시험 하중을 가하고 침하량 측정
(9) 하중을 Zero까지 돌린다.
(10) 침하장치(Dial Gauge)를 Zero점에 맞춘다.
(11) 시험하중은 단계적으로 가해서 그때의 침하량을 측정한다.
(12) Zero까지 단계적으로 하중을 제거하고 각 단계에 Rebound량을 측정
(13) 다시 단계적으로 하중을 가하면서 침하량 측정
(14) 극한, 항복 하중상태, 최대 하중까지 단계적으로 재하와 침하 측정한다.

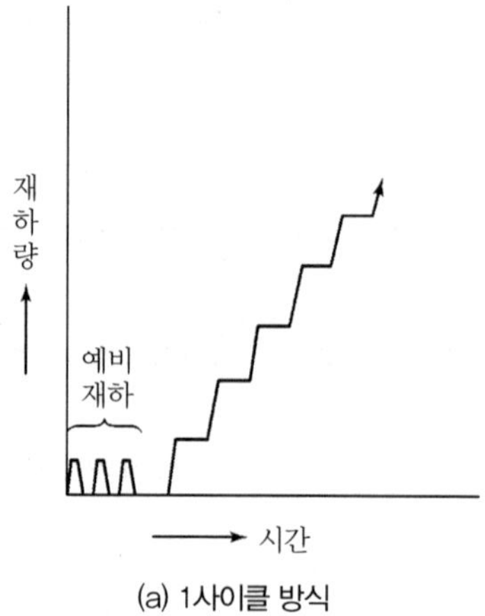

(a) 1사이클 방식

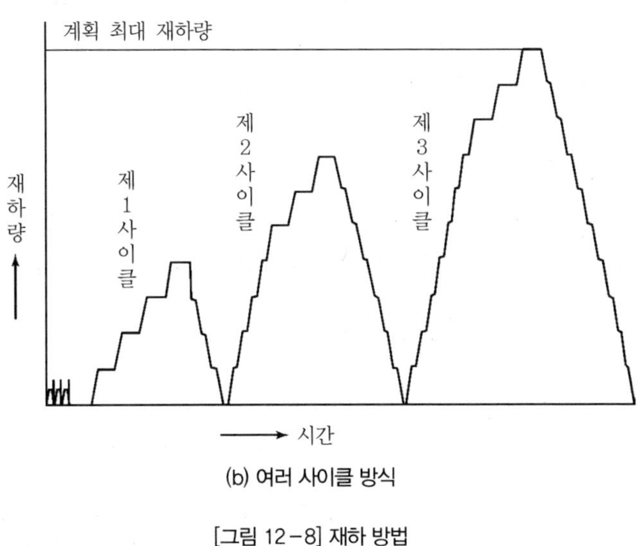

(b) 여러 사이클 방식

[그림 12-8] 재하 방법

4 시험 결과의 평가 및 정리

(1) 시험 결과의 정리

측정 결과를 가지고 하중-침하곡선, 시간-침하곡선, 시간-하중곡선, 예비 재하에 관한 하중-침하곡선을 작성한다(그림 12-9). 또 여러 사이클방식의 시험에서는 하중-잔류 침하 곡선 및 하중-복원량 곡선도 작성한다.

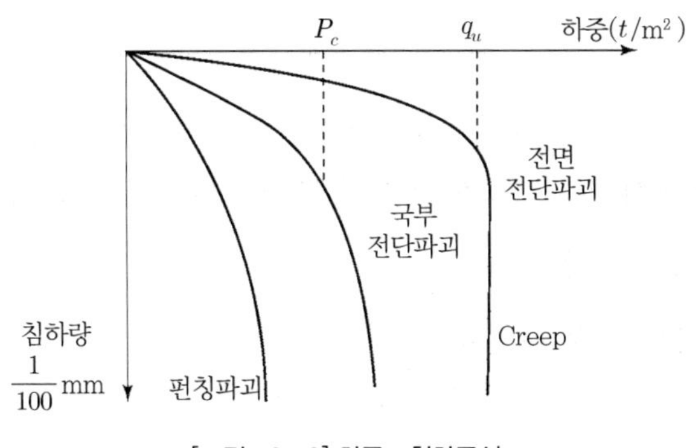

[그림 12-9] 하중-침하곡선

(2) 시험 결과의 평가

지반반력계수는 하중-침하곡선을 근거로 다음 식으로 구한다.

$$\text{지반반력계수} : k_v = \frac{\Delta p}{\Delta S}\ (\text{kgf/cm}^3)$$

여기서, Δp : 단위 면적당의 하중 범위(kgf/cm²)
ΔS : Δp에 대응하는 침하(cm)

평판재하시험 시 주의사항

① 재하방식은 시험 목적에 따라서 하중제어에 대한 1사이클 방식 또는 여러 사이클 방식 중 선정하고, 재하는 1단계의 하중을 초과하지 않는 범위에서 예비 재하를 한다(그림 7-8 참조).
② 하중은 계획최대하중을 8단계 이상으로 등분할하여 재하한다.
③ 침하량이 2시간에 0.1mm 이하이면 다음 단계 재하
④ 하중의 증감은 신속하게 일정한 속도로 행한다.
⑤ 하중 유지시간은 30분 정도의 일정 시간으로 한다. 단, 하중을 줄이거나 다시 재하할 때는 5분 정도의 일정한 시간으로 한다.
⑥ 예비 재하는 급속하게 반복하고, 그때마다 하중과 침하를 측정한다.

극한지지력은 하중-침하곡선에서 침하가 급격하게 증대하기 시작할 때, 또는 재하판이나 그 주변 지반의 상황이 급격히 변화하여 재하가 어렵게 되기 시작할 때의 단위면적당 하중으로 한다.

5 시험결과의 적용

건축 기초 구조 설계지침에서는 지반의 평판재하시험 결과에서 식 (1)에 의해 장기허용지지력을 결정하는 경우가 있는 것을 소개한다.

$$q_a = q_t + \frac{1}{3}\gamma_2 D_f N_q' \quad \cdots\cdots (1)$$

여기서, q_a : 지반의 장기허용지내력도(t/m^2)

q_t : 평판재하시험에 의한 항복하중도의 1/2, 또는 극한 지지력도의 1/3의 값 중에서 작은 쪽의 값

γ_2 : 기초 밑면에서 위쪽에 있는 지반의 평균단위체적중량(t/m^3), 지하수위 아래에 있는 부분에 대해서는 수중단위체적중량으로 한다.

D_f : 기초에 근접한 최저 지반면에서 기초 밑면까지의 깊이(m), 인접지에서 굴착할 우려가 있는 경우는 그 영향을 고려해 두는 것이 바람직하다.

N_q' : 다음 표에 나타내는 지지력계수

지반		N_q'
모래질지반	느슨한 경우($10 \geq N > 5$)	6
	다져진 경우($N > 20$)	12
점토질지반		3

재하지반면과 같은 깊이에 대한 기초의 지지력(흙 피복 중량을 무시하는 경우에 한함)은 기초폭의 영향을 고려하면 다음 식으로 주어진다.

① 모래 지반 : $q_a = q_t \times \dfrac{B}{B'}$

② 점토 지반 : $q_a = q_t$

여기서, q_a : 기초의 허용지지력(t/m^2)

B : 기초 너비(m)

B' : 재하판의 너비(m)

SECTION 02 공내재하시험

1 개요

공내재하시험은 보링을 통한 시추공의 공벽면 가압 시 공벽면 변형량을 측정하여 지반의 강도 및 변형 특성을 조사하는 시험으로 공내재하시험은 [그림 12－10]과 같이 수평재하와 연직재하방식의 두 종류로 대별할 수 있다.

>>> **공내재하시험 실시 목적**

지반의 변형계수, 탄성계수, 항복치 및 공동 주변의 연약지반 범위 추정, 암반분류의 지표를 얻기 위해 실시한다.

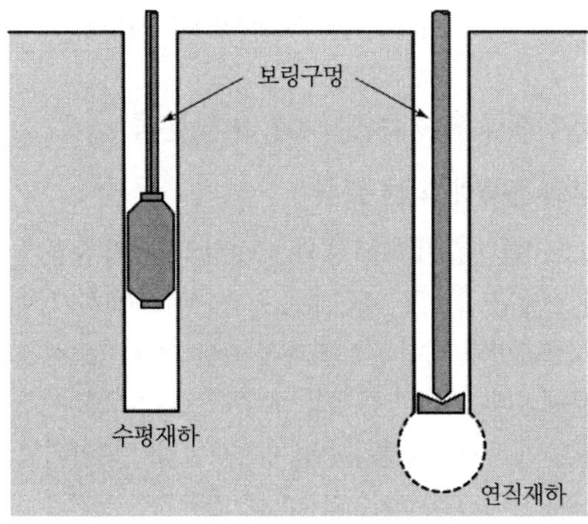

[그림 12－10] 공내재하시험의 종류

공내수평재하시험은 1공의 시추공으로 대상 깊이를 바꿔가며 다수의 시험이 가능하고, 지반의 변형 계수나 항복치를 구하는 것을 주목적으로 실시한다(그림 12－11).

공내연직재하시험은 심층재하시험이라고도 하며, 보링 구멍의 선단지반에 직접 재하하여 깊은 지반의 특성을 파악하고자 할 때 실시한다(그림 12－12 참조).

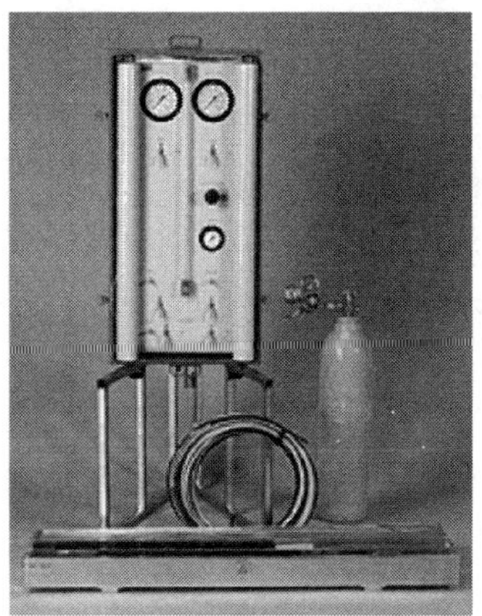

[그림 12－11] 공내수평재하시험기

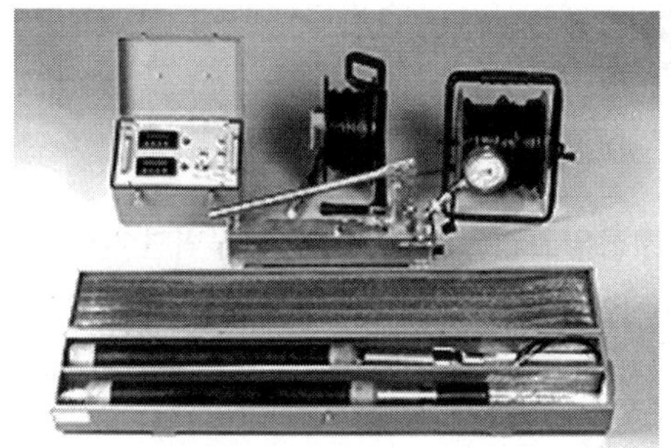

[그림 12-12] 공내연직재하시험기

2 재하부의 종류 및 재하방식에 따른 분류

(1) 재하부의 종류에 따른 분류

[그림 12-13]과 같이 1Cell형 과 3Cell형의 2가지 종류가 있으며, 기존의 방법은 시추공 굴착 후 재하부를 부착하여 재하하기 때문에 시추공 주변의 시료교란과 재하부가 흙과 접촉할 때 접촉면적의 변화가 생기는 것이 문제였다. 이러한 문제를 해결하는 대안으로 재하부 선단에 굴착 비트를 붙인 자가보링 공내수평 재하시험기가 고안되었으며, 그 종류는 N치(표준관입시험) 10을 기준으로 연약지반용 $N \leq 10$인 A형과 단단한 지반용 $N \geq 10$인 B형이 있다.

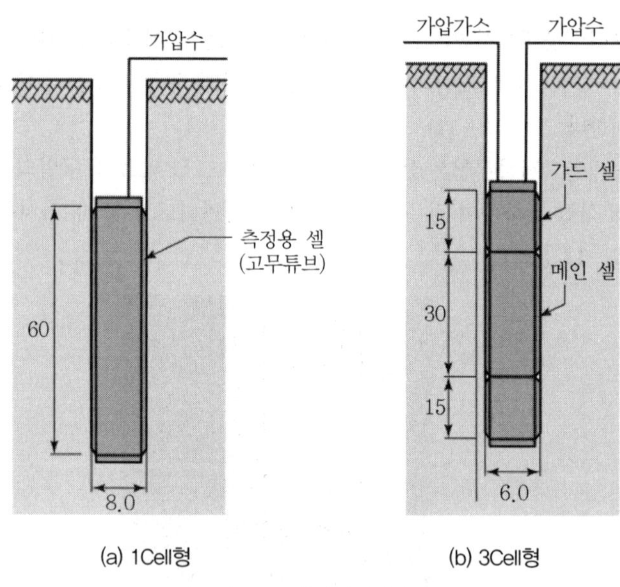

(a) 1Cell형 (b) 3Cell형

[그림 12-13] 가압장치의 종류

(2) 재하방식에 따른 분류

① 등압력 재하방식
시추공 내부에 고무튜브가 장착된 재하부를 삽입하고 가압가스나 가압수를 통하여 시추공 내부의 공벽에 하중을 작용시키는 방식이다(그림 12－14). 불균질 지반 및 이방성 지반의 경우 측정된 변형계수는 시험개수 공벽 전체의 평균으로 하여야 한다.

② 등변위 재하방식
강재 재하판을 장착한 재하부를 시추공 내부에 삽입하고 유압잭으로 재하판에 가압하여 공벽에 하중을 작용시키는 방식으로 큰 하중을 작용시킬 수 있는 장점이 있다. 불균질지반 및 이방성 지반의 경우 재하 방향을 명확히 하여 정확한 시험치를 얻어야 한다.

등압력 재하방식 종류

① 일래스트 미터
② 프레시오 미터

등변위 재하방식 종류

① 피스톤 잭
② 금속제의 강제 원통을 사용한 KKT 방식

3 시험방법 및 결과 분석

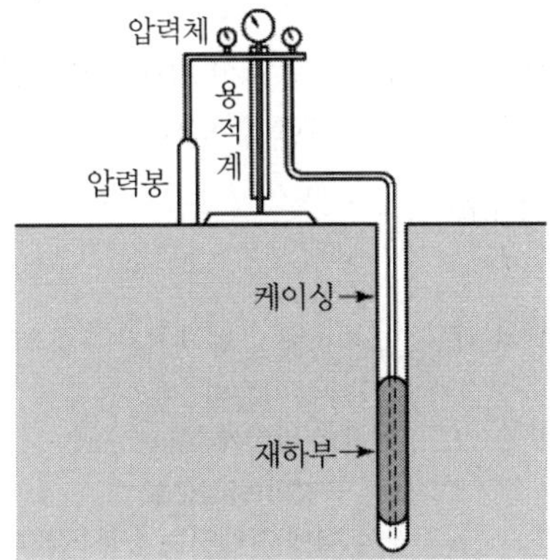

[그림 12－14] 공내수평재하시험방법

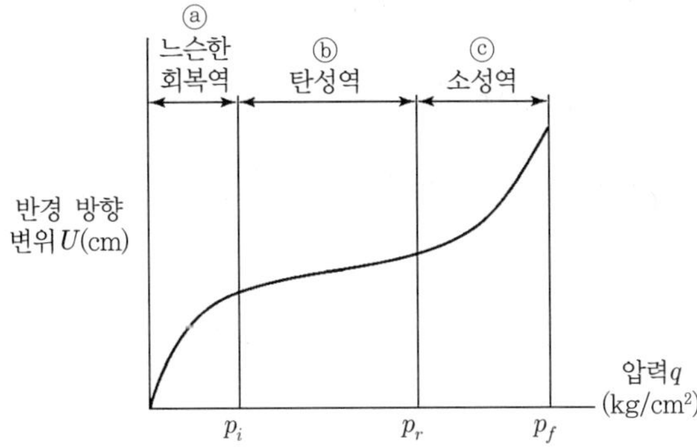

[그림 12－15] 공내수평재하시험의 결과

1) 공내수평재하시험

① 공내수평재하시험 방법은 [그림 12－14]와 같으며 시험순서는 다음과 같다.

㉠ 보링을 통한 시추공 굴착
㉡ 시추공 내부에 고무제의 재하부를 삽입
㉢ 재하부에 가압가스 및 가압수로 가압
㉣ 공벽에 가해진 압력과 수평 방향 변위 측정
㉤ 측정 결과 분석

② **측정 결과 분석**

측정 결과에서 압력과 변위의 관계를 구하면 [그림 12－15]와 같으며 정리하면 다음과 같다.

㉠ ⓐ의 영역은 시추공 내부 벽의 느슨함이 회복하는 영역
㉡ ⓑ는 지반의 탄성 거동하는 영역
㉢ ⓒ은 항복상태에서 파괴에 이르는 소성 영역

이 그림에서 ⓑ의 영역에 있어서 축대칭 조건을 가정하면 다음 식으로 지반의 탄성 정수를 구할 수 있다.

$$U_t = \frac{1+\mu}{E_B}\gamma(p_i - p_0)$$

여기서, U_t : 압력 p_i에 의해 생기는 구멍 직경 변위(cm)
μ : 지반의 푸아송비
E_n : 지반의 변형계수(kgf/cm²)
γ : 보링 구멍의 반경(cm)
p_i : 구멍 벽에 가해지는 등분포압력(kgf/cm²)
p_0 : 자연지압(정지토압)(kgf/cm²)

미소압력 dp의 변화에 의해 구멍벽이 반경 방향으로 du 변화하면 변형계수는 식 (2)로 주어진다.

$$E_{n=}(1+\mu)r\frac{dp}{du} \quad \cdots\cdots (2)$$

이 식에서 변형 계수를 계산하는 경우 다음의 조건에서 처리하는 것이 많다.

$$r = \frac{r_0 + r_v}{2} \text{ : 평균반경}$$

2) 공내연직재하시험

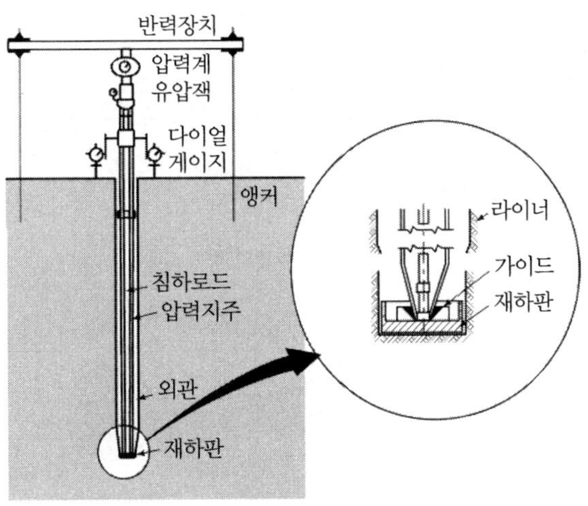

[그림 12-16] 공내연직재하시험방법

>>> 공내연직재하시험방법

① 보링을 통한 시추공 굴착
② 재하판 부착 후 시추공 내부에 삽입
③ 유압잭으로 재하판에 가압
④ 변위량 측정

SECTION 03 기타 시험

1 말뚝의 수평재하시험

(1) 개요

수평재하시험은 말뚝 머리에 수평력을 가하여 말뚝의 수평 내력의 확인과 말뚝의 수평 거동에 관한 기초적인 데이터를 얻을 수 있다. 특히 지진 시에 말뚝의 거동을 높은 정밀도로 구할 때 원지반의 조건이 가미된 지반반력계수가 필요하므로 이 시험은 유력한 정보를 제공한다.

(2) 시험방법

수평재하는 말뚝을 반력(Reaction)으로 해서 잭으로 시험한다. [그림 12-17]은 시험장치의 예를 나타낸 것이다. 재하방법에는 1방향 재하와 하중을 2방향(반대)에 거는 정부교번재하가 있다. [표 12-1]과 [표 12-2]는 양자의 하중 단계, 하중속도, 하중유지시간 등의 기준을 나타내고 있다.

>>> 재하방법에 따른 시험 목적

① 1방향 재하는 정적 설계(진도법에 의한 내진 설계를 포함)를 하는 데 필요한 수평 지반력계수, 탄성 복원량, 잔류 변위량 등을 구하기 위해 실시된다.
② 정부교대재하시험은 동적인 해석을 하는 데 필요한 스프링계수나 감쇠 정수 등을 구하기 위해 실시된다.

평면도

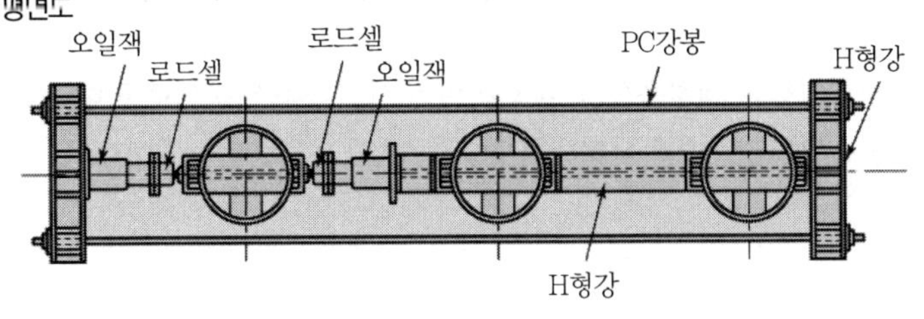

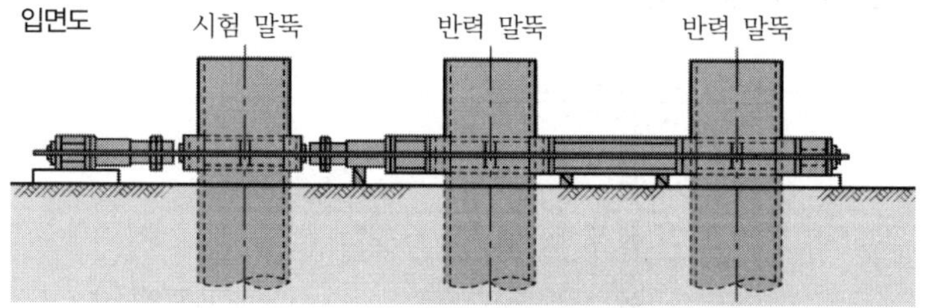

(a) 정부교대재하

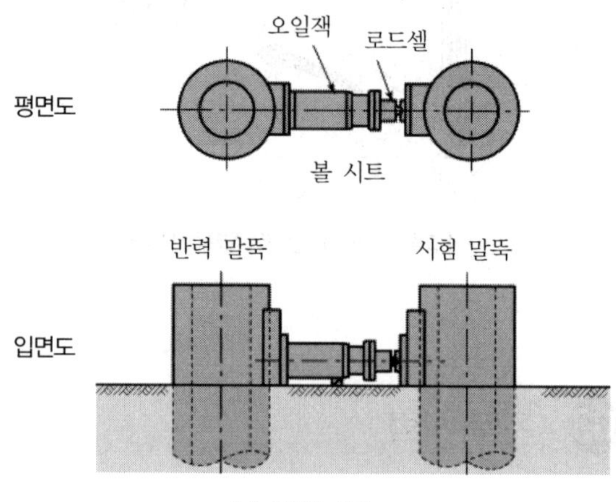

(b) 1방향 재하

[그림 12－17] 시험장치의 예

▼ [표 12－1] 재하방법(정부교대재하)

항목	재하 증가	재하 감소
하중단위	8단계 이상	왼쪽과 같음
하중속도	$\frac{\text{계획최대하중}}{8 \sim 20}$ tf/분	$\frac{\text{계획 최대하중}}{4 \sim 10}$ tf/분
하중유지시간	각 하중 단계 3분	왼쪽과 같음

▼ [표 12－2] 재하방법(1방향 재하)

항목	재하증가		재하감소
하중유지시간	처음 하중, 이력 내 하중	3분	3분
	0하중	15분	

시험방법은 재하속도가 일정한 여러 사이클을 원칙으로 한다. [그림 12－18]에 표준 예를 나타낸다.

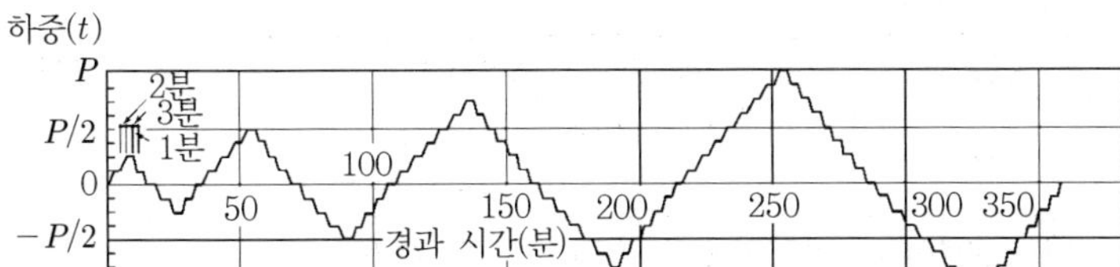

• 최대하중 : P
• 하중단계 : 8단계
• 하중속도 : 재하 증가 $P/16t$/분, 재하 감소 $P/8t$/분

(a) 시험방법(교대 다사이클방식의 표준 예)

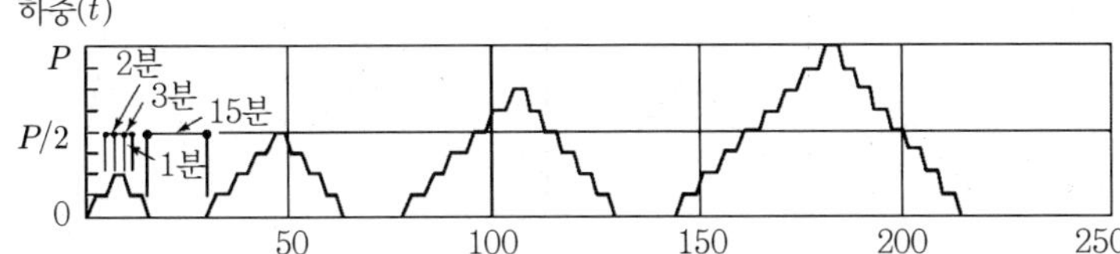

• 최대하중, 하중단계, 하중속도는 (a)와 같다.

(b) 시험방법(1방향 다사이클방식의 표준 예)

[그림 12－18] 시험방법의 예

측정 항목은 다음과 같다.

① 시간, 기후, 기온
② 하중
③ 재하점의 변위
④ 말뚝머리 경사각
⑤ 반력 말뚝의 변위
⑥ 주변 지반의 상황
⑦ 말뚝체의 휨 변형
⑧ 말뚝체의 처짐각
⑨ 토압

상기 ①～⑥에 대해서는 반드시 측정하고, 그밖에는 필요에 따라서 측정한다. 측정 간격은 측정 항목이나 재하 양식에 따라서 [표 12－3], [표 12－4]와 같이 한다.

계측장치로서는 하중, 변위를 주로 대상으로 한 것이며, 그 외에는 필요에 따라 말뚝체의 휨변형 등의 장치를 설치하는 경우가 있다.

▼ [표 12－3] 측정 간격(정부교대재하)

측정항목	재하 증가 시 측정시간		재하 감소 시 측정시간
하중	각 하중 단계	0분, 약 2분	0분
변위, 말뚝머리 경사각	각 하중 단계	0분, 약 2분	0분
기타	각 하중 단계	0분	0분

▼ [표 12-4] 측정 간격(1방향 재하)

측정항목	재하 증가 시 측정시간		재하 감소 시 측정시간
하중	처음 하중, 이력 내 하중, 0하중	0분, 약 2분 0, 2, 4, 8, 약 14분	
변위, 말뚝머리 경사각	처음 하중, 이력 내 하중, 0하중	0분, 약 2분 0, 2, 4, 8, 약 14분	
기타	처음 하중, 이력 내 하중, 0하중	0분, 약 2분 0, 2, 4, 8, 약 14분	

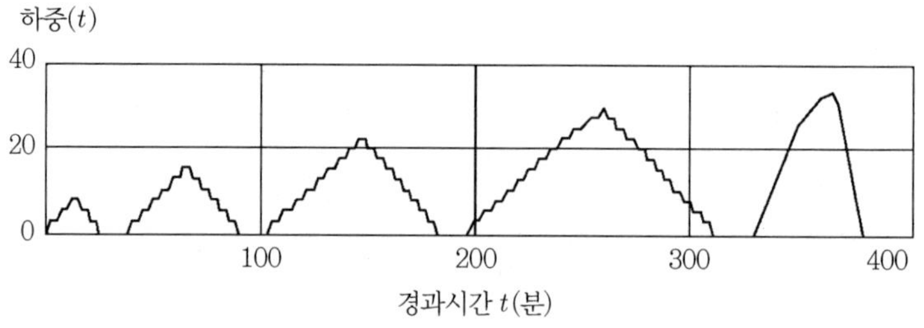

(a) 하중-시간곡선

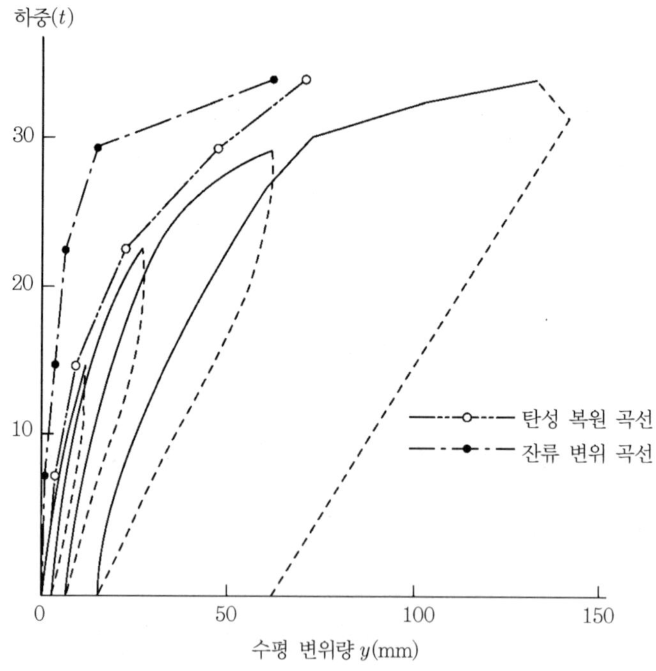

(b) 하중-변위곡선

[그림 12-19] 말뚝의 수평재하시험 결과의 일례

[그림 12－19]는 결과를 정리한 예(1방향 재하)이다. 주로 말뚝 머리부에서의 하중－변위곡선 및 하중－시간곡선이다. 그 외에는 하중－말뚝 머리 경사각의 관계가 있다. 여러 사이클 재하시험에서는 하중－탄성 복원곡선, 하중－잔류 변위량곡선도 작성한다. 항체의 변형량을 측정한 경우는 최초 하중 단계 또는 대표적인 하중 단계에 대한 말뚝체의 변형 분포 혹은 휨모멘트 분포를 그림에 나타낸다.

2 말뚝의 동재하시험

(1) 개요

파일 동재하시험은 변형률계와 가속도계를 이용하여 동재하 상태의 말뚝 거동을 측정하고 그 측정 결과를 파동 이론에 입각하여 해석함으로써 말뚝의 지지력과 건전도 항타 시스템을 평가할 수 있으며, 현재 개인용 컴퓨터와 신호조절장치를 합치시켜 손으로 쉽게 운반할 수 있는 모델이 사용되고 있다.

말뚝 동재하시험의 적용범위

① 말뚝의 허용지지력 측정
② 시험 지점에서의 말뚝의 지지력 평가
③ 항타 과정에서의 말뚝 응력 평가
④ 말뚝의 건전도 평가
⑤ 항타 장비 성능 평가
⑥ 말뚝 파괴 측정

[그림 12－20] 말뚝 동재하시험 장비

[그림 12－21] 말뚝 동재하시험 측정 장면

(2) 시험방법

1) 시험 말뚝 선정

동일 현장조건의 말뚝 선정

2) 항타 장비 선정

동일 현장조건의 장비 선정

3) 가속도계 및 변형률계 부착

① 가속도계와 변형률계는 180° 방향으로 말뚝 두부에 부착
② 말뚝 상단에서 2D 정도 거리에 Bolt로 부착

4) 측정

① 변형률계와 가속도계로부터 힘과 속도를 구함
② Data 수집과 동시에 말뚝 지지력 및 응력 측정

>>> 시험 전 사전준비 및 점검사항

① 지하매설물의 유무 및 지상의 장해물 조사 실시
② 항타장비가 항타작업 중 전도에 의한 사고가 발생하지 않도록 항타장비가 설치될 지점에 충분한 지반고르기를 실시한다.
③ 항타대는 말뚝을 바르게 소정의 방향으로 타입하기 위해 가이드의 방향을 정확하게 유지하고, 작업 중 진동, 이동, 기울어짐이 생기지 않도록 설치하며 고정용 줄을 설치한다.

(3) 시험 시 주의사항

① 말뚝을 지주에 세우기 전에 각 지정된 콘크리트 말뚝은 파동속도를 측정하고, 필요한 기구 부착공을 천공할 수 있도록 준비되어 있어야 한다. 강말뚝은 파동속도 측정이 불필요하다. 파동속도 측정 시 말뚝은 되도록 수평 위치에 두고 다른 말뚝과 접촉되지 않게 해야 한다.
② 기구를 탑재하기 위하여 말뚝에 구멍을 뚫는 데 필요한 장비, 자재 및 노무를 제공하고, 기구는 콘크리트 말뚝에는 정착물에 또는 강말뚝에는 천공한 구멍에 끼운 볼트로 말뚝 두부 부근에 부착한다.
③ 말뚝이 지주에 세워진 후에 기구를 부착시키기 위하여 말뚝에 접근할 수 있어야 하며, 말뚝이 지주에 위치하고 있는 동안에 말뚝두부까지 올릴 수 있도록 설계된 초소 1.2m×1.2m의 발판을 갖추어야 한다. 동적 시험기구를 설치하는 데 말뚝당 1시간씩 필요로 한다.
④ 동적시험기구를 위하여 출력지점에서 10암페어, 115볼트, 55~60사이클의 교류동력을 공급해야 한다. 전원으로 사용되는 현장발전기는 전압과 사이클에 대한 계기를 갖추어야 한다.
⑤ 동적 시험기구는 모든 요소에서 보호할 수 있도록 보관실을 갖추어야 한다. 마루는 최소 2.5m×2.5m이고 최소지붕높이는 2.1m이어야 한다. 보관실의 내부온도는 8℃ 이상이어야 한다. 보관실은 시험위치에서 15m 이내에 위치해야 한다.
⑥ 말뚝은 동적시험기구가 극한 말뚝지지력이 도달되었다고 지시하는 깊이까지 박아야 한다. 말뚝에 작용하는 응력은 결정된 값이 허용치를 초과하지 않도록 동적 시험기구로 말뚝박기 중에 감시하게 된다. 필요한 경우에는 응력을 허용치 이하로 유지하기 위하여 쿠션을 추

가하거나 해머의 에너지출력을 감소시켜서 말뚝에 전달된 타격에너지를 감소시켜야 한다. 동적시험기구의 측정이 비축방향타격이라고 지시하는 경우에는 즉시 말뚝박기 시설을 다시 정돈해야 한다.

⑦ 동적 재하시험말뚝은 24시간까지 기다려서 기구가 다시 부착된 후에 다시 타격해야 하며, 기구를 부착하는 데 30분을 요한다. 재타격을 시작하기 전에 해머는 다른 말뚝을 20회 이상 타격해서 가열해야 한다. 재타격 동안에 요구되는 박힌 양은 150mm 이하이거나 요구된 해머 타격횟수가 50회 이하어야 한다. 감리자는 재타격 후에 절단표고를 정하거나 아니면 추가로 박힌 양과 시험을 지시하게 된다.

(4) 지지력 평가방법

1) 파동 방정식방법

① 파일의 관입과정을 해석적으로 풀어냄
② 시항타 전 장비 선정 및 시공 지침에 활용
③ PDA를 통하여 실측된 결과와 비교

2) CASE방법

① 관입 저항을 이용하여 지지력 산정
② 정적 저항 성분 : 말뚝지지력
③ 동적 저항 성분 : 흙의 감쇄 계수 및 말뚝 선단 속도

3) CAPWAP 해석법

① 파동 방정식+CASE방법 사용
② 주면 마찰력 및 선단지지력 분리 구함
③ 오차의 최소화 : 정재하시험 ±10% 이내

4) 말뚝 응력

말뚝 최대인장강도의 산정에 활용

5) 말뚝 건전도

반사파 통과파의 크기 차이에 의해 산정

3 말뚝의 정재하시험

[그림 12-22] 전재하시험 장면

(1) 사전조사사항

1) 시항타

설계상의 파일심도 일치 여부 확인

2) 사전 천공

말뚝선단으로부터 1.5m 높은 지점에서 중단하고, 천공의 직경은 말뚝 설치 직경의 3~10cm 크게 한다.

3) 말뚝 세우기

말뚝 축방향을 설계에 규정된 각도로 세우고, 말뚝 직교 방향으로 양방향을 검측한다.

4) 말뚝 항타

① 말뚝압입장비 설치 후 굴착 전 강관파일 거치 후에 에어에 의한 버튼 해머로 천공 및 압입, 굴착을 동시에 실시한다.
② 경타작업은 해머와 말뚝이 상하축을 유지하게 한다.
③ 1개의 말뚝박기는 도중에 정지함이 없이 연속하여 실시한다.
④ 인접한 말뚝을 박는 동안 또는 기타 사유로 50mm 이상 솟아오른 말뚝은 당초의 선단표고까지 재타격한다.
⑤ 말뚝박기로 인해 솟아올랐거나 침하된 곳은 기초 콘크리트 타설 전 지반 고르기를 실시한다.

5) 시공기록

① 시공기록은 항타 장비의 종류와 등급, 전 길이에 대하여 500mm당 타격횟수 및 최종 500mm에 대하여 100mm당 타격횟수 그리고 말뚝박기 중에 나타난 이상 조건 등을 기록한다.

② 기록은 개개의 말뚝박기 상황 전체가 쉽게 이해될 수 있도록 작성한다.

③ 말뚝의 시공허용오차는 연직도나 경사도는 1/100 이내로 하고, 말뚝 타입 결정 후 평면상의 위치가 설계도면의 위치로부터 D/4(D는 말뚝의 직경)와 100mm 중 큰 값 이상으로 벗어나지 않아야 한다.

(2) 시험 시 주의사항

① 정재하시험은 말뚝시공 완료 시점으로부터 14일 이상 경과 후 실시한다.

② 시험말뚝의 재하는 콘크리트를 치기 후 72시간이 경과한 후 재하를 시작한다.

③ 하중은 개별말뚝에 대한 설계지지력의 25, 50, 75, 100, 125, 150, 175, 200%가 되도록 8단계로 증대하여 재하한다.

④ 각 단계별 하중재하 후 시간당으로 환산한 말뚝의 침하율이 0.25 mm/h 미만이 되면 다음 단계의 하중으로 증대시킨다. 만약 하중재하 후 2시간이 경과하여도 시간당 침하율이 0.25mm/h 이상인 경우 해당 단계에서 말뚝이 안정되지 못한 것으로 간주하고, 다음단계로 재하한다.

⑤ 최대시험하중 200%에 도달하기 이전이라도 급격한 파괴현상이 발생되거나 말뚝직경의 10%에 해당하는 총침하량이 발생하면 말뚝의 재하시험을 중단할 수 있다.

⑥ 최대시험하중 200%에 도달하여도 말뚝의 극한지지력이 확인되지 못하면 200% 하중재하 후 시간당으로 환산한 말뚝의 침하율이 0.25mm/h 미만이 되면 12시간 동안 하중을 유지한 후 재하시험을 종료한다. 200% 하중 재하 후 12시간이 경과하여도 시간당으로 환산한 말뚝의 침하율이 0.25mm/h 이상이 되면 24시간 동안 하중을 유지하도록 한 후 하중을 제거한다.

MEMO

CHAPTER

13

옹벽

CHAPTER 13 옹벽

SECTION 01 옹벽

>>> **안식각(Angle of Repose)**

흙을 쌓아 올려 자연상태로 방치하면 차츰 붕괴되어 안정된 비탈을 형성하는데 이때 원지면과 비탈면 사이의 각을 안식각이라고 한다. 흙의 안식각은 보통 30~35°이다.

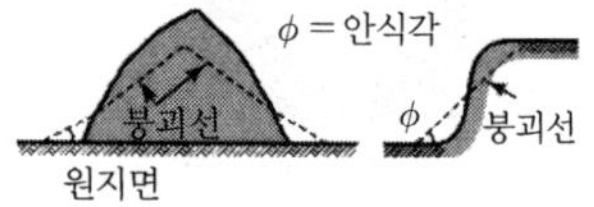

>>> **중력식 옹벽의 특징**

중력식 옹벽은 콘크리트옹벽 중에서는 시공이 가장 용이하며, 옹벽 높이가 낮고, 기초지반이 양호한 경우에 주로 적용한다.

>>> **반중력식 옹벽**

중력식 옹벽과 철근콘크리트 역 T형 옹벽과의 중간형의 콘크리트 옹벽으로 중력식 옹벽의 벽 두께를 엷게 하여 이 때문에 생기는 인장응력을 철근을 배치하여 받도록 한 옹벽이다.

>>> **비자립식 옹벽의 특징**

비자립식 옹벽은 언덕길의 한쪽 비탈, 한쪽 쌓은 부분 등에 사용되나 옹벽의 기초 바닥면에서 전단 활동이 생길 우려가 있는 지반의 경우는 피하며, 암반 등의 견고한 기초지반상에 설치하는 것이 좋다.

1 옹벽(Retaining Wall)의 정의

흙을 안식각 이상의 각도로 성토를 하거나 급경사 절토의 안정을 유지하기 위해 구축되는 토목구조물로서 토공 시 용지 · 지형 등의 제약때문에 흙사면으로는 안정을 유지할 수 없는 장소에 토사의 붕괴를 방지하기 위하여 설치하는 지지구조물로서 형상 및 역학적 특성상 중력식 옹벽, 비자립식 옹벽, 캔틸레버(Cantilever)식 옹벽, 부벽식 옹벽, 기타 특수옹벽 등으로 분류된다.

2 옹벽의 종류

(1) 중력식 옹벽

자중으로 토압을 지지하는 무근콘크리트 구조옹벽으로 벽체 내에 콘크리트 저항력 이상의 인장력이 생기지 않도록 한다.

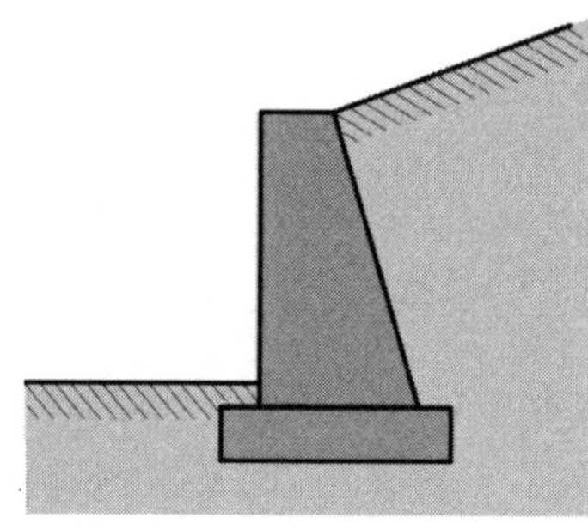

[그림 13-1] 중력식 옹벽

(2) 비자립식 옹벽

주로 절토부에 쓰이며 자립이 불가능한 중력식 옹벽으로서 원지반 또는 뒷채움재에 기대어서 자중으로 토압에 저항하는 형식이다. 일종의 중력식 옹벽으로 생각하여 설계할 수 있다.

(3) 캔틸레버식 옹벽

벽체와 저판으로 되어 있고, 벽체의 위치에 따라 역T형, L형, 역L형으로 부른다. 일반적으로 적용범위가 넓으며 옹벽 높이 3~10m 정도에 쓰인다.

1) 옹벽의 특징

① L형 옹벽

옹벽이 용지 경계에 접하여 있는 경우 등 앞판을 설치할 수 없을 때에 쓰인다.

② 역L형 옹벽

배면에 구조물 등이 있어서 저판을 토압작용 방향으로 설치할 수 없을 때 사용한다. 이 형식은 뒷채움 흙의 중량을 안정 계산에 이용할 수 없으므로 활동에 대한 안정을 위해 근입을 깊게 하고, 또한 저판의 길이를 현저히 길게 해야 하므로 역T형 옹벽, L형 옹벽에 비해서 일반적으로 비경제적인 형식이다.

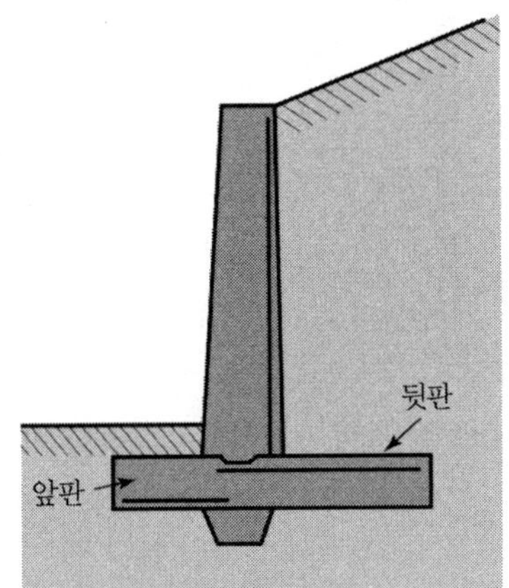

[그림 13-2] 캔틸레버식 옹벽

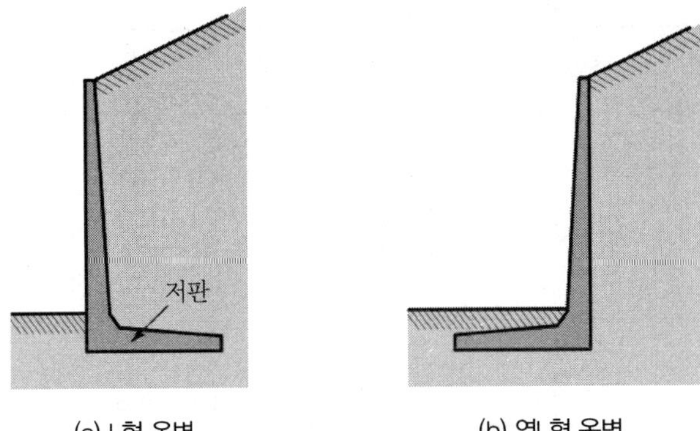

(a) L형 옹벽 (b) 역L형 옹벽

[그림 13-3] L형 옹벽 및 역L형 옹벽

>>> **캔틸레버식 옹벽의 특징**

① 캔틸레버식 옹벽은 벽체의 자중과 저판 위의 흙의 중량으로 토압에 저항하는 방식
② 일반적으로 철근콘크리트 구조이므로 중력식 옹벽에 비해 구체콘크리트량이 적다.
③ 벽체와 저판이 서로 강결된 캔틸레버보로서 설계하며 이런 옹벽은 경제성, 시공성이 양호하므로 중간적인 옹벽높이에 있어서 폭넓게 사용된다.

(4) 부벽식 옹벽

부벽이 토압이 작용하는 측에 위치하면 뒷부벽식 옹벽, 반대에 위치하면 앞부벽식 옹벽으로 구분된다.

1) 뒷부벽식 옹벽

벽체와 저판 사이의 강성을 부벽으로 유지한 것으로 부벽은 토압이 작용하는 측에 설치된다. 옹벽 높이가 높아지면 구체콘크리트량은 캔틸레버식 옹벽에 비해 상당히 유리하게 되므로 일반적으로 옹벽 높이 8m 이상의 경우에 쓰인다.

2) 앞부벽식 옹벽

기능적으로 뒷부벽식 옹벽과 유사하지만 뒷부벽 대신 받침벽이 벽체 전면에서 벽체를 지지하고 있는 것이다.

뒷부벽식 옹벽의 특징

부벽식 옹벽은 시공이 다른 형식에 비해 어렵고, 부벽 간의 뒷채움 흙의 다짐이 불충분하기 쉬우므로 시공 시 주의를 요하며 부벽 간격 결정 시 경제성 검토가 필요하다.

앞부벽식 옹벽의 특징

저판의 앞쪽에 받침벽의 자중이 작용하므로 뒷부벽식 옹벽에 비해 안정상 불리하여 그다지 잘 사용되지 않으나 역L형 형식의 용도와 같이 배면에 구조물 등이 있어서 부벽을 토압 작용 방향으로 설치할 수 없을 때 사용한다.

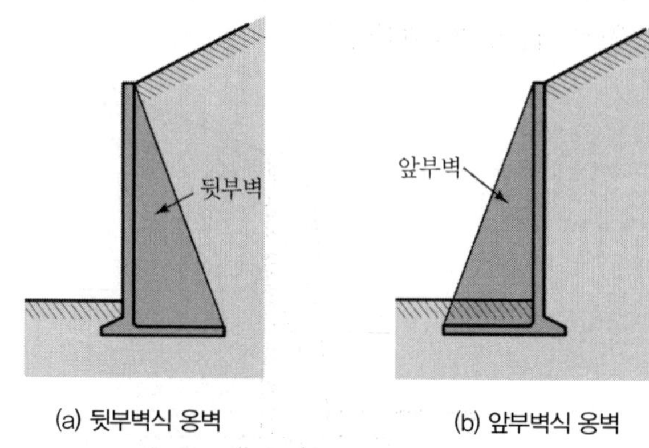

(a) 뒷부벽식 옹벽　　(b) 앞부벽식 옹벽

[그림 13-4] 뒷부벽식 및 앞부벽식 옹벽

3) 기타 특수옹벽

U형 옹벽, 선반식 옹벽, 보강토 옹벽, 상자형 옹벽, 혼합형 옹벽 등

▼ [표 13-1] 옹벽 형식별 비교

종류	옹벽높이	특성	이용상의 유의점	경제성
중력식 옹벽	5m 정도 이하	콘크리트 옹벽 중에서는 시공이 가장 쉬움	• 기초지반이 좋은 경우(저면 반력이 큼) • 말뚝기초로 된 경우는부적당함	• 높이가 낮을 때는 경제적임 • 높이가 4m 정도 이상인 경우는 비경제적임
비자립식 옹벽	• 10m 정도 이하가 많음 • 15m 정도까지 사용한 예가 있음	• 산악도로의 확폭 등에 유리 • 자립되지 않으므로 시공상 주의 해야 함	기초 지반이 견고한 장소	비교적 경제적임

종류	옹벽높이	특성	이용상의 유의점	경제성
캔틸레버식 옹벽 (역T형, L형)	3~10m 정도	뒷판상의 흙 중량을 옹벽의 안정에 이용할 수 있음	• 보통의 기초지반에서 사용 • 기초지반이 좋지 않은 경우에 사용한 예는 있음(저면반력은 비교적 작음)	비교적 경제적임
부벽식 옹벽	10m 정도 이상	구체의 콘크리트량은 캔틸레버식 옹벽에 비해 적으나 시공에 어려움이 있음	기초지반이 좋지 않은 경우에 사용한 예는 있음(저면반력은 비교적 작음)	높이, 기초조건에 의해 경제성이 좌우됨
기타(특수옹벽)	지형조건, 지반조건, 환경조건 및 각종 제약조건 등에 맞춰 채택됨			

▼ [표 13-2] 옹벽 형식에 따른 옹벽높이 기준

형식	옹벽높이(m)														
	1	2	3	4	5	6	7	8	9	10	11	12	13	14	15
중력식 옹벽															
반중력식 옹벽															
비자립식 옹벽															
캔틸레버식 옹벽															
부벽식 옹벽															

3 옹벽 각 부분의 명칭

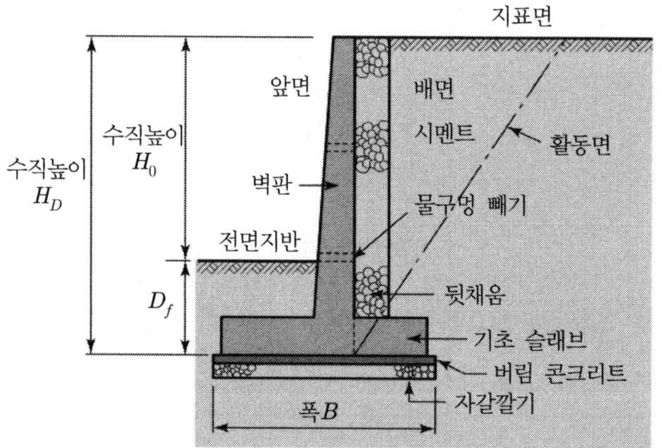

[그림 13-5] 옹벽의 명칭

4 옹벽에 작용하는 토압

벽체의 이동과 토압 사이의 관계

주동토압(P_a) < 정지토압(P_o) < 수동토압(P_p)

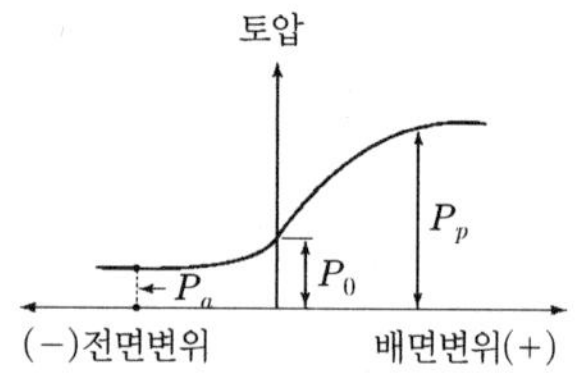

(1) 주동토압(P_a)

① 옹벽 앞면으로 변위가 일어날 때 수평토압
② 뒷채움 흙은 팽창하여 가라앉음

(2) 수동토압(P_p)

① 옹벽이 후면으로 변위가 일어날 때 수평토압
② 뒷채움흙은 수축하여 부풀어 오름

(3) 정지토압(P_o)

벽체의 변위가 발생하지 않는 상태에서 작용하는 토압

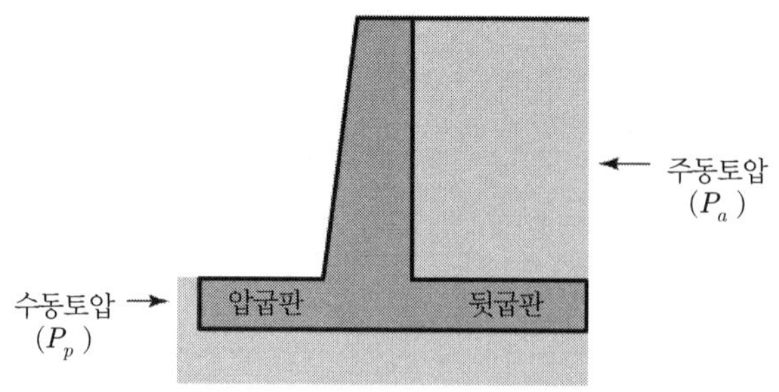

[그림 13-6] 주동토압 및 수동토압

5 옹벽설계 적용 토압

토압을 계산하는 방법으로는 쿨롱(Coulomb)이나 랜킨(Rankine)의 토압 이론에 의한 방법과 테르자기의 토압계수도표에 의한 방법, 시행쐐기방법 등이 있으나 현재까지 가장 많이 사용되는 쿨롱 토압이론과 랜킨 토압이론을 이론적으로 간략히 비교하면 아래 표와 같다.

▼ [표 13-3] 토압이론의 비교

구분	쿨롱(Coulomb) 토압이론	랜킨(Rankine) 토압이론
개요	• 벽체와 흙 사이의 벽면마찰각을 고려한 흙쐐기론에 의한 이론 • 배면토는 소성평형상태에서 벽면을 따라 활동함으로 중력식이나 반중력식과 같이 저판돌출부(뒷굽)가 없거나 작은 옹벽에 적합한 이론	• 벽체와 흙 사이의 벽면 마찰을 무시한 소성론에 의한 이론 • 소성평형상태에서의 배면토활동은 벽배면에 연하여 발생하지 않는다고 보기 때문에 저판 위의 흙을 벽체의 일부로 볼 수 있음(따라서, 역T형이나 부벽식같이 저판길이가 긴 옹벽에 적합한 토압이론)
특징	• 배면토는 점성이 없고 압축만 하는 균등질임 • 옹벽배면과 붕괴면 사이의 흙은 쐐기작용으로 옹벽배면에 압축함 • 붕괴면은 평면으로 보며, 지표 경사각이 배면토의 내부마찰각 보다 작아야 되고, 사면형상이 복잡한 경우에는 적용이 안됨	• 흙은 점착력이 없는 균등질임 • 흙은 입자 간의 내부마찰력으로 균형을 유지함 • 지표면은 평면으로 무한히 넓고, 토압의 작용 방향은 항상 지표면과 평행함

(1) Coulomb의 주동토압

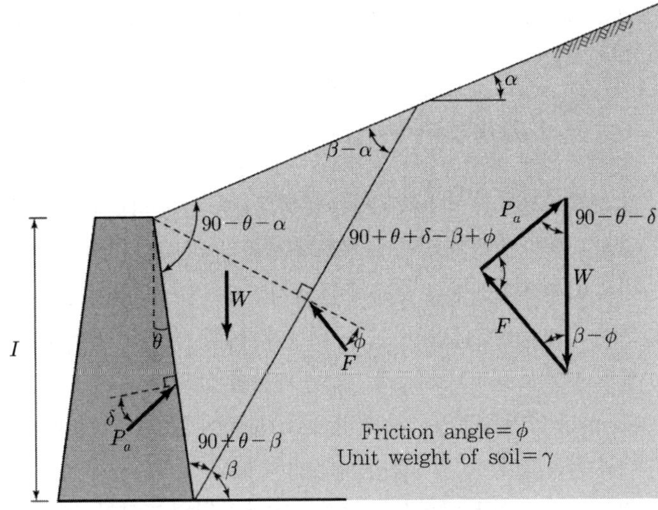

[그림 13-7] Coulomb의 주동토압 쐐기

쿨롱 토압은 토압계수공식이 복잡하므로 근사적으로 다음과 같이 계산할 수도 있다.
① 간편한 랜킨 토압계수공식으로 주동토압을 계산한다.
② 이 값을 10% 감소시키면 $\delta > 0$일 때의 쿨롱 주동토압과 거의 같다.
③ 10% 증가시키면 $\delta < 0$일 때의 쿨롱 주동토압과 근사한 값이 된다.
④ 작용 방향은 δ만큼 경사지게 작용시킨다(쿨롱 토압론에서 토압의 작용 방향은 지표경사에 관계없이 δ방향으로 작용시킨다).

Coulomb의 토압은 [그림 13－7]과 같이, 수평면을 기준으로 해서 반시계 방향으로 β만큼 기울어진 가상 파괴면을 경계로 하는 흙 쐐기에 작용하는 힘들의 평형에 의해 정의된다. 흙 쐐기에 작용하는 힘의 삼각형에서 Sine 법칙을 이용해서 아래 식이 유도된다.

$$\frac{W}{\sin(90°+\theta+\delta-\beta+\phi)}=\frac{P_a}{\sin(\beta-\phi)} \quad \cdots\cdots (1)$$

상기의 식을 P_a에 대해 정리하면 아래의 식과 같다.

$$P_a=\frac{\sin(\beta-\phi)}{\sin(90°+\theta+\delta-\beta+\phi)}W \quad \cdots\cdots (2)$$

위의 식에서 흙 쐐기의 무게 W는 다음과 같다.

$$W=\frac{1}{2}\gamma H^2\frac{\cos(\theta-\beta)\cos(\theta-\alpha)}{\cos^2\theta\sin(\beta-\alpha)} \quad \cdots\cdots (3)$$

식 (3)을 식 (2)에 대입하면,

$$P_a=\frac{1}{2}\gamma H^2\frac{\sin(\beta-\phi)\cos(\theta-\beta)\cos(\theta-\alpha)}{\sin(90°+\theta+\delta-\beta+\phi)\cos^2\theta\sin(\beta-\alpha)} \quad \cdots\cdots (4)$$

위의 식 (4)에서 P_a가 최대로 되는 파괴면의 경사각 β를 구하기 위해 $\frac{\partial P_a}{\partial\beta}=0$ 미분한다. 식 (3)에서 구해진 β값을 식 (4)에 대입하면 식 (5)와 같이 Coulomb의 주동토압을 구하는 식을 얻을 수 있다.

$$P_a=\frac{1}{2}K_a\cdot\gamma\cdot H^2 \quad \cdots\cdots (5)$$

식 (5)에서 K_a는 Coulomb의 주동 토압계수로 아래와 같이 나타내진다.

$$K_a=\frac{\cos^2(\phi-\theta)}{\cos^2\theta\cos(\delta+\theta)\left[1+\sqrt{\frac{\sin(\delta+\phi)\sin(\phi-\alpha)}{\cos(\delta+\theta)\cos(\theta-\alpha)}}\right]^2} \quad \cdots (6)$$

본 해석에서는 옹벽에 작용하는 주동토압을 식 (4)의 Coulomb 주동토압 공식에 의한 방법과 식 (5)를 유도하는 과정에서 P_a가 최대가 되는 흙 쐐기를 시행착오 과정을 통해서 찾는 시행쐐기법(Trial Wedge Method)에 의하여 계산하도록 되어 있다. 시행쐐기법은 옹벽 배면토가 임의의 형상일 경우 효율적으로 주동토압을 계산할 수 있다.

Coulomb의 주동토압은 옹벽의 뒷굽(Heel)이 짧을 때와 길 때가 다른 형태로 작용한다. 뒷굽이 짧을 때는 옹벽 배면에 직접 작용하여 옹벽배면의 기울기와 벽면 마찰각의 영향을 받아 토압의 방향이 결정되며, 뒷굽이 길 때는 배면의 연직 가상배면에 작용하게 되어 배면의 기울기와 상관없이 흙과 흙 사이 마찰각의 영향을 받아 토압의 방향이 결정된다.

쿨롱공식의 단점

쿨롱공식은 지표경사각(β)이 뒷채움 토사의 내부마찰각(ϕ)에 비하여 근사하거나 그보다 클 때는 토압계수가 비정상적으로 크게 나오는 문제점이 있으며, 옹벽배면의 지표경사가 일정한 구배로 단속되지 않고 복잡하거나 가상배면 이내에서 사면구배가 변할 경우에는 쿨롱 토압공식을 적용할 수 없기 때문에 시행쐐기법에 의해 토압을 구하는 방식이 근래에 많이 사용되고 있다.

(2) Rankine의 주동토압

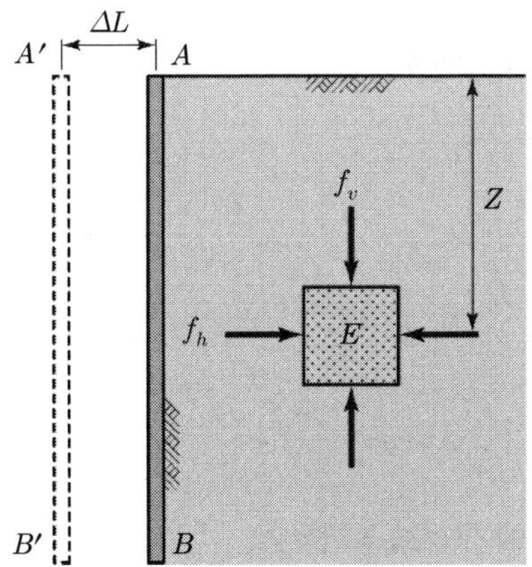

[그림 13－8] Rankine의 주동토압

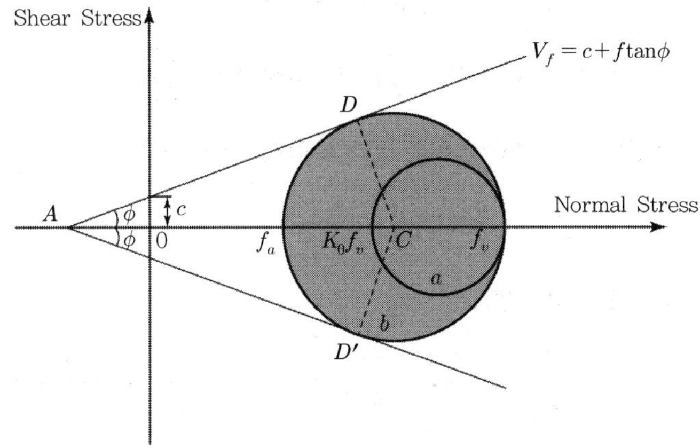

[그림 13－9] Rankine의 주동토압 Mohr's Circle

Rankine 토압은 Coulomb 토압과는 달리 벽면 마찰각이 없다고 가정한다. [그림 13－8]에서와 같이 벽면 마찰이 없는 원상태 AB가 $A'B'$만큼 이동한다. Mohr 원을 그려보면 [그림 13－9]에서와 같이 정지상태의 Mohr원 a에서 벽체가 배면토와는 반대 방향으로 밀려나거나 회전하면서 [그림 13－8]의 흙 요소 E에 작용하는 횡방향 응력이 점점 감소하게 되어 파괴 시에는 흙 요소 E이 응력상태는 Mohr's Circle b와 같은 Rankine의 주동상태가 된다. [그림 13－9]를 이용해서 Rankine의 주동토압공식을 유도하면 아래와 같다.

$$\sin\phi = \frac{CD}{AC} = \frac{CD}{AO+OC} \quad \cdots\cdots (7)$$

여기서, CD : Rankine의 주동상태를 나타내는 Mohr's Circle의 반지름

Rankine 토압론의 기본 가정

① 흙이 균질이고 비압축성이다.
② 중력만 작용하고 지반이 소성평형 상태에 있다.
③ 토압은 지표면에 평행하게 작용한다.
④ 지표면에 작용하는 하중은 등분포하중이다.
⑤ 흙은 입자 간의 마찰에 의해 평형을 유지한다(벽마찰은 무시).
⑥ 지표면은 무한히 넓게 존재한다.

옹벽의 설계원칙

① 옹벽은 상재하중, 옹벽의 자중 및 옹벽에 작용되는 토압에 견디도록 설계하여야 한다.
② 무근콘크리트 옹벽은 자중에 의하여 저항력을 발휘하는 중력식 형태로 설계하여야 한다.
③ 철근콘크리트 옹벽은 캔틸레버식 옹벽, 뒷부벽식 옹벽 및 앞부벽식 옹벽으로 구분될 수 있다.
④ 토압의 계산은 토질역학의 원리에 의거하여 필요한 재료특성 계수의 측정을 통해서 정하여야 한다.
⑤ 옹벽은 활동, 전도 및 지반지지력에 대해 사용하중을 적용하여 안정조건을 검토한 후 설계하여야 한다.
⑥ 저판의 설계는 기초판에 따라 수행하여야 한다.

$$CD = \frac{f_v - f_a}{2}$$

$$AO = c \cdot \cot\phi$$

$$OC = \frac{f_v + f_a}{2}$$

따라서,

$$\sin\phi = \frac{\dfrac{f_v - f_a}{2}}{c \cdot \cot\phi + \dfrac{f_v + f_a}{2}} \quad \cdots\cdots (8)$$

식 (12)을 f_a에 대해서 정리하면,

$$f_a = f_v \frac{1-\sin\phi}{1+\sin\phi} - 2c\frac{\cos\phi}{1+\sin\phi} \quad \cdots\cdots (9)$$

여기서, f_v : 연직유효응력($f_v = \gamma z$)

$$f_a = f_v \cdot \tan^2\left(45° - \frac{\phi}{2}\right) - 2c \cdot \tan^2\left(45° - \frac{\phi}{2}\right) \quad \cdots\cdots (10)$$

배면토가 입상토($c = 0$)인 경우 식 (11)은 다음과 같다.

$$f_a = f_v \cdot \tan^2\left(45° - \frac{\phi}{2}\right) \quad \cdots\cdots (11)$$

식 (11)를 정리하면,

$$K_a = \frac{f_a}{f_v} = \tan^2\left(45° - \frac{\phi}{2}\right) \quad \cdots\cdots (12)$$

식 (12)에서 K_a를 Rankine의 주동토압계수라고 한다. Rankine의 주동토압은 Coulomb의 주동토압과는 달리 벽면 마찰이 없는 상태이므로 뒷굽의 길고 짧음에 관계없이 가상배면에 작용한다. 토압의 크기는 식 (13)과 같다.

$$P_a = \frac{1}{2} K_a \cdot \gamma \cdot H^2 \quad \cdots\cdots (13)$$

옹벽 설계시 주의사항

높이 5m 이상의 옹벽 등의 공사를 수반하는 건축물의 설계자 및 공사감리자는 토지굴착 등에 관하여 국토교통부령으로 정하는 바에 따라 「기술사법」에 따라 등록한 토목 분야 기술사 또는 국토개발 분야의 지질 및 기반 기술사의 협력을 받아야 한다(건축법 시행령 제91조의3 3항).
또한 높이 2m 이상인 옹벽을 건축물과 분리하여 축조할 때 특별자치시장 · 특별자치도지사 또는 시장 · 군수 · 구청장에게 신고를 하여야 한다(건축법 시행령 제118조 1항).

6 안정조건

옹벽에 작용하는 하중은 옹벽 자체의 고정하중, 토압 및 지표면상에 작용하는 활하중 등이 있는데 이들 하중에 대하여 활동(Sliding), 전도(Overturning), 지반지지력에 대한 검토가 선행된 후 구조물이 설계되어야 하며, 침하(Settlement)에 대해서도 검토되어야 한다.

(1) 활동(Sliding)

활동에 대한 저항력은 옹벽에 작용하는 수평력의 1.5배 이상이어야 한다. 옹벽은 뒷면에서 작용하는 횡토압의 수평력에 의하여 활동하려고 한다. 이 활동에 저항하는 힘은 옹벽 저면에서 마찰력과 점착력으로 형성되며 $H_r > H$가 되어야 하고, 이때 안전율은 최소한 1.5 이상이어야 한다.

$$\frac{H_r}{H} \geq 1.5$$

여기서, H_r : 활동저항력
H : 토압의 수평력
W : 옹벽의 자중 + 저판 위의 흙의 중량

[그림 13－10]과 같이 옹벽의 자중과 저판 위의 흙의 중량의 합을 W라 하고, 옹벽 뒤 토압의 수평분력을 P_H, 수직분력을 P_V라고 하면 옹벽 저면의 마찰에 의한 활동저항력 H_r은 연직합력을 $V = W + P_v$라 할 때

$$H_r = V\tan\phi_B$$

여기서, ϕ_B : 옹벽 저면과 지반 사이의 마찰력

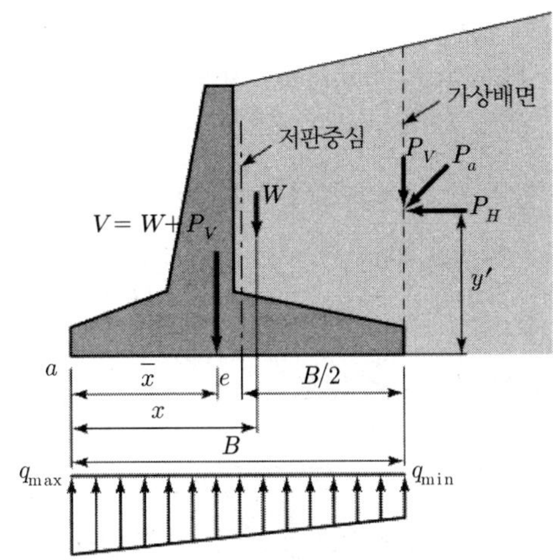

[그림 13－10] 옹벽 안정계산에 사용되는 토압과 지반반력의 분표

(2) 전도(Overturning)

전도에 대한 저항모멘트는 횡토압에 의한 전도모멘트의 2.0배 이상이어야 한다.

[그림 13－10]에서 옹벽 저판 최전단의 회전축 a점에 대한 전도모멘트 M_o는 $P_H\,y' - P_V\,B$이고, 이에 해당되는 저항모멘트 M_r은 W_x로 된다.

옹벽 안정조건

구분	콘크리트 구조설계 기준	도로교 설계기준
활동	1.5	1.5
전도	2.0	$\lvert e\rvert < \frac{B}{6}$
지지력	$q \leq q_a$	$q \leq q_a$

여기서, $q_a = \frac{q_u}{3}$

(q_u : 극한지지력임)

수동토압과 활동방지벽

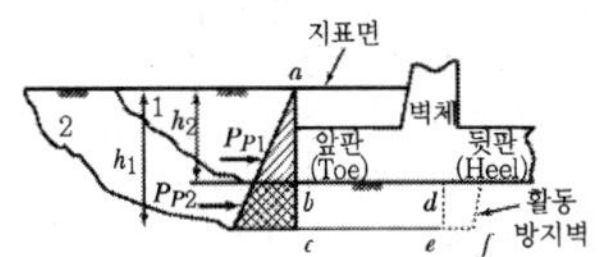

따라서 전도가 일어나지 않게 하기 위해서는 $M_r > M_o$이어야 하며, 이때 안전율이 2.0배 이상이어야 한다.

$$\frac{M_r}{M_o} = \frac{W_x}{P_H y' - P_V B} \geq 2.0$$

여기서, M_r : 저항모멘트, M_o : 전도모멘트

옹벽의 연직하중과 수평하중의 합력 작용점이 저판 중심에서 편심(e)이 지나치게 크면 지반의 부등침하로 인해 옹벽이 경사져서 전도되기가 쉽다. 따라서 이에 대한 옹벽의 안정을 위해서는 합력의 작용점이 저판의 중앙 1/3 안에 위치하는 것이 좋다.
전도 및 지반지지력에 대한 안정조건을 만족하며, 활동에 대한 안정조건만을 만족하지 못할 경우 활동방지벽(Shear Key)을 설치하여 활동저항력을 증대시킬 수 있다.

(3) 지지력(침하)에 대한 안정

외력에 의해서 일어나는 지반의 최대응력이 그 지반의 허용지지력보다 적어야 한다.

$$q_{\max} \leq q_a$$

여기서, q : 지반이 받는 최대응력
q_a : 지반의 허용지지력

지반이 받는 최대응력과 최소응력은 아래와 같다.

$$q_{\max} = \frac{V}{B}\left(1 + \frac{6e}{B}\right),\ q_{\min} = \frac{V}{B}\left(1 - \frac{6e}{B}\right)$$

1) 지반반력에 따른 응력 분포

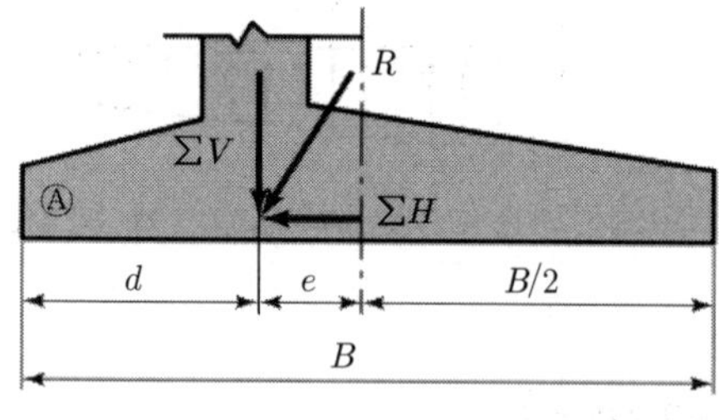

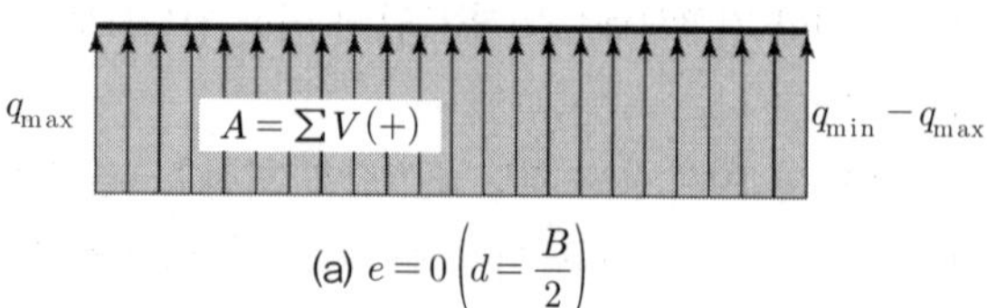

(a) $e = 0\left(d = \frac{B}{2}\right)$

>>> **옹벽 저면과 지반 사이의 마찰각(ϕ_B)**

지반이 흙일 경우 지반의 내부마찰각 ϕ_i의 2/3, 암반일 경우는 $\tan\frac{2}{3}\phi_i$, 또는 0.6 중 작은 값으로 한다.

>>> **옹벽이 진동을 받는 경우에 합력의 작용접의 위치**

옹벽이 진동을 받는 경우는 진동의 영향에 의하여 외력 및 합력의 작용점이 이동하게 되지만 계산은 정하중에 대한 것이므로 가능한 작용점이 저판의 중앙부에 오도록 한다.

>>> **옹벽이 높을 경우**

옹벽의 높이가 높아지면 옹벽 저면의 마찰에 의한 활동저항만으로는 활동에 대한 안정을 만족하기가 어렵다. 이 경우 통상 저면의 적당한 곳에 저면폭의 0.1~0.15배 높이의 활동방지벽을 설치하여 활동 마찰력을 증대시킬 수 있다.

>>> **기타 활동에 대한 안전율을 크게 하는 방법**

① 사항(Batter Pile : 수직하중 외에 수평력에 대해서 충분히 큰 저항력을 얻기 위하여 경사지게 박은 말뚝)을 설치한다.
② 저판폭을 증가한다.

>>> **콘크리트와 기초지반과의 마찰계수($\tan\phi$)**

기초지반의 종류	$\tan\phi$	마찰각ϕ
다져진 흙	0.50	27
습토	0.33	18
호박돌	0.50	27
습한 점토	0.20	11
젖은 모래	0.20~0.33	11~18
건조한 점토	0.50	27
건조한 모래	0.50	27
자갈	0.60	31

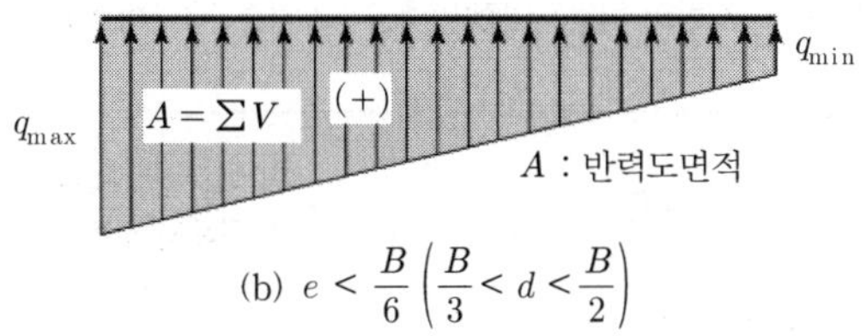

(b) $e < \frac{B}{6}\left(\frac{B}{3} < d < \frac{B}{2}\right)$

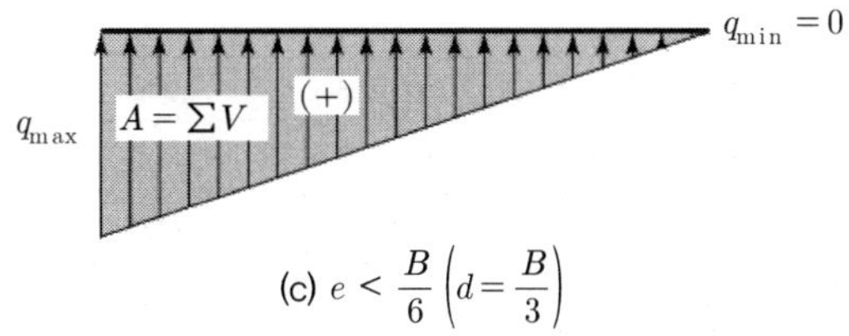

(c) $e < \frac{B}{6}\left(d = \frac{B}{3}\right)$

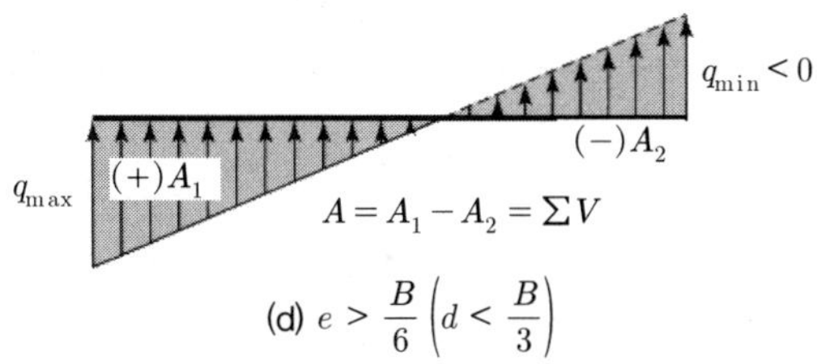

(d) $e > \frac{B}{6}\left(d < \frac{B}{3}\right)$

[그림 13-11] 지반반력분포

① $e < \frac{B}{6}\left(\frac{B}{3} < d < \frac{B}{2}\right)$일 때

가장 이상적인 지반압력분포로서 대부분의 옹벽설계는 이러한 압력분포를 나타낸다.

② $e=0\left(d=\frac{B}{2}\right)$일 때

지반에 작용하는 최대압력이 적어서($q_{max}=q_{min}$) 좋으나 이렇게 되기 위해서는 저판의 폭이 커져야 하므로 비경제적이다.

③ $e < \frac{B}{6}\left(d=\frac{B}{3}\right)$일 때

저판에 전부 압축응력만 작용하기는 하나 앞굽에 매우 큰 압력이 작용하여 바람직하지 못하다.

④ $e > \frac{B}{6}\left(d < \frac{B}{3}\right)$일 때

저판길이가 짧은 경우로서 앞굽에 과도한 압력이 작용하게 된다. 또한 뒷굽 후단에는 이론상 인장응력이 작용하게 되어 안전에 중대한 영향을 미친다. 이러한 경우 저판폭을 증가시키던가 보다 양호한 뒷채움 재료의 사용, 지표의 경사각을 감소시키는 등의 토압을 경감할 수 있는 조치를 취하여야 한다.

>>> 최대응력이 지반의 허용지지력보다 큰 경우

최대응력이 지반의 허용지지력보다 큰 경우는 말뚝박기 등 기초지반을 보강해야 한다.

>>> 지지력에 대한 안정 부족 시 대처방안

① 저판폭을 증가시키던가 지표경사각($\beta°$)을 줄여서 토압을 경감한다.
② 기초 지반의 치환, 연약지반처리공법에 의한 지반을 처리한다.
③ 말뚝기초를 적용한다.

▼ [표 13-4] 지반의 허용지내력(건축물구조기준규칙 [별표 8])

(단위 : kN/m²)

지반		장기응력에 대한 허용지내력	단기응력에 대한 허용지내력
경암반	화강암 · 석록암 · 편마암 · 안산암 등의 화성암 및 굳은 역암 등의 암반	4,000	각각 장기응력(연속적으로 작용하는 힘에 의한 변형력)에 대한 허용지내력 값의 1.5배로 한다.
연암반	판암 · 편암 등의 수성암의 암반	2,000	
	혈암 · 토단반 등의 암반	1,000	
자갈		300	
자갈과 모래와의 혼합물		200	
모래섞인 점토 또는 롬토		150	
모래 또는 점토		100	

SECTION 02 옹벽 관련 법 및 안전진단

옹벽 및 절토사면의 특징

옹벽 및 절토사면은 1종 시설물이 아닌 모두 2종 시설물에 해당하는 시설물이다.

1 시설물안전법에 의거한 옹벽의 정밀점검

시설물의 안전 및 유지관리에 관한 특별법(이하 "시설물 안전법")에 의거 옹벽은 아래 [표 13-5]와 같이 분류한다.

▼ [표 13-5] 제2종시설물 및 제3종시설물의 종류(시설물안전법 시행령 [별표1])

구분	제2종시설물	제3종시설물
옹벽 및 절토사면	• 지면으로부터 노출된 높이가 5미터 이상인 부분의 합이 100미터 이상인 옹벽 • 지면으로부터 연직(鉛直) 높이(옹벽이 있는 경우 옹벽 상단으로부터의 높이) 30미터 이상을 포함한 절토부(땅깎기를 한 부분을 말한다)로서 단일 수평연장 100미터 이상인 절토사면	• 준공 후 10년이 경과된 시설물로서 지면으로부터 노출된 높이가 5m 이상인 부분이 포함된 연장 100m 이상인 옹벽 • 준공 후 10년이 경과된 시설물로서 지면으로부터 노출된 높이가 5m 이상인 부분이 포함된 연장 40m 이상인 복합식 옹벽

Reference

건교부 질의회신

- 질의 : 높이가 5m, 50m로 되어 있는데 아래의 어느 사항에 해당하는지요?
  - ① 연장이 최소 옹벽은 100m 이상, 절토사면은 200m 이상 구간에 대하여 높이가 5m, 50m 이상인 경우
  - ② 연장이 옹벽은 100m 이상, 절토사면은 200m 이상 구간에 대하여 일부분이라도 높이 5m, 50m 이상인 경우
  - ③ 연장이 옹벽은 100m 이상, 절토사면은 200m 이상 구간에 대하여 높이 평균 5m, 50m 이상인 경우(이 경우 평균을 구하는 방법은?)
- 회신 : 귀하께서 우리부에 질의하신 내용에 대하여 다음과 같이 회신합니다.
  - ① 옹벽 중 지면으로부터 노출된 높이가 5m 이상으로 연장 100m 이상인 부분이 포함된 옹벽은 2종 시설물에 포함됨
  - ② 절토사면 중 연직높이 50m 이상인 부분의 연장이 200m 이상인 절토사면은 2종 시설물에 포함됨

Reference

건교부 질의회신

- 질의
  - ① 건축물의 부대시설로서 절개사면이 해당되는가?(용어의 정의와 관련 건축법 등 관련 규정에 없음)
  - ② 연직높이 50m, 수평연장이 200m 이상 되는지를 어떻게 확인할 수 있는가?(건축물대장에 기록되어 있지 않음)
  - ③ 대상 여부를 확인하기 위해 측량을 해야 한다면 누가 해야 하는가?(절개사면에 토지경계가 있으며 소유자가 다를 때)
  - ④ 건축물 부대시설 절개사면이라면 대지면적에 포함되는 부분만의 규모로 대상 여부를 판단해야 되는가?
  - ⑤ 정밀점검 시기는 3년에 1회 이상인가, 아니면 2년에 1회 이상인가?(건축물은 3년에 1회 이상임)
- 회신 : 귀하께서 우리부에 질의하신 내용에 대하여 다음과 같이 회신합니다.
  - ① 건축물의 부대시설로서 절토사면의 경우 연직높이 50m 이상을 포함한 절토부로서 단일 수평연장 200m 이상인 절토사면은 시특법 대상 2종 시설물에 해당됨
  - ② 절토사면의 규모 판단은 관리주체에서 보존하는 설계도서에 의하여 가능할 것으로 판단되며, 측량이 필요할 경우 해당 관리주체에서 판단할 사항임
  - ③ 옹벽 및 절토사면의 경우 정밀점검은 2년에 1회 이상 실시하여야 함

》》 옹벽의 높이가 다를 경우

연장상에 있는 옹벽의 높이가 서로 다를 경우 가중평균한 값을 옹벽 높이로 한다.

》》 옹벽의 높이 산정

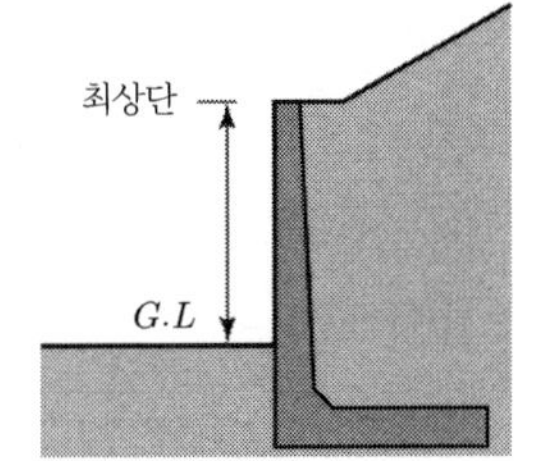

》》 주의사항

옹벽은 중요 시설물이므로 반드시 시특법에 적용되는 시설물인지의 여부를 확인하여 2종 시설물에 해당할 경우 정기적인 정밀점검을 실시하여 유지관리를 해야 한다.

2 점검 및 진단의 목적

시설물의 현 상태를 판단하여 상태평가 및 안전성 평가의 기본 자료를 제공하며, 시설물 상태와 노후화 정도에 대한 지속적인 기록의 제공 그리고 보수 및 성능회복 작업의 우선순위 등을 결정하기 위함이다.

관리주체는 소관 시설물별로 안전 및 유지관리계획을 수립하여 체계적이고 일관성 있는 점검 및 진단이 실시될 수 있도록 한다.

성공적인 시설물의 점검 및 진단을 위해서는 적절한 계획과 기법, 필요한 장비의 확보 그리고 책임기술자를 포함한 점검자의 경험과 신뢰성이 필요하며, 보이는 결함의 발견은 물론이고 발생 가능한 문제의 예측까지도 포함한다.

그러므로 점검 및 진단은 정확해야 할 뿐만 아니라 재해 및 재난의 예방적 차원에서 시설물의 과학적 관리체계의 개발을 위하여 수행한다.

3 옹벽의 안전진단 업무 흐름

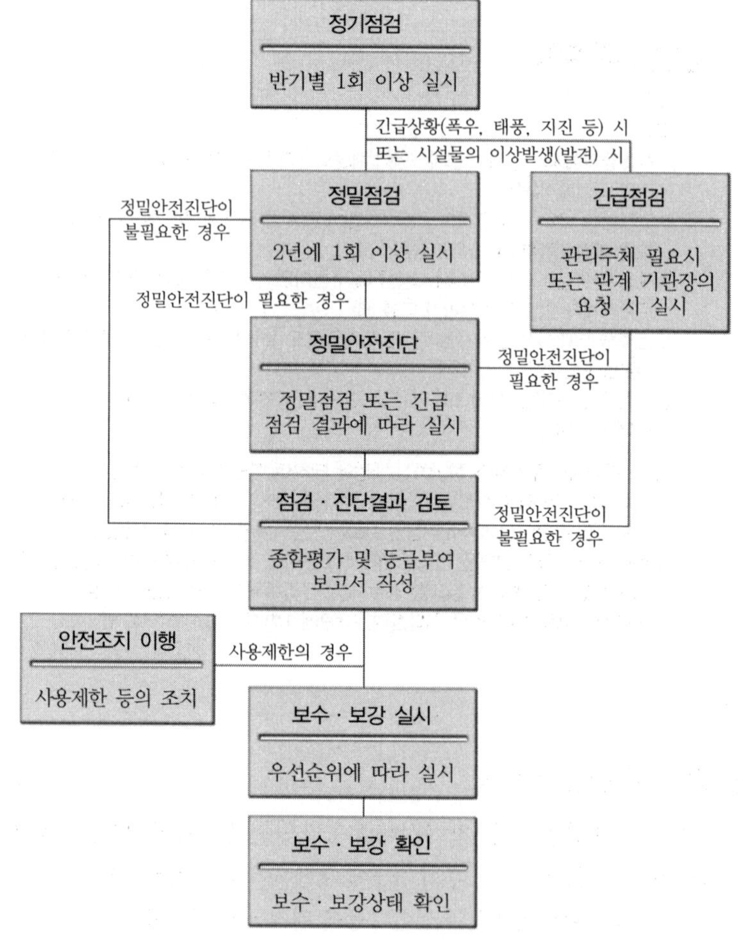

[그림 13-12] 옹벽의 안전진단 업무 흐름도

4 관리에 필요한 자료

(1) 설계 및 준공 관련 도서

1) 설계도서

① 설계보고서 및 설계도면
② 구조계산서 및 지반조사보고서

(2) 사진

① 옹벽 시설물 정면 및 측면사진
② 주요 시공사진 등

(3) 품질관리 관련 자료

① **재료증명서** : 시공재료의 종류, 등급, 품질을 기록한 공장 재료증명서
② 품질시험기록
③ 기타 각종 시험기록

(4) 보수 · 보강 이력

보수 · 보강 경위, 적용공법, 적용범위, 보수기간, 보수시행자(감독, 시공자) 등

(5) 사고기록

① 사고의 날짜, 경위
② 사고의 원인 및 조치사항 등

(6) 점검 및 진단 시 필요사항

① 현장조사 및 시험 · 측정을 원활히 수행하기 위한 특수장비 목록, 접근방법 등의 기록 및 각 시설물별 운영계획
② 점검 및 진단종사자나 공공의 안전을 확보하기 위한 특별한 사항의 기록
③ 현장조사 및 시험 · 측정 시 특별히 주의하여야 할 사항 및 사용제한계획 등

(7) 시설물관리대장

① 「지침」에 의하여 부록에 수록된 양식과 기입요령에 따라 기본현황, 상세제원, 안전점검 및 정밀안전진단이력, 보수 · 보강이력 등이 빠짐없이 정확하게 기록된 시설물관리대장

≫ 점검 및 진단계획과 기법 선정 시 고려사항

① 점검 및 진단계획을 수립함에 있어 각 시설물에 대한 특수한 구조적 특성을 이해하여 특별한 문제가 없는지 검토한다.
② 점검 및 진단 중에는 최신기술과 실무경험이 적용되도록 해야 한다.
③ 점검 및 진단의 빈도 및 수준은 구조형식과 부위 그리고 붕괴가능성에 따라 결정한다.
④ 점검 및 진단의 책임기술자는 「법」에 의하여 정해진 자격기준에 따라 선정한다.

② 사업주체는 「법」 제9조제1항의 규정에 의하여 설계도서, 시설물관리대장 등 대통령령으로 정하는 서류를 관리주체와 국토교통부장관에게 제출하여야 한다. 관리대장의 작성 및 제출은 시설물정보통합관리시스템(http : //fms.kistec.or.kr)의 각 입력항목을 입력하는 것으로 갈음한다.

(8) 계측기록

계측이 필요하다고 판단되는 시설물의 중요한 구조부위에 대한 정기적 계측기록(계측대상시설물, 계측위치, 계측기의 종류, 계측결과의 데이터베이스 등)

(9) 옹벽 운영기록

옹벽의 준공일로부터 현재까지의 전반적인 운영상황을 기록한 자료

(10) 기타

점검 및 진단에 필요한 자료

5 계측결과 자료

계측이 필요하다고 인정되는 시설물에 대해서는 위치 및 개소를 선정하여 정기적으로 시행하고 그 기록(계측위치, 계측기기의 종류, 계측결과의 값, 위치별 개소가 표기된 도면 등)을 보관하여야 한다.

(1) 진단 시 계측계획과 방법

점검 및 진단대상 시설물의 사전조사 과정에서 위험한 요소의 판단, 정밀조사 부위의 선정은 물론 계측기를 이용한 진단요소 등을 결정하도록 한다.

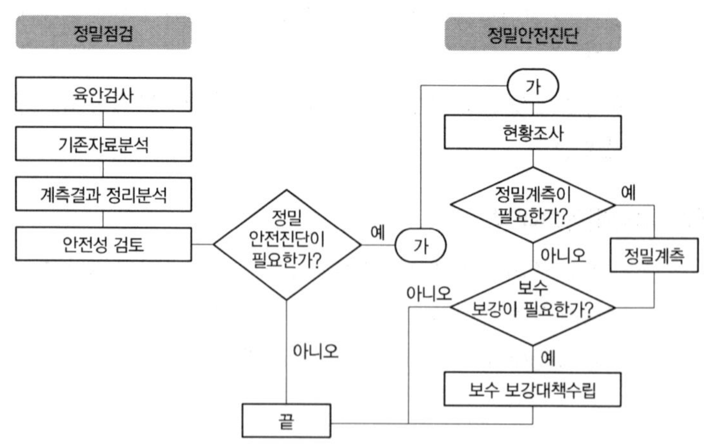

[그림 13－13] 계측자료 활용의 흐름도

>>> **점검 및 진단자료 갱신**

보수 · 보강 작업이나 개량작업 등으로 구조물이 변경된 경우는 시설물관리대장에 구체적인 내용과 치수를 기록한다.

>>>

점검 및 진단자는 당해 시설물의 규모, 공법, 점검 및 진단실적(보고서 등)에 따라 자료를 수집하며, 다음 사항을 고려하여 수집한다.

① 옹벽재료
② 옹벽 배면토 및 기초지반의 상태, 지하수위 등
③ 보호 시설물
④ 환경조건(구조물의 내구성과 안전에 영향을 주는 조건)
⑤ 기타

>>> **안전점검 시 안전성 평가를 실시하지 않는 경우**

안전점검(정밀점검) 시 안전성 평가를 실시하지 않는 경우에는 상태평가 결과를 종합평가결과로 갈음한다.

>>> **주의사항**

정밀점검 및 정밀안전보고서에는 옹벽의 상태평가 후 반드시 등급을 명시하여야 한다.

>>> **변화된 상태에 따른 안정성 재평가**

유지보수나 개량작업으로 인한 부재의 강도나 고정하중의 변화가 구조물의 상태 또는 내구성을 변화시키는 경우에는 안전성을 다시 평가하여 보관한다.

정밀점검과 정밀안전진단 시 계측관리에 따른 적용과 구조물의 현황파악을 위하여 [그림 13-13] 및 [표 13-6]과 같이 계측관리를 하면 보다 효율적인 구조물의 유지관리를 할 수 있을 것이다.

▼ [표 13-6] 진단항목별 계측 내용

진단항목	계측 내용	계측 기기	비고
균열	• 균열폭 • 균열길이 • 균열 방향	• 균열폭자(단) • 균열폭경(단) • 균열내시경(단) • 균열측정기(장)	
침하	• 지중침하 • 지표침하	• 지중침하계(장) • 지표침하계(장) • 측량기	• 기초지반 • 배면지반
누수 · 용수	• 누수량 • 누수지점 및 범위 • 피압수	• 유량측정기(단) • 지하수위계(장, 단) • 간극수압계(장, 단)	
계획선형오차 (전도/경사)	• 전면부 기울기	• 측량기 • Tiltmeter • 클리노 컴퍼스 • 지중경사계(장, 단)	
안전성 평가	• 토압	• 토압계(장, 단)	

[주] ① 장 : 계측기를 설치하여 장기간 동안 계측이 필요한 경우 적용
② 단 : 당해 진단 시만 적용

6 현장조사

(1) 옹벽 재료형식별 상태변화의 평가항목

1) 옹벽의 분류

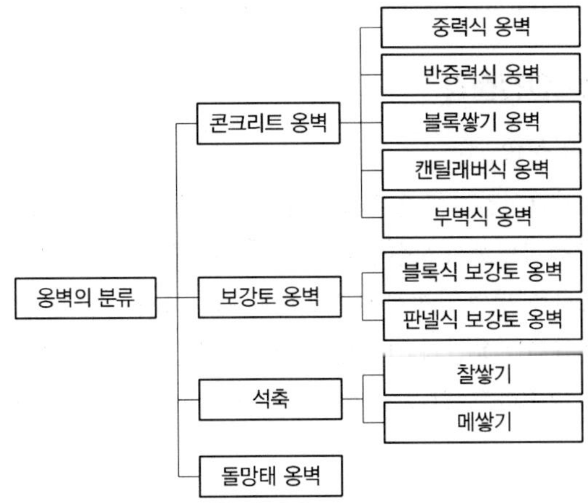

[그림 13-14] 재료형식에 따른 옹벽 분류

2) 상태변화 평가항목

▼ [표 13-7] 옹벽 재료형식별 상태변화의 평가항목

<table>
<tr><th colspan="2">구분</th><th>평가요소</th></tr>
<tr><td rowspan="3">콘크리트 옹벽</td><td>지반, 기초부</td><td>• 침하 • 활동
• 계획선형 오차(전도/경사) • 세굴</td></tr>
<tr><td>전면부</td><td>• 파손 및 손상(재료분리) • 균열
• 마모/침식 • 배수공의 상태
• 누수 • 재질열화
• 박락 및 층분리 • 박리
• 백태 • 철근노출</td></tr>
<tr><td>기타</td><td>• 주변영향인자(배수시설 및 사면상태 등)</td></tr>
<tr><td rowspan="3">보강토 옹벽</td><td>지반, 기초부</td><td>• 침하 • 활동
• 계획선형 오차(전도/경사) • 세굴</td></tr>
<tr><td>전면부</td><td>• 파손, 손상 및 균열 • 유실
• 이격 • 전면부 배부름</td></tr>
<tr><td>기타</td><td>• 주변영향인자(배수시설 및 사면상태 등)</td></tr>
<tr><td rowspan="3">석축</td><td>지반, 기초부</td><td>• 침하 • 활동
• 계획선형 오차(전도/경사) • 세굴</td></tr>
<tr><td>전면부</td><td>• 파손, 손상 및 균열 • 유실
• 이격 • 배수공의 상태
• 진행성 배부름 • 채움콘크리트 상태
• 암석의 풍화도</td></tr>
<tr><td>기타</td><td>• 주변영향인자(배수시설 및 사면상태 등)</td></tr>
<tr><td rowspan="3">돌망태 옹벽</td><td>지반</td><td>• 침하 • 활동
• 세굴</td></tr>
<tr><td>전면부</td><td>• 채움재 유실 • Wire Mesh의 파손
• 진행성 변형 • 결속철망 상태</td></tr>
<tr><td>기타</td><td>• 주변영향인자(배수시설 및 사면상태 등)</td></tr>
</table>

(2) 정기안전점검

1) 일반사항

정기안전점검은 경험과 기술을 갖춘 사람에 의한 세심한 외관조사 수준의 점검으로서 시설물의 기능적 상태를 판단하고 시설물이 현재의 사용요건을 계속 만족시키고 있는지 확인하기 위한 관찰로 이루어진다.

점검자는 육안과 간단한 측정기기로 검사하여 시설물의 결함 · 손상 등을 발견하고, 그 진전 상황을 지속적으로 관찰하여야 한다.

2) 정기안전점검 업무

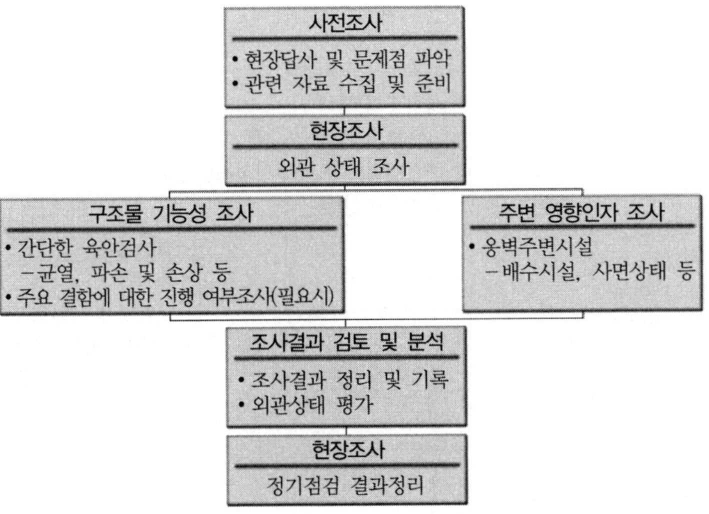

[그림 13-15] 정기안전점검 업무 흐름도

3) 옹벽 형식별 점검사항

▼ [표 13-8] 세부시설물 전기안전점검 방법

옹벽형식	점검방법	점검사항	점검장비
콘크리트 옹벽	간단한 외관조사	• 파손 및 손상, 균열 • 누수, 층분리 및 박락, 백태 • 철근노출 • 배수공상태 • 기초부의 세굴 • 주변영향인자(배수시설 및 옹벽주변상태)	• 망원경 • 카메라 • 필기도구 • 줄자 • 점검망치 • 손전등 • 균열경 및 균열측정기 • 측량기 또는 진행성 결함 항목 측정에 필요한 장비
보강토 옹벽		• 파손 및 손상, 균열 • 유실 • 이격 • 기초부의 세굴 • 주변영향인자(배수시설 및 옹벽주변상태)	

<table>
<tr><th>옹벽형식</th><th>점검방법</th><th>점검사항</th><th>점검장비</th></tr>
<tr><td>석축</td><td rowspan="2">간단한 외관조사</td><td>• 파손 및 손상, 균열
• 유실
• 이격
• 배수공의 상태
• 기초부의 세굴
• 주변영향인자(배수시설 및 옹벽주변상태)</td><td rowspan="3">• 망원경
• 카메라
• 필기도구
• 줄자
• 점검망치
• 손전등
• 균열경 및 균열측정기
• 측량기 또는 진행성 결함 항목 측정에 필요한 장비</td></tr>
<tr><td>돌망태 옹벽</td><td>• 기초부의 세굴
• 채움재 유실
• Wire Mesh의 파손
• 주변영향인자(배수시설 및 옹벽주변상태)</td></tr>
<tr><td>공통</td><td>진행성 결함조사 (필요시)</td><td>• 침하
• 활동
• 계획선형오차(전도/경사)
• 균열</td></tr>
</table>

※ 정기안전점검은 간단한 기구 등을 지참하여 점검한다.
※ 주변영향인자 조사 중 사면상태에 대한 평가는 절 · 성토 사면을 보호하는 시설물을 대상으로 실시한다.

(3) 정밀안전점검

1) 일반사항

정밀안전점검은 시설물의 현 상태를 정확히 판단하고 최초 또는 이전에 기록된 상태로부터의 변화를 확인하며 구조물이 현재의 사용요건을 계속 만족시키고 있는지 확인하기 위하여 면밀한 외관조사와 간단한 측정 · 시험장비로 필요한 측정 및 시험을 실시한다.

외관조사 및 측정 · 시험 결과와 이전의 안전점검 등 실시결과에서 발견된 결함의 진전 및 신규발생을 파악하여 시설물의 주요 부재별 상태를 평가하고 이전의 안전점검 등 실시결과의 상태평가결과와 비교 · 검토하여 시설물 전체에 대한 상태평가결과를 결정하여야 하며, 결함부위 등 주요 부위에 대한 외관조사망도 작성 등 조사결과를 도면으로 기록하여야 한다.

2) 정밀안전점검 업무

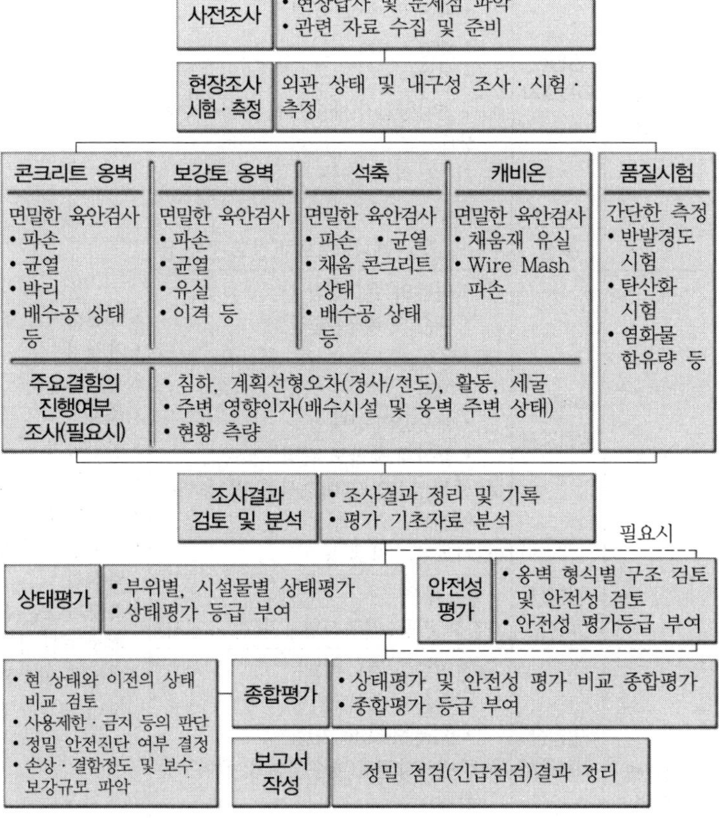

[그림 13-16] 정밀안전점검 업무 흐름도

3) 옹벽 형식별 점검사항

▼ **[표 13-9] 세부시설물별 정밀안전점검 방법**

옹벽형식	점검방법	점검사항	점검장비
콘크리트 옹벽	면밀한 외관조사	① 전면부의 주요결함 • 파손 및 손상, 균열 • 누수, 층분리 및 박락, 백태 • 철근노출 • 배수공상태 ② 주변영향인자(배수시설 및 옹벽주변 상태) ③ 기초부의 세굴 등	• 망원경 • 카메라 • 필기도구 • 줄자 • 점검망치 • 손전등 • 슈미트해머 • 균열경 및 균열 측정기 • 측량기 또는 진행성 결함 항목 측정에 필요한 장비
	간단한 측정	• 현황측량 • 반발경도법에 의한 강도조사 • 탄산화 시험 • 침하, 활동, 계획선형오차(전도/경사) 등	

<table>
<tr><th>옹벽형식</th><th>점검방법</th><th>점검사항</th><th>점검장비</th></tr>
<tr><td rowspan="2">보강토
옹벽</td><td>면밀한
외관조사</td><td>① 전면부의 주요결함
• 파손 및 손상, 균열
• 유실
• 이격
② 주변영향인자(배수시설 및 옹벽주변 상태)
③ 기초부의 세굴 등</td><td rowspan="7">• 망원경
• 카메라
• 필기도구
• 줄자
• 점검망치
• 손전등
• 슈미트해머
• 균열경 및 균열 측정기
• 측량기 또는 진행성 결함 항목 측정에 필요한 장비</td></tr>
<tr><td>간단한
측정</td><td>• 현황측량
• 침하, 활동, 계획선형오차(전도/경사) 등</td></tr>
<tr><td rowspan="2">석축</td><td>면밀한
외관조사</td><td>① 전면부의 주요결함
• 파손 및 손상, 균열
• 유실
• 이격
• 배수공의 상태
• 암석의 풍화도 판정
② 주변영향인자(배수시설 및 옹벽주변상태)
③ 기초부의 세굴 등</td></tr>
<tr><td>간단한
측정</td><td>• 현황측량
• 침하, 활동, 계획선형오차(전도/경사)</td></tr>
<tr><td rowspan="2">돌망태
옹벽</td><td>면밀한
외관조사</td><td>① 전면부의 주요결함
• 채움재 유실
• Wire Mesh의 파손
② 주변영향인자(배수시설 및 옹벽주변 상태)
③ 기초부의 세굴 등</td></tr>
<tr><td>간단한
측정</td><td>• 현황측량
• 침하, 활동, 계획선형오차(전도/경사) 등</td></tr>
<tr><td>공통</td><td>진행성
결함조사
(필요시)</td><td>• 침하
• 활동
• 계획선형오차(전도/경사)
• 균열</td></tr>
</table>

4) 재료시험 항목 및 평가방법

▼ [표 13－10] 옹벽별 정밀안전점검의 재료시험 항목

구분	기본과업	선택과업
공통	• 측점분할(평가단위) －신축이음부 또는 20m 간격 • 옹벽의 선형 및 수준측량 등 • 계획선형 오차(전도/경사)[1)	• 지반조사 • 지하수위측정 시험 • 지중경사 계측 • 토압
콘크리트 옹벽	• 콘크리트강도 －비파괴시험법(반발경도법) • 콘크리트 탄산화 깊이	• 콘크리트강도(국부파괴시험법) • 콘크리트 염화물 함유량[2)] • 철근배근 상태조사 • 진행성 변형 및 변위
보강토 옹벽	재료시험(블록 및 보강재)[3)]	진행성 배부름 현상
석축	• 암석풍화도 판정 • 견칫돌강도 • 채움 콘크리트 상태	진행성 배부름 현상
돌망태 옹벽	－	진행성 변형 및 변위

주1) 계획선형오차는 준공 시와 현시점에서의 변위발생으로 평가한다.
단, 설계도서 및 준공도서가 비치되어 있지 않은 경우에는 최초 측정시기와 현 측정 시의 상대적인 값으로 평가한다.

주2) 염화물함유량시험 대상은 다음 표에서 정하는 해안에서 250m 이내 거리에 위치하고 있는 시설물을 대상으로 하며 시험부재의 철근깊이까지 10mm～20mm 단위로 깊이별로 구분하여 KS F 2713(2002)의 산－가용성 염화물시험방법으로 실시하여 염화물의 분포를 파악하여야 한다. 또한, 동절기 염화칼슘 등의 사용 등에 따라 염해의 우려가 있는 시설물도 포함한다.

주3) 보강재 시험의 경우 현장 여건을 고려하여 관리주체와 협의하에 조정 가능

▼ [표 13－11] 정밀안전점검 재료시험 평가방법

구분	재료시험 항목	평가방법
기본 과업	측점분할	신축이음부 또는 평가단위로 분할
	측량	선형측량 및 수준측량
	채움 콘크리트 상태	현장측정
	콘크리트강도 －비파괴시험법 : 반발경도시험	외관상 건전부위와 불량부위에 대한 비교평가 필요함
	콘크리트 탄산화 깊이 측정	• 현장측정 • 탄산화속도계수 산정

구분	재료시험 항목	평가방법
선택과업	콘크리트강도(국부파괴시험법)	• 콘크리트강도 평가의 기준 • 필요시 콘크리트 물성시험 등
	철근탐사시험 • 철근배근상태 • 철근피복두께	• 구조검토를 위한 철근조사 • 콘크리트의 강도 및 물성시험 등을 위한 철근 위치 탐사
	콘크리트 염화물 함유량	시료채취 및 평가
	진행성 변형 및 변위	관측 또는 계측에 의한 결함의 진행성 여부 판단
	지반조사	• 토압 및 지지력 검토로 안전성 평가 • 시추 또는 원위치 시험

※ 옹벽의 재료형식별 재료시험 항목 적용에 차이가 있으므로 콘크리트 옹벽의 재료시험 항목 이외의 옹벽 재료형식에 대한 재료시험은 옹벽 재료형식 및 상태평가항목을 참조하여 실시한다.

5) 재료시험 기준수량

▼ [표 13－12] 정밀안전점검 기본과업 재료시험 기준수량

구분	재료시험 기준수량	비고
측정분할	20m 간격, 신축이음부	책임기술자 조정 가능
측량	옹벽의 선형측량 및 수준측량	
반발경도시험	총수량 = (총 연장 ÷ 50m)개소	
탄산화 깊이 측정	총 연장 • 100m 미만 : 2개소 • 100m 이상 : 최소 2개소＋100m당 1개소 추가	책임기술자가 상향조정 가능
암석의 풍화도	평가단위당 1개소	
채움콘크리트상태	평가단위당 1개소	

▼ [표 13-13] 정밀안전점검 선택과업 재료시험 기준수량

구분	재료시험 기준수량	비고
코어채취[1]	책임기술자 판단에 따라 기준수량 결정	실내시험 선택과업
염화물 함유량 시험	총 연장 • 100m 미만 : 2개소 • 100m 이상 : 최소 2개소+100m당 1개소 추가	책임기술자가 상향조정 가능
철근탐사시험[1]	총 수량=(총 연장 ÷ 50m)개소	
지반조사[2]	대표지반 설정 1회	
지하수위측정	과업 내용에 의해 조사 및 수량 결정	
진행성 변형 및 변위 조사	과업 내용에 의해 조사 및 수량 결정	
지중경사계측	과업 내용에 의해 조사 및 수량 결정	
토압	과업 내용에 의해 조사 및 수량 결정	

주1) 이전의 실내시험에 대한 자료가 충분하고, 평가결과가 기준에 적합한 경우에는 기존 자료 이용 가능
주2) 지층의 변화가 심한 경우에는 책임기술자 판단에 따라 상향조정 가능

(4) 정밀안전진단

1) 일반사항

정밀안전진단은 안전점검으로 쉽게 발견할 수 없는 결함부위를 발견하기 위하여 정밀한 외관조사와 각종 측정 · 시험장비에 의한 측정 · 시험을 실시하여 시설물의 상태평가 및 안전성평가에 필요한 데이터를 확보한다. 또한 결함의 유무 및 범위에 대한 확인이 필요한 때에는 현장 재료시험과 기타 필요한 재료시험을 병행하여야 한다. 전체구조물의 표면에 대한 외관조사 결과는 도면으로 기록하여야 하며, 구조물 전체 부재별 상태를 평가하고 시설물 전체에 대한 상태평가결과를 결정하여야 한다. 정밀안전진단에서는 시설물의 결함 정도에 따라 필요한 조사 · 측정 · 시험, 구조계산, 수치해석 등을 실시하고 분석 · 검토하여 안전성평가결과를 결정하여야 한다. 정밀안전진단 결과 보수 · 보강이 필요한 경우에는 보수 · 보강방법을 제시하여야 한다. 이 경우 보수 · 보강 시 예상되는 임시 고정하중(공사용 장비 및 자재 등)이 현저하게 작용하는 상황에 대한 구조 안전성평가를 포함하여야 한다.

2) 정밀안전진단 업무

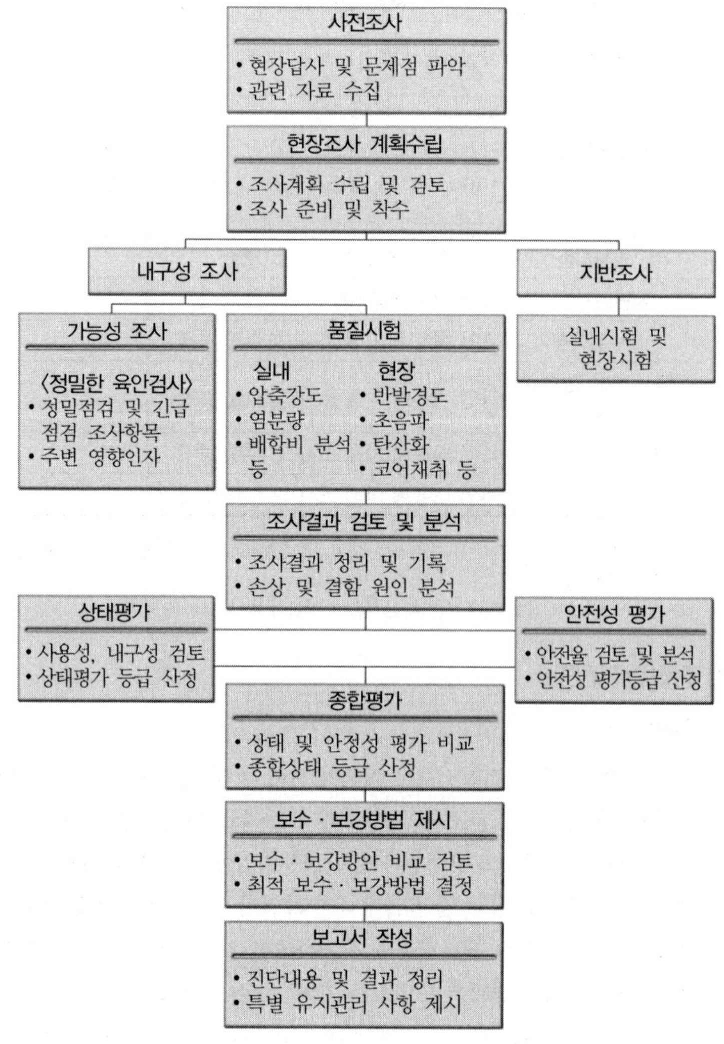

[그림 13-17] 정밀안전진단 업무 흐름도

3) 옹벽 형식별 점검사항

▼ [표 13-14] 옹벽의 정밀안전진단 항목 및 방법

옹벽분류	진단항목	조사방법
콘크리트 옹벽	• 균열조사 -균열폭, 길이, 깊이, 균열의 진행성여부	• 초음파 탐사법 • 균열측정기 • 육안조사 등
	• 침하 • 활동 • 계획선형오차(전도/경사)	측량 또는 계측
	누수부위 조사	• 적외선 탐사법 • 초음파 탐사법 • 육안조사
	• 전면부 -콘크리트 두께조사(피복조사) -콘크리트 강도 -철근배근 탐사 및 부식도 측정 -열화조사 • 파손 및 손상, 박리, 층분리 및 박락, 백태, 철근노출 • 탄산화 및 염분조사 -균열깊이 측정	• 탄산화시험 • 레이다탐사법 • 충격탄성파시험 • 표면타격법 • 코아채취 시험 • 자연전위법 측정기 • 초음파 탐사법 • 육안조사 • 염해조사 등
	기초부 세굴	육안조사
	배수공 상태	육안조사
보강토 옹벽	• 전면부 -강도조사 -유실 및 이격 -파손 및 손상, 균열 • 뒷채움토 입도 • 보강재 허용인장강도 및 내구성 등	• 초음파 탐사법 • 균열측정기 • 육안조사 등 • 표면타격법 • 시료채취조사 • 재료시험
	• 침하 • 활동 • 계획선형오차(전도/경사) • 진행성 배부름	측량 또는 계측
석축	• 전면부 -강도조사 -유실 및 이격 -파손 및 손상, 균열 -채움콘크리트 상태 -암석이 풍하정도 -진행성 배부름 현상	• 표면타격법 • 육안조사 • 육안조사 • 육안조사 • 육안조사 • 측량 또는 계측
	배수공 상태	육안조사
	• 침하 • 활동 • 계획선형오차(전도/경사)	측량 또는 계측

옹벽분류	진단항목	조사방법
돌망태 옹벽	• 채움재 유실 • Wire Mesh 파손 • 결속철망 상태 • 진행성변형	• 육안조사 • 육안조사 • 육안조사 • 측량 또는 계측
	• 침하 • 활동 • 계획선형오차(전도/경사)	측량 또는 계측
공통	• 지반조사(주동영역 및 수동영역 각각 1개소 이상) • 옹벽 주변 영향인자 • 진행성 변형 • 변위 조사	• 시추조사 및 실내실험 • 육안조사 • 진행성결함 조사에 필요한 측정장비

4) 재료시험 항목 및 평가방법

▼ **[표 13-15] 옹벽별 정밀안전진단의 재료시험 항목**

구분	기본과업	선택과업
공통	• 측점분할(평가단위) 　– 신축이음부 또는 20m 간격 • 옹벽의 선형 및 수준측량 등 • 진행성 변형 및 변위 조사(계획선형오차, 배부름 등)	• 지반조사 • 지하수위측정 시험 • 지중경사 계측 • 토압
콘크리트 옹벽	• 콘크리트강도 　– 비파괴시험법(반발경도법, 초음파법) • 철근배근탐사 　– 철근간격, 철근피복두께 • 철근부식도 측정 • 콘크리트 탄산화 깊이 • 콘크리트 염화물함유량[1)] • 균열조사(깊이, 길이, 진행성여부)	• 콘크리트강도 　– 국부파괴시험법(코어채취) • 콘크리트 물성 및 미세구조 시험
보강토 옹벽	• 재료시험(블록 및 보강재)[2)]	–
석축	• 견칫돌강도 • 채움 콘크리트의 상태 • 암석풍화도 판정	–
돌망태 옹벽	–	–

주1) 염화물함유량시험 대상은 다음 표에서 정하는 해안에서 250m 이내 거리에 위치하고 있는 시설물을 대상으로 하며 시험부재의 철근깊이까지 10mm~20mm 단위로 깊이별로 구분하여 KS F 2713(2002)의 산-가용성 염화물시험방법으로 실시하여 염화물의 분포를 파악하여야 한다. 또한, 동절기 염화칼슘 등의 사용 등에 따라 염해의 우려가 있는 시설물도 포함한다.

주2) 보강재 시험의 경우 현장 여건을 고려하여 관리주체와 협의하에 조정 가능

▼ [표 13-16] 옹벽별 정밀안전진단 재료시험 평가방법

구분	재료시험 항목	평가방법
기본과업	측점분할	신축이음부 또는 평가단위로 분할
	측량	선형측량 및 수준측량
	콘크리트강도(비파괴시험법) : 반발경도시험, 초음파법	외관상 건전부위와 불량부위에 대한 비교평가 필요함
	철근탐사시험 • 철근배근상태 • 철근피복두께	• 구조검토를 위한 철근조사 • 콘크리트의 강도 및 물성시험 등을 위한 철근 위치 탐사
	콘크리트 탄산화 깊이 측정	• 현장측정 • 탄산화속도계수 산정
	콘크리트 염화물함유량 시험	주철근까지 깊이별(10mm~20mm) 시료채취 및 평가
	철근부식도시험	• 주요부재의 철근 대상 • 철근부식확률 평가
	균열깊이 조사	철근 매입깊이 이상 발전 또는 관통 여부 등 평가
	진행성 변형 및 변위 조사	관측 또는 계측에 의한 결함의 진행성 여부 검토
선택과업	콘크리트강도(국부파괴시험법)	• 콘크리트강도 평가의 기준 • 필요시 콘크리트 물성시험 등
	지반조사	토압산정과 지지력 검토
	지하수위측정시험	부력 및 양압력의 고려가 필요한 지반에서 실시
	지중경사 계측	계획선형 오차, 배부름 등 파악
	토압	계측에 의한 토압산정

※ 옹벽의 재료형식별 재료시험 항목 적용에 차이가 있으므로 콘크리트 옹벽의 재료시험 항목 이외의 옹벽 재료형식에 대한 재료시험은 옹벽 재료형식 및 상태평가항목을 참조하여 실시한다.

5) 재료시험 기준수량

▼ [표 13-17] 콘크리트 옹벽의 정밀안전진단 기본과업 재료시험 기준수량

구분	재료시험 기준수량	비고
측점분할	20m 간격, 신축이음부	책임기술자 조정 가능
측량	옹벽의 선형측량 및 수준측량	
진행성 변형 및 변위 조사	최소 1개소 이상 설치 및 최소 3개월 이상 측정	책임기술자 조정 가능
반발경도시험	평가단위당 1개소 이상	• 동일 부위 시험 원칙 • 책임기술자가 상향조정 가능
초음파전달속도시험		
철근부식도시험	• 총 연장 100m 미만 : 2개소 • 총 연장 100m 이상 : 50m당 1개소 추가	시험 실시 근거 명기
탄산화 깊이 측정		책임기술자가 상향조정 가능
염화물 함유량시험		책임기술자가 상향조정 가능
철근탐사시험	평가단위당 1개소	가능한 한 이전의 시험 부위와 중복 피함
균열깊이 조사	평가단위에서 조사된 최대균열폭에 실시	

▼ [표 13-18] 콘크리트 옹벽의 정밀안전진단 선택과업 재료시험 기준수량

구분	재료시험 기준수량	비고
코어채취[1)]	• 총 연장 100m 미만 : 2개소 • 총 연장 100m 이상 : 50m당 1개소 추가	• 실내시험 선택과업 • 책임기술자가 상향조정 가능
지반조사[2)]	대표지반 설정 1단면 이상	주동영역, 수동영역 각각 1회 이상
지하수위측정[3)]	대표지반 설정 1회 이상	책임기술자가 상향조정 가능
지중경사계측	과업 내용에 의해 조사 및 수량 결정	
토압	과업 내용에 의해 조사 및 수량 결정	

주1) 이전의 실내시험에 대한 자료가 충분하고, 평가결과가 기준에 적합한 경우에는 기존 자료 이용 가능

주2) 지층의 변화가 심한 경우에는 책임기술자 판단에 따라 상향조정 가능

주3) 양압력 및 부력의 영향이 있을 수 있는 지반에 대하여 실시

7 보수 · 보강방법

(1) 일반

▼ [표 13－19] 옹벽에 영향을 미치는 현상과 요인

역학적 거동과 원인			자연적 요인				인위적 요인			
역학적 거동		원인	특수 지형	특수 지질	저온	기타	설계 불량	배수 불량	시공 불량	기타
하중 증가	토압 증대	편토압, 사면활동 등	○	○						
		배면지반 하중증가						○		○
하중 증가	수압 증대	지표수 유입				○		○	○	
		배수불량, 지하수 차단		○			○	○		
		인접시설 (상 · 하수도) 누수					○	○	○	
	기타	재하(載荷), 제하(除荷), 근접시공								○
		지진				○	○			
기초 지반 지내력 저하	침하 활동	근접시공 (굴착)					○			○
		지진				○				
		지하수위 상승	○				○			
옹벽의 지내력 저하	구조 노후화	균열, 박리, 단면변형				○	○		○	
	재료 노후화	탄산화				○				
		저온, 습윤			○		○	○		
		배합불량							○	
	기타	지진			○					
		화재, 충격 (차량 및 낙석충돌 등)								○

(2) 보수 · 보강공법의 선정

구조물 결함에 따른 보수 · 보강은 보수재료와 공법 선정 시 공법의 적용성, 구조적 안전성, 경제성 등을 검토하여 결정한다. 이때 중요한 것은 구조물의 결함발생 원인에 대한 정확한 분석이며, 이를 통해 적절한 공법을 선정할 수 있고, 또한 적절한 보수재료를 선택할 수 있다.

⋙ 보수 · 보강의 수준

보수 · 보강의 수준은 현재의 위험도, 경제성 및 시공성 등을 고려하여 아래의 경우 중에서 선택한다.

① 현상유지(진행 억제)
② 사용상 지장이 없는 성능까지 회복
③ 초기 수준 이상으로 개선
④ 개축

따라서 시설물 관련 제반자료, 진단 시 수행한 각종 상태평가 및 안전성 평가 결과를 기초로 하여 결함 발생 원인에 대한 정확한 분석 후 결함부위 또는 부재에 가장 적합한 보수 · 보강공법을 선택하여야 한다.

1) 철근부식에 대한 보수공법

철근이 부식되어 있는 부분이 노출되도록 큰크리트를 파취하고, 철근이 부식된 부분의 녹을 제거하여 철근에 방청처리를 한 후 콘크리트에 프라이머 도포를 행하고 플리머시멘트 모르타르(PCM) 등의 재료로 충전, 보수한다.

2) 누수에 대한 보수공법

콘크리트의 누수는 구조물의 기능장해와 노후화의 원인이 되므로 누수방지 및 방수대책의 수립이 필요하다.

3) 콘크리트 탄산화 부위 보수공법

탄산화가 20~30mm 정도 진행된 경우에는 탄산화된 콘크리트를 제거한 후 단면복구용 모르타르로 보수하는 것이 원칙이나 이러한 경우 공사비용이 과다하기 때문에 현실적으로 불가능하다는 지적이 있다. 따라서 구조체의 경우 탄산화를 방지할 수 있는 콘크리트 탄산화 방지용 밀폐형 기밀 도료칠을 한다.

4) 침하에 대한 보수 · 보강공법

① **고압분사 교반공법** : 물과 공기를 혼합한 초고압 분류체가 갖고 있는 운동에너지를 이용하여 지반의 조직구성을 파쇄하고, 파괴된 토립자와 경화재를 혼합 교반하여 초대형의 원주상 고결체를 조성하는 공법이다.

② **압력주입 그라우팅공법** : 비유동성(고결체에 가까움) 주입재를 지반에 압입하여 균일한 고결체를 형성함과 동시에 주변 지반을 압축 강화시키는 공법으로 주입재가 흙의 공극 속으로 침투되는 것이 아니라 동공을 메우거나 주입재를 압입하여 지중의 소요 보강 부위에 적합하고 다양한 형상의 기초를 시공하는 공법이다.

③ **앵커공법** : 특수조직으로 구성된 앵커를 지반에 삽입한 후 모르타르 또는 시멘트 밀크를 압입주입하고 구근을 형성하여 발생되는 지반지압에 의한 인장력으로 구조체의 안정을 도모하는 공법이다.

>>> 녹 제거방법

녹슨 철근에 대해서는 부식 정도에 따라 와이어 브러쉬(Wire Brush), 샌드 블러스트(Sand Blast) 또는 녹제거제(Rust Seal) 등과 같은 방법으로 녹을 제거한다.

[그림 13-18] 옹벽 어스앵커 시공 현황

[그림 13-19] 옹벽의 어스앵커공법으로 인한 보강 예

④ **성토하중 경감공법** : 배면 에프론부를 소정의 심도까지 굴착하고 콘크리트 슬래브를 설치하거나 중공구조물을 설치함으로써 상부로부터 전달되는 성토하중을 감소시켜 전면 구조물의 안정(전도, 활동, 지지력)을 도모하는 공법이다.

⑤ **경량재료 치환공법** : 벽체배면의 뒷채움을 고분자 계통의 경량제품인 EPS(Expand Polystyrene Form)로 치환하거나 이 이외에도 환경오염의 염려가 없는 한 성토체보다 가볍고 내구성 등에서 성토 목적을 충족시킬 수 있다면 다른 유사 재료를 치환함으로써 벽체에 작용하는 토압을 경감시켜 구조물의 안정을 도모하는 공법이다.

E.P.S

EPS는 화학명으로 발포폴리스티렌이라 하며, 폴리스티렌수지에 펜탄이나 부탄과 같은 발포제를 첨가시켜 가열 경화시킴과 동시에 기포를 발생시켜 발포수지로 만든 것으로서 스티렌모노머를 중합시켜 제조한 것

5) 경사 및 전도에 대한 보수·보강공법

전면부의 수동토압 감소현상이나 배면 주동토압의 증가로 발생되는 손상 형태에 대한 보수·보강기법으로 다음과 같은 공법들을 제안한다.

① **저항모멘트 감소에 대한 보수·보강**

㉠ 전면 기초지반 세굴 부위의 보강

㉡ 지반의 고압분사교반공법

㉢ 압력주입 그라우팅공법에 의한 강도 증진
㉣ 앵커공법에 의한 저항모멘트 증가

② 전도모멘트 증가에 대한 보수 · 보강

㉠ 주동토압계수 감소기법

- 압력주입 그라우팅공법 : 천공된 구멍을 통하여 지반의 간극에 액상물질을 주입시킴으로써 지반을 경화시키는 공법
- 고압분사교반공법 : 비트를 회전시킴으로써 지반을 교란시키며 액성시멘트 혼합물을 주입하여 흙과 교반되도록 하여 지반을 개량하는 공법

㉡ 배면 성토하중을 경감시키는 공법

6) 구조물의 활동에 대한 보수 · 보강공법

압력주입 그라우팅공법이나 고압분사 교반공법에 의한 지반강화 또는 앵커공법을 적용한다.

7) 구조물 뒷채움부 침하 및 공동에 대한 보수 · 보강공법

뒷채움부의 침하형태는 지반의 압밀침하 및 전단파괴를 동반하여 나타나는 광역침하와 뒷채움 흙의 특정부위가 침하하는 국부침하로 나눌 수 있으며, 보강방법으로는 윗항의 공법과 유사한 공법들이 적용된다.

8) 벽체의 파손에 대한 보수 · 보강공법

일반적으로 결손 단면이 큰 경우에는 프리팩트콘크리트공법을 사용하게 되는데 단면구조체에 형틀을 설치하고 보수 부분에 조골재 충진, 주입재 충진, 양생 탈형의 공정으로 이루어진다.

9) 동해에 대한 보수 · 보강공법

배면토 내부의 수분이 추위로 인하여 서서히 동결하여 그 팽창압력에 의해 옹벽 구조재료에 손상을 입히는 경우로 보강토 옹벽 보강재 등은 특히 고려해 볼만하다. 동상의 발생에는 온도와 물, 토질의 세 가지 요소가 필요한데 이중 대책이 용이한 것은 토질이며, 배면토의 치환공법 등을 적용할 수 있다.

보수 · 보강의 우선순위

각 시설물에서 발생된 각종 결함에 대한 보수 · 보강은 다음 사항을 원칙으로 하여 우선순위를 결정한다.

① 보수보다 보강을 우선으로 한다.
② 중대 결함사항을 우선 고려한다.
③ 전체 시설물에서의 우선순위 결정은 각 시설물이 가지는 중요도, 결함의 심각성 등을 종합검토한 후 단기, 중기, 장기로 구분하여 우선순위를 결정한다.

균열에 대한 보수 · 보강공법

본문의 콘크리트 균열에 대한 보수 · 보강공법 참조

MEMO

제3편
콘크리트 구조물의 보수 · 보강

CHAPTER

01

개론

CHAPTER 01 개론

SECTION 01 개요

국내 보수 · 보강업계에 나아갈 방향

국내에서는 구조물의 열화, 손상 등 내구성 저하에 대한 보수와 내하력저하에 대한 보강이 많이 이루어지고 있으나, 대부분 외국 공법을 그대로 도입하여 사용하고 있는 실정이다. 향후 지속적인 구조물의 유지관리를 위해서 보수재료 및 보강공법에 대한 연구를 활발하게 진행하여 외국공법 및 자재 도입에 따른 경제적 손실을 극복하는 것이 시급한 실정이며, 적절한 보수재료 및 보강공법을 선정하기 위해서는 구조물의 손상 원인을 면밀히 분석하고 현장 환경조건 및 시공조건을 충분히 고려하여 선택하는 것이 바람직하다.

콘크리트 구조물은 여러 가지 요인에 의하여 손상을 입거나 노후화된다. 이와 같이 손상과 노후화된 구조물은 구조내력, 내구성, 방수성 등 모든 기능을 저하시키게 되므로 그 대책의 필요성은 구조물이 존재하는 한 당연히 계속되어야 할 것이다.

인간과 마찬가지로 건축물도 경과시간에 의해서 성능저하와 함께 노후화되는 것은 당연하다. 따라서 건축물에 유지관리 개념을 도입하지 않고서는 거주자들이 안전하고 안락한 거주환경을 영위할 수 없으며 또한 소정의 내구성을 유지할 수 없다. 불과 10~20년 밖에 되지 않는 건축물들이 소정의 수명에 훨씬 못 미쳐서 안전진단의 결과 사용금지 혹은 철거라는 판정을 받게 되어 버린다면 자산상의 손실은 물론 인간거주의 삶의 용기로서의 건축행위 자체가 반감되어 버린다.

보수 · 보강의 궁극적인 목적은 손상 및 노후화된 구조물의 사용성과 내구성을 원상회복시키는 것이라고 할 수 있다. 그러기 위해서는 구조물에 대한 정기적인 점검을 통해 상태를 확인하여 결함사항이 발견되면 원인을 분석해서 적절한 공법과 적합한 재료로서 적기에 보수 · 보강을 하여야 한다.

보수 · 보강은 정기적으로 실시하는 점검에서 필요한 자료를 얻어 수행하는 것도 중요하지만, 수시로 현장을 접하는 거주자를 효율적으로 운용하는 점검을 통해서도 보수 · 보강을 할 수 있어야 한다.

SECTION 02 보수 · 보강 일반

1 보수 · 보강 설계 시 고려사항

보수 · 보강 설계는 손상된 구조물의 기능회복을 목적으로 적절한 재료 및 공법을 선정하는 행위로서 다음과 같은 사항을 고려할 필요가 있다.

(1) 안전 진단 결과에 따른 보수범위 및 규모 설정
(2) 손상원인, 발생상황(폭, 길이, 깊이, 형태 등), 구조물의 중요도, 환경조건 등의 파악
(3) 보수 · 보강 목적 및 회복 목표를 정한 후 재료와 공법 선택

일반적으로 보수 · 보강에 의한 콘크리트 구조물의 사용연수, 손상의 발생원인, 성능저하의 정도 등에 따라 다르지만 다음 3단계로 나눌 수 있다.

(1) 원래의 부재와 같은 정도로 회복시키는 경우
(2) 사용상 지장이 없는 범위로 회복시키는 경우
(3) 안전성이 확보될 수 있는 범위로 회복시키는 경우

구조물의 안전점검 및 진단 결과, 보수만으로 강도와 내구성 및 사용성을 확보할 수 있다면 보강을 할 필요가 없다. 그러나 이러한 사항들을 보수만으로 해결할 수 없을 경우에는 적절한 재료와 공법으로 보강을 하여야 한다. 이때에는 손상의 원인, 재하조건, 보강의 범위와 규모, 안전성, 경제성, 관리의 용이성 등을 고려하여 보강계획을 세워야 한다. 또한 보강을 실시하여도 안전성의 확보가 곤란하다고 판단될 경우에는 대상구조물의 철거를 고려할 필요가 있다.

손상 및 노후화된 구조물에 대한 유지관리 차원의 대책은 주로 보수와 보강으로 구분한다. 보수 · 보강공법은 구조물 혹은 부재의 종류, 설계방법, 재료, 시공방법, 손상의 정도, 사용 환경 조건 및 관리주체의 예산 등의 경제적 조건에 따라 달라지게 되므로 구조물의 실상에 따라 적용을 하여야 한다.

보수 · 보강의 필요 여부 판정은 조사결과 및 원인추정 결과에 따라 콘크리트 구조물의 내구성, 방수성, 내력, 안전성, 기밀성, 미관 등의 성능을 고려하도록 한다.

일반적인 판정은 국토교통부 또는 대한건축학회 건축 관련 기준(관련 법령, 설계기준, 시방서, 지침 등)에 준거하여 조사결과 및 원인추정결과에 따르거나 기술자의 조사, 원인 추정 및 구조계산 등으로 얻어진 결과를 토대로 기술자의 고도의 판단에 의해서 한다. 따라서 기술자는 구조물의 손상 정도, 구조물의 중요성 및 보수 · 보강 비용 등을 종합적으로 판단하여 보수 · 보강의 필요 여부 및 그 시기를 판정하여야 한다.

진단시점에서는 구조물의 안전에 위험이 없다고 하더라도 적기에 보수 · 보강을 하지 않을 경우 위해 요소가 발생할 수 있으므로 그 시기의 언급이 필요할 경우에는 보고서에 보수 · 보강하여야 할 시기를 명시하여야 한다.

보수재료의 최근 동향

최근에는 무기계와 유기계의 장점을 최대한 이용하기 위하여 수지 계통의 재료가 시멘트와 혼합하여 사용되고 있으며, 또한 유기계로만 이루어진 보수재료가 균열주입에서 접착제 재료까지 다양하게 사용되고 있다. 이러한 보수 재료가 적절히 노후 구조물에 적용되기 위해서는 우선적으로 구콘크리트와의 부착력, 수축성, 열팽창성, 내구성등이 보수재료의 중요한 특성으로 분류되고 있다. 따라서 보수공사의 품질을 향상시키기 위해서는 이러한 재료의 특성을 사전에 철저히 분석한 후에 적절한 보수재료를 구조물의 종류 및 특성에 따라 사용하는 것이 중요하다.

SECTION 03 용어의 정의

1 개량 또는 교체

구조물의 노후화로 인하여 보수 및 보강에 의해 제 기능을 살릴 수 없다고 판단될 때 구조부재 등으로 철거하고 새로 설치하는 행위

2 보수

손상된 콘크리트 구조물의 내구성, 안전성, 미관 등 내하력 이외의 기능을 회복시킴을 목적으로 하는 행위

3 보강

손상에 의해 저하된 콘크리트 구조물의 내하력을 회복시킴을 목적으로 하는 행위

CHAPTER

02

구조물의 보수 및 보강재료

CHAPTER 02 구조물의 보수 및 보강재료

SECTION 01 일반사항

치수안정성

보수재료의 선정에서 치수안정성은 극히 중요하며 기존의 콘크리트 구조물과 확실히 접합시키기 위해서는 경화 시 및 경화 후에 수축을 일으키지 않는 재료가 필요하다. 일반적으로 신콘크리트는 구콘크리트보다 많이 수축함으로 수축을 최대한 줄일 수 있는 재료를 선택하여야 한다.

블리딩(Bleeding)

콘크리트를 치고 나서 얼마 있으면, 입자의 침하에 따른 콘크리트 윗면에 물이 떠오른다. 이 현상을 블리딩이라고 한다. 블리딩에 의해, 콘크리트 표면에 떠올라 침전된 물질을 레이탄스라고 한다. 콘프리트의 이어 붓기를 할 경우, 이 레이탄스를 제거하지 않으면 안된다. 또한 블라딩은 콘크리트의 수밀성이나 내구성 등에 영향을 미치므로 주의를 요한다. 블리딩을 적게 하려면 단위수량을 적게 하던가 AE감수제를 사용하는 방법이 있다.

건조수축(Drying Shrinkage)

경화, 건조됨으로써 콘크리트나 모르타르의 부피가 수축되는 것. 시멘트의 수화작용에 의해 생성된 겔의 수축으로 일어난다. 일반적으로 콘크리트에서는 물로 포화된 상태에서 완전히 수축될 때까지의 수축량은 500~600810(−6)이라고 한다. 그러나 통상 시공되는 콘크리트는 공기 중에서 양생되므로 환경조건에 따라 다르다.

내마모율

내마모율이란 내마모성율을 백분율로 표시하는 것으로 마찰에 의하여 닳아지는데 대하여 견디는 것을 말한다.

콘크리트 구조물의 보수공사에서 보수효과를 높이기 위해서는 공사 조건에 적합한 보수재료를 선택하는 것이 매우 중요하다. 정밀한 보수공사가 되었다고 하더라도 부적절한 보수재료를 사용하므로 인해 조기에 또 다른 결함을 발생시킬 가능성이 높기 때문이다.

보수 · 보강재료의 선정 시 특히 중요한 검토사항으로서는 다음의 사항을 들 수 있다. 일반적으로 보수재료는 접착강도와 압축강도로 평가되고 있으나 이외에도 다음의 사항을 반드시 고려하여야 한다.

1 치수 안정성

보수재료의 선정에서 치수 안전성은 극히 중요하며 기존의 콘크리트 구조물과 확실하게 접합시키기 위해서는 경화 시 및 경화 후에 수축을 일으키지 않는 재료가 필요하다. 예를 들면 시멘트계 그라우트재에서는 블리딩이 없고, 경화수축 및 건조수축을 보상하는 팽창성 성분 및 발포성 성분을 적절하게 배합한 무수축 그라우트재가 사용되고 있으며 요구되는 물리성능을 [표 2−1]에 나타내었다.

▼ [표 2−1] 시멘트계 그라우트재의 소요 물리성능

응결시간 (시간 : 분)		압축강도 (kg/cm²)				건조수축 (×10⁻⁴)		내마모율 (g/cm²)	1m³당 표준 사용량 (kg)
초결	종결	1일	3일	7일	28일	2주	4주	50,000회 전후	
8:40	12:30	250	490	580	640	+14.5	+15.4	9.5	2,200

2 열팽창계수

기존의 콘크리트에 가능한 한 유사한 열팽창계수의 재료를 사용하여야만 한다. 콘크리트 구조물의 표면온도는 여름에 직사일광을 받는 면에서는 60℃ 이상 달하는 경우도 있기 때문에 전 계절을 통하여 온도차를 고려하여 재료를 선정할 필요가 있다. 다시 말하면 열팽창계수가 크게 다른 2종류의 재료를 사용한 경우 큰 온도변화에 처해지게 되면 용적변화의 차이에 의해 접착계면 혹은 강도가 적은 쪽의 재료 자체가 파괴되므로 주의하여야 한다.

3 탄성계수

기존 콘크리트에 가능한 한 유사한 탄성계수의 재료를 사용하여야 한다. 특히 동하중을 받는 부재 및 구조부재의 단면복구의 경우, 탄성계수가 큰 부분에 응력이 집중하게 되므로 탄성계수에 관하여 특별히 고려할 필요가 있다. 또한 탄성계수가 현저하게 틀린 보수재료를 동시에 사용하게 되면 수축 및 열에 의해서도 접착파괴를 일으킬 위험이 있으므로 주의하여야 한다.

콘크리트의 탄성계수는 보통중량의 콘크리트($w_c=2{,}300\text{kg/m}^3$)일 때 $E_c=4{,}700\sqrt{f_{ck}}$ (MPa)이다.

4 투습성

표면피복재 및 큰 면적의 단면복구재에 수증기를 차단하는 재료를 사용하게 되면, 기존의 콘크리트로부터 발생하는 수분이 보수재료와의 계면에 집중되어 표면피복재 등의 접착을 저해하는 경우가 있다. 콘크리트와 동일한 정도의 투습성을 갖는 재료를 사용하는 것이 요망된다.

5 전도성

노출철근을 보수하는 경우는 전도성을 갖는 재료로 복구하는 것이 요구된다. 비전도성 재료를 사용하게 되면 보수를 하지 않은 부위와 철근과의 사이에 매크로셀이 형성되어 그 부분의 부식을 촉진시키는 결과로 되기 때문에 주의하여야 한다.

[표 2-2]에 보수 · 보강재료로 사용되는 에폭시수지계, 폴리에스테르수지계, 시멘트 및 폴리머시멘트계 재료의 물리성상을 나타낸다. 폴리머시멘트모르타르계 재료의 물리성상은 기존 콘크리트와 유사한 특성을 지니기 때문에 전술한 관점에서 철근콘크리트 구조물의 보수 · 보강에 유리한 특성을 지니고 있다고 할 수 있다. 반면 수지계 재료는 경화속도, 접착성 및 내균열성 등의 면에서 폴리머시멘트계의 재료보다 우수한 특성을 지니고 있기 때문에 철근콘크리트 구조물의 보수 · 보강에는 사용목적을 명확히 한 후 보수재료를 선택하는 것이 바람직하다.

▼ [표 2-2] 콘크리트 보수재료의 물리적 성능

항목	에폭시수지 그라우트, 모르타르 및 콘크리트	폴리에스테르수지 그라우트, 모르타르 및 콘크리트	시멘트계 그라우트, 모르타르 및 콘크리트	폴리머시멘트계 그라우트, 모르타르 및 콘크리트
압축강도 (kg/cm^2)	561~1,122	561~1,122	204~714	102~816

>>> **열팽창계수**

특별한 경우를 제외하면 거의 모든 물체가 온도의 상승과 더불어 부피가 증가하고 길이가 길어진다. 이와 같은 현상이 열팽창이다. 열팽창의 정도는 일반적으로 고체보다는 액체, 액체보다는 기체가 같은 온도 변화에 대한 팽창률이 크다. 열팽창의 정도를 수치로 표시할 때 팽창계수(팽창률)를 사용하는데, 여기에는 선팽창계수와 체적팽창계수가 있다.

기존의 콘크리트에 가능한 한 가까운 열팽창계수의 재료를 사용하여야만 한다. 콘크리트 구조물의 표면 온도는 여름에 직사일광을 받은 면에서는 60℃ 이상 달하는 경우도 있으므로 전 계절을 통하여 온도차를 고려하여 재료를 선정할 필요가 있다. 특히 보수면적이 얇거나, 길거나 또는 덧씌우기 경우에는 부피 팽창으로 인하여 접착부분과 강도가 낮은 재료에서 하자가 발생할 수 있다.

>>> **탄성계수 (Modulus of Elasticity)**

탄성체가 탄성한계 내에서 가지는 응력과 변형의 비

탄성계수가 현저하게 틀린 보수재료를 동시에 사용하게 되면 수축 및 열에 의해서도 접착파괴를 일으킬 위험이 있으므로 주의하여야 한다. 만약에 매우 다른 탄성계수를 가진 재료가 그림과 같이 아래위에 놓이게 되거나, 혹은 옆으로 나란히 놓인 상태에서 하중이 가해지면 낮은 탄성계수를 가진 재료가 먼저 파괴하게 되는데, 특히 동하중이 걸릴 때에는 그 손상이 더 커지게 된다.

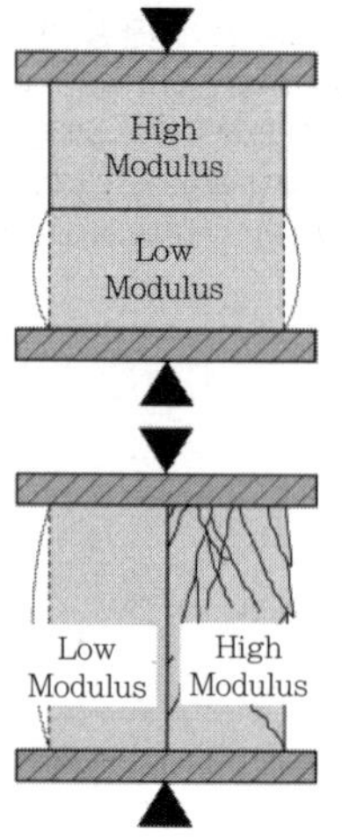

항목	에폭시수지 그라우트, 모르타르 및 콘크리트	폴리에스테르 수지 그라우트, 모르타르 및 콘크리트	시멘트계 그라우트, 모르타르 및 콘크리트	폴리머시멘트계 그라우트, 모르타르 및 콘크리트
압축탄성계수 (×10^5kg/cm²)	0.05~2	0.2~1	2~3	0.1~3
휨강도 (kg/cm²)	255~510	255~306	20~51	61~153
인장강도 (kg/cm²)	92~204	82~173	15~36	20~82
파괴 시 인장률 (%)	0~15	0~2	0	0~5
열팽창계수 (×106/℃)	25~30	25~35	7~12	8~20
흡수율, 25℃에서 7일간(%)	0~1	0.2~0.5	5~15	0.1~0.5
하중하에서의 최대사용온도 (℃)	40~80	50~80	30℃ 이상 (배합설계에 의함)	100~300
강도발현까지의 시간(20℃)	6~48시간	2~6시간	1~4주간	1~7일간

SECTION 02 보수재료의 종류

보수공사는 공사에 따른 작업조건이 서로 다른 것이 보통이다. 작업상의 제약, 조기강도 발현의 필요성, 내약품성의 향상 등 이러한 작업조건에 대한 철저한 검토 후 보수방안이 결정된다. 보수재료를 정할 때에는 보수조건, 수재료의 성질, 노무의 숙련도와 필요한 기계설비 등에 관한 것을 전반적으로 고려하여 정하여야 한다.

보수재료에서는 성능회복과 그 유지성능이 중요하고, 이러한 성능을 발현시키도록 하는 시공성을 갖고 있는 것이 무엇보다 중요하다. 이것들을 고려해서 보수재료에 요구되는 성능으로 보호성능, 내구성능, 시공성능의 3가지로 분류할 수 있다. 보수재에 요구되는 각 성능의 관계는 다음과 같이 정리된다.

(1) **보호성능** : 보호성능은 콘크리트 자체의 변질과 콘크리트 중의 강재의 부식을 억제하는 성능이고, 콘크리트의 열화인자의 침입을 억제하는 성능이다.

(2) **내구성능** : 보수재료도 환경의 영향 등으로 열화되기 때문에 보호성능은 어느 정도의 기간 동안만큼은 유지된다고 할 수 있지만 결국은 그 보수재료가 갖고 있는 내구성능이 중요한 항목이 된다.

(3) **시공성능** : 시공성은 시공조건하에서 보수재료의 시공이 가능한가 혹은 내구성능에 어떤 영향을 미치는가를 판단하기 위해 필요한 성능이다.

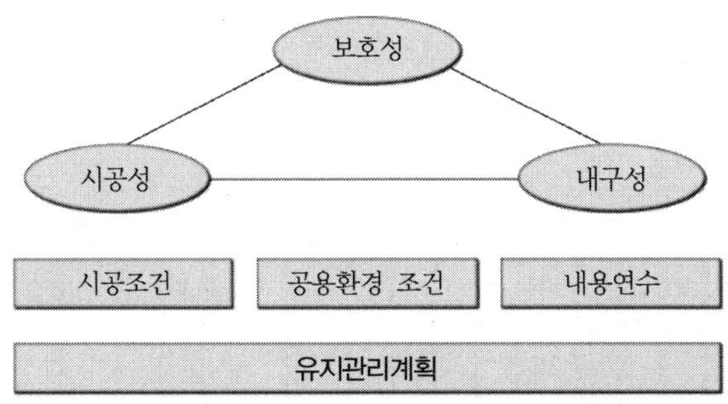

[그림 2-1] 보수재료 요구성능 상호 관계도

일반적으로 보수재료는 수지계와 무기질 재료계(시멘트계) 등으로 나눌 수 있다. [표 2-3]은 보수에 사용되고 있는 보수재료 종류와 보수공법과의 관계를 나타내었고, [그림 2-2]는 철근콘크리트 구조물의 보수 · 보강 공법의 종류를 나타낸 것이다.

▼ **[표 2-3] 보수에 사용되는 보수재료의 종류와 공법과의 관계**

재료의 종류		표면처리공법	주입공법	충전공법
수지계 재료	레진모르타르			○
	에폭시수지		○	○(퍼티재)
	연질형 에폭시수지		○	○(퍼티재)
	탄성실링재	○		○
	도막탄성방수재	○		
시멘트계 재료	폴리머시멘트슬러리 폴리머시멘트 페이스트 폴리머시멘트모르타르 시멘트휠러 팽창시멘트그라우트	○ ○	○ ○	○ ○

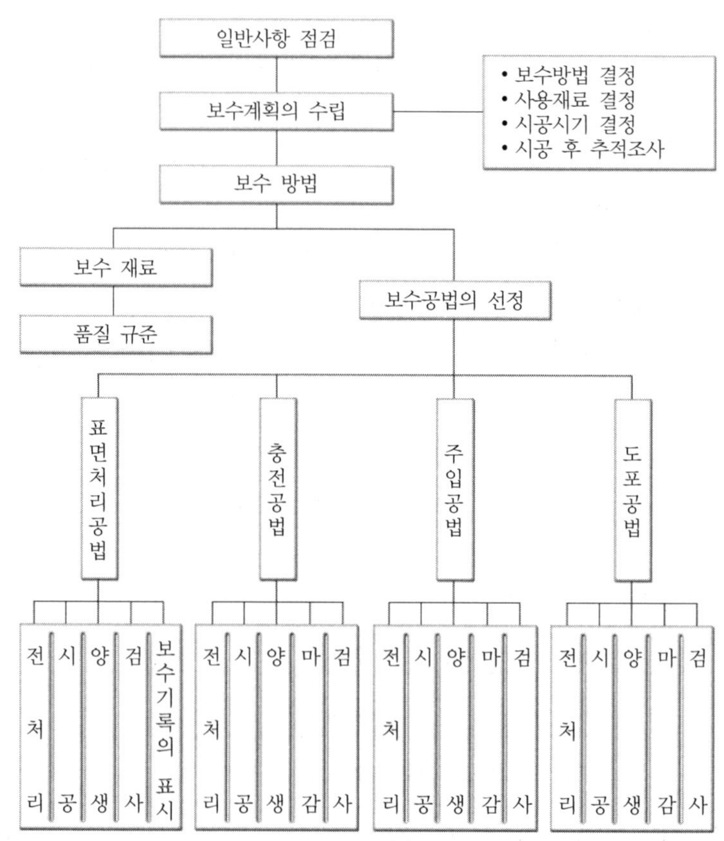

[그림 2-2] 콘크리트 구조물의 보수공법의 종류

▼ **[표 2-4] 보수재료의 종류**

보수재료의 종류		재료명 및 조성	
콘크리트 구체처리재	도포 함침재	침투성 흡수 방지재	실리콘계, 실런트계, 변성 폴리에스테르수지계 등
		침투성 고화재	무기계, 규산염계, 콜로이달실리카계, 규소화물계 등
		무기질 침투성 방수재	(시멘트, 규산소다, 수용성 실리카, 알루미나, 산화칼슘등의 혼합물)+(물) 또는 (폴리머디스펜션)
		침투성 알카리성 부여재	규산리튬 등
		도포용 방청재	아소산칼슘계, 아소산리튬계 등
	폴리머 함침재	메타크릴산메틸모노마와 스틸렌모노마에 가교제, 개시제 등을 배합한 것	

보수재료의 종류		재료명 및 조성
철근방청 처리재	폴리머 시멘트계	SBR계, PAE계 등의 폴리머시멘트(방청제 첨가계를 포함)
	합성수지계	에폭시수지계, 아크릴수지계, 우레탄수지계 등의 합성수지계 프라이머와 도료
	녹전환도제	인산, 유기산, 킬레이트화제 등을 배합한 도료
단면복원재 (패칭재)	폴리머시멘트 모르타르	SBR계, EVA계, PAE계 등의 폴리머시멘트모르타르(방청제 첨가계를 포함) (재유화형분말수지를 배합한 기조합제품의 이용이 증가)
	폴리머모르타르	폴리에스테르수지계, 에폭시수지계, 아크릴수지계 등의 폴리머모르타르(레진모르타르) (경량골재를 사용한 것이 많음)
	시멘트모르타르 또는 콘크리트	보통포틀랜드시멘트, 조강포틀랜드시멘트, 초속경포틀랜드시멘트, 골재, 콘크리트 혼화용 화학혼화제 등을 배합한 보통시멘트모르타르 또는 콘크리트
바탕조정 · 보호재	폴리머시멘트 모르타르	SBR계, EVA계, PAE계 등의 폴리머시멘트모르타르(방청제 첨가계를 포함) (재유화형분말수지를 배합한 기조합제품의 이용이 증가)
	폴리머모르타르	폴리에스테르수지계, 에폭시수지계, 아크릴수지계 등의 폴리머모르타르(레진모르타르) (경량골재를 사용한 것이 많음)
마감재 (피복재)	침투성 흡수방지재	실리콘계, 실런트계, 변성 폴리에스테르수지계 등
	도료	아크릴수지계, 아크릴우레탄수지계, 아크릴실리콘수지계, 불소수지계 등의 도료
	마감도재	시멘트계, 폴리머시멘트계, 합성수지에멀션계, 합성수지용제계 등의 얇게 바르는 마감도재, 두껍게 바르는 마감도재, 복층마감도재 등
	도막방수재	아크릴고무계, 우레탄고무계 등의 도막방수재와 폴리머시멘트모르타르와 폴리머시멘트계 도막방수재
	성형품 · 프리캐스트 제품	금속, FRC 및 GRC제 피복판넬 및 폴리머시멘트모르타르와 폴리머함침콘크리트제의 버리는 거푸집(영구거푸집)
균열용 주입재	수지계	주입용 에폭시수지, 주입용 가요성 에폭시수지, 폴리머모르타르, 도막탄성방수재
	시멘트계	폴리머시멘트 페이스트, 시멘트 충전재, 팽창시멘트주입재, 폴리머시멘트슬러리, 폴리머시멘트모르타르
	실링계	실리콘계, 우레탄계, 폴리살화이드계 등

보수재료의 종류		재료명 및 조성
그 외의 재료	폴리머계 접착제	에폭시수지계 접착제, 폴리머디스펜션계 접착제, 폴리머시멘트계 접착제 등 (모르타르 및 콘크리트의 타설, 균열주입, 강판접착보강 등에 사용)
	보강재	에폭시수지도장철근, 폴리머시멘트페이스트 도장철근, 보강섬유 등
	전기방식용 재료	백금도금한 티탄네트, 탄소섬유네트, 금속용사 등의 전극재료 등
	방수재	아스팔트 혼입 벤토나이트 방수재, 폴리머결정형 분말도포 방수재, 아스팔트 방수재, 합성고분자 시트 방수, 도막방수재, 시멘트계 방수재, 콘크리트구체 방수재, 벤토나이트 방수재

무기질 재료

건축용 자재로는 유기질 재료와 무기질 재료의 두 종류가 있으며, 유기질 재료는 일반적으로 가연성이고, 화재 시 연기와 독성 가스가 발생되기 때문에 그 용도가 제한되고 있다.
그러나 비중이 적어서 전열성이 우수하고, 열응력에 잘 견디는 장점이 있다.
무기질 내장 재료의 주요 원료는 석고, 석면, 규산질, 시멘트, 암면 등이 사용되고 있으며, 불연성, 단열성, 내구성 등이 우수하며 소비가 증가하고 있다.

1 무기질계 재료

[그림 2－3]은 대표적인 보수공정을 나타낸 것이고, [표 2－5]에 시멘트계 보수재료의 특징을 총괄적으로 나타내었다. 보수·보강공정은 손상 및 열화의 정도에 따라 상이하나 [그림 2－3]에 나타낸 바와 같이 사용되는 재료도 일련의 시스템으로 사용되는 예가 많다. 현재 시멘트계 보수재료로서 사용실적이 가장 많은 것은 폴리머시멘트계(모르타르, 콘크리트 혹은 페이스트) 재료이다.

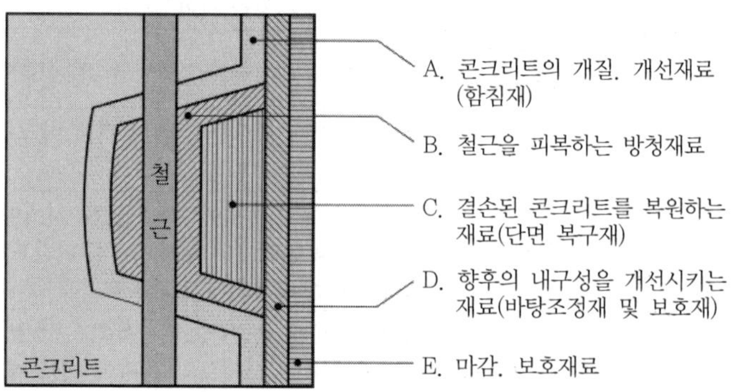

[그림 2－3] 보수공법의 구성

폴리머시멘트계 재료는 시멘트 혼화용의 폴리머디스퍼전을 혼압함으로써 볼베어링 효과에 의한 프레시 모르타르(콘크리트)의 유동성이 향상된다. 여기서 시멘트가 수화하는 과정에서 그 조직 중의 시멘트 수화물과 폴리머 필름과의 강고한 복합체가 형성됨으로써 폴리머를 혼입하지 않은 모르타르(콘크리트)에 비교하여 차염성, 탄산화 억제효과 및 물, 산소 확산에 대한 저항성이 높은 경화체가 얻어진다. 이러한 이유에 따라 폴리머시멘트계 재료는 통상의 시멘트 모르타르에 비교하여 철근콘크리트 구조물의 높은 보수 성능을 지닌다고 말할 수 있다.

시멘트계 재료는 수지계에 비하여 바탕 콘크리트의 물성을 살리면서 성능저하된 부위를 개선시킬 수 있는 것이 그 장점이다. 그러나 보수될 콘크리트와의 접착성능은 수지계 재료와 비교하여 현저히 떨어지므로 특히 구조내력이 되는 곳의 사용은 주의할 필요가 있으며 적절한 접합용 1 바인더(신 · 구 접착재 등)의 사용이 요구된다.

▼ **[표 2-5] 시멘트계 보수재료의 특성**

재료	장점	단점	적용
실리카퓸	강도, 수밀성 및 내구성 향상	고가, 단위수량 · 점성 증가	고품질 뿜칠, 내마모성이 요구
뿜칠콘크리트	부착력이 크고, 수축이 적음. 시공 용이	품질이 기능공에 의존, 기능공 필요	
섬유보강 콘크리트	균열저항성이 크고, 피로저항 향상	표면부 섬유 부식, 섬유의 분산이 곤란	균열제어, 뿜칠, 프리캐스트
폴리머	부착성이 크고, 양생 1일 이내, 투수 · 투기성이 적고, 내화학저항성이 큼	가사시간이 짧음, 혼합 · 취급이 특수, 기능공 필요	포장, 충전, 화학적 침식 개소
팽창시멘트계 (팽창성, 무수축 그라우트)	취급 용이, 동결융해 저항성 증가	배합이 시멘트 성분이나 비빔온도에 영향을 줌, 거푸집 필요	공극 충전, 균열 충전
석고계 (무수축, 팽창성 그라우트)	취급 용이, 경화가 빠름, 공기양생	습윤상태에서 불안정, 경화가 빠름, 물에 용해되기 쉬움	건조조건에서 볼트 · 파이프 고정
팽창시멘트계 (팽창성, 무수축 그라우트)	취급 용이, 거푸집 불요, 블리딩 적음	습윤양생이 필요	볼트 고정, 작은 공극의 충전, 포스트텐션의 텐돈의 충전
산화금속계 (팽창성, 무수축 그라우트)	고강도, 피로성상 양호, 내충격성 양호	건습조건 하에서 불안정, 녹에 의한 오염	볼트 고정, 크레인 레일의 설치, 중량물이 필요한 경우
칼슘 · 알루미네이트계 (팽창성, 무수축 그라우트)	경화가 매우 빠름, 내산 · 내황산염, 내열	가사시간 짧음, 경화온도 높음, 강도 저하를 일으키는 경우 있음	지수용의 충전
마그네슘 인산염	취급 용이, 경화 빠름, 부착력이 큼, 동결온도하에서 사용 가능	가사시간 짧음, 표면 요철의 처리 필요, 암모니아 냄새가 심함	저온하에서의 보수
프리팩트 라텍스 모르타르	취급 용이, 부착력이 큼, 내마모 · 내화학저항성	가사시간 짧음, 수축, 비교적 고가	얇은 마감, 불투수 마감, 치장 마감
프리팩트 · 셀프 마감재	취급 용이, 부착력 큼, 펌프압송 가능, 마감 불필요	옥외 사용불가, 동결융해 저항성 없음	바닥이나 바닥마감재

재료	장점	단점	적용
프리팩트 · 개량 포틀랜드시멘트 혼합물	취급 용이, 특성 포틀랜드시멘트에 가까움	경화가 늦음, 저온에서 사용 불가	포장 보수, 구조물의 국부적인 보수
초미립시멘트	침투성이 높음, 블리딩이 적음	다량의 물이 필요, 먼지가 다량으로 발생	구조물 · 지반, 암반의 그라우팅

>>> 열경화성 수지

한번 굳어 버리면 3차원의 분자 구조가 되고 다시 연화시킬 수는 없으므로 반응 도중에서 성형 가공을 한다(↔열가소성 수지).

2 수지계 재료

일반적으로 사용되고 있는 재료의 종류로는 에폭시계, 폴리에스테르계, 폴리우레탄계, 고무, 아스팔트계 등이 있으며 최근에는 불소계의 수지가 사용되고 있다.

[표 2-6]은 수지의 일반적인 성능을 나타낸 것이다. 이들 수지계 보수재료로서 에폭시수지가 일반적으로 사용되고 있으며 이 에폭시수지는 경화제에 의한 가교반응을 통하여 고리상의 구조에서 3차원의 망상구조로 변화하여 기계적인 특성을 발휘하는 열경화성수지이다. 특히 사용하는 경화제의 종류 및 조합방법에 따라 혼합물의 점도, 가사시간, 경화시간 등이 달라지고, 경화물의 성능이 크게 좌우되기 때문에 사용하는 목적, 피착재의 상태, 공법 및 작업현장의 환경 등을 고려하여 선택하여야 한다.

이러한 수지계 보수재의 용도로서는 콘크리트 구조물에 발생한 균열을 보수하는 주입재, 내력부족 등에 대하여 강판 혹은 탄소섬유시트 등으로 대표되는 보강재의 접착재, 또는 탄산화, 염해 등 콘크리트의 성능저하를 방지, 억제하는 표면피복재 등이 있다.

▼ **[표 2-6] 수지의 종류와 성능과의 관계**

성능 \ 수지	에폭시계	폴리에스테르계	폴리우레탄계	고무 · 아스팔트계
접착성	◎	○	○	△
연질성	△	△	◎	○
내구성	◎	○	○	×
내수성	◎	○	○	△
내알칼리성	◎	×	○	△
수축성	무	대	소	대
작업성	○	○	○	◎
경제성	△	○	○	◎

◎ : 우수, ○ : 양호, △ : 가능, × : 불가

SECTION 03 보강재료의 종류

지금까지 주로 사용되는 보강재료로는 강재와 탄소섬유를 들 수가 있다. 강재는 95% 이상의 철분과 함께 탄소, 크롬, 망간, 몰리부덴, 니켈 등의 부가물들을 함유하고 있는 금속이다. 강재는 사용면에서 내구성과 전성이 크고 경제적이며, 재료의 성질면에서는 강도가 높고 불연성이며 용접성과 인성이 뛰어난 재료이다. 재료가공 및 잔류응력 등이 있으며, 가공 후 강재 사용 시에 영향을 미치는 요인들은 부재형태, 온도 및 작용하중의 가력속도 등을 들 수가 있다. 지금까지 주로 강판 및 형강이 앵커볼트나 에폭시에 의한 접착으로 사용되어 오고 있다. 최근에는 항공기분야 등에서 사용되던 탄소섬유가 시트나 판의 형태로 사용되기 시작하고 있다.

1 강재

보강재료로 사용되는 강재는 주로 일반구조용 강재가 사용되는데 강판과 형강 외에 PS용 강재, 철근 등이 사용될 수 있다. 강재의 종류는 재질에 따라 일반구조용 압연강재 SS400, SS490, SS540(KS D3503)이 있으며 용접구조용 압연강재로서 SWS400, SWS490, SWS490Y, SWS520, SWS570 (KS D 3515) 등이 있다. 콘크리트 구조물의 보강용으로는 대개 3.0mm 이상의 강판을 사용한다.

증설보용으로 슬래브의 강성을 높일 목적으로 형강이 사용되며 주로 H형강, ㄱ형강, ㄷ형강 등이 사용되고 있다. 형강의 단면크기는 제조회사나 설계규준 또는 KS규준에서 명시되어 있어 설계 시 참고로 하면 된다.

>>> **용어의 정의(SS, SWS)**

① SS(Steel Structure) : 구조용 압연강재
② SWS(Steel Welding Structure) : 용접구조용 압연강재

2 탄소섬유시트 및 탄소섬유판

탄소섬유는 인장강도 특성이 매우 좋으므로 철근콘크리트 구조물의 보수·보강용으로 사용되고 있다. 이 탄소섬유시트는 강재의 비중의 1/5 정도로 매우 가벼우며, 탄성계수도 강재와 동등하나 소재에 따라 강의 3~4배 높은 성질을 보유하고 있어 강재와 비교하여 가격이 비쌈에도 불구하고 최근에는 급기야 토목, 건축분야에까지 활용될 수 있는 단계에 왔다.

인장강도는 강재의 10배로 고강도이며 부식환경에 대한 내구성도 우수하며 시공이 매우 간편하다. 이 탄소섬유시트를 사용함으로써 언어지는 효과는 부재의 휨강성이 향상되고 철근의 변형이나 부재의 휨을 감소시키며, 균열을 억제시킨다. 탄소섬유시트 보강은 구조물에 가해지는 하중을 지지하는 기능으로 적층수 및 섬유의 종류에 따라 증진된 강도효과는 달라진다. 또한 사용되는 에폭시수지의 종류에 따라, 에폭시 양생조건에 따라 그 보강효과가 매우 다르다. 탄소섬유보강 전용 에폭시도 개발되어

사용되고 있다.

탄소섬유시트 공법에서 사용되는 재료는 탄소섬유시트 자체와 이를 기존 콘크리트면에 접착시키는 에폭시수지가 있다. 이러한 재료들은 탄소섬유시트를 개발한 회사에서 전용의 탄소섬유시트에 접합한 프라이머 및 접착제를 동시에 공급하고 있다. 그러므로 탄소섬유시트공법을 사용할 경우 탄소섬유시트 제작회사의 특성에 맞는 그 회사의 제품을 사용하는 것을 원칙으로 한다. 종류는 섬유의 방향에 따라 1방향 탄소섬유시트, 2방향 탄소섬유시트로 구분된다.

토목, 건축에서 장기 폭로 내후성은 5년까지 성능의 변화가 거의 없으며 10~15년간의 촉진시험에서도 열화현상이 거의 없고 접착강도 및 인장강도의 변화가 거의 없다. 자외선에 노출시킨 경우에도 성능저하현상이 거의 없는 것으로 판명되었다. 이에 비하여 유리섬유의 경우에는 자외선 성능 저하가 심하다. 탄소섬유의 인장피로 시험 특성은 우수한 편이다.

SECTION 04 보수 · 보강재료의 특성 및 장단점

1 보수재료의 특성

(1) 도포함침재

도포함침재는 방수성을 개선시키거나 취약화한 콘크리트의 표면을 강화시킨다. 철근의 부식환경을 개선하는 등의 목적으로 콘크리트표면에 도포하고 함침시키는 재료로, 그 목적에 따라 각종 재료로 나눌 수 있다. 대표적으로 다음과 같다.

① 방수성을 부여하여 열화방지를 도모하는 것 : 침투성 흡수방지재
② 탄산화한 콘크리트에 알칼리성을 부여하여 철근을 보호하는 것 : 침투성 알칼리성 부여재
③ 취약한 콘크리트의 표면층을 강화하는 것 : 침투성 고화재
④ 염화물 함유 콘크리트의 철근부식 환경을 개선하는 것 : 도포형 방청재

콘크리트의 취약층, 탄산화 부분, 고염화물 함유분 등의 열화층은 기본적으로는 제거하는 것이 좋으나, 실제로는 완전히 제거하는 보수공사의 실시는 곤란한 경우가 많기 때문에, 도포함침재가 이용되게 되었다고 볼 수 있다. 특히 부재두께가 적은 건축물에는 깨어내기 깊이를 가능한 한 적게 할 필요가 있고, 유효한 도포함침재의 이용이 요망되고 있다.

도포함침재 중 침투성 흡수방지재는, 조기보수에 의한 콘크리트 내구성을 개선하려고 하는 것이고, 또한 도포형 방청재는 보수공법 적용에 있어서 깨어내기 작업에 의한 콘크리트 파괴를 경감하여 콘크리트 구조물의 내구성 개선을 도모하려고 하고 있으므로 향후 이러한 종류의 기술의 진전이 기대된다.

(2) 철근방청처리재

보수현장에 따라서는 노출철근의 방청처리를 행하지 않고, 단면수복을 행하여 버리는 것이 있으나 일본의 경우 시스템화된 보수공법으로는 최근에는 폴리머시멘트계의 비율이 증가하는 경향을 나타내고 있다. 이것은 후술하는 합성수지계의 문제점이 일반적으로 인식되었기 때문이라고 생각된다.

폴리머시멘트계에는 사용되는 시멘트혼화용 폴리머의 종류로서, SBR계와 PAE계가 많이 시판되고 있다. 일반적으로는 SBR계는 방수성, 탄산화에 대한 저항성이 우수하고, PAE계는 초기접착성, 시공성이 우수하다고 평가되고 있어 각각 특징이 있고, 실용하는 데에는 우수한 철근 방청처리재로서 생각된다.

합성수지계로서는, 에폭시수지도료(프라이머도 포함)의 이용이 가장 많고, 그 외 아크릴수지 및 우레탄수지계의 도료가 시판되고 있다. 이러한 종류의 재료는 경화가 빠르고, 도장작업도 간단하여 공기를 단축할 수 있는 이유로 널리 사용되어 왔으나 에폭시수지의 종류에 의해서 역으로 철근의 부식을 촉진시켜 버린다는 보고와 아울러 콘크리트 중의 철근의 일부를 비전도성 재료로 처리하면 철근의 부식속도가 빨라진다고 하여 콘크리트와 통전성이 다른 철근 보수재의 사용에 관하여 경고하고 있다.

이상의 방청처리재의 문제점을 포함하여 대표적인 폴리머시멘트계와 에폭시수지계 2종류의 방청처리재의 특성비교를 [표 2-7]에 나타낸다.

▼ [표 2-7] 폴리머시멘트계 방청처리재와 에폭시수지계 방청처리재의 특성 비교

항목	폴리머시멘트계 방청처리재	에폭시수지계 방청처리재
방청성	도장방법 등에 주의가 필요	경화재의 종류에 따라서는 역효과가 될 수 있다.
부착성	첨가되는 폴리머의 효과에 의한 것으로 그 종류 및 혼화량에 의해 약간 다르다.	수지의 효과에 의한 것으로 폴리머시멘트계에 비하여 큰 성능을 지니고 있다.
방수성	첨가되는 폴리머의 효과에 의한 것으로 그 종류 및 혼화량에 의해 약간 다르다.	수지의 효과에 의한 것으로 폴리머시멘트계에 비하여 큰 성능을 지니고 있다.

>>> 녹슨 철근의 직경 측정

>>> 폴리머시멘트의 장점

① 휨인장강도와 신장력이 크다.
② 방수성이 좋고, 동결융해에 대한 저항성이 크다.
③ 건조수축이 작다.
④ 콘크리트, 모르타르, 강재 등에 대한 접착력이 크다.
⑤ 내충격성, 내마모성이 크다.

>>> 모르타르의 장단점

① 장점
- 강도가 높다(압축강도 : 100~600ha/cm, 휨강도 : 200~400ha/cm).
- 경화가 빠르고, 단시간에 강도를 얻을 수 있다(2시간 경화, 재령 3일에 표준강도의 50~70%, 재령 7일에 표준강도).
- 접착력이 우수하다.
- 내마모성, 내약품성이 우수하다

② 단점
- 시멘트 모르타르에 비해 고가이다.
- 내열성이 약하다(80~100℃ 이상에서는 구조용으로 사용할 수 없다).
- 품질관리가 복잡하기 때문에 시공성이 나쁘다.

항목	폴리머시멘트계 방청처리재	에폭시수지계 방청처리재
차염성	첨가되는 폴리머의 효과에 의한 것으로 그 종류 및 혼화량에 의해 약간 다르다.	수지의 효과에 의한 것으로 폴리머시멘트계에 비하여 큰 성능을 지니고 있다.
내화 · 내열성	콘크리트와 같은 정도이나 폴리머의 혼화량이 많게 되면 내화성은 저하한다.	온도가 높게 될수록 변형되기 쉽다.

(3) 단면복구재

일반적으로 보수용으로 시판되고 있는 단면복구재는 폴리머시멘트모르타르와 폴리머모르타르의 2종류가 있고 기타 현장믹싱으로 사용되는 모르타르 및 콘크리트도 실제로는 매우 많은 것으로 추정된다. 단면복구재로 사용되는 폴리머시멘트모르타르의 폴리머의 종류는 방청처리재의 경우와 마찬가지로 SBR계와 PAE계가 대부분을 점하고 있고, 폴리머의 종류에 의한 특성도 방청처리재로 기술한 것과 유사하고, 양자 모두 실용상 문제가 없는 단면복구재이다.

구조물에의 적용도 증가하고 있기 때문에 프리팩트 콘크리트 공법 및 드라이 숏크리트공법에 의한 대단면 복구용의 폴리머시멘트모르타르계 보수재료도 적용되고 있다. 이러한 종류의 재료는 프리팩트 콘크리트용으로서는 무수축형의 유동화시멘트 슬러리로, 드라이 숏크리트용으로는 속경 조강형의 뿜칠 모르타르로 각각 개량되고 있다.

또한 단면복구재는 지금까지 단순하게 현상유지를 위한 결손부 충진 정도로 사용되어 왔으나 최근에는 복합체로서의 연구도 일부 검토되고 있기 때문에 파괴역학적인 접근도 요구되고 있다. 이상과 같이 단면복구재에 있어서도 국내의 경우 확립된 규격, 기준 등은 없고 경제성 및 시공성이 우선된 보수재료가 사용되고 있는 것이 현실이다.

단면복구재의 경우 특히 중요한 성능은 전술한 바와 같이 치수 안정성(경화수축, 건조수축 등이 적은 것), 열팽창계수(콘크리트와 같은 정도일 것), 탄성계수(콘크리트와 같은 정도일 것), 투습성(콘크리트와 같은 정도 일 것) 등을 들 수 있다. 영국 콘크리트협회의 테크니컬 리포트에는 [표 2-8]과 같이 큰 결함부에 관해서는 시멘트콘크리트 또는 폴리머시멘트모르타르가 유효시 되고 있으며, 시멘트를 사용하지 않은 폴리머모르타르는 비교적 적은 결함부(두께 6~12mm 정도)에의 적용을 추천하고 있다.

▼ [표 2-8] 보수재료 및 활용방법(영국 콘크리트공학협회)

보수용 재료	큰 면적 결손 깨어내기(mm)			적은 면적 결손 깨어내기(mm)		균열주입	구조균열보수	접착제
	> 25	12~25	6~12	12~25	6~12			
콘크리트, 뿜칠콘크리트, 시멘트 · 모르타르	○							
폴리머시멘트 모르타르		○		○				
에폭시수지 모르타르			○		○			
폴리에스테르수지 모르타르					○			
내수성 에폭시수지								○
SBR, 아크릴, 공중합수지 에밀션						○		○
저점도 폴리에스테르 아크릴수지						○		
저점도 에폭시수지							○	
PVAC(폴리초산비닐) 접착제	외부보수에 부적당							
PVAC(폴리초산비닐) 혼화모르타르	외부보수에 부적당							

전술한 바와 같이 대표적인 복구재는 폴리머시멘트모르타르계와 에폭시수지계 모르타르이고, 그 2종류의 단면복구재로서의 특성비교를 [표 2-9]에 나타내었다.

한편, 국내의 경우 토목구조물을 중심으로 긴급보수에는 분말도가 높고 조기강도와 침투성이 특히 우수하여 공기단축 효과가 높은 초조강시멘트 및 시공 후 보통시멘트의 7일 강도를 발현하는 초속경 시멘트의 활용도 최근에 급격히 증가하고 있으며 특히 단면복구재료로서 활용이 기대되고 있다.

▼ [표 2-9] 단면복구재의 종류별 특성

항목	폴리머시멘트모르타르계	에폭시수지 모르타르계 단면복구제
시공성	• 독성이 없고 작업장비의 청소가 간단하다. • 습윤면의 시공도 간단하다. • 두껍게 바를 수 없기 때문에 결손이 클 때에는 공정이 길게 된다.	• 경량골재형식이면 한 번에 두껍게 바를 수 있기 때문에 공정이 짧게 된다. • 경화재가 약간 독성이 있는 것도 있고 작업장비의 청소가 어렵다.

에폭시수지(Epoxy Resin)

말단에 반응성이 강한 에폭시기를 가진 수지로서 에피크롤 히드린과 비스페놀류 또는 다가알코올을 반응시켜 만들며 아민류 등을 써서 상온에서 굳어지며 접착제, 코팅제, 플라스틱 모르타르의 접합제로 쓰고 또 내약품성 도료로 쓰인다.

항목	폴리머시멘트모르타르계	에폭시수지 모트타르계 단면복구제
경화성	일반적으로 약간 경화가 늦기 때문에 공기가 길어지게 된다. 단, 조강 형식의 것도 있다.	일반적으로 빠르고 경화재의 종류에 의해 경화속도를 조정할 수 있다. 단, 온도 의존성이 높고 저온 시 경화하기 어려운 것도 있다.
각종 강도	콘크리트와 유사	일반적으로 콘크리트보다 약간 크다. 특히 인장, 휨 강도가 우수하다.
탄성계수	콘크리트와 유사	일반적으로 콘크리트보다 약간 작고, 변형하기가 쉽다. 단, 조정은 가능하다.
부착성	양호하나 혼화되는 폴리머의 종류에 따라 약간 다르다.	폴리머시멘트모르타르계에 비하여 매우 큰 부착성능을 지닌다.
방수성		일반적으로 양호하나 골재의 입도배열에 따라 저하하는 것도 있으므로 주의가 필요하다.
차염성		
가스투과성		
열팽창 계수	콘크리트와 유사	콘크리트 보다 크다(2~4배).
내화, 내열성	콘크리트와 같은 정도이다. 단, 폴리머의 혼화량이 많아지면 내화성은 저하한다.	온도가 높게 되면 변형이 일어난다.

그러나 초조강시멘트의 경우 보통시멘트에 비하여 수화열이 크므로 매스콘크리트에 적용 시 주의하여야 하며, 초속경 시멘트의 경우에는 시공 및 배합조건과 응결조절제 첨가량에 따라 강도 및 작업시간에 변화가 있으므로 사전에 충분한 시공계획을 세우는 데 유념하여야 한다. 초조강 시멘트 및 초속경시멘트의 소요 물리특성은 [표 2-10] 및 [표 2-11]과 같다.

▼ **[표 2-10] 초조강시멘트의 물리적 특성(모르타르)**

항목	구분	초조강시멘트	KSL 5201(보통시멘트)
분말도 (cm^2/g)	비표면적	6,000	3,200
입경 (μm)	최대 80% 통과 평균	48 20 5.9	100 40 21
안정도	오토클레이브 팽창도(%)	0.10	0.10
응결시간 (길모아 시험)	초결(분) 종결(시 : 분)	170 9 : 30	260 6 : 40

항목	구분	초조강시멘트	KSL 5201(보통시멘트)
압축강도 (kg/cm²)	1일 3일 7일 28일	215 400 465 535	90 200 285 375

▼ [표 2－11] 초속경시멘트의 물리적 특성

항목	구분	초속경시멘트	KSL 5201 보통시멘트
분말도(cm²/g)	비표면적	4,500	3,200
응결시간 (길모아 시험)	초결(분) 종결(시 : 분)	25 0 : 35	260 6 : 40
압축강도 (kg/cm²)	3시간 1일 3일 7일 28일	240 320 350 400 440	－ 90 200 285 375

>>> **분말도(Fineness)**

분체의 고운 정도로서 시멘트의 분말도는 KS에 규정한 분말도 시험에 의해 나타냄

(4) 균열 들뜸보수재

일반적으로 들뜸의 보수에 사용되는 재료는 건축보수용 주입에폭시수지이다. 참고적으로 JIS A 6204의 품질규준을 [표 2－12]에 나타내었다. 에폭시수지를 주입하여 콘크리트의 균열을 보수하는 공법은 일본의 경우 많은 실적이 있다. 그러나 에폭시수지 주입재는 습윤면접착, 경제성, 내화내열성, 구조체와의 강도차 등의 문제로부터 최근에는 폴리머시멘트 슬러리의 사용도 서서히 증가하고 있다. 또한 폴리머시멘트 슬러리에는 보통시멘트를 베이스로 한 것과 초미립시멘트를 베이스로 한 것이 있으나 전자는 비교적 큰 들뜸의 주입에 사용된다.

▼ [표 2－12] 건축보수용 에폭시수지의 품질수준(JIS A6024)

특성 \ 종류			저점도형		중점도형		고점도형	
			일반용	겨울용	일반용	겨울용	일반용	겨울용
점성	점도혼합물 (MPa · s/20℃)		100 ~1,000	100 ~1,000	5,000~ 20,000	500~ 20,000	－	－
	Tixotropv Index (20℃)		－	－	5±1	5±1	－	－
	슬럼프 (mm)	15±2℃	－	－	－	－	－	5 이상
		15±2℃	－	－	－	－	5 이상	－
초기경화성 (kg/cm²)	표준조건		20.4 이상	－	20.4 이상	－	20.4 이상	－
	저온조건		－	20.4 이상	－	20.4 이상	－	20.4 이상

>>> **슬럼프시험(Slump Test)**

콘크리트의 반죽질기를 조사하는 시험에 있어서 슬럼프 콘을 끌어올렸을 때, 콘크리트가 자중에 의해 내려가는 상태, 슬럼프 하는 값을 슬럼프 값이라고 한다. 슬럼프 시험은 KS F 2402에 의해서 하지만, 그 방법은 혼합이 끝난 콘크리트를 슬럼프 콘에 3층으로 나누어 채우고 각 층을 다짐막대로 25회를 균등하게 다지고, 윗면을 고르게 한 후, 콘을 연직으로 뽑아 콘크리트 정상의 내림 양을 측정한다.

[슬럼프시험용 기구]

특성 \ 종류			저점도형		중점도형		고점도형	
			일반용	겨울용	일반용	겨울용	일반용	겨울용
접착강도 (kg/cm²)	표준조건		61.2 이상	61.2 이상	61.2 이상	61.2 이상	61.2 이상	61.2 이상
	특수조건	저온 시	–	30.6 이상	–	30.6 이상	–	30.6 이상
		습윤 시	30.6 이상	30.6 이상	30.6 이상	30.6 이상	30.6 이상	30.6 이상
		건습 반복 시	30.6 이상	30.6 이상	30.6 이상	30.6 이상	30.6 이상	30.6 이상
경화수축	경화수축율 (%)		3 이하	3 이하	3 이하	3 이하	3 이하	3 이하
가열변화	질량변화율 (%)		5 이하	5 이하	5 이하	5 이하	5 이하	5 이하
	체적변화율 (%)		5 이하	5 이하	5 이하	5 이하	5 이하	5 이하
휨강도(kg/cm²)			306 이상	306 이상	306 이상	306 이상	306 이상	306 이상
압축강도(kg/cm²)			–	–	–	–	510 이상	510 이상

(5) 바탕조정재

보수에 사용되는 바탕조정재는 열화표면을 깨어내고, 피복의 부족을 보완하는 것을 주목적으로 사용하였으나, 바탕조정을 겸하여 보호층을 형성시키기 위하여 사용되고 있는 것이 많다.

바탕 조정재의 종류는 단면복구재의 경우와 마찬가지로 폴리머시멘트계와 합성수지계가 있다. 바탕조정재로서의 요구성능은 단면복구재의 기본성능 중 특히 보호피복으로서의 성능이 중요시되어 탄산화 방지효과, 차염성, 접착 내구성 등이 중요하다.

(6) 마감재

구체의 보호, 내구성 개선 및 미관의 회복 등을 목적으로 보수에 사용되는 콘크리트의 마감재로서는 침투성 흡수방지재, 도료, 건축마감도재, 도막방수재, 성형품(판넬류) 등이 있다.

한편 도료의 경우, 방수형의 표면피복재는 산소 및 물의 투과를 저지시키고, 염분을 차단시킨다는 면으로부터 철근의 부식 방지 효과도 큰 것으로 생각되어져 왔다. 그러나 이러한 경우는 외부의 염해에는 유효하나 염분을 어느 정도 이상 함유하고 있는 기존 콘크리트의 보수에 관해서는 유효하지 않다. 즉, 기밀성이 높은 표면피복재는 콘크리트 내부의 수분을 도막 후면에 체류시켜 내부에 부식요인인 염화물이온이 존재하면 철근부식은 오히려 촉진되는 경우가 있으므로 외부로부터의 우수는 차단하고, 내부로부터의 수증기를 방출시킬 수 있는 도료의 활용이 유효하다.

2 보강재료의 특성 및 보강효과

보강재료로 주로 사용되는 것이 강재와 탄소섬유시트이다. 강재의 역학적 특성은 인장시험, 굽힘시험, 충격시험 등의 재료시험을 통하여 결정된다. 강재의 시험은 한국공업규격(KS) 규준에서는 인장시험을 KS B 0801, KS B 0802에, 굽힘시험을 KS B 0803, KS B0804에, 충격시험을 KS B 0809, KS B 0810에 규정하고 있다.

이 중에서 강재의 특성을 가장 잘 나타내주는 대표적인 시험방법이 인장시험이다. 중요한 역학적 성질에는 응력-변형도 관계, 비례한도, 항복강도, 인장강도, 탄성계수, 푸아송비, 피로강도 등이 있다. 강재의 응력-변형도곡선은 강재 재질에 따라 연강과 고장력강으로 구별된다. 항복강도가 2.4t/cm^{2}인 철근 또는 강판의 경우에는 탄성구간에서 비례한도가 분명하며 소성변형 구간이 항복변형의 10배 이상으로 충분한 연성을 확보할 수 있다.

반면에 항복강도 5.0t/cm^2 이상의 고장력강재는 탄성구간의 비례한도가 불분명하며 연강에 비해 소성변형 구간이 짧은 편이다. 그러나 어떠한 경우에도 강재의 최대변형률은 5% 이상으로써 항복강도에 상응하는 변형률 이상에서는 항복강도의 값을 사용할 수 있다. 대한건축학회에서는 강재의 탄성계수를 2,100t/cm^{2}로 설정하였으며 국내 생산되는 강재의 최소항복강도는 2.2~4.3t/cm^2, 또한 인장강도는 4.1~5.8t/cm^{2}로 제한하고 있다.

항복강도는 강재의 재질에 따라 여러 종류가 있으므로 적절한 것을 선택하여 사용하면 된다. 현재 가장 많이 사용되는 강재는 SS400이다. 또한 사용성에 관해서는 부식성이 있으며 내화성이 비교적 좋지 않다. 예로서 600℃ 온도에 노출되는 경우 항복강도가 1/2로 줄어드는 경향이 있다. 따라서 강재를 보강재료로서 사용할 경우 방청과 내화처리를 특별히 고려하여야 한다.

탄소섬유 자체의 개발은 1965년에 시작되었다. 그러나 아라미드 섬유, 강섬유, 유리섬유 등과 같이 콘크리트의 인장강성을 증진하기 위해 섬유보강 콘크리트의 개발에 사용되어 왔다.

또한 탄소섬유시트는 스포츠 레저용품인 테니스 라켓, 골프채, 낚싯대 등에 주로 사용되어 고부가가치 상품 개발에 이용되었다. 그러나 1980년대 이후 탄소섬유의 가격이 개발 당시의 1/5 정도로 낮아지며 대량 생산이

≫ 아라미드 섬유의 특징

① 방향성의 폴리아미드 섬유
② 이방성 구조
③ 화학적, 열적 안정성 우수
④ 일반 방적기로 직조 가능
⑤ 충격특성, 흡습성 우수

가능하게 됨에 따라 건설용 대량 생산제품에 대한 개발이 시작되었다. 건설용 탄소섬유시트 제품의 역학적 특성은 [표 2-13]와 같다. 국내에 구조성능시험을 통하여 확인된 제품을 중심으로 제품의 설계두께, 인장강도, 탄성계수 및 최대신장률 등을 비교하였다.

▼ [표 2-13] 탄소섬유제품의 특성

구분	A사			B사
	A-C1-20	A-C1-30	A-C5-30	B-CFRP
단위면적당 무게 (g/m²)	200	300	300	190
단위밀도(g/cm³)	1.82	1.82	1.82	1.6
설계두께(mm/1층)	0.11	0.165	0.165	1.2
제품 폭(cm)	50	50	50	5.8
인장강도(t/cm²)	35.5	35.5	30.0	24.0
탄성계수(t/cm²)	2350	2350	3800	1500
최대신장률(%)	1.5	1.5	0.8	1.4

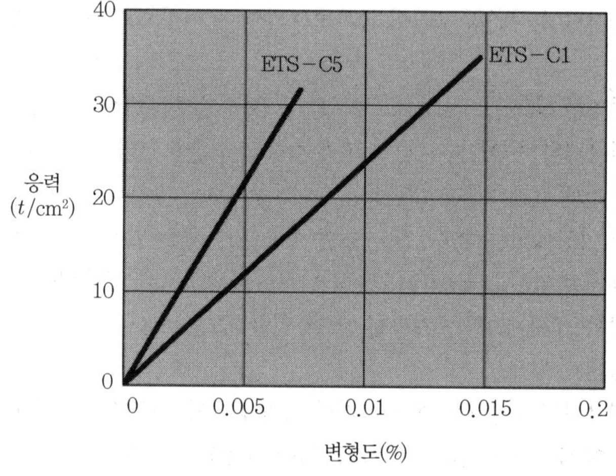

[그림 2-4] 탄소섬유시트의 응력-변형도곡선

>>> **Hook의 법칙**

탄성체에서는 변형도(ε)는 응력도(σ)에 비례한다는 법칙으로서 수직응력동 대하여 영계수를 E로 하여 $\sigma = E\varepsilon$의 관계를 나타냄

탄소섬유시트 제품은 탄소섬유 자체의 역학 특성상 고강도 탄성재료의 특성을 나타내게 된다. 즉, 강재와는 달리 소성변형 구간이 전혀 없이 Hook의 법칙에 따른 직선 응력-변형도 곡선을 나타내게 된다. 강재와 탄소섬유 제품의 응력-변형도 곡선을 [그림 2-4]에 표시하였다.

3 보강재료의 장단점

강재와 탄소섬유시트의 상대적 장단점을 비교하면 다음과 같다. 시공성은 탄소섬유시트가 좋으며 재료비는 강재가 싸다. 또한 인건비는 탄소섬유시트가 적게 들며 내부식성, 내화학성은 강재가 나쁘고 내화성은 탄소섬유가 나쁜 편이다. 또한 유지보수면에서는 탄소섬유가 훨씬 유리하다.

▼ [표 2-14] 보강재료의 장단점

구분	강재	탄소섬유시트
시공성		◉
재료비	◉	
인건비		◉
내부식성 및 내화학성		◉
내화성	◉	
유지보수		◉

SECTION 05 보수 · 보강재료의 품질규준 및 평가방법

보수 · 보강용 에폭시접착제에 대한 품질규준은 아직 KS규준에서 규정되어 있지 않고 일부는 ACI 매뉴얼에서 언급되고 있으며 또한 일본 수도고속도로공단에서 제시한 것을 참고로 하면 비중, 점도, 사용 가능시간, 인장강도, 휨강도, 압축강도, 인장전단강도, 충격강도, 인장탄성계수, 휨탄성계수, 압축탄성계수, 경도탄성계수, 경화수축률, 열팽창계수, 혼합량과 사용 가능시간, 혼합 후의 시간과 점도, 기온과 사용 가능시간과의 관계, 온도와 탄성계수의 관계, 혼합과 강도의 오차관계, 재질과 강도의 관계, 기존 경화수지에 대한 신수지의 접착, 골재 침강도, 접착강도, 내열성, 내약품성, 흡수율, 인장접착강도, 휨접착강도 등에 대한 시험방법과 그 기준을 규정하고 있다.

보강재료의 하나인 강재의 경우에는 앞서 언급한 한국공업규격에서 규정하고 있으며 탄소섬유의 경우에는 구조물의 보강용 탄소섬유의 품질규준은 별도로 마련되어 있지 않고 일반적인 섬유계통의 재료에 관한 규정에서 참고하여 품질을 평가하고 있으므로 구조 보강재료로서의 사용은 반드시 구조성능 확인시험을 통하여 평가되어야 한다.

ACI(American Concrete Institute)

미국콘크리트협회로 영어명의 약자

MEMO

CHAPTER

03

구조물의 보수

CHAPTER 03 구조물의 보수

SECTION 01 일반사항

콘크리트 구조물의 보수·보강공사의 수요는 최근 사회적 관심사인 콘크리트의 균열, 탄산화 및 염해, 누수 등에 의한 기존 건축물의 내구성 저하에 따른 보수·보강과 내진성능의 향상뿐만 아니라 자원절약 및 에너지의 효율적 사용 차원에서 더욱 증대될 것으로 예상된다.

일반적으로 구조물에 예상치 못한 변위·변형 등이 발생하였을 때 강성 및 내력이 부족하면 부재에 과다한 외력이 작용하여 구조적 안전성에 영향을 주며, 또한 시간이 경과함에 따른 내구성의 저하로 구조물 전체의 성능이 저하되기 때문에 이들에 대한 충분한 조사와 분석이 필요하다.

이러한 구조적 불안전성 및 성능저하에 대해서 구조물의 안전성을 확보하고, 효과적인 사용성능을 회복시키기 위해서는 구조내력 판정과 부재의 내구성, 거주성 및 내화·배력에 대한 일반적인 안전성, 기능성, 타 부재 혹은 다른 구조물에 미치는 영향에 유의하여 구조물 전체의 상태를 파악을 위한 조사·진단기술과 성능저하 부위의 기능 회복을 위한 재료 및 공법의 선정, 품질 및 유지관리 등에 관련한 보수기술의 개발이 필요하다.

따라서 제3장에서는 균열의 종류와 발생원인 및 구조물의 성능저하 요인과 현상, 보수·보강의 판단기준, 보수대상의 유형, 보수공법 및 재료, 그리고 보수설계 및 우리나라의 기술현황을 파악함으로써 구조물 보수에 대한 기술 이론을 이해하고자 한다.

SECTION 02 구조물의 성능저하 요인과 현상

성능저하란 반드시 콘크리트의 균열 발생에 의한 것보다는 외부 환경조건 등의 영향을 받아 콘크리트의 성능이 저하되었다고 판단되는 경우를 말하며, 일부는 균열로 포함하기도 한다.

[표 3-1]에 콘크리트의 성능저하 요인과 콘크리트 수명과의 관계를, [그림 3-1]에 성능저하요인과 그 현상의 비교를 나타내었다. 이와 같은 성능저하는 구조체의 안전성 및 내구성에 심각한 영향을 미치기 때문에 유지관리 차원에서 특별히 관리하여야 한다.

▼ [표 3-1] 성능저하와 콘크리트의 보수 · 보강이 필요한 시기

구분	성능저하 요인	내용
구조물	탄산화	콘크리트의 탄산화가 철근에 도달한 때
	철근부식	콘크리트의 박락에 의해 기물 등에 손상을 줄 가능성이 나타난 때
	균열	구조적 요인, 부등침하 등에 의해 큰 균열이 나타나고 이 균열이 진행성이 있을 때
	강도부족(시공불량)	코어에 의한 압축강도/설계기준 강도=60% 미만
부위·부재	누수	• 지붕 : 수차에 걸쳐 보수하였으나 누수가 멈추지 않고, 방수층을 전면 또는 신규로 설치할 필요가 있을 때 • 외벽 : 누수, 균열, 이어치기 등의 부위가 많고 대규모적인 보수 또는 현재의 외벽에 철판 외벽을 설치할 필요가 있을 때
	동결융해	지붕, 패러핏, 외벽 등 : 균열, 박리, 박락 등이 현저하고 철근이 노출되어 있을 때
	비틀림	상판 : 균열폭 3mm 이상, 최저 70mm 이상, 최대처짐량 1/100 이상
	표면열화	박리, 균열 등이 현저하고 진행속도가 빨라 표면을 재마감할 필요가 있을 때

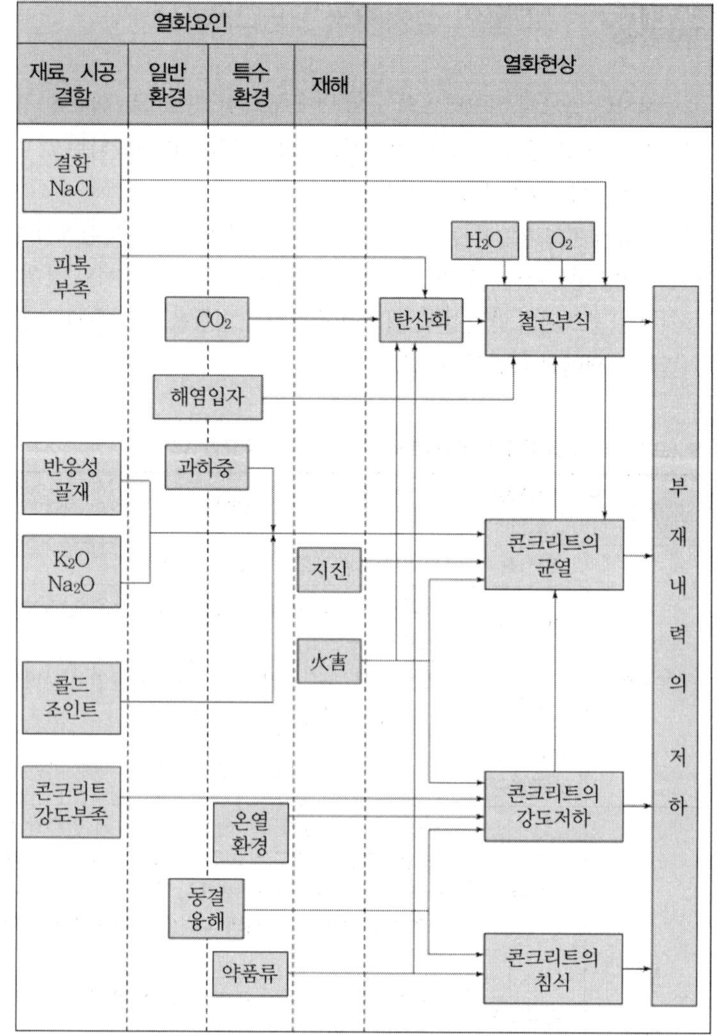

[그림 3-1] 철근콘크리트 구조물의 성능저하요인과 현상

SECTION 03 보수 · 보강의 판단기준

콘크리트 구조물에서 보수 · 보강의 판단기준은 크게 내구성, 안전성, 미관성을 고려하여 방법을 결정한다. 또한 보수 · 보강이 곤란한 경우는 적재하중을 저감하거나 용도변경, 철거 등의 조치를 취할 수도 있다. [그림 3-2]에 보수 · 보강의 판단을 위한 조건 · 대상 · 현상을 나타내었다. 또한 [그림 3-3]에 보수 · 보강을 위한 구조물의 하자조사와 분석방법을 나타내었다.

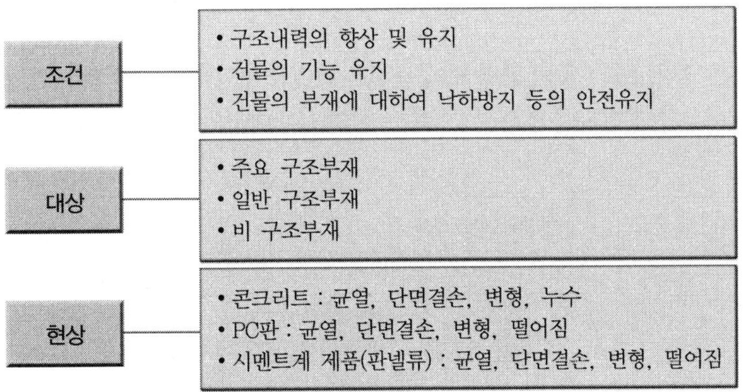

[그림 3-2] 보수 · 보강의 판단 기준

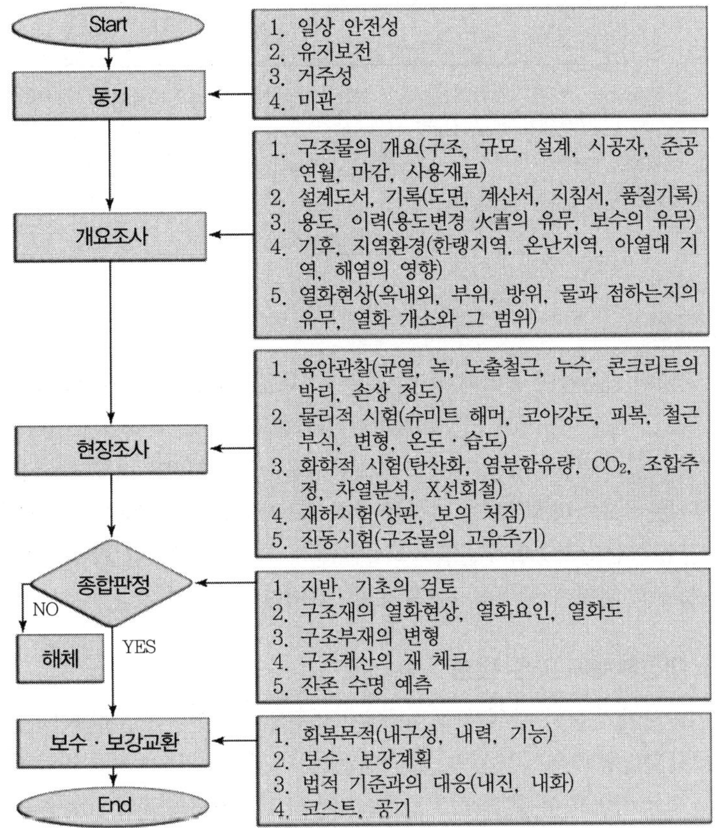

[그림 3-3] 구조물의 하자조사와 분석방법

적재하중(Live Load)

일반적으로 건축 구조물의 바닥에 가해지는 하중으로서 사람 하중이라 일컬음

등분포적재하중(단위 : kN/m²)

종류	용도	등분포 활하중
주택	주거용 건축물의 거실	2.0
	공동주택의 공용실	5.0

SECTION 04 보수대상의 유형

콘크리트 구조물의 균열 및 성능저하 원인을 파악하고, 그것에 대한 보수 여부를 결정하여야 하는 [그림 3 – 4]의 보수대상의 유형은 아래와 같다.

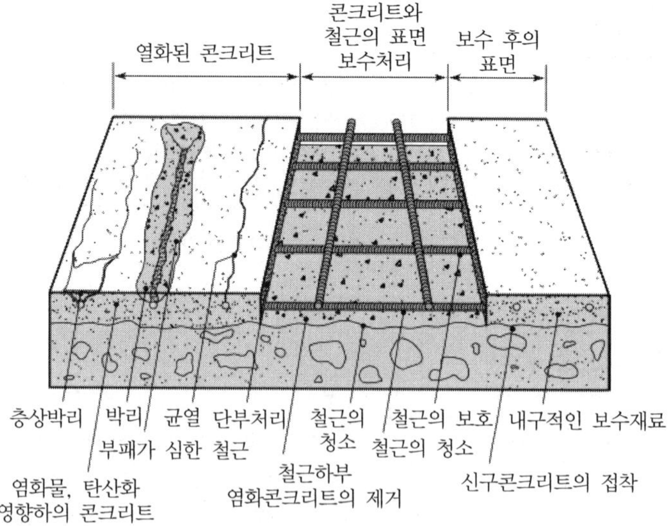

[그림 3 – 4] 보수대상의 종류

1 균열

균열이 발생하면 균열의 크기 및 관통 여부는 가장 중요한 관심사가 된다. 균열 크기의 세제곱에 비례하는 양만큼의 누수가 나타나게 된다. 또한 균열의 관통 여부를 알아보는 실험으로는 색깔이 있는 잉크를 사용한다든지, 초음파속도법을 이용한 상대속도의 비교 등을 이용할 수 있다. 균열 확인 판정방법과 균열의 허용폭에 대하여 대상부재별, 방수성, 내구성 등의 관점에서 각국 규준을 비교 · 요약하면 다음과 같다.

(1) 대상부재에 따른 판정

균열이 발생한 부위가 구조체인지 비구조체인지를 확인하여야 한다. 균열발생 부위가 벽체 및 바닥에 발생한 균열은 마감재 혹은 마감벽돌을 걷어내고, 벽체 슬래브 등 콘크리트의 구체에서의 균열 발생을 확인하여야 한다.

(2) 방수에 따른 판정

균열조사에서 확인된 균열폭을 기준으로 보수의 필요 여부를 결정하게 된다. 누수에 대한 방수성을 중심으로 보수를 위한 균열폭을 정리하면

[표 3-2]와 같다. 조사된 균열폭이 보수를 필요로 하지 않는 균열 사이일 때는 기술자의 판단에 의하게 되는데, 이 경우에는 균열의 형태, 원인, 깊이 등을 면밀히 종합하여 판단한다. 참고로 기존의 연구에 의하면 누수에 대한 허용균열폭은 0.03~0.12mm로 다양하게 나타난다.

▼ [표 3-2] 보수의 필요 여부에 관한 균열폭의 한도

[단위 : mm]

구분	환경[1] / 기타 원인[2]	내구성으로 본 경우			방수성으로 본 경우
		가혹환경	중간환경	보통환경	
보수를 필요로 하는 균열폭	대	0.4 이상	0.4 이상	0.6 이상	0.2 이상
	중	0.4 이상	0.6 이상	0.8 이상	0.2 이상
	소	0.6 이상	0.8 이상	1.0 이상	0.2 이상
보수를 필요로 하지 않는 균열폭	대	0.1 이하	0.2 이하	0.2 이하	0.05 이하
	중	0.1 이하	0.2 이하	0.3 이하	0.05 이하
	소	0.2 이하	0.3 이하	0.3 이하	0.05 이하

[주] 1 : 주로 철근의 녹 발생 조건에서의 환경
2 : 대, 중, 소는 콘크리트 구조물의 내구성 및 방수성에 미치는 유해 정도를 나타내는 것으로, 균열의 깊이, 형태, 피복두께, 콘크리트 표면 피복의 유무, 재료 배합, 이어치기 등의 영향을 종합하여 결정한다.

>>> 누수로 인한 탄산화 및 생석회화

(3) 내구성에 따른 판정

균열이 발생한 곳에서는 철근과 콘크리트가 박리되고 부식은 이 부분을 통하여 좌우로 확대되며 동시에 녹 팽창압에 의한 보다 심각한 박리로 확대되어 부식이 더욱 진행된다. 내구성에 관한 각국의 허용균열폭을 환경조건, 노출조건, 대상구조물 조건별로 분류하면 다음과 같다.

▼ [표 3-3] 환경조건에 따른 허용균열폭(ACI 224R-90)

조건	허용최대균열폭(mm)
건조공기층 또는 보양층이 있는 경우	0.40
습한 공기 내부, 흙의 내부	0.30
동결방지제에 접한 경우	0.175
해수, 바닷바람에 의해 반복건습을 받는 경우	0.15

▼ [표 3-4] 노출조건에 따른 허용균열폭(CEG-FIP 국제지침)

조건	허용균열폭(mm)	
	영구하중과 장기적으로 작용하는 변동하중	영구하중과 변동하중의 불리한 조합
유해한 노출조건하의 부재	0.1	0.2
보양되어 있지 않은 부재	0.2	0.3
보양되어 있는 부재	0.3	미관상의 검토

▼ [표 3-5] 대상구조물별에 따른 허용균열폭

국명	규준명 등	대상구조물	허용균열폭(mm)
일본	건축성(建築省)	항만구조물	0.20
	일본공업규격	• 원심력 철근콘크리트 기둥 • 설계하중 시, 설계휨모멘트 작용 • 설계하중, 설계휨모멘트 개방 시	 0.25 0.05
미국	ACI Building Code 318-95	• 옥외부재 • 옥내부재	0.33 0.41
구소련	SNP-B-1-62 (철근콘크리트 기준)	• 비부식성 • 약부식성 • 중부식성 • 강부식성	0.3 0.2 0.2 0.1
프랑스	Brocard		0.4
스웨덴		• 도로교 고정하중만 • 고정하중+1/2적재하중	0.3 0.4
영국	BS-4110	• 일반환경 • 부식성 환경	0.30 0.04
유럽	유럽콘크리트 위원회(CEB)	• 상당한 침식작용을 받는 구조물의 부재 • 방어보호가 없는 보통 구조물의 부재 • 방어보호가 있는 보통 구조물의 부재	0.1 0.2 0.3

(4) 내력에 따른 판정

구조내력이 문제가 될 경우에는 기술자의 판단에 의함을 원칙으로 하나 이에 대한 판단기준은 [표 3-6]과 같다.

▼ [표 3-6] 구조내력 관련 균열의 판정

구분 \ 손상 원인	구조 외력	알칼리 골재반응	철근부식
구조계산을 행하는 전제 조건	휨균열 폭≥ 0.3mm 또는 전단균열 폭≥ 0.2mm	겔이 확인되고 전팽창 ≥ 1mm 또는 균열밀도 ≥ 1m/m^{2}이거나 철근에 변했을 때	피복콘크리트의 박리가 있으며, 철근에 현저한 녹발생, 변형, 파단의 이상이 있을 때
보강을 필요로 하는 경우	허용응력을 초과할 때		
정기적인 관찰을 필요로 하는 경우	0.3mm > 휨균열폭 ≥ 0.15mm 또는 0.2mm > 전단균열 폭 > 0	겔이 확인되고 전팽창량 ≥ 1mm 또는 균열밀도 ≥ 1m/m^2	피복, 콘크리트의 부식, 녹물이 있을 때
보강을 필요로 하지 않는 경우	위의 사항에 해당되지 않을 때		

(5) 대인 안정성에 따른 판정

구조물의 부위에 따라서는 균열에 의한 마감재 등의 박리 및 탈락 등으로 콘크리트 조각, 마감재 등이 떨어져 사람에게 해를 끼치는 경우가 있으므로 [표 3-7]과 같이 대인 안정성에 따라 판정하여야 한다. 특히, 사람들이 많이 모이는 공공장소나 공장 등에서는 작업자들의 안전을 고려하여 각별히 주의해야 한다.

▼ [표 3-7] 대인 안전성에 따른 균열의 판정

보수요	관찰하여 진행성인 경우 보수한다.	보수 불필요
콘크리트의 낙하로 이어진 현저한 균열, 박리, 박락이 있어 인명 등에 영향을 끼칠 우려가 있다.	콘크리트 및 마감재의 낙하로 이어질 균열, 박리, 박락의 징후가 있고 낙하로 진행될 가능성이 있다.	균열이 진행하여도 낙하 등이 발생할 균열은 아니다.

(6) 기타 감각에 따른 판정

실 예로써 여러 가지 균열을 기술자 · 건축가 · 학생 · 일반인들에게 보여주고, 이에 대한 심리테스트를 통하여 허용균열폭을 판정하는 방법이다. D.Haldane는 콘크리트 슬래브에 0.09mm에서 0.79mm 균열을 넣어 35인의 기술자, 18인의 건축가, 101인의 건축과 학생, 60인의 일반인에게 보여주고 허용균열에 대한 심리테스트 결과를 [표 3-8]과 같이 발표하였다. 그 결과 각 개인에 따라 균열의 크기에 대해 느끼는 정도가 많이 차이가 있는 것으로 나타났다.

▼ [표 3-8] 허용균열에 대한 비율(백분율)

균열폭(mm)	균열을 허용하는 비율(%)			
	기술자	건축가	건축과 학생	일반인
0.09	92	94	90	92
0.18	88	59	95	94
0.20	85	78	75	69
0.25	83	44	70	66
0.29	57	33	65	46
0.38	48	11	36	17
0.41	40	6	34	29
0.43	9	0	10	6
0.66	6	0	8	6
0.79	3	0	4	8

[주] D. Haldane(1976), "The Improtance of Cracking in Reinforced Concrete Members", Int. Conf. Performance Build. Struct. (GBR), p.p.99-109

탄산화 피해 개념도

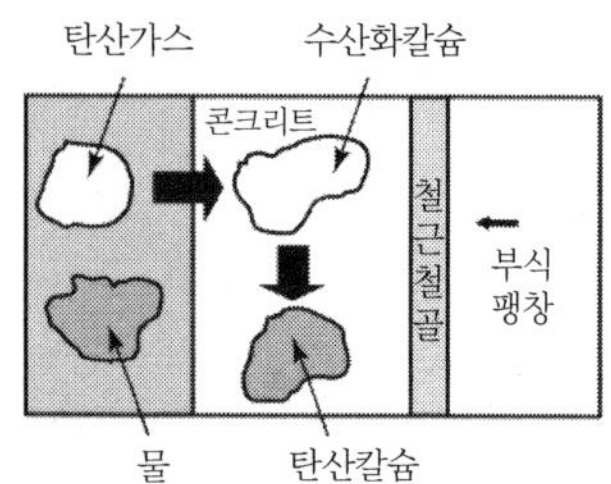

2 탄산화(중성화)

콘크리트의 탄산화는 산화칼슘(CaO), 수산화칼슘($Ca(OH)_2$)이 탄산가스(CO_2)에 의해 탄산칼슘($CaCO_3$)으로 변화하면서 pH값이 8.5 이하로 감소하는 것을 의미한다. 탄산화의 속도는 1년에 1mm(0.04inch)로 진행된다고 알려져 있다. 이는 주로 공기 중에 0.03% 정도 존재하는 이산화탄소의 영향을 받는다.

따라서 수중에서는 탄산화가 진행되지 않는다. 양질의 콘크리트는 표층부의 조직이 치밀하기 때문에 탄산화가 매우 느리게 진행되므로 피복이 얇거나 손상을 받는 경우를 제외하면 큰 문제는 되지 않는다.

다만, 현재에는 배기가스 및 환경의 영향으로 탄산화가 빨리 진행되고 있으며, 탄산화가 심각한 상태에서는 콘크리트 중의 철근부식 등 내구성 저하에 큰 영향을 미치기 때문에 이에 대한 보수조치를 강구해야 한다. 보수조치에는 별도의 재료와 공법의 적용이 필요하다.

콘크리트의 염해로 인한 피해

3 염해

바닷물의 침입이나 해사 혹은 해수를 사용할 경우에는 콘크리트에 염분이 혼입될 우려가 있다. 또한 콘크리트 구조물 내에 존재하는 염화물은 시멘트, 골재, 혼합수에 의해 배합 시부터 포함되어 있거나 또는 동결융해 과정이나 제설제($CaCl_2$)의 사용으로 외부에서 침투하는 경우가 있다. 무근콘크리트의 경우에는 염분을 함유하고 있는 그 자체로는 구조체에 별다른 영향을 미치지는 않는다고 볼 수 있으나 공기 중의 산소와 염소이온이 결합하여 철근을 부식시키고, 녹 팽창압에 의해 피복이 떨어져 나가거나 균열이 생기게 된다. 염해가 심각한 상태에서는 콘크리트 중의 철근부식 등 내구성 저하에 큰 영향을 미치기 때문에 이에 대한 보수조치를 강구해야 한다. 보수조치에는 별도의 재료와 공법의 적용이 필요하다.

구조물에 따른 허용 염분 이온량은 [표 3-9]와 같다.

▼ [표 3-9] 구조물에 따른 허용 염분이온량(ACI 201.2R)

사용조건	시멘트 중량에 대한 Cl^-(%)
프리스트레스트콘크리트	0.06
습기가 있고 염분에 노출된 지역의 일반구조물	0.10
습기가 있고 염분에 노출되지 않은 지역의 일반구조물	0.15
지상에 건설된 건조한 상태의 구조물	제한 없음

[주] 일본에서는 가설건축물을 제외한 철근콘크리트 구조물에서는 염화물 함유량이 0.30kg/m^3 이하의 콘크리트를 사용하여야 하며, 이를 초과하는 경우에는 방지대책을 세워야 한다고 명시되어 있다.

4 화재에 의한 손상

콘크리트가 화재 등의 원인으로 불의 영향을 받게 되면 다음과 같은 성능 저하현상이 나타난다. 콘크리트에 영향을 미치는 온도범위는 대체로 21°C(70 F)의 일상적인 온도에서부터 800°C(1,500 F)에 이른다.

(1) 콘크리트 구체는 직접적인 화재의 영향을 받으면 부피에 변화가 생기고 따라서 뒤틀림, 좌굴(Buckling)에 의해 균열이 생기게 된다.
(2) 화재로 인한 고열 때문에 골재 등이 급속히 팽창하여 폭발하는 듯한 소리를 내며 콘크리트가 떨어져 나간다. 콘크리트 내부의 수분은 급격히 증기로 변하고 이로 인하여 콘크리트의 국소 부위에 국부적인 탈락현상이 나타난다.
(3) 400°C(750 F) 부근에서 수산화칼슘($Ca(OH)_2$) 성분이 분해함으로써 콘크리트의 분해 현상이 나타난다.
(4) 온도상승에 따라 철근이 인장응력이 감소한다.
(5) 콘크리트의 탈락으로 철근이 화재에 노출되면, 철근은 주위의 콘크리트보다 빨리 팽창하게 되어 좌굴현상이 나타나게 되고, 철근과 콘크리트의 부착력손실을 가져오게 된다.

5 동결융해

콘크리트는 다공질이므로 습기나 수분을 흡수한다. 특히 콘크리트 표면의 기포, 공극, 균열, 허니콤(Honey Comb) 등의 결함 부분에 습기나 수분이 흡수되어 결빙점 이하의 온도에서는 얼면 물의 부피가 팽창하기 때문에 그 팽창압력으로 콘크리트의 표면에 손상을 가하게 된다. 온도가 상승하여 얼었던 부분이 녹으면 손상된 표면이 부분적으로 떨어져 나가게 되며, 이러한 현상이 여러 번 반복되면 궁극적으로 콘크리트 표면이 심하게 분열된다. 동결융해에 영향을 미치는 요소는 다음과 같다.

(1) 공극이 많으면 동결융해속도는 증가한다.
(2) 습기를 많이 포함하면 동결융해속도는 증가한다.
(3) 동결융해 횟수가 증가하면 동결융해속도는 증가한다.
(4) 공기량이 많으면 동결융해속도는 감소한다.
(5) 모세관이 작고 흡수율이 큰 골재에서는 동결융해속도는 증가한다.

»» 화재온도에 따른 콘크리트 강도의 변화

화재온도가 300℃ 정도일 때에는 콘크리트의 강도의 감소는 미비하나, 500℃ 이상이 되면 콘크리트의 강도가 반으로 줄게 되며 콘크리트의 탄성계수도 반 이하로 줄게 된다.

»» 화재 후 콘크리트의 표면 상태에 따라 화재온도 예측

① 300℃ 이하 : 구조물 표면에는 그을음 정도만 부착
② 300~600℃ : 콘크리트 표면이 핑크색
③ 600~950℃ : 콘크리트 표면이 회백색
④ 950℃ 이상 : 콘크리트 표면이 담황색
⑤ 1,200℃ 이상 : 콘크리트가 용융

»» 화재로 인한 구조물의 피해

»» 동해

모세관 공극 내의 자유수가 동결하여 얼음으로 변화되면서 약 1.09배의 체적팽창을 하고 그 체적팽창으로 미동결수가 모세관 공극을 통하여 내부로 이동하고 그 때문에 수압구배에 따른 압력에 의하여 조직이 파괴되는 것

»» 콘크리트 동결융해 저항성과 공기량

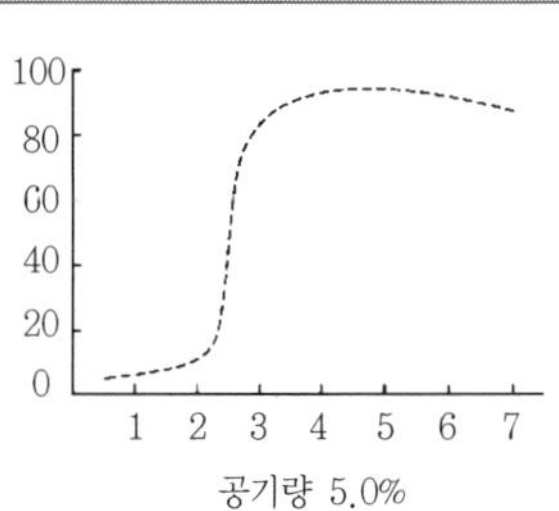

»» 동해로 인한 콘크리트의 피해

6 철근부식

철근의 부식은 철산화물과 수산화물을 만들어내게 되는데 이것은 원래의 금속철의 체적보다 훨씬 커다란 체적을 갖게 된다. 따라서 철근의 반경 방향으로 밀치는 응력이 유발되며, 국부적인 균열을 일으키게 된다. 이러한 반경 방향의 균열은 철근 길이를 따라서 계속 연결하게 되며 결국 콘크리트가 떨어져 나가는 현상을 초래하게 된다. 철근부식의 원인은 탄산화에 의한 콘크리트 알칼리성 저하, 균열을 통한 산소와 수분의 침투, 염화물의 침입 혹은 혼입에 의한 화학 반응 등으로 구분할 수 있다. 특히 콘크리트 표면의 미세한 할렬균열(Splitting Crack)은 산소와 수분의 접촉을 쉽게 하여 부식을 촉진시키게 되므로 결국 균열은 더욱 증대하게 된다.
이러한 부식에 의한 콘크리트의 균열을 방지하기 위하여 철근을 코팅하여 사용할 수도 있으나, 부착력에 대해서는 그만큼 불리해진다.
또한 연구결과에 의하면 휨응력을 받는 보에서 철근 단면적이 1.5% 손상되면, 최대강도가 떨어지기 시작하여 4.5%의 단면적 손실에서는 12%까지 떨어진다고 되어 있으며, 이는 철근직경의 감소 때문으로 추정된다.

»» 누수로 인한 백태현상 발생

7 백태(백화)

백태(백화)는 모르타르나 콘크리트 내의 수용성 성분(수산화칼슘 등)이 침입하는 물에 용해되어 내부에서 표면으로 이동하여 공기 중의 탄산가스 등과 결합한 후 수분 증발 후에 백색의 추출물이 되어 나타난 현상으로 에프로렛센스(Efflorescence)라고도 한다. 백태는 발생하는 계절이나 장소 또는 사용재료에 따라 달라지는데 대략 (1) 탄산칼슘, (2) 황산나트륨 및 탄산나트륨의 혼합물, (3) 탄산칼슘, 황산나트륨 및 탄산나트륨의 혼합물의 3가지로 분류된다.

8 구조체 손상부

거푸집 탈형 시의 표면 손상, 이어치기면, 재료분리, 이물질의 혼입 등에 의하여 손상된 표면 부분은 구조적 안전성에 직접적인 영향을 미치지 않더라도 내구성 확보차원에서 보수가 필요하다.

(1) 거푸집에 의한 표면 손상

목재 거푸집을 사용할 때 탈형 시에 발생하는 콘크리트 표면 불량은 그 수종의 영향을 크게 받으므로 활엽수계에서는 떡갈나무, 오동나무, 느티나무, 침엽수계에서는 적송, 삼목 등의 재료는 피하는 것이 좋다. 거푸집 재료가 산성을 띠고 있는 것을 사용하면 벽체표면이 거칠게 변하는 사례를 볼 수 있다.

(2) 이어치기면

콘크리트를 이어치기 할 때 이미 타설된 부분의 콘크리트와 후 타설된 콘크리트 사이에 뚜렷한 경계면이 발생하는 경우가 많다. 심한 경우에는 철근이 대기 중에 노출되기도 하고, 특히 누수가 심하게 나타나는 경우가 있으므로 보수를 필요로 한다.

>>> 콘크리트 이어치기면

(3) 재료분리 및 허니컴(Honey Comb)

균질하게 비벼진 콘크리트는 어느 부분의 콘크리트를 채취해도 그 구성 요소인 시멘트, 물, 잔골재, 굵은 골재의 구성비율이 동일하여야 하나 이와 같은 균질성을 소실하는 현상을 분리라고 한다. 즉, 굵은 골재가 국부적으로 집중하거나 수분이 콘크리트의 윗면으로 모이는 현상을 분리라고 하며, 이는 콘크리트의 재료배합 실패, 유동성(반죽질기) 부족, 다짐불량 등에 의해서 많이 발생한다.

>>> Honey Comb(곰보)

콘크리트 표면에 골재의 틈새가 잘 채워지지 않아 벌집처럼 된 상태

(4) 이물질의 혼입

콘크리트의 비빔 혹은 타설 시 나무뿌리, 나무조각, 석탄재, 암모니아, 곡물(대두, 소맥), 콘크리트 조각, 콘크리트 덩어리, 철 조각, 철근 등이 혼입되어 시공성이 저하하거나 구조체의 부분적 강도 저하, 접착 불량, 누수 등의 원인이 된다.

(5) 국부적인 표면 마모

콘크리트의 마모 또는 집중하중이 작용함으로써 콘크리트 표면이 탈락하게 되어 궁극적으로 피복을 얇게 만드는 결과를 초래한다.

9 누수

균열로부터의 누수에 의한 문제는 크게 구조내력상의 문제, 사용상의 문제, 미관상의 문제로 나눌 수 있다.

첫째, 누수가 구조내력상 미치는 영향은 녹의 발생에 따라 금속부재(철근 · 철골 등)의 단면결손 등이 원인이 되어 건물의 붕괴나 결손의 위험을 동반한다.

둘째, 사용상의 문제로는 누수에 의해 주거생활의 불편함을 동반하는 것이다.

셋째, 미관상의 문제는 외장면 · 내장면의 얼룩이나 부식 · 균열에 의해 시각적으로 불쾌함을 가져다준다.

>>> 슬래브의 누수

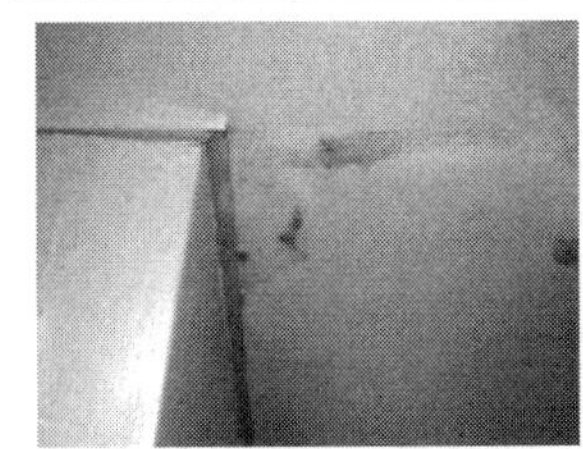

SECTION 05 보수공법

콘크리트구조체의 보수공법은 표면처리공법, 주입공법, 충전공법, 기타 공법으로 분류할 수 있다.

>>> 표면처리공법(Epoxy 실링) 시공 사례

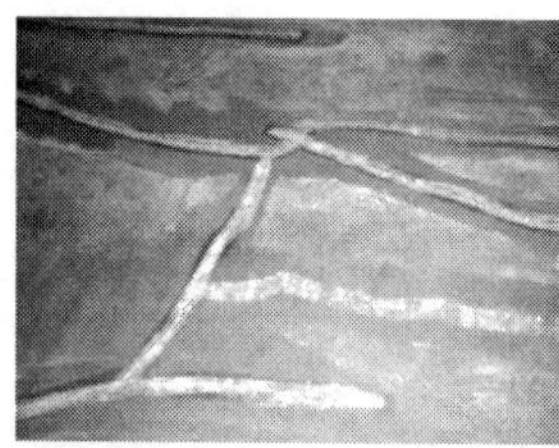

1 표면처리공법

(1) 개요

이 공법은 균열을 따라 콘크리트 표면에 피막을 만드는 방법과 어느 정도 넓은 범위로 콘크리트 표면 전체를 피복하는 방법으로 분류할 수 있다. 전자는 통상 0.2mm 이하의 미세한 균열에 대해 방수성, 내구성을 확보할 목적으로 실시되는 방법으로 구조성능이나 미관성을 확보하기 위해서는 이용될 수 없다(그림 3－5). 한편 후자는 일반건축 마감공법 중 콘크리트의 방수성, 내구성, 미관성을 확보하기 위해 이용되며 구조성능을 회복할 목적으로는 효과가 없다.

이 공법은 균열내부의 처리가 가능하지 않다는 점과 균열이 계속 진행되는 경우에서 균열의 움직임을 추적하기 어렵다는 등의 결점을 가지고 있다. 이 때문에 균열폭의 변동에 따라서 탄력성이 있는 재료를 채용하고 [그림 3－6]에 나타낸 것 같은 방법으로 행하여지고 있다.

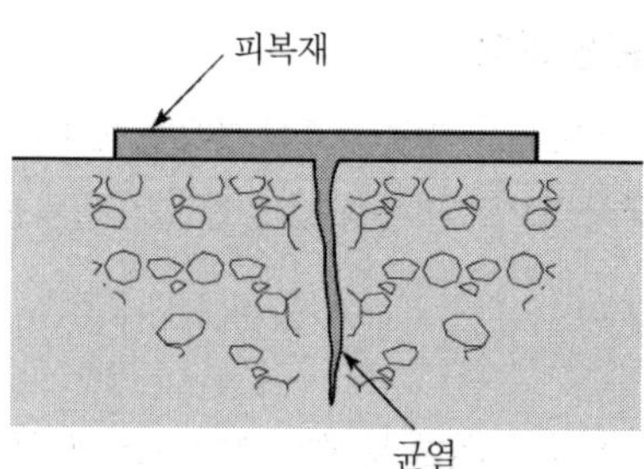

[그림 3－5] 표면처리공법

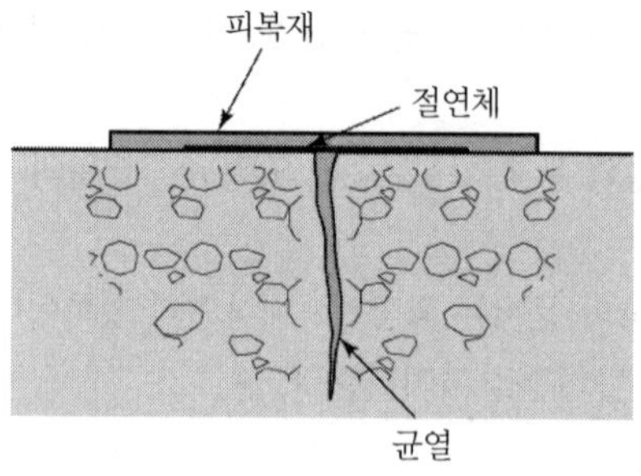

[그림 3－6] 균열폭의 변동이 큰 경우의 표면처리공법의 예

표면처리공법에 이용되는 재료는 보수 목적과 그 구조물의 환경에 따라 다르지만, 일반적으로는 도막 탄성방수재, 폴리머시멘트 페이스트, 시멘트 충전재 등이 이용된다. 사용재료에 따라서는 모재와의 부착력이 적은 것이 있을 수 있으므로 사전에 충분히 실험 등을 통해 검토하여 시공하여야 한다.

시공 시 우선 콘크리트 표면을 와이어 브러시 등으로 문질러서 거칠게 함과 동시에 표면의 부착물을 제거하고 물 등으로 청소한 후 충분히 건조시킨다. 다음으로 콘크리트 표면의 기공 등을 수지로 메우고 그 후 적절한 보수 재료로 균열을 피복한다. 이 공법은 균열 표면에 대한 보수이므로 피복재의 두께가 얇기 때문에 특히 사용연수에 따른 열화에 대해 주의할 필요가 있다. 또한 재료에 따라서는 마감재와의 부착력이 적은 것, 색상차, 얼룩 등이 생기기 쉬우므로 이러한 것에 주의할 필요가 있다.

(2) 균열부 표면처리공법

이 공법은 비교적 간단한 보수공법이므로 주로 균열폭의 변동 유무에 따라서 선택하는 것이 중요하다. 일반적으로 균열폭의 변동이 적은 경우는 에폭시수지, 균열폭 변동이 큰 경우에는 타르 에폭시, 폴리우레탄이 이용되어지고 있다. 또 간단한 보수에는 시멘트모르타르, 아스팔트 등을 이용하고 있다.

시공에 있어서는 일반적으로 합성수지계의 마감재료 시공과 같은 주의가 필요하다. 즉, 표면처리에 앞서 콘크리트 표면을 와이어 브러시, 물 등으로 충분히 청소한 후 처리 부분에 보수재료와 콘크리트의 접착성을 저해하는 요철이나 기공이 있는 경우에는 합성수지 퍼티 또는 합성수지 에멀션 혼입 시멘트 페이스트, 모르타르로 콘크리트 표면을 메운다. 여기서 외부에는 내수성에 문제가 있는 합성수지 에멀션 같은 퍼티는 사용하지 않는 것이 바람직하다.

>>> 표면처리공법(시멘트 페이스트) 시공 사례

(3) 전면처리공법

이 공법은 본질적으로는 마감공법과 유사하며 콘크리트 구체의 내구성, 방수성을 향상시키는 효과가 큰 마감재료공법의 일부를 보수효과를 목적으로 이용하고 있다. 따라서 이 공법은 특히 작은 균열이 콘크리트의 표층 전 부위에 걸쳐서 생길 때 실시하는 것 외에 별도의 보수공법을 시공한 후 미관상의 이유에서 실시하는 경우가 많다. 즉, 이 공법은 내구성, 방수성 특히 미관성의 향상을 위해 실시한다.

시공방법은 마감공법의 사양에 준하며 보수재료의 경화기구에 따라서 적당한 콘크리트 표면의 상태와 시공·양생의 방법이 크게 다르다. [표 3-10]은 전면처리공법에 이용하는 재료의 경화기구와 시공상의 유의점을 나타낸 것이다.

▼ [표 3-10] 전면처리공법에 이용되는 재료의 경화기구와 시공상의 유의점

분류	공법의 종류		경화기구	시공상의 유의점
미장공법	시멘트 모르타르도장		수경성	• 콘크리트 표면은 적당한 습윤상태를 유지한다. • 습윤양생한다.
	합성수지 에멀젼 도포		기경성	• 콘크리트표면을 건조시킨다. • 양생은 통풍이 잘되고, 습윤양생을 피해야 한다.
			2액형 반응 경화성	• 일반적으로 콘크리트표면은 건조되어 있는 것이 바람직하다. • 기재, 경화제의 배합비에 유의한다.
	콜타르		고화성 (기경성)	• 콘크리트표면은 건조가 필요하다. • 통풍이 잘되어야 한다.
타일, 벽돌, 석재 깔기 공법	도자기질 타일깔기		수경성	• 바탕처리 시멘트모르타르의 시공은 미장공법 시멘트모르타르 도포에 준한다. • 바탕 처리된 표면은 타일로 까는 공법의 종류에 의한다.
	벽돌, 석재깔기		수경성	• 바탕처리 시멘트모르타르의 시공은 미장공법 시멘트모르타르 도포에 준한다. • 두꺼운 벽돌, 석재를 이용하는 경우 콘크리트 구체에 적절한 재료를 이용하여 단단히 붙인다.
뿜칠공법	복층뿜칠재뿜칠공법	시멘트계	수경성	• 콘크리트 표면은 적당한 습윤상태를 유지한다. • 습윤양생한다.
		합성수지 에멀젼계	기경성	• 콘크리트 표면은 건조가 필요하다. • 통풍이 잘되고, 습윤양생을 피해야 한다.
			반응경화성	• 일반적으로 콘크리트 표면은 건조되어 있는 것이 바람직하다. • 기재, 경화제의 배합비에 유의한다.
		용액계	반응경화성	• 일반적으로 콘크리트 표면은 건조되는 것이 바람직하다. • 기재, 경화제의 배합비에 유의한다. • 통풍에 유의한다.
	현지조합 시멘트 모르타르 도포공법		수경성	• 콘크리트 표면을 적당히 축축하게 한다. • 습윤양생한다.

분류	공법의 종류	경화기구	시공상의 유의점
도포공법	규산질계 (시멘트계)	수경성	• 콘크리트 표면은 적당한 습윤상태를 유지한다. • 콘크리트 구체의 균열발생에 주의한다.
	고분자계	반응경화형	• 콘크리트 표면은 반드시 건조해야 한다. • 콘크리트 구체의 균열 발생에 주의한다.
	무기 · 유기 혼합계	수화응고형	• 콘크리트 표면의 상태 • 시공 시 기상조건 확인(우천 시 작업 금함)

[주] ① 수경성 : 물과 화학적으로 반응하여 경화하는 성질
② 기경성 : 공기 중의 산소 등과 반응하여 경화하는 성질
③ 반응경화성 : 주제와 경화제의 2성분이 화학적으로 반응하여 경화하는 성질
④ 수화응고형 : 유기 · 무기 혼합형 재료에서 무기질계 성분이 혼합수 혹은 바탕의 수분 등과 반응하여 경화하는 성질
⑤ 고화성 : 재료 중에 혼합 혹은 포함된 용제가 증발하여 경화하는 성질

2 주입공법

(1) 개요

균열폭이 0.2mm 이상의 경우에 채용되는 것으로 균열에 수지계 또는 시멘트계의 재료를 주입하여 방수성, 내구성을 향상시키는 공법으로 마감재가 콘크리트의 구체에서 들 떠 있는 경우의 보수에도 채용한다. 이 공법을 적용함에 있어서는 시공시기에 알맞은 가사시간 및 균열폭에 대응한 점도의 재료를 선정하는 것이 중요하다.

주입공법의 주류는 에폭시수지 주입공법이며 과거에는 수동 및 기계주입방법으로 행해졌었다. 그러나 이들 방법에서는 주입량의 점검이 가능하지 않고, 관통하지 않는 균열에서는 내부까지 재료를 주입하는 것이 곤란한 것 및 주입압력이 너무 높으면 균열을 확대하여 버리는 것 등의 문제가 있었는데 최근에는 저압 저속주입이 다양하게 고안되어 있다. 또한 이 공법은 콘크리트 균열면에 직접 보수재료를 주입하기 때문에 균열 내부 및 균열표면에 보수재료의 접착을 방해하는 부착물이 있는 경우에는 적용할 수 없다. 즉, 수중 불분리 콘크리트의 균열, 백태 등에 의해 오염된 균열의 보수는 불가능하다.

에폭시수지를 진행성 균열의 보수에 사용하는 경우 에폭시수지의 변형에 대한 적용성이 문제된다. 일반적으로 사용되고 있는 에폭시수지의 변형량은 2% 정도로 이 균열에 대해서는 유연성의 것을 사용하거나 충진공법을 고려할 필요가 있다. 그리고 에폭시수지 주입공법과 스테인리스 핀과의 병용으로 균열부의 일체화를 증대시켜 온도변화 등에 의한 움직임을 적게 하는 방법도 고려할 필요가 있다.

》》 벽체 주사기 좌대 설치

>>> 슬래브 균열 주입공법

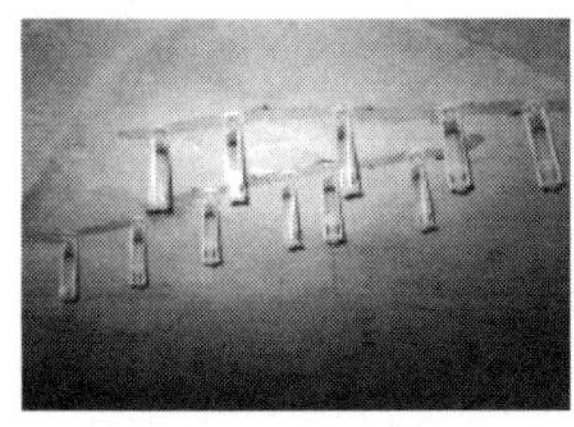

>>> 퍼티 제거 장면

1) 주입공법의 특징

① 내력복원의 안전성을 기대할 수 있다.
   ㉠ 에폭시수지의 접착강도가 크며, 경화 시 수축이 거의 없다.
   ㉡ 휨시험에서는 대부분의 모재에서 파단이 일어난다.

② 내구성 저하 방지 및 누수방지를 기대할 수 있다.
   ㉠ 미세한 균열에도 주입이 가능하다.
   ㉡ 균열이 발생한 콘크리트를 일체화시킬 수 있다.
   ㉢ 산소 및 수분을 차단할 수 있어 콘크리트의 탄산화를 억제할 수 있다.

③ 경화 후의 에폭시수지는 화학적 성질이 안정하여 내후성이 좋다.

④ 미관의 유지가 용이하다.

⑤ 경제적이다.
   ㉠ 구조물의 자중 증가가 거의 없다.
   ㉡ 접착강도가 단기간에 발현된다.
   ㉢ 작업성이 좋다.

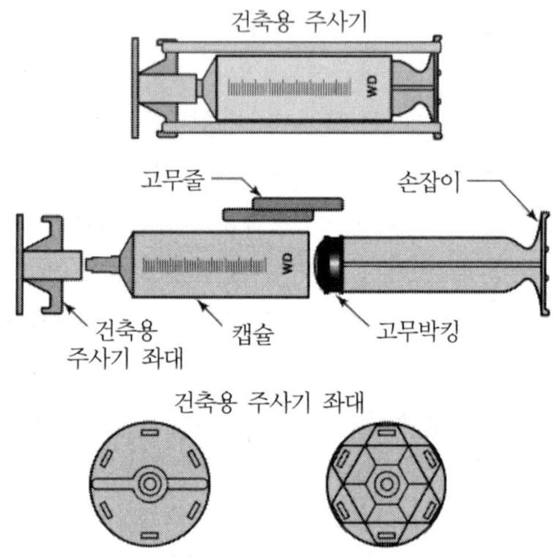

[그림 3-7] 건축용 주사기 및 좌대

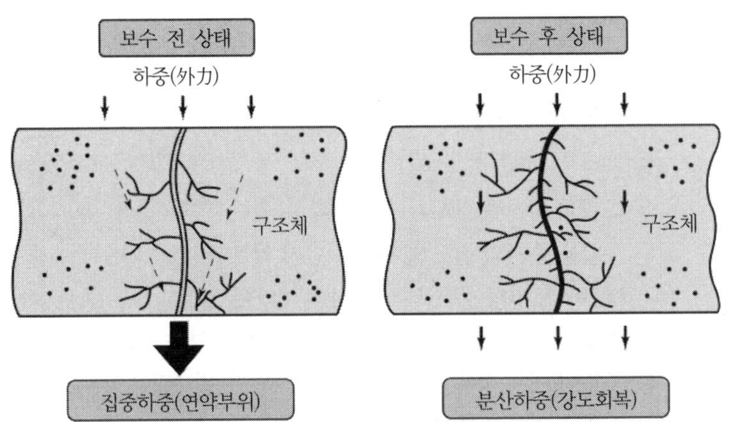

[그림 3-8] 보수 전후 상태

[그림 3-9] 주입공법에 의한 시공 장면

(2) 주입공법의 종류

[그림 3-10]에 주입공법의 종류를 나타내었다.

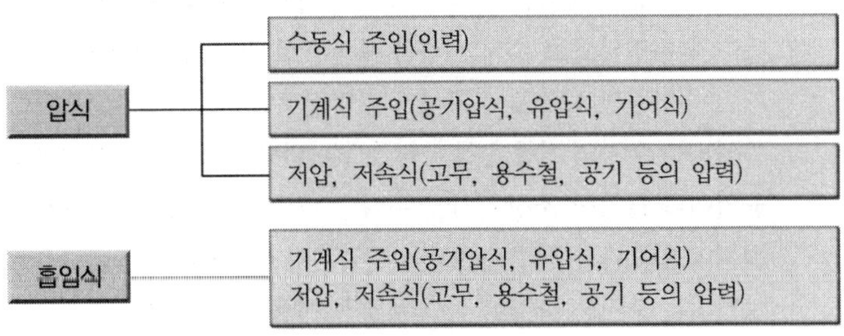

[그림 3-10] 주입공법의 종류

벽체 팩커를 설치하기 위한 천공

1) 수동식 주입법

수동식 주입법은 주입 시 소형펌프를 사용하여 주입 내를 비교적 다량으로 주입하는 방식으로 장 · 단점은 다음과 같다.

① 장점

㉠ 다량의 수지를 단시간에 주입할 수 있다.
㉡ 주입용 수지의 점도에 제약을 받지 않는다.
㉢ 벽, 바닥, 천정 등의 부위에 따른 제약이 없다.
㉣ 주입구 1개소에서 넓은 면적을 주입할 수 있다.
㉤ 들뜸이 매우 적은 부위, 모재와 접착되어 있지 않은 부위, 박리 직전의 부위에도 주입이 가능하다.
㉥ 주입량을 정확하게 알 수 있다.
㉦ 주입압이나 속도를 조절할 수 있다.

② 단점

㉠ 균열 폭 0.5mm 이하의 경우에는 주입이 매우 곤란하다.
㉡ 공극부에 압력이 가해진다.
㉢ 주입 시 압력펌프를 필요로 한다.
㉣ 경우에 따라 압착 양생을 필요로 한다.
㉤ 주입 조작, 기기 취급 시 숙련도가 요구되어 관리상의 문제점이 있다.

2) 저압 · 저속식 주입법

균열 위에 주입수지가 들어 있는 용기를 설치하여 고무, 용수철, 공기압 등으로 서서히 수지를 주입하는 방식으로 다음과 같은 특징이 있다.

① 수지가 들어 있는 용기를 균열 위에 설치하면 사람의 손을 필요로 하지 않고, 용기에 걸려 있는 압력에 의해 자동으로 주입되며, 저압력이므로 시일부의 파손도 적고, 확실성이 높아 시공관리가 용이하다.
② 용기가 투명하므로 수지의 양을 육안으로 관찰하기가 용이하며, 수지의 주입량과 상황을 정확하게 파악할 수 있다.
③ 주입되는 수지의 거동은 동심원상으로 확대되므로 주입압력에 의한 균열이나 들뜸이 조장되지 않는다. 주입압력은 4kg/cm^2 이하로 규정되어 있으나 실제로는 3kg/cm^2 전후가 사용된다.
④ 주입되는 수지는 다양한 점도의 것을 사용할 수 있다.
⑤ 주입재는 에폭시수지 이외에도 무기질계의 슬러리도 사용할 수 있어 습윤부에도 사용이 가능하다.
⑥ 주입기에 여분의 주입재료가 남아 재료의 손실이 크다.

▼ [표 3－11] 저압 · 저속식 주입방법의 압입방식

압입방식	용기의 형태
압축용기에 의한 압축공기	플라스틱제의 실린더
압력탱크의 압력	플라스틱제 압력탱크
고무시트의 복원력	플라스틱제의 틀에 고무시트를 고정
고무풍선압력	고무풍선
고무밴드의 복원력	플라스틱제 실린더와 피스톤
캡슐 내의 용수철	플라스틱제 캡슐 탱크

(3) 주입공법 순서

주입공법에 의한 보수 방법의 일례를 [그림 3－11]에, 순서도를 [그림 3－12]에 나타내었다.

주입공법은 콘크리트의 표층 상부에 존재하는 균열, 망상균열 같은 다분기성 균열, 균열 길이가 작고 불연속으로 분산한 균열에 대해서는 적용이 곤란하다. 또한 ALC판, 현장 발포콘크리트 등 경량콘크리트의 보수에는 보수재료가 콘크리트 중의 세공구조 중에 분산하여 주입압력을 향상시킬 수 없는 것이 많으며, 주입 완료 후에도 콘크리트 중에서 이동하여 충분히 주입할 수 없는 것이 많다. 따라서 보수에 앞서 대상 콘크리트의 종류, 성질에 관한 사전 정보를 얻는 것이 중요하다.

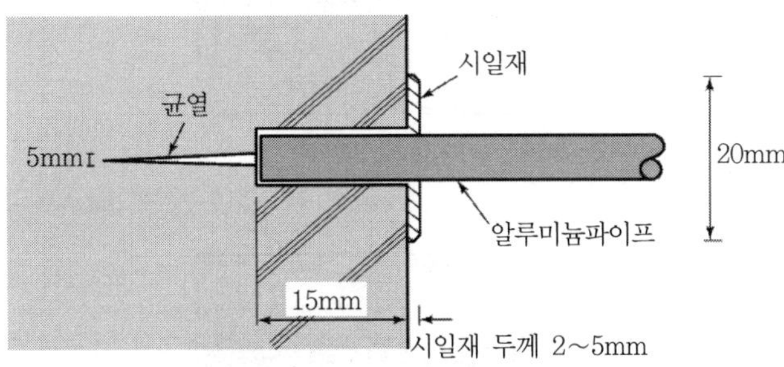

균열폭(mm)	파이프 간격(mm)
0.3 이하	50~100
0.3~0.5	100~200
0.5~1.0	150~250
1.0 이상	200~300

[그림 3－11] 주입공법의 예

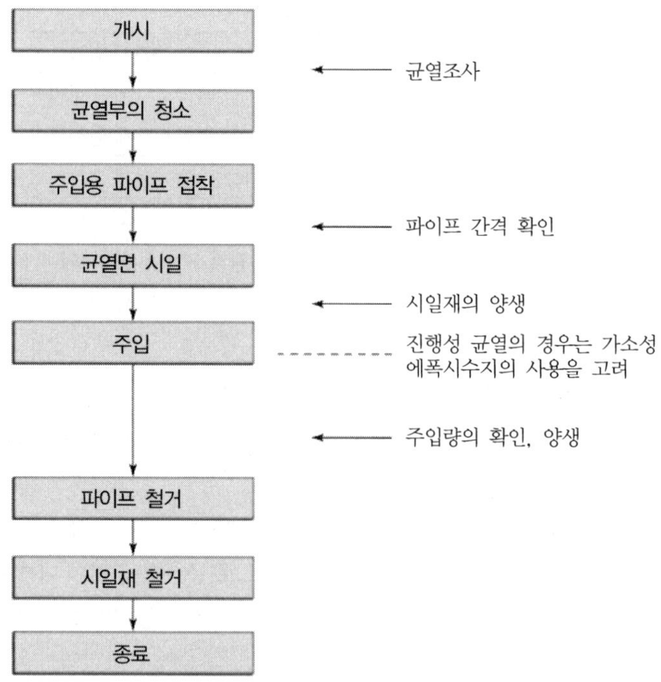

[그림 3-12] 주입공법의 흐름도

>>> **발포지수제 주입 후 상태**

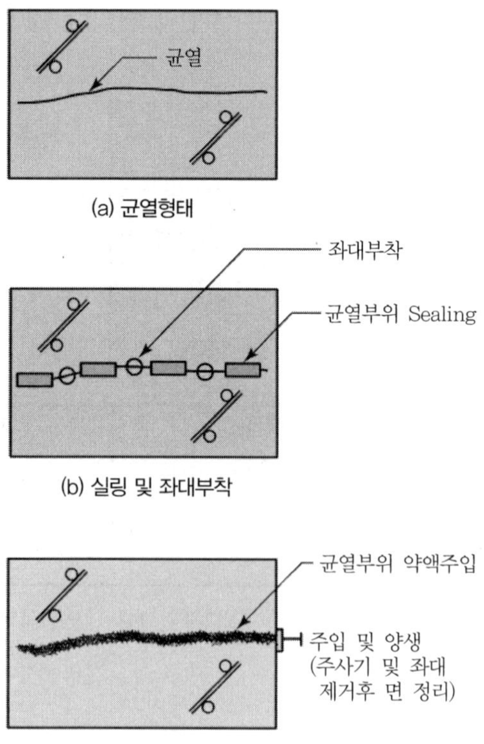

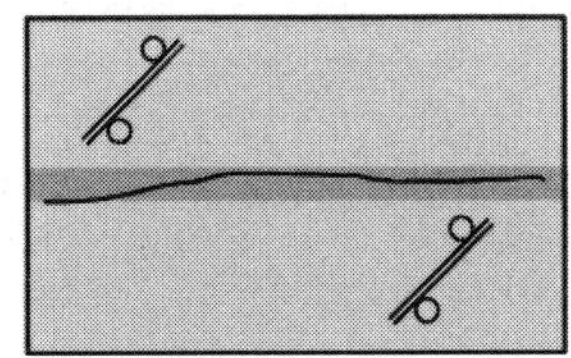

(d) 마감/면정리

[그림 3－13] 주입공법의 시공순서

(4) 보수의 예

1) 균열의 보수(에폭시수지 주입제에 의한 경우)

구조물의 강성향상을 위한 균열 보수공법이다. 주입제에는 주제와 경화제의 2액 혼합 경화형 에폭시수지를 이용하였다. 콘크리트와 부착이 좋고 경화 후 강도가 크기 때문에 사용실적도 많다. 그러나 습윤환경하의 균열보수에는 수분과의 접촉 시 경화불량의 염려가 있기 때문에 재료선정에 주의해야 한다. 참고로 우레탄계 수지재료가 습윤환경의 균열보수에 많이 사용된다. [표 3－12]에 균열폭에 따른 적용주입공법을 나타내었다.

▼ [표 3－12] 균열 주입제의 성능

시험 항목	시험 조건	단위	에폭시수지 (접착형)	에폭시수지 (유연형)
점도	20℃	CPS	500±200	600±200
비중	20℃, 7일 양생	kg/cm^2	1.15±0.15	1.15±0.15
압축항복강도	20℃, 7일 양생	kg/cm^2	500 이상	－
압축탄성계수	20℃, 7일 양생	kg/cm^2	1.0×10^4 이상	－
인장강도	20℃, 7일 양생	kg/cm^2	300 이상	70 이상
신율	20℃	%	2.0 이상	100 이상

2) 보수균열에 대한 표면 보수(무기질침투성 도포방수제 및 무기질탄성형 도막방수제에 의한 경우)

무기질침투성 도포방수제에 의한 누수방지를 목적으로 사용하는 보수공법으로 균열폭이 0.2mm 이하의 균열에 적용되며, 균열폭이 큰 경우에는 부적당하다. 무기질침투성 도포방수제에 의한 균열보수 실험결과의 일례에 의하면 0.2mm 정도의 균열폭의 경우 태풍 등에 의한 바람과 비에도 누수되지는 않지만, 이 공법은 아직 실적이 적고 콘크리트 구체의 계속적인 거동시의 효과, 내구성 측면의 확인이 계속 검토 중이다.

또 다른 보수공법으로 유기질 혼합 탄성형 도막재를 사용한 경우에는 도막재가 탄성력을 갖는 유기질 성분이 혼합되어 있기 때문에 2차적 균열거동에 대한 대응성이 높아 누수 방지에 효과적이다. [표 3－13]에 구체 표면 보수용 방수제의 종류 및 특성을 나타내었다.

▼ [표 3-13] 국내 시판용 구체 표면 보수용 방수제의 종류와 특성

방수재료별 / 물성		아스팔트	우레탄	시트		모르타르 방수도포	무기·유기 혼합형 (탄성계 도포재)
				EPDM	고무화 아스팔트		
주성분		아스팔트 역청	폴리 우레탄	에틸렌 프로 필렌 다이머	고무 아스 팔트	시멘트 · 골재 물유리	시멘트 · 골재 폴리머
접착성 (kg/cm²)	바탕면 접착	4.2	12.0	1.5	7.5	15.0	18.0
	습윤상태 접착	불가	불가	불가	불가	6.0	9.0
	동일재료 간 접착	21.0	250	–	–	10.0	24.4
	내구 접착력	–	–	–	2.4	4.0	5.4

>>> 주차장 바닥슬래브 주입 전경

방수재료별 / 물성		아스팔트	우레탄	시트		모르타르 방수도포	무기·유기 혼합형 (탄성계 도포재)
				EPDM	고무화 아스팔트		
인장강도(kg/cm²)		32.1	29.7	75.5	3.94	50.0	24.4
인열강도(kg/cm²)		–	17.0	17.0	13.0	–	21.4
신장률(%)		8.0	600	630	630	0.1	96.0
내균열저항성 (mm)		0.5	3.0	2.0	2.5	0.1	부직포유 : 6.3 부직포무 : 4.0
내압투수성		양호	양호	양호	양호	양호	5.0kg/cm²
통기성		없음	없음	없음	없음	있음	있음
시공성	시공방법	열용융 적층	상온 도막	상온 융착	가열 융착	상온 접착	상온접착
	접착조제	아스팔 트역청	석유류 용제	용제	아스 팔트	물	물
	방수공정	적층	적층	단층	단층	적층	적층
	독성	유	유	보통	보통	무	무
	이음처리	간단	간단	사고의 원인	사고의 원인	간단	간단
	끝단처리	간단	간단	사고의 원인	사고의 원인	간단	간단

물성 \ 방수재료별		아스 팔트	우레탄	시트		모르 타르 방수 도포	무기·유기 혼합형 (탄성계 도포재)
				EPDM	고무화 아스 팔트		
바탕 조건	평활도	거칠어도 가능	평활 해야 함	평활 해야 함	평활 해야 함	거칠어도 가능	평활해야 함
	건조조건	충분 해야 함	함수율 10% 이하	함수율 8% 이하	함수율 8% 이하	습윤 접착 가능	습윤 접착 가능
	탈기대책	누름층 설치	탈기시설 필요	탈기시설 필요	탈기시설 필요	자연 투과	자연투과
유지 관리	누수체크	원인 규명 곤란	원인 규명 곤란	원인 규명 곤란	원인 규명 곤란	원인 규명 곤란	원인 규명 곤란
	보수방법	철거 후 재시공	철거 후 재시공	철거 후 재시공	철거 후 재시공	철거 후 재시공	부분 보수 가능
	보수비용 (m^2)	신축의 190%	신축의 170%	신축의 183%	신축의 185%	신축의 160%	신축의 20~30%

[주] ① 방수재별 물성은 각 제조사가 공시한 것을 적용한 것임
② 주로 옥상방수 시공을 기준으로 함

3) 알칼리-골재반응의 보수

반응성 골재에 의한 균열은 일반적으로 진행성이며 특히 보강근량이 적다든가 팽창에 대한 구속이 적은 경우에 균열폭이 현저히 크게 되는 것이 특징이다.

이 균열보수공법을 PC구조물에서는 0.2mm 이상, RC구조물에서는 0.3mm 이상의 균열에 주입을 행한다. 이때 시공은 저압주입공법으로 행하고 주입재는 [표 3-14]에 나타낸 것 중 균열 추적성을 고려하여 신율이 큰 유연형을 표준으로 한다.

▼ [표 3-14] 균열에 따른 주입공법의 분류

조건 \ 공법		기계주입 공법	수동주입 공법	유입 공법	저압수지 주입공법
시공 위치	수평면(상)	●	●	●	●
	수평면(하)	●	●		●
	수직면	●	●		●
균열폭 (mm)	0.25 이하	●			●
	0.25~2.00		●	●	●
	2.00~5.00		●	●	
	5.00 이상			●	

⋙ 알칼리-골재반응이란?

알카리-골재반응이란 콘크리트 중에 존재하는 알카리용액과 골재 중 반응성 암석성분의 화학반응이다. 반응에 의해 콘크리트 내부에는 반응물질이 생성되고 콘크리트 팽창을 일으켜 균열, 휨, 박리, 변색 등의 거동을 나타낸다.

(5) 보수시기의 결정

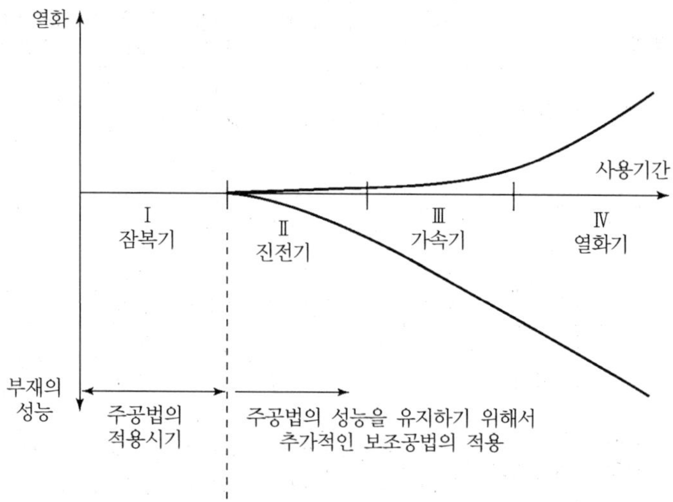

- I (잠복기) : 콘크리트 속으로 외부 염화물이온의 침입 및 철근 근방에서 부식발생 한계량까지 염화물이온이 축적되는 단계
- II (진전기) : 물과 산소의 공급하에서 계속적으로 부식이 진행되는 단계
- III (가속기) : 축방향 균열발생 이후의 급속한 부식단계
- IV (열화기) : 부식량이 증가하고, 부재로서의 내하력에 영향을 미치는 단계

[그림 3－14] 보수공법의 적용시기

≫ 습식 에폭시 주입 후 상태

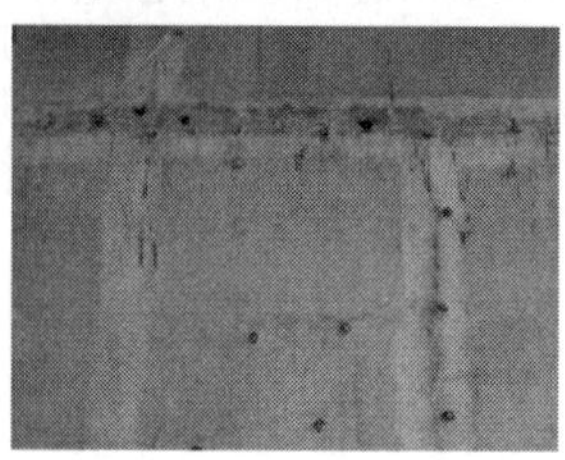

균열보수공법으로서 주입 및 충전공법의 목적은 균열이 존재함으로 인해 초래되는 성능저하(철근부식 · 누수 · 위험감 · 오염 등)를 방지하기 위해서 균열이 존재하지 않은 상태(성능 · 기능)에 최대한 가깝도록 보수하는 것으로 [그림 3－14]는 사용기간에 따른 열화의 정도 및 이에 따른 보수공법의 적용 가능한 시기에 대한 설명으로서 주공법은 잠복기에 적용하며 진전기에는 주공법의 성능을 유지하기 위해 추가적인 보조공법의 적용이 필요하다.

3 충전공법

(1) 개요

0.5mm 이상의 비교적 큰 폭의 균열보수에 적용하는 공법으로 균열을 따라 콘크리트를 U형 또는 V형으로 잘라내고 그 부분에 보수재를 충전하는 방법이다. 이 공법은 철근이 부식하지 않는 경우와 철근이 부식하고 있는 경우에 따라 보수방법이 다르다.

(2) 철근이 부식하지 않는 경우

[그림 3－15]와 같이 균열을 따라 약 10mm의 폭으로 콘크리트를 U형 또는 V형으로 잘라낸 후 이 잘라낸 부분에 실재, 탄성형 에폭시수지 및 폴리머시멘트모르타르 등을 충전하고 균열을 보수한다. U자형으로 잘라

내는 경우는 균열을 따라서 양측에 커터로 구조물을 절단한 후 그 사이의 콘크리트를 깨어내는 방법으로 실시한다. 이에 비해 V자형으로 잘라내는 경우에는 전동 드릴 끝에 원추형 다이아몬드 비트를 부착하여 균열에 따라 잘라내는 방법으로 안전하지만, 폴리머시멘트모르타르을 충전하는 경우에는 충전할 모르타르의 박리, 박락이 일어나기 쉽기 때문에 U형을 채용하는 것이 바람직하다.

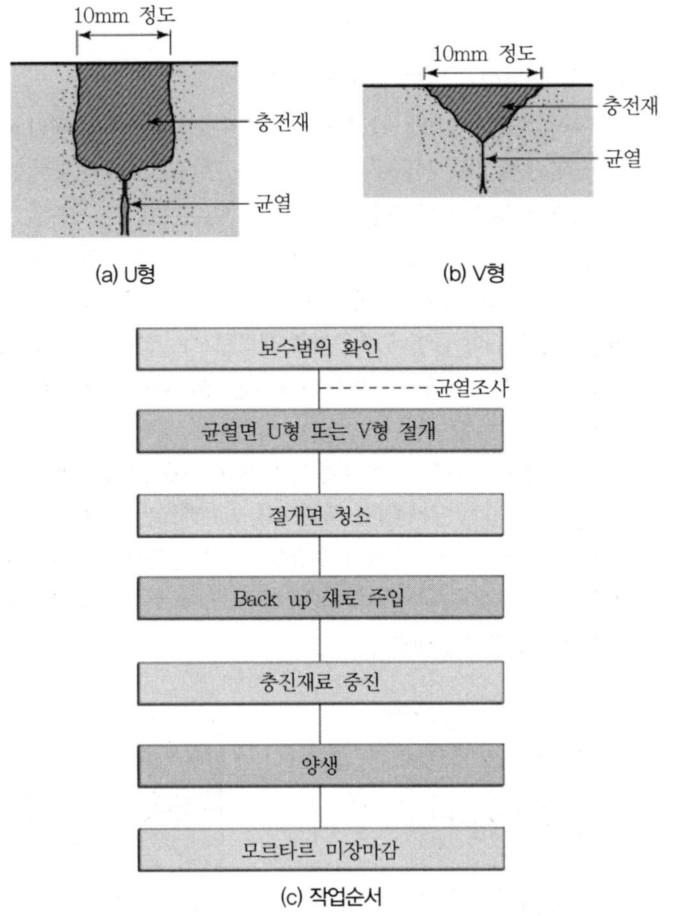

[그림 3－15] 철근이 부식하지 않는 경우의 충전공법의 흐름도

(3) 철근이 부식되어 있는 경우

[그림 3－16]과 같이 철근이 부식되고 있는 부분을 충분히 처리할 수 있을 정도로 콘크리트를 깨어내고, 철근의 녹을 제거하여 철근을 방청처리한 후 콘크리트에 프라이머 도포를 행한 후에 폴리머시멘트모르타르와 에폭시수지 모르타르 등의 재료를 충전하는 방법으로 실시한다. 보수 순서는 [그림 3－17]을 참고한다.

이 방법은 철근이 부식하고 있는 경우에 있어서 콘크리트 구조물의 내구성 회복을 목표로 한 균열보수방법이 주류이므로 여러 가지 재료와 공법이 사용될 수 있다.

1) 보수 방법

① 보수재료에 의해 물리적으로 부식을 방지하는 방법
② 콘크리트에 알칼리성을 부여하여 화학적으로 부식을 억제하는 방법
③ ①과 ②를 혼용하는 방법이다.

2) 철근이 부식하고 있는 경우 유의사항

① 부식한 철근의 녹을 완전히 제거하는 것을 원칙으로 한다.
② 균열이 발생하지 않은 부분의 철근도 부식하고 있는 것이 많기 때문에 이 부분도 포함하여 보수한다.
③ 균열은 진행성으로 균열 폭이 확대하는 것이 많기 때문에 변형 추종성이 큰 보수재료를 사용한다.

이상에서 언급한 공법에 사용하는 재료로서는 일반적으로 콘크리트는 타설 후 수년이 지나도 수분을 함유하는 재료이므로 균열면은 항상 습윤상태로 있는 것이 많다.

이 같은 경우는 습윤 균열 전용으로 개발된 에폭시수지계 보수재료를 이용하는 것이 바람직하다. 시멘트계 보수재료는 현재 주입성능이 합성수지계에 비해 떨어지거나 수경성이므로 습윤면의 시공에 적합하고 내구성, 내화성이 우수하여 화재발생 시 등에 우수하기 때문에 무기계 보수재료의 개발이 필요하다.

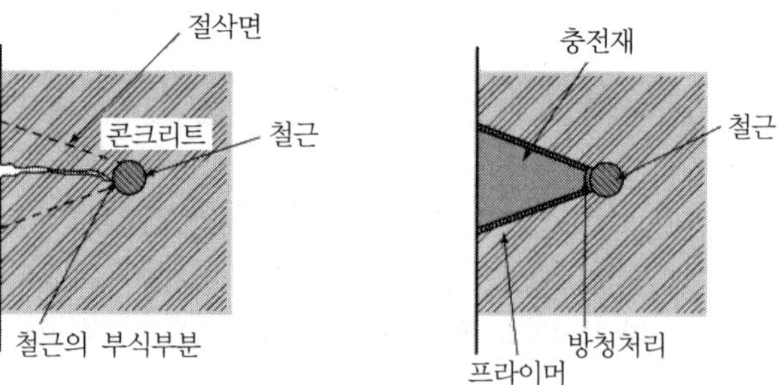

[그림 3-16] 철근이 부식되어 있는 경우의 충전공법

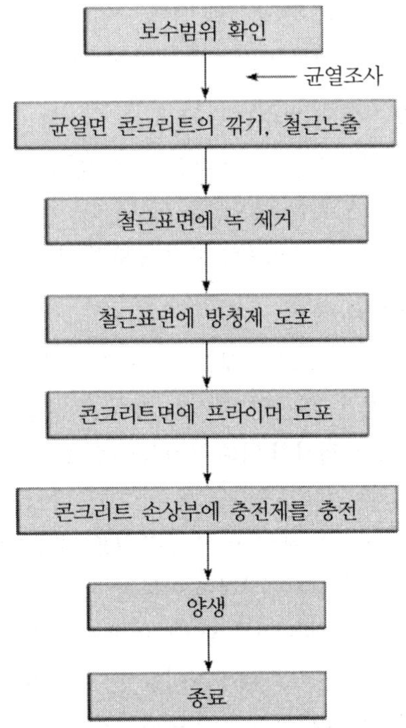

[그림 3-17] 철근이 부식하는 경우의 충전공법의 흐름도

(4) 보수 예

1) 염해의 보수

콘크리트 중의 염화물에 의해 철근이 부식하고 이것에 따라 균열이 발생한 경우의 보수는 충전공법의 '철근이 부식하고 있는 경우의 균열 보수'와 같은 방법을 쓰는 것이 기본이다.

콘크리트 중의 염화물이 해사에서 도입된 농도의 경우에서는 균열 부분을 앞서 언급한 방법에 따라 보수한 후 콘크리트 표면에 수지 라이닝 등을 행하여 철근 부식이 진행하는 조건인 물과 산소의 공급을 적게 할 필요가 있다.

그러나 염화물이 대량으로 콘크리트 중에 도입되고 있는 경우에는 철근의 뒷면까지 콘크리트를 깨어낸 후 충전공법의 실시와 함께 염분, 물, 산소의 공급을 차단하기 위해 수지라이닝 등을 할 필요가 있다.

2) 탄산화의 보수

기본적으로 Cl^-의 존재의 유무를 빼면, 염해와 동등하다. 철근에 산소와 물의 접촉을 차단하는 것이 기본이며 열화 부분의 콘크리트를 깨어낸 후 철근의 녹을 제거하고 방청처리하여 단면을 충전한다. 탄산화 특유의 보수방법으로서는 콘크리트에 알칼리성을 재부여하는 방법이 있는데, 이것은 콘크리트 표면에서 내부로 확산속도가 큰 리튬염 등을 도포함에 의한 것이다.

탄산화된 기둥의 보수 장면

그 효과에 대해서는 현재 시행 검토 중이며, 상세 시공법은 앞 항의 '성능저하 인자를 내재하고 있는 부분의 보수방법'에서 논한다.

3) 알칼리 골재반응의 보수

콘크리트 표면의 오염과 열화부분을 제거하고 결합부에 보수재료를 충전하여 피복에 필요한 평탄성을 확보한다. 철근은 발청부를 제거하고 에폭시 프라이머를 도포 방청하여 충분히 피복을 확보한다.

4) 화학부식의 보수

화학부식을 받은 콘크리트 구조물의 보수를 행하는 경우에는 그의 원인이 산, 동 · 식물유, 황산염, 부식성 가스, 당류 등 다양하므로 적당한 보수재와 공법을 선정하기 위해 부식성 물질을 분석하고 열화의 진행정도를 조사, 진단할 필요가 있다.

이러한 조사, 진단을 행한 후 부식 부위를 제거하며 보수면의 청소에는 워터제트 등을 이용하여 부착한 이물질, 오염 등을 충분히 제거한 후 철근의 발청이 있을 경우 이를 제거하여야 하고 철근에 심한 녹이 발생한 경우에는 녹을 제거하고 방청처리를 한 후 추가로 철근을 삽입하여 기계적으로 연결하여야 하나 용접은 재질의 열화가 우려되므로 피하는 것이 좋다. 이 부위의 충전에는 전술한 바와 같이 처리하면 된다.

5) 동해의 보수

동해에 의한 열화진행 형태에는 크게 균열 확대형과 스케일링형으로 구분할 수 있다. 균열 확대형은 다양한 요인에 따라 발생되는 균열이 동결융해작용에 의한 콘크리트팽창으로 크게 확대되고, 스케일링이 거의 발생하지 않는 중에 콘크리트가 박락 · 붕괴하는 경우가 해당된다.

스케일링형은 콘크리트 표면부터 단열결함이 서서히 진행한다. 동결융해작용에 의해 표피가 열화되기 시작하여, 잔골재가 씻겨나가고, 굵은 골재가 노출되게 된다.

동해를 입은 콘크리트의 조직은 매우 이완되어 있어 내구성이 상당히 저하된다. 따라서 균열 주입과 표면처리공법 정도로는 적절한 보강이 안 되는 경우가 많으므로, 열화된 콘크리트부를 파취한 후 단면복구공법을 실시해야 한다. 물론 철근이 부식된 경우에는 철근의 방청처리까지 실시해야 한다.

동해는 콘크리트의 표면에서 진행하기 때문에 보수면이 넓은 면에 비교적 얇은 층으로 시공되는 것이 많다. 이 때문에 보수재료로서는 동결융해 저항성이 높은 것은 물론 콘크리트의 접착이 좋고 열팽창률이 유사하며 건조수축이 적은 것이 좋다. 충전공법은 동일하다.

6) 화재의 보수

화재 시에는 열응력과 폭열에 따라 철근콘크리트 부재가 파괴되어 있으면 구조계산에 의해 내진벽을 설치하는 등 구조적인 보강이 필요하나 화재 성상의 예측에 따라 콘크리트 부재의 내부 온도가 분명히 되면 콘크리트의 탄산화 깊이를 구하여 내구성능 향상을 위해 거기까지 콘크리트를 깨어내고 숏크리트 등의 콘크리트를 충전하여야 한다.
또한 철근 위치의 온도가 700℃를 넘으면 그 철근은 재사용하는 것이 불가능하므로 새로운 철근을 700℃가 넘지 않는 철근과 연결하여 사용한다.

4 전기방식에 의한 공법(콘크리트 구조물의 보수)

(1) 개요

자연환경(해수 중)에 놓은 강재는 전기화학반응으로 부식한다. 이 경우 환경과 강재의 제조건에서 강재의 음극(상대적으로 전위가 낮은 곳)과 양극이 발생하여 음극부가 부식한다. 해수 중에 설치된 전극에서 부식강재면에 직류를 흐르게 하면 전류는 우선적으로 양극부에 들어간다. 전류량에 따라 양극의 전위는 높게 되어가고 결국 음극의 전위와 같게 된다. 즉, 당초 강재면에 발생하고 있던 부식전지의 전위차가 소멸되며 그 결과 부식이 억제된다. 방식전류를 얻는 것에는 정류기를 이용하여 교류를 직류로 하는 방법과 강재에 따라 전위가 낮은 금속(Al, Zn, Mg 등)을 사용하는 방법이 있으며 전자를 외부전원방식, 후자를 유전양극방식이라 한다.
전기방식의 큰 특징은 부식을 방지할 수 있는 것과 방식효과를 전기 화학적 방법으로 떨어뜨려 모니터 할 수 있는 것이다. 전기방식은 염해가 있는 기설 RC구조물에 적용되는 단계지만 콘크리트가 건전한 때에 전기방식을 적용하면 시공이 용이하고 경제적이다.

(2) 염해구조물의 적용

기존 RC구조물에 대한 전기방식의 적용은 염해의 점도에 따라서 다음의 세 가지로 대별된다.

1) 철근의 부식이 시작하고 있지만 아직 콘크리트가 건전한 경우

철근의 부식상태는 일반적으로 ASTM C 876－91에 따라서 철근의 전위(황산동전극기준)로부터 판단된다.

① －0.2V 이상　　녹 발생 없음(90% 이상의 확률)
② －0.2V～－0.35V　　불확정
③ －0.35V 이하　　녹 발생 있음(90% 이상의 확률)

콘크리트의 복구를 동반하지 않을 때 많은 경우 철근의 전위는 −0.2V에서 −0.35V의 불확정 영역이 있기 때문에 전위 외에 분극저항을 측정하여 녹 발생 정도를 판정한다. 분극저항 측정의 결과 부동태 피막이 건전하면 전기적으로 진단을 계속하지만 부동태 피막이 파괴되어 있는 경우에는 전기 방식을 적용한다. 철근의 전위가 −0.35V보다 낮은 경우에는 전기방식을 적용한다.

2) 콘크리트의 소규모 복구를 하는 경우

불건전 또는 열화콘크리트부를 제거, 복구하여 전기방식을 적용한다.

3) 콘크리트의 대규모 복구를 하는 경우

전면적인 콘크리트의 복구를 하여 전기방식을 적용한다.

(3) 설계와 시공

RC전기방식의 유지 방식 전류 밀도(초기)는 일반적으로 약 20mA/m^2(콘크리트의 면적당)이다. 필요하면 방식 대상구조물에 대해서 현지 통전실험(E log I 테스트)을 행하고 초기치를 구한다. 유지방식 전류 밀도는 일반적으로 초기치의 절반 이하로 감소한다. 전기방식의 시공순서를 [그림 3−18]에 나타내었다.

전기방식에서는 양극으로 되는 철근이 모두 전기적으로 접촉하고 있는 것이 필요하기 때문에 전극을 붙이기 전에 전압강하 측정법에 따라 철근 사이의 저항을 측정하고 전기전도를 확인한다. 전기전도가 불충분할 때는 철근 간을 용접한다. 철근 이외의 금속 부속물이 있는 경우에는 철근과 금속 부속물을 전기적으로 접속하여 전극과 직접 저항의 회로를 만들지 않도록 유의한다.

그리고 콘크리트면에 결속선 못이나 스페이서 등의 금속이 있으면 전극과 접촉할 염려가 있기 때문에 전극을 콘크리트면에 직접 붙이는 방식에서는 이들 금속을 모두 제거한다. 방식 대상물에 도로, 다리, 건물, 주차장 등이 있으면 적극 붙이는 면은 상면, 하면, 측면과 단면의 평면과 곡면이 있다. 따라서 시공성, 내구성, 경제성을 고려하여 대상물의 형상에 맞는 전기방식시스템의 적용이 바람직하다. 전기방식시스템은 다음과 같다.

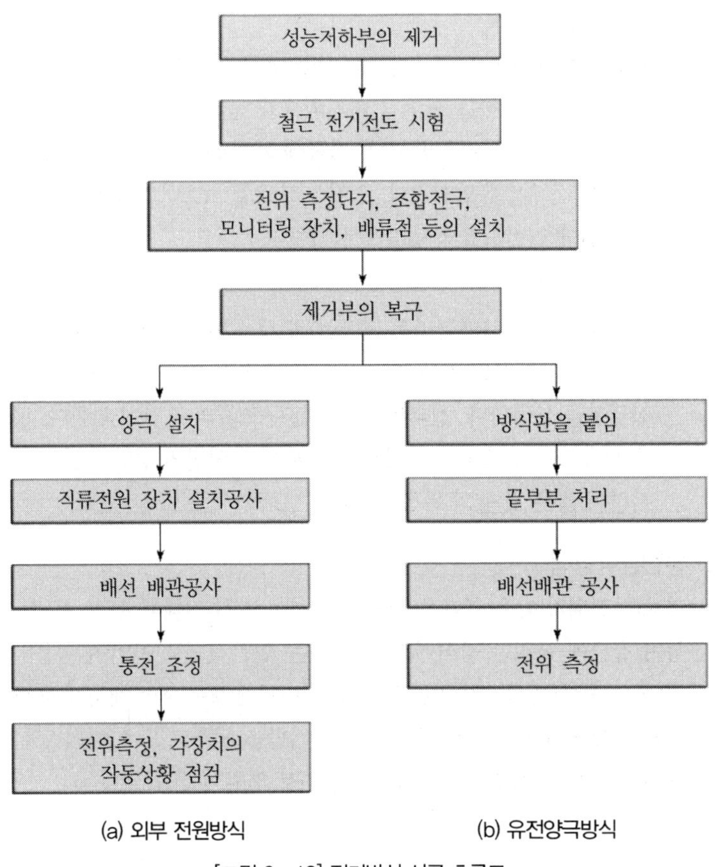

(a) 외부 전원방식 (b) 유전양극방식

[그림 3-18] 전기방식 시공 흐름도

1) 외부 전원방식

전극계로서 백금 피복티탄, 도전성 폴리머, 도전성 도료, 산화물 피복티탄 등이 있다. 외부 전원방식으로 이용되어지고 있는 전극에는 콘크리트 표면에 붙이는 방식(티탄매시방식, 도전성 도료 방식 등)과 콘크리트 내부에 설치하는 방식(내부 양극 방식)이 있다. 아래에 두 방식의 대표적인 예를 소개한다.

① 티탄매시 방식

고순도 티탄을 판상으로 가공하여 리타늄 등의 희귀 금속산화물을 녹여 붙여 코팅한 매쉬를 전극으로 한다. 티탄매시를 콘크리트 표면에 고성하고 폴리머 모르타르 또는 시멘드 모르타르의 덧칠(두께 20~25mm)을 실시, 철근과 매시 사이에 외부에서 설치한 직류 전원으로부터 방식전류를 공급한다.

② 도전성 도료 방식

외부 전원에서 방식전류를 1차 전극(백금 피복 티탄선)에 전하고 1차 전극을 고정하는 도전성 퍼티와 1차 전극에 접촉하는 2차 전극(도전성 도료)에 전달하여 2차 전극에 의해 콘크리트를 통하여 철근에 방식 전류를 유입시킨다. 도전성 도료를 보호하기 위하여 도전성 도료 위에 일반도료의 덧칠을 실시한다.

③ 내부 양극 방식

전극계는 전극봉(백금피복 티탄선)과 채움재(그라파이트 페이스트)로 한다. 콘크리트 면에 뚫린 드릴구멍(직경 12mm) 중에 채움재와 전극봉을 삽입한다. 전극봉의 길이는 구조물의 조건에 의한다. 덧칠을 사용하지 않기 때문에 전위 측정에 대한 덧칠의 영향이 없고 시공시간이 짧은 것 등의 특징이 있다.

2) 유전양극방식

철보다 전위가 낮은 금속을 전극으로 하여 방식 전류를 콘크리트를 통하여 철근에 흘리는 방식이다. 전극에는 일반적으로 아연이 이용되고 있다. 이 방식에서는 아연판과 콘크리트 면에 보수성의 채움재를 도입시켜서 계면에 간극을 없게 하여 접촉저항을 낮추고 또 아연의 양분극도 저하시킨다. 유전양극방식에서는 외부 전원이 필요 없다.

5 구체 손상부의 일반 보수공법

구체 손상부의 보수는 철근 부식의 유무, 결손의 크기(깊이, 면적), 보수면의 방향(수직면, 상단면, 하단면, 경사면) 등에 따라 그 대책은 달라지게 된다.

아래에 철근부식이 있는 경우의 보수방법을 나타내나 철근부식이 없는 결함 및 파손에 의한 결함부의 보수에 관해서는 철근의 방청처리를 제외시킨 상태에서 이것을 준용할 수 있다. 철근 부식부의 보수는 손상부의 제거, 바탕처리, 철근의 방청처리, 단면복구 및 바탕조정의 순서로 행해진다.

(1) 손상부의 제거 및 바탕처리

손상부의 제거 및 바탕처리는 콘크리트의 성능저하 상황에 맞추어 다음의 작업 중 필요한 항목을 선정하고, 안정성, 작업환경 등을 고려하며, 구체에 현저한 손상을 주지 않도록 적절한 방법으로 행한다.

1) 깨어내기

콘크리트의 깨어내기는 구조내력에 영향을 주지 않는 범위에서, 손상부(성능저하 및 취약부)를 모두 제거하는 것이 이상적이다. 그 이유는 다음과 같다.

① 손상된 부분을 남겨둔 상태에서는 견실한 보수가 곤란하다.

② 손상 정도의 판단은 외관조사만으로는 불충분하기 때문에 실제로 그 부분을 깨어냄으로써 정확한 조치가 가능하다.

③ 손상부를 내부에 남겨 둔 상태에서 보수하게 되면 그 부분이 약점이 되어 균열 및 철근부식 등이 재 발생하는 원인으로 되기 쉽다.

그러나 현실적으로는 깨어내기가 불충분하거나 들뜸, 박리 부분만을 국부적으로 보수하는 예가 많고, 이와 같은 경우에는 재보수가 필요하게 되는 예가 많으므로 주의할 필요가 있다.

일반적으로 깨어내기가 필요한 부분의 판정은 눈에 의한 판정과 해머에 의한 타진에 의해 행해진다. 깨어내기 작업은 손작업 및 기계작업으로 할 수 있다. 이때 공구의 선정은 소음, 분진, 능률, 안전성 등을 고려하여 행한다.

깨어내기 방법은 [그림 3－19]에 나타낸 바와 같이 단부가 얇은 층으로 되는 것을 피하고, 수직적으로 절단시킬 것, 또한 깨어내기면은 각이 예각으로 되지 않도록 하는 것이 복구재가 박리되는 것을 막을 수 있다.

또한 철근 주위를 철거하는 경우는 녹 제거 작업 및 방청처리가 용이하게 되고, 복구재가 확실히 충전되도록 한다는 이유에서 철근의 뒤쪽까지 깨어내야 한다.

>>> 콘크리트에 매립된 철근의 피복 부족으로 인한 부식

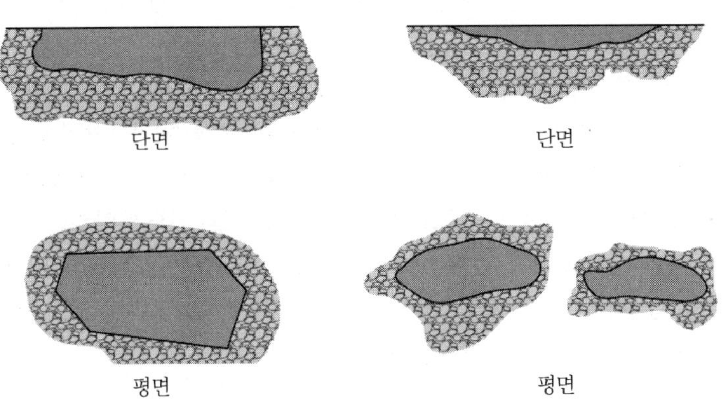

[그림 3－19] 불량콘크리트 부분의 제거방법

2) 정리

콘크리트 표면에 부착하여 있거나 남아있는 열화도막 및 이물질, 취약층 등은 와이어브러시 등의 수공구 또는 디스크샌더, 전동와이어브러시, 진공청소기 등의 전동공구를 사용하여 제거한다. 정리작업은 분진 및 소음발생에 의한 주위의 영향도 고려하여 적절한 방법을 선택한다.

3) 철근의 녹 제거

철근에 발생한 녹은 기본적으로는 완전히 제거하는 것이 요망되나 현실로는 불가능한 경우가 많고, 도포함침재 및 철근방청처리재의 사용의 유무와 종류에 의해 요구되는 녹 제거의 정도는 달라지게 된다.

단, 녹 제거 작업에서는 적어도 들뜬 녹은 제거하여야 한다. 들뜬 녹이 남아 있으면 다음과 같은 문제로 연결된다.

① 철근과 보수재의 부착력이 기대될 수 없게 된다.
② 들뜬 녹부에 공극이 남아 보수재의 효과를 기대할 수 없다.
③ 철근의 녹부와 건전부와의 사이에서 국부전지작용으로 녹슨 부위의 부식이 촉진될 위험이 있다.

녹 제거의 방법은 와이어브러시, 샌드페이퍼, 전동와이어브러시, 디스크샌더, 샌드블래스터 등의 기계, 공구 중에서 녹의 상태 및 작업환경에 맞추어 선택한다.

4) 세정

보수면의 이물질 및 깨어내기 작업 시의 파편 등을 제거하기 위하여 세정은 충분히 행할 필요가 있다. 일반적으로 물을 세정하는 것이 가능하다면 고압수세정기로 행하는 것이 요망된다. 작업환경 등에 의해 물로 세정할 수 없는 경우에는 브러시, 에어브러시, 진공청소기 등으로 대용되는 것이 있으나 이것들을 상용하는 경우에는 보수면이 지나치게 건조한 상태가 될 수 있으므로 그 위에 시멘트계의 보수재를 시공할 때는 드라이아웃의 방지를 위하여 물로 습하게 하는 등의 처리가 필요하다.

함침처리 전의 하지는 침투성 흡수방지재 및 침투성 고화재 등의 유기용제계의 재료에서는 건조시켜 둘 필요가 있으나 침투성 알칼리성 부여재 및 도포형 방청재 등의 수성의 재료는 약간 함수상태에 있어도 문제가 없다. 또한 각 재료의 최적 하지 조건 및 최적 처리량은 제조업자의 지정에 따르는 것이 요망된다.

(2) 철근의 방청처리

철근의 방청처리재의 종류는 일반적으로 폴리머시멘트계 및 합성수지계로 나눌 수 있다. 처리방법은 종류에 따라 약간 다르나 스프레이 등으로 철근에 대하여 두께 0.1~2mm로 바른다.

합성수지계에서는 에폭시수지의 이용이 가장 많고, 기타 아크릴수지 및 우레탄수지계의 도료가 시판되고 있다. 폴리머시멘트 페이스트의 경우는 통상 1~2mm 두께로 도포하고 가능한 한 2회로 나누어 도포하나 솔을 치는 듯이 하여 철근 위에 페이스트를 붙이도록 한다. 철근을 뒤쪽까지 깨어내어 처리하는 경우는 통상 스프레이가 처리하기 쉬우므로 가능하면 스프레이로 사용된다.

(3) 단면복구처리

콘크리트의 단면복구는 비교적 규모가 적은 경우에는 [그림 3－20]에 나타낸 바와 같이 미장공법으로 행해져 폴리머시멘트 모르타르 혹은 경량 에폭시수지 모르타르가 사용된다.

한편 규모가 큰 경우에는 [그림 3－21]~[그림 3－27]에 나타낸 바와 같이 드라이팩트 콘크리트공법, 콘크리트 이어치기공법, 모르타르 주입공법, 프리팩트 콘크리트공법, 콘크리트 또는 모르타르의 습식뿜칠공법, 또는 건식뿜칠공법이 적용된다. 이 경우 재료로서는 통상 폴리머시멘트모르타르, 무수축모르타르, 보통콘크리트, 폴리머시멘트콘트리트가 사용된다.

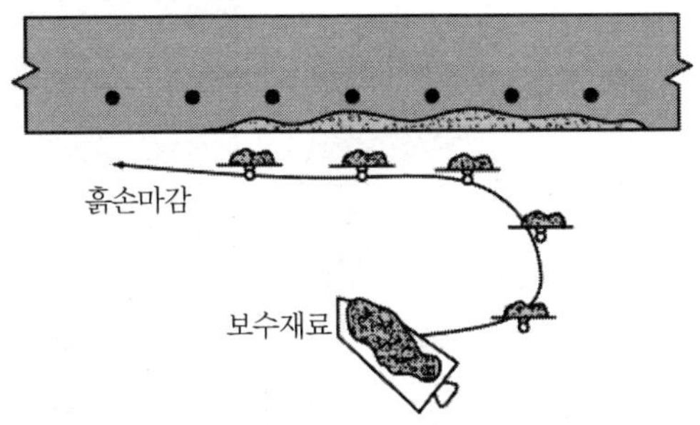

[그림 3－20] 미장공법에 의한 단면복구

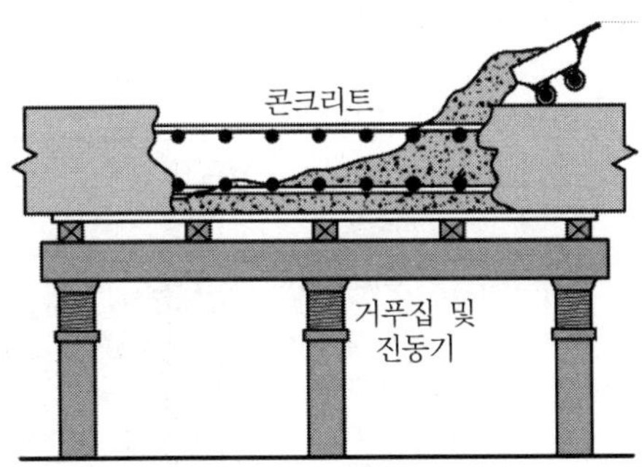

[그림 3－21] 콘크리트 재타설공법에 의한 단면복구

프리팩트 콘크리트 (Prepacked Concrete)

자갈을 거푸집에 먼저 채워 넣고 그 속에 삽입한 파이프를 통해 모르타르를 주입하여 만든 콘크리트로서 모르타르의 유동성 및 보수성을 좋게 하기 위해 감수제 등을 혼합하고, 또 골재 하분에 빈틈이 생기는 것을 방지하기 위해 알루미늄 분말을 발포제로 넣는다.

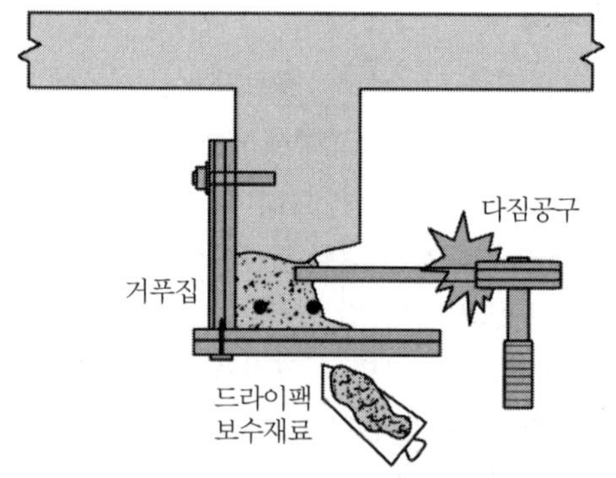

[그림 3-22] 드라이팩 콘크리트 공법에 의한 단면복구

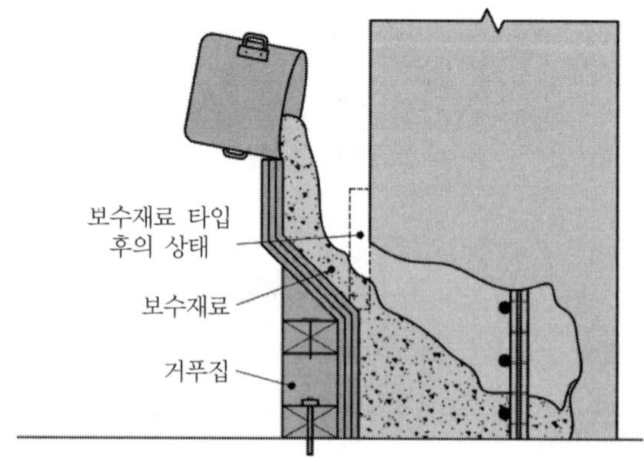

[그림 3-23] 콘크리트 이어치기공법에 의한 단면복구

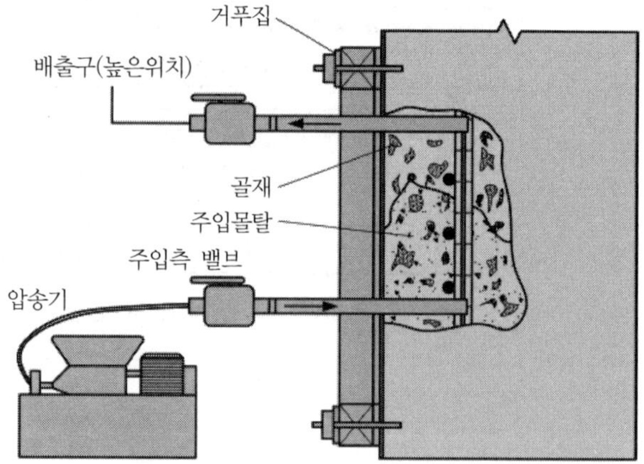

[그림 3-24] 프리팩트공법에 의한 단면복구(워트믹스 숏크리트)

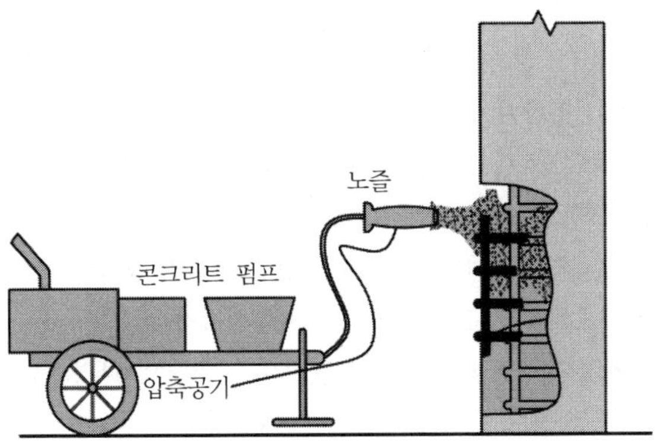

[그림 3-25] 습식뿜칠공법 단면복구

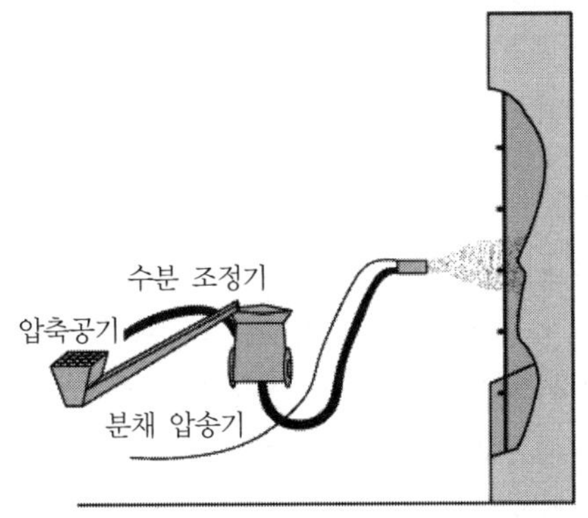

[그림 3-26] 모르타르 주입공법에 의한 단면복구

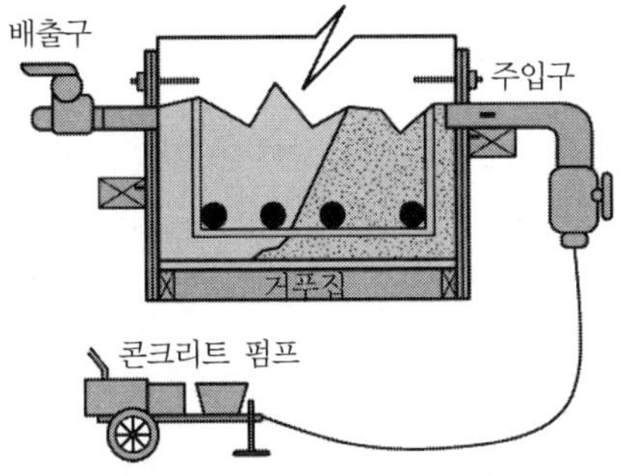

[그림 3-27] 건식뿜칠공법(드라이믹스 숏크리트에 의한 단면복구)

각종 단면복구공법 중 폴리머시멘트모르타르에 의한 미장공법의 1회 도포 두께는 7mm 이하로 하고, 두꺼운 경우는 수회로 나누어 시공할 필요가 있다. 단, 결손면적이 적고 깊은 경우, 시험시공 등에 의해 문제가 나타나지 않는다고 확인된 경우에는 1회의 도벌 두께를 10mm 정도로 하여도 좋다. 통상 보수공사의 경우에는 공기의 문제로 신설의 경우와 같이 반복하여 바를 수 있는 간극을 충분히 잡을 수가 없기 때문에 건조수축이 적은 성능이 우수한 재료의 사용이 요망된다.

≫ 숏크리트보강 장면

경량에폭시수지 모르타르에 의한 미장공법에는 에폭시수지의 경화시간에 미치는 온도의 영향이 크므로 일반용(봄, 여름, 가을용)과 동계용의 2가지 종류가 있으며 계절에 따라 적절한 재료를 써야 한다. 경량에폭시수지 모르타르는 가볍기 때문에 한 번에 두께바름을 행할 수 있으나 콘크리트와의 탄성계수 및 열팽창계수가 틀리기 때문에 두께바름용 용도에는 부적당하다는 보고가 많다. 오히려 경화도 빠르고 취급도 간단한 것으로부터 경미한 신축보수에 적합하다.

대단면의 복구공법은 종류가 많으나 구조물의 환경, 용도, 긴급도, 부위, 시공의 정도 등으로 선택된다. 예를 들면 속경성이 요구되는 경우는 건식뿜칠공법이 요구되고 거더 및 보의 하단부는 프리팩트 콘크리트공법 및 모르타르의 주입공법이 선택된다. 단, 어떠한 공법도 대단면이 되므로 건조수축 및 열에 의한 치수안정성 또는 탄성계수 등의 재료의 성질이 중요하고, 각 공법에 적합한 재료가 선택되어져야 한다.

(4) 바탕조정

보수할 때의 바탕면 처리는 열화표면 및 허니컴(Honey Comb) 등의 결손부가 있는 경우가 많으므로 비교적 두껍게 되는 경우가 있다. 통상 표면의 허니컴이 적은 경우에는 1~2mm의 두께가 필요하고, 허니컴이 큰 경우에는 4~5mm의 두께가 필요하다. 또한 피복두께가 부족한 것을 보완할 목적으로 행하는 것도 있으므로 재료는 구조체의 보호기능 또한 겸해야 한다. 시공방법은 일반적인 미장공사와 동일하다.

6 표층 취약부의 보수방법

표층 취약부는 가능하면 고압수세정 등으로 제거하는 것이 요망되나 경제성 및 입지환경 등에 의해 제거될 수 없는 경우에는 침투성 고화제 또는 침투성 알칼리성 부여재(규산리튬수용액)를 사용하여 함침처리공법에 준하여 시공한다.

7 성능저하 요인을 내재하고 있는 부분의 보수방법

표면상은 건전하나 잠재적으로 성능저하의 인자를 포함한 부분(또는 면)의 보수(예방차원)는 탄산화의 정도, 염화물이온의 함유량, 알칼리–골재반응의 유무 등의 성능저하인자에 의해 그 대책은 달라진다.

(1) 탄산화에 의한 구조물의 보수기술

일반적으로 탄산화에 대한 보수기술로서는 마감재 등의 보호막에 의해 향후 탄산화의 진행을 억제하려고 하는 방법이 사용되고 있다. 마감재의 탄산화 진행 억제효과는 외벽 방수제 및 타일마감과 같은 기밀성이 높은 마감재일수록 크고, 기밀성이 작은 것은 적다. 따라서 보수 시의 외벽공사에는 기존 마감재보다 탄산화 진행억제 효과에 우수한 마감재로 바꾸는 것이 좋다.

이와 같은 방법으로 탄산화의 진행을 늦추어 철근의 부식 개시시기를 늦추는 것은 가능하나 최근 대기 중 이산화탄소 농도의 증가 경향 및 콘크리트 배합의 문제로 이전보다 탄산화의 진행속도가 빨라지고 있고, 이미 피복두께의 부족에 의해 철근 위치까지 탄산화가 진행하고 있는 경우도 많다.

이러한 경우는 단순히 탄산화의 진행을 억제하는 마감재로 처리하는 것이 아니라 보다 적극적으로 탄산화된 콘크리트에 알칼리성을 부여하는 재알칼리화하는 방법이 필연적이고, 마감재와 재알칼리화 공법을 병행하여 실시하면 보수효과를 증대시킬 수 있다.

현재 재알칼리화 공법으로서는 도포함침재에 의한 방법과 전기적으로 처리하는 방법 2종류가 있다. 후자는 노르웨이의 기술로 주로 유럽에서 실시되고 있으나 국내에서는 아직 사용 실적이 전무한 상태인 것에 비교하여 재알칼리화 공법은 국내에서도 구조물의 외벽 부위를 중심(건교부 보수 · 보강공법 편람 참조)으로 사용되고 있다. 재알칼리화 공법의 시공방법은 다음과 같다.

1) 바탕처리

① 표면열화부, 마감재의 들뜸 제거

열화된 부분과 기존의 도막을 제거하여야만 침투성의 알칼리 회복재 도포 시 높은 침투효과를 기대할 수 있으며, 성능저하 부분과 마감재 들뜸 제거 시에는 관찰되는 부분보다 더 여유를 주어 제거해야 보수 후의 또 다른 성능저하현상을 방지할 수 있다. 이러한 여유면적의 판정은 숙달된 전문가에 의해서 판정되어져야 한다.

② 노출철근 주변의 콘크리트 들뜸 제거

성능저하가 진행된 콘크리트 구조물은 철근에 녹이 발생하여 피복콘크리트가 떨어져 나가거나 들뜨게 되고, 또한 이것에 의해서 균열이 발생하게 되는데 무기질계 보수공법은 이러한 콘크리트의 들뜸 부위를 제거하여 차후 공정인 부식 철근에 대한 작업에 효율성을 높인다.

③ 부식철근의 부식 제거

방청처리를 위한 사전공정으로 노출된 철근의 녹을 와이어브러시 또는 전동공구 등을 이용하여 제거한다.

④ 청소

고압수(30~80kg/cm^2)를 이용하여 표면에 남아 있는 열화된 콘크리트나 마감재 등을 효과적으로 제거한다. 세정순서는 상부에서 하부로 하며, 오염수가 상부에서 흘러 하부 벽면에 부착되지 않도록 주의해야 한다.

물을 사용하여 세정할 수 없는 경우에도 압축공기나 진공청소기 등을 이용하여 반드시 표면에 남아 있는 오염물질을 제거해야 한다.

⑤ 균열 처리

구조체에 발생한 균열은 누수를 일으키며, 그곳에 부착된 마감재가 떨어질 위험이 있어 반드시 처리해야만 한다. 무기질계 보수공법에서는 균열폭이 0.5mm 이하인 경우에는 표면처리만 하며, 0.5mm 이상일 경우에는 폭 10mm, 깊이 10mm 정도로 U컷트 또는 V컷트를 하고 알칼리 회복재 혼입 모르타르 또는 방청페이스트를 충전한다.

2) 시공순서

① 바탕의 건조 확인

바탕처리를 한 부분에 침투성의 알칼리 회복재를 도포하기에 앞서 우선 바탕처리면의 건조상태를 확인하여야 한다. 왜냐하면 수분이 남아있는 상태에서 알칼리 회복제를 도포하면 침투성이 떨어져 충분한 함침효과를 기대할 수 없기 때문이다.

② 알칼리 회복재 도포

이상과 같이 바탕처리를 한 후에는 콘크리트와 노출된 철근에 침투성의 알칼리회복재를 롤러브러시 등을 이용하여 1회 도포한다. 1회 도포 후 건조상태를 확인하고 2회 도포한다.

③ 도포형 방청재 도포

염분이 허용치 이상인 경우에는 도포 방청재를 함침시킴으로써 알칼리 회복재와 함께 철근의 방청환경을 제공한다. 시공방법은 2회 롤러브러시 등으로 도포한다.

④ 노출철근 방청처리

방청시멘트와 혼화재를 배합한 방청 페이스트를 노출된 철근뿐만 아니라 콘크리트에 도포한다. 도포 시에는 붓을 두드리듯이 해서 고루 스며들도록 한다.

⑤ 단면복구(콘크리트 제거부위와 U컷 부위)

성능 저하된 콘크리트의 제거부위와 U컷 부위의 요철은 배합한 알칼리 회복재를 혼입한 모르타르를 사용하여 복구한다. 이 모르타르를 도포할 시에는 한 번에 단면을 복구하는 것이 아니라 여러 회 나누어 도포하여 접착성을 증가시켜야만 한다. 또한 양생 시 급격한 건조는 강도의 부족을 초래하기 때문에 주의하여야 한다.

⑥ 바탕처리

손상된 단면을 복구한 후에는 방청페이스트를 이용하여 바탕처리를 하는데, 이것은 손상부위가 비교적 적은 경우와 구조체 본래의 의장을 유지할 필요가 있는 경우를 제외하고는 원칙적으로 평활한 면을 형성하여 무기질계 보수공법의 효과와 마감재의 효과를 더욱 증진시키기 위해 전면에 걸친 바탕조정이 필요하다.

⑦ 마감

구체를 알칼리성으로 회복하고 표면을 경화시켜 더욱 철근의 발청을 억제하는 효과를 장시간 유지시키기 위해서는 전술한 바와 같이 외부의 수분을 차단하고 내부의 수증기를 발산하는 마감재의 사용이 필수불가결하다. 따라서 표면 마감재료는 물의 침투를 억제하고, 내부 수분(습기)을 발산할 수 있는 성질을 갖는 탄성형 도막재의 사용이 바람직하다.

(2) 염해열화의 보수기술

최근 국내에서도 해사를 대량 사용하였거나 비래염분으로 인한 구조물의 염해에 대한 피해보고가 속출하고 있는데 비하여, 보수방법으로 현재 확립된 방법은 없다. 일반적으로 염해보수방법으로서 생각되어 지고 있는 방법으로는 다음과 같은 것이 있으나 실제로 적용하기에는 문제가 있는 것도 있다.

1) 고염분을 함유한 콘크리트 부분의 철거

문제점으로는 깨어내기 및 단면복구가 많고, 높은 공사비용, 철거해야 할 염분 함유량이 불명확한 것을 들 수 있다.

2) 콘크리트 중의 염분의 제거

현재 염분의 전기분해를 응용한 전기적 방법이 외국에서는 적극적으로 연구되고 있으나 아직은 실험실에서의 연구수준이다.

3) 방수층의 기능을 하는 도막재에서 철근의 부식인자인 산소 물의 공급을 차단

종래 방수성이 높은 표면피복재는 산소투과저지성, 차염성능의 면으로부터 그 성능이 높을수록, 철근부식 억제효과도 큰 것으로 생각되어, 염해보수에 이 방법이 많이 채용되고 있다. 그러나 최근의 실태 조사 및 연구논문에서는 염해보수의 경우는 역으로 내부의 수분을 체류시켜 철근부식을 촉진시킬 우려도 있는 것으로 지적되고 있다.

4) 염화물이온의 철근에 대한 발청작용을 억제하는 약제의 침투

철거할 부위를 적게 하는 공법으로서 일본의 경우 연구결과 및 적용례가 상당한 정도로 보편화된 공법이고 특히 해사를 사용한 아파트 구조물에 적용례가 많아 국내의 신도시 및 해안지방 콘크리트 구조물에 적용이 기대된다. 문제점으로는 공정이 복잡해지므로 면밀한 시공관리가 요구된다는 점이다.

5) 전기방식의 적용

아메리카 북부에서 동결방지제에 의해 열화한 철근콘크리트 상판에 적용한 실적이 많으나 한국에서의 실적은 전무한 실정이다. 특히 건축물에서는 콘크리트의 함수율이 적기 때문에 통전(通電)의 컨트롤이 어렵고, 외국에서도 적용례의 보고가 적다.

(3) 알칼리 골재반응으로 인한 열화의 보수기술

알칼리 골재반응으로 인한 열화의 보수에 관해서는 국내의 경우 실시예는 전무한 상황이나 그것은 아직 알칼리 골재반응으로 인한 구조물의 피해 예가 전혀 발견되고 있지 않은 것에 기인하고 있다.
현재 제안되고 있는 알칼리 골재반응의 열화 보수방법으로 다음과 같은 방법이 있다.

① 가소성 에폭시수지 주입재에 의한 균열주입
② 아질산리튬계의 팽창반응 억제재의 도포함침
③ 실란계 침투성 흡수방지재의 도포와 탄성 모르타르의 피복

»» 알칼리 - 골재반응의 3종류

① 알칼리 – 실리카반응
② 알칼리 – 탄산염암반응
③ 알칼리 – 실리케이트반응

SECTION 06 보수설계

1 개요

보수설계란 구조물의 성능저하현상에 대한 대책 및 안전한 사용을 위하여 구조물의 진단을 통하여 보수·보강에 대한 필요 여부를 결정하여 구조물의 기능 및 성능 회복을 목적으로 적절한 재료, 공법 및 시기를 선정하는 일련의 작업을 말한다.

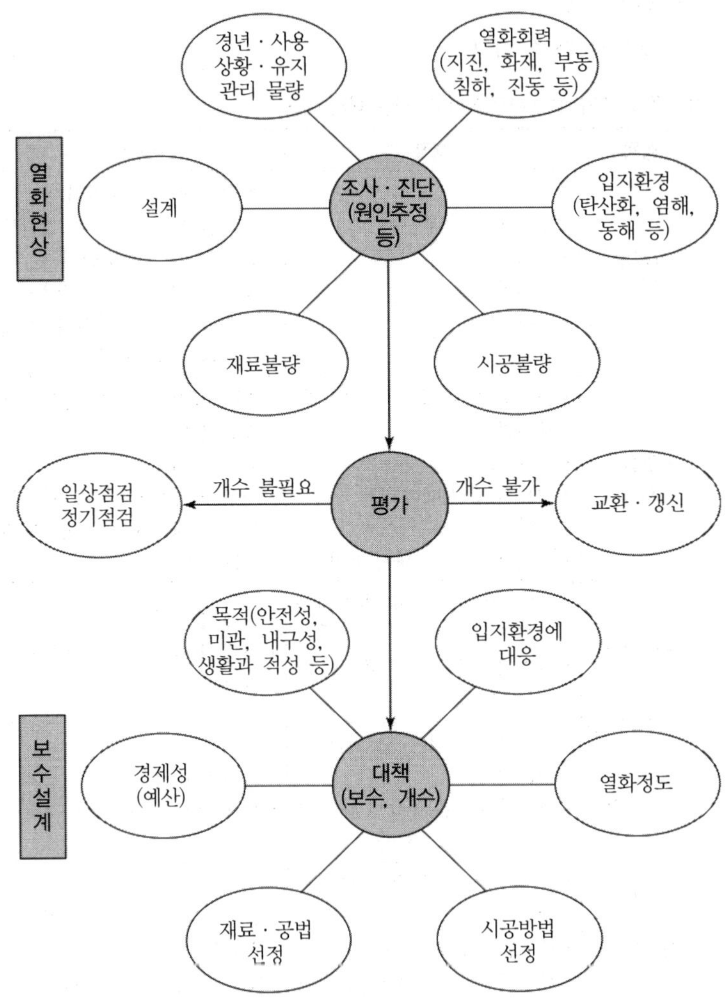

[그림 3-28] 보수설계 흐름도

(1) 목적

일반적으로 보수하려고 하는 경우에는 [그림 3－28]의 프로세스에 나타난 바와 같이 성능저하 현상이 발생한 후 그 대책으로서 보수설계가 검토된다. 가장 중요한 검토사항은 보수에 대한 목적의 설정이며, 그것에 따라 시공의 방침이 결정된다.

목적 설정 시 다음의 사항을 고려해야 한다.

① 안전성의 확보
② 내구성의 확보
③ 미관의 회복
④ 생활쾌적성의 확보

》》 샌드 브래스트(Sand Blost)

브래스트의 일종으로, 모래를 고압수에 섞어서 뿜어 붙여 그린커트를 하여 콘크리트 시공이음의 청소를 하는 방법

▼ [표 3－15] 보수시공을 위한 조사항목과 내용

항목	제목	비고
표층부 정리	• 정리 필요 유무 • 정리, 정돈 • 정리 방법 • 수량, 면적	• 전면 혹은 부분정리인가? • 표면열화부분만 인지, 결함부를 노출까지 할 것인가? • 수공구, 전동공구, 고압수세정 여부 어떤 부분인가, 전체 부분의 몇 m^2인가?
노출철근 처리	• 눈으로 볼 수 있는 노출철근의 부위와 수량* • 콘크리트 들뜸 • 필요한 평균 떼어내기 폭과 깊이 • 녹의 정도와 녹 제거 방법	• *의 수량의 몇 배(몇 부분)가 예상되는가? • 몇 cm인가? • 정도, 방법(전동공구, 와이어브러시, 샌드페이퍼, 샌드브래스트 여부)
균열처리	• U컷트가 필요한 균열의 전체 길이 • 누수처리가 필요한 균열의 전체 길이	• 전체 몇 m인가? • 전체 몇 m인가?(씰링이 필요한가?)
들뜸 · 결손처리	• 주입으로 끝나는 모르타르의 들뜸 면적 • 결손부 충전을 필요로 하는 콘크리트, 모르타르 양	• 전체 몇 m^2인가? • 전체 몇 m^2인가?, 몇 m^3인가?
하지처리	• 세정, 청소의 필요한 면적과 방법 • 도포함침재의 필요한 면적 • 하지조정재의 필요한 면적과 두께	• 몇 m^2인가, 어디까지인가? • 몇 m^2인가? • 몇 m^2인가, 몇 mm인가?
철근방청 도장처리	• 철근방청처리의 필요한 면적과 두께 • 마감재 개수의 필요한 면적	• 전체 몇 m인가, 몇 mm인가? • 몇 m^2인가?
기타	보수 · 개수에 필요한 비품 등의 수량	몇 개, 몇 m, 몇 m^2인가?

(2) 보수시공 조사

시공조사는 진단 결과에 의해 보수가 필요하다고 판단된 단계에서 구체적인 공사방법을 확인하기 위한 조사이다. 보수의 규모 및 범위, 공사 견적, 적산을 위한 자료가 요구된다. 시공조사시에는 [표 3-15]와 같은 내용이 필요하다.

(3) 시공자 선정 및 보수계획서 작성

보수설계가 결정되고 시공조사에 따라 시공의 규모, 방법, 비용 등이 구체화되면 시공업자의 선정 및 구체적인 보수계획서가 작성된다. 보수공사계획서의 내용은 공사시공요령서, 공정표, 시공관리체제, 시공관리요령, 공정관리요령, 재료의 품질관리 등의 실제의 공사에 필요한 사항이다.

균열부의 보수는 철근부식에 기인하고 있는지의 여부, 균열폭의 대소, 누수의 유무, 균열의 개폐거동의 유무 등에 의해 그 대책이 달라지게 된다. 철근부식에 기인하고 있는 경우의 보수방법은 다음 항의 결손부 보수의 철근부식이 있는 보수방법과 동일하다. 기타 균열의 보수는 그 원인과 목적에 따라 콘크리트 균열의 조사, 보수, 보강 관련의 지침에 준하여 행한다. 균열발생의 원인 및 형태에 대한 관련의 보수공법은 [표 3-16]과 같고, 관련 재료의 선정은 제2장을 참고한다.

(4) 누수 균열의 설계

누수되고 있는 균열의 보수는 일반적으로 누수되고 있지 않는 균열의 보수와 같은 형태로 균열의 상태, 문제의 내용 등의 조사에서 얻어진 결과로부터 발생원인, 균열의 크기, 거동 등을 확인하고, 건물의 사용조건과 함께 고려한 검토가 필요하다.

건물의 누수균열에 보수조건과 적용가능한 보수공법과의 관계는 [표 3-17]과 같다.

▼ [표 3-16] 일반 균열의 보수설계자료

보수목적	균열의 현상 원인		균열폭(mm)	보수공법					대상이 되는 균열(앞 표의 '균열발생의 원인'과 대응)
				표면처리공법	주입공법	충전공법	기타 공법		
							침수성 방수재의 도포공법	기타	
방수성	철근이 부식하지 않는 경우	균열 폭의 변동 (소)	0.2 이상	○	△		○		A1, A2, A3, A4, A8, A9, B1, B2, B3, B4, B5, B6, B7, B8, B9, B10, B13, B14, B15, B16, C4
			0.2~1	△	○	○			

보수목적	균열의 현상 원인		균열폭(mm)	보수공법					대상이 되는 균열(앞 표의 '균열발생의 원인'과 대응)
				표면처리공법	주입공법	충전공법	기타 공법		
							침수성 방수재의 도포공법	기타	
방수성	철근이 부식하지 않는 경우	균열 폭의 변동(대)	0.2 이하	△	△		○		A5, A9, B3, B6, B14, C1, C2, C3, C5
			0.2～1	△	○	○			
내구성	철근이 부식하지 않는 경우	균열 폭의 변동 소	0.2 이하		△	△			A1, A2, A3, A4, A8, A9, B1, B2, B3, B4, B5, B6, B7, B8, B9, B10, B13, B14, B15, B16, C4
			0.2～1	△	○	○			
			1 이상		△	○			
		균열 폭의 변동 대	0.2 이하	△	△	△			A5, A9, B3, B6, B14, C1, C2, C3, C5
			0.2～1	△	○	○			
			1 이상		△	○			
	철근 부식		–			○			B6, B10, B11, B12, B14, C3, C4, C5, C6, C7
	염해		–					●	A7, C8
	반응성 골재		–					●	A6

▼ [표 3-17] 누수 균열의 보수설계 자료

내용 \ 공법		주입공법					충전공법	도포공법	강재 보강공법		핀그라우트공법
		기계주입	수동주입	다짐주입	부어넣기주입	저압주입			철근매입	강판부착	
균열상태	거동한다.						●				●
	거동하지 않는다.	●	●	●	●	●		●	●	●	●
	균열(大)			●	●		●				●
	균열(中)		●	●			●				●
	균열(小)	●	●			●		●			●
조건	강성저하	●	●	●	●	●			●	●	
	누수량(大)										●
	누수량(小)	●	●			●	●	●			●
	미관	●	●			●	●	●			●

핀그라우트 공법

최근 일본에서 개발된 콘크리트 지수공법으로, 누수되고 있는 균열의 보수에 적합하다. 친수성 1액형 폴리우레탄 수지가 물과 반응하여 체적팽창을 일으켜 균열부를 충전하는 것으로 기존의 방법으로는 충전이 불가능한 미세한 균열에 적용하며 지속적인 방수성의 확보가 가능, 습윤상태 콘크리트와의 접착성이 양호하고 적용이 간편한 것이 특징이다.

내용 \ 공법		주입공법					충전 공법	도포 공법	강재 보강공법		핀 그라우트 공법
		기계 주입	수동 주입	다짐 주입	부어 넣기 주입	저압 주입			철근 매입	강판 부착	
보수부재	기둥	●	●			●		●			
	보	●	●		●	●			●	●	
	벽	●	●	●		●	●	●	●		●
	바닥판	●	●	●	●	●	●	●	●	●	●
	PC판	●	●			●		●			●

SECTION 07 품질관리 및 유지관리

1 개요

콘크리트의 보수에는 보수의 검토, 대책 및 설계가 포함된다. 품질관리를 위해서는 보수대책 수립 시 이용자의 요구사항이나 열화의 원인과 결과를 위해서 광범위한 진단을 행할 필요가 있다. 품질관리 항목에는 구조물과 관련하여 내구성, 시공성 및 적합성에 관해서 검토해야 한다.

표면처리공법에서 경제적이며 효과적인 보수를 하기 위한 방법

① 보수에 의해 표면으로부터의 염화물이온의 침입이 차단

② 철근 부식을 야기하는 염화물이온량이 부식 발생 한계값을 넘지 않는 것을 확인하는 것이 중요하다.

(1) 시공상의 품질관리

콘크리트 구체의 성능저하 문제는 다양하며, 각각의 상황에 대응해서 어떠한 보수방법이 적절한지를 명확하게 파악할 필요가 있다.

시공상의 일반적인 필요조건은 보호, 외관 및 적재하중의 3항목이다. 보수검토의 과정에서는 보수의 목적을 정확하게 설정하고 보수재료의 필요한 특성을 결정한다. 또한 보수시공 단계별 재료의 배합, 공구사용의 정확성, 보수설계 및 지침대로의 이행 여부를 점검한다.

(2) 구조상의 품질관리

콘크리트의 보수는 손상 부분의 콘크리트를 제거, 보수하고, 구조상의 기능을 회복시켜 보수 부분의 콘크리트와 내부 콘크리트를 가혹한 환경으로부터 보호하고, 이용자의 요구를 들어주어야 한다.

구조적 관점에서 점검할 것은 보수 부분과 기존의 바탕콘크리트 부분과의 경계면에서 발생하는 각종의 응력을 점검하는 것이 중요하다. 보수 부분의 응력은 기존의 바탕콘크리트 부분과의 상대적인 체적변화와 보수시의 작업하중에 의해 발생한다. 보수 부분에 발생하는 응력은 허용응력도 이하에서 해야 한다.

많은 경우 보수 부분은 응력전달 기능을 기대할 수 없다. 압축영역의 내력이 저하하면 하중은 열화되지 않은 영역으로 재배분된다. 원래의 하중분포상태로 되돌려놓기 위해서는 보수작업 사이에 전하중을 해방해서 보수, 양생하고, 그 재료가 소정의 강도에 달한 후에 콘크리트부재에 하중을 가해야 할 필요가 있다.

(3) 재료상의 품질관리

보수용 재료의 선택은 구조물의 소유자(이용자)의 기술자에 의한 보수의 필요조건 이해, 사용조건과 환경조건 및 시공기술을 고려하는 것이 중요하고, 필요조건을 확정한 후 재료특성을 결정하고 나서 특정의 재료를 선택해야 하는 복잡한 절차이다. 특히 2종류 이상의 재료가 요구되는 상태에서 최종적인 재료 선택은 경제성, 시공성 및 안전성과의 관련을 바탕으로 수행된다.

보수재료의 선택은 예상되는 사용조건과 환경조건에서 양생을 하지 않은 상태와 양생을 한 상태에서의 재료의 특징을 파악할 필요가 있다. 보수재료의 충분한 기능 달성에 뒤따르는 요구사항은 보수위치와 바탕과의 사이에서 체적변화가 적어야 하는 것이다.

이 체적변화는 보수 부분과 보수위치 바탕의 양쪽에 내부응력을 발생시킨다. 높은 내부응력은 인장균열, 하중지지력의 손실, 층상박리, 열화를 발생시키는 원인이 된다. 이처럼 응력의 발생을 최소한으로 하고 체적변화가 적은 적절한 재료를 선택하도록 특별히 유의할 필요가 있다.

2 공법 및 재료별 품질관리

(1) 수지계 재료 주입공법

1) 에폭시수지

① 수지계 재료는 균질하고, 유해하다고 인정되는 이물질의 혼입이 있어서는 안 된다.

② 수지계 재료는 들뜸부, 균열부에 주입이 적절하고, 경화 후 균질한 경화체가 되어야 한다.

③ 수지계 재료는 사용할 때 유기용제 사용에 따른 중독, 특정 화학물질 취급에 따른 위험성 등에 관련하여 관계 법률에 따라 취급한다.

④ 수지계 재료는 상온상습의 환경조건하에서, 제조 후 6개월간 보존하여도 관련의 품질기준에 적합해야 한다.

⑤ 수지계 재료를 사용할 때에는 바탕재의 수지계 재료의 환경특성(건조 혹은 습윤상태)을 고려하여 선택하고, 주재와 경화제의 혼합비율을 철저히 지킨다. 특히 누수 보수용으로 사용되는 경우에는 상기 사항을 엄수해야 한다.

2) 폴리머시멘트슬러리

① 수지계 재료는 균질하고, 유해하다고 인정되는 이물질의 혼입이 있어서는 안 된다.

② 조합용수는 상수를 사용하여 주입기기에 해를 입히지 않으며 경화 후 경화물의 성능을 저해하지 않도록 한다.

③ 폴리머시멘트슬러리의 보수(保水)계수, 흡수성은 품질기준에 적합해야 한다.

④ 수지계 재료는 상온상습의 환경조건하에서 제조 후 6개월간 보존하여도 관련의 품질기준에 적합해야 한다.

⑤ 수지계 재료를 사용할 때에는 바탕재의 수지계 재료의 환경특성(건조 혹은 습윤상태)을 고려하여 선택하고, 주재와 경화제의 혼합비율을 철저히 지킨다. 특히 누수 보수용으로 사용되는 경우에는 상기 사항을 엄수해야 한다.

3) 균열 충전 상황의 확인

균열의 충전상태는 시공 중 확인과 시공 후 확인의 2번에 걸쳐 시행하는 것이 바람직하다.

충전확인방법에는 사전에 주입량을 계산해 놓고, 실제의 주입량과 비교하여 충전상태를 확인한다. 시공 후에는 코어를 채취하여 충전상태를 육안으로 확인하는 방법을 사용한다.

그러나 미세균열에서는 육안확인이 어려운 경우가 많기 때문에 수지 중에 형광도료를 첨가하여 경화 후 코어를 채취한 후 암실에서 자외선을 이용하여 관찰한다.

(2) 충전공법

1) 결함부 충전용 수지 모르타르

① 수지 모르타르는 균질하고, 유해하다고 인정되는 이물질의 혼입이 있어서는 안 된다.

② 수지 모르타르는 바름작업(흙손작업)이 용이하고, 경화 후 마감조정이 양호할 정도의 점성을 가져야 한다.

2) 탄성형 에폭시수지계 보수재

탄성형 에폭시수지는 균질하고 대상 바탕재(피착제)를 손상시키거나 주변을 오염시키는 성질의 것이 아니어야 한다.

(3) 표면도포공법

① 도포재가 건조수축에 의한 균열이 발생하지 않도록 경화 도중에 습윤상태를 유지한다.

≫ 충전공법의 합격판정 조건

충전공법은 마감도재와의 부착성, 마감도재의 변색 등의 문제를 해결하여야만 보수공사에 대한 합격 판정을 내릴 수 있다.

≫ 충전공법의 보수합격을 위한 주의사항

① 균열의 이동성 · 진행성이 큰 경우는 균열보수만으로 대처하는 것이 어렵기 때문에 표면피복공법 등과 병행하여 방수성과 누수방지 및 철근부식억제를 확보하는 것이 바람직하다.

② 염해 등의 철근부식이 원인이 되는 균열에 관해서는 간단한 균열보수만으로는 부식진행을 억제하는 것이 어렵기 때문에 철근부식 방지에 있어서 신뢰할 수 있는 방식의 공법을 채택해야 한다.

② 일정 두께 유지와 표면 경도 확보를 점검한다.
③ 침투성 재료의 경우 침투 깊이 확인을 위한 성능평가 자료가 필요하다.
④ 도포재의 박리를 방지하기 위한 접착력을 사전에 평가한다.

3 유지관리

보수 · 보강 후에 필요한 유지관리의 내용은 신설 시 혹은 전회의 보수 · 보강 시의 계획과는 다를 가능성이 높다. 금후 유지관리의 상세는 보수 · 보강공사 담당자가 숙지하고 있을 것이므로 설계자는 시공자에 협력을 얻고, 발주자와 함께 협의를 거쳐 유지관리계획서를 작성한다.
예를 들어 금회의 보수공사에서 콘크리트의 균열을 주입공법으로 보수한 경우 보수 부분과 그 주변에 대해서는 금후의 사용기간 내에 점검 등을 하지 않으면 안되지만 구체적인 방법(점검방법, 점검주기 등)은 보수공사 전의 것과는 다르기 때문에 공법의 특징을 파악하고 있는 시공자의 지견을 가미함으로써 금후에 유효한 유지관리의 수단을 확보하여야 한다.
또한 구체적인 작업으로서 다음의 사항과 같은 계획이 있는 경우 당해 공사에 기초해서 수정하고, 계획서가 없는 경우는 새롭게 작성하도록 한다.

(1) 유지관리계획서의 작성과 제출

설계자는 보수 · 개수공사의 완료 후에 당해 공사에 기초한 금후의 유지보전계획을 작성하고 건물관리자에게 제출한다.

(2) 유지관리계획서의 기본구성

보수 · 보강 후의 유지관리계획서는 보수 · 보강공사의 결과에 기초한 보수 · 보강공사를 실시한 구조물 부위 등의 현상과 사용상황 등을 충분히 고려하고, 아래사항을 참고하여 작성한다.

1) 유지보전의 목적과 방침

목적과 특히 명기해야 할 목표, 기본방침(사후, 예지, 예방보전), 유지관리 항목(일상점검, 정기점검, 임시점검)을 설정한다.
유지관리를 언제의 시점으로 어떻게(목적과 방침) 할 것인가, 특히 누가(주체자) 실시할 것인가는 시간의 경과에 따라 자칫하면 불명확해지기 쉽다. 그러므로 여기에 대해서는 당해 건물의 상황에 응하여 관계자와 충분히 협의하여 의견일치를 본 후 명기해 둘 필요가 있다.

2) 유지관리 행위 주체자의 설정

행위자의 구분(건물거주자, 건물관리자, 유지관리 전문업자 등)과 점검 주기(일상점검, 정기점검, 임시점검)방법을 구분한다.

3) 점검부위 · 위치의 설정

필요에 따라 기존 부분, 보수 부분, 보강 부분으로 나누어 표시한다.

4) 점검방법의 명시

육안, 견본노트, 타진, 점검용 기기 등과 방법에 대하여 명시하고, 보수 또는 보강 전과 다른 경우는 주의를 환기한다.

5) 점검주기의 설정

일상점검, 정기점검 및 임시점검의 주기 · 보수 · 개수 전후로 주기가 변경된 경우는 별도 기록한다.

6) 점검결과의 판단방법과 대처방법의 명시

열화(성능저하)현상별 판단방법(일상수선의 가능성, 전문업자에의 진단 여부 등), 대처방법(시공업자 등에의 연락), 보증, 하자 조건과 열화현상 등을 명시한다.

7) 일상수선의 사양제시

일상수선으로 대처할 때의 재료, 부위별 시방, 전문업종에의 의뢰처 등을 제시한다.

보수공사 후 강도와 강성에 관한 기준

균열부에 서로 다른 깊이로 에폭시 주입을 하여 보수한 단면의 코어를 채취하여 할렬 인장강도 시험을 수행한 결과, 균열 깊이의 80% 주입만으로도 거의 완전한 주입효과를 나타낼 수 있다고 보고되었다. 즉, 강도 및 강서에 대해서는 최소한 균열깊이의 80% 이상 주입을 권장한다.

SECTION 08 국내 보수기술의 현황

국내의 경우 성수대교 붕괴 및 삼풍백화점 붕괴사고로 인하여 사회적 불안요소로까지 되고 있다. 국내의 상황은 시설물의 안전 및 유지관리에 관한 특별법이 제정되는 등 유지관리업무에 큰 관심이 집중되고 있으나 주로 안전진단에 국한되고 열화요인별 적절한 보수 · 보강기술에 대한 지침이 전무한 실정이며 사용되는 보수재료의 선정에서도 적절한 검증기준이 없는 상태에서 실적 및 이론적 뒷바침이 없이 시공업체의 경험에 의존하기 때문에 보수된 구조물의 안전성에 대한 신뢰성이 문제가 될 것으로 보여 적절한 평가기준이 시급히 요망되는 실정이다.

특히 지금까지의 구조물에 대한 보수 · 보강기술이 구조체의 구조적 안전성 차원에서 구조해석적 검토가 주류를 이루어 왔지만 실제 보수 및 보수공사 차원에서는 구조체와 보수 · 보강재료의 순응성, 적정한 사용재료의 선정, 시공 후의 품질관리 등에 대한 주요기술에는 핵심적으로 작용하고 있기 때문에 재료 및 품질관리 차원에서의 적극적인 연구검토 및 이에 관련한 전문가의 육성이 절실히 요구되고 있는 실정이다. 일본의 경우

수년 전 콘크리트의 위기(Concrete Crisis)라 하여 국영 방송 및 주요 일간지를 비롯한 매스컴에서 콘크리트의 열화 및 내구성에 관하여 문제의 심각성을 중심으로 콘크리트 구조물의 내구성 향상에 대하여 심도있는 연구를 진행시키고 있다.

또한 신도시의 해사 사용에 따른 염분문제는 구조물의 유지관리차원에서 일본의 예를 보더라도 반드시 해결해야 할 과제이다.

현재 국내에서 사용되고 있는 보수공법으로서는 균열주입공법과 탈락부의 충전공법이 주종을 이루고 있어 도장업계 및 시멘트업계에서 특수도료 및 보수용 특수시멘트를 활용하여 주입 및 복구공사가 주로 시공되어졌다. 한편 탄산화, 염해 등의 내구성 문제가 사회적인 문제로 대두되면서 이에 대한 해결방안으로서의 보수방법이 소개되고 있으며 보다 다양한 공법 및 관리지침, 기술지로서의 개발을 위한 활발한 연구가 진행되고 있다.

CHAPTER

04

구조물의 보강

CHAPTER 04 구조물의 보강

SECTION 01 일반사항

보강은 균열의 원인, 하중 조건, 필요한 내력, 보강의 범위와 규모, 환경조건, 안전, 공사 기간, 경제성, 관리의 용이성 등을 고려하여 계획한 보강 목적이 달성될 수 있도록 보강방법, 보강시기 및 보강재료를 선정하고 단면 및 부재를 설계해야 한다. 보강 설계 시 구조물의 변경, 추가 장기하중, 보강 시의 시공하중 등을 고려하여 안전성을 검토해야 한다. 보강 시에는 원래의 구조형태, 하중상태 등의 변화가 있을 수 있으므로 이에 대해서도 고려해야 하며 보강 시공 순서를 명시하여 시공 중 발생할 수 있는 안전사고를 미연에 방지하도록 해야 한다.

보강방법에는 단면을 증가시키는 콘크리트 증타법, 철골부재로 보강하는 방법, 강판 보강법, 탄소섬유시트 보강법, 프리스트레스에 의한 방법 등이 있다. 각 방법은 장 · 단점이 있으므로 적절하고 경제적인 방법의 선택이 중요하다. [표 4－1]에서 각각의 장 · 단점을 기술하였으며 일반적인 구조물 보강의 순서는 다음과 같다.

1. 각종 조사 결과를 분석하여 원인 및 손상 정도를 추정하고, 보강의 시기 및 범위와 규모를 설정한다.
2. 구조물에 작용하는 하중, 구조물이 처해 있는 환경, 손상된 부위에 따른 보강공사의 용이성, 보강공사의 기간 등 손상된 구조물의 보강에 있어서의 각종 제약 조건을 파악한다. 이때 균열에 따른 손상의 계절적, 시간적 변화에 유의한다.
3. 손상 정도와 2의 조건을 함께 고려하여 가장 적절하다고 판단되는 보강공법, 보강재료를 선정하고, 단면 및 부재를 설계한다.
4. 보강작업에 필요한 기계, 기구를 결정한다.
5. 보강작업을 위한 지지대를 설계한다.
6. 작업의 안전을 위한 설비를 검토한다.
7. 작업 시기 및 공사 기간 등을 고려하여 필요한 작업원 수를 결정한다.
8. 보강 후의 미관에 대해 유의한다.
9. 보강 효과의 확인방법을 결정한다.

▼ [표 4-1] 보강공법의 장단점

보강공법	장점	단점
콘크리트 증타공법	• 부재의 강성이 증가된다. • 보강 후 처짐 등이 보완되므로 사용성이 증가된다.	• 하중의 증가로 기둥, 기초 등에 대한 검토를 요한다. • 하부에 보강을 요하는 경우도 있다. • 공기가 느리고 시공이 어렵다. • 시공 균열의 보수 후 강성의 회복을 파악하기가 어렵다.
철골부재 보강방법	• 경제적이다. • 공정이 단순하고 빠르다. • 자재의 구득이 쉽다.	• 기존 콘크리트 부재와의 접합이 어렵다. • 처짐 발생의 경우 정확한 부재 위치 선정이 어렵다. • 현장 용접이 많으므로 시공성의 문제가 야기될 수 있다.
강판보강법	• 공정이 비교적 단순하다. • 자재의 구득이 쉽다. • 부재의 거동 예측이 쉽다. • 자재가 비교적 경제성이 있다.	• 자재가 무거우므로 두꺼울 경우 취급이 곤란하다. • 강판의 두께가 두꺼울 경우 탈락이 쉽게 발생한다. • 공정의 감리가 어렵다. • 주기적인 방청처리가 필요하다. • 접착제의 선택에 유의해야 한다.
탄소섬유시트 보강법	• 자재가 가볍고 경량이다. • 시공이 쉽고 공정이 빠르다. • 인력이 적게 소요된다. • 내구성이 크다.	• 자재가 비싸다. • 접착제의 선택에 유의해야 한다. • 구조거동에 유의해야 한다.
포스트텐션(PS)에 의한 보강	• 비교적 단순하다. • 경제적이다. • 처짐을 복원할 수 있다. • 공정이 빠르다.	• 균열이 많이 발생하여 있는 경우 정착구의 위치 선정에 유의해야 한다. • 플랫슬래브의 경우 하부에 긴장을 위한 부재가 필요하다.

이상에서 보강공법을 2가지 이상 고려할 경우에는 공법에 따라 위의 1~9를 비교 · 검토하고 해당 보강공사에 가장 적합한 공법을 선정한다.

SECTION 02 보강 대상 유형 분석 및 보강법의 선택

1 구조적 결함현상의 파악

누수, 침하, 균열, 처짐, 마모, 변형, 발청 등의 현상을 파악하고 적합한 원인을 규명해야 한다. 하나의 현상으로 나타나는 경우도 있으나 대부분의 구조적 결함에 의한 현상은 복합적으로 나타나므로 구조부재에서 나타나는 현상을 파악하는 것이 중요하다.

2 원인 분석

구조적 결함의 원인을 파악한다. 위에서 기술한 여러 원인을 파악하여 결함이 발생하게 된 주원인을 파악해야 한다. 이를 위해서 기존 구조체의 균열, 강도, 변형 등의 제반자료에 근거한 해석을 실시하여 부족한 부재의 능력 정도를 파악해야 한다. 즉, 부재의 전단능력, 휨능력, 압축능력, 부재의 안정성 등을 검토한다.

3 평가

원인과 현상 등을 평가하여 보수에 의해 구조성능을 확보할 수 있을 것인지 보강방법을 수립해야 할 것인지를 결정한다.

4 보강법의 검토

보수 및 보강하는 방법을 결정하기 위해서는 다양한 공법에 대해 다음사항을 검토하여 보수, 보강 후 가장 적절한 구조적 거동이 기대되는 공법을 선택해야 한다.

(1) 필요한 구조체의 내구연한
(2) 보강의 필요성에 대한 긴급한 정도
(3) 공사비
(4) **기술적인 검토** : 공법의 선택에 따른 재료의 유용성, 기능공의 질적 수준, 업체의 기술 확보 수준 등
(5) **미적인 면에 대한 고려** : 시공 후 구조체의 미적인 상태 검토
(6) 공공적으로 중요한 건물이거나 구조체의 상태가 심각하여 정밀한 시공이 요구되는 경우 기술사전심사제의 도입
(7) 실제 공사에 적용례
(8) 시공성
(9) 공사 후 건물의 사용성
(10) 사용환경

5 보강방법의 결정

결함 부위에 대해 4에서 검토한 내용이 가장 적합한 것으로 인정될 경우 보강방법으로 선택한다. 이 경우 보강에 사용할 구조재료, 보강순서, 보강에 사용되는 재료에 대한 검토 후 보강을 하고 구조적 거동을 좌우하게 되므로 매우 중요하다. 재료의 선택이 불확실할 경우 보강 후 안전한 구조적 거동을 기대하기 어려우며 보강의 내구성 또한 문제가 될 소지가 있다.

SECTION 03 보강공법

보강공법은 보강재료와 보강부재에 의해 분류할 수 있다. 다음은 부재별로 적절한 보강공법을 분류하였다.

1 슬래브의 보강

슬래브를 보수, 보강하는 목적은 슬래브의 균열로 인하여 발생한 처짐이나 진동장애를 고치는 것이다.

슬래브 균열의 직접적인 원인은 콘크리트의 건조수축, 설계 잘못으로 인한 바닥두께의 부족, 철근량의 부족, 시공 시 철근 위치의 오차, 건물의 용도변경에 따른 과하중 등이 있으나 이것들이 단독 또는 중복되어 바닥판의 강성을 저하시켜 처짐을 발생시키기도 하고, 진동 장애를 일으키기도 한다. 슬래브의 보강공법은 다음과 같다.

(1) 콘크리트증타공법

이 방법은 슬래브의 처짐이 과도하여 사용성에 문제가 있으며 상부 철근이 부족할 경우 이 방법을 선택한다. 이 방법은 덧치는 콘크리트와 기존 콘크리트의 접착이 매우 중요하며 이를 위해 스터드볼트나 신구콘크리트 접착제를 사용하기도 한다.

신구콘크리트 접착제의 경우 그 성능에 유의해야 하며 신구콘크리트 접착제가 잘못된 경우 오히려 접착성능을 저하시킨다. 스터드 볼트를 사용하는 경우 콘크리트 모재의 균열상태를 충분히 고려하여야 하며 스터드 볼트로 인하여 균열이 진전될 수 있으므로 유의해야 하고 콘크리트의 성능을 발휘하기 위해서는 기 발생한 균열에 대한 보수 작업이 선행되어야 한다. 균열의 처리가 미흡한 경우 구조적 성능을 기대할 수 없다.

이 공법을 사용할 경우 고정하중이 증가하므로 구조물 전체에 대해 다시 해석하여 기둥, 보, 기초에 대한 검토가 있어야 한다. 프리팩트공법에 의해서 하부단면을 증대시키기도 한다.

부착에 중요한 사항

① 깨끗하고 건전한 바탕면
② 기계적으로 맞물릴 수 있도록 거칠거칠한 바탕면
③ 바탕면의 공극(空隙)구조
④ 보수재료와 접착제가 바탕면의 공극 내로 충분히 흡수되도록 도포할 것
⑤ 부착면에서 보수재료가 바탕면에 충분히 접착되도록 보수재료에 충분히 압력을 가할 것

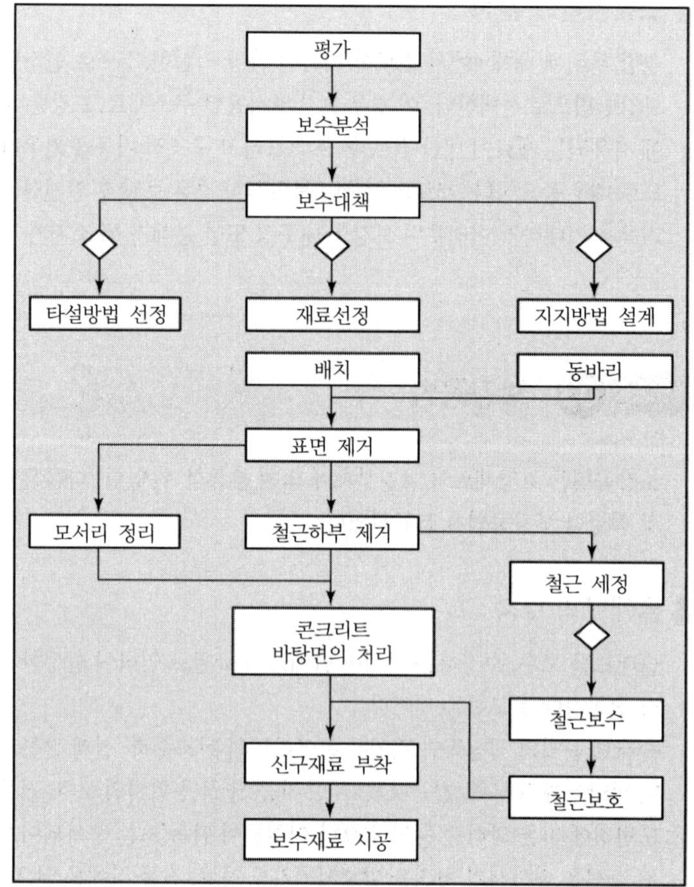

(a) 개념도

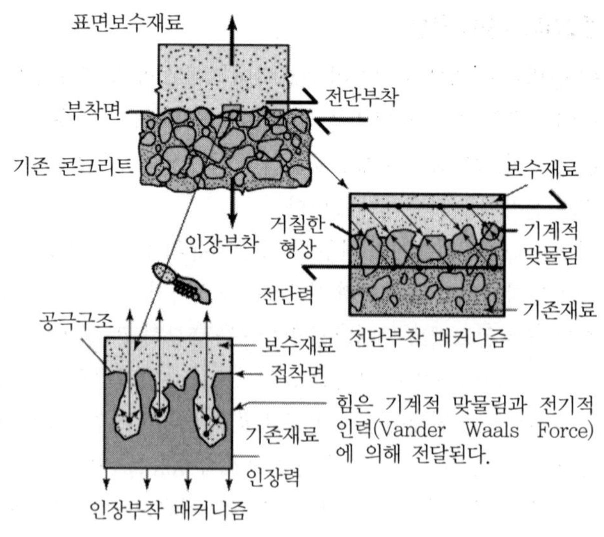

(b) 주요 매커니즘

[그림 4-1] 콘크리트 증타공법의 개념도 및 주요 매커니즘

(2) 철근 혹은 강판매입공법

이 공법은 보강해야 할 부위가 넓지 않은 경우에 적용할 수 있는 방법으로 배근량이 부족하여 철근을 배근할 필요가 있을 때 사용한다. 슬래브의 상부면을 철근이나 강판이 매입될 정도로 U형을 제거하여 철근이나 강판을 매입한 후 제거된 부위의 홈에 에폭시수지 접착제를 사용, 철근을 고정시키는 공법이다. 이 경우 보강부위 주변의 균열은 에폭시수지로 보수해야 한다. 철근(혹은 강판) 매입공법의 순서는 다음과 같다.

① 보강 부위 주변을 깨끗이 청소한 후 에폭시 주입공법으로 균열을 보수한다.

② 보강 부위와 철근매입 부위를 표시한 후 폭 25mm, 깊이 25mm U 형태로 콘크리트 모재를 제거하고 양단부를 철근의 정착을 위해 천공한다. 보강되는 부위에 미장이 있을 경우 미장 부분은 완전히 제거해야 한다.

③ 제거된 홈 내부면 및 철근 표면에 프라이머를 도포한다.

④ 철근의 녹을 완전히 제거한 후 접착제로 철근을 접착, 고정시킨 후 수지를 양생시킨다. 양생은 20℃ 이상에서 24시간 이상으로 하며 72시간 동안은 중량물의 통행을 금한다.

⑤ 수지가 양생된 후 필요에 따라 작업 부위를 에폭시수지라이닝을 한다.

⑥ 주변과 동일하게 마감한다.

여기서 사용하는 에폭시수지의 물성은 [표 4-2]와 같다.

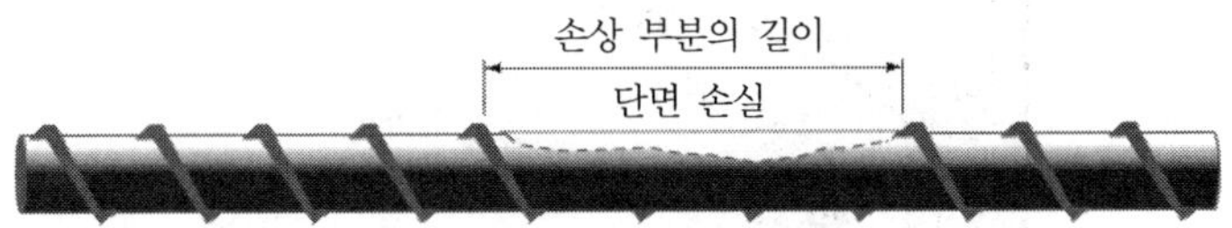

일반적으로 철근의 단면이 25% 이상(또는 두 개 이상의 인접된 철근의 20% 이상) 손실된 경우에는 철근을 보수할 필요가 있다.

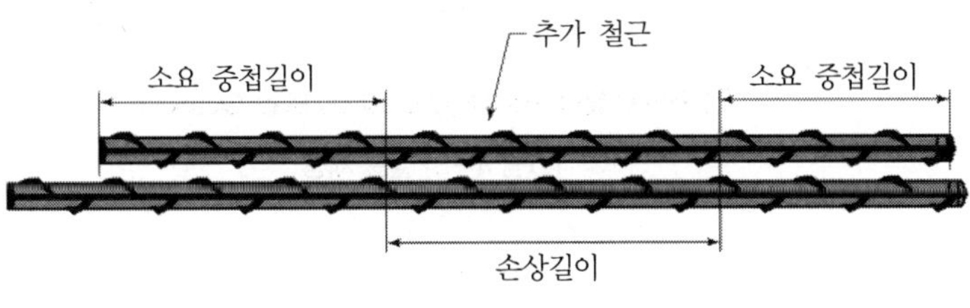

[그림 4-2] 철근의 보수

철근을 보수할 필요가 있을 때의 방법

① 손상된 길이만큼 철근을 추가한다. 새로운 철근은 손상된 철근에 기계적으로 연결할 수도 있고 기존 철근에 평행하게 설치할 수도 있다.
② 철근을 완전히 교체한다.

녹 제거기(Needle Scaler)

이 장비는 내부의 피스톤에 의해 움직이는 가는 강제 봉(Steel Rod)을 사용한다. 이 봉으로 타격하여 보수표면의 이물질을 제거한다. 이 장비는 심한 산화물층을 제거하거나 면적이 작은 콘크리트 표면을 세정하는 데 효과적이다.

고압수 세정

20.7~69MPa의 고압수를 사용하여 콘크리트나 철근의 표면을 세정하고 건전하지 않은 물질을 제거한다. 모래를 혼합하면 보다 빨리 세정할 수 있으며, 코팅재나 보수재료와의 부착효과를 높일 수 있다.

연마재 블라스트 세정

압축공기로 연마재를 노즐을 통하여 분사하는 방법으로 콘크리트와 철근의 표면을 깨끗하게 세정하는 가장 좋은 방법이다. 이 방법을 사용할 경우 분진 때문에 환경문제가 발생할 수 있다. 이러한 문제를 줄이기 위해 노즐에 물을 주입하는 수도 있다.

동력 와이어 브러시

동력 와이어 브러시(Power Wire Brush)를 사용하여 철근의 이물질을 효과적으로 제거할 수 있다. 그러나 철근 뒷부분까지 제거해야 할 경우에는 매우 늦고 비효율적이다.

바탕면 그라인딩 작업

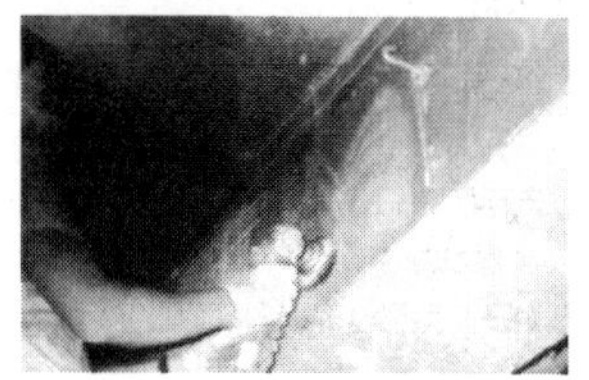

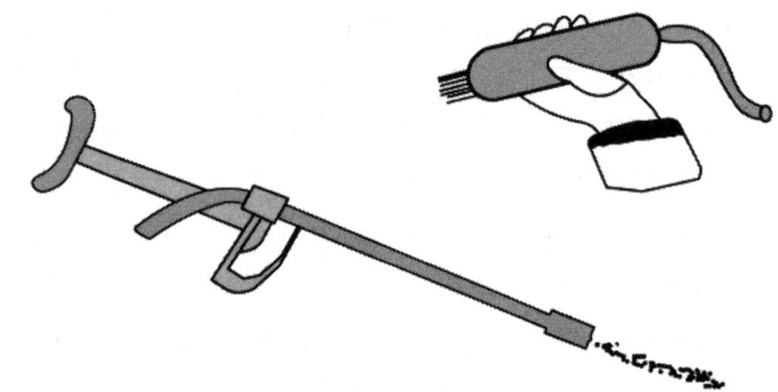

(a) 녹 제거기(Needle Scaler)

(b) 고압수 세정(High Pressure Water Cleaning)

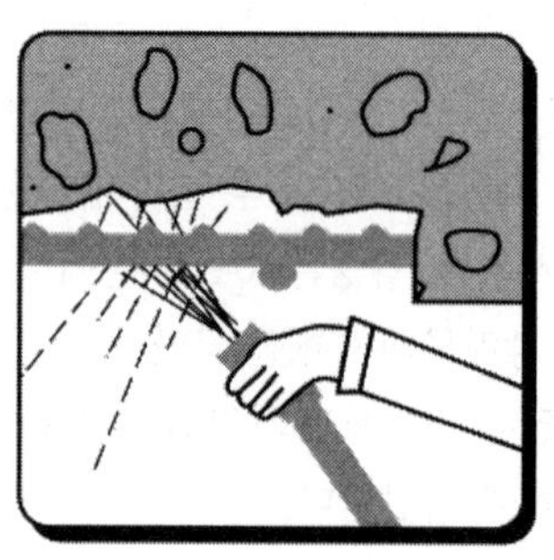

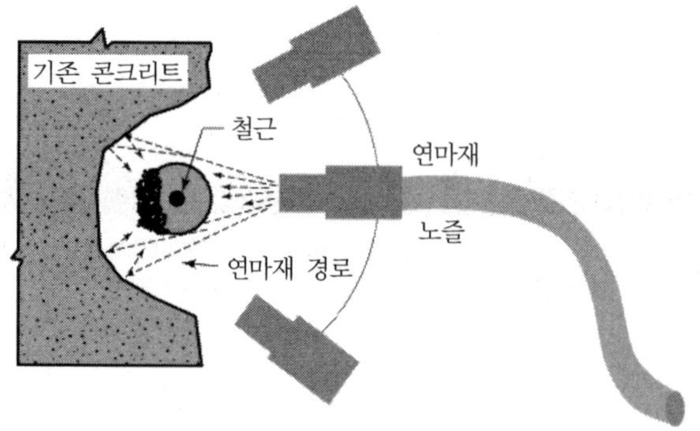

(c) 연마재 블라스트 세정(Abrasives Blast Cleaning)

[그림 4-3] 철근 세정

(3) 철골보 증설공법

이 공법은 슬래브 하부에 작은 철골보를 설치하는 것으로 슬래브의 지지 거리를 감소시켜 슬래브의 휨모멘트와 처짐을 감소시키는 방법이다. 철골보 증설공법의 평면 및 단면은 [그림 4－6]과 [그림 4－7]에 나타난 바와 같다. 이 방법은 비교적 공정이 단순하고 경제적이나 신설된 철골보와 기존의 큰 보의 접합부, 또는 작은 보와 슬래브의 접합부의 처리가 어렵다는 단점이 있다. 이 공법의 시공 순서는 다음과 같다.

▼ [표 4－2] 철근매입공법의 에폭시 물성

항목	프라이머, 마감접 착용	철근 접착제
경화물 비중	1.18±0.05	1.5±0.05
혼합물 점도(CPS)	6,500±1,500 이하	1,800±600 이하
사용 가능 시간(분)	60 이상	60 이상
도막경화시간(시간)	24 이상	15 이내
압축강도(kg/cm²)	650 이상	600 이상
인장강도(kg/cm²)	250 이상	150 이상
휨강도(kg/cm²)	450 이상	270 이상
인장전단강도(kg/cm²)	40 이상	80 이상

① 슬래브의 하부면과 증설 철골보의 플랜지 상부면의 간격을 측정해야 한다.
② 슬래브의 균열 부위에 접착제를 주입하여 균열을 보수한다.
③ 큰 보에 철골 증설보를 고정시킬 수 있는 볼트 주입용의 구멍을 낸다.
④ 보가 부착될 슬래브의 하부면을 깨끗이 청소하여 이물질을 제거한다.
⑤ 증설 철골보의 플랜지 상부면을 신속히 방청 처리한다.
⑥ 철골보를 소정의 위치에 설치한다.
⑦ 앵커볼트를 삽입하여 접착제를 주입한 다음 볼트를 고정한다.
⑧ 증설 철골보의 상부 플랜지와 슬래브의 하부면과의 간격에는 적절한 간격으로 수지로 만든 간격재를 삽입하여 간격 폭이 일정하게 유지되도록 한 후 주변을 기밀하게 실링처리하고 주입파이프 및 공기 배출파이프를 설치한다. 파이프의 간격은 1m당 하나 정도가 적절하다.
⑨ 에폭시수지의 주입 시에는 수지가 면밀히 주입되도록 주입압을 신중히 조절하면서 주입한다. 주입작업은 보 하나에 대해 중단 없이 주입해야 한다.
⑩ 주입 작업 중 플랜지를 가볍게 타격하여 타격음을 확인한 결과 주입이 불량한 것으로 판단되면 신속히 재주입한다.

균열부분 퍼티 작업

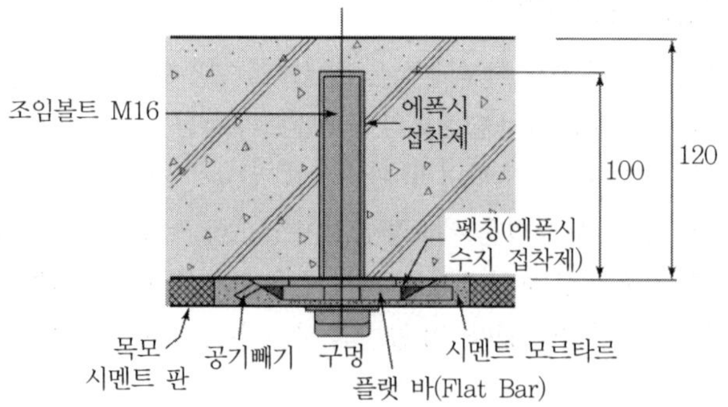

[그림 4-4] 강판(플랫 바 Flat Bar) 부착 상세

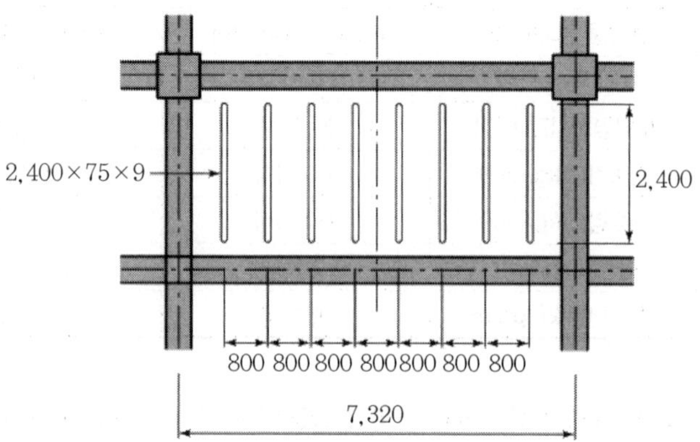

[그림 4-5] 슬래브 밑 철판(FB) 부착 보강도

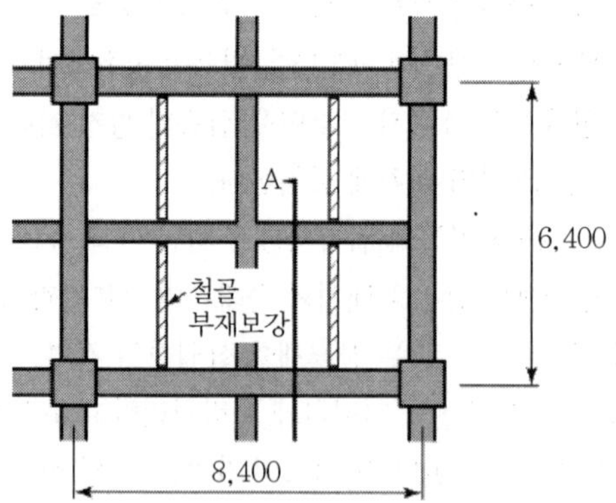

[그림 4-6] 철골 보강보 평면도

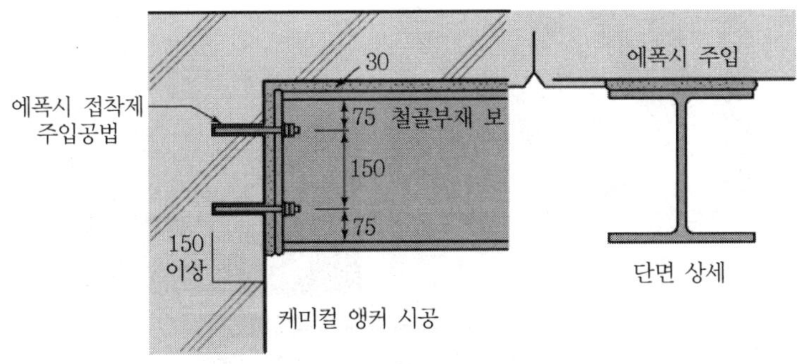

[그림 4-7] 철골보강 상세

(4) 강판보강공법

>>> 강판의 천공 작업

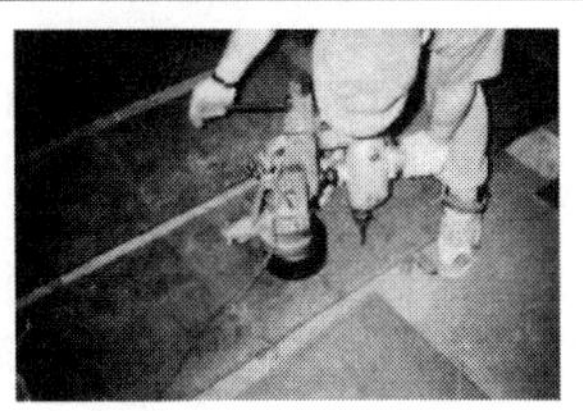

강판보강공법에는 주입공법과 압착공법의 2종류가 있으며 각기의 개요를 아래 표에 나타낸다. 이 공법의 선정 시에는 콘크리트 표면의 상태, 시공조건 등에 따라 종합적으로 판단해야 하지만 강판접착에 의한 보강 효과는 시공 여부에 좌우되므로 적절한 접착제의 산정과 충분한 시공관리가 필요하다.

▼ [표 4-3] 공법의 개요

항목	주입공법	압착공법
적용조건	콘크리트면이 평편하지 않고 일부 또는 전체적으로 곡면이 포함된 부위	콘크리트면이 평편하여 요철이 없고 콘크리트면에 압착용의 앵커로 고정할 수 있는 부위
에폭시수지의 도포 및 주입	콘크리트면과 강판면 사이에 스페이서 등에 의해 3~5mm 정도의 간격을 유지해 주변을 Seal하게 주입	콘크리트면 및 강판접착면에 1~2mm 정도씩 균일하게 도포
공기 제거	한쪽에서 주입하면서 공기를 뺀다.	강판은 콘크리트면에 고정된 앵커류를 이용해 압착하고 에폭시수지를 밀어냄과 동시에 접착면에 함유된 공기를 내보냄
이점	시공면에 제약이 없다.	공기는 남는 일이 거의 없어 접착 효과가 좋음
문제점	약간의 기포가 남을 우려가 있어 주입에 상당한 시간이 필요	시공면에 제약을 받음

>>> **철판 보에 압착 장면**

[그림 4-8] 강판부착공법 시공

(5) 강판접착공법

이 공법은 슬래브의 상하부에 적용할 수 있는 방법으로 강판을 설치한 후 강판 사이에 에폭시 접착제를 주입하는 방식으로 시공한다. 이 방법은 균열로 인한 강성의 저하 및 진동 장애, 철근 배근량이 부족한 부분에 사용할 수 있어 널리 사용되고 있는 공법이다. 그러나 에폭시 접착제의 선택에 따라 구조적 성능과 내구성이 좌우되므로 접착제의 선택에 유의하여야 한다. 또한 강판의 두께가 두꺼울 경우 단부에서 탈락하기가 쉬우며 설비나 전기 등의 장애물이 많은 경우 이 방법의 적용이 곤란하다. 특히 보강 후 보강면이 노출되는 경우 미관상 문제가 될 수 있으므로 유의해야 한다. 이 공법에서도 균열이 많을 경우 균열의 보수가 선행되어야 한다. 이 공법의 시공 순서는 다음과 같다.

① 보강 강판이 부착될 부분의 손상된 콘크리트는 보수공법에 의하여 완전히 보수시공한 후 마감이나 페인트 등의 이물질이 있을 경우 이를 전부 제거하고 그라인더로 갈아 평탄하게 만든 후 깨끗하게 청소한다.

② 에폭시계 저점도 프라이머를 콘크리트면에 충분히 도포한다.

③ 요철이 있는 경우 규사 등의 골재로 혼합된 에폭시수지 모르타르를 강판이 부착될 바닥면에 두께 5mm 정도로 충전하여 평탄하게 만든다.

④ 강판의 재질을 확인하고 설계 요구된 바와 같이 가공하여 강판의 표면을 샌드블라스팅 등의 방법으로 녹을 완전히 제거한다. 이후 보강면에 강판을 고정용 볼트를 사용하여 고정시킨 후 에폭시수지 퍼티

로 강판 주변을 면밀히 실링하여 수지가 새어 나오지 않도록 한다.

⑤ 강판접착용 에폭시수지를 주입한다. 주입은 강판 1쪽당 시행하도록 하고 최종 공기 배출구에 플라스틱 용기를 달아서 주입수지의 누출을 확인한다. 주입압력으로 용기에 누출된 에폭시수지가 자연압력에 의하여 다시 주입되게 함으로써 줄 수 있다. 수지 주입구 및 공기 배출구는 1m 간격으로 설치한다. 수지 주입두께는 5mm를 기준으로 하고 이 공정에서 사용하는 수지의 물성은 [표 4-4]와 같다.

⑥ 수지주입이 완료되면 해머 등을 사용하여 타격하여 수지의 주입을 확인하고 이상음이 나타나면 미충전 부위이므로 즉시 재시공한다.

>>> 에폭시 주입 장면

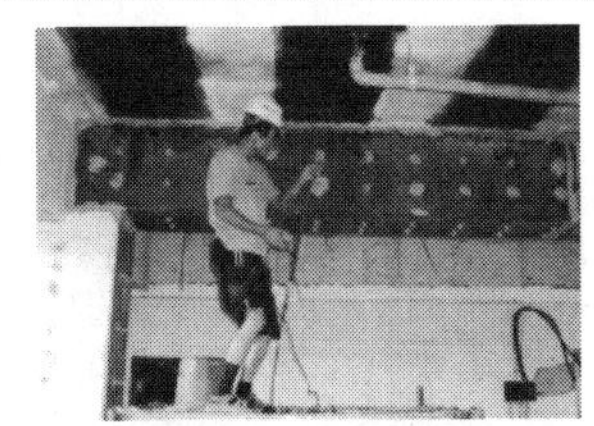

▼ [표 4-4] 강판접착용 에폭시 물성

항목	프라이머, 마감접 착용
혼합물 점도(CPS)	동절기 9,000 이하, 기타 9,000 이하
사용 가능시간(분)	60 이상
압축강도(kg/cm²)	630 이상
인장강도(kg/cm²)	180 이상
휨강도(kg/cm²)	360 이상
인장전단강도(kg/cm²)	120 이상

⑦ 양방향으로 부착된 강판의 겹친 면은 목두께가 강판두께의 1.25배 정도로 모살용접하고 가능한 한 같은 부재 방향의 이음은 피하는 것이 좋으나 필요할 경우 V자형으로 가공한 후 홈용접(Groove Welding)을 한다.

⑧ 도면대로 마감한다.

(6) 강판압착공법

강판압착공법은 강판주입공법과 달리 에폭시수지를 주입하는 방식이 아니고 접착제를 강판에 일정량을 도포하여 콘크리트면에 접착시키는 방법이다. 이 공법은 강판을 콘크리트모재에 부착시킨다는 측면에서는 동일하나 접착제의 주입방법이 다르므로 접착제의 종류, 도포된 상태, 압착 정도에 따라 구조거동이 달라질 수 있으므로 유의해야 한다. 다음은 강판 압착공법의 순서를 기술한 것이다.

>>> 철판 및 철골보 보강 상태

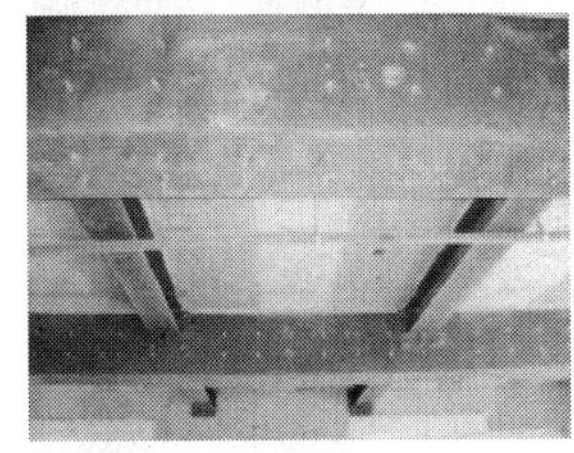

① 앵커를 설치한다. 강판의 천공은 원칙적으로 가공공장에서 처리하며 설치된 앵커의 천공부와 어긋나지 않도록 유의해야 하고 앵커 설치는 철근을 탐사하여 철근 위치를 피하여 실시해야 한다.

② 콘크리트 접착면을 처리하여 평활도를 유지하게 하고 분진, 기타 이물질을 완전히 제거해야 하며 결손부위는 제거한다.

>>> 조적조 철골보강 상태

>>> 슬래브 바탕면 정리

>>> 접착재의 개량 및 믹싱 장면

③ 콘크리트면과 접착되는 강판면을 녹이나 기타 이물질을 완전히 제거하고 방청 처리한다.

④ 강판을 콘크리트면에 압착시킬 경우 압착력을 구하여 압착하는 압력을 알 수 있도록 하고 전체 앵커에 고르게 분산될 수 있도록 조치한다. 압착력은 일반적으로 앵커당 1t 정도되어야 하며 앵커능력이 하중을 충분히 견딜 수 있어야 한다.

⑤ 에폭시수지의 도포는 강판면과 콘크리트면에 1~2mm 두께로 일정하게 시공되도록 해야 하며 에폭시수지는 시공 전에 충분히 도포될 수 있도록 계량하여 균등히 도포해야 한다.

⑥ 압착은 앵커볼트의 체결에 의하여 가하게 되는데 외면으로부터 가능한 한 균등하게 압착력이 가해질 수 있도록 해야 한다. 압착력은 강판 $1m^2$당 5t 정도가 되도록 한다. 이 경우 접착제의 점도에 따라 압착력을 검토할 필요가 있으며 앵커의 강도에 대해서도 고려해야 한다.

⑦ 접착제를 양생시킨다. 완전히 양생된 경우에도 낙하사고에 대비하면서 조심스럽게 지지대를 철거한다.

(7) 탄소섬유시트 접착공법

강판이 시공성능 자체의 무게 등으로 큰 부위에 적용할 경우 용접 개소의 증가 등의 문제가 있으므로 최근에 개발된 재료가 탄소섬유시트이다. 탄소섬유시트는 시공이 단순하며 재료의 무게가 경량이고 가공성이 우수하여 보강에 적절한 좋은 재료이다.

그러나 재료의 특성상 파괴 후 거동이 취성적인 경우가 있으므로 유의해야 하며 탄소섬유시트는 에폭시 접착제에 의해 전적으로 구조거동이 좌우되므로 탄소섬유시트 전용 에폭시의 사용이 중요하다. 균열용 에폭시나 강판접착용 에폭시를 사용할 경우 기대하는 구조 보강효과를 얻지 못할 수 있으므로 유의해야 한다. 특히 탄소섬유시트는 방향성이 있으므로 보강하고자 하는 방향으로 탄소섬유가 배치되도록 접착해야 한다.

① 탄소섬유가 접착될 슬래브 하부 표면을 와이어브러시나 그라인더로 평탄하게 하고, 단면 결손이나 작은 구멍 등이 있는 경우에는 모르타르이나 퍼티로 부분 보수를 한다.

② 깨끗이 청소된 표면에 접착용 프라이머를 도포한다.

③ 프라이머가 도포된 슬래브 하부 표면에 적당량의 에폭시수지를 도포한 후 탄소섬유시트를 정확한 위치에 접착시킨 후 정량의 에폭시수지를 시트 위에 추가로 도포하여 탄소섬유를 완전히 함침시킨다. 이때 사용하는 에폭시수지는 탄소섬유시트용으로 개발된 제전용 제품을 사용해야 하며 이를 확인해야 한다.

④ 에폭시수지를 도포하여 48시간 지난 후 에폭시수지가 완전히 경화하면 필요에 따라 표면 도장을 한 후 마무리한다.

[그림 4-9] 탄소보강공법을 이용한 보의 보강

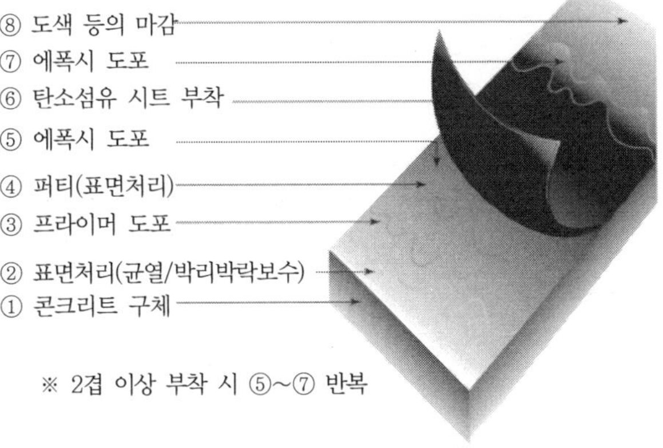

[그림 4-10] 탄소섬유시트공법의 공정

>>> 1차 바닥면 접착재 도포 작업

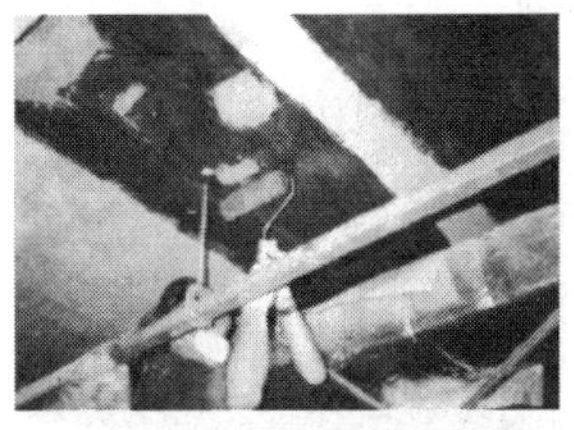

>>> 탄소섬유시트 부착 장면

>>> 탄소섬유시트 보강공법 완료 후

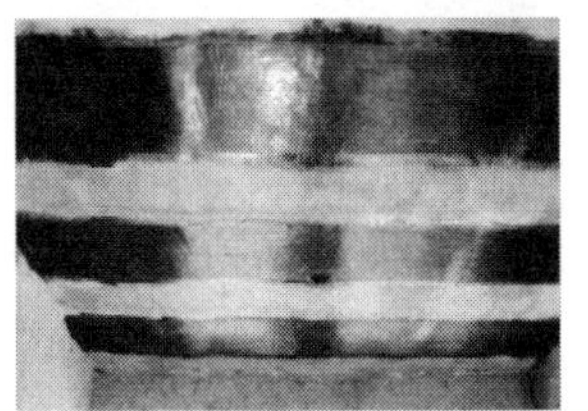

(8) 포스트텐션을 이용하는 방법

프리스트레스를 기존 철근콘크리트 슬래브에 도입하여 보강효과를 얻는 방법이다. 이 방법은 경제적이며 프리스트레스에 의해 처짐이 보완된다는 장점 이외에도 균열을 처리할 수 있다는 측면에서 좋은 공법이다. 슬래브나 곡면체의 경우에 적용하기가 쉬우나 균열이 많이 발생한 슬래브의 경우에는 정착구의 위치에 주의해야 한다. 계산하는 방법은 일반적인 프리스트레스트콘크리트와 같으며 보강 정도를 정밀하게 계산하여 긴장재의 위치, 긴장정도를 계산해야 하고 정착구 주변에서 발생하는 응력에 대해서도 충분히 검토해야 한다. 플랫 슬래브의 경우 적용하기가 쉬우나 프리스트레스를 도입하기 위해서는 슬래브의 중앙부에 별도의 부재를 설치해야 효과적이므로 층고의 감소 등에 대해서 고려해야 한다.

>>> 보의 포스트텐션 보강공법 적용 상태

프리스트레싱공법은 기존 부재에 외적 프리스트레싱을 부여함으로써 부재에 발생하고 있는 인장응력을 감소시켜 균열을 복귀시킬 뿐만 아니라 압축응력을 부여하여 휨모멘트, 전단력, 축력의 증가로 구조의 내력 및 강성의 증가 등을 기대할 수 있는 보강공법 중 가장 확실한 공법이다. 또한 이 공법은 콘크리트의 덧붙이기공법과 병용할 수 있으며, 이 경우는 기설단면과 덧붙인 단면을 프리스트레스에 의해 연결시켜 양자의 일체화를 도모한다.

포스트텐션(Posttension)공법은 시스(Sheath)를 소정의 위치에 배치하여 콘크리트를 치고 콘크리트가 굳은 후에 시스 내의 PC강재를 긴장하여 PC강재 끝을 콘크리트에 정착시켜서 프리스트레스를 도입한다. 그 후 시스 내에 시멘트 밀크를 그라우팅하여 시스와 PC강재를 일체화한다.

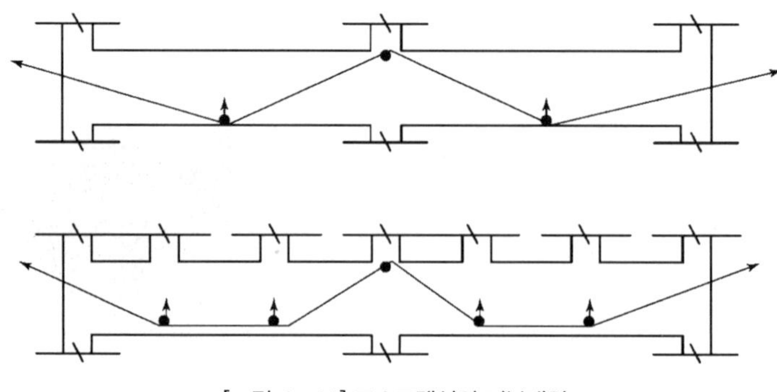

[그림 4-11] 포스트텐션의 기본배치

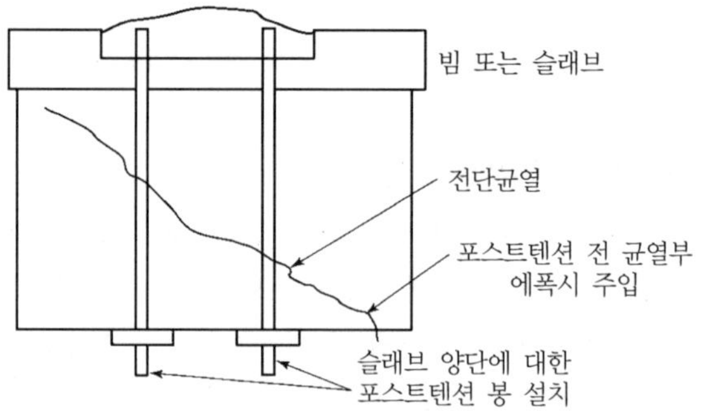

[그림 4-12] 포스트텐션을 이용한 균열보수

다음 그림들은 포스트텐션을 이용한 교량보강공사의 예이다.

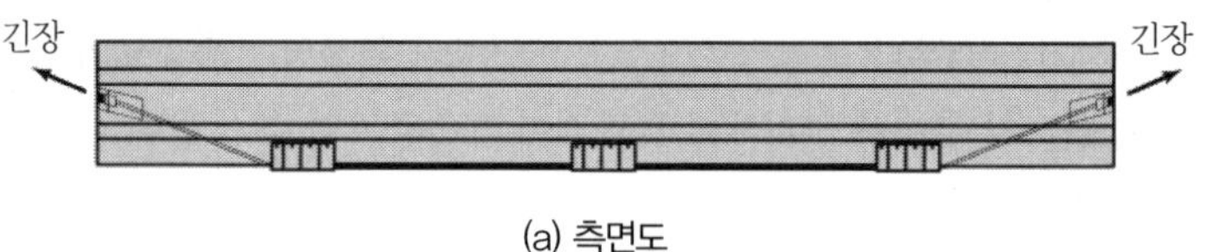

(a) 측면도

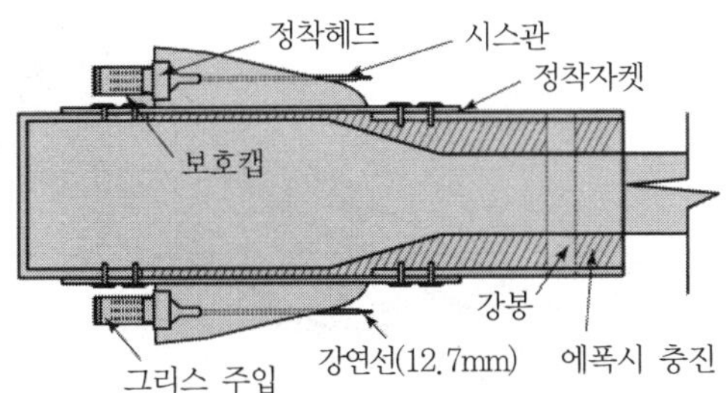

(b) 평면도

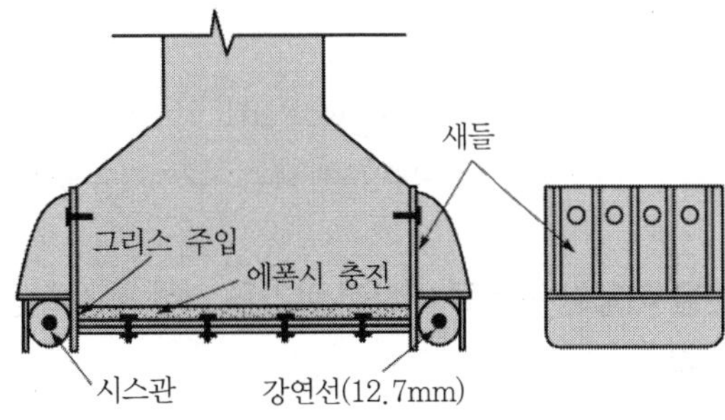

(c) 종단면도

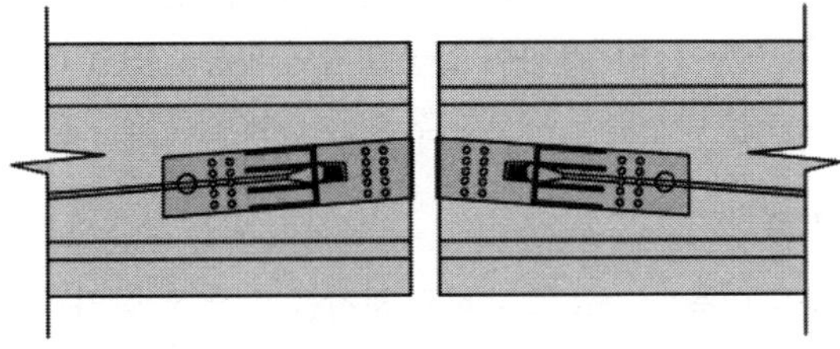

(d) 정착부 형상

[그림 4-13] ㄷ자형 정착자켓을 이용한 외부프리스트레싱 설치

교량 포스트텐션 공법 적용 예

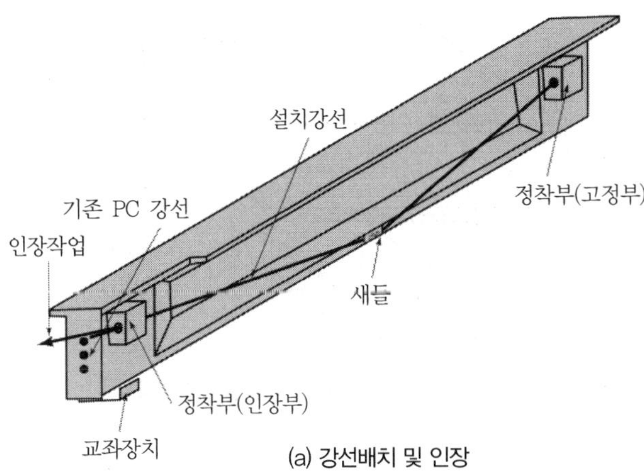

(a) 강선배치 및 인장

>>> 강판 접착 에폭시수지 주입공법

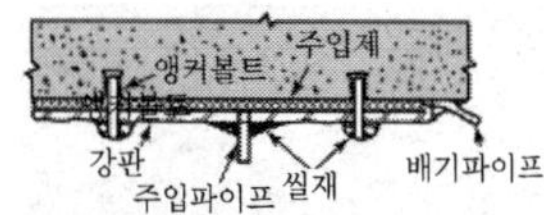

>>> 강판압착공법

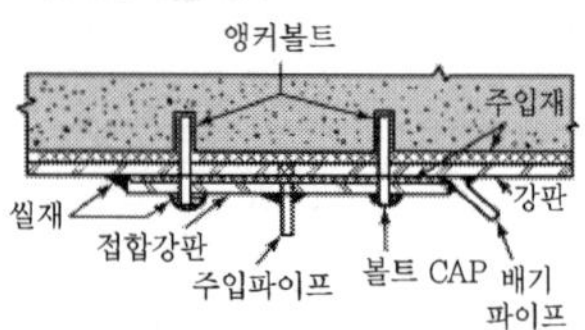

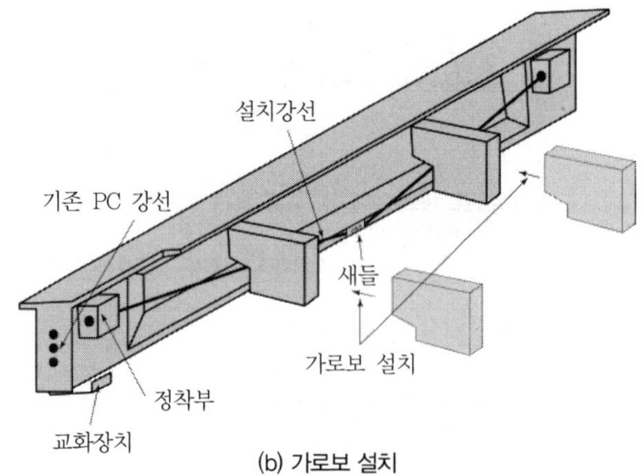

(b) 가로보 설치

[그림 4-14] 복부정착형 외부프리스트레싱 공법

(9) 탄소판을 이용한 구조물 내하력 보강을 위한 홈 삽입공법 및 보강량 설계기법

1) 개요

본 공법은 탄소판을 이용하여 구조물의 내하력을 보강할 수 있도록 보강면에 홈 커팅기를 이용하여 일정한 깊이의 홈을 만들고, 에폭시 도포기로 에폭시를 탄소판에 도포한 후 이를 홈에 접착하는 홈 삽입공법이다.

2) 시공방법

탄소판을 이용한 구조물 내하력 보강을 위한 홈 삽입공법과 변형률 제어에 의한 휨보강 및 전단보강 설계기법을 기본으로 하는 시공흐름은 그림과 같다.

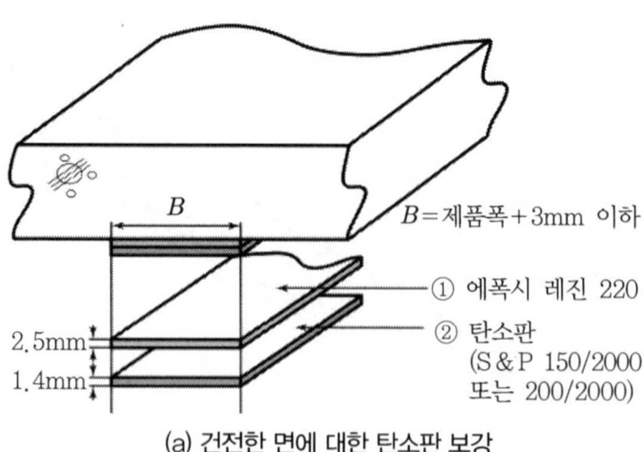

(a) 건전한 면에 대한 탄소판 보강

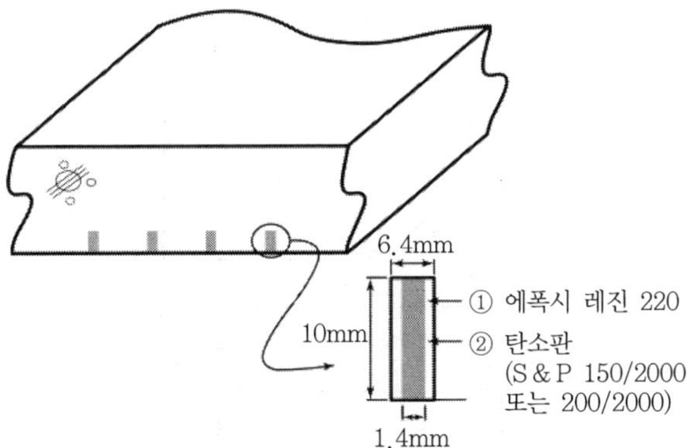

(b) 건전한 면에 대한 탄소판 홈 삽입 보강

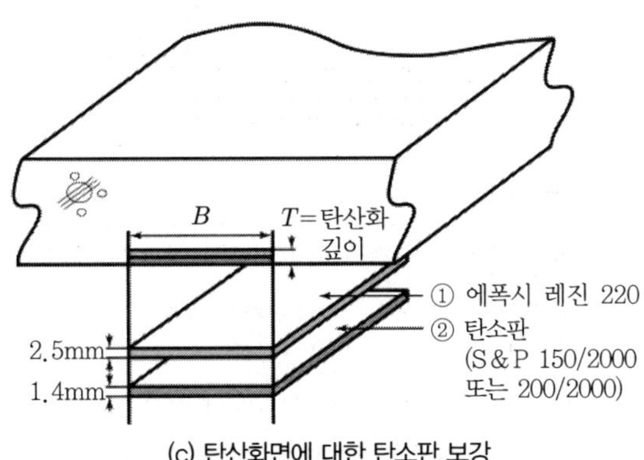

(c) 탄산화면에 대한 탄소판 보강

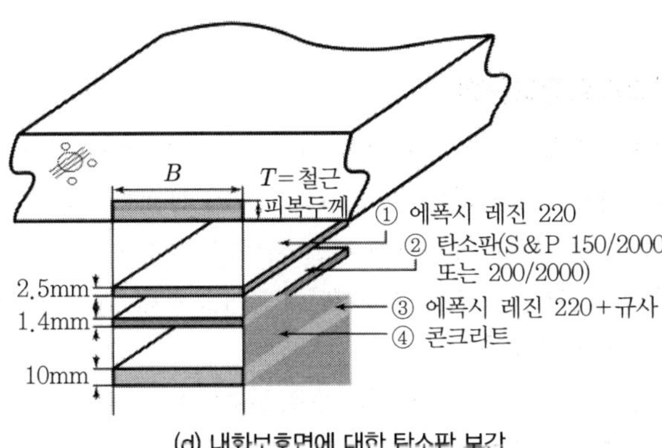

(d) 내화보호면에 대한 탄소판 보강

[그림 4-15] 콘크리트증타공법

섬유시트에 의한 보의 보강 사례

① 휨 모멘트 보강

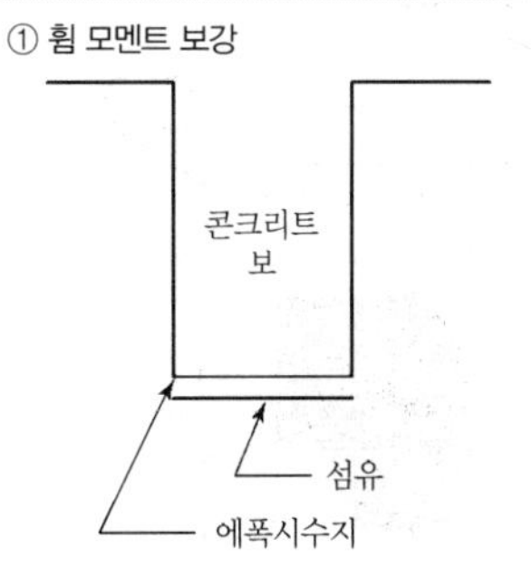

② 전단 및 휨 모멘트 보강

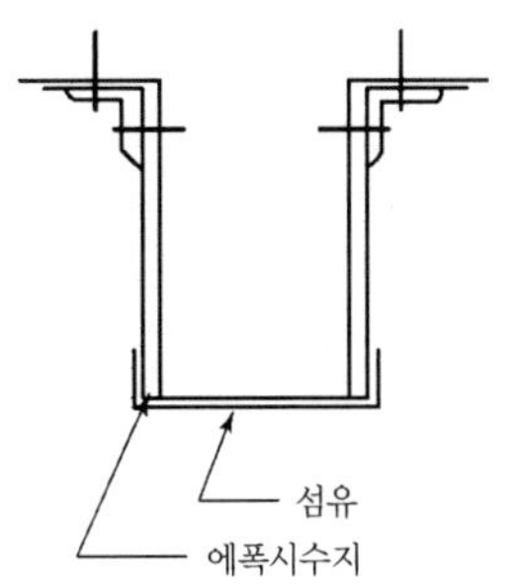

섬유시트에 의한 사각형 기둥의 보강 사례

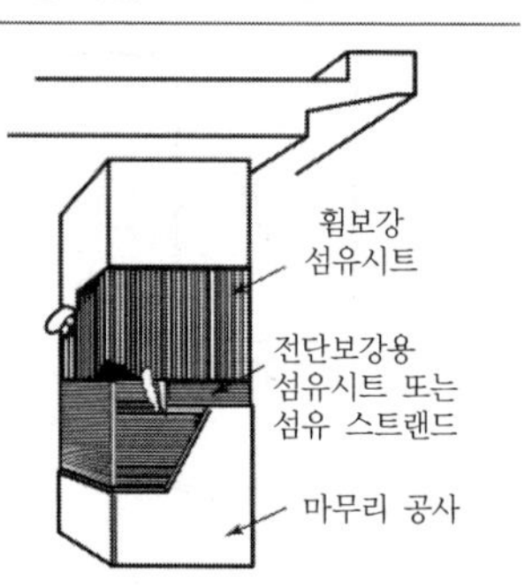

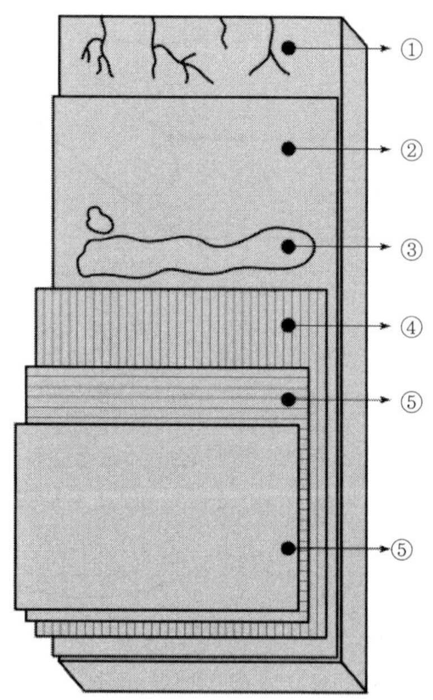

① 바닥처리 : 콘크리트 열화층 제거, 균열보수, 표면 요철 제거
② 프라이머 도포 : 탄소섬유시트 접착강도 및 콘크리트 표면강도 향상
③ 표면 평활 수정 : 에폭시 퍼티처리로 콘크리트 표면 평활 작업
④ 탄소섬유시트 접착
- 에폭시 레진 도포, 탄소섬유시트 접착
- 함침 공정 후 에폭시 레진 도포
- 설계에 따라 추가 시트 접착

⑤ 마감도장 : 필요시 우레탄 및 불소계 보호도장 실시

[그림 4-16] 탄소섬유 보강공법의 시공개요

2 보의 보강

(1) 콘크리트증타공법

이 보강방법은 콘크리트의 일부가 타설 불량이거나 다른 시공적 요인에 의해 철근이 노출되어 콘크리트와의 부착 성능을 기대하기 힘든 경우, 또는 단면 자체가 노출되어 콘크리트와의 부착 성능을 기대하기 힘든 경우나 단면 자체가 작게 설계되어 단면을 증대시킬 필요가 있는 경우 이 공법을 사용한다.

단면 증대를 위한 증타공법은 주로 상부에 배근 후 콘크리트를 타설하는 방법으로 처짐이 과도하게 발생되어 있거나 상부 철근이 부족하여 콘크리트 단면을 덧붙여 타설하여 보강하는 방법이다. 단면을 증타할 경우 스터럽에 유의해야 하며 하부에서 단면을 증대시킬 경우 기존 콘크리트와의 접착과 스터럽의 연장에 유의해야 하므로 공사량이 커지는 단점이 있다. 시공방법으로 모재를 그라우트하는 방법과 숏크리트방식으로 분사하여 접착시키는 방법이 있다. 시공 순서는 다음과 같다.

① 노출되어져 있는 부분의 불량 콘크리트의 두께를 충분히 제거하여 건강한 콘크리트 모재를 노출시킨다.
② 철근의 녹과 이물질을 제거한다.
③ 철근 보강이 필요한 경우는 케미컬앵커로 철근을 기존 부재와 연결하여 보강 배근을 한다.
④ 이음 타설면은 습윤하게 해 둔다. 이음면 보강용 접착제(바인더)를 사용할 경우 이 공정에서 이루어지므로 표면 상태의 요구 조건에 대해 충분히 숙지해 두어야 한다.
⑤ 숏크리트를 사용할 경우 뿜칠한다. 이 경우의 재료는 폴리머 모르타르가 추천되며 재료의 강도와 기존 구조재와의 접착에 유의하여 재료를 선택한다.
⑥ 그라우트방법으로 모재를 증대시킬 경우 거푸집을 설치한다. 골재 충진 후 에폭시수지 또는 폴리머시멘트 슬러리를 주입하는 프리팩트공법 또는 그라우팅 모르타르를 주입하거나 콘크리트 타설구를 바닥판에 뚫어 콘크리트를 타설한다. 이 경우 기존 콘크리트와의 접착을 위해 서로 일체화 될 수 있는 바인더 재료의 시공이 선행되어야 하며 이 이음면 보강용 접착제의 선택과 주입하는 재료의 물성이 매우 중요하다. 주입재료로서 폴리머 모르타르를 추천할 수 있다.

(2) 강판접착공법

이 보강공법은 슬래브나 보에서 건물의 용도 변경 등에 의한 하중의 증가, 단면의 부정확한 시공으로 인한 철근량의 부족, 단면의 부족 등으로 인하여 부재가 하중에 저항하는 능력이 부족할 경우 선택하는 방법이다. 강판을 보의 하단이나 상단에 접착하여 휨에 대한 내력을 증가시키거나 보의 측면에 접착하여 전단 강도를 증가시키는 방법이 있다.
강판은 앵커볼트에 의한 접착보다는 에폭시를 사용하여 접착시키게 되므로 에폭시 접착제의 선택이 매우 중요하다. 접착제의 선택이 잘못될 경우 보강효과를 기대할 수 없으며 내력 부족현상이 지속되게 된다. 이러한 방법의 효과는 실험적으로 증명되었는데 강판으로 보강한 보가 보강하지 않은 보와 비교하여 균열 하중에서 1.5~2.0배, 파괴하중에서 1.5~1.6배 증가된 것으로 나타났다.
이 공법을 사용할 경우 단부 콘크리트 탈락현상이 발생하므로 강판의 길이를 충분히 확보해야 하며 보강 후의 철근비가 최대 철근비 이하가 되도록 유지해야 하며 처짐, 강판의 두께에 대해서도 면밀히 검토해야 한다. 보의 측면에 강판을 접착하면 전단강도뿐만 아니라 휨강도, 강성 등에서 좋은 효과가 있으나 보강효과를 정확하게 계산할 수 없으므로 연구가 더욱 필요한 부분이다. 강판접착공법에서 사용하는 에폭시 재

≫ 강판보강 시 강판의 적정한 두께

강판은 4.5~6mm 정도의 것을 사용하는데, 접착된 강판이 기존 바닥판과 합성작용을 한다고 가정하여 계산하면 소요두께는 1~2mm 정도의 충분한 경우도 있으나, 작업성 및 부식을 고려하여 적어도 4~5mm 정도의 것을 사용하는 것이 좋다.

≫ 철골 추가보강 상태

료의 특성은 [표 4－4]와 같다.

>>> **포스트텐션(Post Tension)**

콘크리트를 부어 넣을 때 강재를 꿰는 위치에 시스를 매설하여 콘크리트가 굳은 후에 이 시스에 PC강재를 꿰어 한쪽 끝을 정착하고, 다른 끝은 유압잭으로 긴장하여 그 반력으로 콘크리트에 강력한 압축을 가하면서 쐐기, 나사 등을 사용하여 정착하고, 강재를 꿰어 넣은 구멍에 모르타르를 부어 넣어 늘어난 긴장재가 풀리지 않도록 정착시켜 프리스트레스를 가하는 방법

>>> **프리텐션(Pretenstion)**

PC강재에 인장력을 가해 두고, 콘크리트를 부어 넣어 콘크리트가 굳은 후에 PC강재에 가한 인장력을 강재와 콘크리트의 부착을 통해 콘크리트에 전달하여 프리스트레스를 가하는 방법

(3) 강판압착공법

슬래브에서 적용할 때와 같은 방법으로 시공하며 강판 압착 상태에 의해 구조적 거동 및 보강효과에도 영향이 크므로 시공 중 강판압착상태에 대한 조사가 필연적으로 따라야 한다.

▼ **[표 4－5] 강판 및 탄소섬유시트 접착공법**

보강방법	보강 개요
강판접착 공법	앵커 플레이트 볼트 강판 기존 보 몰탈 충전
탄소섬유시트 접착공법	누름 강판 볼트(후시공 앵커) 기존 보 탄소섬유 시트

(4) 탄소섬유시트 접착공법

시공순서 및 방법은 슬래브의 보강법과 같다.

>>> **기둥 철판 보강공법**

(5) 기타 공법

슬래브에 적용할 수 있는 보강공법은 전부 보에 적용할 수 있다. 철골보 증설공법은 보하부에 철골보를 증설하는 방법과 보의 옆부분에 철골보를 설치하여 보의 하중을 경감시키는 방법이 있으나 철골보와 기둥, 철골보와 큰 보의 접합부의 형성이 문제가 되는 경우가 많으며 응력의 흐름에서 변화가 발생하므로 공법을 결정하기 전에 접합부와 구조 응력의 흐름에 대해 검토해야 한다.

포스트텐션에 의한 방법은 보의 측면에 긴장재를 설치할 수 있도록 하여 외부에 노출된 상태로 긴장시킬 수 있어 사용성 측면이 향상되고 별도의 공사가 필요 없이 기존 부재를 이용할 수 있는 공법이다.

그러나 긴장재를 적절히 배치하기 위해서는 기존 보 혹은 슬래브에 긴장재를 넣을 수 있도록 천공해야 하므로 철근의 손상 예상 등 이 부분의 공사가 어려울 수 있으며 정착구의 위치에도 유의해야 한다.

3 기둥의 보강

기둥의 보강방법에는 크게 2가지로 구분할 수 있는데 기둥의 콘크리트 단면을 키워 내력을 키우는 방법과 기존의 기둥에 강판이나 탄소섬유시트를 감아 보강함으로써 기둥의 전단 파괴를 막아 인성을 높이는 방법이 있다. 기둥을 보강하는 데 주로 사용하는 방법으로 다음과 같은 방법이 있다.

① 기존 기둥에 용접 철망이나 철근을 배근한 후 모르타르나 콘크리트를 타설하는 방법
② 기존 기둥에 강판을 감아서 기둥과 강판 사이에 모르타르를 충전하는 방법
③ 기존 기둥에 띠판을 감아서 보강하는 방법
④ 강판이나 탄소섬유시트를 감아 보강하는 방법
⑤ 기존 기둥에 철근이나 용접철망을 배근하고 강판을 감은 후 모르타르나 콘크리트를 타설하는 방법
⑥ 기존 기둥에 모르타르나 콘크리트를 증타한 후 탄소섬유시트를 감아 보강하는 방법

(1) 콘크리트증타공법

이 공법은 철근이 노출되어 있거나 단면이 부족하여 콘크리트 증타공법에 의한 보강방법이다. 이 공법의 구조적 능력은 신구 콘크리트의 접착상태에 따라 달라질 수 있으므로 가능한 한 일체가 될 수 있도록 조치해야 한다.
즉, 기존 구조체와 신설되는 구조체 사이에서 응력이 원활히 전달될 수 있도록 신콘크리트 타설 시 신구콘크리트 접착제를 사용하거나 기존 부재와 일체가 될 수 있도록 철근 등을 연결해서 사용해야 한다. 이 공법의 시공 순서는 다음과 같다. 이 공법을 사용할 경우 강도의 평가는 일체화된 것으로 가정하여 일반적으로 계산하고 있으나 주의하여 평가할 필요가 있다.

① 노출되어져 있는 불량 콘크리트 부위를 완전히 제거한다.
② 노출되어져 있는 철근의 녹과 이물질을 제거한다.
③ 케미컬앵커로 철근을 배근한다.
④ 이음 타설면은 습윤하게 해 둔다. 이음면 보강용 접착제를 사용할 경우 이 공정에서 이루어지므로 표면상태의 요구조건에 대해 충분히 숙지해 두어야 한다.
⑤ 거푸집을 설치한다.
⑥ 상층 기둥 주변의 바닥판을 일부 제거하여 시공 후 상부와 일체화될 수 있는 그라우트작업이 가능하도록 한다.

>>> 철골 기둥보강

>>> 숏크리트에 의한 보강

>>> 케미컬앵커 시공 순서

① 콘크리트 모재에 규정된 직경 및 깊이로 천공한다.

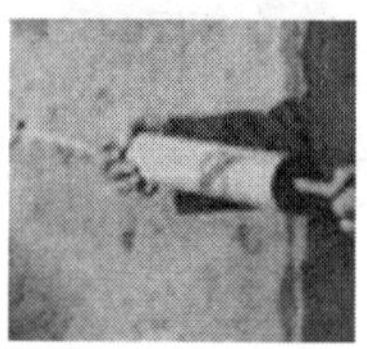

② 구멍안의 먼지와 가루를 제거한다(부러쉬, 송풍기).

③ 캡슐을 넣는다.

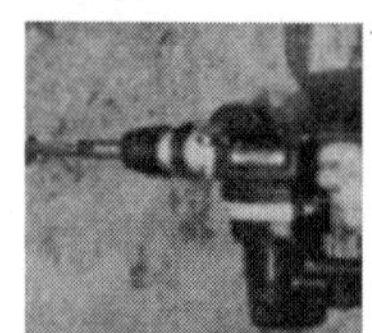

④ 시공기구를 장착한 함마드릴로 볼트를 시공한다.

⑦ 그라우트 모르타르를 사용해도 좋으나 이 경우는 여러 번 나누어 각각의 단계별로 타설해야 하며 하부에 주입구, 상부에 공기구멍을 설치하여 주입하여야 한다.

⑧ 상부 기둥 주변을 깨끗이 청소한 후 이음면 보강용 접착제를 도포하여 무수축 그라우트재를 주입한다.

⑨ 양생된 후 거푸집을 제거한다.

(2) 강판(탄소섬유) 접착공법

기존의 기둥에 강판이나 탄소섬유시트 등을 감쌈으로써 전단 보강근의 양이 늘어나고 횡변형에 대한 구속효과를 증대시켜 압축력 및 휨모멘트의 능력을 증가시키는 방법이다. 이 방법은 실제로 사용되고 있으나 보강정도에 대한 계산이 어렵고 조인트의 문제 발생 여부가 해결되지 않으며 구속효과 또한 정확한 해석이 어려우므로 이 공법의 적용은 축력이 약간 부족한 부재에 대해 실시하는 것이 바람직하다. 축력에 대한 연구 결과 사각형의 경우 축력의 약 1.5배 정도, 원형의 경우 2배 이상의 축력에 대해 증가되는 것으로 나타났다. 휨과 축력을 동시에 부담할 경우에 대해서는 연구가 더 필요한 상태이다.

(3) 콘크리트증타 후 강판(탄소섬유시트)접착공법

이 공법은 콘크리트증타법으로 단면을 증가시킨 후 기존 콘크리트와의 분리 및 단면 보강용으로 기둥 주위를 강판으로 감싸는 방식이다. 이 방법은 기존의 철근에 외부 강판으로 다시 배근한 형태로 정확한 효과에 대해서는 연구 중에 있다. 이 공법은 신콘크리트의 탈락의 위험이 적고 외부 철판에 의해 구속효과도 기대할 수 있으나 정확한 해석을 하기가 어렵다. 이 공법은 다음과 같은 방법으로 시공된다.

① 노출되어져 있는 부분의 불량 콘크리트를 충분히 제거한다.

② 노출되어져 있는 철근의 녹과 이물질을 제거한다.

③ 케미컬앵커로 철근을 배근한다.

④ 이음 타설면은 습윤하게 해 둔다. 이음면 보강용 접착제를 사용할 경우 이 공정에서 이루어지므로 표면 상태의 요구조건에 대해 충분히 숙지해 두어야 한다.

⑤ 강판을 설치한다. 탄소섬유시트를 사용할 경우 이 공정은 거푸집을 설치해야 한다.

⑥ 상층 기둥 주변의 바닥판을 일부 제거하여 시공 후 상부와 일체화될 수 있는 그라우트작업이 가능하도록 한다.

⑦ 그라우트 모르타르를 사용해도 좋으나 이 경우는 여러 번 나누어 각각의 단계별로 타설해야 하며 하부에 주입구, 상부에 공기구멍을 설치하여 주입하여야 한다.
⑧ 상부 기둥 주변을 깨끗이 청소한 후 이음면 보강용 접착제를 도포하고 무수축 그라우트재를 주입한다.
⑨ 양생된 후 거푸집을 제거한다. 강판 보강의 경우 이 공정은 무시된다.
⑩ 탄소섬유시트공법의 경우 완전히 양생되고 난 후 슬래브의 탄소섬유시트 접착공법과 동일한 방법으로 시공한다.

▼ [표 4-6] 기둥의 보강법

보강방법	보강 개요
강판접착 공법	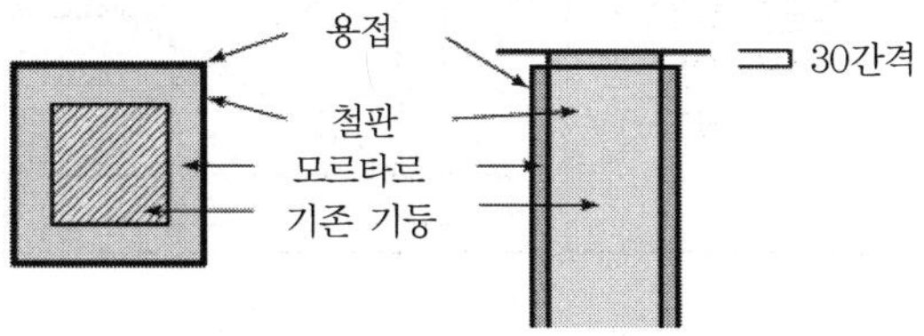 용접 30간격 철판 모르타르 기존 기둥
콘크리트 증타공법	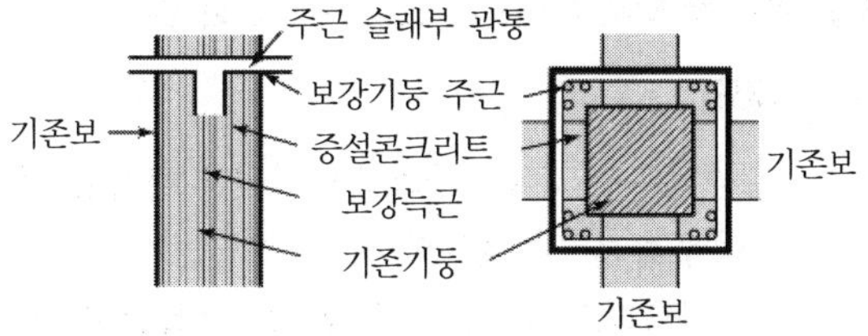 주근 슬래부 관통 기존보 보강기둥 주근 증설콘크리트 보강늑근 기존기둥 기존보 기존보

4 기초의 보강

기초의 보강으로서는 새로운 기초로 보강하는 방법, 기존의 기초에 콘크리트를 증타하는 방법, 지반을 개량하여 기초의 지지력을 개선하는 방법 등이 있다. 그러나 이러한 보강법은 일반적으로 공사의 규모가 커지므로 시공상 어려운 점이 많다. 따라서 건물 전체의 보강방법을 생각하는 단계에서부터 기초의 보강이 필요하지 않도록 계획하는 것이 바람직하다. 그러나 지진의 피해 등에 의하여 건물이 기울어지는 등 부동침하한 것에 대하여는 어떠한 방법으로든 보강 보수를 하지 않으면 안 된다.

5 전단벽의 보강

전단벽을 보강하는 방법은 다음과 같으며 전단벽을 설치할 경우 기존 구조체와의 일체성을 이룰 수 있도록 주의하여 상세를 결정하고 시공해야 한다.

(1) 전단벽을 신설한다.
(2) 기존의 벽체두께를 증가시킨다.

>>> **전단벽(Shear Wall)**

벽의 면내로 횡력을 저항할 수 있도록 설계된 벽체

(3) 기둥에 전단벽을 일부 설치한다.

(4) 브레이스를 설치한다.

▼ [표 4-7] 전단벽의 보강방법

보강방법	보강 개요
철근콘크리트에 의한 보강	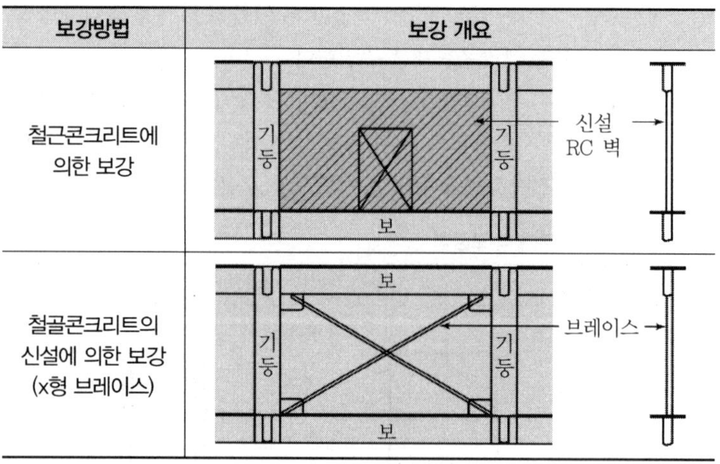
철골콘크리트의 신설에 의한 보강 (x형 브레이스)	

6 앵커볼트에 의한 강판접착보강공법

(1) 개요

본 공법은 콘크리트 구조물에 강판을 앵커볼트로 고정하고 그라우트를 구멍에 충전하여 일체화하는 보강공법이다. 철근콘크리트 구조물 외에 무근콘크리트 구조물의 보강에도 적용할 수 있고, 접착재를 사용하지 않고 기후변화에 관계없이 시공 가능하며, 고내구성 강재를 사용함에 따라 유지관리작업이 경감된다.

(2) 시공방법

강판이 콘크리트와 일체가 되어 거동하기 때문에 충분한 휨보강효과를 발휘하며, 내하력이 높은 앵커를 사용하면 16개의 앵커로 종래의 42개의 앵커에 상당하는 강도가 얻어진다.

보강 강판은 전단 내력으로 철근과 같이 평가되며, 손상이 큰 경우는 균열부에 주입함으로써 보다 높은 보강효과가 얻어진다. 콘크리트와 강판의 부착은 다음 그림과 같다.

앵커공법의 장단점

장점	• 구조물의 부분적인 구조균열의 보강에 적용한다. • 시공법이 비교적 간단하다.
단점	• 앵커에 의한 균열의 봉합효과가 다소 불명확하다. • 대규모의 보강에는 적용하기 힘들다. • 얇은 부재에는 적용이 곤란하다.

내하력 복원성 확인 방법

① 균열의 추적조사 : 균열이 진행되지 않고 안정되었는가를 확인한다. 단, 프리스트레싱 공법으로 보강한 경우에는 균열의 닫힘을 확인한다.
② 게이지에 의한 철근 혹은 콘크리트의 변형률 측정
③ 동적 재하시험에 의한 진동특성의 측정
④ 정적 재하시험에 의한 휨강도의 측정

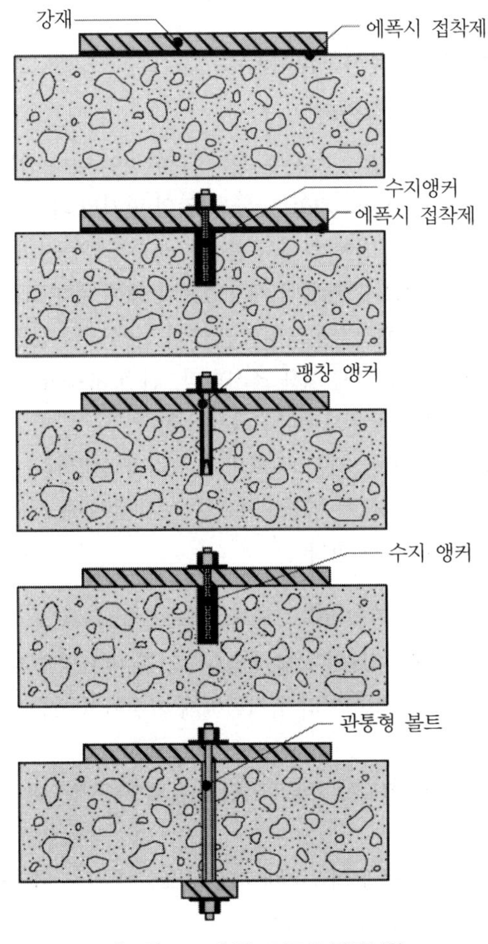

[그림 4-17] 콘크리트와 강판부착

콘크리트에 강재를 부착하는 공법이 보수공법으로 자주 사용된다. 상당수의 보수·보강공법에서 연결부위의 보강이나 인장응력에 대한 저항능력을 증진시키기 위해 강재를 사용한다. 강재를 부착하는 방법은 기계적인 연결방법이나 접착제를 사용하여, 강재와 콘크리트 사이에 하중(전단응력, 인장응력, 압축응력)을 전달할 수 있도록 한다. 연결 메커니즘으로 접착제를 사용하면 철근과 콘크리트의 부착면이 부식되는 것을 방지할 수 있을 뿐만 아니라 하중의 전달을 균등하게 할 수 있다.
부착력을 증대하기 위해 콘크리트의 표면은 거칠게 하여야 하며 연마재/액체 블라스팅공법을 사용하여 표면의 레이턴스를 제거하여야 한다. 기계적인 정착방법의 경우에는 다른 유형의 정착방법을 사용한다. 연결부위에 진동이 있는 경우에는 수지앵커(Resin Anchor)나 관통형 볼트(Thru-bolting)를 사용해야 한다. 중요한 부분에는 접착제와 기계적 시스템을 혼용하는 방안을 고려해야 한다.

SECTION 04 품질관리 및 유지관리

보강공사는 거의가 기존 부재의 강도 미달로 인하여 보강한 것이 대부분이므로 보강공사의 품질관리가 더욱 중요하고 품질관리의 정도에 따라 보강공사의 품질을 좌우하게 된다.
이 경우 각 보강공사의 단계별로 해당기술자(구조기술가 또는 시공기술자)가 검토한 후 다음 공정으로 넘어가는 등의 철저한 품질관리가 요구된다. 다음은 보강공사의 종류별 주요 공정별 품질관리의 중요사항을 기술하였다.

>>> **보강효과의 측정**

보강공사 후 보강의 효과는 직접적으로 측정할 수 없기 때문에 휨, 변형, 균열 등의 실측결과가 양호하다면 그것으로 필요한 보강이 이루어진 것으로 판단해도 무관하다.

1 품질관리

(1) 강판 및 탄소섬유시트접착공법

1) 콘크리트면의 품질관리

① **작업위치의 확인** : 공사 부위가 정확한지에 대해 검토한다.

② **콘크리트 불량부의 처리** : 콘크리트의 면처리 과정에서 손상된 콘크리트가 보수공법에 의해서 완전히 보수되었는지 또한 공법에 사용한 재료가 적절한 제품을 사용했는지 등에 대해 조사한다.

③ **기존 균열의 처리** : 콘크리트면 처리 전에 기존 균열에 대해 완전히 보수가 되었는지에 대해 조사한다. 완전 보수가 되지 않고 균열이 발견될 경우 균열 보수하도록 조치한다.

④ **면처리의 정확성** : 콘크리트면의 처리가 강판이나 탄소섬유시트의 접착에 적절하도록 평탄하게 되었는지에 대해 조사한다. 부적절할 경우 재시공 조치한다.

2) 강판 및 철골의 품질관리

① **강판 및 철골 부재의 적절성 검토** : 강판이나 철골 부재의 크기가 적절한지, 부착될 면처리가 적절하게 이루어져 시공 가능한지를 검토한다.

② **강판 용접의 적절성 검토** : 강판 이음새의 용접상태가 적절한지에 대해 조사한다.

③ **주입공, 배기공 등의 위치에 대한 검토** : 주입공, 배기공이 적절히 배치되었는지에 대해 조사한다.

3) 탄소섬유시트의 품질관리

① **탄소섬유시트의 품질 적절성 검토** : 시간이 경과하여 품질의 변화는 없는지에 대해 검토한다.

② **탄소섬유시트의 종류별 분류대상** : 여러 종류의 탄소섬유시트를 사용할 경우 분류가 정확하게 되어 있으며 정확하게 사용하고 있는지에 대해 조사한다.

③ **길이의 정확성 검토** : 보강되는 길이에 적합하도록 정확하게 재단되고 있는지에 대해 검토한다.

④ **기포층, 주름층의 생성 여부 검토** : 기포층, 주름층이 발생되면 정확한 시공이 되도록 조처한다.

⑤ **2겹 시공에 대한 검토** : 2겹 시공의 경우 1겹 시공이 완료되어 경화된 후 접착제를 도포하고 있는지에 대해 검토한다.

4) 에폭시수지

① **접착제의 접착성** : 사용하는 접착제가 탄소섬유시트의 접착을 위한 것인지 아니면 일반적인 강판접착용이나 균열보수용인지를 조사하여 각 용도에 규정된 접착제로써 적절하지 못할 경우 재시공시킨다. 에폭시의 종류에 따라 구조성능에서 차이를 보이므로 특히 접착제의 사용에 유의하여 반드시 각각의 공법에 일치하는 접착제를 사용해야 한다.

② **정확한 계량의 조사** : 정확하게 계량하여 완전히 혼합되도록 에폭시를 다루고 있는지에 대해 관리한다. 혼합할 경우 기포가 발생하면 안 된다.

③ **주입상태의 확인** : 주입이 정확하게 되었는지에 대해 강판의 경우 타격음으로 판정하고 탄소섬유시트의 경우 기포, 주름 부위가 없는지를 면밀히 검토하며 있을 경우 재시공한다.

5) 마감상태 조사

마감상태가 적절하게 되었는지에 대해 조사한다.

(2) 긴장재(Tendon)에 의한 보강공법

① 긴장재의 반입 · 보관에는 긴장재의 강도 및 내구성을 고려하여 긴장재에 과도한 변형이나 손상을 주어서는 안 된다. 또한 유해한 녹이 발생되지 않도록 충분한 녹 방지관리를 한다.

② 기존 구조물에 관통구멍을 만들어 긴장재를 위한 정착용 기구(Bracket)를 설치할 경우 기설치된 구조물의 철근 및 긴장재에 손상이 없도록 해야 한다. 그 위치를 조사하기 위해서는 철근 탐사기 등을 이용한다.

③ 긴장재의 긴장공구는 매우 제약된 공간 내에서의 시공이 많으므로 가능한 한 소형의 것을 채용하는 편이 좋다.

④ 일반적으로 긴장재는 균열에 대하여 직각으로 배치되기 때문에 앵커부나 정착부의 위치에 의해서 긴장재는 전체적으로 굽어지는 형상이 되는 경우가 많다. 이 경우 굴곡점(屈曲点)에 있어서의 긴장재의 축선(軸線) 직각 방향의 분력(分力)이 의외로 커지는 경우가 있기 때문에 긴장 시 특별한 주의를 요한다.

⑤ 강접구조 등에 있어서는 보강대상 부재에 도입한 프리스트레스가 다른 부재에 영향을 주는 경우가 있다. 이 경우 영향을 받는 모든 부재에 대한 검토가 구조설계자에 의해 고려되고 현장에서 검토되어야 한다.

>>> 강접구조(Rigid Joint Structure)

접합한 부재의 재축의 접합점에서 접선이 서로 이루는 각도가 외력을 받아 골조가 변형한 후에도 변화하지 않는 접합으로서, 일체로 부어 넣은 철근콘크리트구조에서 기둥과 보의 접합은 강접구조로 볼 수 있다.

⑥ 프리캐스트콘크리트 부재의 경우에는 보수를 위해서 추가한 프리스트레스에 의한 부재의 탄성변형으로 기존의 긴장재의 헐거움이나 클립의 변형 등에 대한 영향이 있을 수 있으며, 철근콘크리트의 부재인 경우에는 프리스트레스에 의한 탄성변형, 클립의 변형, 압축철근의 응력증대 등에 대한 특별한 주의를 요한다.

2 보강작업의 검사

에폭시수지를 사용하는 보강작업은 작업 중 다음의 사항에 대하여 검사 및 확인한 후 검사기록을 작성하며, 보수 공사 완료 후에는 균열 조사 보고서, 보수 설계서, 보수 공사 기록, 회의록 등을 정리하여 보관한다.

(1) 작업 전의 검사

① 보강 부위의 청소상태
② 표면상태
③ 사용 재료의 적정성

(2) 작업 중의 검사

① 콘크리트 표면의 보수상태
② 보강재의 면처리상태
③ 에폭시의 계량 및 혼합상태
④ 에폭시수지 정착, 주입작업

(3) 작업 후의 검사

① 에폭시의 양생상태
② 마무리상태
③ 구조체의 상태
④ 재하시험

3 유지관리

보강공사가 된 곳의 유지관리는 일반 건물의 유지관리에 준하지만 이 부분은 구조내력상의 보강조치가 된 곳이므로 좀 더 관심 깊게 1년마다 균열 추가발생 여부 등의 상태를 육안점검하고 3년마다 전문 안전점검업체에 의뢰하여 정기 구조안전 점검을 시행할 것을 추천한다.

MEMO

제4편
부록

CHAPTER

01

건설기술 진흥법

CHAPTER 01

건설기술진흥법

SECTION 01 총칙

1 목적(법 제1조)

건설기술의 연구 · 개발을 촉진하여 건설기술 수준을 향상시키고 이를 바탕으로 관련 산업을 진흥하여 건설공사가 적정하게 시행되도록 함과 아울러 건설공사의 품질을 높이고 안전을 확보함으로써 공공복리의 증진과 국민경제의 발전에 이바지함을 목적으로 함

2 용어의 정의(법 제2조)

(1) 건설공사

토목공사, 건축공사, 산업설비공사, 조경공사, 환경시설공사, 그 밖에 명칭과 관계없이 시설물을 설치 · 유지 · 보수하는 공사(시설물을 설치하기 위한 부지조성공사를 포함한다) 및 기계설비나 그 밖의 구조물의 설치 및 해체공사 등을 말한다. 다만, 다음 각 목의 어느 하나에 해당하는 공사는 포함하지 아니한다.

① 「전기공사업법」에 따른 전기공사
② 「정보통신공사업법」에 따른 정보통신공사
③ 「소방시설공사업법」에 따른 소방시설공사
④ 「문화재 수리 등에 관한 법률」에 따른 문화재 수리공사

(2) 건설기술

다음 각 목의 사항에 관한 기술을 말한다. 다만, 「산업안전보건법」에서 근로자의 안전에 관하여 따로 정하고 있는 사항은 제외한다.

① 건설공사에 관한 계획 · 조사(지반조사를 포함한다) · 설계(「건축사법」에 따른 설계는 제외한다) · 시공 · 감리 · 시험 · 평가 · 측량(해양조사를 포함한다) · 자문 · 지도 · 품질관리 · 안전점검 및 안전성 검토
② 시설물의 운영 · 검사 · 안전점검 · 정밀안전진단 · 유지 · 관리 · 보수 · 보강 및 철거
③ 건설공사에 필요한 물자의 구매와 조달
④ 건설장비의 시운전(試運轉)
⑤ 건설사업관리

⑥ 그 밖에 건설공사에 관한 사항으로서 대통령령으로 정하는 사항

(3) 감리

건설공사가 관계 법령이나 기준, 설계도서 또는 그 밖의 관계 서류 등에 따라 적정하게 시행될 수 있도록 관리하거나 시공관리 · 품질관리 · 안전관리 등에 대한 기술지도를 하는 건설사업관리 업무를 말한다.

(4) 건설기술인

건설공사 또는 건설엔지니어링에 관한 자격, 학력 또는 경력을 가진 사람으로서 대통령령으로 정하는 사람을 말한다.

① 건설 관련 국가자격을 취득한 사람으로서 국토교통부장관이 고시하는 사람
② 국토교통부장관이 고시하는 학과의 과정을 이수하고 졸업한 사람
③ 국내 또는 외국에서 ②와 같은 수준 이상의 학력이 있다고 인정되는 사람
④ 국토교통부장관이 고시하는 교육기관에서 건설기술 관련 교육과정을 6개월 이상 이수한 사람
⑤ 국립 · 공립 시험기관 또는 품질검사를 대행하는 건설엔지니어링사업자에 소속되어 품질시험 또는 검사 업무를 수행한 사람

(5) 건설사고

건설공사를 시행하면서 사망 또는 3일 이상의 휴업이 필요한 부상의 인명피해나 1천 만 원 이상의 재산피해가 발생한 사고를 말한다.

3 건설기술진흥 기본계획(법 제3조)

(1) 국토교통부장관은 건설기술의 연구 · 개발을 촉진하고 그 성과를 효율적으로 이용하며 관련 산업의 진흥을 도모하기 위하여 건설기술진흥 기본계획을 5년마다 수립하여야 하며, 다음 사항이 포함되어야 한다.

① 건설기술 진흥의 기본목표 및 추진방향
② 건설기술의 개발 촉진 및 활용을 위한 시책
③ 건설기술에 관한 정보 관리
④ 건설기술인력의 수급(需給) · 활용 및 기술능력의 향상
⑤ 건설기술연구기관의 육성
⑥ 건설엔지니어링 산업구조의 고도화
⑦ 건설엔지니어링의 해외진출 및 국제교류 등의 지원에 관한 사항
⑧ 건설엔지니어링 사업자의 지원에 관한 사항
⑨ 건설공사의 환경관리에 관한 사항

⑩ 건설공사의 안전관리 및 품질관리에 관한 사항

⑪ 그 밖에 건설기술 진흥에 관한 중요 사항

(2) 국토교통부장관 기본계획을 수립 및 변경할 때에는 관계 중앙행정기관의 장과 미리 협의한 후 국토교통부에 두는 중앙건설기술심의위원회의 심의를 받아야 한다.

(3) 관계 행정기관의 장은 기본계획의 연차별 시행계획을 수립하여 국토교통부장관에게 통보하고 시행하여야 한다.

(4) 국토교통부장관은 건설기술의 진흥을 위하여 필요한 경우 건설기술에 관한 정보관리, 건설기술인력 관리, 건설공사의 환경관리 · 안전관리 · 품질관리 등 건설기술의 각 분야별 기본계획을 수립할 수 있다.

SECTION 02 건설공사의 안전관리

1 건설공사의 안전관리(법 제62조)

(1) 건설사업자와 주택건설등록업자는 대통령령으로 정하는 건설공사를 시행하는 경우 안전점검 및 안전관리조직 등 건설공사의 안전관리계획을 수립하고, 착공 전에 이를 발주자에게 제출하여 승인을 받아야 한다. 이 경우 발주청이 아닌 발주자는 미리 안전관리계획의 사본을 인 · 허가기관의 장에게 제출하여 승인을 받아야 하며, 안전관리계획을 제출받은 발주청 또는 인 · 허가기관의 장은 안전관리계획의 내용을 검토하여 그 결과를 건설사업자와 주택건설등록업자에게 통보하고, 승인한 안전관리계획서 사본과 검토결과를 국토교통부장관에게 제출하여야 한다.

(2) 건설사업자나 주택건설등록업자는 안전관리계획을 수립하였던 건설공사를 준공하였을 때에는 안전점검에 관한 종합보고서를 작성하여 발주청에게 제출하여야 하며, 종합보고서를 받은 발주처는 국토교통부장관에게 제출하여야 한다.

(3) 건설사업자 또는 주택건설등록업자는 동바리, 거푸집, 비계 등 가설구조물 설치를 위한 공사를 할 때 가설구조물의 구조적 안전성을 확인하기에 적합한 분야의 기술사에게 확인을 받아야 한다.

2 유지 · 관리(시행령 제80조)

① 건설공사를 통하여 설치된 시설물의 관리주체는 「시설물의 안전 및 유지관리에 관한 특별법」 등 관계 법령에 따라 안전하고 효율적으로 시설물을 유지 · 관리하여야 한다.

② 시설물의 관리주체는 해당 건설공사에 관한 다음 각 호의 서류 및 자료를 유지 · 보존하여야 한다.

1. 준공도서
2. 품질기록(품질시험 또는 검사 성과 총괄표를 포함한다)
3. 구조계산서
4. 시공상 특기사항에 관한 보고서
5. 사후평가서
6. 안전점검 · 안전진단 보고서와 그 밖에 시설물의 관리주체가 시설물의 유지 · 관리에 필요하다고 인정하는 자료

3 안전관리계획의 수립(시행령 제98조)

법 제62조제1항에 따른 안전관리계획(이하 '안전관리계획')을 수립해야 하는 건설공사는 다음 각 호와 같다. 해당 건설 공사가 「산업안전보건법」 제42조에 따른 유해위험방지계획을 수립해야 하는 건설공사에 해당하는 경우에는 해당 계획과 안전 관리계획을 통합하여 작성할 수 있다.

1. 「시설물의 안전 및 유지관리에 관한 특별법」에 따른 1종시설물 및 2종시설물의 건설공사

▼ **「시설물의 안전 및 유지관리에 관한 특별법」 [별표 1] 제1종시설물 및 제2종시설물의 종류**

구분	제1종시설물	제2종시설물
5. 건축물		
가. 공동주택		16층 이상의 공동주택
나. 공동주택 외의 건축물	1) 21층 이상 또는 연면적 5만제곱미터 이상의 건축물 2) 연면적 3만제곱미터 이상의 철도역시설 및 관람장 3) 연면적 1만제곱미터 이상의 지하도상가(지하보도면적을 포함한다)	1) 제1종시설물에 해당하지 않는 건축물로서 16층 이상 또는 연면적 3만제곱미터 이상의 건축물 2) 제1종시설물에 해당하지 않는 건축물로서 연면적 5천제곱미터 이상(각 용도별 시설의 합계를 말한다)의 문화 및 집회시설, 종교시설, 판매시설, 운수시설 중 여객용 시설, 의료시설, 노유자시설, 수련시설, 운동시설, 숙박시설 중 관광숙박시설 및 관광 휴게시설

구분	제1종시설물	제2종시설물
		3) 제1종시설물에 해당하지 않는 철도역시설로서 고속철도, 도시철도 및 광역철도역시설 4) 제1종시설물에 해당하지 않는 지하도상가로서 연면적 5천제곱미터 이상의 지하도상가(지하보도면적을 포함한다)

2. 지하 10미터 이상을 굴착하는 건설공사. 이 경우 굴착 깊이 산정 시 집수정(물저장고), 엘리베이터 피트 및 정화조 등의 굴착 부분은 제외한다.
3. 폭발물을 사용하는 건설공사로서 20미터 안에 시설물이 있거나 100미터 안에 사육하는 가축이 있는 건설공사
4. 10층 이상 16층 미만인 건축물의 건설공사

4의2. 다음 각 목의 리모델링 또는 해체공사
  가. 10층 이상인 건축물의 리모델링 또는 해체공사
  나. 「주택법」 제2조제25호다목에 따른 수직증축형 리모델링

5. 「건설기계관리법」 제3조에 따라 등록된 다음 각 목의 어느 하나에 해당하는 건설기계가 사용되는 건설공사
  가. 천공기(높이가 10미터 이상인 것만 해당한다)
  나. 항타 및 항발기
  다. 타워크레인

5의2. 제101조의2제1항 각 호의 가설구조물을 사용하는 건설공사

6. 제1호부터 제4호까지, 제4호의2, 제5호 및 제5호의2의 건설공사 외의 건설공사로서 다음 각 목의 어느 하나에 해당하는 공사
  가. 발주자가 안전관리가 특히 필요하다고 인정하는 건설공사
  나. 해당 지방자치단체의 조례로 정하는 건설공사 중에서 인·허가기관의 장이 안전관리가 특히 필요하다고 인정하는 건설공사

4 안전관리계획의 수립 기준(시행령 제99조)

안전관리계획의 수립 기준에는 다음 사항이 포함되어야 한다.

1. 건설공사의 개요 및 안전관리조직
2. 공정별 안전점검계획(계측장비 및 폐쇄회로 텔레비전 등 안전 모니터링 장비의 설치 및 운용계획이 포함되어야 한다)
3. 공사장 주변의 안전관리대책(건설공사 중 발파·진동·소음이나 지하수 차단 등으로 인한 주변지역의 피해방지대책과 굴착공사로 인한 위험징후 감지를 위한 계측계획을 포함한다)
4. 통행안전시설의 설치 및 교통 소통에 관한 계획

5. 안전관리비 집행계획
6. 안전교육 및 비상시 긴급조치계획
7. 공종별 안전관리계획(대상 시설물별 건설공법 및 시공절차 포함)

5 안전점검의 시기 · 방법 등(시행령 제100조)

① 건설사업자와 주택건설등록업자는 건설공사의 공사기간 동안 매일 자체안전점검을 하고, 제2항에 따른 기관에 의뢰하여 정기안전점검 및 정밀안전점검 등을 해야 한다.

1. 건설공사의 종류 및 규모 등을 고려하여 국토교통부장관이 정하여 고시하는 시기와 횟수에 따라 정기안전점검을 할 것
2. 정기안전점검 결과 건설공사의 물리적 · 기능적 결함 등이 발견되어 보수 · 보강 등의 조치를 위하여 필요한 경우에는 정밀안전점검을 할 것
3. 제98조제1항제1호에 해당하는 건설공사에 대해서는 그 건설공사를 준공(임시사용을 포함한다)하기 직전에 제1호에 따른 정기안전점검 수준 이상의 안전점검을 할 것
4. 제98조제1항 각 호의 어느 하나에 해당하는 건설공사가 시행 도중에 중단되어 1년 이상 방치된 시설물이 있는 경우에는 그 공사를 다시 시작하기 전에 그 시설물에 대하여 제1호에 따른 정기안전점검 수준의 안전점검을 할 것

② 제1항 각 호의 구분에 따른 정기안전점검 및 정밀안전점검 등을 건설사업자나 주택건설등록업자로부터 의뢰받아 실시할 수 있는 기관(이하 "건설안전점검기관"이라 한다)은 다음 각 호의 기관으로 한다. 다만, 그 기관이 해당 건설공사의 발주자인 경우에는 정기안전점검만을 할 수 있다.

1. 「시설물의 안전 및 유지관리에 관한 특별법」 제28조에 따라 등록한 안전진단전문기관
2. 국토안전관리원

SECTION 03 건설공사 안전관리 업무수행 지침

1 안전점검의 종류 및 절차(제18조)

시공자는 공사 목적물 및 주변의 안전을 확보하기 위하여 다음 각 호의 안전점검을 실시하여야 한다.

1. 자체안전점검
2. 정기안전점검
3. 정밀안전점검
4. 초기점검
5. 공사재개 전 안전점검

2 안전점검의 실시 및 보고서 작성(제21조)

(1) 안전점검 실시시기

① 시공자는 자체안전점검 및 정기안전점검의 실시시기 및 횟수를 다음 각 호의 기준에 따라 안전점검계획에 반영하고 그에 따라 안전점검을 실시하여야 한다.

1. 자체안전점검 : 건설공사의 공사기간동안 매일 공종별 실시
2. 정기안전점검 : 구조물별로 [별표 1]의 정기안전점검 실시시기를 기준으로 실시한다. 다만, 발주청 또는 인·허가기관의 장은 안전관리계획의 내용을 검토할 때 건설공사의 규모, 기간, 현장여건에 따라 점검시기 및 횟수를 조정할 수 있다.

② 정밀안전점검은 정기안전점검결과 건설공사의 물리적·기능적 결함 등이 발견되어 보수·보강 등의 조치를 취하기 위하여 필요한 경우에 실시한다.

③ 초기점검은 영 제98조제1항제1호에 따른 건설공사를 준공하기 전에 실시한다.

④ 공사재개 전 안전점검은 영 제98조제1항에 따른 건설공사를 시행하는 도중 그 공사의 중단으로 1년 이상 방치된 시설물이 있는 경우 그 공사를 재개하기 전에 실시한다.

▼ [별표 1] 정기안전점검 실시시기

건설공사 종류		정기안전점검 점검차수별 점검시기		
		1차	2차	3차
건축물	건축물	기초공사 시공 시 (콘크리트 타설 전)	구조체공사 초 중기단계 시공 시	구조체공사 말기단계 시공 시
	리모델링 또는 해체공사	총공정의 초·중기단계 시공 시	총공정의 말기단계 시공 시	–

(2) 안전점검 실시 내용(제22조~제26조)

1) 자체안전점검

① 안전관리담당자와 수급인 및 하수급인으로 구성된 협의체는 건설공사의 공사기간 동안 해당 공사 안전총괄책임자의 총괄하에 분야별 안전관리책임자의 지휘에 따라 해당 공종의 시공상태를 점검하고 안전성 여부를 확인하기 위하여 해당 건설공사 안전관리계획의 자체안전점검표에 따라 자체안전점검을 실시하여야 한다.

② 점검자는 점검 시 해당 공종의 전반적인 시공 상태를 관찰하여 사고 및 위험의 가능성을 조사하고, 지적사항을 안전점검일지에 기록하며, 지적사항에 대한 조치 결과를 다음날 자체안전점검에서 확인해야 한다.

2) 정기안전점검

① 시공자가 정기안전점검을 실시하고자 할 때는 발주자(발주자가 발주청이 아닌 경우에는 인 · 허가기관의 장을 말한다)가 지정한 건설안전점검기관에 의뢰하여야 한다.

② 정기안전점검을 실시하는 경우 다음 각 호의 사항을 점검하여야 한다.

1. 공사 목적물의 안전시공을 위한 임시시설 및 가설공법의 안전성
2. 공사목적물의 품질, 시공상태 등의 적정성
3. 인접건축물 또는 구조물 등 공사장 주변 안전조치의 적정성
4. 영 제98조제1항제5호각 목에 해당하는 건설기계의 설치(타워크레인 인상을 포함한다) · 해체 등 작업절차 및 작업 중 건설기계의 전도 · 붕괴 등을 예방하기 위한 안전조치의 적절성
5. 이전 점검에서 지적된 사항에 대한 조치사항

3) 정밀안전점검

① 시공자는 정기안전점검 결과 건설공사의 물리적 · 기능적 결함 등이 있는 경우에는 보수 · 보강 등의 필요한 조치를 취하기 위하여 건설안전점검기관에 의뢰하여 정밀안전점검을 실시하여야 한다.

② 정밀안전점검 완료 보고서에는 다음 각 호의 사항이 포함되어야 한다.

1. 물리적 · 기능적 결함 현황
2. 결함원인 분석
3. 구조안전성 분석결과
4. 보수 · 보강 또는 재시공 등 조치대책

4) 초기점검

① 시공자는 영 제98조제1항제1호에 따른 건설공사를 준공(임시사용을 포함한다)하기 전에 문제점 발생부위 및 붕괴유발부재 또는 문제점 발생 가능성이 높은 부위 등의 중점유지관리사항을 파악하고 향후 점검·진단 시 구조물에 대한 안전성평가의 기준이 되는 초기치를 확보하기 위하여 「시설물의 안전점검 및 정밀안전진단 실시 등에 관한 지침」에 따른 정밀점검 수준의 초기점검을 실시하여야 한다.

② 초기점검은 준공 전에 완료되어야 한다. 다만, 준공 전에 점검을 완료하기 곤란한 공사의 경우에는 발주자의 승인을 얻어 준공 후 3개월 이내에 실시할 수 있다.

5) 공사재개 전 안전점검

① 시공자는 건설공사의 중단으로 1년 이상 방치된 시설물의 공사를 재개하는 경우 건설공사를 재개하기 전에 해당 시설물에 대한 안전점검을 실시하여야 한다.

② 제1항에 따른 안전점검은 정기안전점검의 수준으로 실시하여야 하며, 점검결과에 따라 적절한 조치를 취한 후 공사를 재개하여야 한다.

(3) 안전점검 보고서의 작성 및 제출(제31조)

시공자에게 정기안전점검을 의뢰받은 건설안전점검기관은 건설공사 안전관리 업무수행 지침 [별표1]에 따라 정기안전점검을 실시하고 다음 각 호의 기준에 따라 정기안전점검 보고서를 작성하여 제출하여야 한다.

1. 타워크레인 정기안전점검 보고서는 2회(타워크레인 설치작업 시, 타워크레인 해체작업 시) 작성하여 제출하되, 타워크레인 인상작업 시 실시한 정기안전점검 결과는 해체작업 시 정기안전점검 보고서에 포함하여 작성한다.
2. 타워크레인 이외의 정기안전점검 보고서는 건설공사 안전관리 업무수행 지침 [별표1]에 따라 정기안전점검 실시 후 작성한다.
3. 정기안전점검 대상이 다수인 건설현장에서는 정기안전점검 실시시기가 서로 비슷한 경우 정기안전점검 보고서를 통합하여 작성할 수 있다.
4. 제1호부터 제3호까지 규정한 기준 외에 정기안전점검 보고서 작성에 관하여는 발주청 또는 인·허가기관의 장과 시공자가 협의하여 정할 수 있다.

SECTION 04 벌칙

1 벌칙(법 제85조~제89조)

(1) 건설엔지니어링사업자 등의 의무를 위반하여 착공 후부터 하자담보책임기간까지의 기간에 다리, 터널, 철도, 그 밖에 대통령령으로 정하는 시설물의 구조에서 주요 부분에 중대한 손괴(損壞)를 일으켜 사람을 다치거나 죽음에 이르게 한 자는 무기 또는 3년 이상의 징역에 처한다. 만약 업무상 과실로 사람을 다치거나 죽음에 이르게 한 자는 10년 이하의 징역이나 금고 또는 1억 원 이하의 벌금에 처한다.

(2) (1)의 죄를 범하여 사람을 위험하게 한 자는 10년 이하의 징역 또는 1억 원 이하의 벌금에 처한다. 업무상 과실로 죄를 범한 자는 5년 이하의 징역이나 금고 또는 5천만 원 이하의 벌금에 처한다.

(3) 건설공사의 타당성 조사를 할 때 고의로 수요 예측을 부실하게 하여 발주청에 손해를 끼친 건설엔지니어링사업자는 5년 이하의 징역 또는 5천만 원 이하의 벌금에 처한다. 이때, 중대한 과실로 수요 예측을 부실하게 하여 발주청에 손해를 끼친 건설엔지니어링사업자는 3년 이하의 금고 또는 3천만 원 이하의 벌금에 처한다.

(4) 다음 각 호의 어느 하나에 해당하는 자는 2년 이하의 징역 또는 1억 원 이하의 벌금에 처한다.
   ① 건설엔지니어링사업자 또는 공사감독자의 재시공 · 공사중지 명령이나 그 밖에 필요한 조치를 이행하지 아니한 자
   ② 불이익조치의 금지를 위반하여 불이익을 준 자

(5) 다음 각 호의 어느 하나에 해당하는 자는 2년 이하의 징역 또는 2천만 원 이하의 벌금에 처한다.
   ① 건설엔지니어링업의 등록을 하지 아니하고 건설엔지니어링 업무를 수행한 자
   ② 건설사업관리보고서를 제출하지 아니하거나 같은 항 후단에 따라 건설기술인이 작성한 건설사업관리보고서를 거짓으로 수정하여 제출한 건설엔지니어링사업자
   ③ 정당한 사유 없이 건설사업관리보고서를 작성하지 아니하거나 거짓으로 작성한 건설기술인
   ④ 고의로 건설사업관리 업무를 게을리하여 교량, 터널, 철도, 그 밖에 대통령령으로 정하는 시설물에 대하여 다음 각 목의 주요 부분의 구조안전에 중대한 결함을 초래한 건설엔지니어링사업자 또는 건설기술인
      가. 철근콘크리트구조부 또는 철골구조부

나. 「건축법」 제2조제7호에 따른 주요구조부
다. 교량의 교좌장치
라. 터널의 복공부위
마. 댐의 본체 및 여수로
바. 항만 계류시설의 구조체

⑤ 구조검토를 하지 아니한 건설엔지니어링사업자
⑥ 품질관리계획 또는 품질시험계획을 수립 · 이행하지 아니하거나 품질시험 및 검사를 하지 아니한 건설사업자 또는 주택건설등록업자
⑦ 품질이 확보되지 아니한 건설자재 · 부재를 공급하거나 사용한 자
⑧ 반품된 레디믹스트콘크리트를 품질인증을 받지 아니하고 재사용한 자
⑨ 안전관리계획을 수립 · 제출, 이행하지 아니하거나 거짓으로 제출한 건설사업자 또는 주택건설등록업자
⑩ 안전점검을 하지 아니한 건설사업자 또는 주택건설등록업자
⑪ 관계전문가의 확인 없이 가설구조물 설치공사를 한 건설사업자 또는 주택건설등록업자
⑫ 가설구조물의 구조적 안전성 확인 업무를 성실하게 수행하지 아니함으로써 가설구조물이 붕괴되어 사람을 죽거나 다치게 한 관계전문가
⑬ 직무상 알게 된 비밀을 누설하거나 도용한 사람

(6) 다음 각 호의 어느 하나에 해당하는 자는 1년 이하의 징역 또는 1천만원 이하의 벌금에 처한다.

① 신기술 활용실적을 거짓으로 제출한 자
② 신기술사용협약에 관한 증명서의 발급 신청을 거짓으로 한 자
③ 신고 · 변경신고를 하면서 근무처 및 경력등을 거짓으로 신고하여 건설기술인이 된 자
④ 다른 사람에게 자기의 성명을 사용하여 건설공사 또는 건설엔지니어링 업무를 수행하게 하거나 자신의 건설기술경력증을 빌려 준 사람 또는 행위를 알선한 사람
⑤ 다른 사람의 성명을 사용하여 건설공사 또는 건설엔지니어링 업무를 수행하거나 다른 사람의 건설기술경력증을 빌린 사람 또는 행위를 알선한 사람
⑥ 소속 공무원으로 하여금 사무실 및 공사현장 등에 출입하여 검사하는 것을 거부 · 방해 또는 기피한 자
⑦ 정당한 사유 없이 실정보고를 하지 아니하거나 거짓으로 한 자

⑧ 건설공사 등의 부실 측정 또는 건설공사현장 등의 점검을 거부 · 방해 또는 기피한 자

⑨ 안전관리계획의 승인 없이 착공한 건설사업자 또는 주택건설등록업자

⑩ 국토교통부장관, 발주청, 인 · 허가기관 및 건설사고조사위원회의 중대건설현장사고 조사를 거부 · 방해 · 기피한 자

2 과태료(법 제91조)

(1) 다음 각 호의 어느 하나에 해당하는 자에게는 2천만 원 이하의 과태료를 부과한다.

① 시공단계의 건설사업관리계획을 수립하지 아니한 자

② 시공단계의 건설사업관리계획을 위반하여 건설공사를 착공하게 하거나 건설공사를 진행하게 한 자

(2) 다음 각 호의 어느 하나에 해당하는 자에게는 1천만 원 이하의 과태료를 부과한다.

① 부당한 요구를 하거나 부당한 요구를 따르지 아니한다는 이유로 건설기술인에게 불이익을 준 자

② 품질관리비를 공사금액에 계상하지 아니한 자 또는 기준을 위반하여 품질관리비를 사용한 자

③ 건설공사의 안전점검에 관한 종합보고서를 제출하지 아니하거나 거짓으로 작성하여 제출한 자

④ 건설공사 참여자 안전관리 수준 평가를 거부 · 방해 또는 기피한 자

⑤ 설계의 안전성을 검토하지 아니한 자

⑥ 안전관리비를 공사금액에 계상하지 아니한 자 또는 기준을 위반하여 안전관리비를 사용한 자

⑦ 환경관리비를 공사금액에 계상하지 아니한 자 또는 기준을 위반하여 환경관리비를 사용한 자

(3) 다음 각 호의 어느 하나에 해당하는 자에게는 300만 원 이하의 과태료를 부과한다.

① 교육 · 훈련을 정당한 사유 없이 받지 아니한 건설기술인

② 경비를 부담하지 아니하거나 경비부담을 이유로 건설기술인에게 불이익을 준 사용자

③ 자료를 제출하지 아니하거나 거짓으로 자료를 제출한 자

④ 건설기술인의 업무정지처분을 받았음에도 건설기술경력증을 반납하지 아니한 건설기술인

⑤ 건설엔지니어링의 변경등록을 하지 아니하거나 거짓으로 변경등록을 한 자

⑥ 건설엔지니어링의 휴업 또는 폐업 신고를 하지 아니한 자
⑦ 건설엔지니어링의 영업 양도 또는 합병 신고를 하지 아니한 자
⑧ 영업정지명령을 받고 영업정지기간에 건설엔지니어링 업무를 수행한 자
⑨ 영업정지기간에 상호를 바꾸어 건설엔지니어링을 수주한 자
⑩ 등록취소처분 등을 받은 사실과 그 내용을 해당 건설엔지니어링의 발주자에게 통지하지 아니한 자
⑪ 업무에 관한 보고를 하지 아니하거나 관계 자료를 제출하지 아니한 자
⑫ 점검결과 및 조치결과를 제출하지 아니하거나 거짓으로 제출한 자
⑬ 안전관리계획의 승인 없이 건설사업자 및 주택건설등록업자가 착공했음을 알고도 묵인한 발주자
⑭ 설계의 안전성 검토결과를 제출하지 아니하거나 거짓으로 제출한 자
⑮ 건설사고 발생사실을 발주청 및 인 · 허가기관에 통보하지 아니한 건설공사 참여자(발주자는 제외한다)

(4) 과태료의 부과기준에 따라 국토교통부장관 또는 시 · 도지사가 부과 · 징수한다.

CHAPTER

02

시설물의 안전 및 유지관리에 관한 특별법

시설물의 안전 및 유지관리에 관한 특별법

SECTION 01 개요

1 특별법의 제정 배경

(1) 국가 주요 시설의 건설과 관련한 제반사항은 1987년에 제정된 건설기술진흥법을 근거로 하여 운영되었으나 시설물의 준공 후 안전과 유지관리 분야에 대한 인식부족 등으로 법적근거를 둔 완벽한 사후관리 체계를 구축하지 못하였다.

(2) 기간시설의 확충과 물량위주의 주택건설 등 신규건설사업에만 주력하여 준공 후의 관리에 소홀하여 왔고, 유지관리도 기본법체계가 미흡함에 따라 각각의 관리주체가 관리한 결과 전문적이고 체계적이며 효율적 관리를 하지 못하고 있었다.

(3) 1990년 이후 발생한 대형공공시설의 안전사고(창선대교, 성수대교, 삼풍백화점 붕괴 등)는 이와 같은 취약한 관리체계를 그대로 보여준 것으로 이러한 체계하에서는 항상 국민의 생명과 재산에 위험요소가 상존하게 되고 이는 정상적인 국민경제활동까지 위축시키고 있었음

(4) 이러한 상황을 근본적으로 개선하고 시설물의 기능을 향상시키기 위하여 안전점검 및 유지관리에 관한 업무를 체계화하고 시설물의 관리자 등에게 유지관리의 의무와 책임 등을 부여하며, 이를 전문적으로 수행할 수 있는 공신력 있는 전문기관을 육성하는 등의 내용을 담아 의원입법으로 시설물의 안전 및 유지관리에 관한 특별법(이하 '시설물안전법')을 제정 · 공포(1995년 1월)하게 되었다.

(5) 2017년 1월 「재난 및 안전관리 기본법」상의 특정관리대상시설을 「시설물의 안전관리에 관한 특별법」상 제3종시설물로 편입함으로써 국토교통부와 국민안전처로 이원화되어 있는 시설물의 안전관리체계를 국토교통부로 일원화하고, 시설물의 중요도 및 안전취약도 등을 고려하여 안전점검 등의 안전관리체계를 정비하고 성능중심의 유지관리체계를 도입하는 등 전반적인 시설물의 안전 및 유지관리체계를 강화하면서 법 제명을 「시설물의 안전 및 유지관리에 관한 특별법」으로 변경하였다.

SECTION 02 총칙

1 목적(법 제1조)

시설물의 안전점검과 적정한 유지관리를 통하여 재해와 재난을 예방하고 시설물의 효용을 증진시킴으로써 공중(公衆)의 안전을 확보하고 나아가 국민의 복리증진에 기여함을 목적으로 한다.

2 용어의 정의(법 제2조)

(1) 시설물

건설공사를 통하여 만들어진 교량 · 터널 · 항만 · 댐 · 건축물 등 구조물과 그 부대시설로서, 건설공사를 통하여 만들어진 구조물 및 그 부대시설로서 제7조 각 호에 따른 제1종시설물, 제2종시설물 및 제3종시설물을 말함

① 시설물의 종류

▼ [표 2-1] 제1종, 제2종 및 제3종시설물의 범위

[별표 1] 제1종시설물 및 제2종시설물의 종류

구분	제1종시설물	제2종시설물
5. 건축물		
가. 공동주택		16층 이상의 공동주택
나. 공동주택 외의 건축물	1) 21층 이상 또는 연면적 5만제곱미터 이상의 건축물 2) 연면적 3만제곱미터 이상의 철도역시설 및 관람장 3) 연면적 1만 제곱미터 이상의 지하도상가(지하보도면적을 포함한다)	1) 제1종시설물에 해당하지 않는 건축물로서 16층 이상 또는 연면적 3만제곱미터 이상의 건축물 2) 제1종시설물에 해당하지 않는 건축물로서 연면적 5천제곱미터 이상(각 용도별 시설의 합계를 말한다)의 문화 및 집회시설, 종교시설, 판매시설, 운수시설 중 여객용 시설, 의료시설, 노유자시설, 수련시설, 운동시설, 숙박시설 중 관광숙박시설 및 관광 휴게시설 3) 제1종시설물에 해당하지 않는 철도역시설로서 고속철도, 도시철도 및 광역철도역시설 4) 제1종시설물에 해당하지 않는 지하도상가로서 연면적 5천제곱미터 이상의 지하도상가(지하보도면적을 포함한다)

[별표 1-2] 제3종시설물의 범위

2. 건축분야 : 준공 후 15년이 경과된 시설물(다목은 제외한다)로서 다음 구분에 따른 시설물

>>>

- 제1종시설물 : 공중의 이용편의와 안전을 도모하기 위해 특별히 관리할 필요가 있거나 구조상 안전 및 유지관리에 고도의 기술이 필요한 대규모 시설물
- 제 2종 시설물 : 제1종시설물 외에 사회기반시설 등 재난이 발생할 위험이 높거나 재난을 예방하기 위하여 계속적으로 관리할 필요가 있는 시설물
- 제3종 시설물 : 제1종시설물 및 제2종시설물 외에 안전관리가 필요한 소규모 시설물

※ 토목분야에서는 준공 후 10년이 경과된 시설물, 건축분야에서는 준공 후 15년이 경과된 시설물

구분	대상범위
가. 공동주택	1) 5층 이상 15층 이하인 아파트 2) 연면적이 660제곱미터를 초과하고 4층 이하인 연립주택 3) 연면적 660제곱미터 초과인 기숙사
나. 공동주택 외의 건축물	1) 11층 이상 16층 미만 또는 연면적 5천제곱미터 이상 3만제곱미터 미만인 건축물(동물 및 식물 관련 시설 및 자원순환 관련 시설은 제외한다) 2) 연면적 1천제곱미터 이상 5천제곱미터 미만인 문화 및 집회시설, 종교시설, 판매시설, 운수시설, 의료시설, 교육연구시설(연구소는 제외한다), 노유자시설, 수련시설, 운동시설, 숙박시설, 위락시설, 관광 휴게시설, 장례시설 3) 연면적 500제곱미터 이상 1천제곱미터 미만인 문화 및 집회시설(공연장 및 집회장만 해당한다), 종교시설 및 운동시설 4) 연면적 300제곱미터 이상 1천제곱미터 미만인 위락시설 및 관광휴게시설 5) 연면적 1천제곱미터 이상인 공공업무시설(외국공관은 제외한다) 6) 연면적 5천제곱미터 미만인 지하도상가(지하보도면적을 포함한다)
다. 그 밖의 시설물	그 밖에 중앙행정기관의 장 또는 지방자치단체의 장이 재난예방을 위해 안전관리가 필요한 것으로 인정하는 시설물

(2) 관리주체

해당 시설물의 관리자로 규정된 자 소유자 또는 소유자와의 관리계약 등에 의하여 시설물의 관리책임을 진 자

① 공공관리주체 : 국가 · 지방자치단체, 정부투자기관, 지방공기업, 한국공항공사, 한국컨테이너부두공단, 한국고속철도건설공단, 인천국제공항청사, 중소기업진흥공단, 한국산업단지공단 등

② 민간관리주체 : 공공관리주체 외의 관리주체

(3) 안전점검

경험과 기술을 갖춘 자가 육안이나 점검기구 등으로 검사하여 시설물에 내재(內在)되어 있는 위험요인을 조사하는 행위로, 점검목적 및 점검수준에 따라 정기안전점검 및 정밀안전점검으로 구분한다.

① 정기안전점검 : 시설물의 상태를 판단하고 시설물이 점검 당시의 사용요건을 만족시키고 있는지 확인할 수 있는 수준의 외관조사를 실시하는 안전점검

② 정밀안전점검 : 시설물의 상태를 판단하고 시설물이 점검 당시의 사용요건을 만족시키고 있는지 확인하며 시설물 주요부재의 상태를 확인할 수 있는 수준의 외관조사 및 측정 · 시험장비를 이용한 조사를 실시하는 안전점검

(4) 정밀안전진단

시설물의 물리적 · 기능적 결함을 발견하고 그에 대한 신속하고 적절한 조치를 하기 위하여 구조적 안전성과 결함의 원인 등을 조사 · 측정 · 평가하여 보수 · 보강 등의 방법을 제시하는 행위

(5) 긴급안전점검

시설물의 붕괴 · 전도 등으로 인한 재난 또는 재해가 발생할 우려가 있는 경우에 시설물의 물리적 · 기능적 결함을 신속하게 발견하기 위하여 실시하는 점검

(6) 유지관리

완공된 시설물의 기능을 보전하고 시설물이용자의 편의와 안전을 높이기 위하여 시설물을 일상적으로 점검 · 정비하고 손상된 부분을 원상복구하며 경과시간에 따라 요구되는 시설물의 개량 · 보수 · 보강에 필요한 활동을 하는 것

(7) 하자담보 책임기간

건설산업기본법 · 공동주택관리법 등 관계 법령에 따른 하자담보책임기간 또는 하자보수기간 등을 말함

3 시설물의 안전 및 유지관리 기본계획의 수립 · 시행(법 제5조)

(1) 국토교통부장관은 시설물이 안전하게 유지관리될 수 있도록 하기 위하여 5년마다 시설물의 안전 및 유지관리에 관한 기본계획을 수립 · 시행하고, 이를 관보에 고시하여야 한다. 기본계획을 변경하는 경우에도 또한 같다.

(2) 기본계획에는 다음 각 호의 사항이 포함되어야 한다.

① 시설물의 안전 및 유지관리에 관한 기본목표 및 추진방향에 관한 사항

② 시설물의 안전 및 유지관리체계의 개발, 구축 및 운영에 관한 사항

③ 시설물의 안전 및 유지관리에 관한 정보체계의 구축 · 운영에 관한 사항

④ 시설물의 안전 및 유지관리에 필요한 기술의 연구 · 개발에 관한 사항

⑤ 시설물의 안전 및 유지관리에 필요한 인력의 양성에 관한 사항

⑥ 그 밖에 시설물의 안전 및 유지관리에 관하여 대통령령으로 정하는 사항

⑦ 시설물의 안전 및 유지관리에 관한 기준의 작성 · 변경과 그 운영에 관한 사항(시행령 제2조)

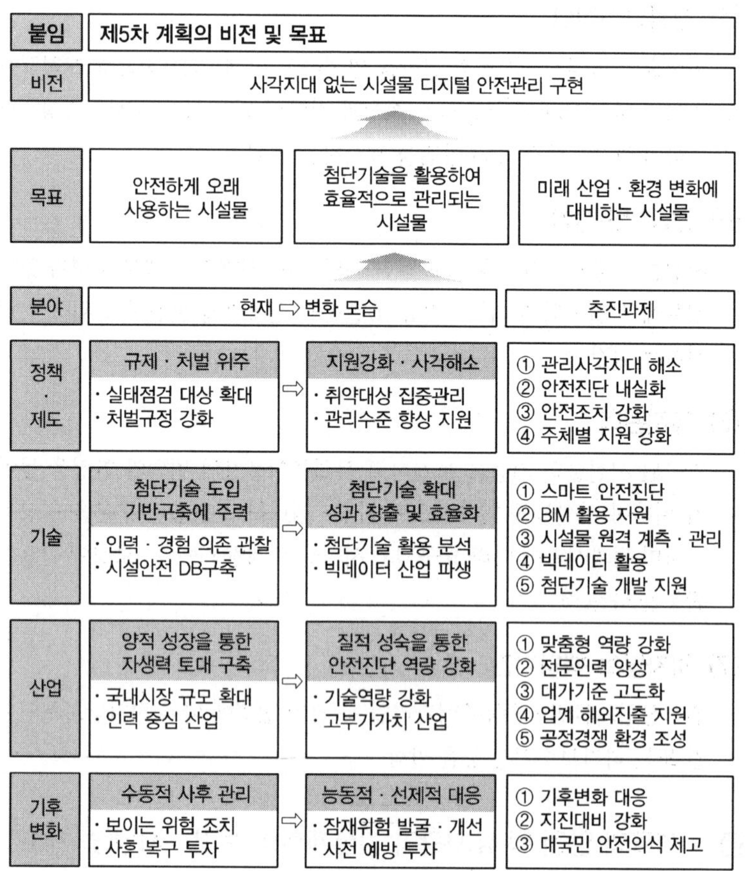

[그림 2－1] 제5차 시설물의 안전 및 유지관리 기본계획(2023~2027)
: 국토교통부고시 제2023－55호

>>>
성능평가 대상시설물의 관리주체는 해당 시설물의 생애주기를 고려하여 소관 시설물에 대해 5년마다 중기 시설물관리계획을 수립 · 시행하여야 한다. 이 경우 성능평가대상시설물의 관리주체는 해당 중기관리계획에 근거하여 시설물관리계획을 수립 · 시행하여야 한다.

4 시설물의 안전 및 유지관리계획의 수립 · 시행(법 제6조)

(1) 관리주체는 기본계획에 따라 소관 시설물에 대한 안전 및 유지관리계획을 매년 수립 · 시행하여야 한다. 다만, 제3종시설물 중 공동주택관리법에 따른 의무관리대상이 아닌 공동주택 등 민관관리주체 소관 시설물 중 대통령령으로 정하는 시설물의 경우, 시장 · 군수 · 구청장이 수립하여야 한다.

① 시설물의 적정한 안전 및 유지관리를 위한 조직 · 인원 및 장비의 확보에 관한 사항

② 긴급사항 발생 시 조치체계에 관한 사항

③ 시설물의 설계 · 시공 · 감리 및 유지관리 등에 관련된 설계도서의 수집 및 보존에 관한 사항

④ 안전점검 또는 정밀안전진단의 실시에 관한 사항

⑤ 보수 · 보강 등 유지관리 및 그에 필요한 비용에 관한 사항

(2) 계획의 수립 및 보고제출

공공관리주체 → 소속 중앙행정기관의 장(2월 15일) ─┐
민간관리주체 → 시장 · 군수 · 구청장(2월 15일) ─┘─ 국토교통부장관

>>> 관리주체는 긴급한 보수 · 보강을 실시하거나, 수립된 보수 · 보강 계획 또는 안전점검등 및 성능평가 실시시기 변경 등으로 시설물관리계획이나 중기관리계획을 변경하는 경우에는 변경한 날로부터 15일 이내에 이를 제출하여야 한다.

5 다른 법률과의 관계(법 제4조)

시설물의 안전 및 유지관리에 관하여 다른 법률에 우선하여 적용한다.

6 설계도서 등의 제출 등(법 제9조)

(1) 제1종시설물 및 제2종시설물을 건설 · 공급하는 사업주체는 설계도서, 시설물관리대장 등 대통령령으로 정하는 서류를 관리주체와 국토교통부장관에게 제출하여야 한다.

▼ [표 2－2] 설계도서 · 시설물관리대장 등 관련 서류의 종류

구분	제1종시설물 · 제2종시설물	제3종시설물
설계도서 등	• 준공 도면 • 준공 내역서 및 시방서 • 구조계산서 • 그 밖에 시공상 특기한 사항에 관한 보고서 등	준공 도면(준공 도면이 없는 경우 실측 도면)
시설물관리대장	안전점검 등에 관한 지침에서 정한 시설물 관리대장	안전점검 등에 관한 지침에서 정한 시설물 관리대장
감리보고서	최종감리보고서	

(2) 제3종시설물의 관리주체는 제3종시설물로 지정 · 고시된 경우에는 제1항에 따른 서류를 1개월 이내에 국토교통부장관에게 제출하여야 한다.

(3) 제1종시설물 및 제2종시설물을 건설 · 공급하는 사업주체는 국방이나 그 밖의 보안상 비밀유지가 필요한 시설물에 대하여 관계 중앙행정기관의 장의 요구가 있을 경우에는 그 시설물과 관련된 제1항에 따른 서류를 제출하지 아니할 수 있다. 이 경우 관계 중앙행정기관의 장은 그 사유를 국토교통부장관에게 통보하여야 한다.

(4) 관리주체는 대통령령으로 정하는 중요한 보수 · 보강을 실시한 경우 제1항에 따른 서류를 국토교통부장관에게 제출하여야 한다.

(5) 국토교통부장관은 사업주체 또는 관리주체가 제1항 · 제2항 또는 제4항에 따른 서류를 제출하지 아니하는 경우에는 10일 이상 60일 이내의 범위에서 기간을 정하여 그 제출을 명할 수 있다.

>>> **설계도서를 제출하여야 하는 중요한 보수·보강의 경우**

① 철근콘크리트구조부 또는 철골구조부
② 건축물의 내력벽 · 기둥 · 바닥 · 보 · 지붕틀 및 주계단
③ 교량의 받침
④ 터널의 복공부위
⑤ 하천시설의 수문문비
⑥ 댐의 본체, 시공이음부 및 여수로
⑦ 조립식 건축물의 연결부위
⑧ 상수도 관로이음부
⑨ 항만시설 중 갑문문비 작동시설과 계류시설, 방파제, 파제제 및 호안의 구조체

(6) 제1종시설물 및 제2종시설물에 대한 준공 또는 사용승인을 하는 관계 행정기관의 장은 제1종시설물 및 제2종시설물을 건설 · 공급하는 사업주체가 제1항에 따른 서류를 제출한 것을 확인한 후 준공 또는 사용승인을 하여야 한다.

(7) 제1항부터 제4항까지에 따른 서류의 제출방법 등에 필요한 사항은 국토교통부령으로 정한다.

▼ [표 2-3] 설계도서 · 시설물관리대장 등 관련 서류의 제출기한

구분	제1종시설물 · 제2종시설물	제3종시설물
설계도서 등	준공 또는 사용승인 신청 시. 다만, 법제9조제4항에 해당하는 경우에는 해당 보수 · 보강을 완료한 날부터 30일 이내	지정 통보 후 30일 이내. 다만, 법제9조제4항에 해당하는 경우에는 해당 보수 · 보강을 완료한 날부터 30일 이내
시설물관리대장		
감리보고서	준공 또는 사용승인일 후 3개월 이내	

SECTION 03 시설물의 안전관리

제1절 안전점검 등

≫ 안전점검의 목적은 경험과 기술을 갖춘 자가 육안이나 점검기구 등을 이용한 현장조사를 통해 시설물에 내재되어 있는 위험요인을 발견하는데 있다.

1 안전점검의 실시(법 제11조)

(1) 안전점검의 실시

관리주체는 소관 시설물의 안전과 기능을 유지하기 위하여 정기적으로 안전점검을 실시하여야 한다. 다만, 제6조제1항 단서에 해당하는 시설물의 경우에는 시장 · 군수 · 구청장이 안전점검을 실시하여야 한다.

(2) 안전점검의 수준

① 제1종시설물 및 제2종시설물 : 정기안전점검 및 정밀안전점검

② 제3종시설물 : 정기안전점검

(3) 안전점검의 실시시기 등

1) 실시시기

▼ [표 2-4] 안전점검, 정밀안전진단 및 성능평가 실시시기

안전등급	정기 안전점검	정밀안전점검		정밀 안전진단	성능평가
		건축물	건축물 외		
A등급	반기에 1회 이상	4년에 1회 이상	3년에 1회 이상	6년에 1회 이상	5년에 1회 이상
B · C등급		3년에 1회 이상	2년에 1회 이상	5년에 1회 이상	
D · E등급	1년에 3회 이상 (해빙기, 우기, 동절기)	2년에 1회 이상	1년에 1회 이상	4년에 1회 이상	

2) 안전점검 및 정밀안전진단을 실시할 수 있는 책임기술자의 자격

안전점검, 정밀안전진단, 긴급안전점검 또는 시설물의 성능평가에 따라 안전점검 또는 성능평가를 자신의 책임하에 실시할 수 있는 사람은 아래와 같은 자격요건을 갖추고, 국토교통부령으로 정하는 바에 따라 시설물통합정보관리체계에 책임기술자로 등록한 자에 한한다.

▼ [표 2-5] 안전점검 및 정밀안전진단을 실시할 수 있는 책임기술자의 자격

구분	기술자격자	학력·경력자
정기 안전 점검	• 건설기술진흥법 시행령에 따른 토목 직무분야 또는 안전관리 직무분야의 건설기술인 중 초급기술인 이상일 것 • 건설기술진흥법 시행령에 따른 건축 직무분야 또는 안전관리 직무분야의 건설기술인 중 초급기술인 이상이거나 건축사일 것	국토교통부장관이 인정하는 토목 · 건축분야의 정기안전점검교육을 이수한 자
정밀 / 긴급 안전 점검	• 토목직무분야 또는 안전관리 직무분야의 건설기술인 중 고급기술인 이상일 것 • 건축직무분야 또는 안전관리 직무분야의 건설기술인 중 고급기술인 이상이거나 건축사로서 연면적 5천제곱미터 이상의 건축물에 대한 설계 또는 감리실적이 있을 것	국토교통부장관이 인정하는 토목 · 건축 분야의 정밀안전점검 및 긴급안전점검 교육을 이수한 자

»

자격요건을 갖추려면 기술자격 요건과 교육 및 실무경력 요건을 모두 충족해야 한다. 이 경우 교육 및 실무경력 요건은 기술자격 요건 취득 여부와 관계없이 충족할 수 있다.

구분	기술자격자	학력·경력자
정밀 안전 진단	• 토목직무분야의 건설기술인 중 특급기술인 이상일 것 • 건축직무분야의 건설기술인 중 특급기술인 이상이거나 건축사로서 연면적 5천제곱미터 이상의 건축물에 대한 설계 또는 감리실적이 있을 것	국토교통부장관이 인정하는 교량 및 터널, 수리, 항만, 건축분야의 정밀안전진단교육을 이수한 후, 해당 분야의 정밀안전진단업무를 실제로 수행한 기간이 2년 이상일 것
성능 평가	정밀안전진단 책임기술자의 기술자격, 교육 및 실무경력 요건을 모두 갖췄을 경우	국토교통부장관이 인정하는 교량 및 터널, 수리, 항만, 건축분야의 성능평가 교육을 이수하였을 것

3) 실시자

관리주체는 해당 시설물을 설계 · 시공 감리한 자 또는 그 계열회사인 안전진단전문기관이나 해당 시설물의 관리주체에 소속되어 있거나 그 자회사인 안전진단전문기관 안전진단전문기관으로 하여금 실시하게 하여서는 아니된다. 다만, 공공관리주체인 안전진단전문기관으로서 소관 시설물의 구조적 특수성으로 해당 기관의 전문기술이 필요하여 국토교통부장관이 인정하는 경우에는 그러하지 아니한다. 민간관리주체가 어음 · 수표의 지급불능으로 인한 부도(不渡) 등 부득이한 사유로 인하여 안전점검을 실시하지 못하게 될 때에는 관할 시장 · 군수 · 구청장이 민간관리주체를 대신하여 안전점검을 실시하고, 소요비용은 그 민간관리주체에게 부담하게 할 수 있다. 이때, 민간관리주체가 그에 따르지 아니하면 시장 · 군수 · 구청장은 지방세 체납처분의 예에 따라 징수할 수 있다.

2 정밀안전진단의 실시(법 제12조)

(1) 정밀안전진단의 실시

① 관리주체는 제1종시설물에 대하여 정기적으로 정밀안전진단을 실시하여야 한다.

② 관리주체는 안전점검 또는 긴급안전점검을 실시한 결과, 재해 및 재난을 예방하기 위하여 필요하다고 인정되는 경우 실시하여야 한다. 이때, 긴급안전점검, 안전점검 및 정밀안전진단 결과보고서 제출일로부터 1년 이내에 정밀안전진단을 착수하여야 한다.

③ 관리주체는 지진 · 화산재해대책법의 내진설계기준에 따른 내진설계 대상 시설물 중 내진성능평가를 받지 않은 시설물에 대하여 정밀안전진단을 실시할 경우, 해당 시설물에 대한 내진성능평가를 포함하여 실시하여야 한다.

»»

정밀안전진단의 목적은 현장조사 및 각종 시험에 의해 시설물의 물리적 · 기능적 결함과 내재되어 있는 위험요인을 발견하고, 이에 대한 신속하고 적절한 보수 · 보강 방법 및 조치방안 등을 제시함으로써 시설물의 안전을 확보하고자 함에 있다.

④ 관리주체는 정밀안전진단전문기관에 정밀안전진단을 의뢰하는 경우 당해 시설물을 설계, 시공 또는 감리한 자의 계열회사인 안전진단전문기관 또는 당해 관리주체에 소속되어 있거나 그 자회사인 안전진단전문기관에 의뢰하여서는 안된다. 다만, 공공관리주체인 안전진단전문기관으로서 소관 시설물의 구조적 특수성으로 해당 기관의 전문기술이 필요하여 국토교통부장관이 인정하는 경우에는 그러하지 아니하다.

⑤ 전기설비, 기계설비 또는 계측시설을 포함하는 복합된 시설물(건축물 제외)의 구조안전에 관련되는 전기설비, 기계설비 또는 계측시설에 대한 정밀안전진단을 실시하는 경우에는 전기 · 기계 · 전자 분야의 고급기술자 또는 고급기술인 이상의 기술자격자에게 해당시설물의 구조안전에 관련되는 전기설비, 기계설비 또는 계측시설에 대하여 정밀안전진단을 실시한다.

>>> 시설물의 하자담보책임기간이 만료되기 전에 마지막으로 실시하는 정밀점검의 경우에 관리주체는 이를 직접 실시할 수 없으며, 안전진단전문기관이나 국토안전관리원에 의뢰하여 실시하여야 한다.

3 긴급안전진단의 실시(법 제13조)

(1) 관리주체는 시설물의 붕괴 · 전도 등이 발생할 위험이 있다고 판단하는 경우 긴급안전점검을 실시하여야 한다.

(2) 국토교통부장관 및 관계 행정기관의 장은 시설물의 구조상 공중의 안전한 이용에 중대한 영향을 미칠 우려가 있다고 판단되는 경우에는 소속 공무원으로 하여금 긴급안전점검을 하게 하거나 해당 관리주체 또는 시장 · 군수 · 구청장에게 긴급안전점검을 실시할 것을 요구할 수 있다. 이 경우 요구를 받은 자는 특별한 사유가 없으면 그 요구를 따라야 한다. 이때, 미리 긴급안전점검 대상 시설물의 관리주체에게 긴급안전점검의 목적 · 날짜 및 대상 등을 서면으로 통지하여야 한다. 다만, 서면통지로는 긴급안전점검의 목적을 달성할 수 없는 경우에는 구두(口頭)로 또는 전화 등으로 통지할 수 있다.

(3) 국토교통부장관 또는 관계 행정기관의 장이 긴급안전점검을 실시하는 경우 점검의 효율성을 높이기 위하여 관계기관 또는 전문가와 합동으로 긴급안전점검을 실시할 수 있다.

(4) 국토교통부장관 또는 관계 행정기관의 장이 긴급안전점검을 실시한 경우 그 결과를 해당 관리주체에게 통보하여야 하며, 시설물의 안전확보를 위하여 필요하다고 인정하는 경우에는 정밀안전진단의 실시, 보수 · 보강 등 필요한 조치를 취할 것을 명할 수 있다.

>>> 긴급안전점검의 목적은 시설물의 붕괴 · 전도 등으로 인한 재난 또는 재해가 발생할 우려가 있는 경우에 시설물의 물리적 · 기능적 결함을 신속하게 발견하는데 있다.

4 시설물의 안전등급 지정 등(법 제16조)

안전점검 등을 실시하는 자는 안전점검 등의 실시결과에 따라 시설물의 안전등급 기준에 적합하게 해당 시설물의 안전등급을 지정하여야 한다.

▼ [표 2-6] 시설물의 안전등급 기준

안전등급	시설물의 상태
A(우수)	문제점이 없는 최상의 상태
B(양호)	보조부재에 경미한 결함이 발생하였으나 기능 발휘에는 지장이 없으며, 내구성 증진을 위하여 일부의 보수가 필요한 상태
C(보통)	주요부재에 경미한 결함 또는 보조부재에 광범위한 결함이 발생하였으나 전체적인 시설물의 안전에는 지장이 없으며, 주요부재에 내구성, 기능성 저하 방지를 위한 보수가 필요하거나 보조부재에 간단한 보강이 필요한 상태
D(미흡)	주요부재에 결함이 발생하여 긴급한 보수·보강이 필요하며 사용제한 여부를 결정하여야 하는 상태
E(불량)	주요부재에 발생한 심각한 결함으로 인하여 시설물의 안전에 위험이 있어 즉각 사용을 금지하고 보강 또는 개축을 하여야 하는 상태

(1) 안전등급의 지정 및 변경

안전점검 등을 실시하는 자는 제1종시설물 및 제2종시설물의 경우에는 정밀안전점검 및 정밀안전진단을 완료한 때, 제3종시설물의 경우에는 정기안전점검을 완료한 때에 안전등급을 지정한다. 다만, 아래에 해당하는 경우에는 시설물의 안전등급을 변경할 수 있으며, 해당 시설물의 관리주체에게 변경사실을 15일 이내에 서면으로 통보하여야 한다.

① 정밀안전점검 또는 정밀안전진단 실시결과를 평가한 결과 안전등급의 변경이 필요하다고 인정되는 경우

② 제출된 유지관리 결과보고서의 확인 등 시설물의 보수·보강이 완료되어 등급조정이 필요하다고 인정되는 경우

③ 그 밖에 사고나 재해 등으로 인한 시설물의 상태변화 등 안전등급 조정이 필요한 것으로 국토교통부장관이 인정하는 경우

5 안전점검 및 정밀안전진단 결과보고 등(법 제17조)

(1) 안전점검 및 정밀안전진단을 실시한 자는 서면 또는 전자문서로 결과보고서를 작성하고, 이를 관리주체 및 시장 · 군수 · 구청장에게 통보하여야 한다.

(2) 결과보고서를 안전점검 및 정밀안전진단을 완료한 날부터 30일 이내에 공공관리주체의 경우에는 소속 중앙행정기관 또는 시 · 도지사에게, 민간관리주체의 경우에는 관할 시장 · 군수 · 구청장에게 각각 제출하여야 한다.

(3) 안전점검 및 정밀안전진단을 실시한 자가 결과보고서를 작성할 때에는 다음 사항을 지켜야 한다.

① 다른 안전점검 및 정밀안전진단 결과보고서의 내용을 복제하여 안전점검 및 정밀안전진단 결과보고서를 작성하지 아니할 것

② 안전점검 및 정밀안전진단 결과보고서와 그 작성의 기초가 되는 자료를 거짓으로 또는 부실하게 작성하지 아니할 것

③ 안전점검 및 정밀안전진단 결과보고서와 그 작성의 기초가 되는 자료를 국토교통부령으로 정하는 기간 동안 보존

>>> 안전점검 및 정밀안전진단 결과보고서는 제출한 날로부터 10년간 보관하여야 하며, 결과보고서 작성의 기초가 되는 결과보고서를 제출한 날로부터 5년동안 보관하여야 한다.

제2절 재난예방을 위한 안전조치 등

1 시설물의 중대한 결함 등의 통보(법 제22조)

안전점검 등을 실시하는 자는 해당 시설물에서 중대한 결함을 발견하는 경우에는 지체 없이 그 사실을 관리주체 및 관할 시장 · 군수 · 구청장에게 통보하여야 하며, 관리주체는 통보받은 내용을 해당 시설물을 관리하거나 감독하는 관계 행정기관의 장 및 국토교통부장관에게 즉시 통보하여야 한다.

▼ [표 2-7] 시설물의 구조안전상 주요부위의 중대한 결함

시설물명	구조안전상 주요부위의 중대한 결함
교량	• 주요 구조부위의 철근량 부족 • 주형(거더)의 균열 심화 • 철근콘크리트 부재의 심한 재료 분리 • 부재 연결판이 균열 및 신한 변형 • 철강재 용접부의 용접불량 • 케이블 부재 또는 긴장재의 손상 • 교대 · 교각의 균열 발생
터널	• 벽체균열의 심화 및 탈락 • 복공부위의 심한 누수 및 변형
하천	• 수문의 작동불량

시설물명	구조안전상 주요부위의 중대한 결함
댐	• 댐체, 여로수, 기초 및 양안부의 누수, 균열 및 변형 • 수문의 작동불량 • 상수도로 이동
상수도	• 관로의 파손, 변형 및 부식 • 건축물로 이동
건축물	• 주요 구조부재의 파다한 변형 및 균열 심화 • 지반침하 및 이로 인한 활동적인 균열 • 누수 · 부식 등에 의한 구조물의 기능 상실
항만	• 갑문시설 중 문비작동시설 부식 노후화 • 갑문 충 · 배수 아키덕트(Aqueduct) 시설의 부식 노후화 • 잔교 · 시설 파손 및 결함 • 케이슨(Caisson) 구조물의 파손 • 안벽의 법선변위 및 침하

2 긴급안전조치(법 제23조)

관리주체는 시설물의 중대한 결함 등을 통보받는 등 시설물의 구조상 공중의 안전한 이용에 미치는 영향이 중대하여 긴급한 조치가 필요하다고 인정되는 경우에는 시설물의 사용제한 · 사용금지 · 철거, 주민대피 등의 안전조치를 하여야 한다.

3 시설물의 보수 · 보강 등(법 제24조)

관리주체는 조치명령을 받거나 시설물의 중대한 결함 등에 대한 통보를 받은 경우 시설물의 보수 · 보강 등 필요한 조치를 하여야 하며, 필요한 조치를 하지 아니할 경우에는 국토교통부장관 및 관계 행정기관의 장은 이에 대하여 이행 및 시정을 명할 수 있다.

시설물의 보수 · 보강 등 필요한 조치를 완료한 관리주체는 그 조치를 완료한 날로부터 30일 이내에 그 내용을 시설물통합정보관리체계에 입력하여야 하며, 시장 · 군수 · 구청장은 민간관리주체가 입력한 내용을 확인하여야 한다.

>>>

보수는 시설물의 내구성능을 회복 또는 향상시키는 것을 목적으로 한 대책을 말하며, 보강이란 부재나 시설물의 내하력과 강성 등의 역학적인 성능을 회복, 혹은 향상시키는 것을 목적으로 한 대책을 말한다.

>>>

보수를 위해서는 상태평가 결과 등을, 보강을 위해서는 상태평가 및 안전성평가 결과 등을 상세히 검토하고, 발생된 결함의 종류 및 정도, 시설물의 중요도, 사용 환경조건 및 경제성 등에 의해서 필요한 보수 · 보강 방법 및 수준을 정하여야 한다.

4 위험표지의 설치 등(법 제25조)

관리주체는 안전점검 등을 실시한 결과 해당 시설물에 중대한 결함이 있거나 안전등급을 지정한 결과 해당 시설물이 긴급한 보수 · 보강이 필요하다고 판단되는 경우에는 해당 시설물에 위험을 알리는 표지를 설치하고, 방송 · 인터넷 등의 매체를 통해 주민에게 알려야 한다.

(1) 위험표지 설치요령

① 표지판 규격 : 1.2m(가로) × 1m(세로)
② 기둥 규격 : 지름 10cm로 바닥에서 표지판 하단까지 2m 이상
③ 재질 : 철이나 알루미늄 또는 이와 유사한 재질
④ 표지판 바탕색 : 어두운 노랑
⑤ 글씨색상 : 검정으로 하되, 붕괴위험 지역은 빨강
⑥ 기둥 색 : 노란색

>>> 야간에도 잘 보일 수 있도록 제작하며, 사람들의 눈에 잘 띄도록 적정 개수 이상 설치할 것

SECTION 04 시설물의 유지관리

1 시설물의 유지관리(법 제39조)

(1) 관리주체는 시설물의 기능을 보전하고 편의와 안전을 높이기 위하여 소관 시설물을 유지관리하여야 한다. 다만, 공동주택으로서 다른 법령에 따라 유지관리하는 경우에는 그러하지 아니하다.
(2) 관리주체는 유지관리업자 또는 그 시설물을 시공한 자[하자담보책임기간(동일한 시설물의 각 부분별 하자담보책임기간이 다른 경우에는 가장 긴 하자담보책임기간을 말한다) 내인 경우에 한정한다]로 하여금 시설물의 유지관리를 대행하게 할 수 있다.
(3) 시설물의 유지관리에 드는 비용은 관리주체가 부담한다.

2 유지관리의 결과보고 등(법 제41조)

관리주체는 유지관리를 시행한 경우에는 그 결과보고서를 작성하고 이를 국토교통부장관에게 제출하여야 한다.

(1) 유지관리 결과보고서 작성 및 제출

① 관리주체는 시설물의 주요 부위 등과 시설물의 성능 및 기능을 저하시킬 수 있는 부재(붕괴유발부재, 피로취약부위 등)에 대한 보수 · 보강 등의 유지관리를 실시한 경우 유지관리 결과보고서를 작성하여 제출하여야 한다.
② 유지관리 결과보고서는 별지 제1호 서식에 따라 시설물의 보수 · 보강 및 사용제한 실적 중심으로 내용을 작성하여야 하며, 이를 증빙할 수 있는 사진첩 또는 설계도서 등 관련서류를 포함하여야 한다.
③ 유지관리 결과보고서는 유지관리를 완료한 날로부터 30일 이내에 시설물통합정보관리체계를 이용하여 제출하여야 한다.

3 시설물의 유지관리 또는 성능평가를 하는 자의 의무 등(법 제42조)

시설물의 유지관리 또는 성능평가를 하는 자는 유지관리 · 성능평가지침에서 정하는 유지관리 또는 성능평가의 실시 방법 및 절차 등에 따라 성실하게 그 업무를 수행하여야 하며, 관리주체는 소관 시설물을 과학적으로 유지관리하도록 노력하여야 한다.

4 유지관리 · 성능평가지침(법 제43조)

국토교통부장관은 유지관리 및 성능평가의 실시 방법 · 절차 등에 관한 유지관리 · 성능평가지침을 작성하여 관보에 고시하여야 한다. 이때, 국토교통부장관이 지침을 작성하는 경우에는 미리 관계 행정기관의 장과 협의하여야 하며, 이 경우 필요하다고 인정되면 관계 중앙행정기관의 장 및 지방자치단체의 장에게 관련 자료를 제출하도록 요구할 수 있다.

(1) 유지관리 · 성능평가지침

유지관리 · 성능평가지침에는 다음 각 호의 사항이 포함되어야 한다.

① 유지관리 · 성능평가에 필요한 설계도면, 시방서, 사용재료명세 등 시공 관련 자료의 수집 및 검토에 관한 사항
② 유지관리 · 성능평가 실시자의 구성에 관한 사항
③ 유지관리 · 성능평가 실시계획의 수립 · 시행에 관한 사항
④ 유지관리 · 성능평가 장비에 관한 사항
⑤ 유지관리 · 성능평가에 필요한 사용재료의 시험에 관한 사항
⑥ 시설물의 성능목표 설정에 관한 사항
⑦ 시설물의 종류에 따른 성능평가의 수준
⑧ 유지관리 · 성능평가의 항목별 점검 · 평가 방법에 관한 사항
⑨ 유지관리 · 성능평가 결과보고서의 작성에 관한 사항
⑩ 그 밖에 유지관리 · 성능평가 시행에 필요한 것으로서 국토교통부령으로 정하는 사항

(2) 시설물의 유지관리 일반

① 관리주체는 시설물의 기능 및 성능의 보존 · 관리를 위해 합리적이고 경제적인 보수 · 보강 등을 실시하고, 시설물의 규모 및 특성, 사용환경과 생애주기 등을 고려하여 체계적인 유지관리를 하여야 한다.
② 관리주체는 시설물의 안전점검 등, 성능평가, 보수 · 보강 등에 대한 비용을 다음 각 호에 따라 유지관리 예산에 반영하여 적절한 시기에 유지관리가 시행되도록 하여야 한다.
   ㉠ 안전점검 등 및 성능평가 : 법 제37조 및 제44조에 따른 안전점검 등 및 성능평가 비용의 산정기준

㉡ 보수 · 보강 등 : 결함 및 손상의 종류와 정도에 따른 관련 각종 기준(표준시방서, 콘크리트 보수 · 보강요령, 공동주택하자판정기준 등) 및 표준 품셈 등

③ 관리주체는 소관 시설물의 유지관리를 전산기법을 이용한 시설물관리체계에 의하여 과학적으로 시행하도록 노력하여야 하며, 이에 따라 유지관리 예산 및 보수 · 보강 시기 등을 결정할 수 있도록 하여야 한다.

SECTION 05 벌칙

1 벌칙(법 제63조)

(1) 다음 각 호의 어느 하나에 해당하는 자는 1년 이상 10년 이하의 징역에 처한다.

① 안전점검, 정밀안전진단 또는 긴급안전점검을 실시하지 아니하거나 성실하게 실시하지 아니함으로써 시설물에 중대한 손괴를 야기하여 공공의 위험을 발생하게 한 자

② 정당한 사유 없이 긴급안전점검을 실시하지 아니하거나 필요한 조치명령을 이행하지 아니함으로써 시설물에 중대한 손괴를 야기하여 공공의 위험을 발생하게 한 자

③ 안전점검 등의 업무를 성실하게 수행하지 아니함으로써 시설물에 중대한 손괴를 야기하여 공공의 위험을 발생하게 한 자

④ 안전조치를 하지 아니하거나 안전조치명령을 이행하지 아니함으로써 시설물에 중대한 손괴를 야기하여 공공의 위험을 발생하게 한 자

⑤ 보수 · 보강 등 필요한 조치를 하지 아니하거나 필요한 조치의 이행 및 시정 명령을 이행하지 아니함으로써 시설물에 중대한 손괴를 야기하여 공공의 위험을 발생하게 한 자

⑥ 유지관리 또는 성능평가를 성실하게 수행하지 아니함으로써 시설물에 중대한 손괴를 야기하여 공공의 위험을 발생하게 한 자

(2) 각 호의 죄를 범하여 사람을 사상(死傷)에 이르게 한 자는 무기 또는 5년 이상의 징역에 처한다.

2 벌칙(법 제64조)

(1) 업무상 과실로 제63조제1항 각 호의 죄를 범한 자는 5년 이하의 징역이나 금고 또는 5천만 원 이하의 벌금에 처한다.

(2) 업무상 과실로 제63조제2항의 죄를 범한 자는 10년 이하의 징역이나 금고 또는 1억 원 이하의 벌금에 처한다.

3 벌칙(법 제65조)

(1) 다음 각 호의 어느 하나에 해당하는 자는 2년 이하의 징역 또는 2천만 원 이하의 벌금에 처한다.

① 설계도서 등의 제출 등에 따른 서류를 보존하지 아니한 자

② 다른 안전점검 및 정밀안전진단 결과보고서의 내용을 복제하여 안전점검 및 정밀안전진단 결과보고서를 작성한 자

③ 안전점검 및 정밀안전진단 결과보고서와 그 작성의 기초가 되는 자료를 거짓으로 작성한 자

④ 안전조치를 하지 아니하거나 안전조치명령을 이행하지 아니한 자

⑤ 하도급 제한 등을 위반하여 하도급을 한 자

⑥ 안전진단전문기관으로 등록하지 아니하고 안전점검 등 또는 성능평가 업무를 수행한 자

⑦ 속임수나 그 밖의 부정한 방법으로 안전진단전문기관으로 등록한 자

⑧ 명의대여 등을 한 자와 명의대여 등을 받은 자

⑨ 영업정지처분을 받고 그 영업정지기간 중에 새로 안전점검 등 또는 성능평가를 실시한 자

⑩ 업무상 알게 된 비밀을 누설하거나 도용한 자

(2) 다음 각 호의 어느 하나에 해당하는 자는 1년 이하의 징역 또는 1천만 원 이하의 벌금에 처한다.

① 설계도서 등의 서류의 제출명령을 이행하지 아니한 자

② 긴급안전점검을 거부 · 방해 또는 기피한 자

③ 안전상태를 사실과 다르게 진단하게 하거나 결과보고서를 거짓으로 또는 부실하게 작성하도록 요구한 자

④ 자료 제출을 하지 아니하거나 거짓으로 자료를 제출한 자 또는 정당한 사유 없이 조사를 거부 · 방해 또는 기피한 자

⑤ 자료 제출 또는 보고를 거부하거나 정당한 사유 없이 조사를 거부 · 방해 또는 기피한 자

⑥ 시정명령을 이행하지 아니한 자

⑦ 사고조사를 거부 · 방해 또는 기피한 자

⑧ 실태점검을 거부 · 방해 또는 기피한 자

⑨ 정당한 사유 없이 자료 제출을 하지 아니하거나 거짓으로 자료를 제출한 자

4 양벌규정(법 제66조)

(1) 법인의 대표자나 법인 또는 개인의 대리인, 사용인, 그 밖의 종업원이 그 법인 또는 개인의 업무에 관하여 제63조의 위반행위를 하면 그 행위자를 벌하는 외에 그 법인 또는 개인에게도 10억 원 이하의 벌금형을 과(科)한다. 다만, 법인 또는 개인이 그 위반행위를 방지하기 위하여 해당 업무에 관하여 상당한 주의와 감독을 게을리 하지 아니한 때에는 그러하지 아니하다.

(2) 법인의 대표자나 법인 또는 개인의 대리인, 사용인, 그 밖의 종업원이 그 법인 또는 개인의 업무에 관하여 제64조와 제65조의 위반행위를 하면 그 행위자를 벌하는 외에 그 법인 또는 개인에게도 해당 조문의 벌금형을 과(科)한다. 다만, 법인 또는 개인이 그 위반행위를 방지하기 위하여 해당 업무에 관하여 상당한 주의와 감독을 게을리 하지 아니한 때에는 그러하지 아니하다.

5 과태료(법 제67조)

(1) 다음 각 호의 어느 하나에 해당하는 자에게는 2천만 원 이하의 과태료를 부과한다.

① 정밀안전진단을 실시하지 아니한 자

② 긴급안전점검을 실시하지 아니한 자

(2) 다음 각 호의 어느 하나에 해당하는 자에게는 1천만 원 이하의 과태료를 부과한다.

① 안전점검을 실시하지 아니한 자(시장 · 군수 · 구청장이 실시하여야 하는 경우는 제외한다)

② 내진성능평가를 실시하지 아니한 자

③ 안전점검 또는 정밀안전진단 결과보고서를 통보하지 아니하거나 제출하지 아니한 자

④ 안전점검 및 정밀안전진단 결과보고서와 그 작성의 기초가 되는 자료를 부실하게 작성한 자

⑤ 결과보고서를 수정 또는 보완하여 제출하지 아니한 자

⑥ 시설물의 중대한 결함 등의 통보를 하지 아니한 자

⑦ 위험표지를 설치하지 아니하거나 긴급한 보수 · 보강 등이 필요한 사실을 주민에게 알리지 아니한 자

⑧ 위험표지를 이전하거나 훼손한 자

⑨ 성능평가를 실시하지 아니한 자

(3) 다음 각 호의 어느 하나에 해당하는 자에게는 500만 원 이하의 과태료를 부과한다.

① 시설물관리계획을 수립하지 아니하거나 시설물관리계획을 보고 또는 제출하지 아니한 자

② 설계도서 등의 서류를 제출하지 아니한 자

③ 서류의 열람 또는 그 사본의 교부 요청에 정당한 사유 없이 따르지 아니한 자

④ 긴급안전점검 결과보고서를 제출하지 아니한 자

⑤ 안전점검 및 정밀안전진단 결과보고서와 그 작성의 기초가 되는 자료를 보존하지 아니한 자

⑥ 정밀안전점검 또는 정밀안전진단 실시결과에 대한 평가에 필요한 관련 자료를 정당한 사유 없이 제출하지 아니한 자

⑦ 시설물의 사용제한 등을 하는 사실을 통보하지 아니한 자

⑧ 시설물의 보수 · 보강 등의 조치결과를 통보하지 아니한 자

⑨ 안전진단전문기관의 변경신고를 하지 아니한 자

⑩ 안전진단전문기관의 휴업 · 재개업 또는 폐업 신고를 하지 아니한 자

⑪ 행정처분을 통해 등록의 취소 또는 영업정지처분을 받은 사실을 안전점검 등 또는 성능평가의 대행계약을 체결한 관리주체에게 알리지 아니한 자

⑫ 안전점검 등 또는 성능평가의 대행실적을 제출하지 아니하거나 거짓으로 제출한 자

⑬ 안전진단전문기관의 영업의 양도나 합병 또는 상속의 신고를 하지 아니한 자

⑭ 시설물의 성능평가 결과보고서를 제출하지 아니한 자

⑮ 시설물의 유지관리 결과보고서를 제출하지 아니한 자

⑯ 유지관리 결과보고서를 제출하지 아니한 자

⑰ 국토교통부장관, 주무부처의 장 또는 지방자치단체의 장이 실태점검 결과 필요한 사항을 관계 행정기관의 장, 관리주체 또는 그 밖의 관계인에게 권고하거나 시정하도록 요청하였을 때, 정당한 사유 없이 시정요청에 따르지 아니한 자

(4) 과태료는 대통령령으로 정하는 바에 따라 국토교통부장관, 시 · 도지사 또는 시장 · 군수 · 구청장이 부과 · 징수한다.

① 위반행위의 횟수에 따른 과태료의 가중된 부과기준은 최근 1년간 같은 위반행위로 과태료 부과처분을 받은 경우에 적용한다. 이 경우 기간의 계산은 위반행위에 대하여 과태료 부과처분을 받은 날과 그 처분 후 다시 같은 위반행위를 하여 적발된 날을 기준으로 한다.

② 가중된 부과처분을 하는 경우 가중처분의 적용 차수는 그 위반행위 전 부과처분 차수(가목에 따른 기간 내에 과태료 부과처분이 둘 이상 있었던 경우에는 높은 차수를 말한다)의 다음 차수로 한다.

③ 부과권자는 다음의 어느 하나에 해당하는 경우에는 제2호의 개별기준에 따른 과태료 금액의 2분의 1 범위에서 그 금액을 줄일 수 있다. 다만, 과태료를 체납하고 있는 위반행위자의 경우에는 그렇지 않다.

㉠ 위반행위가 사소한 부주의나 오류로 인한 것으로 인정되는 경우

㉡ 위반행위자가 법 위반상태를 시정하거나 해소하기 위하여 노력한 사실이 인정되는 경우

㉢ 그 밖에 위반행위의 정도 · 동기 및 그 결과 등을 고려하여 과태료를 줄일 필요가 있다고 인정되는 경우

④ 부과권자는 다음의 어느 하나에 해당하는 경우에는 제2호의 개별기준에 따른 과태료 금액의 2분의 1 범위에서 그 금액을 늘릴 수 있다. 다만, 늘리는 경우에도 법 제67조제1항부터 제3항까지에서 규정한 과태료의 상한을 넘을 수 없다.

㉠ 위반의 내용 · 정도가 중대하여 공중(公衆)에게 미치는 피해가 크다고 인정되는 경우

㉡ 법 위반상태의 기간이 6개월 이상인 경우

㉢ 그 밖에 위반행위의 정도 · 동기 및 그 결과 등을 고려하여 과태료를 늘릴 필요가 있다고 인정되는 경우

(5) 시 · 도지사 또는 시장 · 군수 · 구청장은 과태료를 부과 · 징수한 경우에는 그 처리 내용을 국토교통부장관에게 10일 이내에 통보해야 한다. 다만, 시설물통합정보관리체계에 과태료의 처리 내용을 입력한 경우에는 그 처리 내용을 국토교통부장관에게 통보한 것으로 본다.

MEMO

CHAPTER

03

건축물 관리법

01 총칙
02 건축물 관리기반 구축
03 건축물 관리점검 및 조치
04 건축물 해체 및 멸실

CHAPTER 03

건축물관리법

SECTION 01 총칙

1 목적(법 제1조)

건축물의 안전을 확보하고 편리 · 쾌적 · 미관 · 기능 등 사용가치를 유지 · 향상시키기 위하여 필요한 사항과 안전하게 해체하는 데 필요한 사항을 정하여 건축물의 생애 동안 과학적이고 체계적으로 관리함으로써 국민의 안전과 복리증진에 이바지함을 목적으로 한다.

2 용어의 정의(법 제2조)

① 건축물 : 「건축법」 제2조제1항제2호에 따른 건축물

- 「건축법」 제2조제1항제2호 : 건축물이란 토지에 정착(定着)하는 공작물 중 지붕과 기둥 또는 벽이 있는 것과 이에 딸린 시설물, 지하나 고가(高架)의 공작물에 설치하는 사무소 · 공연장 · 점포 · 차고 · 창고, 그 밖에 대통령령으로 정하는 것

② 건축물관리 : 관리자가 해당 건축물이 멸실될 때까지 유지 · 점검 · 보수 · 보강 또는 해체하는 행위

③ 관리자 : 관계 법령에 따라 해당 건축물의 관리자로 규정된 자 또는 해당 건축물의 소유자를 말함. 이 경우 해당 건축물의 소유자와의 관리계약 등에 따라 건축물의 관리책임을 진 자는 관리자로 봄

④ 생애이력 정보 : 건축물의 기획 · 설계, 시공, 유지관리, 멸실 등 건축물의 생애 동안에 생산되는 문서정보와 도면정보 등

⑤ 건축물관리계획 : 건축물의 안전을 확보하고 사용가치를 유지 · 향상시키기 위하여 제11조에 따라 수립되는 계획

⑥ 화재안전성능보강 : 「건축법」 제22조에 따른 사용승인(이하 '사용승인')을 받은 건축물에 대하여 마감재의 교체, 방화구획의 보완, 스프링클러 등 소화설비의 설치 등 화재안전시설 · 설비의 보강을 통하여 화재 시 건축물의 안전성능을 개선하는 모든 행위

⑦ 해체 : 건축물을 건축 · 대수선 · 리모델링하거나 멸실시키기 위하여 건축물 전체 또는 일부를 파괴하거나 절단하여 제거하는 것

⑧ 멸실 : 건축물이 해체, 노후화 및 재해 등으로 효용 및 형체를 완전히 상실한 상태

3 관리자 등의 의무(법 제4조)

① 관리자는 건축물의 기능을 보전 · 향상시키고 이용자의 편의와 안전성을 높이기 위하여 노력하여야 한다.

② 관리자는 매년 소관 건축물의 관리에 필요한 재원을 확보하도록 노력하여야 한다.

③ 관리자 또는 임차인은 국가 및 지방자치단체의 건축물 안전 및 유지관리 활동에 적극 협조하여야 한다.

④ 임차인은 관리자의 업무에 적극 협조하여야 한다

SECTION 02 건축물 관리기반 구축

1 목적(법 제6조)

국토교통부장관, 특별자치시장 · 특별자치도지사 또는 시장 · 군수 · 구청장(자치구의 구청장을 말하며, 이하 같다)은 건축물관리에 관한 정책의 수립과 시행에 필요한 기초자료를 확보하기 위하여 다음 각 호의 사항에 관한 실태조사를 할 수 있다. 이 경우 관계 중앙행정기관의 장의 요청이 있는 때에는 합동으로 실태조사를 할 수 있다.

① 건축물 용도별 · 규모별 현황

② 건축물의 내진설계 및 내진능력 적용 현황

③ 건축물의 화재안전성능 및 보강 현황

④ 건축물의 유지관리 현황

⑤ 그 밖에 건축물관리에 관한 정책의 수립을 위하여 조사가 필요한 사항

2 건축물 생애이력 정보체계 구축 등(법 제7조)

국토교통부장관은 건축물을 효과적으로 유지관리하기 위하여 다음 각 호의 내용을 포함한 건축물 생애이력 정보체계를 구축할 수 있다.

① 건축물관리 관련 정보

② 건축물관리계획

③ 정기점검 결과

④ 긴급점검 결과

⑤ 소규모 노후 건축물 등 점검 결과

⑥ 안전진단 결과

⑦ 건축물 해체공사 결과

⑧ 「건축법」 제48조의3에 따른 건축물 내진능력

⑨ 「녹색건축물 조성 지원법」 제10조에 따른 건축물 에너지 · 온실가스 정보

⑩ 그 밖에 대통령령으로 정하는 사항

3 건축물 생애관리대장(시행규칙 제4조)

건축물 생애관리대장은 다음 각 호의 내용을 포함해야 한다.

① 건축물 개요

② 건축물 허가 · 신고 이력

③ 건축물관리계획

④ 정기점검, 긴급점검, 소규모 노후 건축물 등 점검 및 안전진단(이하 '건축물관리점검') 현황

⑤ 화재안전성능보강 현황

⑥ 건축물 해체 이력

SECTION 03 건축물 관리점검 및 조치

1 건축물관리계획 수립 등(법 제11조)

(1) 사용승인을 받고자 하는 건축물의 건축주는 건축물관리계획을 수립하여 사용승인 신청 시 특별자치시장 · 특별자치도지사 또는 시장 · 군수 · 구청장에게 제출하여야 한다.

(2) 제1항에 따른 건축물관리계획은 다음 각 호의 내용을 포함하여 작성하여야 하며, 건축물관리계획의 구체적인 작성기준은 국토교통부장관이 정하여 고시한다.

① 건축물의 현황에 관한 사항

② 건축주, 설계자, 시공자, 감리자에 관한 사항

③ 건축물 마감재 및 건축물에 부착된 제품에 관한 사항

④ 건축물 장기수선계획에 관한 사항

⑤ 건축물 화재 및 피난안전에 관한 사항

⑥ 건축물 구조안전 및 내진능력에 관한 사항

⑦ 에너지 및 친환경 성능관리에 관한 사항

⑧ 그 밖에 대통령령으로 정하는 사항

2 건축물의 유지 · 관리(법 제12조)

건축물의 구조, 재료, 형식, 공법 등이 특수한 건축물 중 대통령령으로 정하는 건축물은 제1항 또는 제13조부터 제15조까지의 규정을 적용할 때 대통령령으로 정하는 바에 따라 건축물관리 방법 · 절차 및 점검기준을 강화 또는 변경하여 적용할 수 있다.

(1) 특수한 건축물의 구조안전 확인(시행령 제7조)

① 법 제12조제2항에서 "대통령령으로 정하는 건축물"이란 다음 각 호의 건축물을 말한다.
   ㉠ 「건축법 시행령」 제2조제18호에 따른 특수구조 건축물
   ㉡ 무량판 구조(보가 없이 바닥판 · 기둥으로 구성된 구조를 말한다)를 가진 건축물

② 제1항에 따른 건축물은 법 제12조제2항에 따라 다음 각 호의 기준을 적용하여 점검한다.
   ㉠ 해당 건축물의 구조안전에 대한 경험과 지식을 갖춘 사람이 외관조사를 실시할 것
   ㉡ 법 제18조제3항에 따른 점검책임자는 건축물의 특수 구조 및 구조 변경에 관한 정보 등을 사전검토하고, 점검계획을 수립할 것
   ㉢ 「건축법 시행령」 제2조제18호가목 또는 나목에 해당하는 건축물은 부재의 균열 및 손상 등을 관찰할 것

③ 제2항에서 규정한 사항 외에 해당 건축물 점검기준의 강화 또는 변경과 관련된 사항은 국토교통부장관이 법 제17조에 따른 건축물관리점검지침(이하 '건축물관리점검지침')으로 정하여 고시한다.

3 정기점검 실시(법 제13조)

(1) 다중이용 건축물 등 대통령령으로 정하는 건축물의 관리자는 건축물의 안전과 기능을 유지하기 위하여 정기점검을 실시하여야 한다.

(2) 정기점검은 대지, 높이 및 형태, 구조안전, 화재안전, 건축설비, 에너지 및 친환경 관리, 범죄예방, 건축물관리계획의 수립 및 이행 여부 등 대통령령으로 정하는 항목에 대하여 실시한다.

(3) 제1항에 따른 정기점검은 해당 건축물의 사용승인일부터 5년 이내에 최초로 실시하고, 점검을 시작한 날을 기준으로 3년(매 3년이 되는 해의 기준일과 같은 날 전날까지를 말한다)마다 실시하여야 한다.

4 긴급점검 실시(법 제14조)

특별자치시장 · 특별자치도지사 또는 시장 · 군수 · 구청장은 다음 각 호의 어느 하나에 해당하는 경우 해당 건축물의 관리자에게 건축물의 구조안전, 화재안전 등을 점검하도록 요구하여야 한다.

① 재난 등으로부터 건축물의 안전을 확보하기 위하여 점검이 필요하다고 인정되는 경우

② 건축물의 노후화가 심각하여 안전에 취약하다고 인정되는 경우

③ 그 밖에 대통령령으로 정하는 경우

5 소규모 노후건축물 등 점검의 실시(법 제15조)

특별자치시장 · 특별자치도지사 또는 시장 · 군수 · 구청장은 다음 각 호의 어느 하나에 해당하는 건축물 중 안전에 취약하거나 재난의 위험이 있다고 판단되는 건축물을 대상으로 구조안전, 화재안전 및 에너지성능 등을 점검할 수 있다.

① 사용승인 후 30년 이상 지난 건축물 중 조례로 정하는 규모의 건축물

② 「건축법」 제2조제2항제11호에 따른 노유자시설

③ 「장애인 · 고령자 등 주거약자 지원에 관한 법률」 제2조제2호에 따른 주거약자용 주택

④ 그 밖에 대통령령으로 정하는 건축물

6 건축물관리점검기관의 지정 등(법 제18조)

특별자치시장 · 특별자치도지사 또는 시장 · 군수 · 구청장은 다음 각 호의 어느 하나에 해당하는 자를 대통령령으로 정하는 바에 따라 건축물관리점검기관으로 지정하여 해당 관리자에게 알려야 한다.

① 「건축사법」 제23조제1항에 따른 건축사사무소개설신고를 한 자

② 「건설기술진흥법」 제26조제1항에 따라 등록한 건설엔지니어링사업자

③ 안전진단전문기관

④ 국토안전관리원

⑤ 그 밖에 대통령령으로 정하는 자

7 비용의 부담(법 제26조)

건축물관리점검에 드는 비용은 해당 관리자가 부담한다. 다만, 제15조에 따른 소규모 노후 건축물 등 점검 비용은 해당 특별자치시장 · 특별자치도지사 또는 시장 · 군수 · 구청장이 부담한다.

8 기존건축물의 화재안전성능보강(법 제27조)

(1) 관리자는 화재로부터 공공의 안전을 확보하기 위하여 건축물의 화재안전성능이 지속적으로 유지될 수 있도록 노력하여야 한다.

(2) 다음 각 호의 어느 하나에 해당하는 건축물 중 3층 이상으로 연면적, 용도, 마감재료 등 대통령령으로 정하는 요건에 해당하는 건축물의 관리자는 제28조에 따라 화재안전성능보강을 하여야 한다.

① 「건축법」 제2조제2항제3호에 따른 제1종 근린생활시설
② 「건축법」 제2조제2항제4호에 따른 제2종 근린생활시설
③ 「건축법」 제2조제2항제9호에 따른 의료시설
④ 「건축법」 제2조제2항제10호에 따른 교육연구시설
⑤ 「건축법」 제2조제2항제11호에 따른 노유자시설
⑥ 「건축법」 제2조제2항제12호에 따른 수련시설
⑦ 「건축법」 제2조제2항제15호에 따른 숙박시설

SECTION 04 건축물의 해체 및 멸실

1 건축물 해체 허가(법 제30조)

(1) 관리자가 건축물을 해체하려는 경우에는 특별자치시장 · 특별자치도지사 또는 시장 · 군수 · 구청장(이하 '허가권자')의 허가를 받아야 한다. 다만, 다음 각 호의 어느 하나에 해당하는 경우 대통령령으로 정하는 바에 따라 신고를 하면 허가를 받은 것으로 본다.

① 「건축법」 제2조제1항제7호에 따른 주요구조부의 해체를 수반하지 아니하고 건축물의 일부를 해체하는 경우
② 다음 각 목에 모두 해당하는 건축물의 전체를 해체하는 경우
가. 연면적 500제곱미터 미만의 건축물
나. 건축물의 높이가 12미터 미만인 건축물
다. 지상층과 지하층을 포함하여 3개 층 이하인 건축물
③ 그 밖에 대통령령으로 정하는 건축물을 해체하는 경우

(2) 제1항 각 호 외의 부분 단서에도 불구하고 관리자가 다음 각 호의 어느 하나에 해당하는 경우로서 해당 건축물을 해체하려는 경우에는 허가권자의 허가를 받아야 한다.

① 해당 건축물 주변의 일정 반경 내에 버스 정류장, 도시철도 역사 출입구, 횡단보도 등 해당 지방자치단체의 조례로 정하는 시설이 있는 경우

② 해당 건축물의 외벽으로부터 건축물의 높이에 해당하는 범위 내에 해당 지방자치단체의 조례로 정하는 폭 이상의 도로가 있는 경우

③ 그 밖에 건축물의 안전한 해체를 위하여 건축물의 배치, 유동인구 등 해당 건축물의 주변 여건을 고려하여 해당 지방자치단체의 조례로 정하는 경우

(3) 제1항 또는 제2항에 따라 허가를 받으려는 자 또는 신고를 하려는 자는 건축물 해체 허가신청서 또는 신고서에 제4항에 따라 작성되거나 제5항에 따라 검토된 해체계획서를 첨부하여 허가권자에게 제출하여야 한다.

(4) 제1항 각 호 외의 부분 본문 또는 제2항에 따라 허가를 받으려는 자가 허가권자에게 제출하는 해체계획서는 다음 각 호의 어느 하나에 해당하는 자가 이 법과 이 법에 따른 명령이나 처분, 그 밖의 관계 법령을 준수하여 작성하고 서명날인하여야 한다.

① 「건축사법」 제23조제1항에 따른 건축사사무소개설신고를 한 자

② 「기술사법」 제6조에 따라 기술사사무소를 개설등록한 자

(5) 제1항 각 호 외의 부분 단서에 따라 신고를 하려는 자가 허가권자에게 제출하는 해체계획서는 다음 각 호의 어느 하나에 해당하는 자가 이 법과 이 법에 따른 명령이나 처분, 그 밖의 관계 법령을 준수하여 검토하고 서명날인하여야 한다.

① 「건축사법」 제23조제1항에 따른 건축사사무소개설신고를 한 자

② 「기술사법」 제6조에 따라 기술사사무소를 개설등록한 자로서 건축구조 등 대통령령으로 정하는 직무범위를 등록한 자

(6) 허가권자는 다음 각 호의 어느 하나에 해당하는 경우 「건축법」 제4조제1항에 따라 자신이 설치하는 건축위원회의 심의를 거쳐 해당 건축물의 해체 허가 또는 신고수리 여부를 결정하여야 한다.

① 제1항 각 호 외의 부분 본문 또는 제2항에 따른 건축물의 해체를 허가하려는 경우

② 제1항 각 호 외의 부분 단서에 따라 건축물의 해체를 신고받은 경우로서 허가권자가 건축물 해체의 안전한 관리를 위하여 전문적인 검토가 필요하다고 판단하는 경우

(7) 제6항에 따른 심의 결과 또는 허가권자의 판단으로 해체계획서 등의 보완이 필요하다고 인정되는 경우에는 허가권자가 관리자에게 기한을 정하여 보완을 요구하여야 하며, 관리자는 정당한 사유가 없으면 이에 따라야 한다.

(8) 허가권자는 대통령령으로 정하는 건축물의 해체계획서에 대한 검토를 국토안전관리원에 의뢰하여야 한다.

(9) 제3항부터 제5항까지의 규정에 따른 해체계획서의 작성 · 검토 방법, 내용 및 그 밖에 건축물 해체의 허가절차 등에 관하여는 국토교통부령으로 정한다.

2 건축물의 멸실 신고(법 제34조)

관리자는 해당 건축물이 멸실된 날부터 30일 이내에 건축물 멸실신고서를 허가권자에게 제출하여야 한다. 다만, 건축물을 전면해체하고 제33조에 따른 건축물 해체공사 완료신고를 한 경우에는 멸실신고를 한 것으로 본다.

MEMO

CHAPTER

04

건설공사 건설사업관리 (감리)제도

건설공사 건설사업관리(감리)제도

SECTION 01 책임감리제도 도입배경 및 연혁

우리나라 감리제도는 발주자를 중심으로 민간부문과 공공부문으로 나뉘어 적용하는 2가지 법령체계로 운영되고 있다.

민간부문 감리는 1962년부터 모든 건축물에 적용되어온 「건축법」 및 「건축사법」에 의해서, 공공부문 감리는 1986년 독립기념관 화재사건을 계기로 「건설기술관리법」이 제정되었고 1994년 1월 1일부터 책임감리 제도를 시행하여 오다 2015년 「건설기술진흥법」으로 바뀌면서 감리라는 용어가 건설사업관리로 바뀌었다.

1 책임감리제도 도입배경

우리나라 감리제도는 1962년 「건축법」의 제정으로 시작되었으며, 1963년 「건축사법」의 제정으로 현행 민간감리제도가 대두되었다. 이때에는 건축사가 "시공의 적법성과 설계도서대로 시공이 되는지 여부를 확인" 하기 위해서 건설공사 감리업무가 처음으로 도입되었다.

그 후 건설산업이 활성화됨에 따라 건설공사 규모의 증대로 인한 감독요원의 부족을 해결하고 기술능력 및 공사품질 향상, 시공과정의 감리능력 강화를 위해 '건설공사 시공감리 규정'을 제정 · 공표하게 되었다.

1986년 8월 독립기념관 화재사건을 계기로 '건설공사 제도개선 및 부실대책'이 마련되었다. 그러나 현실적으로 감리원이 감독관의 보조업무로서 역할을 함에 따라 실효성이 없게 되자 1987년 10월 24일 「건설기술관리법」을 제정하여 공공건설공사 감리제도를 도입하였고 2015년 「건설기술진흥법」으로 바뀌면서 건설사업관리제도를 시행하고 있다.

아울러, 1990년 1월 1일부터 감독공무원의 기술능력 및 감독인력의 부족으로 인한 부실공사를 방지하고자 민간감리전문회사를 신설 육성하여 수행토록 하는 '시공감리제도'를 신설하게 되었다.

그러나 지속되는 부실시공에 따른 대형사고로 인해 1994년 1월 1일부터 50억 원 이상의 공공건설공사에 대해 감리원에게 실질적인 권한을 부여하고 그에 따른 책임도 강화하는 내용을 골자로 하는 '책임감리 제도'를 전면 시행하여 수차례의 법령 개정을 하였다.

2 건설공사 감리제도 연혁

(1) 1960년대

경제개발 5개년 계획(1 · 2차)기간 중 건설공사가 본격적으로 착수되어 울산공단, 경부고속도로, 인천항 건설이 착수되었다. 국가건설 사업은 정부주도하에 이루어지고, 토목공사의 감독은 공무원에 의해 이루어 졌다.

(2) 1970년대

국내건설시장이 점차 대형화되고, 외국 건설 현장에도 활발히 진출하여, 기술자의 전성시대가 도래되었다.

건설시장은 자본부족으로 인해 도로, 상 · 하수도, 항만, 댐 공사 등 대형 사회간접투자에 IBRD, ADB 및 일본의 협력기금(OECF), 상업차관 등 외국자본이 국내건설시장에 투입되었다. 차관사업은 차관협정서의 규정에 따라 공사관리 감독을 위한 기술용역단(Consultants)의 고용을 의무화하였다.

국내의 용역회사들도 단독 또는 외국의 기술자와 공동으로 감리에 참여하게 되나, 당시의 용역단은 발주자의 감독을 보조하는 "기술자문 감리"에 불과하였으며, 이는 감리에 대한 인식을 새롭게 하는 계기가 되었다.

(3) 1980년대

건설 산업이 활성화됨에 따라 공사가 대형화, 복잡화, 국제화되어 공무원에 의한 감독체계로서는 인력부족, 기술능력의 한계에 도달하였다.

1986년 독립기념관 화재사고를 계기로 경제기획원 주관으로 '건설공사 제도개선 및 부실대책'이 마련되어 감리업무가 강조되었고, 감리업무가 시공감리 및 감독관의 자문감리가 있었으나 실질적인 효과는 없었다.

1987년 10월 24일 법률 제3934호로 「건설기술관리법」이 제정되어, '전면 책임감리제도'가 법제화되었고, 2015년 「건설기술진흥법」으로 바뀌면서 건설사업관리제도를 시행하고 있다.

(4) 1990년대

1992년 7월 신행주대교 붕괴로 인한 건설공사 부실이 사회문제화 되어, 정부에서도 더 이상 공무원 중심의 감독체계로서는 감당하기 어려워 졌다. 「건설기술관리법」에 근거하여 총 공사비 50억 원 이상의 건설공사에 1994년 1월 1일부터 전면책임감리제도를 도입하게 되어, 감리제도의 일대 전환을 이루게 되었다.

동 제도의 시행에 따라 감리전문회사의 설립이 많아지고, 건설기술자의 대이동이 시작되었다. 이는 상대적으로 감리원 부족 및 자질문제와 감리제도에 대한 인식부족 등 사회문제로 대두되었다.

(5) 2000년대~

책임감리제도의 정착으로 건설공사의 품질향상, 부실공사 방지 및 안전사고 감소 등에 크게 기여하고 있으며, 현재 정부에서는 국내감리업체들의 해외진출을 위하여 현행 책임감리제도를 건설사업관리제도로 확대 개편한다.

SECTION 02 건설사업관리 대상공사

1 발주청(건설기술진흥법 제2조)

"발주청"이란 건설공사 또는 건설엔지니어링을 발주(發注)하는 국가, 지방자치단체, 「공공기관의 운영에 관한 법률」 제5조에 따른 공기업 · 준정부기관, 「지방공기업법」에 따른 지방공사 · 지방공단, 그 밖에 대통령령으로 정하는 기관의 장을 말한다.

2 발주청의 범위(건설기술진흥법 시행령 제3조)

(1) 국가 및 지방자치단체의 출연기관

(2) 국가, 지방자치단체 또는 「공공기관의 운영에 관한 법률」 제5조에 따른 공기업 · 준정부기관(이하 '공기업 · 준정부기관')이 위탁한 사업의 시행자

(3) 국가, 지방자치단체 또는 공기업 · 준정부기관이 관계 법령에 따라 관리하여야 하는 시설물의 사업시행자

(4) 「공유수면 관리 및 매립에 관한 법률」 제28조에 따라 공유수면 매립면허를 받은 자

(5) 「사회기반시설에 대한 민간투자법」 제2조제8호에 따른 사업시행자 또는 그 사업시행자로부터 사업 시행을 위탁받은 자. 다만, 사업 시행을 위탁받은 자는 해당 사업시행자의 자본금의 2분의 1 이상을 출자한 자로서 관계 중앙행정기관으로부터 발주청이 되는 것에 대한 승인을 받은 경우로 한정한다.

(6) 「전기사업법」 제2조제4호에 따른 발전사업자

(7) 「신항만건설촉진법」 제7조에 따라 신항만건설사업 시행자로 지정받은 자

(8) 「새만금사업 추진 및 지원에 관한 특별법」 제36조의2에 따라 설립된 새만금개발공사

3 감독 권한대행 등 건설사업관리 대상 공사

총 공사비가 200억 원 이상인 건설공사로서 [별표 7]에 해당하는 건설공사

(1) 건설기술진흥법 시행령[별표 7]

① 길이 100미터 이상의 교량공사를 포함하는 건설공사
② 공항 건설공사
③ 댐 축조공사
④ 고속도로공사
⑤ 에너지저장시설공사
⑥ 간척공사
⑦ 항만공사
⑧ 철도공사
⑨ 지하철공사
⑩ 터널공사가 포함된 공사
⑪ 발전소 건설공사
⑫ 폐기물처리시설 건설공사
⑬ 공공폐수처리시설
⑭ 공공하수처리시설공사
⑮ 상수도(급수설비는 제외) 건설공사
⑯ 하수관로 건설공사
⑰ 관람집회시설공사
⑱ 전시시설공사
⑲ 연면적 5천제곱미터 이상인 공용청사 건설공사
⑳ 송전공사
㉑ 변전공사
㉒ 300세대 이상의 공동주택 건설공사

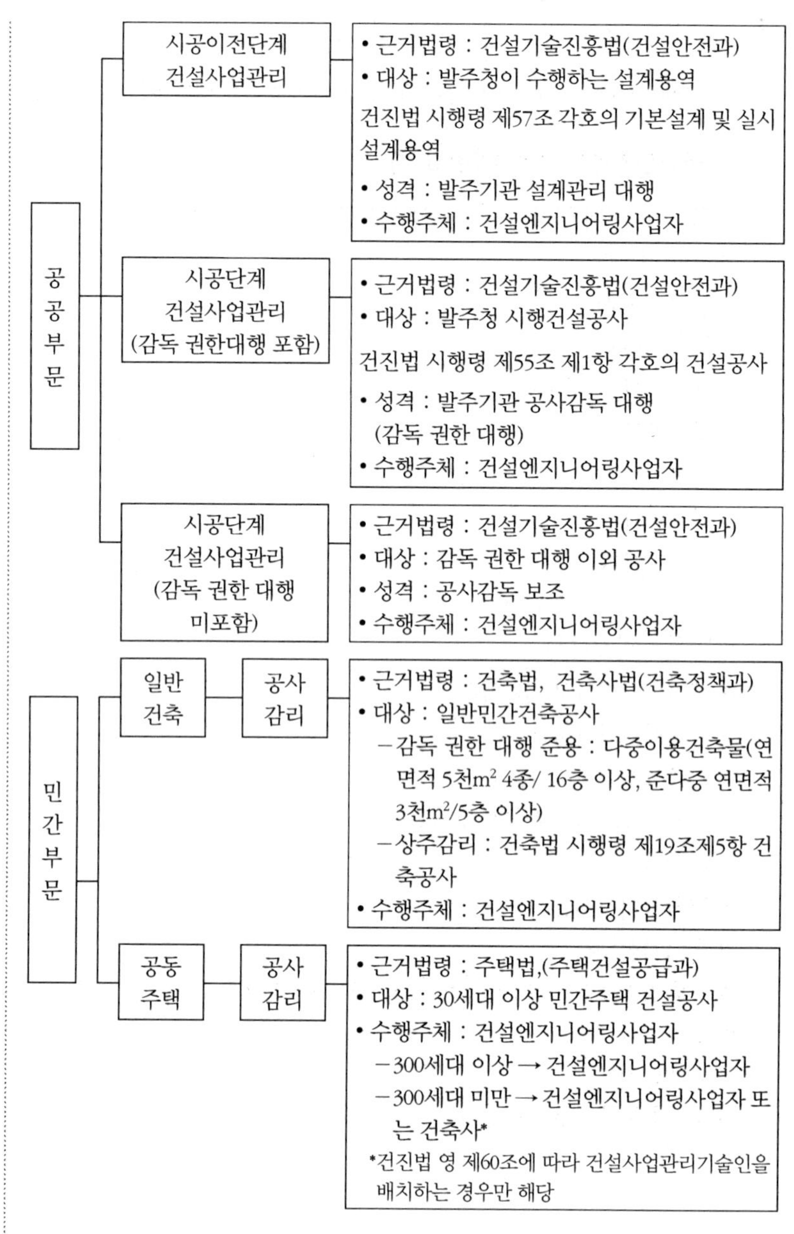

(a) 건설공사 건설사업관리(감리)

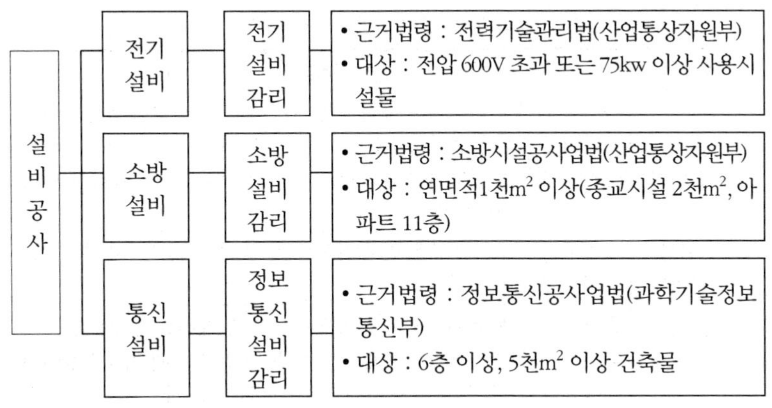

(b) 부대공사감리

[그림 4-1] 건설공사 건설사업관리(감리) 체계도

▼ [표 4-1] 건설공사 사업관리방식 검토기준 및 업무수행지침(제2조 정의)

주요용어	내용
직접감독	해당 건설공사의 발주청 소속 직원이 건설사업관리 업무를 직접 수행하는 것
공사감독자	공사계약 일반조건 제16조의 업무를 수행하기 위하여 발주청이 임명한 기술직원 또는 그의 대리인으로 해당 공사 전반에 관한 감독업무를 수행하고 건설사업관리업무를 총괄하는 사람
공사관리관	감독 권한 대행 등 건설관리사업관리를 시행하는 건설공사에 대하여 영 제56조 제1항제1호부터 4호까지의 업무를 수행하는 발주청의 소속직원
건설사업관리 용역사업자	건설사업관리를 업으로 하고자 법 제26조에 따라 건설공사에 대한 특별시장, 광역시장, 특별자치시장, 도지사 또는 특별자치도지사에게 건설기술용역사업자로 등록한 자
책임건설사업 관리기술인	발주청과 체결된 건설사업관리 용역계약에 의하여 건설사업관리용역사업자를 대표하여 해당 공사의 현장에 상주하면서 해당 공사의 건설사업관리 업무를 총괄하는 자
분야별 건설사업관리 기술인	소관 분야별로 책임건설사업관리기술인을 보좌하여 건설사업관리업무를 수행하는 자로서, 담당건설사업관리업무에 대하여 책임건설사업기술인과 연대하여 책임지는 자
상주건설사업 관리기술인	영 제60조에 따라 현장에 상주하면서 건설사업관리업무를 수행하는 자(상주기술인)
건설사업 관리기간	건설사업관리용역계약서에 표기된 계약기간

▼ [표 4-2] 건축공사감리 세부기준(1.3 용어의 정의)

주요용어	내용
공사감리자	자기 책임하에(보조자의 조력을 받는 경우를 포함) 법이 정하는 바에 의하여 건축물 건축설비 또는 공작물이 설계도서의 내용대로 시공되는지의 여부를 확인하고 품질관리, 공사관리 및 안전관리 등에 대하여 지도, 감독하는 자
현장관리인	건축주로부터 위임 등을 받아 건설산업기본법이 적용되지 아니하는 공사를 관리하는 자
비상주감리	공사감리자가 당해 공사의 설계도서, 기타 관계서류의 내용대로 시공되는지의 여부를 확인하고, 수시로 또는 필요할 때 기공과정에서 건축공사현장을 방문하여 확인하는 행위를 하는 자
상주감리	공사감리자가 당해 공사의 설계도서, 기타 관계서류의 내용대로 시공되는지의 여부를 확인하고, 건축분야의 건축사보 한 명 이상을 전체공사기간 동안 배치하여 건축공사의 품질관리, 공사관리 및 안전관리 등에 대하여 지도, 감독하는 자
책임상주감리	공사감리자가 다중이용 건축물에 대하여 당해 공사의 설계도서, 기타 관계서류의 내용대로 시공되는지의 여부를 확인하고, 건설기술진흥법에 따른 건설기술용역업자나 건축사를 전체 공사기간 동안 배치하여 건축공사의 품질관리, 공사관리 및 안전관리 등에 대하여 지도를 하며, 건축주의 권한을 대행하는 감독업무를 하는 자

▼ [표 4-3] 건설사업관리와 공사감리의 차이

구분	건설사업관리	공사감리
관련법령	건설기술진흥법, 건설산업기본법	건축법, 건축사법, 건축공사 감리세부기준(고시)
용어의 정의	• 건설사업관리 : 건설공사에 관한 기획, 타당성조사, 분석, 설계, 조달, 계약, 시공관리, 감리, 평가 또는 사후관리 등에 관한 관리를 수행하는 것	• 공사감리 : 건축물 및 건축설비 또는 공작물이 설계도서의 내용대로 시공되는지 여부를 확인하고, 품질관리 공사관리 및 안전관리 등에 대하여 지도 감독하는 행위로서 비상주감리, 상주감리, 책임상주감리로 구분함
수행주체	건설엔지니어링사업자	건축사사무소 또는 건설엔지니어링사업자

▼ [표 4-4] 건설사업관리의 업무(건설기술진흥법 시행령 제59조)

구분	업무범위	업무내용
건설사업관리	1. 설계 전 단계 2. 기본설계 단계 3. 실시설계 단계 4. 구매조달 단계 5. 시공 단계 6. 시공 후 단계	• 건설공사의 계획, 운영 및 조정 등 사업관리 일반 • 건설공사의 계약관리 • 삭제〈2017.12.29.〉 • 건설공사의 사업비관리 • 건설공사의 공정관리 • 건설공사의 품질관리 • 건설공사의 안전관리 • 건설공사의 환경관리 • 건설공사의 사업정보관리 • 건설공사의 사업비 공정 품질 안전 등에 관한 위험요소관리 • 그밖에 건설공사의 원활한 관리를 위한 필요한 사항

▼ [표 4-5] 건축구조기술사 의무협력대상

협력영역	협력단계	상세내용	근거법령
구조설계	의무대상	• 6층 이상인 건축물 • 특수구조 건축물 • 다중이용 건축물 • 준다중이용 건축물 • 3층 이상의 필로티 형식 건축물	건축법 시행령 제91조의 3 제1항
	설계단계	• 협력한 관계전문기술자는 그가 작성한 설계도서에 설계자와 함께 서명 · 날인하여야 함 • 협력한 건축구조기술사는 구조의 안전을 확인한 건축물의 구조도 등 구조 관련 서류에 설계자와 함께 서명 · 날인해야 함	건축법 시행령 제91조의 3 제7, 8항
		• 책임구조기술자의 서명 · 날인 -구조설계도서와 구조시공상세도서, 구조분야 감리보고서 및 안전진단보고서 등은 해당 업무별 책임구조기술자의 서명 · 날인이 있어야 유효함 -건축주와 시공자 및 감리자는 책임구조기술자가 서명 · 날인한 설계도서와 시공상세도서 등으로 각종 인 · 허가행위 및 시공 · 감리를 해야 함	건축구조기준 총칙 KDS 41 10 05 : 2019

<table>
<tr><th>협력
영역</th><th>협력
단계</th><th colspan="2">상세내용</th><th>근거법령</th></tr>
<tr><td rowspan="5">구조
감리</td><td>전문
기술자
협력
대상</td><td>• 특수구조 건축물
• 고층건축물
• 3층 이상인 필로티 형식 건축물</td><td>건축구조기술사
건축구조분야 특급 또는 고급기술자</td><td>건축법 시행령
제91조의 3
제5,6항</td></tr>
<tr><td>감리
행위</td><td colspan="2">협력한 관계전문기술자는 공사 현장을 확인하고, 그가 작성한 설계도서 또는 감리중간보고서 및 감리완료보고서에 설계자 또는 공사감리자와 함께 서명날인해야 함</td><td>건축법 시행령
제91조의 3
제7항</td></tr>
<tr><td rowspan="3">감리
행위
단계</td><td>• 철근 콘크리트조
• 철골철근 콘크리트조
• 조적조
• 보강콘크리트 블럭조</td><td>• 기초공사철근배치를 완료한 경우
• 지붕슬래브배근을 완료한 경우
• 지상 5개 층마다 상부 슬래브배근을 완료한 경우</td><td>건축법 시행령
제19조 제3항
1호</td></tr>
<tr><td>철골조</td><td>• 기초공사철근배치를 완료한 경우
• 지붕철골 조립을 완료한 경우
• 지상 3개 층마다 또는 높이 20미터마다 주요구조부의 조립을 완료한 경우</td><td>건축법시행령
제19조 제3항
2호</td></tr>
<tr><td>3층 이상
필로티구조</td><td>• 기초공사철근배치를 완료한 경우
• 건축물 상층부의 하중이 상층부와 다른 구조형식의 하층부로 전달되는 다음의 어느 하나에 해당하는 부재(部材)의 철근배치를 완료한 경우
– 기둥 또는 벽체 중 하나
– 보 또는 슬래브 중 하나</td><td>건축법 시행령
제18조의2 제2항
3호</td></tr>
</table>

<table>
<tr><th>협력
영역</th><th>협력
단계</th><th colspan="2">상세내용</th><th>근거법령</th></tr>
<tr><td rowspan="4">사진
및
동영상
촬영</td><td>대상
건축물</td><td colspan="2">• 특수구조 건축물
• 고층건축물
• 3층 이상인 필로티형식 건축물</td><td>건축법 시행령
제18조의 2
제1항</td></tr>
<tr><td rowspan="3">행위
단계</td><td>다중
이용
건축물</td><td>• 기초공사철근배치를 완료한 경우
• 지붕슬래브배근을 완료한 경우
• 지상 5개 층마다 상부 슬래브배근을 완료한 경우</td><td>건축법 시행령
제19조 제3항
1호</td></tr>
<tr><td>특수
구조</td><td>• 매 층마다 상부 슬래브배근을 완료한 경우
• 매 층마다 주요구조부의 조립을 완료한 경우</td><td>건축법 시행령
제18조의 2
제2항 2호</td></tr>
<tr><td>3층
이상
필로티
구조</td><td>• 기초공사철근배치를 완료한 경우
• 건축물 상층부의 하중이 상층부와 다른 구조형식의 하층부로 전달되는 다음의 어느 하나에 해당하는 부재(部材)의 철근배치를 완료한 경우
–기둥 또는 벽체 중 하나
–보 또는 슬래브 중 하나</td><td>건축법 시행령
제18조의2
제2항 3호</td></tr>
<tr><td>구조
심의</td><td>의무
대상</td><td colspan="2">• 다중이용 건축물
• 특수구조 건축물</td><td>건축법 시행령
제5조의5
제1항 4호</td></tr>
<tr><td>안전
영향
평가</td><td>의무
대상</td><td colspan="2">• 초고층건축물
• 연면적 100,000m² 이상 건축물</td><td>건축법 시행령
제10조의3
제1항</td></tr>
<tr><td>내진
설계</td><td>의무
대상</td><td colspan="2">• 층수가 2층 이상인 건축물
• 연면적이 200제곱미터(목구조 건축물의 경우에는 500제곱미터) 이상인 건축물
• 높이가 13미터 이상인 건축물
• 처마높이가 9미터 이상인 건축물
• 기둥과 기둥 사이의 거리가 10미터 이상인 건축물
• 건축물의 용도 및 규모를 고려한 중요도가 높은 건축물로서 국토교통부령으로 정하는 건축물
• 국가적 문화유산으로 보존할 가치가 있는 건축물로서 국토교통부령으로 정하는 것</td><td>건축법
제48조 3항

건축법 시행령
제32조제2항</td></tr>
</table>

▼ [표 4-6] 주요 용어의 정의(건축법 시행령 제2조)

주요용어	내용
특수구조 건축물	1) 한쪽 끝은 고정되고 다른 끝은 지지(支持)되지 아니한 구조로 된 보·차양 등이 외벽(외벽이 없는 경우에는 외곽 기둥을 말함)의 중심선으로부터 3미터 이상 돌출된 건축물 2) 기둥과 기둥 사이의 거리(기둥의 중심선 사이의 거리를 말하며, 기둥이 없는 경우에는 내력벽과 내력벽의 중심선 사이의 거리를 말한다. 이하 같다)가 20미터 이상인 건축물 3) 특수한 설계·시공·공법 등이 필요한 건축물로서 다음 각 호의 어느 하나에 해당하는 건축물 (1) 건축물의 주요구조부가 공업화박판강구조(PEB : Pre-Engineered Metal Building System), 강관 입체트러스(스페이스프레임), 막 구조, 케이블 구조, 부유식구조 등 설계·시공·공법이 특수한 구조형식인 건축물 (2) 6개층 이상을 지지하는 기둥이나 벽체의 하중이 슬래브나 보에 전이되는 건축물(전이가 있는 층의 바닥면적 중 50퍼센트 이상에 해당하는 면적이 필로티 등으로 상하부 구조가 다르게 계획되어 있는 경우로 한정함) (3) 건축물의 주요구조부에 면진·제진장치를 사용한 건축물 (4) 건축구조기준에 따른 허용응력설계법, 허용강도설계법, 강도설계법 또는 한계상태설계법에 의하여 설계되지 않은 건축물 (5) 건축구조기준의 지진력 저항시스템 중 다음 각 목의 어느 하나에 해당하는 시스템을 적용한 건축물 가. 철근콘크리트 특수전단벽 나. 철골 특수중심가새골조 다. 합성 특수중심가새골조 라. 합성 특수전단벽 마. 철골 특수강판전단벽 바. 철골 특수모멘트골조 사. 합성 특수모멘트골조 아. 철근콘크리트 특수모멘트골조 자. 특수모멘트골조를 가진 이중골조 시스템
다중이용 건축물	1) 16층 이상 건축물 2) 연면적 5,000m² 이상인 문화 및 집회시설(동물원 및 식물원은 제외함), 종교시설, 판매시설, 운수시설 중 여객용 시설, 의료시설 중 종합병원, 숙박시설 중 관광숙박시설
준다중 이용 건축물	연면적 1,000m² 이상인 문화 및 집회시설(동물원 및 식물원은 제외함), 종교시설, 판매시설, 운수시설 중 여객용 시설, 의료시설 중 종합병원, 교육연구시설, 노유자시설, 운동시설, 숙박시설 중 관광숙박시설, 위락시설, 관광 휴게시설, 장례시설

주요용어	내용
관계 전문 기술자	건축법 제67조 제1항에 정의된 관계전문기술자 중 어느 하나의 호에 해당되는 기술자 1)「기술사법」제6조에 따라 기술사사무소를 개설등록한 자(개설하지 않은 일반구조기술사는 해당사항 없으나 업체에 소속된 기술사는 가능) 2)「건설기술진흥법」제26조에 따라 건설기술용역업자로 등록한 자(건설기술인협회의 기술자 제도) 3)「엔지니어링산업 진흥법」제21조에 따라 엔지니어링사업자의 신고를 한 자 4)「전력기술관리법」제14조에 따라 설계업 및 감리업으로 등록한 자
고층 건축물	30층 이상 혹은 높이 120m 이상 건축물
초고층 건축물	50층 이상 혹은 높이 200m 이상 건축물
책임 구조 기술자 (건축구조기준 총칙 KDS 41 10 05 : 2019)	1) 책임구조기술자의 자격 책임구조기술자는 건축구조물의 구조에 대한 설계, 시공, 감리, 안전진단 등 관련업무를 각각 책임지고 수행하는 기술자로서, 책임구조기술자의 자격은 건축 관련 법령에 따름 2) 책임구조기술자의 책무 이 기준(건축구조기준총칙 41 10 05)의 적용을 받는 건축구조물의 구조에 대한 구조설계도서(구조계획서, 구조설계서, 구조설계도 및 구조체공사시방서)의 작성, 시공, 시공상세도서의 구조 적합성 검토, 공사단계에서의 구조적합성과 구조안전의 확인, 유지 · 관리단계에서의 구조안전확인, 구조감리 및 안전진단 등은 해당 업무별 책임구조기술자의 책임 아래 수행하여야 한다. 3) 책임구조기술자의 서명 · 날인

MEMO

CHAPTER

05

철근 검측

CHAPTER 05

철근 검측

SECTION 01 철근 정착 및 이음

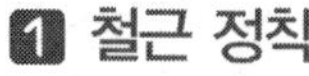

1 철근 정착

(1) 정착이 부실하면 각 부재가 따로 논다.

(2) PC 부재에서 부재의 철근은 그 부재를 지지하는 부재 내에 연장하여 매립부분의 부착력으로 철근 응력을 지지부에 전달한다.

(3) 지지 부재에 철근을 정착시킬 경우 그 부재의 중심선을 넘어 절곡한다.

(4) 절곡하지 않고 정착길이를 확보할 수 있는 경우 직선철근으로 배근한다(철근 수량 부족 현상이 발생할 가능성이 크므로 검토 철저).

(5) 정착길이를 충분히 확보하여 철근이 항복강도 이상 발휘될 수 있도록 한다.

(6) 콘크리트에 묻혀있는 철근이 힘을 받을 때 뽑히거나 미끄러짐 변형 없이 항복강도까지 발휘할 수 있게 하는 최소한의 묻힘길이, 철근의 강도 및 콘크리트의 강도에 따라 달라진다.

(7) 철근의 강도 및 콘크리트의 강도에 따라 정착길이가 달라진다(각 현장별 구조일반사항 참조).

2 정착방법

(1) 받침부를 지나 정착길이 이상 연장

(2) 인장철근 정착길이가 확보되지 않을 경우 갈고리를 두어 정착함. 단, 표준갈고리를 갖는 인장철근 정착길이 이상 연장 후 표준 갈고리 시공

(3) 갈고리는 압축철근의 정착에 있어서는 유효하지 않은 것으로 봄

(4) 표준 갈고리 정착위치는 벽체 중심선 이상 외부쪽에 가깝도록 시공

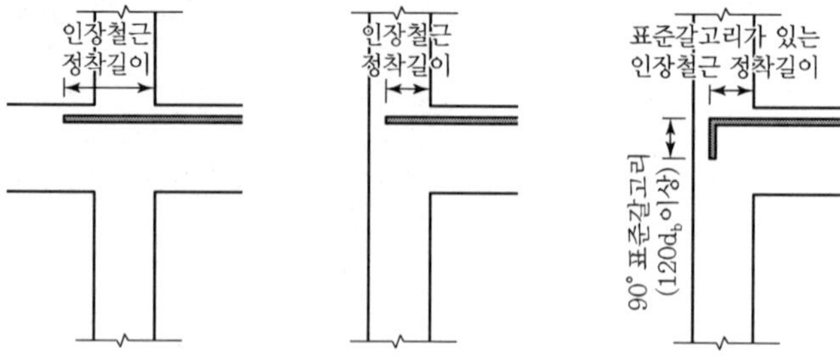

[그림 5-1] 정착길이를 취하는 방법

3 철근 이음

(1) 이음은 콘크리트와의 부착강도에 의해 형성되므로 부착력을 확보하기 위한 소정의 이음길이 확보가 중요함

(2) 각 현장별 구조 일반사항 적용

(3) 한정된 길이의 철근을 현장에서 연속적인 철근으로 하기 위한 철근의 접합부

(4) 이음의 위치

① 응력이 작은 곳, 콘크리트 구조물에 압축응력이 생기는 곳에 설치

② 한 곳에 집중하지 않고 서로 빗겨나게 설치(이음부의 분산)

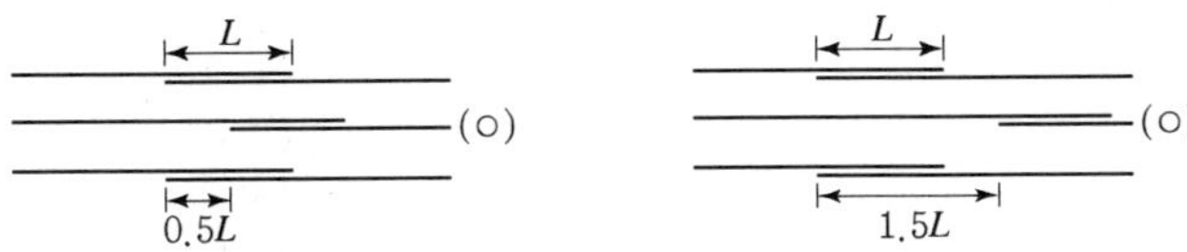

• 약 0.5L 정도 빗나가게 설치

• 1.5L 이상 빗나가게 설치
• 짧은 Span의 부재에는 무리

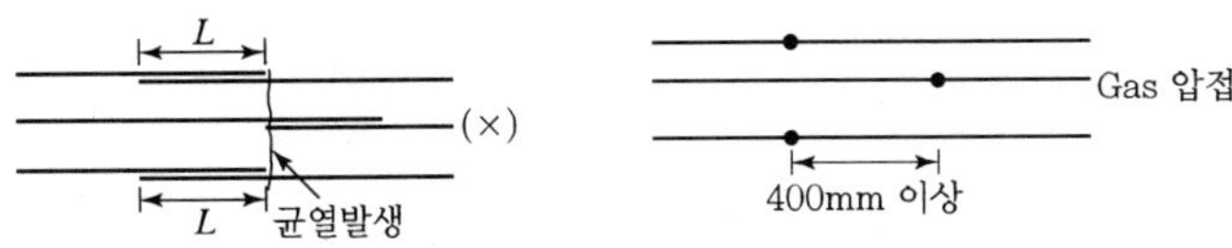

• L만큼 빗나가게 하는 것(특히 인장측인 경우)은 바람직하지 못함

[그림 5-2] 이음의 위치

4 인장철근의 이음

인장을 받는 이형철근의 겹침이음 길이는 A급, B급으로 분류

① A급이음 : 배근된 철근량이 이음부 전체구간에서, 해석 결과 요구되는 소요 철근량의 2배 이상이고, 소요 겹침이음 길이 내 이음량이 50% 이하인 경우

② B급이음 : A급 이음에 해당되지 않는 경우

▼ [표 5-1] A급이음과 B급이음에 대한 분류

실제 배근 철근량 / 소요 철근량	겹침이음 길이 내에서 전 철근량에 대한 겹침이음된 철근량(%)	
	50% 이하	50% 초과
2 이상	A급 이음(1.0 ld)	B급 이음(1.3 ld)
2 미만	B급 이음(1.3 ld)	B급 이음(1.3 ld)

SECTION 02 구조부재별 철근 정착 및 이음

1 슬래브 접합부 배근상세

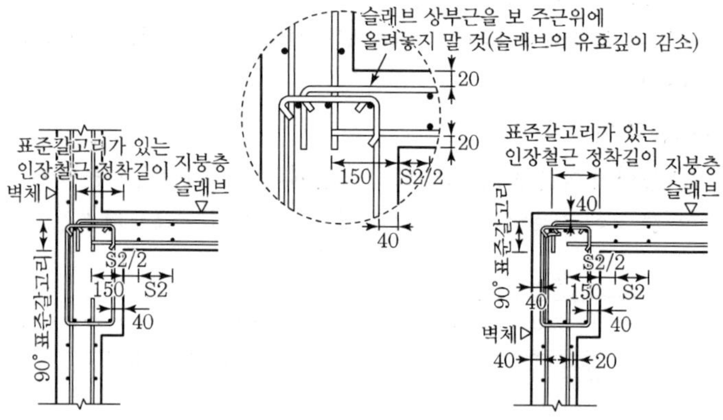

(a) 기준층 슬래브 단부상세

(b) 지붕층 슬래브 단부상세

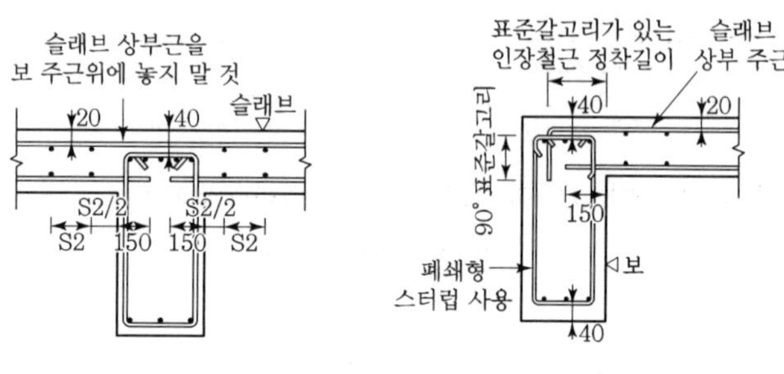

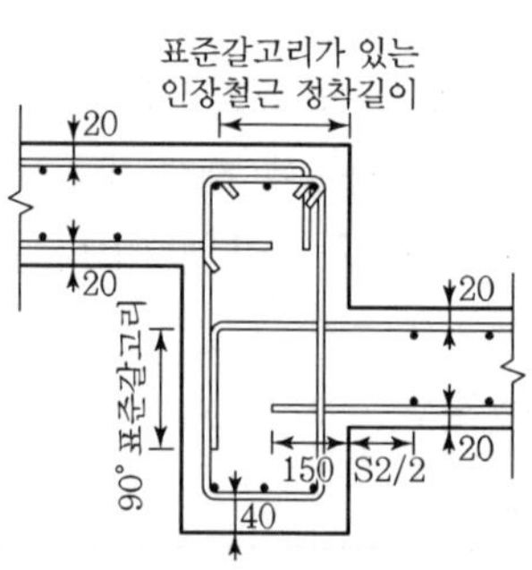

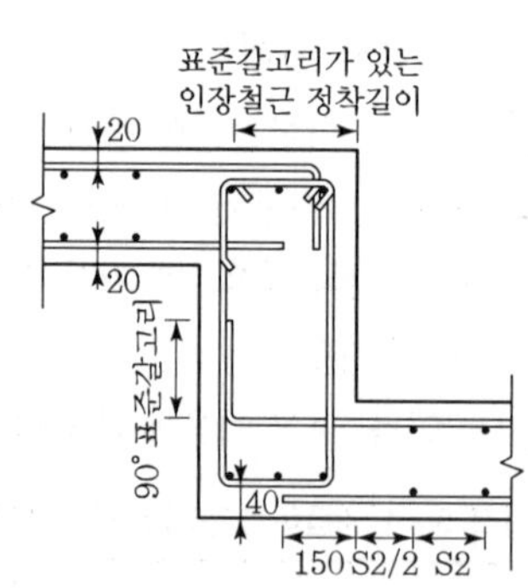

(c) 보와 슬래브 접합상세

[그림 5-3] 슬래브 접합부 배근상세

2 보 배근 시 고려사항

(1) 구조일체성 요구조건(KDS 14 20 50 4.7)

① 구조물의 테두리보는 연속철근을 기둥의 축방향 철근으로 둘러싸인 부분을 지나서 전 경간에 걸쳐야 한다.

㉠ 불연속받침부에서는 이들 철근이 받침부 면에서 항복강도를 발휘할 수 있도록 표준갈고리로 정착하여 한다.

㉡ 받침부 부철근량의 1/6, 경간 중앙부 정철근의 1/4 이상은 전체경간에 연속되어야 한다.

㉢ 상기 기준에서 요구되는 연속철근은 비틀림철근의 상세에서 제시된 형태의 횡방향 철근에 의하여 둘러싸여야 하고 정착되어야 한다. 이때 황방향 철근을 접합부 내까지 연속시켜 배치할 필요는 없다.

② 연속성을 확보하기 위해서 이음이 필요할 때 상부철근의 이음은 경간 중앙 또는 그 부근에서, 하부철근은 받침부 또는 그 부근에서 B급 인장겹침이음, 기계적이음 또는 용접이음으로 이어져야 한다.

③ 테두리보 이외의 부재로서 개방형스터럽일 때 경간 중앙부에서 요구되는 정철근은 1/4 이상이며 두 개 이상의 인장철근이 기둥의 축방향 철근으로 둘러싸인 부분을 지나야 하고, 이들 철근은 연속되거나 받침부를 지나 B급 인장겹침이음으로 이어져야 한다. 또한, 불연속 받침부에서는 항복강도를 발휘할 수 있도록 표준갈고리나 확대머리 이형철근으로 정착되어야 한다.

(2) 내부 보

1) 폐쇄형 스터럽, 비 횡지지

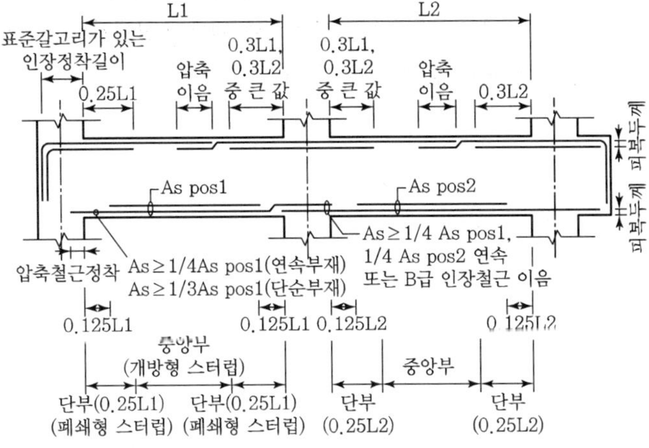

[그림 5-4] 내부보 폐쇄형 스터럽을 사용한 보 배근 일반상세

∵ KDS 14 20 52 4.4.2(1) – 정모멘트 철근의 정착

– 단순부재에서 정철근의 1/3 이상, 연속부재에서 정철근의 1/4 이상

을 부재와 같은 면을 따라 받침부까지 연장한다. 보의 경우는 이러한 철근을 받침부 내로 150mm 이상 연장한다.

∵ KDS 14 20 52 4.4.3(3) – 부모멘트 철근의 정착

– 받침부에서 부모멘트에 대해 배치된 전체 인장철근량의 1/3 이상은 변곡점을 지나 부재의 유효깊이 d, 12db 또는 순경간의 1/16 중 제일 큰값 이상의 묻힘길이를 확보하여야 한다.

2) 폐쇄형 스터럽, 보통모멘트골조

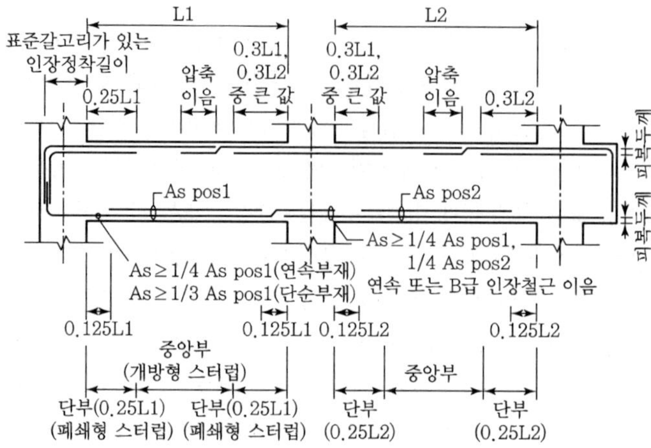

[그림 5 – 5] 보 배근 내진상세

∵ KDS 14 20 52 4.4.2(1) – 정모멘트 철근의 정착

∵ KDS 14 20 52 4.4.3(3) – 부모멘트 철근의 정착

∵ KDS 14 20 52 4.4.2(2) – 정모멘트 철근의 정착

– 횡하중을 지지하는 주 구조물의 일부일 때, 받침부 내로 연장되어야 할 정모멘트 철근은 받침부의 안쪽 면에서 설계기준강도 fy를 발휘할 수 있도록 정착하여야 한다.

3) 개방형 스터럽, 비 횡지지

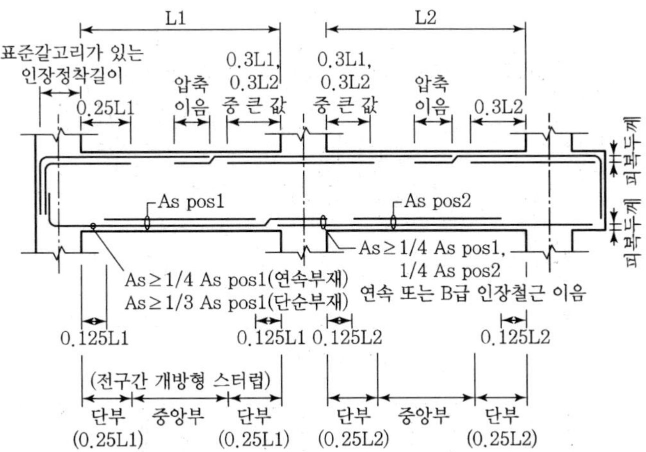

[그림 5-6] 내부보 개방형 스터럽을 사용한 보 배근 일반상세

∵ KDS 14 20 52 4.4.2(1) - 정모멘트 철근의 정착

∵ KDS 14 20 52 4.4.3(3) - 부모멘트 철근의 정착

∵ KDS 14 20 52 4.7.1(1) - 구조 일체성 요구 조건

- 경간 중앙부에서 요구되는 정철근은 1/4 이상이며 두 개 이상의 인장철근이 기둥의 축방향 철근으로 둘러싸인 부분을 지나야 하고, 이들 철근은 연속되거나 받침부를 지나 B급 인장겹침이음으로 이어져야 한다.
- 불연속 받침부에서는 항복강도를 발휘할 수 있도록 표준갈고리나 확대머리 이형철근으로 정착되어야 한다.

4) 스터럽(Stirrup) 배근

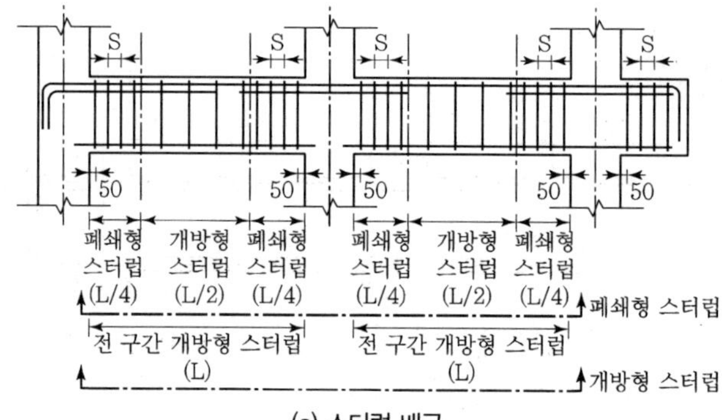

(a) 스터럽 배근

(b) 개방형 스터럽(Open Stirrup) (c) 폐쇄형 스터럽(Closed Stirrup)

[그림 5-7] 스터럽 배근 일반상세 및 형상

∵ KDS 14 20 22 4.3.2(1) - 전단철근의 간격

$V_s \leq \sqrt{fck}/3 \cdot b_w d$일 경우

스터럽 간격 : s ≤ min [d/2, 600mm]

∵ KDS 14 20 22 4.3.2(3) - 전단철근의 간격

$V_s > \sqrt{fck}/3 \cdot b_w d$일 경우

스터럽 간격 : s ≤ min [d/4, 300mm]

∵ 보 스터럽(Stirrup)의 전단강도 상한값

$V_{s(\max)} \leq 0.2(1 - f_{ck}/250) f_{ck} b_w d$

(3) 스터럽(Stirrup)의 형상

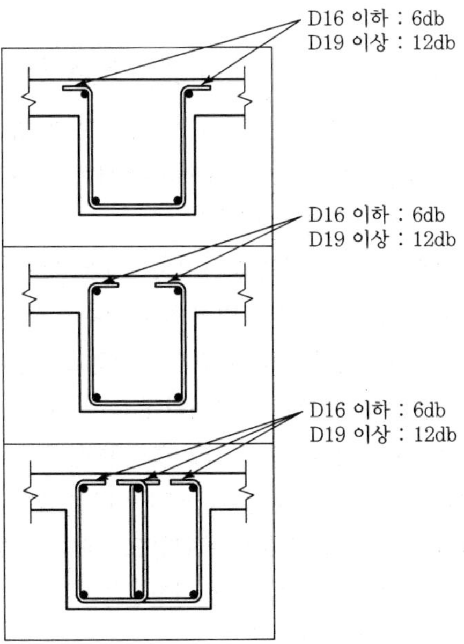

[그림 5-8] 개방형 스터럽

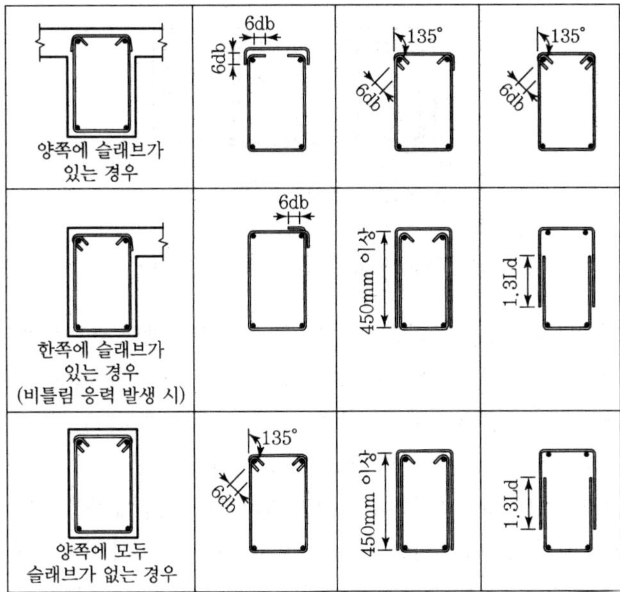

[그림 5-9] 폐쇄형 스터럽

SECTION 03 기둥부재의 철근 배근 상세

1 압축부재의 횡철근(KDS 14 20 50 4.4.2(3))

① D32 이하의 축방향 철근은 D10 이상, D35 이상의 축방향 철근과 다발철근은 D13 이상의 띠철근으로 둘러싸야 하며, 띠철근 대신 이형철선 또는 용접철망을 사용할 수 있다.

② 띠철근의 수직간격은 축방향 철근지름의 16배 이하, 띠철근이나 철선지름의 48배 이하 또는 기둥단면의 최소 치수 이하로 하여야 한다.

③ 모든 모서리 축방향 철근과 하나 건너 위치하고 있는 축방향 철근들은 135° 이하로 구부린 띠철근의 모서리에 의해 횡지지되어야 한다. 다만, 띠철근을 따라 횡지지된 인접한 축방향 철근의 순간격이 150mm 이상 떨어진 경우에는 추가 띠철근을 배치하여 축방향 철근을 횡지지하여야 한다. 또한 축방향 철근이 원형으로 배치된 경우에는 원형 띠철근을 사용할 수 있다. 이때 원형 띠철근을 150mm 이상 겹쳐서 표준갈고리로 기둥 주근을 감싸야 한다.

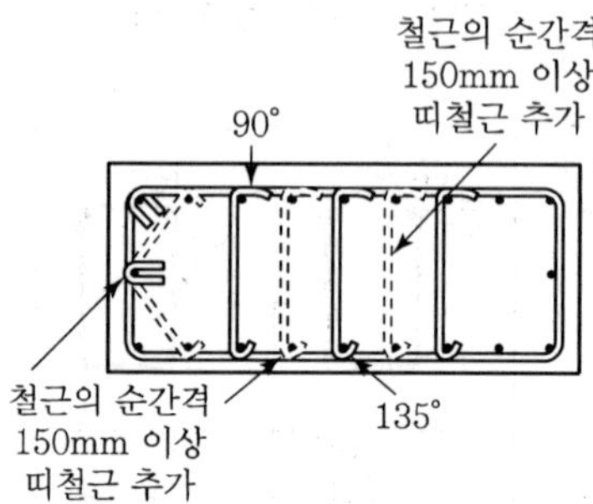

[그림 5-10] Wall Column 횡철근 일반상세

④ 기초판 또는 슬래브의 윗면에 연결되는 압축부재의 첫 번째 띠철근 간격은 다른 띠철근 간격의 1/2 이하로 하여야 하고, 슬래브나 지판, 기둥전단머리에 배치된 최하단 수평철근 아래에 배치되는 첫 번째 띠철근도 다른 띠철근 간격의 1/2 이하로 하여야 한다.

⑤ 보 또는 브래킷이 기둥의 4면에 연결되어 있는 경우에 가장 낮은 보 또는 브래킷의 최하단 수평철근 아래에서 75 mm 이내에서 띠철근 배치를 끝낼 수 있다. 단, 이때 보의 폭은 해당 기둥면 폭의 1/2 이상이어야 한다.

⑥ 앵커볼트가 기둥 상단이나 주각 상단에 위치한 경우에 앵커볼트는 기둥이나 주각의 적어도 4개 이상의 수직철근을 감싸고 있는 횡방향 철근에 의해 둘러싸여져야 한다. 횡방향 철근은 기둥 상단이나 주각 상단에서 125 mm 이내에 배치하고 적어도 2개 이상의 D13 철근이나 3개 이상의 D10 철근으로 구성되어야 한다.

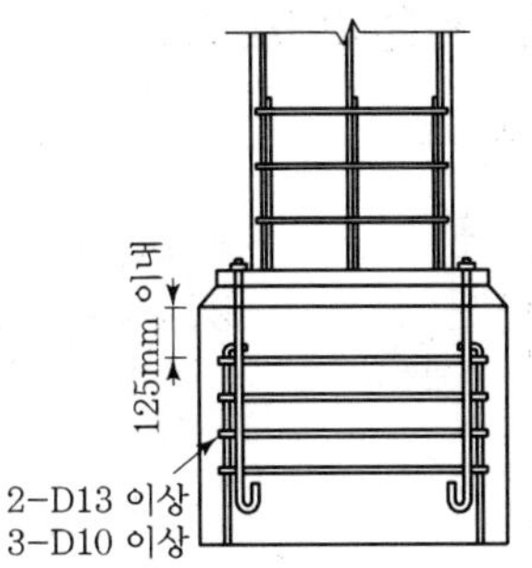

[그림 5-11] 앵커볼트 주각부 황철근 일반상세

(1) 외부 띠철근 기둥 – 보통모멘트골조

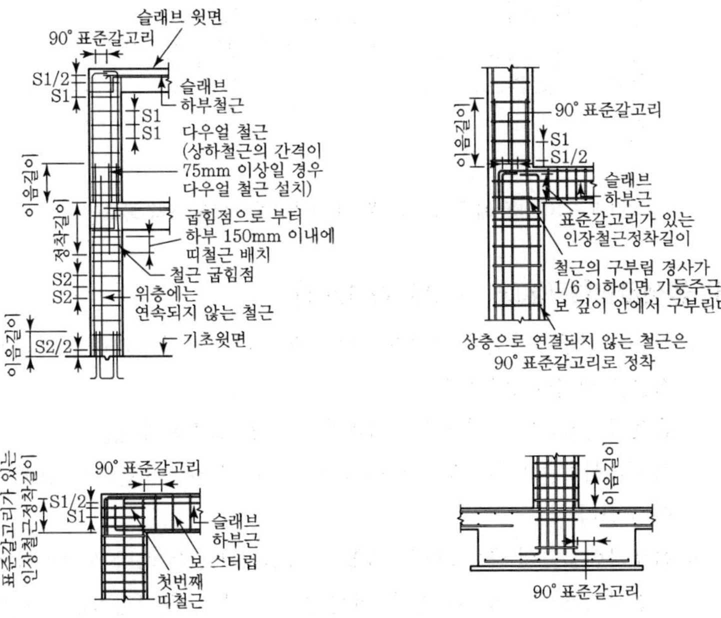

[그림 5-12] 기둥 배근 상세도(외부 띠철근 기둥 – 보통모멘트골조)

① 기초두께가 기둥 주근의 정착길이 이상 확보가 되면 표준갈고리를 사용하지 않아도 된다.

② 표준갈고리가 없는 경우 인장철근 정착길이를 사용한다.

(2) 내부 띠철근 기둥 – 보통모멘트골조

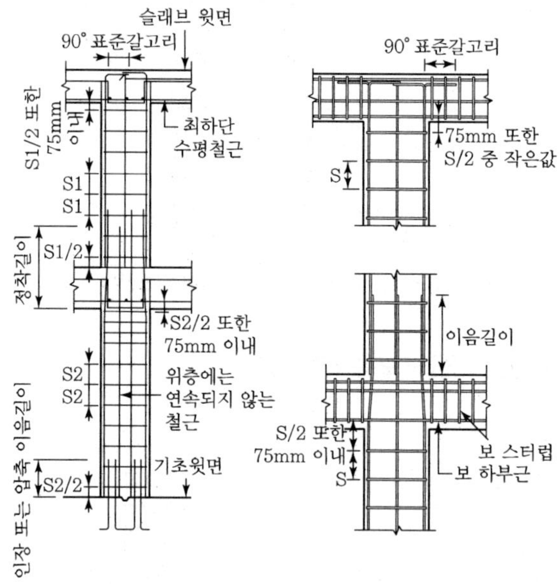

[그림 5 – 13] 기둥 배근 상세도(내부 띠철근 기둥 – 보통모멘트골조)

(3) 옵셋굽힘철근(KDS 14 20 50 4.5.1)

① 기둥 연결부에서 단면 치수가 변하는 경우 다음 규정에 따라 옵셋굽힘철근을 배치하여야 한다.

② 옵셋굽힘철근의 굽힘부에서 기울기는 1/6을 초과할 수 없다.

③ 옵셋굽힘철근의 굽힘부를 벗어난 상・하부철근은 기둥 축에 평행하여야 한다.

④ 옵셋굽힘철근의 굽힘부에는 띠철근, 나선철근 또는 바닥구조에 의해 수평지지가 이루어져야 한다. 이때 수평지지는 옵셋굽힘철근의 굽힘부에서 계산된 수평분력의 1.5 배를 지지할 수 있도록 설계되어야 하며, 수평지지로 띠철근이나 나선철근을 사용하는 경우에는 이들 철근을 굽힘점으로부터 150mm 이내에 배치하여야 한다.

⑤ 옵셋굽힘철근은 거푸집 내에 배치하기 전에 굽혀 두어야 한다.

⑥ 기둥 연결부에서 상・하부의 기둥면이 75 mm 이상 차이가 나는 경우는 축방향 철근을 구부려서 옵셋굽힘철근으로 사용할 수 없다. 이러한 경우에 별도의 연결철근을 옵셋되는 기둥의 축방향 철근과 겹침이음하여 사용하며, 겹침이음은 KDS 14 20 52(4.7)의 규정을 따라야 한다.

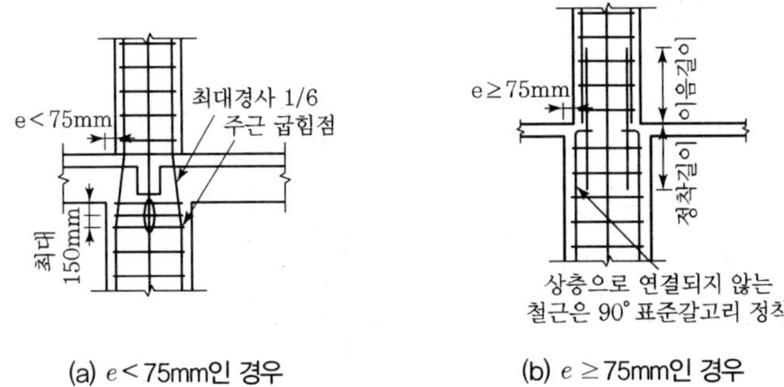

(a) e < 75mm인 경우　　(b) e ≥ 75mm인 경우

[그림 5-14] 기둥 철근이음 상세도

(4) 주철근의 이음

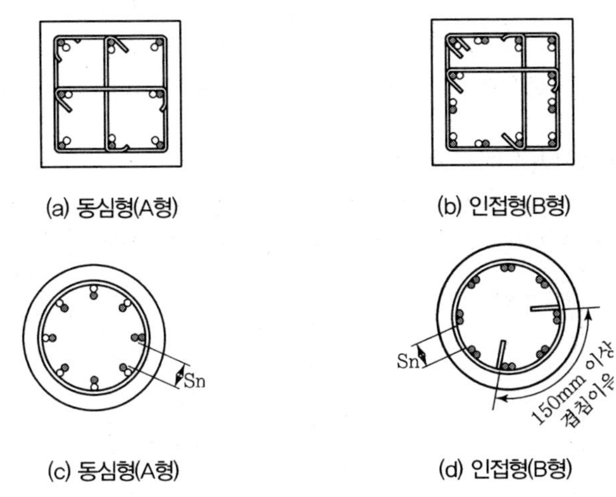

(a) 동심형(A형)　　(b) 인접형(B형)

(c) 동심형(A형)　　(d) 인접형(B형)

[그림 5-15] 주철근의 이음

① 사각기둥

㉠ 기둥 주철근의 이음은 별도의 표기가 없는 경우, 동심형(A형) 반수이음을 한다.

㉡ 인접형 또는 조합형은 책임구조기술자의 승인에 의하여 적용한다. 단, 135°의 갈고리로 싸인 모서리 주근에는 동심형을 적용한다.

② 원형기둥

㉠ 일반 원형배치 주근의 띠철근의 단부는 150mm 이상의 겹침이음 길이를 확보한 후 90° 표준갈고리로 마무리한다.

㉡ 기둥 주근의 이음은 별도의 표기가 없는 경우, 동심형(A형) 반수이음을 한다.

㉢ 인접형 또는 조합형은 책임구조기술자의 승인에 의하여 적용한다. 단, 135°의 갈고리로 싸인 모서리 주근에는 동심형을 적용한다.

(5) 나선철근의 이음

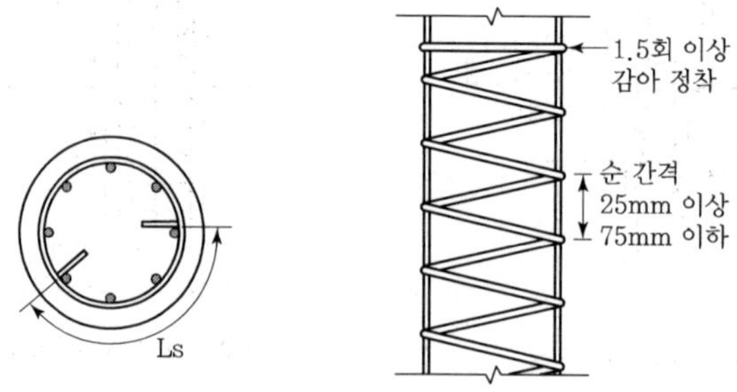

[그림 5-16] 나선철근 일반상세

① 나선철근

㉠ 이형철근 및 철선 : 48db 이상, 300mm 이상

㉡ 원형철근 및 철선 : 72db 이상, 300mm 이상

② 설계기준항복강도 fy가 400MPa 이상이면 겹침이음을 할 수 없음

(6) 기둥 띠철근 배근 상세

주근 갯수	$Sn \leq 150$mm	$Sn > 150$mm	주근 갯수	$Sn \leq 150$mm	$Sn > 150$mm
4-BAR	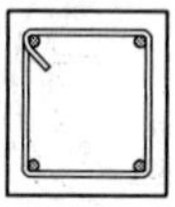		16-BAR	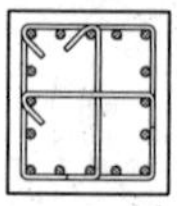	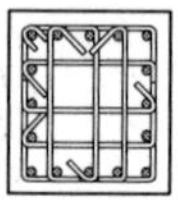
6-BAR	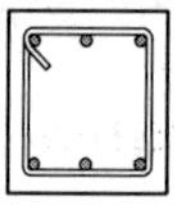	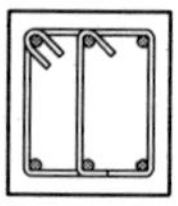	18-BAR	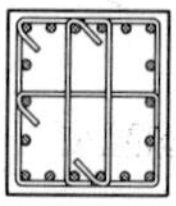	
8-BAR	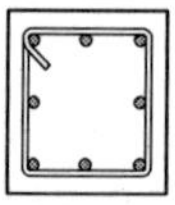	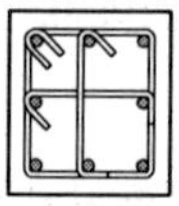	20-BAR	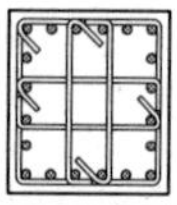	
10-BAR	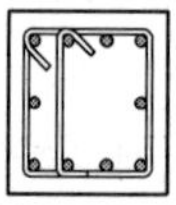	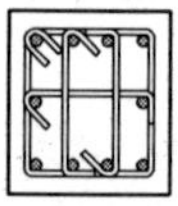	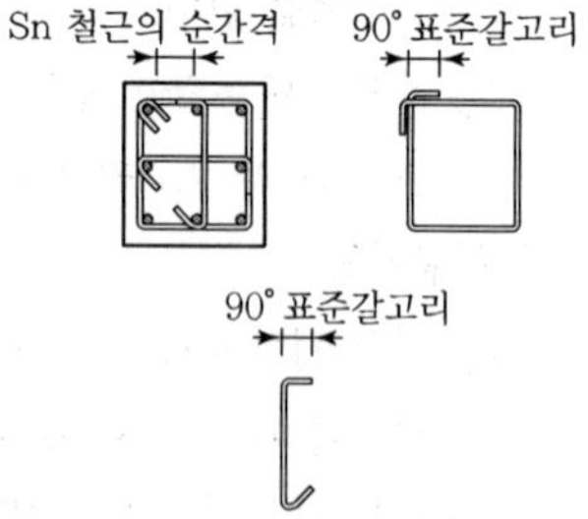 Sn 철근의 순간격 90° 표준갈고리 90° 표준갈고리		
12-BAR	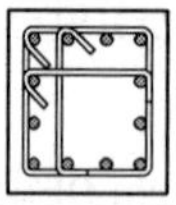	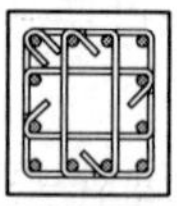			
14-BAR	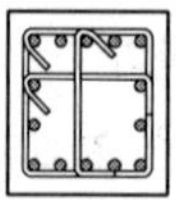	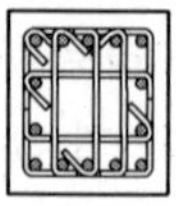			

SECTION 04 콘크리트 전단벽의 배근 상세

1 벽체 배근 상세

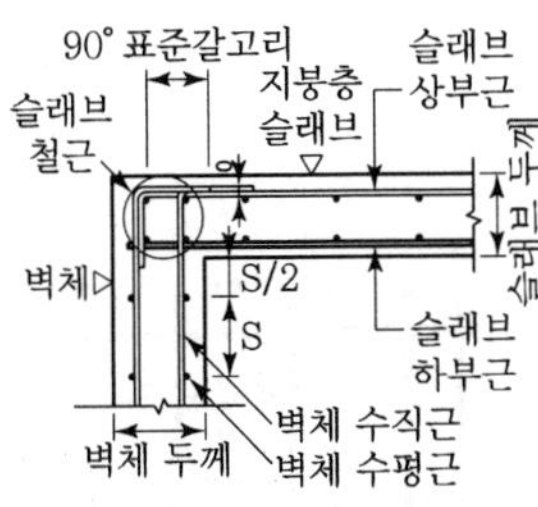

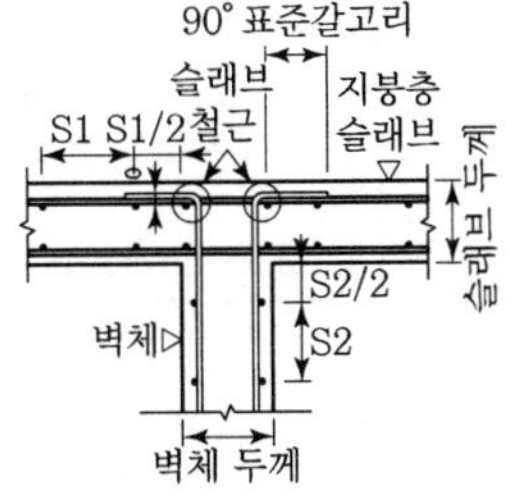

최상층 벽체 수직철근의 단부는 90° 표준갈고리로 슬래브에 정확히 정착하여 일체성을 갖도록 한다.

(a) 최상층 벽체 상세(1)

(b) 최상층 벽체 상세(2)

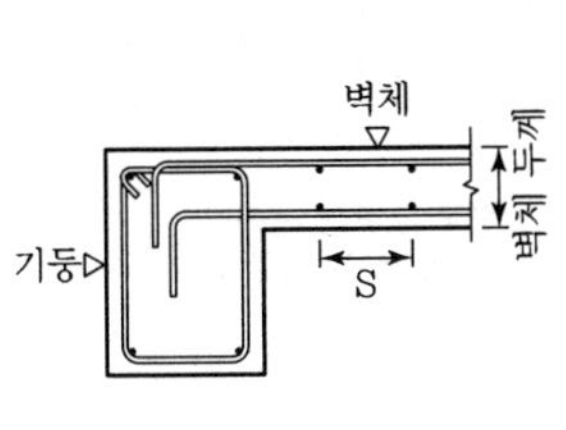

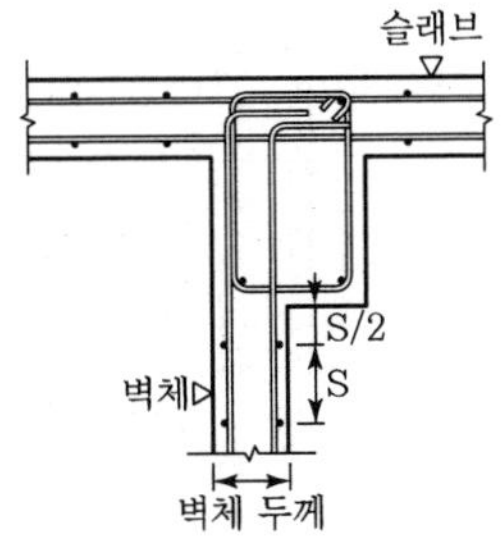

(c) 벽체 – 기둥 배근 상세

(d) 벽체 – 보배근 상세

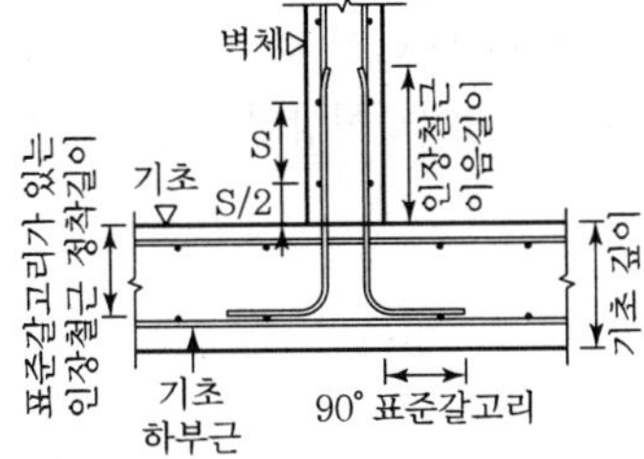

기초두께가 벽체 수직철근의 정착길이 이상 확보되면 표준갈고리를 사용하지 않아도 된다.

(e) 최하층 접합부의 벽체 상세

[그림 5 – 17] 벽체 배근 일반 상세

❷ 벽체 단부 보강 상세

벽체 외단부에 설치되는 수평 U형 BAR는 수평전단철근의 인장철근정착을 위한 것으로 시공 편의상 수평철근과 B급 인장이음(1.3Ld)을 하는 동시에 외단부 수직보강철근을 구속하는 역할을 한다.

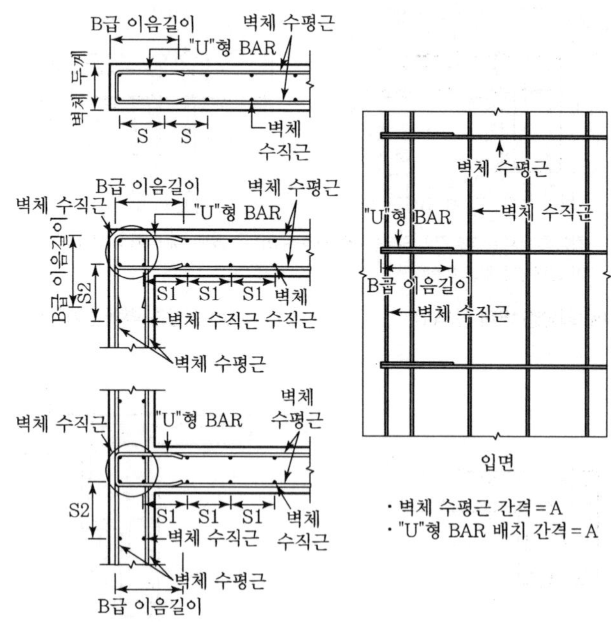

[그림 5-18] 벽체 단부 보강 상세

① 단부 보강 수직근

㉠ 중앙부 수직철근이 HD10, HD13일 경우 : 4-HD13

㉡ 중앙부 수직철근이 HD16 이상일 경우 : 수직철근과 동일 DIA

3 내력벽체 수직 철근 이음

서로 다른 직경의 철근을 인장겹침이음하는 경우, 이음길이는 직경이 큰 철근의 정착길이와 직경이 작은 철근의 겹침이음길이 중 큰 값 이상이어야 한다.

(1) 철근직경이 다른 경우

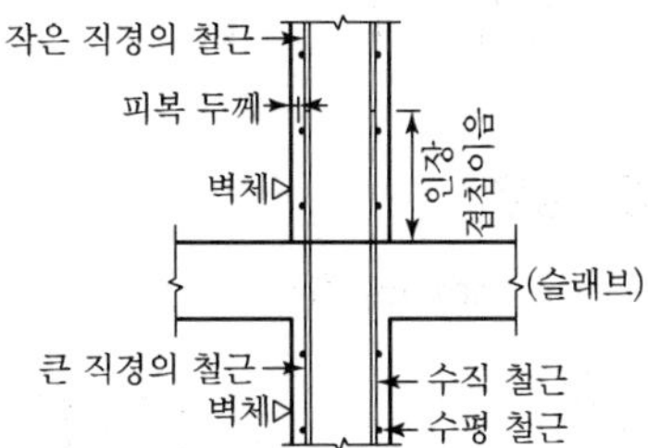

(2) 복배근에서 단배근으로 바뀔 경우

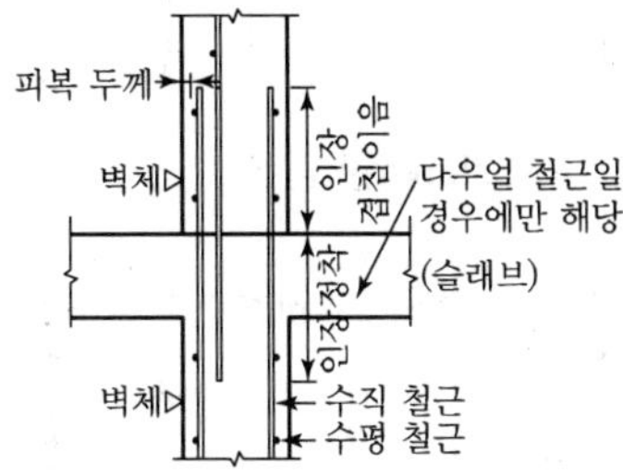

(3) 철근 간격이 다를 경우

휨부재에서 서로 접촉되지 않게 겹침이음된 철근은 횡방향으로 소요 겹침이음(Ls)의 1/5 또는 150mm 중 작은값 이상 떨어지지 않아야 한다. 상기기준을 만족하지 못할 경우 다우얼 철근(Dowel Bar)을 사용하여 상하 수직철근을 이용하여야 한다.

1) $S < L_s/5$이고 $S < 150$mm일 경우

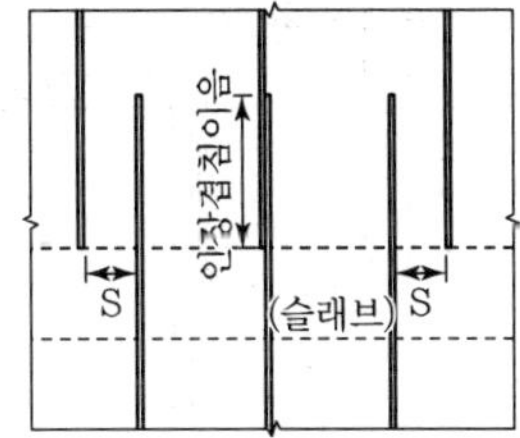

2) $S \geq L_s/5$ 또는 $S \geq 150$mm일 경우

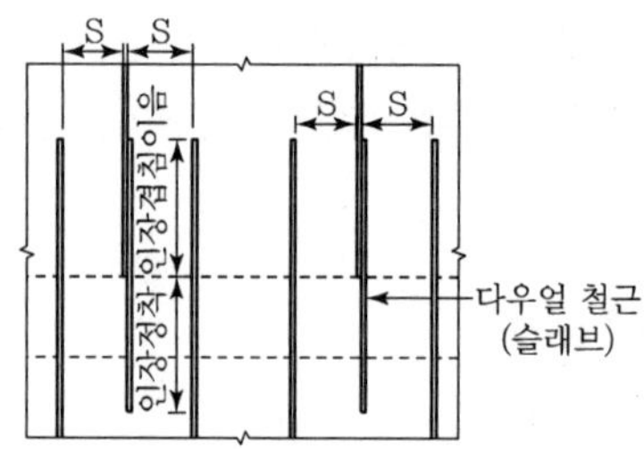

(4) 벽체 두께가 변할 경우

1) $e/D \leq 1/6$이고 $e < 75$mm일 경우

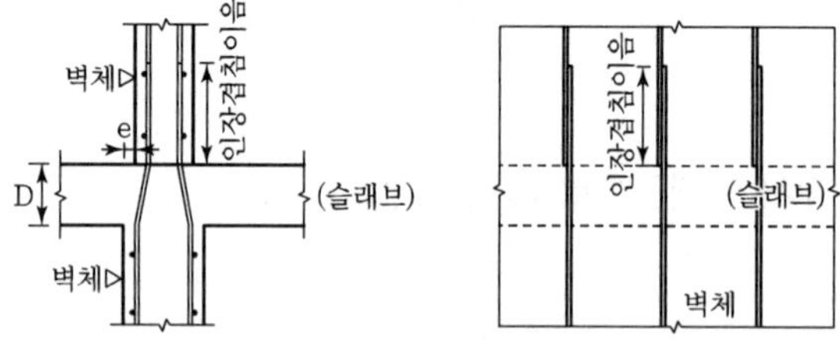

2) $e/D > 1/6$ 또는 $e \geq 75$mm일 경우

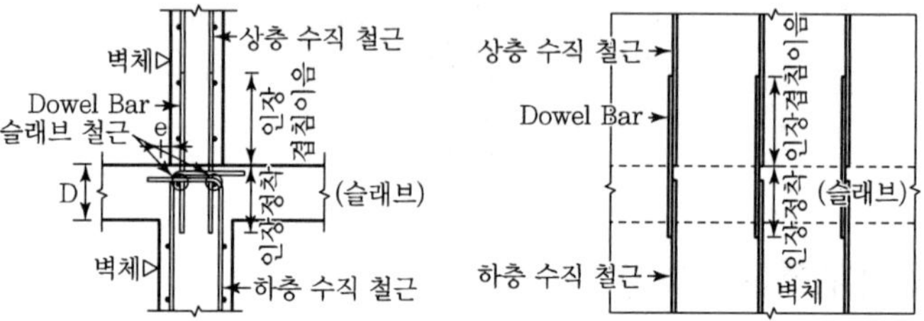

(5) 층 차이로 벽체 편심 발생

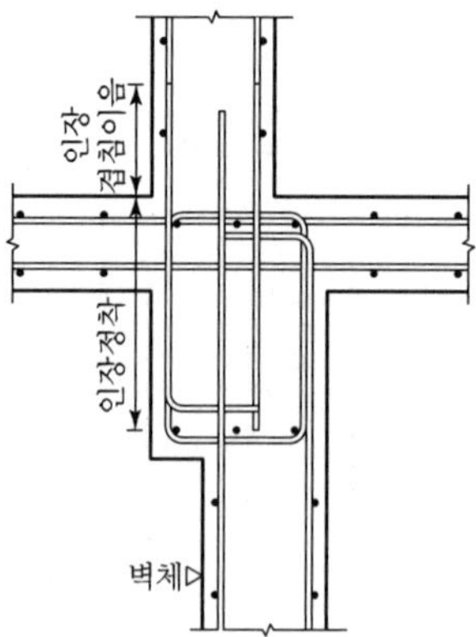

(6) 한 벽체에서 피복두께가 다른 경우

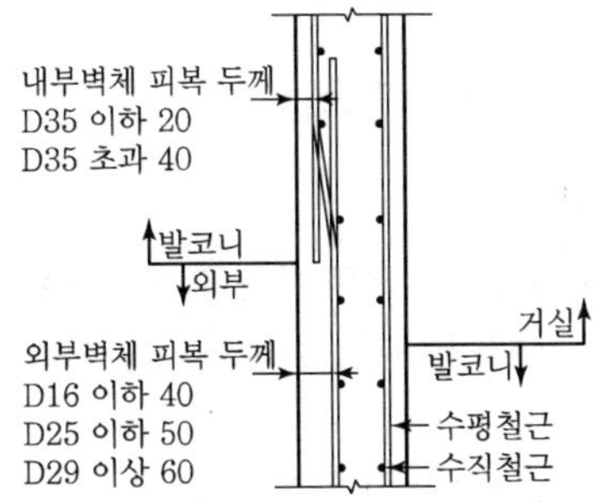

4 벽체 개구부 배근 상세

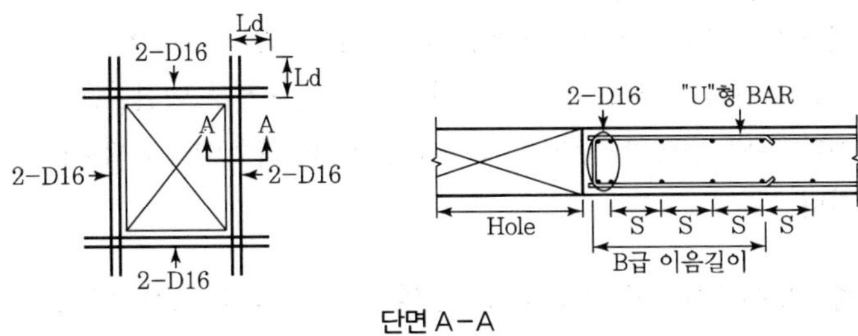

단면 A-A

① 개구부의 크기가 300mm 이하이고, 주근이 개구부에 의해 끊어지지 않을 경우에는 철근을 보강하지 않아도 된다.

② 보강근은 양방향 모두 보강한다.

③ 개구부에 의해 절단되는 철근의 1/2씩을 개구부 양측에 배근하며, 철근 단면적은 책임구조기술자가 판단한다.

④ 개구부의 크기가 300mm 초과하는 경우에는 책임구조기술자의 확인 후 시공하여야 한다.

SECTION 05 내진 상세

1 중간모멘트 골조의 배근 상세

(1) 후프철근(Hoop)

① 폐쇄띠철근 또는 연속적으로 감은 띠철근이다.

② 폐쇄띠철근은 양단이 내진갈고리를 가진 여러 개의 철근으로 만들 수 있다.

③ 연속적으로 감은 띠철근은 그 양단에 반드시 내진갈고리를 가져야 한다.

(2) 내진갈고리(Seismic Hook)

철근의 구부린 끝에서 철근지름의 6배 이상(또는 75mm 이상)의 연장길이를 가진 최소 135도 갈고리로 된 스터럽, 후프철근, 연결철근의 갈고리이다. 다만, 원형 후프철근의 경우에는 단부에 최소 90도 굽힘부를 가져야 한다.

(3) 중간모멘트골조의 기둥의 양단부의 경우는 135도 내진갈고리를 가진 후프철근을 설치하여야 하는데, 이는 기둥이 지진하중을 받을 때, 큰 힘을 받는 기둥의 양단부에서 재축 직각방향으로 콘크리트가 밖으로 빠져나오는 것을 135도의 내진갈고리를 가진 후프철근이 풀리지 않고 단단히 잡아주는 효과를 증진시킨다.

(4) 기둥 후프 및 띠철근의 횡보강에 의한 콘크리트의 횡구속은 콘크리트 응력이 종국강도에 도달한 이후에도 취성파괴되지 않고 그 파괴시기를 지연시켜 기둥의 연성파괴를 유도하는 효과가 있다.

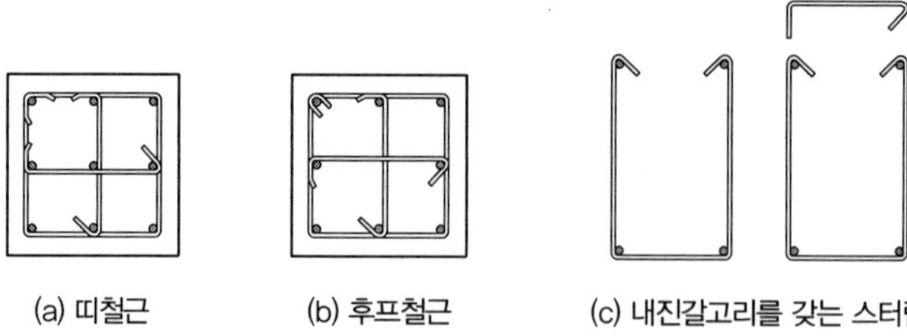

[그림 5-19] 중간모멘트골조의 배근상세

2 중간모멘트골조의 보

① 보 부재의 양단에서 지지부재의 내측 면부터 경간 중앙으로 향하여 보 깊이의 2배 길이 구간에는 후프철근을 배치하여야 한다.

② 첫 번째 후프철근은 지지 부재 면으로부터 50mm 이내의 구간에 배치하야 한다.

③ 후프의 최대 간격은 d/4, 감싸고 있는 종방향 철근의 최소 지름의 8배, 후프철근 지름의 24배, 300mm 중 가장 작은 값 이하여야 한다.

④ 스터럽 간격은 부재 전길이에 걸쳐서 d/2 이하이어야 한다.

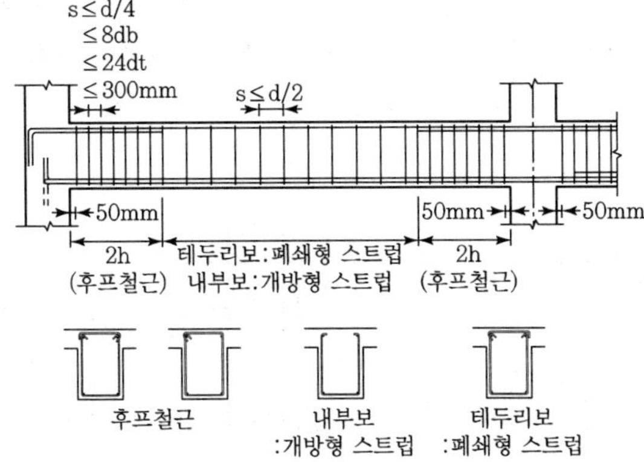

(a) 중간모멘트골조 보 내신상세

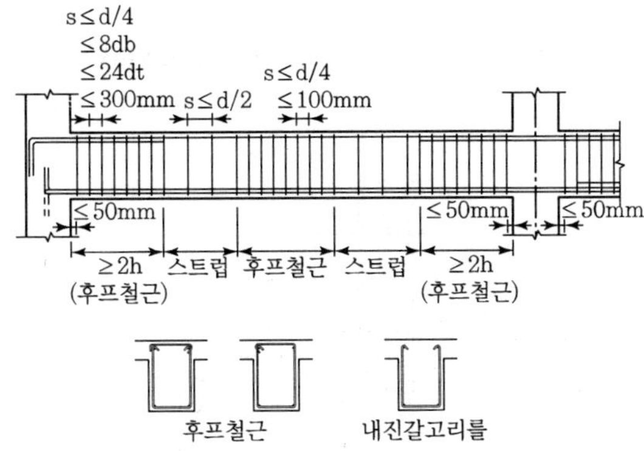

(b) 특수모멘트골조 보 내신상세

[그림 5-20] 모멘트골조 상세비교(보)

3 중간모멘트골조의 기둥

① 부재의 양단부에는 후프철근을 접합면부터 길이 l_0 구간에 걸쳐서 s_o 이내의 간격으로 배치하여야 한다.

② 간격 s_o는 후프철근이 감싸게 될 종방향 철근의 최소 지름의 8배, 후프철근 지름의 24배, 300mm 중 가장 작은 값 이하여야 한다. 그리고 길이 l_0 는 부재의 순경간의 1/6, 부재 단면의 최대 치수, 450mm 중 가장 큰값 이상이어야 한다.

③ 첫 번째 후프철근은 접합면부터 거리 $s_0/2$ 이내에 있어야 한다.

④ 길이 l_0이외의 구간에서 황보강철근의 간격은 압축부재 횡철근(KDS 14 20 50 4.4.2)과 전단철근의 간격제한[KDS 14 20 22 4.3.2(1)]을 따라야 한다.

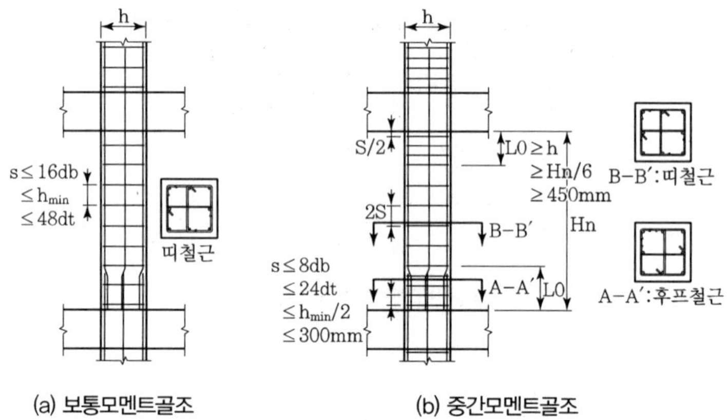

(a) 보통모멘트골조 (b) 중간모멘트골조

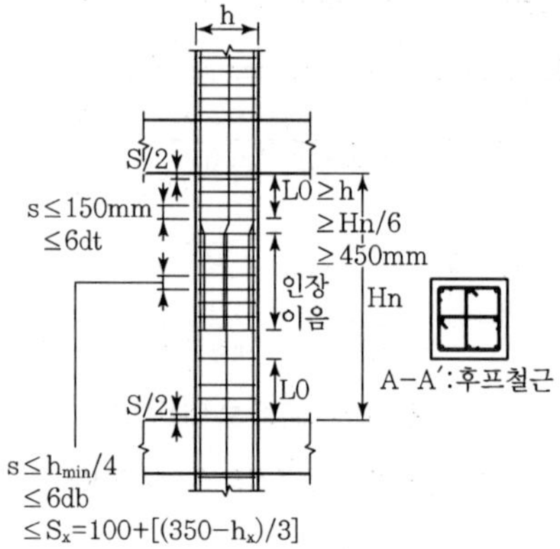

(c) 특수모멘트골조

[그림 5-21] 모멘트골조 상세비교(기둥)

SECTION 06 전이구조

1 전이구조 정의

① **필로티 구조** : 상부층은 내력벽으로 구성되고 건물 하부층은 대부분의 수직재가 기둥으로 구성되며 날개벽 또는 전단벽이 없거나 최소한의 전단벽만을 사용하는 개방형 시스템

② **전이구조** : 건물 상부층의 구조형식과 하부층의 다른 구조형식 사이에 하중을 원활하게 전달하기 위하여 특별히 설치되는 구조이며 일반적으로 전이보 또는 전이슬래브 구조 형식이 사용된다.

③ **특별지진하중** : 필로티(전이구조) 등과 같이 전체 구조물의 불안전성을 유발하거나 지진하중의 흐름을 급격히 변화시키는 주요부재와 연결부재의 설계 시 고려하는 지진하중으로 특별지진하중은 일반지진하중에 시스템초과강도계수($\Omega = 2 \sim 3$)를 곱하여 계산한다.

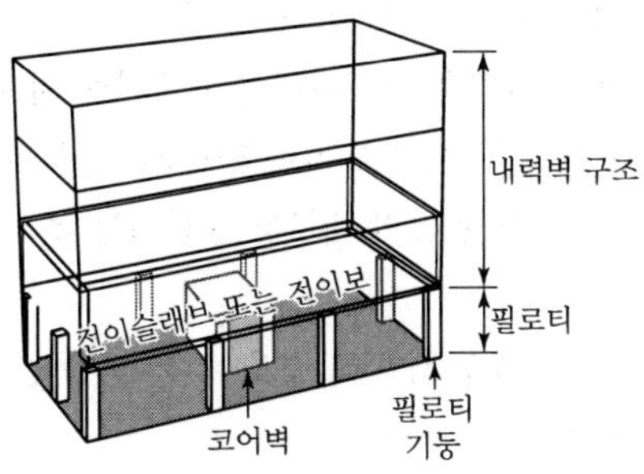

[그림 5-22] 중심코어 구조형식

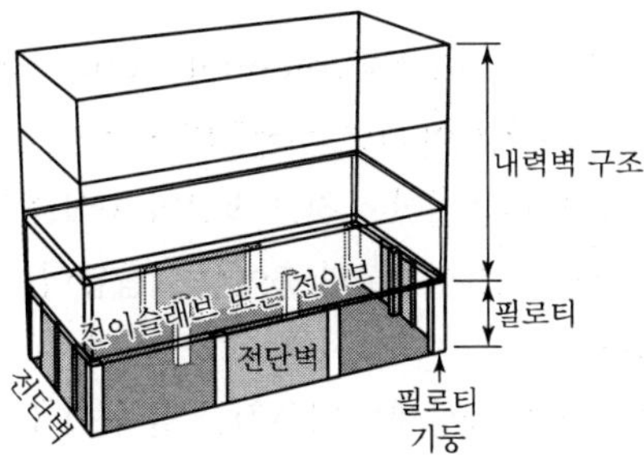

[그림 5-23] 코어벽이 없는 구조형식

2 필로티 기둥에 대한 고려사항

① 상부 콘크리트 내력벽구조와 하부 필로티 기둥으로 구성된 3층 이상의 수직비정형 골조의 경우 이 조항(KDS 41 17 00 9.8.4)을 준수해야 한다.

② 필로티 기둥에서는 전 길이에 걸쳐서 후프와 크로스타이로 구성되는 횡 보강근의 수직 간격은 단면최소폭의 1/4 이하여야 한다. 단 150mm 보다 작을 필요는 없다. 횡보강근에는 135도 갈고리정착을 사용하는 내진상세를 사용하여야 한다.

③ 횡보강근으로 외부후프철근과 더불어 각 방향 최소 1개 이상의 단면 내부 크로스타이를 설치하여야 한다. 크로스타이의 정착을 위하여 한 쪽은 135도 갈고리정착을, 그리고 다른 쪽은 90도 갈고리 정착을 사용할 수 있으며, 이때 각 정착을 수직적으로 교차로 배치하여야 한다.

④ 전이보 또는 전이슬래브와 필로티 기둥의 접합부에는 필로티 기둥에 사용되는 횡보강근의 간격과 동일한 간격의 횡보강근을 배치해야 한다. 접합부에는 90도 갈고리를 가진 후프의 사용이 허용된다. 단, 외부접합부와 모서리 접합부에서는 90도 갈고리정착이 건물외면에 위치하지 않아야 한다. 보가 접합되는 접합부면에서 기둥주철근의 위치가 보의 폭 내에 위치하여 보에 의하여 횡구속되는 수직철근에는 크로스타이를 설치하지 않아도 된다.

⑤ 필로티 층에서 코어벽은 박스형태의 콘크리트 일체형으로 구성하며 개구부는 최소화한다. 각 콘크리트벽체에는 충분한 수직철근과 수평철근을 배치하며, 창문 등의 개구부 주위에는 추가로 보강철근을 배치한다.

⑥ 기둥, 코어벽, 전단벽 등의 주요 구조부재 내부에는 우수관 등 비구조재를 삽입할 수 없다.

3 필로티 기둥 철근 표준상세(소규모 필로티 구조물)

① 기둥 주철근비는 1.5% 이상 4% 이하이어야 하며, 주요 기둥에서는 8개 이상의 주철근을 배치해야 하고, 주철근의 직경은 D19 이상이어야 한다.

② 기둥 주철근 겹침 이음길이는 철근 직경의 50배 이상이어야 한다. 가능하다면 기둥 주철근은 필로티 층에서 이음없이 연속으로 설치하는 것이 바람직하다.

③ 기둥 주철근 겹침 이음상세는 하부철근 절곡 이음, 상부철근 절곡 이음, 절곡없는 이음 방식을 사용할 수 있다. 절곡 없는 이음인 경우, 기초에 설치되는 하부철근(다우얼 철근)의 위치는 단면 안쪽에 배치한다(하부철근 절곡 이음의 절곡된 하부철근 위치와 동일).

④ 기둥횡철근은 후프와 연결철근으로 구성하며, 연결철근을 포함하여 기둥 횡철근 수직간격은 전 기둥길이에 걸쳐서 150mm 이하로 한다.

⑤ 후프와 연결철근의 수평간격 그리고 연결철근 간의 수평간격은 200mm 이하여야 한다. 기둥의 폭이 350mm 미만이고 장변과 단변 길이비가 2 이상인 기둥인 경우에는 단변방향으로만 연결철근을 설치하고 장변방향으로는 연결철근을 설치할 필요 없다.

⑥ 연결철근의 정착을 위하여 한쪽은 135도 갈고리정착을 다른 쪽은 90도 갈고리 정착을 사용할 수 있으며, 이때 135도 갈고리 정착의 위치는 수직적으로 수평적으로 교차로 배치되어야 한다.

⑦ 후프보강근에는 135도 갈고리정착을 사용하는 내진상세를 사용하여야 한다. 대체상세로는 후프보강근의 90도 갈고리를 콘크리트 내부에 정착하는 철근상세를 사용할 수 있다. 내부 정착길이는 8db 이상으로 한다.

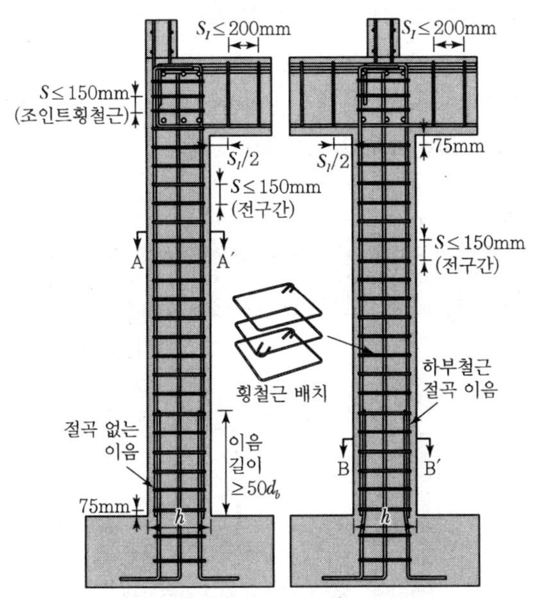

단면	A-A′	B-B′(이음구간)
표준상세	〈135° 갈고리 정착〉	〈하부철근 절곡 이음〉
대체상세	〈90° 갈고리 내부정착〉	〈상부철근 절곡 이음〉

[그림 5-24] 필로티 기둥의 철근 표준상세

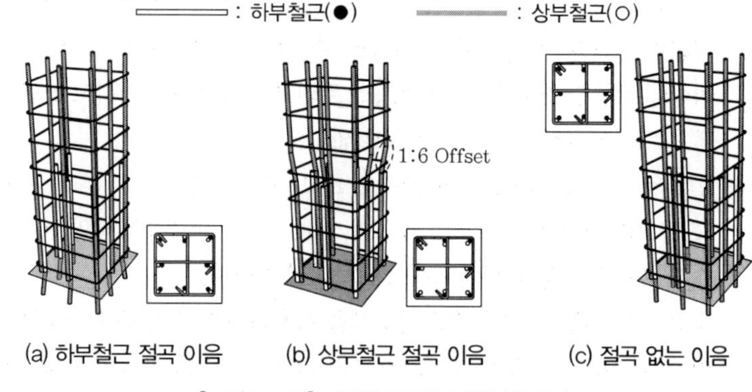

[그림 5-25] 기둥의 주근의 겹침이음 상세

4 전이보 철근 표준상세(소규모 필로티 구조물)

① 전이보 횡철근 간격은 200mm 이하이어야 한다.

② 횡철근 상세는 135도-135도 스터럽과 135도-90도 연결철근을 병용하여 후프형태로 제작하여야 한다.

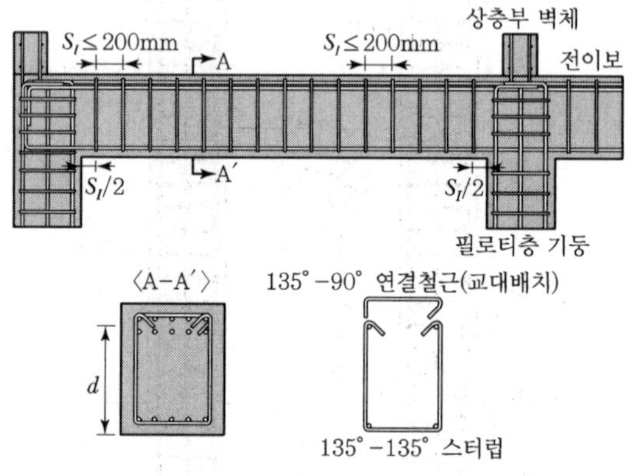

[그림 5-26] 전이보의 철근 표준상세

5 전이슬래브 철근 표준상세(소규모 필로티 구조물)

① 전이슬래브에서 필로티 기둥을 연결하는 주열대에는 기둥 접합부 인근 영역에 전이보와 동일한 횡철근을 배치해야 한다. 횡철근을 배치하는 영역의 길이는 기둥면에서 각 방향으로 900mm 이상이고, 횡철근 배치 구간의 폭은 기둥의 폭과 동일하게 한다. 횡철근의 길이방향 간격은 150mm 이하이어야 한다.

② 전이슬래브와 기둥의 모든 접합부에서는 기둥단면을 통과하도록 최소 3-D19 또는 2-D22 철근을 슬래브의 상하에 각 방향으로 배치해야 한다. 외부 접합부에서는 이 철근들을 90도 표준갈고리를 사용하여 후프철근으로 보강된 기둥 콘크리트 내부에 정착하여야 한다.

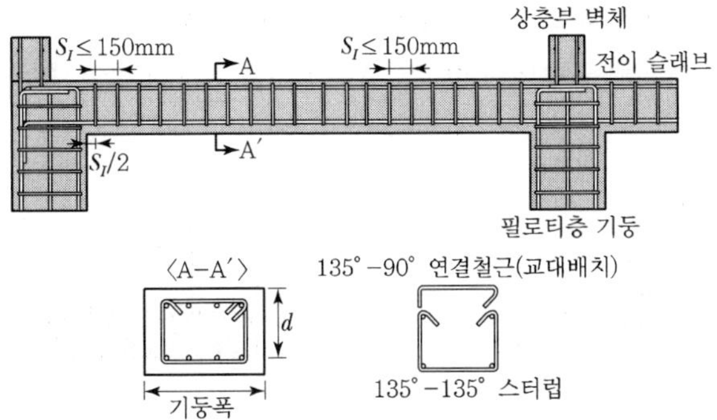

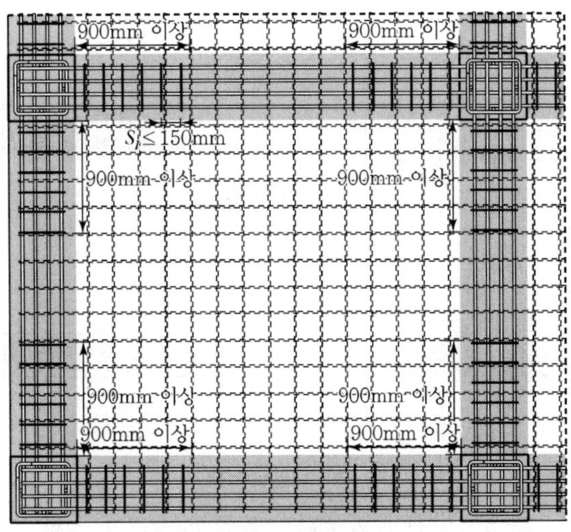

[그림 5-27] 전이슬래브의 철근 표준상세

6 전이보 또는 전이슬래브와 필로티 기둥 접합부의 철근 표준상세(소규모 필로티 구조물)

① 전이보 또는 전이슬래브와 기둥의 접합부에서는 필로티 기둥에 사용되는 횡보강근의 간격과 동일한 간격(150mm 이하 간격)의 횡보강근을 배치해야 한다.

② 접합부영역에서는 90도 갈고리를 갖는 후프를 사용할 수 있으며, 다만 외부접합부의 경우에 90도 갈고리 정착이 건물 외면에 위치하지 않아야 한다.

③ 보가 연결되는 접합부면에서 기둥 주철근의 위치가 보의 폭 내에 위치하여 보에 의하여 횡구속되는 수직철근에는 연결철근을 설치할 필요가 없다. 보에 의하여 횡구속되지 않은 면에는 연결철근을 배치해야 한다.

④ 외부 접합부와 모서리 접합부에 정착되는 보의 하부 주철근의 90도 갈고리는 하향으로 배치하여 단부 갈고리를 필로티 기둥 내부에 정착할 수 있다.

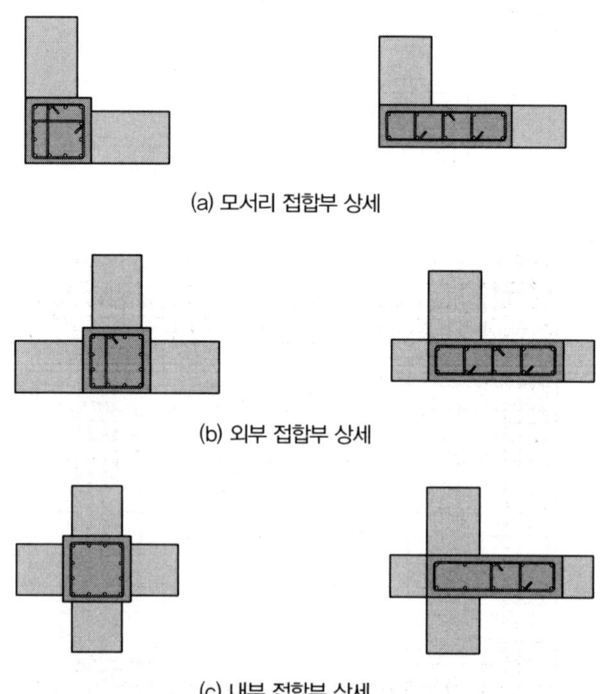

(a) 모서리 접합부 상세

(b) 외부 접합부 상세

(c) 내부 접합부 상세

[그림 5－28] 전이보와 필로티 기둥 접합부 철근 표준상세

7 필로티층 벽체의 철근 표준상세

① 벽체 단면길이가 1,000mm 이하이고 기둥 역할을 하는 벽체의 경우에는 기둥 최소폭과 기둥 철근상세를 따라야 한다.

② 벽체 수직철근은 상하벽체로 연속되거나 이와 교차하는 구조 부재인 바닥, 지붕, 기둥, 전이부재에 정착되어야 한다.

③ 벽체 수직철근과 수평철근의 간격은 D13, 150mm 이하이어야 한다. 벽체 단부는 길이 300mm 이상의 U형 철근으로 보강되어야 한다. ㄷ자형 ㄴ자형 등 직교 방향 벽체가 일체로 시공되는 경우에도 벽체의 모서리 단부는 U형 철근으로 보강되어야 한다.

④ 출입구나 창 등의 개구부 주위는 D16 이상의 철근을 양면에 각각 2개 이상 배치하여야 하며, 그 철근은 개구부의 모서리에서 600mm 이상 연장하여 정착하여야 한다.

⑤ 벽체가 기둥에 연결되는 경우, 벽체의 수평철근은 기둥 내부에 정착되어야 한다.

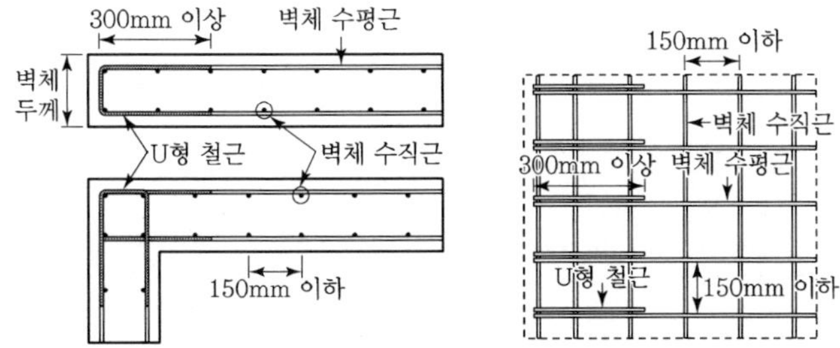

[그림 5-29] 필로티층 벽체의 철근 표준상세

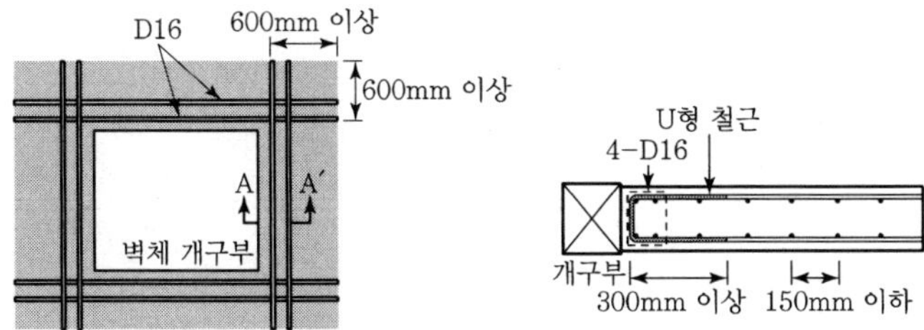

[그림 5-30] 필로티층 벽체 개구부 주변 철근 표준상세

8 시공 중 구조 확인

① 시공자는 해당부위 공사 시작 전에 철근배치 상세도를 작성하여 작업자에게 숙지하도록 한다. 특히 필로티 기둥 후프와 연결철근의 설치 간격, 정착방법에 대하여 유의하도록 지도한다.

② 철근배치 상세도가 상기 철근에 대한 요구사항을 만족하는지 여부를 검토해야 한다.

③ 시공자, 책임구조기술자, 감리자는 필로티 기둥과 전이층 철근배치 후 시공품질이 확보되었는지 확인해야 한다.

④ 필로티 기둥 및 전이층 철근배치 및 콘크리트 타설 작업에 대한 동영상을 확보하여야 한다.

⑤ 시공자와 감리자는 현장에서 콘크리트 타설일마다 그리고 타설량 $120m^3$마다 콘크리트코어 공시체를 3개 이상 확보하고 강도실험을 직접 실시하고 확인해야 하며, 강도가 확보되지 않았을 경우에는 적절한 조치를 취해야 한다. 레미콘 사업자에게 공시체 확보 및 강도실험을 위임하는 것은 허용되지 않는다.

⑥ 빗물이 고일 정도로 비가 오는 날과 0도 이하의 동절기에는 콘크리트 품질확보를 위하여 콘크리트타설 공사를 중지하여야 한다.

MEMO

CHAPTER

06

해체계획서 작성

01 해체 허가(신고)
02 해체계획서 작성
03 해체현장 참고자료
04 해체공사 국토교통부 FAQ(2023.1.)
05 해체계획서 자가점검표 목록

해체계획서 작성

SECTION 01 해체 허가(신고)

1 해체 허가(신고) 관련 법령 및 규정

(1) 건축물관리법

제30조(건축물 해체의 허가)

① 관리자가 건축물을 해체하려는 경우에는 특별자치시장 · 특별자치도지사 또는 시장 · 군수 · 구청장(이하 '허가권자')의 허가를 받아야 한다. 다만, 다음 각 호의 어느 하나에 해당하는 경우 대통령령으로 정하는 바에 따라 신고를 하면 허가를 받은 것으로 본다.

1. 「건축법」 제2조제1항제7호에 따른 주요구조부의 해체를 수반하지 아니하고 건축물의 일부를 해체하는 경우
2. 다음 각 목에 모두 해당하는 건축물의 전체를 해체하는 경우
   가. 연면적 500제곱미터 미만의 건축물
   나. 건축물의 높이가 12미터 미만인 건축물
   다. 지상층과 지하층을 포함하여 3개 층 이하인 건축물
3. 그 밖에 대통령령으로 정하는 건축물을 해체하는 경우

② 제1항 각 호 외의 부분 단서에도 불구하고 관리자가 다음 각 호의 어느 하나에 해당하는 경우로서 해당 건축물을 해체하려는 경우에는 허가권자의 허가(신고대상이나)를 받아야 한다.

1. 해당 건축물 주변의 일정 반경 내에 버스 정류장, 도시철도 역사 출입구, 횡단보도 등 해당 지방자치단체의 조례로 정하는 시설이 있는 경우
2. 해당 건축물의 외벽으로부터 건축물의 높이에 해당하는 범위 내에 해당 지방자치단체의 조례로 정하는 폭 이상의 도로가 있는 경우
3. 그 밖에 건축물의 안전한 해체를 위하여 건축물의 배치, 유동인구 등 해당 건축물의 주변 여건을 고려하여 해당 지방자치단체의 조례로 정하는 경우

(2) 건축물관리법 시행령

제21조(건축물 해체의 신고 대상 건축물 등)

① 법 제30조제1항제3호에서 "대통령령으로 정하는 건축물"이란 다음 각 호의 어느 하나에 해당하는 건축물을 말한다.

1. 「건축법」 제14조제1항제1호 또는 제3호에 따른 건축물
2. 「국토의 계획 및 이용에 관한 법률」에 따른 관리지역, 농림지역 또는 자연환경보전지역에 있는 높이 12미터 미만인 건축물. 이 경우 해당 건축물의 일부가 「국토의 계획 및 이용에 관한 법률」에 따른 도시지역에 걸치는 경우에는 그 건축물의 과반이 속하는 지역으로 적용한다.

Reference

건축법 제14조(건축신고)

① 제11조에 해당하는 허가 대상 건축물이라 하더라도 다음 각 호의 어느 하나에 해당하는 경우에는 미리 특별자치시장 · 특별자치도지사 또는 시장 · 군수 · 구청장에게 국토교통부령으로 정하는 바에 따라 신고를 하면 건축허가를 받은 것으로 본다.

1. 바닥면적의 합계가 85제곱미터 이내의 증축 · 개축 또는 재축. 다만, 3층 이상 건축물인 경우에는 증축 · 개축 또는 재축하려는 부분의 바닥면적의 합계가 건축물 연면적의 10분의 1 이내인 경우로 한정한다.
3. 연면적이 200제곱미터 미만이고 3층 미만인 건축물의 대수선

3. 그 밖에 시 · 군 · 구 조례로 정하는 건축물

② 법 제30조제1항 각 호 외의 부분 단서에 따라 신고를 하려는 자는 국토교통부령으로 정하는 신고서를 특별자치시장 · 특별자치도지사 또는 시장 · 군수 · 구청장(이하 '허가권자')에게 제출해야 한다.

③ 허가권자는 법 제30조제3항 및 이 조 제2항에 따라 건축물 해체 허가 신청서 또는 신고서를 제출받은 경우 건축물 또는 건축물에 사용된 자재에 석면이 함유되었는지를 확인하고, 석면이 함유되어 있는 경우 지체 없이 다음 각 호의 자에게 해당 사실을 통보해야 한다.

1. 「산업안전보건법」 제119조제4항 및 같은 법 시행령 제115조제33호에 따라 조치를 명하는 지방고용노동관서의 장
2. 「폐기물관리법」 제17조제5항, 같은 법 시행령 제37조제1항제2호 가목 및 같은 조 제2항제1호에 따라 서류를 확인하는 시 · 도지사, 유역환경청장 또는 지방환경청장

(3) 건축물관리법 시행규칙

제11조(건축물 해체의 허가 신청 등)

① 법 제30조제3항에 따른 건축물 해체 허가신청서는 별지 제5호서식에 따른다.

② 특별자치시장 · 특별자치도지사 또는 시장 · 군수 · 구청장(이하 '허가권자')은 법 제30조제1항 각 호 외의 부분 본문 및 같은 조 제2항에 따라 허가를 한 경우에는 같은 조 제3항에 따라 허가를 신청한 자에게 별지 제6호서식의 건축물 해체 허가서를 내주어야 한다.

③ 영 제21조제2항에서 "국토교통부령으로 정하는 신고서"란 별지 제5호서식의 건축물 해체 신고서를 말한다.

④ 허가권자는 법 제30조제1항 각 호 외의 부분 단서에 따른 신고를 수리하는 경우에는 같은 조 제3항에 따라 신고한 자에게 별지 제6호의2서식의 건축물 해체신고 확인증을 내주어야 한다.

⑤ 관리자는 법 제30조제3항에 따른 건축물 해체 허가신청서 또는 신고서를 「건축법」 제11조 또는 제14조에 따라 건축허가를 신청하거나 건축신고를 할 때 함께 제출(전자문서로 제출하는 것을 포함한다)할 수 있다.

2 해체 허가(신고) 절차도

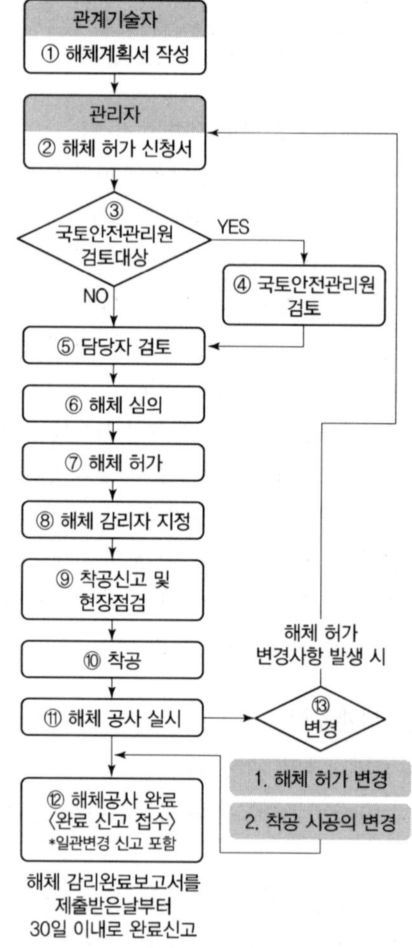

[그림 6-1] 해체 허가 절차도

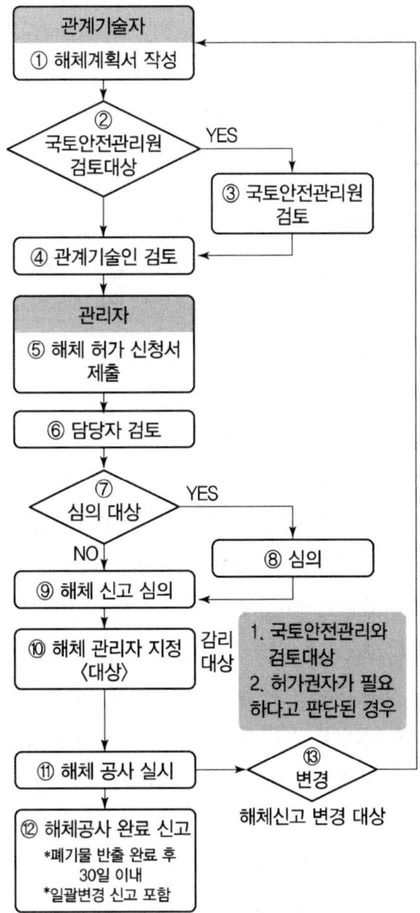

[그림 6-2] 해체 신고 절차도

SECTION 02 해체계획서 작성

1 해체계획서 작성 관련 법령 및 규정

(1) 건축물관리법

제30조(건축물 해체의 허가)

③ 제1항 또는 제2항에 따라 허가를 받으려는 자 또는 신고를 하려는 자는 건축물 해체 허가신청서 또는 신고서에 제4항에 따라 작성되거나 제5항에 따라 검토된 해체계획서를 첨부하여 허가권자에게 제출하여야 한다.

④ 제1항 각 호 외의 부분 본문 또는 제2항에 따라 허가를 받으려는 자가 허가권자에게 제출하는 해체계획서는 다음 각 호의 어느 하나에 해당하는 자가 이 법과 이 법에 따른 명령이나 처분, 그 밖의 관계 법령을 준수하여 작성하고 서명날인하여야 한다.

1. 건축사법 제23조제1항에 따른 건축사사무소개설신고를 한 자
2. 기술사법 제6조에 따라 기술사사무소를 개설등록한 자로서 건축구조 등 대통령령으로 정하는 직무범위를 등록한 자

⑤ 제1항 각 호 외의 부분 단서에 따라 신고를 하려는 자가 허가권자에게 제출하는 해체계획서는 다음 각 호의 어느 하나에 해당하는 자가 이 법과 이 법에 따른 명령이나 처분, 그 밖의 관계 법령을 준수하여 검토하고 서명날인하여야 한다.

3. 건축사법 제23조제1항에 따른 건축사사무소개설신고를 한 자
4. 기술사법 제6조에 따라 기술사사무소를 개설등록한 자로서 건축구조 등 대통령령으로 정하는 직무범위를 등록한 자

⑥ 허가권자는 다음 각 호의 어느 하나에 해당하는 경우 「건축법」 제4조제1항에 따라 자신이 설치하는 건축위원회의 심의를 거쳐 해당 건축물의 해체 허가 또는 신고수리 여부를 결정하여야 한다.

1. 제1항 각 호 외의 부분 본문 또는 제2항에 따른 건축물의 해체를 허가하려는 경우
2. 제1항 각 호 외의 부분 단서에 따라 건축물의 해체를 신고받은 경우로서 허가권자가 건축물 해체의 안전한 관리를 위하여 전문적인 검토가 필요하다고 판단하는 경우

⑦ 제6항에 따른 심의 결과 또는 허가권자의 판단으로 해체계획서 등의 보완이 필요하다고 인정되는 경우에는 허가권자가 관리자에게 기한을 정하여 보완을 요구하여야 하며, 관리자는 정당한 사유가 없으면 이에 따라야 한다.

⑧ 허가권자는 대통령령으로 정하는 건축물의 해체계획서에 대한 검토를 국토안전관리원에 의뢰하여야 한다.

⑨ 제3항부터 제5항까지의 규정에 따른 해체계획서의 작성 · 검토 방법, 내용 및 그 밖에 건축물 해체의 허가절차 등에 관하여는 국토교통부령으로 정한다.

(2) 건축물관리법 시행령

제21조(건축물 해체의 신고 대상 건축물등)

④ 법 제30조제4항제2호 및 같은 조 제5항제2호(해체계획서신고 및 허가의 검토 및 작성자)에서 "건축구조 등 대통령령으로 정하는 직무범위"란 각각 「기술사법 시행령」 별표 2의2에 따른 직무 범위 중 건축구조, 건축시공 또는 건설안전을 말한다.

⑤ 법 제30조제8항에서"대통령령으로 정하는 건축물"이란 다음 각 호의 건축물을 말한다.

1. 건축법 시행령 제2조제18호나목 또는 다목에 따른 특수구조 건축물
2. 건축물에 10톤 이상의 장비를 올려 해체하는 건축물
3. 폭파하여 해체하는 건축물

(3) 건축물관리법 시행규칙

제12조(해체계획서의 작성)

① 법 제30조제3항에 따른 해체계획서에는 다음 각 호의 내용이 포함되어야 한다.

1. 해체공사의 공정 등 해체공사의 개요
2. 해체공사의 영향을 받게 될 「건축법」 제2조제1항제4호에 따른 건축설비의 이동, 철거 및 보호 등에 관한 사항
3. 해체공사의 작업순서, 해체공법 및 이에 따른 구조안전계획
4. 해체공사 현장의 화재 방지대책, 공해 방지 방안, 교통안전 방안, 안전통로 확보 및 낙하 방지대책 등 안전관리대책
5. 해체물의 처리계획
6. 해체공사 후 부지정리 및 인근 환경의 보수 및 보상 등에 관한 사항

② 허가권자는 법 제30조제3항에 따라 제출받은 해체계획서에 보완이 필요하다고 인정하는 경우에는 기한을 정하여 보완을 요청할 수 있나.

③ 국토교통부장관은 제1항에 따른 해체계획서의 세부적인 작성 방법 등에 관해 필요한 사항을 정하여 고시해야 한다.

Reference

건축법 시행령 제2조18호
제2조(정의)
18. "특수구조 건축물"이란 다음 각 목의 어느 하나에 해당하는 건축물을 말한다.
　나. 기둥과 기둥 사이의 거리(기둥의 중심선 사이의 거리를 말하며, 기둥이 없는 경우에는 내력벽과 내력벽의 중심선 사이의 거리를 말한다. 이하 같다)가 20미터 이상인 건축물
　다. 특수한 설계 · 시공 · 공법 등이 필요한 건축물로서 국토교통부장관이 정하여 고시하는 구조로 된 건축물

2 해체계획서 작성항목

(1) 일반사항

① 공사개요
② 관리조직
③ 예정공정표

(2) 사전준비단계

① 건축물의 주변조사
　㉠ 인접건축물 및 주변현황 조사
　㉡ 지하매설물 조사
　㉢ 지하건축물 조사
② 해체 대상건축물 조사
　㉠ 해체 대상건축물 사전조사
　㉡ 해체 대상건축물 현장조사
③ 유해물질 및 환경공해 조사
　㉠ 석면 조사
　㉡ 유해물질 및 환경공해 유 · 무 조사
　㉢ 소음, 진동 비산먼지 및 인근지역 피해 가능성 조사

(3) 건축설비의 이동, 철거 및 보호 등

① 지하매설물 조치계획
　㉠ 해체공사 관련 지하매설물 및 지하건축물 조치계획
② 장비이동 계획
　㉠ 이동식 크레인 작업계획
　㉡ 해체용 굴착기 작업계획
　㉢ 고소작업차 작업계획
　㉣ 그 외 사용장비별 작업계획
　㉤ 안전관리 이행계획

③ 가시설물 설치계획
　㉠ 가시설물별 설치계획
　㉡ 가시설물별 시공상세도
　㉢ 가시설물별 구조안전성 검토
　㉣ 가시설물별 구조보강 계획
　㉤ 해체단계별 가시설물 해체 계획

(4) 작업순서, 해체공법 및 구조안전계획

① 작업 순서 등
　㉠ 공정흐름도
　㉡ 해체순서도(평면도 · 단면도 등)
　㉢ 해체 시공상세도(필요시)
② 해체공법
　㉠ 해체공법 선정 근거
　㉡ 해체공법 비교표
③ 구조안전계획
　㉠ 구조안전성 검토(필요시)
　㉡ 잔재물처리 계획
　㉢ 전도 및 붕괴방지 대책
　㉣ 구조적 돌출부로 인한 피해방지 계획
　㉤ 지하층 해체단계별 안전성 확보 계획
　㉥ 해체공사 안전검점표
④ 구조보강계획
　㉠ 해체 대상 건축물의 보강방법
　㉡ 장비탑재에 따른 해체공법 적용 시 장비동선 계획
　㉢ 잭서포트 등 보강재의 인양 및 회수 등에 대한 운용 계획

(5) 안전관리대책

① 해체작업자 안전관리
　㉠ 해체잔재물 낙하 등에 대한 출입통제 계획
　㉡ 살수작업자 및 유도자 추락방지 등의 안전관리 계획
　㉢ 해체공사 중 건축물 내 · 외부 이동을 위한 안전동로 확보 계획
　㉣ 해체작업자를 위한 안전보호구 지급 및 관리에 관한 사항
　㉤ 해체작업자 직무별 안전교육에 관한 사항
　㉥ 화재 등 비상상황 발생 시 안전관리계획
② 인접건축물 안전관리
　㉠ 해체공사 단계별(공정별) 위험요인 선정

㉡ 인접건축물 현황에 따른 위험요인별 안전대책
㉢ 지하층 해체에 따른 지반영향에 관한 사항
㉣ 그 밖에 현장 조건에 따라 추가하여야 하는 사항

③ 주변 통행 · 보행자 안전관리
㉠ 공사현장 주변 도로상황에 관한 사항
㉡ 유도원 및 교통 안내원 등의 배치계획
㉢ 보행자 및 차량 통행을 위한 안전시설물 설치 계획
㉣ 잔재물 반출 등을 위한 중차량의 이동경로에 관한 사항
㉤ 공사현장 주변의 공공이용시설물에 대한 이동조치 계획이나 안전시설물 설치계획
㉥ 그 밖에 현장 조건에 따라 추가하여야 하는 사항

(6) 환경관리대책

① 소음 · 진동 등의 관리
㉠ 생활소음 · 진동의 규제 기준에 따른 장비운용 계획
㉡ 건축물 파쇄 시 저소음 · 저진동 공법 계획
㉢ 잔재물 투하에 의한 소음 · 진동 저감 방안
㉣ 건축물 해체 시 살수 등 비산먼지 저감 계획
㉤ 수질오염방지 계획
㉥ 오염토 반출 계획
㉦ 민원관리 계획

② 해체물 처리계획
㉠ 폐기물 배출자의 의무 등 이행 계획
㉡ 폐기물 분쇄, 소각, 매립 등 구분 배출 계획
㉢ 잔재물 등 발생 폐기물에 대한 보관, 수집, 운반 및 처리 계획
㉣ 해체공사 폐기물 최종 처리상태 확인 계획
㉤ 폐기물 인계서 등 기록관리 계획

③ 부지정리
㉠ 전체 부지에 해체 폐기물 및 해체 잔재물 유 · 무 확인 계획
㉡ 평탄작업 및 배수로 정비 계획
㉢ 보도, 통행로, 기타 인접건물 접근로 등 복구 계획

3 제출서류

(1) 해체계획서
(2) 구조안전성 검토보고서
(3) 가시설물 구조계산서

(4) 관계전문가의 해체계획서 작성 · 검토확인서(국토부 고시에 따른 항목별 의견 포함)
(5) 대상건축물 도면(구조안전성 검토를 하는 경우)
(6) 석면조사결과서(석면 해체를 완료한 경우 석면해체 · 제거 완료보고서 제출)
(7) 기타 필요서류(지질조사보고서 등)

4 해체계획서 작성항목 점검표

해체계획서 작성항목	작성	미작성	해당없음
1. 일반사항			
① 공사의 개요, 관리조직 및 예정공정 등	☐	☐	☐
2. 사전조사			
① 건축물 주변조사 및 지하매설물 조사	☐	☐	☐
② 지하건축물 조사	☐	☐	☐
③ 해체 대상건축물 조사	☐	☐	☐
④ 유해물질 및 환경공해 조사	☐	☐	☐
3. 건축설비의 이동, 철거 및 보호 등			
① 지하매설물 조치계획	☐	☐	☐
② 장비사용 계획	☐	☐	☐
③ 가시설물 설치계획	☐	☐	☐
4. 작업 순서, 해체공법 및 구조안전계획			
① 작업순서 및 해체공법의 적정성	☐	☐	☐
② 구조안전계획	☐	☐	☐
③ 구조보강계획	☐	☐	☐
④ 안전점검표의 유무	☐	☐	☐
5. 안전관리계획			
① 해체작업자 안전관리	☐	☐	☐
② 인접건축물 안전관리	☐	☐	☐
③ 주변통행 · 보행자 안전관리	☐	☐	☐
6. 환경관리계획			
① 소음 · 진동 등의 관리	☐	☐	☐
② 해체물 처리계획	☐	☐	☐
7. 부지정리계획			
① 부지정리 및 주변 시설물 복구계획	☐	☐	☐
8. 폭파에 의한 해체계획			
① 해체계획 수립의 적정성 등	☐	☐	☐

제출항목	제출	미제출	해당없음
1. 구조안전성 검토보고서	□	□	□
2. 가시설물 구조계산서	□	□	□
3. 관계전문가 검토 · 작성확인서	□	□	□
4. 석면조사 결과서(또는 석면해체 · 제거 완료 보고서)	□	□	□
5. 대상건축물 도면	□	□	□

5 해체계획서 작성 절차도

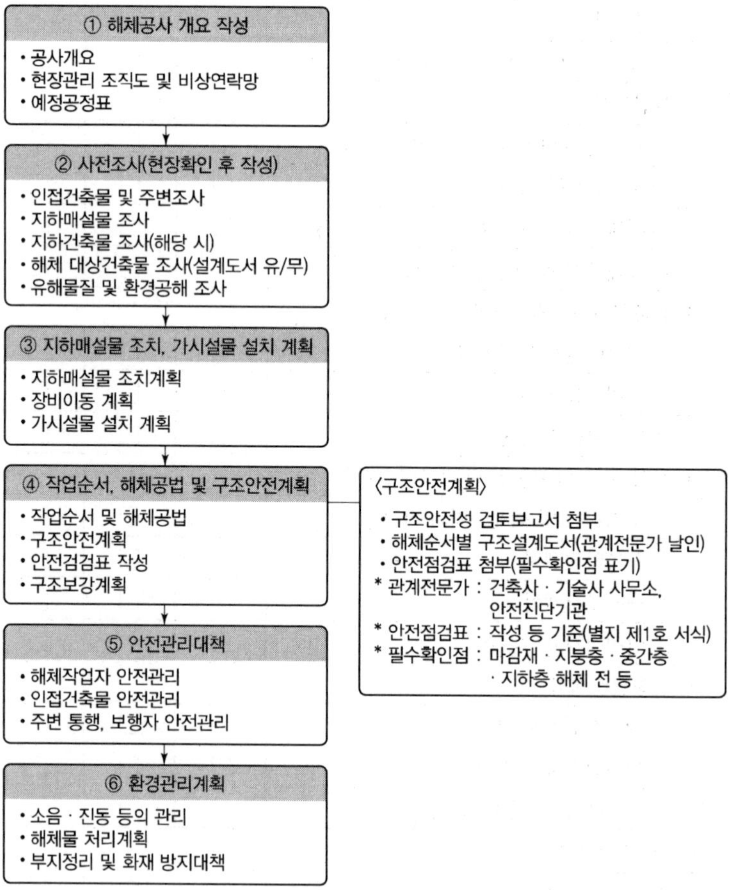

① 해체공사 개요 작성
- 공사개요
- 현장관리 조직도 및 비상연락망
- 예정공정표

↓

② 사전조사(현장확인 후 작성)
- 인접건축물 및 주변조사
- 지하매설물 조사
- 지하건축물 조사(해당 시)
- 해체 대상건축물 조사(설계도서 유/무)
- 유해물질 및 환경공해 조사

↓

③ 지하매설물 조치, 가시설물 설치 계획
- 지하매설물 조치계획
- 장비이동 계획
- 가시설물 설치 계획

↓

④ 작업순서, 해체공법 및 구조안전계획
- 작업순서 및 해체공법
- 구조안전계획
- 안전점검표 작성
- 구조보강계획

〈구조안전계획〉
- 구조안전성 검토보고서 첨부
- 해체순서별 구조설계도서(관계전문가 날인)
- 안전점검표 첨부(필수확인점 표기)

* 관계전문가 : 건축사 · 기술사 사무소, 안전진단기관
* 안전점검표 : 작성 등 기준(별지 제1호 서식)
* 필수확인점 : 마감재 · 지붕층 · 중간층 · 지하층 해체 전 등

↓

⑤ 안전관리대책
- 해체작업자 안전관리
- 인접건축물 안전관리
- 주변 통행, 보행자 안전관리

↓

⑥ 환경관리계획
- 소음 · 진동 등의 관리
- 해체물 처리계획
- 부지정리 및 화재 방지대책

SECTION 03 해체현장 참고자료

1 굴착기

(1) 용량별 사양 예시

구분		제원	
미니급		버켓용량	0.06m³
		차량폭	1,300mm
		장비중량	2.32ton
		최대굴삭깊이	2,440mm
		최대굴삭높이	3,990mm
		최대덤프높이	2,390mm
		전체높이(전고)	2,380mm
03(LC)급		버켓용량	0.18m³
		차량폭	1,920mm
		장비중량	6.39ton
		최대굴삭깊이	3,770mm
		최대굴삭높이	5,755mm
		최대덤프높이	4,000mm
		전체높이(전고)	2,570mm
03(W)급		버켓용량	0.18m³
		차량폭	1,925mm
		장비중량	6.13ton
		최대굴삭깊이	2,900mm
		최대굴삭높이	6,080mm
		최대덤프높이	4,320mm
		전체높이(전고)	2,910mm
06(LC)급		버켓용량	0.59m³
		차량폭	2,590mm
		장비중량	15.4ton
		최대굴삭깊이	4,675mm
		최대굴삭높이	8,470mm
		최대덤프높이	5,680mm
		전체높이(전고)	2,875mm

구분		제원	
06(W)급		버켓용량	0.59m³
		차량폭	2,495mm
		장비중량	15.7ton
		최대굴삭깊이	4,640mm
		최대굴삭높이	8,710mm
		최대덤프높이	5,420mm
		전체높이(전고)	3,930mm
08(LC)급		버켓용량	0.92m³
		차량폭	2,990mm
		장비중량	23.3ton
		최대굴삭깊이	6,730mm
		최대굴삭높이	9,600mm
		최대덤프높이	6,780mm
		전체높이(전고)	3,030mm
08(W)급		버켓용량	0.86m³
		차량폭	2,530mm
		장비중량	21.2ton
		최대굴삭깊이	6,230mm
		최대굴삭높이	10,275mm
		최대덤프높이	6,835mm
		전체높이(전고)	3,995mm
1.0(LC)급 (ten)		버켓용량	1.27m³
		차량폭	3,200mm
		장비중량	31.9ton
		최대굴삭깊이	7,640mm
		최대굴삭높이	10,510mm
		최대덤프높이	6,840mm
		전체높이(전고)	3,500mm

2 비계

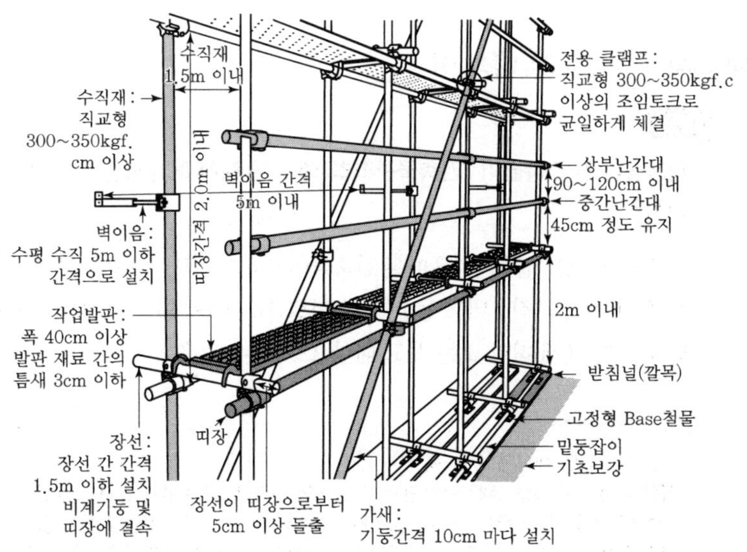

3 낙하물 방지망

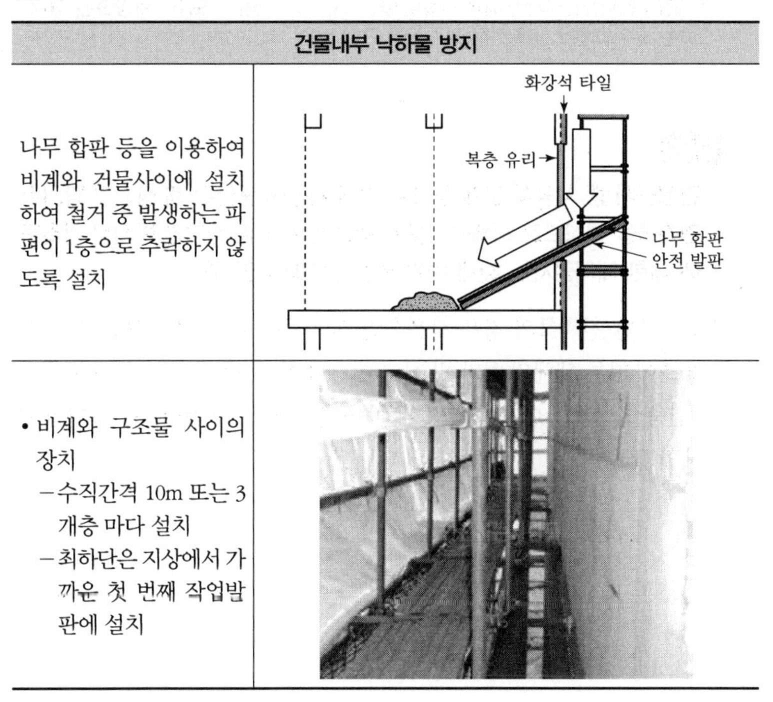

건물내부 낙하물 방지	
나무 합판 등을 이용하여 비계와 건물사이에 설치하여 철거 중 발생하는 파편이 1층으로 추락하지 않도록 설치	
• 비계와 구조물 사이의 장치 – 수직간격 10m 또는 3개층 마다 설치 – 최하단은 지상에서 가까운 첫 번째 작업발판에 설치	

SECTION 04 해체공사 국토교통부 FAQ(2023.1.)

1 해체 허가(신고) 대상 여부

Q 01

사용승인 전 건축물이 「건축물관리법」에 따른 해체 허가 또는 신고대상인지?

구조 · 형태상 「건축법」에 따른 건축물이라 하더라도, 「건축물관리법」 제정 취지 및 목적 · 내용 등을 종합 검토 시, 사용승인 전 건축물은 동법에 따른 해체 허가 또는 신고 대상으로 볼 수 없음

A. 건축물관리법 제정 취지 및 목적 · 내용

- **제정 취지** : 「건축법」 제2조제1항제16의2호에 따르면, "건축물의 유지 · 관리"란 건축물의 소유자나 관리자가 사용 승인된 건축물의 대지 · 구조 · 설비 및 용도 등을 지속적으로 유지하기 위하여 건축물이 멸실될 때까지 관리하는 행위를 말하며, 이와 관련한 규정을 담아 19.4월 「건축물관리법」 제정
- **목적** : 건축물의 안전 확보 및 편리 · 쾌적 · 미관 · 기능 등 사용가치의 유지 · 향상과 안전하게 해체하는 데 필요한 사항을 정하여 과학적 · 체계적으로 관리
- **내용** : 건축물관리자가 해당 건축물 멸실까지 유지 · 점검 · 보수 · 보강 또는 해체하는 행위와 관련한 행정적 절차 등을 규정

Q 02

건설공사 중 시공사 문제 등으로 인해 시공이 중단된 채 장기간 방치된 건축물을 대상으로 해체공사를 수행하려는 경우, 장기간 방치된 건축물에 대한 해체공사는 해체 허가 또는 신고대상인지?

공사중단 건축물의 경우 사용승인 전 건축물로써 「건축물관리법」 제30조에 따른 해체의 허가 및 신고 대상이 아님. 공사중단 방치건축물은 「건축물관리법」이 아닌 「방치건축물정비법」, 「건축법」 등에 따라 해체할 필요

Q 03

빈집을 해체할 경우, 「건축물관리법」에 따른 해체 허가 또는 신고대상인지?

「건축물관리법」 제30조에 따른 해체 허가 또는 신고 대상에 포함됨. 다만, 특별자치시장 · 특별자치도지사 또는 시장 · 군수 · 구청장은 사용 여부를 확인한 날부터 1년 이상 아무도 사용하지 아니하는 건축물(「농어촌정비법」 제2조제12호에 따른 빈집 및 「빈집 및 소규모주택 정비에 관한 특례법」 제2조제1항제1호에 따른 빈집은 제외하며, 이하 "빈 건축물"이라 한다)을 동 법 제42조에 따라 해당 건축물의 소유자에게 해체 등 필요한 조치를 명할 수 있음

Q 04

내부 인테리어공사도 「건축물관리법」에 따른 해체 허가 또는 신고 대상인지?

「건축물관리법」 제2조제7호에 따르면 "해체"란 건축물을 건축 · 대수선 · 리모델링하거나 멸실시키기 위하여 건축물 전체 또는 일부를 파괴하거나 절단하여 제거하는 것을 말한다고 규정하고 있으므로, 「건축법」에 따른 건축 · 대수선 · 리모델링 · 멸실에 해당하지 않는 내부 인테리어공사 등은 「건축물관리법」 제30조에 따른 해체 허가 또는 신고 대상으로 볼 수 없음

Q 05

비내력벽을 해체하는 것도 「건축물관리법」에 따른 대수선인지?

「건축법」 제2조제1항제9호에 따라 대수선은 건축물의 기둥, 보, 내력벽, 주계단 등의 구조나 외부 형태를 수선 · 변경하거나 증설하는 것으로서 대통령령으로 정하는 것을 의미하는 바, 비내력벽은 대수선의 대상범위에 포함되지 않음

다만, 기타 대수선에 해당되는지 여부는 「건축법 시행령」 제3조의2 대수선 범위에 따름

Q 06

외벽 마감재를 해체하는 것도 「건축물관리법」에 따른 해체 허가 또는 신고 대상인지?

"해체"란 건축물을 건축 · 대수선 · 리모델링하거나 멸실시키기 위하여 건축물 전체 또는 일부를 파괴하거나 절단하여 제거하는 것으로, 마감재는 주요구조부가 아니나, 「건축법 시행령」 제3조의2에 따라 2010년 12월 30일 이후에 건축물의 외벽에 사용하는 마감재료(법 제52조제2항에 따른 마감재료를 말한다)를 증설 또는 해체하거나 벽면적 30제곱미터 이상 수선 또는 변경하는 것은 대수선에 해당됨
따라서, 마감재를 해체하는 것은 경우에 따라 해체 허가 또는 신고 대상임

Q 07

컨테이너 등을 파괴하거나 절단하거나 해체하지 않고 그대로 외부로 반출하는 경우에도 해체 허가 또는 신고 대상인지?

컨테이너 등을 파괴하거나 절단하거나 해체하지 않고 그대로 외부로 반출하는 경우에는 「건축물관리법」 제30조에 따른 "해체"에 포함되지 아니함

Q 08

위반건축물, 가설건축물 또는 건축법 이전 건축물대장이 없는 건축물도 「건축물관리법」에 따른 해체 허가 또는 신고 대상인지?

「건축물관리법」 제30조제1항에 따라 건축물을 해체하려는 관리자의 경우에는 허가권자의 허가를 받아야 하고 동 법에서 정의하고 있는 '건축물'이란 「건축법」 제2조제1항제2호에 따른 건축물을 말하므로 위반건축물, 가설건축물 등도 해체 허가 또는 신고 대상임

Q 09

대수선 허가 시 별도로 해체 허가 또는 신고를 받아야 하는지?

해체란 건축물을 건축 · 대수선 · 리모델링하거나 멸실시키기 위하여 건축물 전체 또는 일부를 파괴하거나 절단하여 제거하는 것을 말하므로, 대수선 허가와는 별도로 해체 허가 또는 신고를 득하여야 함

Q10

허가 및 신고를 받지 아니하고 건축물 해체를 완료한 경우 사후 조치로 해체의 허가 및 신고 신청을 받고 행정처리를 하여야 하는지?

건축물의 해체가 완료되어 허가권자가 검토하고 승인해야 할 대상 건축물이 존재하지 않으므로 별도의 해체 허가 및 신고 신청은 받을 필요가 없음
다만, 관련 규정에 따라 처벌 조치를 검토해야 하며, 건축물의 완료·멸실 신고 등의 절차가 필요

Q11

「학교시설 사업 촉진법」에 따른 학교시설을 해체하는 경우 해당 허가권자(지자체)에게 신고 또는 허가를 받아야 하는지?

- 「학교시설사업 촉진법」 제2조제1호의 학교시설은 같은 법 제5조의2 제6항에 따라 시장·군수·구청장이 아닌 「초·중등교육법」 제6조에 따른 감독청의 허가 또는 신고를 받아야 함
- 해체에 대한 허가 또는 신고의 수리는 감독청이 시행하되, 이외의 모든 절차는 「건축물관리법」을 따름. 「학교시설 해체 업무 주요절차도」를 참조
- 시행일
  ① 본 내용은 이 지침 시행 이후에 제출되는 해체의 허가(신고) 건부터 적용하며 이 지침 시행 전에 제출된 허가(신고) 신청 건은 종전 지침을 따름. 다만, 이 지침 시행 전에 제출된 건이라 하더라도 감독청이 판단하여 필요하다고 인정하는 경우에는 본 개정 지침을 따를 수도 있음
  ② 이 지침 시행 전에 해체의 허가(신고)가 제출되었고 이 지침 시행 이후에 변경이 제출되는 경우 변경 건에 대하여는 종전 지침을 따름. 다만, 감독청이 판단하여 필요하다고 인정하는 경우에는 본 개정 지침을 따를 수도 있음

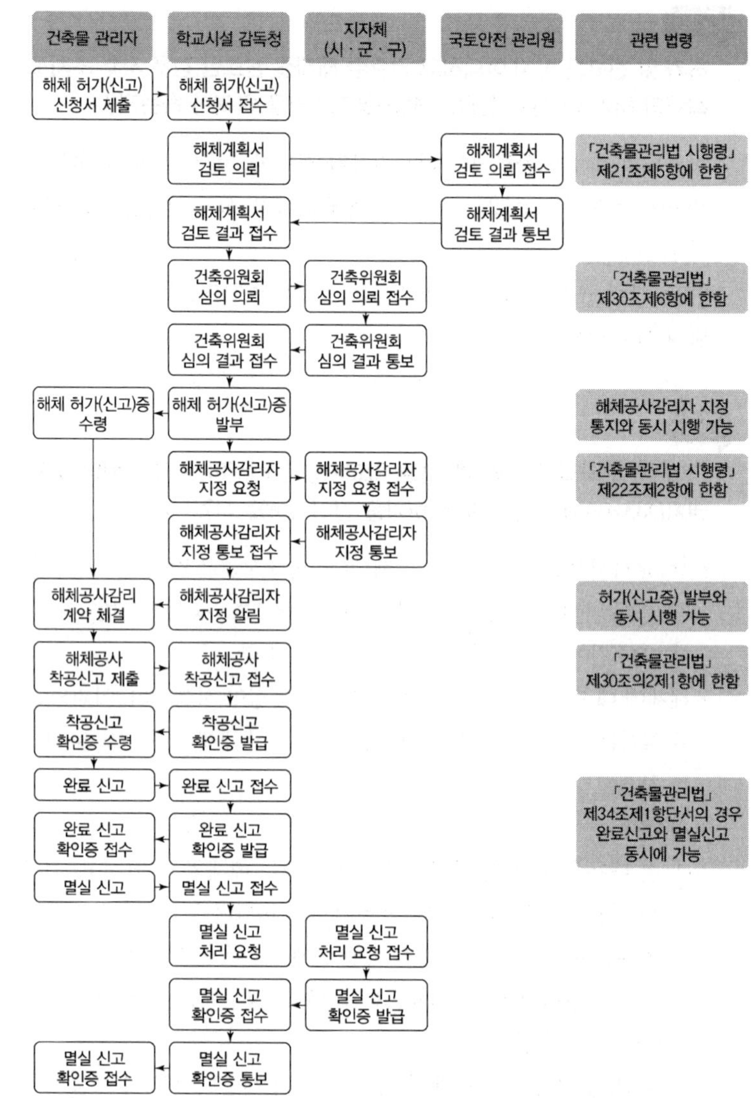

※ 본 절차는 「건축물관리법」 상의 해체부터 멸실까지에 관한 절차이며, 이후 말소 등의 절차는 「건축법」 및 「건축물대장의 기재 및 관리 등에 관한 규칙」 등의 절차를 따름

[그림 6-3] 학교시설 해체 업무 주요절차도

Q12

「국방 · 군사시설 사업에 관한 법률(이하 '국방시설사업법'」)에 따른 국방 · 군사시설을 해체하는 경우 관할 허가권자(지자체)에게 신고 또는 허가를 받아야 하는지?

「국방시설사업법」에 따른 국방 · 군사시설은 같은 법 제8조제4항의 취지에 따라 시장 · 군수 · 구청장이 아닌 국방부장관의 해체 허가 또는 신고를 받아야 함. 해체감리 등 해체에 관한 절차는 「국방시설사업법」의 취지에 따라 국방부장관이 시행함

다만, 「국방시설사업법」 제10조에 해당되는 경우에는 관할 지역의 지자체장에게 해체 허가 및 신고를 받아야 하며 모든 절차도 「건축물관리법」을 따름

A. 「국방시설사업법」 제8조4항의 취지

기존 「건축법」 제36조제1항이 2019. 4. 30. 삭제된 후 해당 내용이 현행 「건축물관리법」 제30조의 내용으로 제정되면서 「국방 · 군사시설 사업에 관한 법률」 제8조제4항의 인용조항이 「건축물관리법」 제30조로 수정되지 않았으나, 「국방 · 군사시설 사업에 관한 법률」 제8조제4항의 취지를 감안할 경우 국방 · 군사시설에 대한 해체의 허가 또는 신고는 국방부장관의 규정에 따르는 것이 타당

A. 「국방시설사업법」 제10조

제10조(건축승인 및 준공검사 특례의 적용 제외) 국방 · 군사시설 중 다음 각 호의 어느 하나에 해당하는 시설의 건축등에는 제8조 및 제9조를 적용하지 아니한다.

1. 군부대주둔지 바깥에서 시행하는 군인 · 군무원 · 가족의 주거 · 복지 · 체육 또는 휴양 등을 위하여 필요한 시설
2. 「국토의 계획 및 이용에 관한 법률」에 따른 도시 · 군관리계획에 따라 도시 · 군계획시설로 결정되어 건축되는 시설
3. 「국토의 계획 및 이용에 관한 법률」에 따른 도시 · 군관리계획에 따라 지구단위계획구역으로 지정된 구역에서 건축되는 시설
4. 「개발제한구역의 지정 및 관리에 관한 특별조치법」에 따른 개발제한구역으로 지정된 구역에서 건축되는 시설
5. 「사회기반시설에 대한 민간투자법」에 따라 건축되는 시설

2 해체 허가(신고) 대상 구분

Q13

해체 신고 대상은?

제30조제1항의 각 호인 1호, 2호, 3호에 해당되면서 제30조제2항의 각 호인 1호, 2호, 3호에 해당되지 아니하는 경우 해체 신고 대상임

① 일부해체 : 건축물의 연면적 · 높이 등과 관계없이 주요구조부 해체를 수반하지 아니하고 건축물의 일부를 해체하는 경우

② 전부해체 : 연면적 500제곱미터 미만이면서, 건축물의 높이가 12미터 미만이고 지상층과 지하층을 포함하여 3개층 이하에 모두 해당하는 건축물

③ 기타 : 일부해체 및 전부해체 여부와 관계없이(주요구조부 해체도 포함) 제30조제1항제3호에 해당하는 경우에는 무조건 신고대상으로 분류

Q14

해체 허가 대상은?

신고대상에 해당되지 않는 건축물의 해체와 신고대상이더라도 「건축물관리법」 제30조제2항에 해당하는 경우 해체 허가 대상임

A. 건축물관리법 제30조제2항

② 제1항 각 호 외의 부분 단서에도 불구하고 관리자가 다음 각 호의 어느 하나에 해당하는 경우로서 해당 건축물을 해체하려는 경우에는 허가권자의 허가를 받아야 한다.

1. 해당 건축물 주변의 일정 반경 내에 버스 정류장, 도시철도 역사 출입구, 횡단보도 등 해당 지방자치단체의 조례로 정하는 시설이 있는 경우
2. 해당 건축물의 외벽으로부터 건축물의 높이에 해당하는 범위 내에 해당 지방자치단체의 조례로 정하는 폭 이상의 도로가 있는 경우

Q15

제30조의 '제1항 각 호 외의 부분 본문'과 '제1항 각 호 외의 부분 단서'는 각각 무엇인지?

- 제30조1항 '각 호 외의 부분'은 '본문'과 '단서'로 구분
- '본문'은 관리자가 건축물을 해체하려는 경우에는 특별자치시장 · 특별자치도지사 또는 시장 · 군수 · 구청장(이하 '허가권자')의 허가를 받아야 한다임
- '단서'는 다만, 다음 각 호의 어느 하나에 해당하는 경우 대통령령으로 정하는 바에 따라 신고를 하면 허가를 받은 것으로 본다임

Q16

법 제30조제1항제1호에 따른 주요구조부의 해체를 수반하지 아니하고 건축물의 일부를 해체하는 범위는?

「건축법」 제2조제1항제7호에 따르면 '주요구조부'란 내력벽, 기둥, 바닥, 보, 지붕틀 및 주계단으로 정의하고 있으므로, 상기 요소를 해체하지 아니하는 것을 말함

Q17

건축법 제14조제1호의 바닥면적의 합계가 85m² 이내의 증축 · 개축 또는 재축에 해당하는 건축물이란 어떤 의미인지?

이전에 「건축법」 제14조제1항제1호에 따라 바닥면적의 합계가 85m² 이내의 증축 · 개축 또는 재축이 있었고(단서 조항 생략), 이번에 해체하는 구간이 이전의 「건축법」 제14조제1항제1호에 따른 증축 · 개축 · 재축 구간이라면(단서 조항 생략) 주요구조부의 해체 여부와 상관없이 해체 신고의 대상으로 본다는 의미

Q18

해체공사 허가 또는 신고대상 판별 시 연면적은 개별 건축물 단위인지?

'연면적'은 「건축법 시행령」 제119조제1항제4호에 따라 하나의 건축물 각 층의 바닥면적의 합계로 정의하고 있으므로, 해체공사 신고 또는 허가 시 적용하는 연면적 기준 또한 개별 건축물 단위로 산정

Q19

여러 동의 건축물 해체 시 각각 신고 또는 허가를 득해야 하는지?

해체 허가 접수 방식에 대하여는 별도로 규정하고 있지 아니하나, 「건축물관리법 시행규칙」 별지 제5호서식 건축물 해체 허가신청서, 해체 신고서에서는 해체 대상 건축물의 동별 개요를 작성하도록 하고 있으므로 여러 동의 건축물 해체 시 일괄신청 · 접수도 가능

Q20

태풍, 화재 등으로 건축물의 대부분이 손실되고 나머지 일부를 해체하려는 경우 해체 면적은 남은 건축물의 면적을 기준으로 하는지?

건축물의 대부분이 소실되어 나머지 일부를 해체하려는 경우, 허가권자는 소실된 면적(해체가 필요없는 부분 포함)을 제외한 남은 건축물의 면적을 기준으로 해체면적을 산정할 수 있음

Q 21

「건축물관리법 시행령」 제21조제5항제2호의 '10톤 이상의 장비'는 건축물에 직접 올리는 장비만을 말하는 것인지? 건축물에 직접 올라타지 않더라도 해체 현장에서 사용하는 모든 장비를 고려해야 하는 것인지?

지상에서 해체하는 장비를 제외하고 건축물에 올려 해체하는 장비 무게의 합을 의미함
단, 지하층이 있는 1층 슬래브 상부에 해체장비가 올라갈 경우 건축물에 해체장비를 직접 올려서 해체하는 것에 해당

3 해체계획서 작성 · 검토

Q 22

해체신고 및 해체 허가 대상 모두 해체계획서를 작성하여야 하는지? 해체신고 및 해체 허가 대상 모두 「건축물 해체계획서의 작성 및 감리업무에 관한 기준」의 적용을 받는지?

해체신고 및 허가대상 모두 「건축물관리법 시행규칙」 제12조제1항 각 호의 내용을 포함하여 「건축물 해체계획서의 작성 및 감리업무에 관한 기준」에 따라 해체계획서를 작성하여야 함

A. 건축물관리법 시행규칙 제12조제1항

① 법 제30조제3항에 따른 해체계획서에는 다음 각 호의 내용이 포함되어야 한다.

1. 해체공사의 공정 등 해체공사의 개요
2. 해체공사의 영향을 받게 될 「건축법」 제2조제1항제4호에 따른 건축설비의 이동, 철거 및 보호 등에 관한 사항
3. 해체공사의 작업순서, 해체공법 및 이에 따른 구조안전계획
4. 해체공사 현장의 화재 방지대책, 공해 방지 방안, 교통안전 방안, 안전통로 확보 및 낙하 방지대책 등 안전관리대책
5. 해체물의 처리계획
6. 해체공사 후 부지정리 및 인근 환경의 보수 및 보상 등에 관한 사항

Q 23

해체신고 대상의 해체계획서는 누가 작성하고 누가 검토해야 하는지?

「건축물관리법」 제30조제5항에 따라 해체신고 대상의 해체계획서는 「건축사법」 제23조제1항에 따른 건축사사무소 개설신고를 한 자 또는 「기술사법」 제6조에 따라 기술사사무소를 개설등록한 자로서 건축구조, 건축시공, 건설안전을 직무범위로 등록한 자가 검토하고 서명날인하여야 함
단, 해체신고대상의 경우 해체계획서의 작성자에 대한 자격조건은 없음

Q 24

해체 허가 대상의 해체계획서는 누가 작성하고 누가 검토해야 하는지?

「건축물관리법」 제30조제4항에 따라 해체 허가 대상의 해체계획서는 「건축사법」 제23조제1항에 따른 건축사사무소 개설신고를 한 자 또는 「기술사법」 제6조에 따라 기술사사무소를 개설등록한 자로서 건축구조, 건축시공, 건설안전을 직무범위로 등록한 자가 작성하고 서명날인하여야 함
단, 전문가가 해체계획서를 작성하므로 해체계획서 검토는 따로 받지 않아도 됨

Q 25

사무소를 개설신고 · 등록하지 않은 건축사 또는 기술사가 해체계획서 작성 · 검토를 할 수 있는지?

「건축물관리법」 제30조제4항 및 제5항에 따른 해체계획서 작성 · 검토 자격은 건축사 및 기술사 사무소를 개설 · 등록한 건축사, 기술사로써 사무소를 개설 · 등록하지 않은 개인은 불가능
단, 해체신고 대상의 해체계획서 작성은 작성자에 대한 자격조건이 없는바 가능

Q 26

「건설기술 진흥법」 제62조에 따른 안전관리계획을 제출한 경우, 해체계획서를 제출하지 않아도 되는지?

「건축물관리법」 일부 개정(법률 제18824호, '22.8.4. 시행)으로 「건설기술 진흥법」 제62조에 따른 안전관리계획 수립 대상 공사의 경우 안전관리계획을 제출하면 해체계획서를 제출한 것으로 보는 조항이 삭제됨
부칙(법률 제18824호, '22.8.4. 시행)에서 제30조 및 제30조의3의 개정규정은 이 법 시행 이후 제30조제1항이나 같은 조 제2항의 개정규정에 따라 건축물 해체 허가를 신청하거나 해체신고를 하는 경우부터 적용하는바 '22.8.4. 이후에 해체 허가를 신청하거나 해체신고를 하는 경우부터는 안전관리계획이 아닌 해체계획서를 제출해야 함

Q 27

지상해체의 경우에도 해체계획서 작성 시 구조안전성 검토보고서를 첨부해야 하는지?

「건축물 해체계획서의 작성 및 감리업무 등에 관한 기준」 제13조제2항에 따라 건축물에 장비를 올려서 해체하거나 허가권자가 검토가 필요하다고 판단하는 경우에만 구조안전성 검토보고서를 첨부하면 됨

허가권자는 건축물의 노후화 및 불법 증 · 개축 등으로 인한 전도 및 붕괴 등으로 인접건축물 및 보행자 등에 영향을 미칠 우려가 있는 경우에는 구조안전성검토 결과를 통한 구조보강계획 수립을 요청할 수 있음

Q 28

구조안전성 검토보고서에 서명 또는 기명 날인은 누가 해야 하는지?

「건축물 해체계획서의 작성 및 감리업무 등에 관한 기준」 제2조제4항에 따라 「건축사법」 제23조제1항에 따른 건축사사무소 개설신고를 한 자 또는 「기술사법」 제6조에 따라 기술사사무소를 개설등록한 자로서 건축구조, 건축시공, 건설안전을 직무범위로 등록한 자가 서명 또는 기명 날인을 하면 됨

Q 29

구조안전성 검토를 수행하는 경우, 반드시 구조보강계획을 수립해야 하는지?

구조안전성 검토 결과 건축물의 내력(휨 및 전단응력)을 초과하지 않는 경우에는 구조보강계획을 수립할 필요는 없음. 다만 건축물의 내력이 소요내력에 근접하거나 같은 경우에는 안전사고예방을 위한 일부 구조보강계획이 포함되어야 함

Q 30

해체계획서 작성을 위한 표준서식이 있는지?

- '해체계획서 작성 매뉴얼 및 표준 서식'을 문서로 17개 광역시 · 도 등을 통해 배포한 바 있음
  - 2021년 12월 31일 국토교통부 건축안전과 – 4777호(2021.12.31.), 2022년 12월 28일 국토교통부 건축안전과 – 8698호(2022.12.23.)
- 동 자료는 국토안전관리원 홈페이지에 등재되어 있으니 등재된 자료 활용 바람
  - (등재) 홈페이지 – 기술정보 – 기술자료실

Q 31

해체계획서 작성 시 '해체계획서 작성 매뉴얼 및 표준서식'의 양식을 활용이 의무인지?

「건축물 해체계획서 작성 매뉴얼 및 표준서식」은 허가권자와 해체계획서 작성자의 이해를 돕기 위한 표준자료이며 법정 서식이 아님

따라서, 「건축물 해체계획서 작성 매뉴얼 및 표준서식」을 참조하여 「건축물관리법 시행규칙」 제12조제1항의 사항과 「건축물 해체계획서의 작성 및 감리업무 등에 관한 기준」에 관한 사항을 작성

Q 32

해체계획서 작성 및 검토에 대한 대가 기준이 별도로 있는지?

해체계획서 작성 및 검토에 대한 비용은 별도로 규정하고 있지 아니함

4 건축위원회 심의, 허가(신고) 변경

Q 33

2022년 8월 4일 이전에 신청된 건에 대하여도 건축위원회 심의를 받아야 하는지?

개정 법률 제18824호의 부칙 제2조(해체계획서의 작성 · 검토 자격 등에 관한 적용례)에서 제30조 및 제30조의3의 개정규정은 이 법 시행 이후 제30조제1항이나 같은 조 제2항의 개정규정에 따라 건축물 해체 허가를 신청하거나 해체신고를 하는 경우부터 적용한다고 규정하고 있음

또한, 법 제30조의3(건축물 해체의 허가 또는 신고 사항의 변경) 제1항에서 해체계획서의 변경 등에 관한 사항은 제30조제3항33부터 제7항까지 및 제9항을 준용한다고 규정하고 있음

따라서, 개정 법률 제18824호의 부칙 제2조에 따라 2022년 8월 4일 이전에 해체를 신청한 건은 건축위원회의 심의를 받을 필요가 없음

A. 건축위원회 심의 여부

	8월 4일 이전	8월 4일 이후	적용
경우①	최초 허가 신청		• 종전법(법률 제18340) 준용 • 심의 불필요
경우②		최초 허가 신청	• 개정법(법률 제18824) 준용 • 심의 필요

Q34

해체 허가(신고)와 변경 허가(신고)의 신청일에 따른 개정 법률 적용 대상은?

개정 법률 제18824호의 부칙 제2조(해체계획서의 작성 · 검토 자격 등에 관한 적용례)에서 제30조 및 제30조의3의 개정규정은 이 법 시행 이후 제30조제1항이나 같은 조 제2항의 개정규정에 따라 건축물 해체 허가를 신청하거나 해체신고를 하는 경우부터 적용한다고 규정하고 있음
따라서, 다음 아래와 같이 개정 법률을 적용함

A. 해체의 허가 또는 신고사항의 변경 시 준용법

	8월 4일 이전	8월 4일 이후	적용
경우①	허가 신청 또는 신고		종전법(법률 제18340) 준용 (대상 : 허가 또는 신고)
경우②	허가 신청 또는 신고 & 허가 또는 신고의 변경	최초 허가 신청	종전법(법률 제18340) 준용 (대상 : 허가 또는 신고의 변경)
경우③	허가 신청 또는 신고	허가 또는 신고의 변경	종전법(법률 제18340) 준용 (대상 : 허가 또는 신고의 변경)
경우④		허가 신청 또는 신고 & 허가 또는 신고의 변경	개정법(법률 제18824) 준용 (대상 : 허가 또는 신고)
경우⑤		허가 신청 또는 신고 & 허가 또는 신고의 변경	개정법(법률 제18824) 준용 (대상 : 허가 또는 신고의 변경)

Q35

건축위원회 심의는 국토안전관리원에 해체계획서 검토의뢰 전 받아야 하는지?

- 「건축물관리법」과 하위법령에 건축위원회 심의와 국토안전관리원 검토 순서에 대한 규정은 없으나 국토안전관리원의 '건축물의 해체계획서 검토에 관한 규정'에 따라 국토안전관리원에 해체계획서 검토를 의뢰한 후 지역 건축위원회 심의를 받을 필요
- 또한, 국토안전관리원의 해체계획서 검토가 해체계획서의 공법, 순서 등의 적절성을 검토하기 위함이고, 건축위원회 심의의 경우 해체계획서 적정성을 포함하여 해체 허가의 여부를 검토하는 과정임을 고려할 필요

5 해체공사감리 교육

Q36

해체공사 감리교육의 이수시간 및 교육기관은?

- 「건축물관리법 시행규칙」 제13조의2제2항에 따라 신규교육은 35시간, 보수교육은 14시간임
- 현재 지정된 해체공사감리교육기관은 '대한건축사협회'와 '국토안전관리원', '한국기술사회', '한국건축시공기술사협회', '한국건설안전기술사회'이며 해당 교육기관에서 교육을 시행하고 있음
  - 2022년 12월 30일에 지정된 '한국기술사회', '한국건축시공기술사협회', '한국건설안전기술사회'는 2023년 교육계획을 수립하여 우리 부와 협의한 후 교육 실시 예정

Q37

해체공사감리자 명부 등록을 신청하기 전까지 교육을 이수하여야 하는지?

「건축물관리법 시행규칙」 제13조의2제1항1호에 따라 해체공사감리자 명부에 등록되기 전이 아니라 해체공사감리자로 지정되기 전까지 해체공사감리 업무에 관한 교육을 받아야 함
다만, 지자체가 해체공사감리자 모집 시 공고내용에 별도의 규정을 두었다면 그를 따를 수는 있음

Q38

2021년 12월 31일 전에 해체공사감리자 교육을 16시간을 받은 사람도 다시 35시간으로 변경 교육을 받아야 하는지?

2022년 8월 4일 이전은 해체공사감리자 교육이 의무가 아니었으므로 교육 시간의 차이 만큼 추가 교육을 받을 필요가 없으며, 2022년 8월 4일 시행된 「건축물관리법」 법률 제18824호의 부칙 제8조에서 종전의 규정에 따라 해체공사감리 업무에 관한 교육을 받은 자는 이 법 시행일부터 6개월이 되는 날(2023년 2월 3일)까지는 제31조의2의 개정규정에 따른 해체공사감리 업무에 관한 교육을 받은 것으로 인정하고 있는 바 이에 다시 신규교육을 받을 필요는 없음
다만, 종전 기준에 따라 교육을 받은 자의 교육인정기간을 3년으로 확대하는 「건축물관리법」 부칙 개정을 추진 중이며, 해당 법률이 개정될 경우 기존 신규교육을 받은 날로부터 3년 이후 보수교육을 받으면 해체공사감리로 지정 가능

A. 「건축물관리법」 법률 제18824호의 부칙 제8조
(부칙) 제8조(해체공사감리자 등의 교육에 관한 경과조치) 이 법 시행 당시 종전의 규정에 따라 해체공사감리 업무에 관한 교육을 받은 자는 이 법 시행일부터 6개월이 되는 날까지는 제31조의2의 개정규정에 따른 해체공사감리 업무에 관한 교육을 받은 것으로 본다.

Q 39

2021년 12월 31일 이후부터 2022년 8월 4일 전에 35시간의 해체공사 감리자 교육을 받은 사람도 다시 신규교육을 받아야 하는지?

2022년 8월 4일 시행된 「건축물관리법」 법률 제18824호의 부칙 제8조에서 종전의 규정에 따라 해체공사감리 업무에 관한 교육을 받은 자는 이 법 시행일부터 6개월이 되는 날(2023년 2월 3일)까지는 제31조의2의 개정규정에 따른 해체공사감리 업무에 관한 교육을 받은 것으로 인정하고 있는 바 이에 다시 신규교육을 받을 필요는 없음
다만, 종전 기준에 따라 교육을 받은 자의 교육인정기간을 3년으로 확대하는 「건축물관리법」 부칙 개정을 추진 중이며, 해당 법률이 개정될 경우 기존 신규교육을 받은 날로부터 3년 이후 보수교육을 받으면 해체공사감리로 지정 가능

Q 40

매 3년이 되는 해의 기준일과 같은 날 전까지 보수교육을 이수해야 하는지?

매 3년이 되는 해의 기준일과 같은 날 전까지 보수교육을 이수해야 하며, 기한 내 보수교육 이수가 불가할 경우 신규교육을 이수해야 함

6 해체공사 감리자 지정

Q 41

해체공사감리자의 자격과 관련하여 건축사법 또는 건설기술진흥법에 따른 감리자격이 있는 자란?

- 「건축사법」에 따른 감리자격은 「건축사법」 제23조제1항 또는 같은 조 제9항 단서에 따라 시·도지사에게 건축사사무소의 개설신고를 한 자
- 「건설기술 진흥법」에 따른 감리자격은 「건설기술 진흥법」 제26조제1항 및 시행령 제44조에 따라 건설엔지니어링업의 업무범위를 건설사업관리업으로 시·도지사에게 등록한 자

Q 42

해체 공사시공자도 해체공사 감리자로 지정이 가능한지?

「건축물관리법」 제31조제1항에 따라 감리자격이 있더라도 공사시공자 본인 및 「독점규제 및 공정거래에 관한 법률」 제2조제12호에 따른 계열회사는 감리자로 지정받을 수 없음

Q 43

해체공사 현장에 의무적으로 감리원을 배치하여야 하는 건축물 대상은?

「건축물관리법 시행령」 제22조제2항의 제1호, 제2호에 해당하는 건축물

A. 건축물관리법 시행령 제22조제2항

1. 법 제30조제1항 각 호 외의 부분 본문 및 같은 조 제2항에 따른 해체 허가 대상인 건축물
2. 법 제30조제1항 각 호 외의 부분 단서에 따른 해체신고 대상인 건축물로서 다음 각 목의 어느 하나에 해당하는 건축물
   가. 제21조제5항 각 호의 건축물
   나. 해체하려는 건축물이 유동인구가 많거나 건물이 밀집되어 있는 곳에 있는 경우 등 허가권자가 해체작업의 안전한 관리를 위하여 필요하다고 인정하는 건축물

Q 44

「건축물관리법 시행령」 제23조의2제1호에 따르면 감리원 배치 인원인 1~2명인데, 1인 건축사 사무소의 경우 어떻게 감리자를 지정해야 하는지?

해체공사감리원이 2명 배치되는 현장일 경우 허가권자는 해체공사감리자가 감리업무가 가능한 감리원 인원을 확보했는지 또는 추가 확보가 가능한지를 검토하여 해체공사감리자를 지정할 필요

Q 45

「건설기술진흥법」 제39조에 따라 발주청이 계약한 건설기술용역사업자가 있는 건설공사의 경우에도 「건축물관리법」에 따른 해체공사감리자를 지정받아야 하는지?

- 「건축물관리법」에 따라 해체공사허가 및 해체공사감리자를 지정받아야 함
- 해체공사감리자의 지정과 관련하여서는 「건설기술진흥법」에 따른 감독 권한대행 등 건설사업관리를 시행하고자 하는 경우 해당 건설기술용역사업자를 해체공사감리자로 지정이 가능할 것이나, 「건축물관리법」에서 규정한 사항을 포함하여 업무범위 등을 조정하여야 함
- 해체공사감리자의 중복 지정 예방을 위해 발주청은 건설기술용역사업자 선정을 위한 발주 전에 해체공사감리자 지정권자(시장, 군수, 구청장)와 협의하여 동의를 받아야 함

Q 46

해체공사감리자 지정 시 향후 신축공사 감리자와 동일한 감리자를 지정할 수 있는지?

「건축물관리법 시행령」 제22조제3항에 따라 「건축법」 제25조제2항에 해당하는 건축물을 건축하는 경우로서 관리자가 요청하는 경우 허가권자에 의해 지정받은 해체공사감리자를 신축공사의 감리자로 지정할 수 있음

다만, 건축물 해체 후 시행하는 신축공사가 허가권자가 지정하는 감리대상이 아닌 건축주가 공사감리자를 지정하는 공사인 경우에는 해당 공사감리자를 신축공사 전 시행하는 해체공사의 해체공사감리자로 지정하는 것은 불가

Q 47

해체계획서 작성한자를 해체공사감리자로 지정할 수 있는지?

- 「건축물관리법시행규칙」 제13조제2항에 따라 관리자가 해체계획서를 작성한 자를 해체공사감리자로 지정해 줄 것을 요청하고, 해체계획서를 작성한 자가 영 제22조제1항 전단에 따른 명부에 포함되어 있어 있는 경우, 해체계획서 작성한 자를 해체공사감리자로 우선할 수 있음
- 영 제21조제5항 각 호의 건축물, 「건축법 시행령」 제91조의3제1항제1호, 같은 조 제5호의 대상 건축물로 한정함

Q 48

정비사업 등 넓은 지역에 걸쳐 몇 개의 공구로 나뉘어져 해체공사가 이루어지는 경우 동일한 감리자를 지정할 수 있는지?

해체공사감리자의 지정과 관련한 운영방안은 지자체별 조례로 정하도록 운영 중이므로, 상기 사례와 같은 경우 원활한 사업관리를 위하여 사업주체가 동일한 경우, 공구별 감리자를 일괄하여 지정하는 방식 등도 가능

이는, 원활한 사업관리를 위하여 사업주체가 동일한 경우 공구별 감리자를 일괄하여 지정할 수도 있도록 한 사항이며 이를 사전에 지자체로 조례로 반드시 담아야 하는 사항은 아님. 다만, 지자체 조례로 동일 감리 지정을 금지하는 규정이 있다면 동일 감리 지정을 허용할 수 없다는 취지임

Q 49

여러 동의 건축물 해체를 일괄 접수한 경우 감리자, 감리원의 지정기준은?

접수된 해체공사 허가 건당 해체공사감리자를 지정하므로 여러 동 건축물의 해체 허가를 일괄접수할 경우 허가권자는 하나의 감리자를 지정함

단, 「건축물관리법 시행령」 제23조의2에 따른 해체공사의 감리원 배치기준은 하나의 동별 연면적에 따라 인원을 배치하여야 하며, 여러 동을 동일한 날짜에 해체할 경우 각 동별로 다른 필요 감리원을 배치하여야 함

Q 50

해체공사 감리자 지정방법 등 표준조례안이 배포되는지?

해체공사와 관련한 별도의 표준조례는 배포하지 않았으며, 「건축법」에 따른 허가권자 지정 감리제도와 유사하므로 이를 참고하여 조례를 제정할 필요

Q 51

해체공사감리 대가기준은 요율 방식으로 해야하는 것인지? 아니면 실비정액가산방식으로 해야하는 것인지?

「건축물관리법 시행규칙」 제13조제4항에 따라 관리자가 공공기관의 장인 경우 건축물의 해체공사 감리비용은 요율방식 또는 실비정액가산방식으로 할 수 있으며, 같은 규칙 제13조제5항에서 제4항에 따른 자

가 아닌 관리자의 건축물 해체공사 감리비용은 같은 항의 감리비용을 참고하여 정할 수 있다고 규정함

따라서, 관리자가 공공기관의 장이 아닌 경우 해체공사감리의 대가 산정은 「건축물 해체계획서의 작성 및 감리업무 등에 관한 기준」 제23조를 참고하여 요율 방식 또는 실비정액가산방식 등으로 할 수 있음

A. 「건축물 해체계획서의 작성 및 감리업무 등에 관한 기준」 제23조

① 「건축물관리법 시행규칙」 제13조제4항제1호에 따른 국토교통부장관이 정하여 고시하는 요율은 [별표 2]에 따른 공공발주사업의 해체공사비에 대한 요율을 말한다.

② 제1항에 따른 요율은 해체공사의 난이도 등에 따라 요율의 10% 범위 내에서 조정할 수 있다.

③ 제1항에 따라 요율방식을 적용할 경우라도 해체공사 업무에 포함되지 않는 추가업무비용은 별도의 실비로 계상하도록 한다.

④ 「건축물관리법 시행규칙」 제13조제4항제2호에 따라 실비정액가산방식을 적용하는 경우 직접인건비, 직접경비, 제경비, 기술료 등은 다음 각 호의 사항을 따른다.

1. 직접인건비 : 해당 건축물 해체공사 감리업무에 종사하는 기술자의 인건비로서 투입된 인원수에 엔지니어링기술자의 기술등급별 노임단가를 곱하여 계산한다(건축사 및 건축사보의 노임단가는 기술사 및 기술자의 노임단가에 준한다).
2. 직접경비 : 해당 건축물 해체공사 감리업무에 필요한 숙박비, 제출도서의 인쇄 및 복사비, 사무공간 임대비(별도의 사무실을 제공받는 경우는 제외한다) 등으로서 실제 소요비용으로 한다.
3. 제경비 : 직접비(직접인건비 및 직접경비를 말한다)에 포함되지 아니하는 비용으로 임원, 서무, 경리직원의 급여, 소프트웨어 라이센스비 등을 포함한 것으로서 직접인건비의 110~120%로 한다.
4. 기술료 : 건축물 해체공사 감리자가 개발 · 보유한 기술의 사용 및 기술축적을 위한 대가로서 조사연구비, 기술개발비, 이윤 등을 포함하며 직접인건비에 제경비를 합한 금액의 20~40%로 한다.

7 해체공사감리자 업무

Q52

해체공사 감리자 업무 범위는?

- 「건축물관리법」 제32조제1항에서 및 「건축물 해체계획서의 작성 및 감리업무 등에 관한 기준」 제21조제1항에 따라 감리자는 아래와 같은 업무를 수행해야 함
- 또한 「건축물 해체계획서의 작성 및 감리업무 등에 관한 기준」 제31조에 따라 감리자는 제반 안전관리를 위하여 다음 각 호의 업무를 수행해야 함

A. 「건축물관리법」 제32조제1항

1. 해체작업순서, 해체공법 등 해체계획서에 맞게 공사하는지 여부의 확인
2. 현장의 화재 및 붕괴 방지 대책, 교통안전 및 안전통로 확보, 추락 및 낙하 방지대책 등 안전관리대책에 맞게 공사하는지 여부의 확인
3. 해체 후 부지정리, 인근 환경의 보수 및 보상 등 마무리 작업사항에 대한 이행 여부의 확인
4. 해체공사에 의하여 발생하는 「건설폐기물의 재활용촉진에 관한 법률」 제2조제1호에 따른 건설폐기물이 적절하게 처리되는지에 대한 확인
5. 그 밖에 국토교통부장관이 정하여 고시하는 해체공사의 감리에 관한 사항

A. 「건축물 해체계획서의 작성 및 감리업무 등에 관한 기준」 제21조제1항

1. 해체계획서의 적정성 검토
2. 해체계획서에 따라 적합하게 시공하는지 검토 · 확인
3. 구조물의 위치 · 규격 등에 관한 사항의 검토 · 확인
4. 사용자재의 적합성 검토 · 확인
5. 재해예방 및 시공 안전관리
6. 환경관리 및 폐기물 처리 등의 확인

A. 「건축물 해체계획서의 작성 및 감리업무 등에 관한 기준」 제31조제1항

1. 해체작업자가 「산업안전보건법」 등 관계법령에 따른 안전조직을 갖추었는지 여부의 검토 · 확인
2. 시공계획과 연계된 안전계획의 수립 및 그 내용의 실효성 검토
3. 유해 및 위험 방지계획의 내용 및 실천 가능성 검토
4. 안전관리계획의 이행 및 여건 변동 시 계획변경 여부 확인
5. 위험장소 및 작업에 대한 안전조치 이행 여부 확인
6. 안전표지 부착 및 유지관리 확인
7. 안전통로 확보, 자재의 적치 및 정리정돈 등 확인
8. 그 밖에 현장 안전사고 방지를 위해 필요한 조치

Q53

해체공사 감리일지는 어떤 양식에 작성하며 언제 어디에 제출해야 하는지?

「건축물 해체계획서의 작성 및 감리업무 등에 관한 기준」 제33조에 따라 감리자는 해체작업자로부터 일일 작업계획서를 제출받아 보관하고 계획대로 작업이 추진되었는지 여부를 확인한 후, 별지 제2호서식에 따른 공사감리일지를 법 제7조에 따른 건축물 생애이력 정보체계에 기록하여야 함

Q54

해체공사 감리업무에 관한 매뉴얼이 있는지?

「건축물 해체공사 감리업무 매뉴얼」을 2022년 1월 28일 각 기관(교육부, 국방부, 17개 광역시 · 도, 한국토지주택공사, 국토안전관리원, 대한건축사협회, 한국건축구조기술사회, 한국건축시공기술사협회)에 문서로 배포(국토교통부 건축안전과 – 435호)하였으며, 국토안전관리원 홈페이지(https://kalis.or.kr)에도 등재하여 놓았음

Q 55

감리업무를 수행하지 않은 날에도 감리일지를 등록해야 하는지?

제32조제6항에 따라 해체공사감리자는 그날 수행한 해체작업에 관하여 건축물 생애이력 정보체계에 매일 등록해야 함. 이때 '매일'은 해체감리업무를 수행하지 않는 날은 제외한 해체감리 업무를 수행하는 날을 의미

8) 해체공사 감리원 배치

Q 56

해체공사 감리원이 해체공사 감리자 사무소에 반드시 소속되어 있어야 하는지?

「건축물관리법 시행령」 제23조의2제2호에 해당되는 배치 감리원은 해체공사감리자의 소속이어야 함

Q 57

해체공사감리원으로 배치 시, 교육을 이수해야 하는지? 언제까지 이수하면 되는지?

- 2022. 8. 4. 개정 시행된 「건축물관리법」 제31조의2제1항에 따라 해체공사감리 업무를 하려는 해체공사감리원은 해체공사감리 업무에 관한 교육을 받아야 함
- 「건축물관리법 시행규칙」 제13조의2제1항1호에 따라 감리원으로 배치되기 전까지 해체공사감리 업무에 관한 교육을 받아야 함

Q 58

건축물 해체공사 감리원은 상주 감리인가요? 비상주 감리인가요?

2022년 10월 28일 「건축물관리법 시행령」 제23조의2가 신설되면서 해체공사 감리의 상주 감리가 의무화되었으며, 개정 대통령령 제32096호(2021.10.28.) 부칙 제1조에 따라 2021년 10월 28일부터 시행되었음
또한, 「건축물관리법」 및 「건축물관리법 시행령」 등에서 비상주 감리원에 대한 배치 의무 규정은 두고 있지 않음

A. 부칙 〈대통령령 제32096호, 2021. 10. 28.〉
* 제1조(시행일) 이 영은 2021년 10월 28일부터 시행한다.

Q59

해체공사 감리원의 배치 기간은?

「건축물관리법 시행령」 제23조의2제1호에서 각 목의 구분에 따라 전체 해체공사 기간 동안 해체공사 현장에 감리원을 배치할 것이라고 규정하고 있는 바, 해체공사 전체 기간 동안 배치되어야 함

Q60

「건축물관리법 시행령」 제23조의2제2항제2호 및 제3항제3호에 따라 필수확인점에 건축사와 특급기술인을 배치하는 경우 현재 배치된 감리원 이외에 추가 배치인지 또는 교체인지?

필수확인점에 다다른 경우 배치해야 하는 건축사 또는 특급기술인은 기존 감리원과 교체도 가능하고 기존 감리원 이외에 추가적으로 배치도 가능함

9) 해체작업자

Q61

해체공사를 시행할 수 있는 해체작업자의 자격은?

「건축물 해체계획서의 작성 및 감리업무 등에 관한 기준」 제2조제2호에서 "해체작업자"란 「건설산업기본법」 제2조제7호에 따른 건설사업자로서 법 제32조의2에 따른 해체작업자의 업무를 수행하는 자를 말한다고 정의하고 있음
다만, 면허 및 자격 등 세부적인 사항은 「건설산업기본법」 및 관련 하위법령 규정에 따름

Q62

해체공사를 시행할 때 시공자 제한 및 건설기술인의 현장배치 기준은 어떤 규정을 따라야 하나?

「건축물관리법」 제5조에서 건축물관리에 관하여 다른 법률에 특별한 규정이 있는 경우를 제외하고는 이 법에서 정하는 바에 따른다고 규정하고 있음
그러나 동 사항은 「건축물관리법」에서 규정하고 있지 아니한 바, 동 사항은 「건설산업기본법」 상의 관련 규정을 따를 필요

SECTION 05 해체계획서 자가점검표 목록

1 해체공사 개요

자가점검표 검토사항		페이지	반영 여부
검토내용	검토항목		
공사 개요의 주요내용이 누락 없이 포함되었는가?	해체 대상건축물 개요(구조형식, 연면적, 층수, 높이 등 포함)		□ Yes □ No
해체공사 관리조직도를 작성하였는가?	해체공사에 참여하는 기술자 명단		□ Yes □ No
해체공사의 전반적인 예정공정표를 작성하였는가?	전체 해체공사의 진행 과정을 주공정선 표시 및 소요기간 등 기재		□ Yes □ No

2 사전준비 단계

자가점검표 검토사항		페이지	반영 여부
검토내용	검토항목		
건축물 주변조사는 수행하였는가?	• 인접건축물 현재용도 및 높이, 구조형식 등 조사 • 접속도로 폭, 출입구 및 보도 위치 조사 • 보행자 통행과 차량 이동상태 조사 등		□ Yes □ No
해체대상건축물 조사는 수행하였는가?	• 설계도서가 있는 건축물 – 건축물의 구조형식, 연면적, 층수(층고 포함), 높이, 폭 등 – 기둥, 보, 슬래브, 벽체 등 부재별 배치 상태 및 외부에 노출된 주요구조부재 – 캐노피, 발코니 등 건축물 내·외부의 캔틸레버부재 – 용접부위, 이종재료 접합부, 철근이음 및 정착상태 등 구조적 취약부 – 건축물 해체 시 박락의 우려가 있는 내·외장재의 유·무 – 전기, 소방, 설비 계통의 상세 • 설계도서가 없는 건축물 – 변위·변형, 콘크리트 비파괴강도 등		□ Yes □ No

자가점검표 검토사항		페이지	반영 여부
검토내용	검토항목		
지하건축물 조사를 수행하였는가?	• 지하건축물 해체 시 인접건축물의 영향 • 인접 하수터널 박스 • 지하철 건축물 및 환기구 수직관 등 부속 건축물 • 지하저수조, 지하기계실, 지하주차장 등 단지 내 지하건축물 • 전력구 등 건축물 유 · 무 등		□ Yes □ No
유해물질/환경공해 조사를 수행하였는가?	• 「산업안전보건법」 제119조제2항에 따른 기관석면조사 • 유해물질 및 환경공해 조사 • 소음 · 진동, 비산먼지 및 인근지역 피해가능성 조사		□ Yes □ No
지하매설물 조사는 수행하였는가?	• 전기, 상 · 하수도, 가스, 난방배관, 각종 케이블 및 오수정화조 등		□ Yes □ No

3 건축설비의 이동 · 철거 · 보호 등

자가점검표 검토사항		페이지	반영 여부
검토내용	검토항목		
지하건축물 조치 계획은 수립하였는가?	해당 시설의 이동, 철거, 보호 등 조치계획		□ Yes □ No
장비이동계획은 수립하였는가?	해체작업용 장비의 제원, 인양방법, 인양에 따른 반경, 하중 등 검토 및 이동 동선 계획		□ Yes □ No
가시설물 설치계획은 수립하였는가?	비계 및 안전시설물 설계기준에 따른 가시설물 설치계획 및 시공상세도면 첨부		□ Yes □ No

4 작업순서, 해체공법 및 구조안전계획

자가점검표 검토사항		페이지	반영 여부
검토내용	검토항목		
해체현장 및 작업여건을 고려한 해체공법 선정 및 작업순서를 포함하였는가?	해체공법 선정 및 해체단계별 계획		□ Yes □ No

자가점검표 검토사항		페이지	반영 여부
검토내용	검토항목		
장비이동계획은 수립하였는가?	• 해체 대상건축물 개요, 해체공사 구조안전성 검토업무에 참여한 기술자 명단, 현장 조사내용 및 조사결과 • 작용하중(고정하중, 장비하중, 잔재하중 등 관련 하중) • 관계전문가가 서명 또는 기명 날인한 해체순서별 구조설계도서 • 지상건축물을 해체하는 경우 －상부 해체구간의 잔재물 운반을 위해 기존 구조체의 일부를 제거하거나 변경을 하는 경우 관계전문가의 협력에 관한 사항 －해당 건축물의 전도 및 붕괴방지 대책 －발코니, 캐노피 등 건축선에 근접한 구조적 돌출부의 해체 시 작업자 및 외부통행인 등의 피해방지 대책 －특수구조 건축물 또는 도심 밀집지역 건축물의 해체공사 시 안전성 확보를 위한 관계전문가와 협력에 관한 사항 • 지하건축물을 해체하는 경우 －잔류한 나머지 건축물에 대한 토압, 수압 및 기타하중에 대한 안정성 확인 －배면토압 및 수압에 대한 구조안전성 검토 －지하건축물의 해체 단계별 구조안전성 검토 －굴착 영향선에 인접한 석축, 옹벽 및 건축물, 지하매설물 보호 계획		□ Yes □ No
안전점검표는 첨부하였는가?	기준 별지 제1호서식에 따른 안전점검표에 주요공정별로 필수확인점을 표기		□ Yes □ No
구조보강계획은 수립하였는가?	• 해체 대상건축물의 보강 방법 • 장비탑재에 따른 해체공법 적용 시 장비동선 계획 • 잭서포트 등의 인양 및 회수 등에 대한 운용 계획		□ Yes □ No

5 안전관리대책 등

자가점검표 검토사항		페이지	반영 여부
검토내용	검토항목		
해체작업자 안전관리는 수립하였는가?	• 해체 잔재물 낙하에 의한 출입통제 • 살수작업자 및 유도자 추락방지대책 • 해체공사 중 건축물 내부 이동을 위한 안전통로 확보 • 비산먼지 및 소음환경에 노출된 작업자 안전보호구 • 안전교육에 관한 사항		□ Yes □ No
인접건축물 안전관리는 수립하였는가?	• 해체공사 단계별 위험요인에 따른 안전대책 제시 • 해당 현장과 인접건축물의 거리 등을 명기한 도면 • 지하층 해체에 따른 지반영향에 대한 검토 결과 • 그 밖에 현장 조건에 따라 추가하여야 하는 사항		□ Yes □ No
주변 통행 · 보행자 안전관리는 수립하였는가?	• 공사현장 주변의 도로상황 도면 • 유도원 및 교통 안내원 등의 배치계획 • 보행자 및 차량통행을 위한 안전시설물 설치계획 • 잔재물 반출 등을 위한 중차량의 이동 경로 • 그 밖에 현장 조건에 따라 추가하여야 하는 사항		□ Yes □ No

6 환경관리계획 등

자가점검표 검토사항		페이지	반영 여부
검토내용	검토항목		
소음 · 진동관리계획은 수립하였는가?	• 공사 시행 전 소음발생 정도를 「소음 · 진동관리법시행규칙」 제20조제3항에 따른 생활소음 · 진동의 규제기준에 따라 장비운용 계획 • 건축물 파쇄 시 저소음 · 저진동 공법 계획 • 산새물 투하에 의한 소음 · 진동저감 방안 • 건축물 해체 시 살수계획 수립		□ Yes □ No

자가점검표 검토사항		페이지	반영 여부
검토내용	검토항목		
해체물 처리계획은 수립하였는가?	• 「폐기물관리법」제17조에 따른 사업장 폐기물 배출자의 의무 등 이행계획 「소음 · 진동 관리법 시행규칙」 폐기물 분쇄, 소각, 매립 등 구분 배출 • 잔재물 등 발생 폐기물에 대한 보관, 수집 · 운반 및 처리 계획 • 해체공사 폐기물 최종 처리상태 확인 • 관리번호, 폐기물 종류 확인, 인계서 등 기록관리 유지		□ Yes □ No
화재방지대책은 수립하였는가?	화재방지를 위한 소화기 운용 및 대피로 계획		□ Yes □ No

CHAPTER

07

해체공사 감리업무

CHAPTER 07 해체공사 감리업무

SECTION 01 해체공사 감리업무 대상건축물 분류

1 신고대상 건축물(「건축물관리법」 제30조)

(1) 「건축법」 제2조제1항제7호에 따른 주요구조부의 해체를 수반하지 아니하고 건축물의 일부를 해체하는 경우

(2) 다음 각 목에 모두 해당하는 건축물의 전체를 해체하는 경우

(가) 연면적 500제곱미터 미만의 건축물

(나) 건축물의 높이가 12미터 미만인 건축물

(다) 지상층과 지하층을 포함하여 3개 층 이하인 건축물

(3) 그 밖에 대통령령으로 정하는 건축물을 해체하는 경우

① 「건축법」 제14조제1항제1호 또는 제3호에 따른 건축물

② 「국토의 계획 및 이용에 관한 법률」에 따른 관리지역, 농림지역 또는 자연 환경보전지역에 있는 높이 12미터 미만인 건축물. 이 경우 해당 건축물의 일부가 「국토의 계획 및 이용에 관한 법률」에 따른 도시지역에 걸치는 경우에는 그 건축물의 과반이 속하는 지역으로 적용

③ 그 밖에 시 · 군 · 구 조례로 정하는 건축물

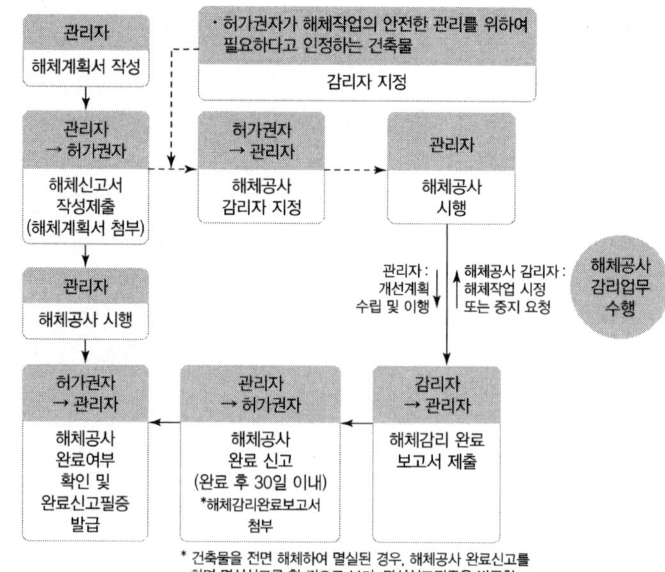

[그림 7-1] 건축물 해체공사의 신고절차(법 제30조제2항~법 제34조)

2 허가대상 건축물(「건축물관리법」 제30조)

(1) 신고대상 건축물에 해당되지 않는 모든 건축물

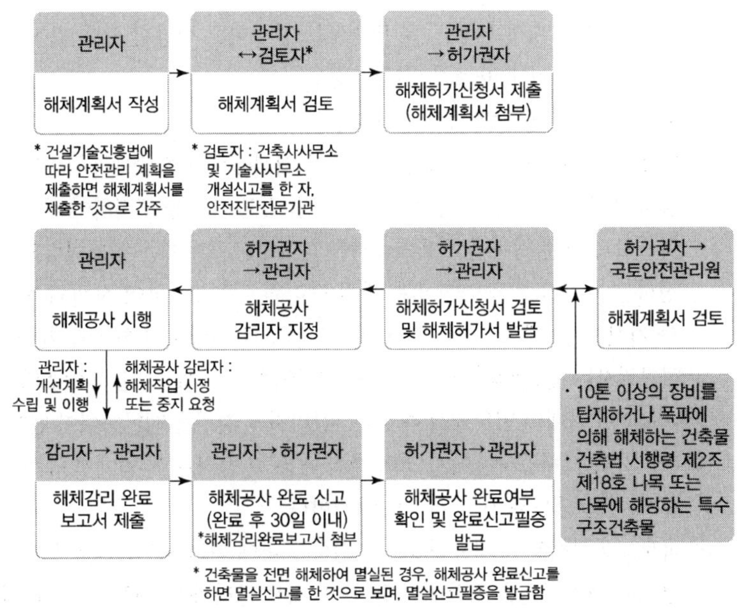

[그림 7－2] 건축물 해체공사의 허가절차(법 제30조제2항~법 제34조)

SECTION 02 해체공사 감리자의 지정

1 건축물관리법

제31조(건축물 해체 공사감리자의 지정 등)

① 허가권자는 건축물 해체 허가를 받은 건축물에 대한 해체작업의 안전한 관리를 위하여 「건축사법」 또는 「건설기술 진흥법」에 따른 감리자격이 있는 자(공사시공자 본인 및 「독점규제 및 공정거래에 관한 법률」 제2조제12호에 따른 계열회사는 제외한다) 중 제31조의2에 따른 해체공사 감리 업무에 관한 교육을 이수한 자를 대통령령으로 정하는 바에 따라 해체공사감리자(이하 "해체공사감리자"라 한다)로 지정하여 해체공사 감리를 하게 하여야 한다.

② 허가권자는 다음 각 호의 어느 하나에 해당하는 경우에는 해체공사감리자를 교체하여야 한다.

1. 해체공사감리자의 지정에 관한 서류를 거짓이나 그 밖의 부정한 방법으로 제출한 경우

2. 업무 수행 중 해당 관리자 또는 제32조의2에 따른 해체작업자의 위반사항이 있음을 알고도 해체작업의 시정 또는 중지를 요청하지 아니한 경우
3. 제32조제7항에 따른 등록 명령에도 불구하고 정당한 사유 없이 지속적으로 이에 따르지 아니한 경우
4. 그 밖에 대통령령으로 정하는 경우

③ 해체공사감리자는 수시 또는 필요한 때 해체공사의 현장에서 감리업무를 수행하여야 한다. 다만, 해체공사 방법 및 범위 등을 고려하여 대통령령으로 정하는 건축물의 해체공사를 감리하는 경우에는 대통령령으로 정하는 자격 또는 경력이 있는 자를 감리원으로 배치하여 전체 해체공사 기간 동안 해체공사 현장에서 감리업무를 수행하게 하여야 한다.

④ 허가권자는 제2항 각 호의 어느 하나에 해당하는 해체공사감리자에 대해서는 1년 이내의 범위에서 해체공사감리자의 지정을 제한하여야 한다.

⑤ 관리자와 해체공사감리자 간의 책임 내용 및 범위는 이 법에서 규정한 것 외에는 당사자 간의 계약으로 정한다.

⑥ 국토교통부장관은 대통령령으로 정하는 바에 따라 제3항 단서에 따른 감리원 배치기준을 정하여야 한다. 이 경우 관리자 및 해체공사감리자는 정당한 사유가 없으면 이에 따라야 한다.

⑦ 해체공사감리자의 지정기준, 지정방법, 해체공사 감리비용 등 필요한 사항은 국토교통부령으로 정한다.

2 건축물관리법 시행령

제22조(건축물 해체공사감리자의 지정 등)

① 시 · 도지사는 법 제31조제1항에 따른 감리자격이 있는 자를 대상으로 모집공고를 거쳐 명부를 작성하고 관리해야 한다. 이 경우 특별시장 · 광역시장 또는 도지사는 미리 관할 시장 · 군수 · 구청장과 협의해야 한다.

② 허가권자는 법 제31조제1항에 따라 다음 각 호의 건축물의 경우 제1항의 명부에서 해체공사감리자를 지정해야 한다.
1. 법 제30조제1항 각 호 외의 부분 본문 및 같은 조 제2항에 따른 해체허가 대상인 건축물
2. 법 제30조제1항 각 호 외의 부분 단서에 따른 해체신고 대상인 건축물로서 다음 각 목의 어느 하나에 해당하는 건축물
가. 제21조제5항 각 호의 건축물
나. 해체하려는 건축물이 유동인구가 많거나 건물이 밀집되어 있는 곳에 있는 경우 등 허가권자가 해체작업의 안전한 관리를 위하여 필요하다고 인정하는 건축물

③ 허가권자는 건축물을 해체하고 「건축법」 제25조제2항에 해당하는 건축물을 건축하는 경우로서 관리자가 요청하는 경우에는 이 조 제2항에 따라 지정한 해체공사감리자를 「건축법」 제25조제2항에 따른 공사감리자로 지정할 수 있다. 이 경우 허가권자는 건축하려는 건축물의 규모 및 용도 등을 고려하여 해체공사감리자를 지정해야 한다.

④ 제1항부터 제3항까지의 규정에 따른 해체공사감리자의 명부 작성·관리 및 지정에 필요한 사항은 특별시·광역시·특별자치시·도 또는 특별자치도의 조례로 정할 수 있다.

Reference

건축법 제25조 제2항(감리자지정)

② 제1항에도 불구하고 「건설산업기본법」 제41조제1항 각 호에 해당하지 아니하는 소규모 건축물로서 건축주가 직접 시공하는 건축물 및 주택으로 사용하는 건축물 중 대통령령으로 정하는 건축물의 경우에는 대통령령으로 정하는 바에 따라 허가권자가 해당 건축물의 설계에 참여하지 아니한 자 중에서 공사감리자를 지정하여야 한다. 다만, 다음 각 호의 어느 하나에 해당하는 건축물의 건축주가 국토교통부령으로 정하는 바에 따라 허가권자에게 신청하는 경우에는 해당 건축물을 설계한 자를 공사감리자로 지정할 수 있다.

1. 건설기술 진흥법 제14조에 따른 신기술 중 대통령령으로 정하는 신기술을 보유한 자가 그 신기술을 적용하여 설계한 건축물
2. 건축서비스산업 진흥법 제13조제4항에 따른 역량 있는 건축사로서 대통령령으로 정하는 건축사가 설계한 건축물
3. 설계공모를 통하여 설계한 건축물

3 건축물관리법 시행규칙

제13조(건축물 해체공사감리자의 지정 등)

① 허가권자는 법 제31조제1항에 따라 해체공사감리자를 지정할 때 관리자가 법 제30조제4항에 따라 해체하려는 건축물(영 제21조제5항 각 호의 건축물과 「건축법 시행령」 제91조의3제1항제1호 및 제5호의 건축물로 한정한다)에 대한 해체계획서를 작성한 자를 해체공사감리자로 지정해 줄 것을 요청하는 경우로서 그 자가 영 제22조제1항 전단에 따른 명부에 포함되어 있는 경우에는 그 자를 우선하여 지정할 수 있다.

Reference

건축물관리법시행령 제21조

⑤ 법제30조제8항에서 "대통령령으로 정하는 건축물"이란 다음 각 호의 건축물을 말한다.

1. 「건축법 시행령」 제2조제18호나목 또는 다목에 따른 특수구조 건축물
2. 건축물에 10톤 이상의 장비를 올려 해체하는 건축물
3. 폭파하여 해체하는 건축물

② 법 제30조제3항에 따라 건축물 해체 허가신청서 또는 신고서를 제출받은 허가권자는 영 제22조제2항 각 호의 건축물에 해당하는 경우에는 법 제31조제1항에 따라 별지 제7호서식의 해체공사감리자 지정통지서를 해당 관리자에게 통지해야 한다.

③ 관리자는 제2항에 따라 지정통지서를 받으면 해당 해체공사감리자와 감리계약을 체결해야 한다.

④ 관리자가 중앙행정기관의 장, 지방자치단체의 장 및 「공공기관의 운영에 관한 법률」에 따른 공공기관의 장인 경우에 해당 건축물의 해체공사 감리비용은 다음 각 호의 어느 하나에 해당하는 방법으로 산정한다.

1. 해체공사비에 국토교통부장관이 정하여 고시하는 요율을 곱하여 산정하는 방법
2. 엔지니어링산업 진흥법 제31조제2항에 따른 엔지니어링사업의 대가 기준 중 실비정액가산방식을 국토교통부장관이 정하여 고시하는 방법에 따라 적용하여 산정하는 방법

⑤ 제4항에 따른 자가 아닌 관리자의 건축물 해체공사 감리비용은 같은 항의 감리비용을 참고하여 정할 수 있다.

4 건축물 해체계획서 작성 & 감리업무기준

Reference

건축법시행령 제2조 18호

제2조(정의)

18. "특수구조 건축물"이란 다음 각 목의 어느 하나에 해당하는 건축물을 말한다.
   나. 기둥과 기둥 사이의 거리(기둥의 중심선 사이의 거리를 말하며, 기둥이 없는 경우에는 내력벽과 내력벽의 중심선 사이의 거리를 말한다. 이하 같다)가 20미터 이상인 건축물
   다. 특수한 설계 · 시공 · 공법 등이 필요한 건축물로서 국토교통부장관이 정하여 고시하는 구조로 된 건축물

SECTION 03 해체공사 감리자의 교체 및 배치기준

1 건축물관리법

제31조(건축물 해체공사감리자의 지정 등)

② 허가권자는 다음 각 호의 어느 하나에 해당하는 경우에는 해체공사감리자를 교체하여야 한다.

1. 해체공사감리자의 지정에 관한 서류를 거짓이나 그 밖의 부정한 방법으로 제출한 경우
2. 업무 수행 중 해당 관리자 또는 제32조의2에 따른 해체작업자의 위반사항이 있음을 알고도 해체작업의 시정 또는 중지를 요청하지 아니한 경우
3. 제32조제7항에 따른 등록 명령에도 불구하고 정당한 사유 없이 지속적으로 이에 따르지 아니한 경우
4. 그 밖에 대통령령으로 정하는 경우

2 건축물관리법 시행령

제23조(해체공사감리자의 교체) 법 제31조제2항제4호에서 "대통령령으로 정하는 경우"란 다음 각 호의 경우를 말한다.

1. 해체공사 감리에 요구되는 감리자 자격기준에 적합하지 않은 경우
2. 해체공사감리자가 고의 또는 중대한 과실로 법 제32조를 위반하여 업무를 수행한 경우
3. 해체공사감리자가 정당한 사유 없이 해체공사 감리를 거부하거나 실시하지 않은 경우
4. 그 밖에 해체공사감리자가 업무를 계속하여 수행할 수 없거나 수행하기에 부적합한 경우로서 시·군·구 조례로 정하는 경우

제23조의2(건축물 해체공사의 감리원 배치기준 등)

① 법 제31조제3항 단서에서 "대통령령으로 정하는 건축물"이란 다음 각 호의 건축물을 말한다.

1. 법 제30조제1항 각 호 외의 부분 본문 및 같은 조 제2항에 따른 해체허가 대상인 건축물
2. 법 제30조제1항 각 호 외의 부분 단서에 따른 해체신고 대상인 건축물 중 제21조제5항 각 호에 해당하는 건축물

② 법 제31조제3항 단서에서 "대통령령으로 정하는 자격 또는 경력이 있는 자"란 다음 각 호의 구분에 따른 사람으로서 공사시공자 및 공사시공자의 계열회사(「독점규제 및 공정거래에 관한 법률」 제2조제12호의 계열회사를 말한다)에 소속되지 않은 사람을 말한다.

1. 필수확인점에 감리원을 배치하는 경우 : 다음 각 목의 어느 하나에 해당하는 사람
   가. 「건축사법」 제2조제1호의 건축사
   나. 「건설기술 진흥법」 제39조에 따른 건설사업관리를 수행할 자격이 있는 사람으로서 특급기술인인 사람
2. 필수확인점 외의 해체공정에 감리원을 배치하는 경우 : 다음 각 목의 어느 하나에 해당하는 사람
   가. 제1호 각 목의 사람
   나. 「건축사법」 제2조제2호의 건축사보
   다. 「기술사법」 제6조에 따른 기술사사무소 또는 「건축사법」 제23조제9항 각 호에 따른 건설엔지니어링사업자 등에 소속된 사람으로서 다음의 어느 하나에 해당하는 사람
      1) 「국가기술자격법」에 따른 건축 분야의 국가기술자격을 취득한 사람
      2) 「건설기술 진흥법」 제39조에 따른 건설사업관리를 수행할 자격이 있는 사람으로서 직무분야가 같은 법 시행령 별표 1 제3호라목의 건축인 사람

③ 법 제31조제6항 전단에 따른 감리원 배치기준에는 다음 각 호의 내용이 포함되어야 한다.

1. 제1항제1호에 따른 건축물의 해체공사인 경우에는 다음 각 목의 구분에 따라 감리원을 배치할 것
   가. 건축물의 연면적이 3천제곱미터 미만인 경우 : 1명 이상
   나. 건축물의 연면적이 3천제곱미터 이상인 경우 : 2명 이상. 다만, 관리자가 요청하는 경우로서 허가권자가 해체공사의 난이도, 해체할 부분 및 면적 등을 고려할 때 감리원을 2명 이상 배치할 필요가 없다고 인정하는 경우에는 1명을 배치할 수 있다.
2. 제1항제2호에 따른 건축물의 해체공사인 경우에는 1명 이상의 감리원을 배치할 것
3. 해체공사 과정 중 필수확인점에 다다른 경우에는 다음 각 목에 따라 감리원을 배치할 것
   가. 배치기간은 다음 단계의 해체공정을 진행하기 전까지일 것
   나. 제1호나목 본문 또는 단서에 따라 배치하는 경우 제2항제1호에 해당하는 사람은 1명 이상일 것
   다. 해체공사감리자에 소속된 사람 중 제2항제1호에 해당하는 사람이 있으면 그 사람(같은 호에 해당하는 사람으로서 필수확인점이 아닌 해체공정에 배치된 감리원을 포함한다)을 배치할 것

SECTION 04 해체공사 감리자의 교육

1 건축물관리법

제31조의2(해체공사감리자 등의 교육)

① 해체공사감리 업무를 하려는 해체공사감리자 및 감리원은 해체공사감리 업무에 관한 교육을 받아야 한다.

② 국토교통부장관은 제1항에 따른 교육의 원활한 실시를 위하여 대통령령으로 정하는 바에 따라 해체공사 교육기관을 지정할 수 있다.

③ 제2항에 따라 지정된 해체공사 교육기관은 해체공사감리 업무 외에 해체계획서의 작성 · 검토 등 해체공사에 필요한 교육을 실시할 수 있으며, 국토교통부장관은 해체공사 교육기관의 교육 실시에 필요한 행정적 · 재정적 지원을 할 수 있다.

④ 제1항 및 제3항에 따른 교육의 방법 · 기준 · 절차 및 그 밖에 필요한 사항은 국토교통부령으로 정한다.

2 건축물관리법 시행령

제23조의3(해체공사 교육기관의 지정 등)

① 국토교통부장관은 법 제31조의2제2항에 따라 다음 각 호의 기관 또는 단체 중에서 해체공사 교육기관(이하 "해체공사교육기관"이라 한다)을 지정할 수 있다.

1. 국토안전관리원
2. 「건축사법」 제31조에 따른 대한건축사협회
3. 「기술사법」 제14조에 따른 기술사회
4. 「건설기술 진흥법 시행령」 제43조제2항 전단에 따라 국토교통부장관이 지정하여 고시한 교육기관 중 안전관리 또는 건설사업관리 분야의 전문교육기관
5. 그 밖에 건축물 해체공사감리 및 해체계획서 작성 · 검토에 관한 전문성이 있다고 국토교통부장관이 인정하는 기관 또는 단체

② 해체공사교육기관의 지정 기준은 다음 각 호와 같다.

1. 교육과정 및 교육내용이 해체공사감리자, 감리원 및 해체계획서 작성자 · 검토자의 자질 향상을 위하여 적절할 것
2. 교육과목별로 1명 이상의 교수요원을 확보하고 있을 것
3. 교육에 필요한 강의장 및 장비를 확보하고 있을 것
4. 운영경비 조달 능력이 있을 것

③ 해체공사교육기관으로 지정받으려는 기관 또는 단체는 국토교통부령으로 정하는 신청서에 다음 각 호의 사항을 적은 서류를 첨부하여 국토교통부장관에게 제출해야 한다.

1. 교육과정 및 교육내용이 포함된 운영계획
2. 교수요원 확보 현황
3. 강의장 및 장비 확보 현황
4. 운영경비 조달계획

④ 국토교통부장관은 해체공사교육기관을 지정하였을 때에는 지정받은 자에게 국토교통부령으로 정하는 지정서를 교부하고, 해체공사교육기관의 명칭 · 대표자 및 소재지 등을 관보에 고시해야 한다.

⑤ 제1항부터 제4항까지에서 규정한 사항 외에 해체공사교육기관의 지정 등에 필요한 사항은 국토교통부령으로 정한다.

3 건축물관리법 시행규칙

제13조의2(해체공사감리자 등의 교육)

① 해체공사감리 업무를 하려는 해체공사감리자 및 감리원은 법 제31조의2제1항에 따라 다음 각 호의 구분에 따른 교육을 각 호에 규정된 시기에 받아야 한다.

1. 신규교육 : 해체공사감리자로 지정되거나 감리원으로 배치(제2호에 따라 보수교육을 받아야 하는 시기에 보수교육을 받지 않은 해체공사감리자 및 감리원이 제2호에 따른 시기가 지난 후 해체공사감리자로 지정되거나 감리원으로 배치되려는 경우를 포함한다)되기 전까지
2. 보수교육 : 신규교육을 받은 날부터 3년마다(매 3년이 되는 해의 기준일과 같은 날 전까지를 말한다)

② 제1항에 따른 신규교육 및 보수교육의 시간 · 내용 및 방법은 다음 각 호와 같다.

1. 교육시간 : 다음 각 목의 구분에 따른 시간
   가. 신규교육 : 35시간
   나. 보수교육 : 14시간
2. 교육내용 : 다음 각 호의 사항이 포함되어야 한다.
   가. 건축물 해체 관련 법령의 내용
   나. 건축물 해체공사 현장의 특성
   다. 건축물 해체 시의 구조안전 검토 요령
   라. 감리보고서 작성 방법
3. 교육방법 : 강의 · 시청각교육 등 집합교육, 현장교육 또는 인터넷 등 정보통신망을 이용한 원격교육

③ 법 제31조의2제2항에 따라 지정받은 해체공사 교육기관은 신규교육 및 보수교육을 이수한 자에게 별지 제7호의2서식의 해체공사 감리교육 이수증을 내주어야 한다.

④ 제1항부터 제3항까지에서 규정한 사항 외에 신규교육 및 보수교육의 구체적인 교육과목, 과목별 교육시간 및 교육생 평가기준 등에 관하여 필요한 사항은 국토교통부장관이 정하여 고시한다.

제13조의3(해체공사 교육기관 지정신청서 등)

① 영 제23조의3제3항 각 호 외의 부분에서 "국토교통부령으로 정하는 신청서"란 별지 제7호의3서식의 해체공사 교육기관 지정신청서를 말한다.

② 영 제23조의3제4항에서 "국토교통부령으로 정하는 지정서"란 별지 제7호의4서식의 해체공사 교육기관 지정서를 말한다.

③ 법 제31조의2제2항에 따라 지정받은 해체공사 교육기관은 다음 각 호의 서류(전자문서를 포함한다)를 해당 호에 규정된 날까지 국토교통부장관에게 제출해야 한다.

1. 다음 연도의 해체공사 교육기관 운영계획 : 매년 10월 31일. 다만, 10월 1일 이후에 지정받은 경우에는 지정받은 날부터 1개월 이내에 제출해야 한다.
2. 해당 연도의 교육운영 실적 : 다음 연도의 1월 31일

④ 제3항에 따라 해체공사 교육기관이 제출해야 하는 운영계획 및 교육운영 실적의 구체적인 내용은 국토교통부장관이 정하여 고시한다.

4 건축물 해체계획서 작성 & 감리업무기준

제22조(감리자의 교육)

① 「건축물관리법 시행규칙」 제13조의2제2항에 따른 해체공사감리자의 교육에 대한 교과내용 및 교육시간은 [별표 1]와 같다.

② 법 제31조의2제2항에 따라 지정받은 해체공사 교육기관은 효과적인 교육을 위하여 [별표 1의2]의 건축물 해체감리자 교육의 근태 및 평가관리기준에 따라 교육을 실시하고 교육생을 평가하여야 한다.

SECTION 05 해체공사 감리자의 업무

1 건축물관리법

제32조(해체공사감리자의 업무 등)

① 해체공사감리자는 다음 각 호의 업무를 수행하여야 한다.

1. 해체작업순서, 해체공법 등을 정한 제30조제3항에 따른 해체계획서(제30조의3제1항에 따른 변경허가 또는 변경신고에 따라 해체계획서의 내용이 변경된 경우에는 그 변경된 해체계획서를 말한다. 이하 "해체계획서"라 한다)에 맞게 공사하는지 여부의 확인
2. 현장의 화재 및 붕괴 방지 대책, 교통안전 및 안전통로 확보, 추락 및 낙하 방지대책 등 안전관리대책에 맞게 공사하는지 여부의 확인
3. 해체 후 부지정리, 인근 환경의 보수 및 보상 등 마무리 작업사항에 대한 이행 여부의 확인
4. 해체공사에 의하여 발생하는 「건설폐기물의 재활용촉진에 관한 법률」 제2조제1호에 따른 건설폐기물이 적절하게 처리되는지에 대한 확인
5. 그 밖에 국토교통부장관이 정하여 고시하는 해체공사의 감리에 관한 사항

② 해체공사감리자는 건축물의 해체작업이 안전하게 수행되기 어려운 경우 해당 관리자 및 제32조의2에 따른 해체작업자에게 해체작업의 시정 또는 중지를 요청하여야 하며, 해당 관리자 및 해체작업자는 정당한 사유가 없으면 이에 따라야 한다.

③ 해체공사감리자는 해당 관리자 또는 제32조의2에 따른 해체작업자가 제2항에 따른 시정 또는 중지를 요청받고도 건축물 해체작업을 계속하는 경우에는 국토교통부령으로 정하는 바에 따라 허가권자에게 보고하여야 한다. 이 경우 보고를 받은 허가권자는 지체 없이 작업중지를 명령하여야 한다.

④ 관리자 또는 제32조의2에 따른 해체작업자가 제2항에 따른 조치를 요청받고 이를 이행한 경우나 제3항 후단에 따른 작업중지 명령을 받은 이후 해체작업을 다시 하려는 경우에는 건축물 안전확보에 필요한 개선계획을 허가권자에게 제출하여 승인을 받아야 한다.

⑤ 해체공사감리자는 허가권자 등이 건축물의 해체가 해체계획서에 따라 적정하게 이루어졌는지 확인할 수 있도록 다음 각 호의 어느 하나에 해당하는 해체 작업 시에는 해당 작업이 진행되고 있는 현장에 대한 사진 및 동영상(촬영일자가 표시된 사진 및 동영상을 말한다)을 촬영하고 보관하여야 한다.

1. 필수확인점(공사의 수행 과정에서 다음 단계의 공정을 진행하기 전에 해체공사감리자의 현장점검에 따른 승인을 받아야 하는 공사 중지점을 말한다)의 해체. 이 경우 필수확인점의 세부 기준 등에 관하여 필요한 사항은 대통령령으로 정한다.
2. 해체공사감리자가 주요한 해체라고 판단하는 해체

⑥ 해체공사감리자는 그날 수행한 해체작업에 관하여 다음 각 호에 해당하는 사항을 제7조에 따른 건축물 생애이력 정보체계에 매일 등록하여야 한다.

1. 공종, 감리내용, 지적사항 및 처리결과
2. 안전점검표 현황
3. 현장 특기사항(발생상황, 조치사항 등)
4. 해체공사감리자가 현장관리 기록을 위하여 필요하다고 판단하는 사항

⑦ 허가권자는 제6항 각 호에 해당하는 사항을 등록하지 아니한 해체공사감리자에게 등록을 명하여야 하며, 해체공사감리자는 정당한 사유가 없으면 이에 따라야 한다.

⑧ 해체공사감리자는 건축물의 해체작업이 완료된 경우 해체감리완료보고서를 해당 관리자와 허가권자에게 제출(전자문서로 제출하는 것을 포함한다)하여야 한다.

⑨ 제4항에 따른 개선계획 승인, 제5항에 따른 사진·동영상의 촬영·보관 및 제8항에 따른 해체감리완료보고서의 작성 등에 필요한 사항은 국토교통부령으로 정한다.

2 건축물관리법 시행령

제23조의4(필수확인점의 세부 기준)

① 법 제32조제5항제1호 전단에 따른 필수확인점의 세부 기준은 다음 각 호와 같다.

1. 마감재 해체공정 착수 전
2. 지붕 해체공정 착수 전
3. 중간층 해체공정 착수 전
4. 지하층 해체공정 착수 전

② 제1항 각 호에 따른 필수확인점의 구체적인 시점에 관하여 필요한 사항은 국토교통부장관이 정하여 고시한다.

Reference

건축물해체계획서의 작성 및 감리업무 등에 관한 기준

제13조(구조안전계획)

④ 제3항에 따라 필수확인점을 표기하는 경우에는 다음 각 호의 사항을 고려하여야 한다.

1. 마감재 해체공정 착수 전 : 가시설물의 적정성 확인, 인접도로 및 보도구간에 대한 안전대책 등
2. 지붕 해체공정 착수 전 : 잭서포트 설치 상태, 잔재물 반출계획, 작업자 안전관리 등
3. 중간층 해체공정 착수 전 : 해체장비의 제원 확인, 해체순서 준수, 도로변 전도방지 대책 등
4. 지하층 해체공정 착수 전 : 주변 인접건축물 계측관리, 가시설물(스트러트 등) 적정성 확인 등
5. 해체공사 현장을 고려하여 필요하다고 판단되는 사항

3 건축물관리법 시행규칙

제14조(해체작업의 시정 또는 중지 등)

① 해체공사감리자는 법 제32조제3항 전단에 따라 보고하는 경우 별지 제8호서식의 건축물 해체작업 시정 또는 중지 요청 보고서에 해체공사감리자 지정통지서 사본을 첨부하여 허가권자에게 제출해야 한다.

② 관리자 또는 해체작업자는 법 제32조제4항에 따라 개선계획을 승인받으려는 경우에는 별지 제9호서식의 해체작업 개선계획서를 허가권자에게 제출해야 한다.

③ 허가권자는 제2항에 따라 제출받은 해체작업 개선계획서에 보완이 필요하다고 인정되면 해당 관리자 또는 해체작업자에게 보완을 요청할 수 있다.

제14조의2(사진 및 동영상의 촬영 · 보관 등)

① 해체공사감리자는 법 제32조제5항에 따라 사진 및 동영상(이하 이 조에서 "사진 등"이라 한다)을 촬영하는 때에는 불가피한 경우를 제외하고는 촬영 대상 공정별로 같은 장소에서 촬영해야 한다.

② 해체공사감리자는 제1항에 따라 촬영한 사진 등을 디지털파일 형태로 가공 · 처리한 후 해체공사 공정별로 구분하여 관리자가 법 제33조제1항에 따라 건축물 해체공사 완료신고를 한 날부터 30일까지 보관해야 한다.

③ 해체공사감리자는 허가권자 및 관리자가 해체공사 현장의 안전관리 현황 등을 확인하기 위하여 제2항에 따른 기간에 보관 중인 사진 등의 제공을 요청하는 경우에는 사진 등을 제공해야 한다.

제15조(해체감리완료보고서) 해체공사감리자는 법 제32조제8항에 따라 해체감리완료보고서를 작성하는 경우 감리업무 수행 내용 · 결과 및 해체공사 결과 등을 포함하여 작성해야 한다.

제16조(건축물 해체공사 완료신고)

① 관리자는 법 제33조제1항에 따라 건축물 해체공사 완료신고를 하려는 경우 별지 제10호서식의 건축물 해체공사 완료신고서에 법 제32조제8항에 따라 제출받은 해체감리완료보고서를 첨부하여 허가권자에게 제출(전자문서로 제출하는 것을 포함한다)해야 한다.

② 허가권자는 제1항에 따라 신고서를 제출받은 경우 건축물 또는 건축물 자재에 석면이 함유되었는지를 확인해야 한다. 이 경우 석면 함유에 대한 통보에 관하여는 영 제21조제3항을 준용한다.

③ 허가권자는 제1항에 따라 건축물 해체공사 완료신고서를 제출받았을 때에는 석면 함유 여부 및 건축물의 해체공사 완료 여부를 확인한 후 별지 제11호서식의 건축물 해체공사 완료 신고확인증을 신고인에게 내주어야 한다.

4 건축물 해체계획서 작성 & 감리업무기준

제21조(감리자의 업무)

① 법 제32조제1항제5호에 따른 "그 밖에 국토교통부장관이 정하여 고시하는 해체공사의 감리에 관한 사항"은 다음 각 호와 같다.

1. 해체계획서의 적정성 검토
2. 해체계획서에 따라 적합하게 시공하는지 검토 · 확인
3. 구조물의 위치 · 규격 등에 관한 사항의 검토 · 확인
4. 사용자재의 적합성 검토 · 확인
5. 재해예방 및 시공 안전관리
6. 환경관리 및 폐기물 처리 등의 확인

② 감리자는 다음 각 호의 기준에 따른 방법으로 업무를 수행하여야 한다.

1. 해당 공사가 해체계획서대로 이행되는지 확인하고 공정관리, 시공관리, 안전 및 환경관리 등에 대한 업무를 해체작업자와 협의하여 수행하여야 한다.
2. 감리업무의 범위에 속하는 관계법령에 따른 각종 신고 · 검사 및 자재의 품질확인 등의 업무를 성실히 수행하여야 하고, 관계규정에 따른 검토 · 확인 · 날인 및 보고 등을 하여야 하며, 이에 따른 책임을 진다.
3. 공사현장에 문제가 발생하거나 시공에 관한 중요한 변경사항이 발생하는 경우에는 관리자 및 허가권자에게 관련 사항을 보고하고, 이에 대한 지시를 받아 업무를 수행하여야 한다.

제2절 공사시행 전 단계

제24조(감리업무 착수준비)

① 감리자는 공사착수 전에 다음 각 호의 사항을 관리자로부터 인수받고 숙지하여야 한다.

1. 해체 허가서 관련 문서 사본
2. 해체계획서
3. 기관석면조사 완료 사본
4. 기타 감리업무 수행에 필요한 사항

② 감리자는 공사추진 현황 및 감리업무 수행내용 등을 기록한 현황판과 감리원 근무상황판을 설치하여야 한다.

제25조(해체계획서 검토)

① 감리자는 관리자가 제출한 해체계획서를 검토하여 해체계획의 보완 또는 변경이 필요한 경우에는 해체작업자 및 관리자와 협의하여야 한다.

② 감리자는 제1항에 따른 해체계획의 보완 또는 변경에 대한 내용을 지속적으로 기록 · 관리하여야 한다.

제26조(현지여건 조사 등) 감리자는 해체계획서에 따른 현지조사 사항 등에 대하여 시공 전 해체작업자와 합동으로 조사하고 업무수행에 따른 대책을 수립하는 등 필요한 조치를 하여야 한다.

제3절 공사시행 단계

제27조(공정관리)

① 감리자는 다음 각 호의 기준에 따라 공정계획을 검토하고 문제가 있다고 판단되는 경우에는 그 대책을 강구하여야 한다.

1. 감리자는 해체계획서 상 공정계획이 해체 대상건축물의 규모 · 특성, 공사기간 및 현지여건 등을 감안하여 수립되었는지 검토 · 확인하고, 시공의 경제성과 품질확보에 적합한 최적공기가 선정되었는지 검토하여야 한다.
2. 감리자는 계약된 공기 내에 공사가 완료될 수 있도록 공정을 관리하여야 하며, 공사 진행에 관하여 다음 각목의 사항을 사전 검토하여 문제가 있다고 판단될 경우에는 즉시 그 대책을 강구하여 관리자에게 통보하여야 한다.
   가. 세부 공정계획
   나. 해체작업자의 현장기술자 및 장비 확보사항
   다. 그 밖에 공사계획에 관한 사항

② 감리자는 관리자가 제출한 공종별 세부 공정계획에 대하여 다음 각 호의 사항에 대하여 중점적으로 검토하여야 한다.

1. 공사추진계획
2. 인력동원계획
3. 장비투입계획(필요공종에 한함)
4. 그 밖에 공종관리에 필요한 사항

제28조(시공확인) 감리자는 주요 공종별 · 단계별로 다음 각 호의 사항이 해체계획서의 내용과 일치하는지 여부를 확인하여야 한다.

1. 가시설물에 대한 시공
2. 건축물 보강에 대한 시공
3. 장비에 대한 운영 및 작업
4. 해체 순서별 해체계획에 따른 시공계획
5. 슬래브 위 해체잔재 처리상태
6. 지하건축물 해체에 따른 인접건축물 영향
7. 민원 및 환경관리

제29조(안전점검표)

① 감리자는 필수확인점에 대한 점검내용을 안전점검표에 기록하고 해체작업자와 함께 서명하여야 한다.

② 감리자는 현장여건에 따라 안전점검표에 명시된 필수확인점의 변경이 필요하다고 판단되는 경우에는 해체작업자 및 관리자와 협의하여야 한다.

제4절 안전 및 환경관리

제31조(안전관리)

① 감리자는 제반 안전관리를 위하여 다음 각 호의 업무를 수행하여야 한다.

1. 해체작업자가 「산업안전보건법」 등 관계법령에 따른 안전조직을 갖추었는지 여부의 검토 · 확인
2. 시공계획과 연계된 안전계획의 수립 및 그 내용의 실효성 검토
3. 유해 및 위험 방지계획의 내용 및 실천 가능성 검토
4. 안전관리계획의 이행 및 여건 변동 시 계획변경 여부 확인
5. 위험장소 및 작업에 대한 안전조치 이행 여부 확인
6. 안전표지 부착 및 유지관리 확인
7. 안전통로 확보, 자재의 적치 및 정리정돈 등 확인
8. 그 밖에 현장 안전사고 방지를 위해 필요한 조치

② 감리자는 다음 각 호의 작업현장에 수시로 입회하여 지도 · 감독하여야 한다.
1. 추락 또는 낙하 위험이 있는 작업
2. 발파, 중량물 취급, 화재 및 감전 위험작업
3. 크레인 등 건설장비를 활용하는 위험작업
4. 그 밖의 안전에 취약한 공종 작업

③ 감리자는 현장에서 사고가 발생하였을 경우에는 해체작업자에게 즉시 필요한 응급조치를 취하도록 하고, 이를 관리자 및 허가권자에 보고하여야 한다.

제32조(환경관리)

① 감리자는 해당 공사로 인한 위해를 예방하고 자연환경, 생활환경 등을 적정하게 유지 · 관리될 수 있도록 해체작업자가 해체계획서 상의 환경관리계획을 충실히 이행하는지 여부를 지도 · 감독하여야 한다.

② 감리자는 시공 과정 중에 발생하는 폐기물에 대한 처리계획의 적정성을 검토하고, 그 처리과정을 수시로 확인하여야 한다.

제4장 보고 등

제33조(일일 작업실적 및 계획서의 검토 · 확인)

감리자는 해체작업자로부터 일일 작업계획서를 제출받아 보관하고 계획대로 작업이 추진되었는지 여부를 확인한 후, 별지 제2호서식에 따른 공사감리일지를 법 제7조에 따른 건축물 생애이력 정보체계에 기록하여야 한다.

제34조(감리업무 기록관리) 감리자는 감리업무를 수행하는 동안 다음 각 호의 서류를 작성하여 관리하여야 한다.

1. 근무상황부
2. 감리업무일지
3. 업무지시서
4. 기술검토의견서
5. 주요 공사기록 및 결과
6. 해체계획 변경 관계서류
7. 폐기물 정리부

제35조(해체작업의 시정 또는 중지요청) 감리자는 해체작업이 안전하게 수행되기 어려운 경우 관리자 또는 해체작업자에게 해체작업의 시정 또는 중지를 요청하여야 한다.

제36조(공사완료 확인)

① 감리자는 해체공사를 완료한 경우 다음 각 호의 내용을 확인하여야 한다.

1. 허가조건 이행사항에 대한 확인
2. 해체공사 결과
3. 해체 후 부지정리에 대한 확인
4. 인근 환경의 보수 등 이행여부 확인

② 감리자는 해체공사를 완료한 때에는 별지 제3호서식에 따른 감리완료 보고서를 관리자에게 제출하여야 한다.

SECTION 06 해체공사 현장감리 및 현장점검 절차도

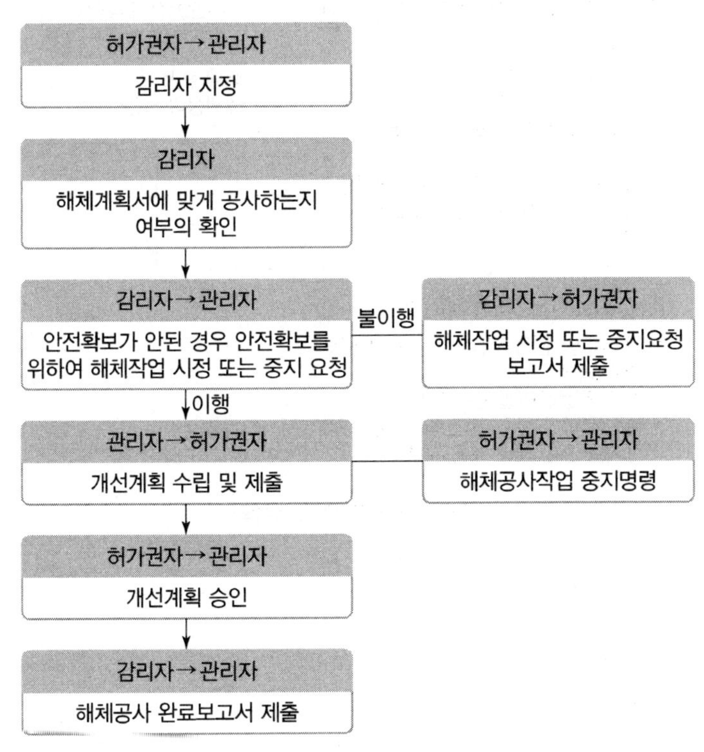

[그림 7-3] 해체공사 현장감리

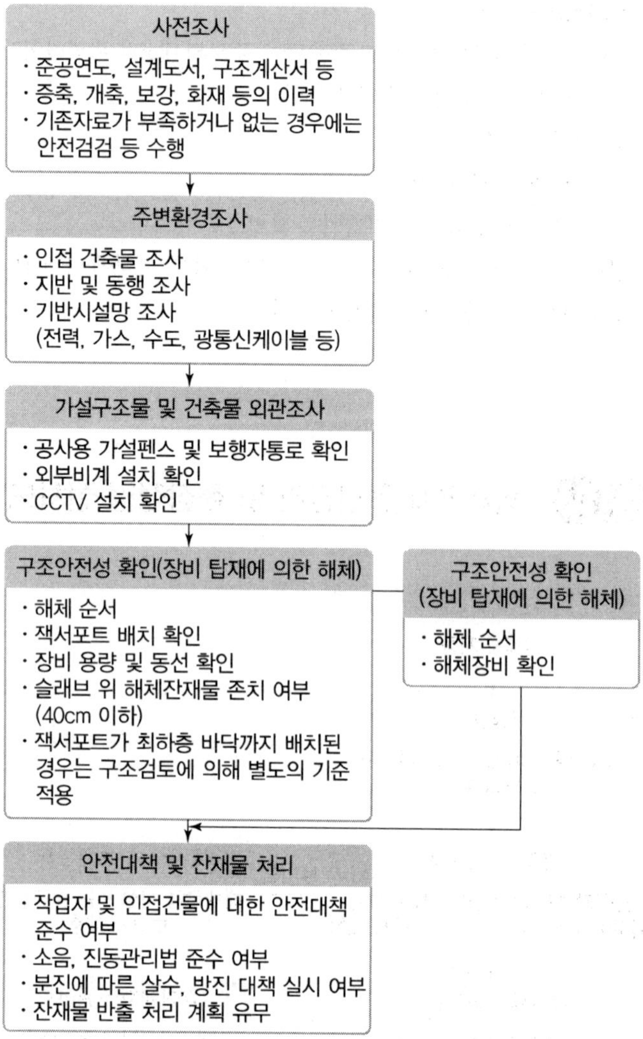

사전조사

- 준공연도, 설계도서, 구조계산서 등
- 증축, 개축, 보강, 화재 등의 이력
- 기존자료가 부족하거나 없는 경우에는 안전검검 등 수행

↓

주변환경조사

- 인접 건축물 조사
- 지반 및 동행 조사
- 기반시설망 조사 (전력, 가스, 수도, 광통신케이블 등)

↓

가설구조물 및 건축물 외관조사

- 공사용 가설펜스 및 보행자통로 확인
- 외부비계 설치 확인
- CCTV 설치 확인

↓

구조안전성 확인(장비 탑재에 의한 해체)

- 해체 순서
- 잭서포트 배치 확인
- 장비 용량 및 동선 확인
- 슬래브 위 해체잔재물 존치 여부 (40cm 이하)
- 잭서포트가 최하층 바닥까지 배치된 경우는 구조검토에 의해 별도의 기준 적용

구조안전성 확인 (장비 탑재에 의한 해체)

- 해체 순서
- 해체장비 확인

↓

안전대책 및 잔재물 처리

- 작업자 및 인접건물에 대한 안전대책 준수 여부
- 소음, 진동관리법 준수 여부
- 분진에 따른 살수, 방진 대책 실시 여부
- 잔재물 반출 처리 계획 유무

[그림 7-4] 현장점검 절차도

SECTION 07 해체공사 감리대가 기준

1 법령

제23조(감리대가 기준)

①「건축물관리법 시행규칙」 제13조제4항제1호에 따른 국토교통부장관이 정하여 고시하는 요율은 [별표 2]에 따른 공공발주사업의 해체공사비에 대한 요율을 말한다.

② 제1항에 따른 요율은 해체공사의 난이도 등에 따라 요율의 10% 범위 내에서 조정할 수 있다.

③ 제1항에 따라 요율방식을 적용할 경우라도 해체공사 업무에 포함되지 않는 추가업무비용은 별도의 실비로 계상하도록 한다.

④「건축물관리법 시행규칙」 제13조제4항제2호에 따라 실비정액가산방식을 적용하는 경우 직접인건비, 직접경비, 제경비, 기술료 등은 다음 각 호의 사항을 따른다.

1. 직접인건비 : 해당 건축물 해체공사 감리업무에 종사하는 기술자의 인건비로서 투입된 인원수에 엔지니어링기술자의 기술등급별 노임단가를 곱하여 계산한다(건축사 및 건축사보의 노임단가는 기술사 및 기술자의 노임단가에 준한다).
2. 직접경비 : 해당 건축물 해체공사 감리업무에 필요한 숙박비, 제출도서의 인쇄 및 복사비, 사무공간 임대비(별도의 사무실을 제공받는 경우는 제외한다) 등으로서 실제 소요비용으로 한다.
3. 제경비 : 직접비(직접인건비 및 직접경비를 말한다)에 포함되지 아니하는 비용으로 임원, 서무, 경리직원의 급여, 소프트웨어 라이센스비 등을 포함한 것으로서 직접인건비의 110~120%로 한다.
4. 기술료 : 건축물 해체공사 감리자가 개발 · 보유한 기술의 사용 및 기술축적을 위한 대가로서 조사연구비, 기술개발비, 이윤 등을 포함하며 직접인건비에 제경비를 합한 금액의 20~40%로 한다.

2 감리대가 산출방식

공공발주사업에 대한 해체공사 감리대가의 산출은 감리방식에 따라 공사비요율 또는 실비정액가산방식을 적용한다.

(1) 비상주감리의 경우, 해체공사비에 일정요율을 곱하여 산출하는 것을 원칙으로 하며, 해체공사의 난이도 등에 따라 요율의 10% 범위 내에서 조정할 수 있다.

(2) 공사비 요율방식을 적용할 경우라도 해체공사 업무에 포함되지 않는 추가업무 비용은 별도의 실비로 계상하도록 한다.

(3) 상주감리의 경우 「엔지니어링사업대가의 기준」에 따른 실비정액가산방식을 적용하되, 건축사 및 건축사보의 노임단가는 기술사 및 기술자의 노임단가에 준한다.

▼ **[표 7-1] 공공발주사업에 대한 해체공사 감리대가 기준(제23조 2항 관련)**

해체공사비	요율
5천만 원 미만	4.53
5천만 원 이상 1억 원 미만	4.28
1억 원 이상 2억 원 미만	3.39
2억 원 이상 3억 원 미만	3.09
3억 원 이상 5억 원 미만	2.84
5억 원 이상 10억 원 미만	2.49
10억 원 이상 20억 원 미만	2.30
20억 원 이상 30억 원 미만	2.22
30억 원 이상 50억 원 미만	2.18
50억 원 이상 100억 원 미만	2.12
100억 원 이상 200억 원 미만	2.06
200억 원 이상 300억 원 미만	2.03
300억 원 이상 500억 원 미만	2.00
500억 원 이상 1,000억 원 미만	1.95
1,000억 원 이상 2,000억 원 미만	1.92
2,000억 원 이상 3,000억 원 미만	1.88

[비고]

*요율방식은 비상주 감리 시 적용한다.

*해체공사비가 요율표의 각 단위 중간에 있을 때의 요율은 직선보간법에 산정한다.

SECTION 08 해체공사 감리자의 벌칙규정

구분	해체공사 감리자
관리법 제51조 (10년 이하 징역 또는 10억 이하의 벌금)	• 제1항16호 : 허가권자의 조치 명령을 이행하지 아니하여 공중의 위험을 발생하게 한 자 • 제1항17호 : 해체공사감리자 교체사유에 해당하는 행위를 함으로써 건축물에 중대한 파손을 발생시켜 공중의 위험을 발생하게 한 자 • 제1항18호 : 해체공사감리 업무를 성실하게 실시하지 아니함으로써 공중의 위험을 발생하게 한 자 • 제1항19호 : 해체작업의 시정 또는 중지를 요청하지 아니하여 공중의 위험을 발생하게 한 자
관리법 제51조의2 (2년 이하 징역 또는 2천만 원 이하의 벌금)	4호 : 허가권자의 현장점검 후 조치 명령을 이행하지 아니한 자
관리법 제52조 (1년 이하 징역 또는 1천만 원 이하의 벌금)	• 11호 : 해체작업자의 위반 사항이 있음을 알고도 해체작업의 시정 또는 중지를 요청하지 아니한 경우 • 12호 : 건축물 해체작업의 안전을 도모하기 위한 감리원 배치기준을 정당한 사유 없이 따르지 아니한 자 • 13호 : 해체감리자의 시정 또는 중지요청을 무시하고 해체작업자가 해체작업을 계속할 경우 허가권자에게 보고하지 아니한 해체공사 감리자
관리법 제54조① (2천만 원 이하의 과태료)	• 제1항1호 : 해체공사감리자 교체사유 중 아래의 행위를 한 자 – 거짓 서류 등 부정한 방법으로 해체감리지정 – 감리일지등을 생애이력시스템에 매일 등록하지 않은 경우 – 감리자격부적합, 업무수행불가, 감리거부, 감리이행불가 등의 사유로 감리교체 사유에 해당한 경우 • 제1항2호 : 해체공사감리 업무를 성실하게 수행하지 아니한 자 • 제1항3호 : 해체작업의 시정 · 중지를 요청하지 않은 감리자 • 제1항4호 : 사진 및 동영상의 촬영 · 보관을 하지 아니한 자
관리법 제54조② (1천만 원 이하의 과태료)	11호 : 해체감리완료보고서를 제출하지 아니한자

저자약력

송창영

[주요 약력]

(現) 광주대학교 건축학부 교수
광주대학교 대학원 방재안전학과 주임교수
재단법인 한국재난안전기술원 이사장
중앙대, 경희대, 서울과학기술대 겸임교수 등
한국방재학회, 한국구조물진단유지관리공학회, 방재안전학회 부회장 등
대통령직속 지방시대위원회 대외협력특별위원회 위원
국회 안전한 대한민국 포럼 특별회원
국회 이태원참사 국정조사특위 전문위원
청와대 국민안전처 창설 자문위원
국무조정실 국정과제 평가위원
국무조정실 규제심판위원
국무조정실 대통령100대과제 평가위원
기획재정부 공공기관 경영평가단 위원
인사혁신처 개방형직위 면접심사위원
법제처 국민법제관(소방방재분야)
해양경찰청 정책자문위원 위원장
행정안전부 중앙안전교육점검단 단장
행정안전부 재난안전 정책자문위원
행정안전부 재난안전사업평가 자문위원
행정안전부 규제심사위원
행정안전부 중앙정부 · 지자체 재난관리평가단 반장
행정안전부 지방자치단체 합동평가단 반장
행정안전부 재난안전 매뉴얼 · 국가핵심기반 자문위원
행정안전부 안전한국훈련, 을지연습, 국가핵심기반 평가반장
행정안전부 어린이안전대상 심사위원장
국토교통부 국토안전관리원 국토안전자문위원회 위원장
국토교통부 중앙사고조사위원회 위원
국토교통부 중앙건축위원회 위원
교육부 학교안전사고예방위원회 위원
교육부 교육시설 구조안전위원회 위원
문화재청 문화재수리기술위원회 전문위원
국방부 정책자문위원
국가기술자격고시 출제위원
국가공무원 방재안전직렬 출제위원 등

[주요 저서]

송창영의 재난과 윤리 (기문당)
재난안전인문학 (예문사)
품격있는 안전사회 (방재센터)
건축방재론 (예문사)
방재관리총론 (예문사)
안전관리론 (예문사)
국가기반시설과 국가중요시설 위험관리 및 방호대책 (기문당)
재난안전 A to Z (기문당)
재난안전 이론과 실무 (예문사)
구조물안전의 이해 (예문사) 등
총 52편 집필

[주요 상훈]

대통령 국민포장 (2018)
대통령 표창장 (2012)
행정안전부 장관 표창장 (2017)
산업통상자원부 장관 표창장 (2016)
국민안전처 장관 표창장 (2016)
학술상 (한국방재학회.2016) 등

중대재해처벌법에 따른

건축구조안전실무

발행일 | 2024. 7. 30. 초판 발행

저 자 | 송창영
발행인 | 정용수
발행처 | 예문사

주 소 | 경기도 파주시 직지길 460(출판도시) 도서출판 예문사
TEL | 031) 955-0550
FAX | 031) 955-0660
등록번호 | 11-76호

정가 : 34,000원

ISBN 978-89-274-5490-8 13540